碳酸盐岩缝洞型油藏提高采收率工程技术

Engineering Technology of Enhanced Oil Recovery for Carbonate Fractured Vuggy Reservoirs

刘中云 等 著

科 学 出 版 社

北 京

内 容 简 介

本书介绍了碳酸盐岩缝洞型油藏在提高采收率方面的主要技术进展，包括缝洞型油藏试井技术、缝洞型油藏注 N_2 提高采收率技术、缝洞型油藏注 CO_2 提高采收率技术、缝洞型油藏复合注气提高采收率技术、缝洞型油藏注水提高采收率技术、缝洞型油藏高效储层改造技术、缝洞型油藏超深侧钻技术及提高采收率地面配套技术。最后，对缝洞型油藏提高采收率新技术的发展方向提出了展望。

本书可供从事提高采收率及相关专业理论研究的学者、油气田开发实践的技术人员参考使用。

图书在版编目(CIP)数据

碳酸盐岩缝洞型油藏提高采收率工程技术 = Engineering Technology of Enhanced Oil Recovery for Carbonate Fractured Vuggy Reservoirs/ 刘中云等著. —北京：科学出版社，2019.12

ISBN 978-7-03-060155-1

Ⅰ. ①碳…　Ⅱ. ①刘…　Ⅲ. ①碳酸盐岩油气藏–采收率(油气开采)–研究　Ⅳ. ①TE344

中国版本图书馆 CIP 数据核字(2018)第 289638 号

责任编辑：万群霞 / 责任校对：王萌萌
责任印制：师艳茹 / 封面设计：无极书装

科学出版社 出版
北京东黄城根北街 16 号
邮政编码：100717
http://www.sciencep.com
北京汇瑞嘉合文化发展有限公司 印刷
科学出版社发行　各地新华书店经销
*
2019 年 12 月第　一　版　开本：787×1092 1/16
2019 年 12 月第一次印刷　印张：31
字数：735 000

定价：398.00 元

(如有印装质量问题，我社负责调换)

序

从全球范围看，碳酸盐岩蕴藏的油气储量占世界总储量的50%以上，产量占世界原油产量的60%以上。从国内范围看，碳酸盐岩蕴藏的石油地质资源量超过300×10^8t，天然气地质资源量为$24\times10^{12}m^3$。塔里木盆地是我国碳酸盐岩缝洞型油藏的集中发育地区，是增储上产的重要领域。

刘中云等所著的《碳酸盐岩缝洞型油藏提高采收率工程技术》一书，系统阐述了碳酸盐岩缝洞型油藏提高采收率工程技术的理论研究和现场应用进展，是作者及其团队多年来在塔里木盆地从事相关理论研究和创新实践的系统总结。该书具有以下特点。

(1) 体现了最新的理论与技术研究成果。碳酸盐岩缝洞型油藏普遍具有埋藏超深、高温高压、储集体发育类型复杂的特点，是世界级的开发难题。该书以塔里木盆地碳酸盐岩缝洞型油藏为例，介绍了不同储层特征的缝洞型油藏试井识别、注水、注N_2、储层改造的最新理论研究成果，丰富了油气开发理论。

(2) 总结了大型缝洞型油气田提高采收率工程技术与实践成果。该书总结了注水、注N_2、注CO_2、酸压改造、侧钻挖潜等提高采收率的主要技术进展及矿场应用成果，具有较强的针对性和可操作性，较好地解决了塔里木盆地碳酸盐岩缝洞型油藏提高采收率的工程难题，可为同类油藏开发提供借鉴。

我国碳酸盐岩油气藏的勘探开发正处于一个快速发展的阶段，该书的出版必将有力地推动碳酸盐岩油气田开发工程技术的进步，为该类油藏的高效、科学开发提供技术指导。当然，由于这类油藏的特殊性，现有的技术方法还在发展完善中，需要进一步深入研究提升。

是为序。

中国工程院院士

2018年12月18日

前言

碳酸盐岩缝洞型油藏在已发现的油藏中占有重要的位置，是重要的油气勘探开发领域。国内外文献调研显示，碳酸盐岩缝洞型油藏分布于世界各地，其动用地质储量至少有 60×10^8t，我国以塔里木盆地最为典型，动用储量约有 15×10^8t，是迄今为止发现的世界最大的整装碳酸盐岩缝洞型油气藏。自“十一五”规划以来，国内碳酸盐岩缝洞型油藏原油产量一直保持较快的增长速度，已经成为我国石油增储上产的重要战略接替区。

碳酸盐岩缝洞型油藏往往具有超深、高温、高压、原油性质复杂等特点，其储集空间主要是大、中型溶洞和裂缝的复杂组合体。复杂的储集体特征给油田高效开发和提高采收率带来了巨大挑战，主要表现在：传统的储层试井解释方法存在模型、理论、参数不适用等问题；在平面上难以构建规则的注采井网，在垂向上由于高角度裂缝发育，难以进行有效的分层注采，流动特征是空腔流-管流-渗流的复杂耦合，致使剩余油分布极为复杂，开发技术难度极大；注水、注气等提高采收率技术政策均需进一步研究；储集体超深、高温、高盐条件也对钻井、储层改造、注水和注气增效、地面防腐配套等提出了更高的技术要求。目前国内外还没有该类油藏现成的开发技术和管理经验可资借鉴，堪称世界级难题。

近五年来，面对如此复杂的开发对象，我国石油科技人员攻坚克难、大胆创新，立足于国内外最大的塔里木盆地碳酸盐岩缝洞型油藏开发实践，取得一系列实质性进展，主要包括：建立了缝洞型储层波动-管渗耦合试井理论，较好地解决了缝洞型储层的识别难题；研发形成了注氮气提高采收率技术，有效解决了缝洞型油藏高部位剩余油(阁楼油)水驱难以动用的问题；独创并率先工业化应用了高压注气技术填补了碳酸盐岩缝洞型油藏注气技术的理论和实践空白；创新发展了非连续性储集体注水技术，累计新增可采储量 1754×10^4t，增产原油 622×10^4t，实现了该类油藏注水开发的重要突破；研究形成了碳酸盐岩缝洞型油藏高效储层改造技术，累计增产原油 345×10^4t，成为单井增产和油藏提高采收率的核心技术之一；发展形成了碳酸盐岩缝洞型油藏超深井侧钻技术，成为缝洞型油藏实现经济高效动用、提高采收率的重要手段；进一步完善了以“水质改性、一管双用、就地分水、空气制氮、天然气脱氮”为核心的地面工程配套工艺，为提高碳酸盐岩缝洞型油藏采收率打下了坚实的基础。科研技术人员勇于在开发中探索，在实践中创新，在发展中完善，创建和发展了以提高采收率为核心的石油工程开发技术，推动了我国碳酸盐岩油田开发水平的不断提高。总结这些技术成果，对国内油田下一步的油气开发及其他类似地区的油气开发都具有极其重要的意义。

本书是一部系统阐述碳酸盐岩缝洞型油藏提高采收率技术的专著，书中全面总结和回顾了基础理论研究、室内实验、矿场实践等历程的技术成果，在理论上进行了有益探索，在技术方法上力求创新，对从事专业理论研究的学者具有一定的参考价值，对油田开发工作者的矿场实践具有重要指导意义。

全书共 10 章，第 1 章由刘中云、陈元负责撰写，第 2 章由刘中云、徐燕东、邹宁负责撰写，第 3 章由刘中云、王世洁、任波负责撰写，第 4 章由刘中云、丁保东负责撰写，第 5 章由刘中云、杨祖国、马清杰负责撰写，第 6 章由何龙、钟荣强、秦飞负责撰写，第 7 章由赵海洋、张泽兰、应海玲负责撰写，第 8 章由刘中云、李光乔、彭明旺负责撰写，第 9 章由王世洁、石鑫、郭靖负责撰写，第 10 章由刘中云、陈元负责撰写。

特别感谢西南石油大学孙雷教授、付建红教授、马国光副教授，成都理工大学伊向艺教授、侯大力副教授，中国石油大学（北京）侯吉瑞教授、郭继香教授，中国石油大学（华东）胡松青教授、齐宁副教授，西安石油大学林加恩教授对此书的指导和帮助。

由于笔者水平有限，书中难免存在诸多不足之处，敬请广大读者批评指正。

作　者

2018 年 10 月

目录

第1章 绪 论

1.1 概 述

1.1.1 碳酸盐岩缝洞型油藏特征

据统计[1]，截至2014年年底，全世界256个大型油气田中，碳酸盐岩油气田约115个，占45%，分布在40多个国家和地区的近60个沉积盆地中[2]，其原油产量约占世界原油总产量的65%。碳酸盐岩油藏按储集体类型一般分为三大类：孔隙型、裂缝-孔隙型和缝洞型[3]。其中孔隙型与碎屑岩的开发理论和开发方式较为相近；裂缝-孔隙型主要采用双重介质的开发理论与方法。而缝洞型的储集体由于成因独特，储集体分布与流体流动特征更复杂，油藏认识和开发难度更高，与前两类相比，碳酸盐岩缝洞型油藏具有6个特点。

1. 储集体成因受构造变形与岩溶共同作用，以缝洞为储集流动空间，基质基本无贡献

缝洞型油藏的储集体首先是在海相碳酸盐条件下化学沉积形成致密基质，后期经构造与岩溶共同的改造作用，沿高角度构造裂缝和风化裂缝，形成以溶洞为储集空间、以裂缝为流动通道的储集体，基质孔隙度为1%～7%，渗透率小于0.1mD①，基质的储集流动贡献极为微弱。而孔隙型和裂缝-孔隙型油藏的成因主要是源岩机械搬运的沉积作用影响，以基质原生孔隙为主要储集流动空间，部分条件下存在裂缝。

2. 储集体空间尺度从几微米到几十米，储集体非均质性极强

国内外文献调研显示[4]，缝洞型油藏实钻未充填大型溶洞尺度可达29m，测井解释未充填大型溶洞可达37m。实钻岩心的最大充填溶洞为20m，测井解释的最大填充溶洞为73m。实钻岩心上可见5cm直径的溶蚀孔。储集体裂缝以高角度缝和垂直缝为主，占裂缝总数的90%以上，裂缝倾角集中在60°以上，水平缝和低角度缝不发育。天然裂缝宽度变化较大，从小于1mm到15mm不等，主要集中在5mm以内。而孔隙型和裂缝-孔隙型油藏主要是微米级孔隙或微米到毫米级孔隙-裂缝的组合。

3. 空腔流-管流-渗流复杂耦合，重力主导，流动特征极为特殊

缝洞型油藏中既有几十米溶洞的空腔流，也有毫米、微米级裂缝中的管流与渗流。据不完全统计[4]：90%以上储量集中在溶洞，空腔流的影响极大，重力作用明显强于毛细管力。其中只有30%的井直接钻遇溶洞投产，70%的井需改造后通过裂缝沟通才能形成产能，裂缝的管流和渗流对油气的有效流动具有重要贡献。

---

① $1D=0.986923\times10^{-12}m^2$。

4. 储集体在三维空间上分布复杂，连续性差，不具备统一油水界面

缝洞型油藏受多期构造和岩溶作用的相互叠加，经历了多次剥蚀、充填，在不同区带上经历了岩溶叠加或岩溶破坏，纵向上按岩溶作用分带，平面上顺断裂呈条带状发育，具有明显的分带特点。按岩溶类型可划分为断控岩溶、古河道岩溶、风化壳岩溶。纵向上多期岩溶虽然存在一定的分段性，但由于构造作用下的高角度裂缝发育，不具备普遍分层性。复杂的构造作用导致区域油水分布差异大，无统一油水界面，每个缝洞都有独立的油水关系。而常规孔隙型和裂缝-孔隙型油藏是连续分布、分层良好、具有统一油水界面的储集体。

5. 受复杂油气充注影响，油藏流体性质变化极大

缝洞型油藏的形成往往受多期构造和岩溶作用，存在多期油气运移、充注与重力分异，原油性质差异极大。以塔里木盆地为例，原油密度可从轻质油的 $0.8g/cm^3$ 到高黏重质油的 $1.08g/cm^3$，50℃下地面脱气原油黏度最高可达 $1000\times10^4mPa\cdot s$。由于海相沉积环境，地层水矿化度普遍为 10×10^4～$20\times10^4mg/L$。

6. 受复杂的储集体分布与流动特征影响，缝洞型油藏采收率普遍低于孔隙型油藏

缝洞型油藏开发方式主要以衰竭开发和注水开发为主，由于缝洞储集体的强非均质性，在空腔流-管流-渗流的复杂流动下，一次采油和二次采油后采收率为15%～38%。三次采油尚属研究探索阶段，以土耳其 Bati Raman 油田为代表[5]，该油田因地制宜利用临近二氧化碳气田开展注气试验，采收率增幅达到 8.5%。与之相比，孔隙型油藏一次采油和二次采油后采收率平均可达 30%。以大庆油田三元复合驱后的主力油区为代表[6]，三次采油后采收率甚至突破 60%。

1.1.2 提高采收率工程技术的难点

碳酸盐岩缝洞型油藏复杂的储集体特征给油田高效开发和提高采收率带来巨大的挑战，在世界范围内缺乏可以广泛推广的成功经验与经济高效的开发模式。因此，在提高采收率工程技术领域存在 5 大技术难点。

1. 明确提高采收率的主体技术方向难

缝洞型油藏储集体特征显著区别于孔隙型和裂缝-孔隙型油藏，属于特殊的非连续性储集体，难以直接借鉴相对成熟的认识方法与开发思路。目前世界范围内以一次采油、二次采油为主，采收率效果明显低于孔隙型油藏。需要紧密结合储集体特点，探索发展特色的提高采收率技术。

2. 储集体识别和描述难

缝洞型油藏具有明显的非连续性特点，导致碎屑岩油藏和碳酸盐岩古潜山油藏常用的基于容积法的储量计算方式适应性变差。除物探的缝洞储集体精细雕刻法、油藏开发

的动态物质平衡法之外，试井是储集体深入识别与精细描述的重要手段。对此，常规试井方法主要是求解简单边界条件下连续介质油藏的储层参数，难以满足缝洞型油藏复杂边界、非连续介质的认识要求，需要创新发展针对缝-洞复杂组合的新模型、新方法。

3. 井周储量有效控制与经济调整难

缝洞储集体发育展布受控于构造和岩溶作用，精确追踪和认识难度高，单靠一次钻井难以高效控制井周储量，需要边开发、边认识、边调整。对此需要结合缝洞特点，发展抗滤失、抗漏失、抗垮塌、抗闭合、有效深部沟通的储层改造技术与侧钻技术，通过两者的有机结合，才能实现经济高效的动态调整。

4. 注水、注气技术政策优化与扩大波及增效难

缝洞型油藏在平面上难以构建规则注采井网。在垂向上高角度裂缝发育，难以发展规模化的分层注采技术。流动通道是从几微米的裂缝到几十米的溶洞，流动特征是空腔流-管流-渗流的复杂耦合，重力主导下密度分异强，波及作用对采收率的贡献远超洗油作用，需要研究发展以复杂缝洞组合为对象的注水、注气技术政策，探索试验以缝洞通道为背景、以扩大波及为核心的注水和注气增效技术。

5. 超深、高温、高盐等苛刻条件的挑战

以塔里木盆地为例，其海相碳酸盐岩成岩地质年代久远，为古生代的加里东早期，导致储集体埋深高达 6000～8000m，油藏温度为 130～180℃。在海相沉积环境下，地层水矿化度高达 20×10^4mg/L，钙镁离子含量高达 1×10^4mg/L。超深、高温、高盐条件对钻井、储层改造、注水和注气增效、防腐地面配套等提出了更高的技术要求。

1.1.3 提高采收率工程技术的主要进展

1. 碳酸盐岩缝洞型油藏试井技术

(1) 针对缝洞型储集体连续性差、边界复杂导致常规解析试井理论难以适用的难题，西北油田分公司采用数值试井方法，通过正演模拟，表征缝洞型储集体的结构与边界特征。

(2) 针对缝洞型储集体中管流-渗流耦合的复杂流动特征导致现有连续性油藏试井理论适用性差的难题，在常规试井解释模型中引入伯努利方程和波动方程，创新了缝洞型储集体波动-管渗耦合试井解。

(3) 针对缝洞型储集体识别与体积计算难题，西北油田分公司利用连续性方程和动量守恒方程求解储集体流量，利用试井理论求解压力分布，最终针对缝洞型储集体特征，创新了试井计算储量新方法。

(4) 针对局部风化剥蚀作用强，存在孔-缝-洞复杂组合的储集体，发展了孔-缝-洞三重介质试井理论，实现了溶孔、溶洞和裂缝间复杂流动特征的准确评价。

截至 2017 年，塔里木盆地示范区累计应用新型试井技术 86 井次，其中三重介质试井 42 井次，数值试井 5 井次，波动-管渗耦合试井 39 井次，有力地指导了缝洞型油藏提高采收率的认识与实践。

2. 碳酸盐岩缝洞型油藏超深井高压注气提高采收率技术

(1)针对缝洞型油藏油水界面不统一、油水赋存状态复杂、重力主导下密度分异强的特点，明确了注 N_2 提高采收率的主要机理为气顶重力驱、非混相驱和溶解气驱。

(2)针对缝洞型储集体非均质性极强、流动特征和注采关系复杂、国内外相关注气技术政策研究尚属空白的难题，通过物模与数模相结合，建立了单井注气选井原则，创新了缝洞型油藏注 N_2 提高采收率技术政策。

(3)针对 6000m 超深井注气压力高、安全风险大的难题，攻关形成了低成本注 N_2 提高采收率工艺技术，主要包括注 N_2 爆炸安全风险评估技术，50～70MPa 超高压制 N_2、注 N_2 技术，超深井注 N_2 井口-管柱优化技术，溶解氧条件下配套防腐技术。

(4)针对 N_2 对稠油溶解降黏效果差、平面驱油能力弱等机理问题，探索了缝洞型油藏注 CO_2 和复合注气提高采收率技术，以及储备缝洞型油藏注 N_2 提高采收率开发接替技术。

2012～2017 年，塔里木盆地示范区有 5 个区块注气累计应用 1004 井次，动用地质储量 1.8×10^8t，累计新增可采储量 418×10^4t，增产原油 185×10^4t，典型缝洞单元注气后采收率提高了 7.05%。该成果填补了碳酸盐岩缝洞型油藏注气提高采收率的理论和实践空白。

3. 碳酸盐岩缝洞型油藏非连续性储集体注水提高采收率技术

(1)针对缝洞型油藏储集体非均质性强、连续性差、无法建立规则井网的难题，创新了缝洞单元划分技术和不规则井网构建方法，发展了单井单元注水替油和多井单元注水驱油的提高采收率技术。

(2)针对缝洞型储集体非均质性极强、流动特征和注采关系复杂、注水技术政策优化难度高的难题，创新了缝洞单井单元“优化补能耦合油水充分置换”的注水替油技术政策，独创了多井缝洞单元“缝注洞采、低注高采、换向不稳定注水”的注水驱油技术政策。

(3)针对缝洞型油藏改善水驱技术难度远超孔隙型油藏的难题，攻关实现了 6000m 超深井裸眼分段注水的技术突破，创新了耐温 140℃、耐矿化度 20×10^4mg/L、钙镁离子 1×10^4mg/L 的新型活性剂。

截至 2017 年，塔里木盆地示范区缝洞型油藏水驱控制储量 5.6×10^8t，累计新增可采储量 1754×10^4t，增产原油 622×10^4t，典型缝洞单元注水后采收率提高了 4.51%。缝洞单元注水已成为提高采收率的坚实根基。上述研究实践实现了碳酸盐岩缝洞型油藏注水开发技术的重要突破。

4. 碳酸盐岩缝洞型油藏超深侧钻技术

(1)针对缝洞型油藏中短半径侧钻面临的井眼曲率高(20°/30m～40°/30m，常规10°/30m～20°/30m)、轨迹控制难、位移延伸困难的难题，通过优化井眼轨迹设计及控制技术，优选钻井液体系，创新形成了超深(垂深5500～7500m)中短半径侧钻技术。

(2)针对缝洞型储集体在开发后期底水抬升、中短半径侧钻易钻遇水体的难题，通过攻关定向随钻扩孔技术，配套超深小井眼窄间隙(≤12.7mm，常规20mm)固井技术、120.65mm小井眼定向技术、强抑制聚胺防塌钻井液体系，创新形成了封隔复杂地层侧钻技术。

截至2017年，塔里木盆地示范区侧钻累计新增可采储量4300×10^4t，增产原油1270×10^4t。侧钻已成为缝洞型油藏实现经济高效动用，提高可采储量的重要手段。

5. 碳酸盐岩缝洞型油藏高效储层改造技术

(1)针对高温酸岩反应速度快、酸压沟通距离短的难题，西北油田分公司研发了耐温160℃的交联酸体系，创新了水力加砂压裂与酸压复合的深穿透酸压技术，酸压有效穿透距离提高至140m，实现了远端缝洞储集体的有效沟通。

(2)针对酸压改造垂向裂缝易于沟通底水的难题，西北油田分公司攻关形成了控缝高、避阻水酸压技术，包括“三降三配套”的施工参数控制方法，覆膜砂控缝高阻水的配套工艺，实现了避水高度40m以上储集体的酸压沟通。

(3)针对非主应力方向缝洞型储集体的沟通难题，西北油田分公司研发了耐酸、耐140℃高温的暂堵纤维材料，形成了化学暂堵转向酸压技术，实现了在非主应力方向75°以内，最大距离30m的井周储量的有效沟通。

(4)针对低能量的缝洞型储集体远端裂缝趋于闭合，多轮次酸化效果逐渐变差的难题，西北油田分公司研发了高黏抗滤失、低反应速率的深穿透复合酸液体系，形成了大规模、高排量深穿透酸化技术，酸蚀作用距离较常规酸化提升了36.4%，远端导流能力恢复了43.1%。

截至2017年年底，塔里木盆地示范区酸压改造共实施593井次，累计增产原油659×10^4t，单井酸压改造后平均有效期超过246天。储层改造技术已成为缝洞型油藏井周储量经济高效动用的核心技术之一。

6. 低成本提高采收率的地面配套技术

(1)针对高压制N_2和注N_2综合成本高的难题，通过地面制N_2工艺和注气驱动方式优化，注N_2综合成本由最初的1.73元/Nm^3降低到0.75元/$Nm^3$①。

(2)针对注N_2引起伴生气中N_2含量上升，天然气热值降低的难题，攻关形成了变压吸附脱氮技术，天然气脱氮运行成本低至0.17元/Nm^3。

① 标准立方米。

(3) 针对“三高一低”(高矿化度、高氯离子含量、高钙镁离子含量、低 pH) 强腐蚀水质的防腐难题，创新形成了电化学预氧化水质改性技术，配套缓蚀剂分子设计及产品定向开发等特色技术，腐蚀速率下降 70%以上。

(4) 针对规模注水地面配套投资高、高含水采出液返输能耗大等难题，西北油田分公司创新形成了“注水-采出”一管双用技术和就地分水回注技术，大幅降低了注水管网建设投资，保障了注水开发的实效性。

上述成果的成功规模应用表明西北油田分公司在缝洞型油藏开发及提高采收率技术领域取得了行业领先地位，依托该技术成果先后获得了国家科技进步一等奖，分别是 2010 年《塔河奥陶系碳酸盐岩特大型油气田勘探与开发》和 2014 年《超深井超稠油高效化学降黏技术研发与工业应用》。所形成的技术成功指导了世界最大的整装碳酸盐岩缝洞型油藏——塔里木盆地的规模开发，还可以向下兼容各种裂缝发育的碳酸盐岩油藏、碎屑岩油藏与其他非常规油藏。部分成果已推广应用于俄罗斯 UMD、伊朗雅达、伊拉克塔克塔克等海外油田，对世界油气藏开发技术的发展进步具有重要意义。

1.2 提高采收率技术现状

1.2.1 碳酸盐岩缝洞型油藏的分布

碳酸盐岩油藏按储集体类型一般分为三大类：一是孔隙型油藏，储集空间主要以原生孔隙和溶蚀孔洞为主；二是裂缝-孔隙型油藏，储集空间主要是由高孔隙度(20%以上)的生物礁和裂缝组成；三是缝洞型油藏，以溶洞为储集空间，以裂缝为流动通道。

据统计[7]，碳酸盐岩缝洞型油藏代表性的油田有我国的塔里木盆地(塔河油田和塔里木油田)，美国的 Pennel 油田、Yates 油田和 Buena Vista 油田，西班牙的 Iberia 油田，匈牙利的 Nagylengyel 油田，俄罗斯的 Groszi 油田，利比亚的 Indsaal 油田，土耳其的 Bati Raman

表 1.1 国内外碳酸盐岩缝洞型油田储量和分布情况

序号	油田名称	分布	动用储量/10^8t
1	塔里木盆地塔河油田和塔里木油田	中国	15.28
2	Pennel 油田	美国	0.44
3	Yates 油田	美国	4.75
4	Sitio Grande 油田	墨西哥	2.23
5	Iberia 油田	西班牙	3.18
6	Nagylengyel 油田	匈牙利	0.86
7	Groszi 油田	俄罗斯	3.06
8	Indsaal 油田	利比亚	6.36
9	Bati Raman 油田	土耳其	2.94
10	La PaZ 油田	委内瑞拉	7.95
11	Bibi Hakimeh 油田	伊朗	12.72
合计			59.77

油田。我国以塔里木盆地最为典型，动用储量约有 15×10^8t，是迄今为止世界最大的碳酸盐岩缝洞型油藏。

1.2.2　碳酸盐岩缝洞型油藏提高采收率技术现状

1. 影响碳酸盐岩油藏采收率的主要因素

碳酸盐岩油藏在开采过程中，油藏经过初期短暂的天然能量自喷开采后，采收率一般为 5%～20%，绝大部分的原油要靠注水提供驱替动力采出。由于油藏的储层存在非均质性，不同储层之间及同一储层的不同平面方位上渗透率往往存在较大的差异，注入水将沿高渗透层突进，必然导致注采井间的高渗透层过早地水淹，降低了注入水向低渗透层的波及程度，导致对应油井含水上升甚至高含水关井，一些低渗透层的原油无法采出，水驱后仍然有 70%～80%的原油残留在地下，因此提高采收率新技术的研究和应用具有重大的经济价值和学术价值。

碳酸盐岩油藏的采收率普遍偏低且变化大[8]，一般为 20%～45%。影响碳酸盐岩油藏采收率的地质因素主要有：储集层类型、基质渗透率、原油黏度、储层的润湿性及非均质性等。碳酸盐岩油藏不同孔隙结构的分布特点，导致在各类孔隙网络中的渗流条件差异很大。孔隙型油藏储集空间主要以原生孔隙和溶蚀孔洞为主，其产能的大小与裂缝的发育程度密切相关，采收率变化较大，裂缝不发育的白云岩孔隙型油藏采收率只有 18%，裂缝及溶蚀孔隙发育的灰岩油藏采收率可达 37%；裂缝-孔隙型油藏，储层主要由高孔隙度的生物礁和裂缝组成，油藏平均采收率可达 50%以上；缝洞型油藏特点是基质致密，孔隙度、渗透率低，这类油藏由于缝洞本身的多尺度性和连通的多样性，采收率变化范围大，缝洞发育程度差、油稠、能量弱的油藏的采收率只有 7%～9%，缝洞发育程度好的油藏的采收率可达 30%以上，最终采收率平均约为 25%。

2. 碳酸盐岩缝洞型油藏开发方式

与碎屑岩油藏的情况一样，碳酸盐岩缝洞型油藏的驱油机理也包括水驱、溶解气驱、气顶驱、重力驱和弹性驱。这些因素直接影响一次采油和提高采收率方法的设计。目前，国内外大多数碳酸盐岩缝洞型油藏的开发方式首先都是衰竭式开采[7]，其次转为注水开发，然后考虑注气、热采或水平井等中后期措施(表 1.2)。

(1) 衰竭开发后局部注水的利比亚 Indsaal 油田。

该油田在开采初期采用衰竭式开发，采出了地质储量的 20%。但在衰竭开发的后期油田的含水率上升快，油藏的能量严重不足，导致该油田的产量递减加快。在此情况下，该油田利用静动态资料进行了注水开发的可行性研究，在尝试周期注水及持续性注水的开发方式后，该油田的原油采收率由注水前的 20%提高到 34%。

(2) 衰竭开发后注蒸汽的美国 Yates 油田。

该油田位于西得克萨斯二叠纪盆地中心台地南端，是 20 世纪美国本土发现的最大的油田，该油田为不对称马蹄形背斜构造，闭合高度 122m，面积 106.8km^2。油藏主要储集空间为裂缝-溶洞，探明原油地质储量为 6.36×10^{8}m^3，油田早期采用衰竭式开发，后期通过注入 N_2 形成气顶，依靠重力分异原理驱替原油，最后采用注蒸汽方式降低原油黏度进一步提高原油采收率，最终采收率达到 38%。

(3) 衰竭开发后注水，局部注 CO_2 降黏的土耳其 Bati Raman 油田。

该油田地质储量为 2.94×10^{8}t，地下原油黏度为 592mPa·s，产层为孔洞裂缝型灰岩，具有平面和垂向非均质性。采用衰竭式开发、注水方式后采收率仅为 1.5%。1986 年注入 CO_2 进行非混相驱，试验区原油产量最高达到 822t/d，最终采收率提高了 8.5%。

表 1.2　碳酸盐岩缝洞型油藏开发方式及采收率

序号	油田名称	黏度/(mPa·s)	开发方式	采收率/%
1	中国塔里木盆地塔河油田和塔里木油田	1200	衰竭开发局部注水注气	15.2
2	美国 Pennel 油田	2.1	衰竭开发局部注 CO_2	35
3	美国 Yates 油田	760	衰竭开发后注蒸汽	38
4	墨西哥 Sitio Grande 油田	8.3	衰竭开发局部注 CO_2	25
5	西班牙 Iberia 油田	6.15	衰竭开发局部注水	14
6	匈牙利 Nagylengyel 油田	19	衰竭开发局部注水	30
7	俄罗斯 Groszi 油田	21	衰竭开发注水	17
8	利比亚 Indsaal 油田	2.25	衰竭开发局部注水	34
9	土耳其 Bati Raman 油田	592	衰竭开发后注水，局部注 CO_2 降黏	10
10	委内瑞拉 La PaZ 油田	8.72	衰竭开发局部注 CO_2	21
11	伊朗 Bibi Hakimeh 油田	1.24	衰竭开发局部注水	15

1.3　剩余油分布特点

近年来缝洞型油藏描述技术逐渐从“定性描述”向“定量表征”发展，形成了以多点统计学地质建模技术、数值模拟技术、物理模拟技术、全直径岩心驱油实验、动态法及多学科综合分析技术为核心的缝洞型油藏剩余油定性-半定量描述的技术方法，为缝洞型油藏中剩余油形成机制、分布规律研究提供了技术支撑。

1.3.1　不同类型储集体立体刻画

以典型碳酸盐岩缝洞型油藏塔里木盆地 A 区块为基础，根据测井及生产资料建立了单井未充填、机械充填、垮塌充填溶洞、溶蚀孔缝等储层类型划分测井响应标准，并对全区单井进行了储层类型标定，统计发现从上向下储集体发育程度变差，溶洞储集体主要发育在中上段，溶蚀缝广泛发育[9]。

按照岩心标定成像测井资料、成像测井资料标定常规测井资料的思路，建立岩心、成像测井与常规测井之间的桥式对比关系。结合成像、常规测井响应特征，把储层分为溶蚀裂缝型、溶蚀孔型、未充填洞穴型、机械充填、垮塌充填洞穴型 5 种类型，并研究了不同储层类型的常规、成像测井资料的响应特征。将上述基本储集体类型按不同的方式及规模组合成 3 种大的储集体类型：裂缝型、裂缝-孔洞型、溶洞型。其中，溶洞型储层中未充填型、机械充填型和垮塌半充填型 3 种类型的识别有如下特征。

(1) 未充填型：保留较好的岩溶洞穴及与其相连的垮塌体，钻井有放空现象。一般具有自然投产、油气单井产量高等特点。

(2) 垮塌半充填型：由溶洞垮塌和伴生的裂缝组成，也包括溶蚀孔隙，钻井没有明显的放空现象，但在钻井过程中常出现泥浆漏失，一般酸压投产，相应层段常规测井曲线的 GR 有异常，泥质含量有所增高。

(3) 机械充填型：被砂泥、角砾等严重充填的洞穴，测井曲线上有明显的自然伽马 (GR)、密度 (DEN)、补偿中子 (CNL) 和电阻率异常，充填严重导致孔渗性不好。

在单井储集体识别的基础之上，利用 RMS 概率体对 A 区块进行井间的各类储集体预测和识别等(图 1.1)，通过刻画为分析剩余油分布部位的储集体类型及形成机制提供了依据。

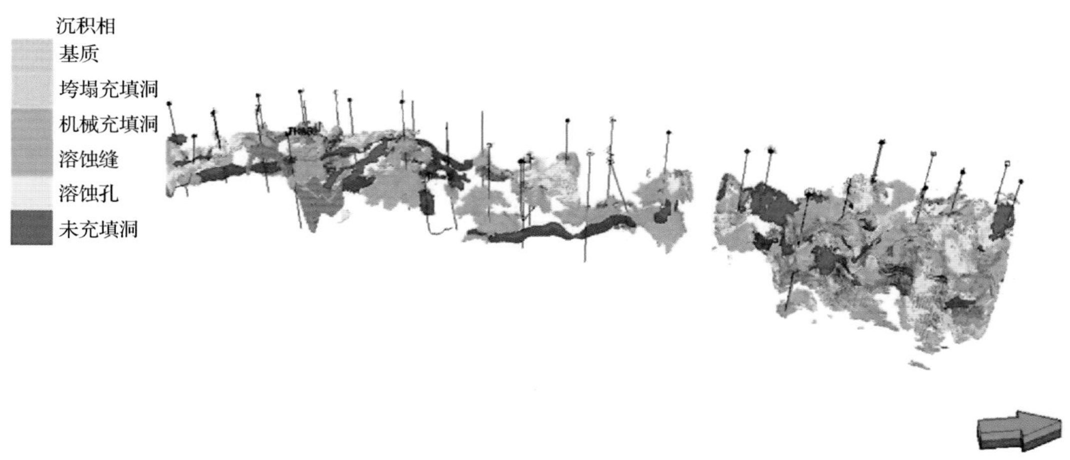

图 1.1 A 区块某单元 RMS 分类储集体预测图

通过缝洞储集体钻井动用状况的刻画评价，可为后期剩余油潜力区的挖潜提供依据。在前期储集体预测的基础上，对单井钻遇缝洞体和未钻遇缝洞体进行统计分析。在碳酸盐岩缝洞型油藏实际开发中，对位于油井主应力方向 140m 范围内的储层可以通过酸化压裂技术得以沟通；对 140～500m 的储层可以通过侧钻达到目的层。

因此，为了进一步研究各储层段单井对缝洞体的控制作用，根据致密段划分成果，将储集体的动用状况在纵向上划分成 3 个岩溶段 (C1、C2、C3) 进行分段评价。从上至下，未钻遇动用的储集体逐渐减少，但钻遇控制的比例增大。统计表明，A 区块在 C1 段未钻遇缝洞体的比例高达 70.92%，说明大部分井并未实际控制，在未钻遇的缝洞体中离油井的距离在 500m 内的占缝洞体总数的 58.36%，占未钻遇缝洞体的 82.2%。C2 段未钻遇缝洞体的比例更高，达到 81.05%，在未钻遇的缝洞体中离油井的距离在 500m 内的占缝洞体总数的 65.97%，占未钻遇缝洞体的 81.38%。C3 段缝洞体开始大范围减少，无连续性呈孤立分布，C3 段未钻遇缝洞体的比例最高，达到 91.82%，未钻遇的缝洞体中离油井的距离在 500m 内的仅占缝洞体总数的 48.01%，占未钻遇缝洞体的 52.73%。

1.3.2 剩余油分布物理模拟实验

缝洞型油藏的强非均质性导致剩余油分布极其复杂[10]，室内物理模拟实验是深入研究和直观表征剩余油分布的重要手段。采用相似准则(表 1.3)构建了风化壳岩溶的裂缝-溶洞模型、暗河岩溶-单支河道模型和断控岩溶的断溶体模型(图 1.2)，利用缝洞型油藏系列物理模拟实验方法，揭示了缝洞型油藏剩余油的形成机制，明确了剩余油的主要类型。

表 1.3 缝洞型油藏物理模拟的相似准则群

类别	相似准则	物理意义
运动和动力相似	$\frac{\Delta P}{\rho g L}$	压力与重力之比
	$\frac{\mu}{\rho u L}$	类似雷诺数，惯性阻力和黏滞阻力之比
	$\frac{\mu u}{\rho g L^2}$	重力的影响
	$\frac{Q}{\rho u L^2}$	注入量与油量的关系
	$\frac{Qt}{\rho L^3}$	流量的影响
	$\frac{\sigma}{\rho u}$	裂缝和洞内流体动力对油水相分布的影响
几何相似	$\frac{n_f b}{n_v B d}$	缝洞大小、密度关系
	$\frac{hC_i}{HC_i}$	充填及压缩的影响
	$C\frac{m_f}{m_v}$	缝洞连通度和空隙度的影响

注：ΔP 为压差，MPa；ρ 为地层原油密度，kg/m^3；g 为重力加速度，m/s^2；L 为洞径，cm；μ 为油的动力黏度，mPa·s；u 为驱替速度，m/s；Q 为注入量，m^3/d；t 为驱替时间，d；n_f 为裂缝密度，m^{-1}；n_v 为溶洞密度，m^{-3}；b 为裂缝开度，m；B 为溶洞的尺寸；d 为井筒半径，m；H 为油藏高度，m；h 为填充部分高度，m；C_i 为流体压缩系数；C 为缝洞连通度；m_f 为裂缝孔隙度；m_v 为溶洞孔隙度。

物理模拟实验表明，剩余油分布与储集体类型，井、洞、缝配置关系，高导流通道，充填，井网、采油速度 5 个因素关系密切。

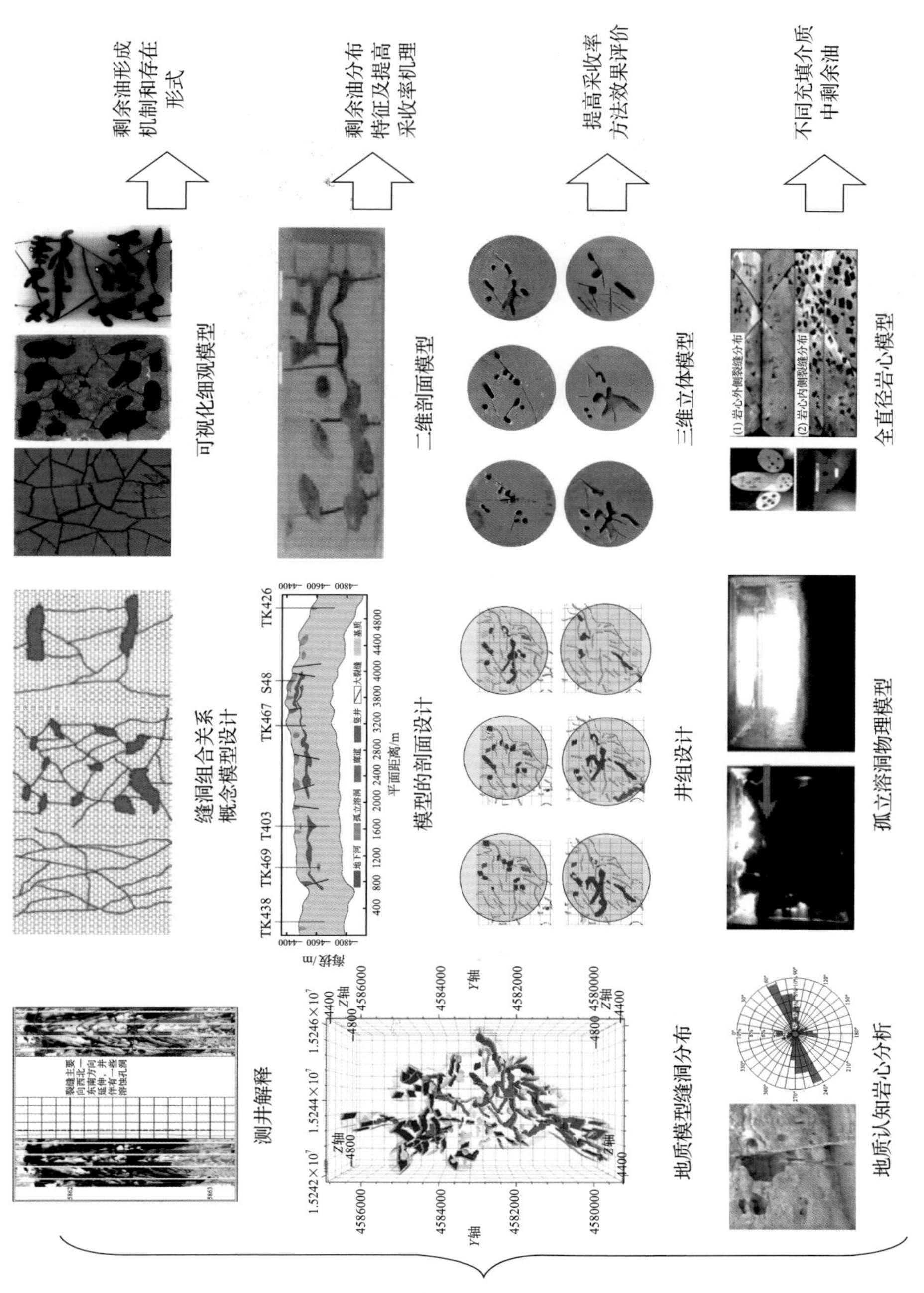

图1.2　缝洞型油藏物理模型设计依据

1. 储集体类型

储集空间类型不同，底水驱替效果不同，剩余油类型也不同(图 1.3)。

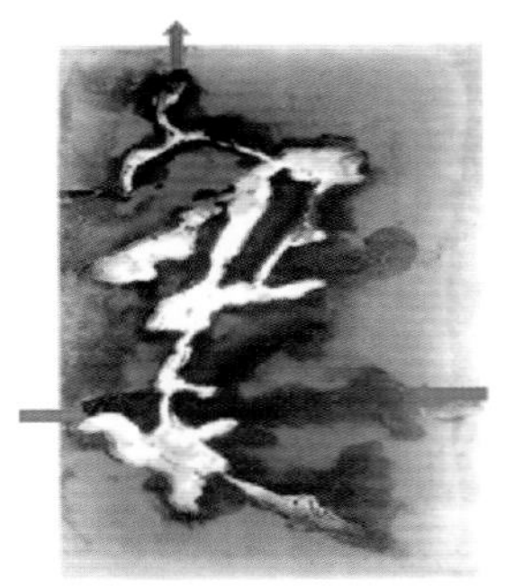

(a) 未充填孤立溶洞的底水驱替效率为78.9%

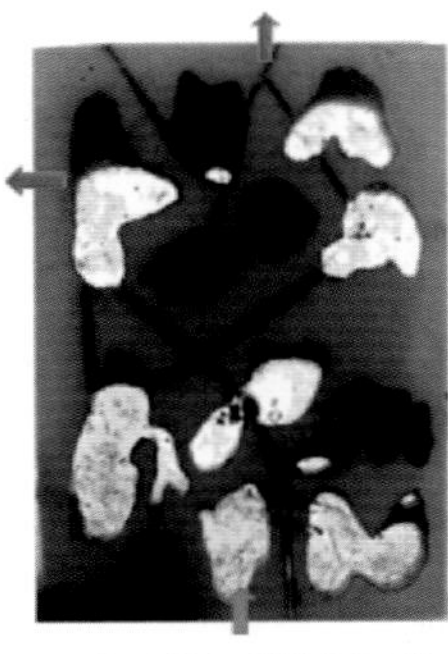

(b) 连通较好的缝洞网络模型底水驱替效率为62.3%

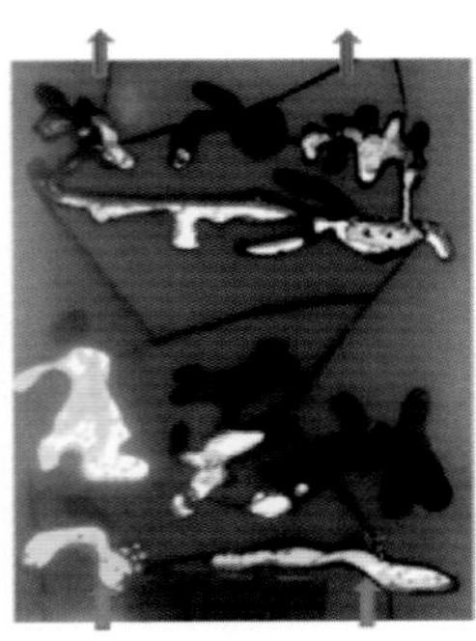

(c) 洞–缝–洞模型底水驱替效率为57.1%

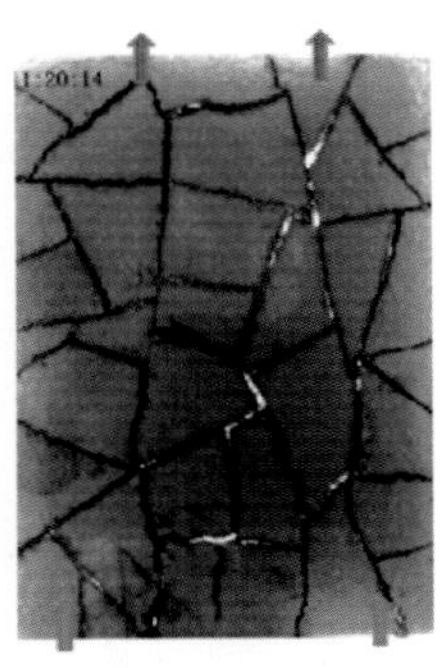

(d) 裂缝网络模型底水驱替效率为9.4%

图 1.3　储集体类型与剩余油分布物理模拟实验

溶洞发育区的驱替效果好于缝洞和裂缝发育区，未充填溶洞以洞顶阁楼油为主，缝洞型储集体以高导流通道屏蔽剩余油为主，裂缝型以高导流通道屏蔽剩余油和油膜为主，剩余油的多少取决于生产井部位及溢出点高低。

2. 井、洞、缝配置关系

井钻在溶洞的高部位或溶洞顶部发育裂缝，底水驱替效率高，剩余油少，采收率取决于井、缝、洞的配置关系(图 1.4)。

图 1.4　井、洞、缝配置关系与剩余油物理模拟实验

H 为洞顶至洞底高度，m；h 为溶洞顶部阁楼油高度，m

3. 高导流通道

未充填洞、高角度缝及断裂带形成高导流水窜通道，屏蔽原油流动，从而形成高导流通道屏蔽的剩余油，见水早、含水上升快的井周仍有大量剩余油(图 1.5)。

4. 充填

充填的溶洞内剩余油类似砂岩油藏，其数量取决于充填程度、充填类型、充填物的物性，其采收率大小同于砂岩(图 1.6)。

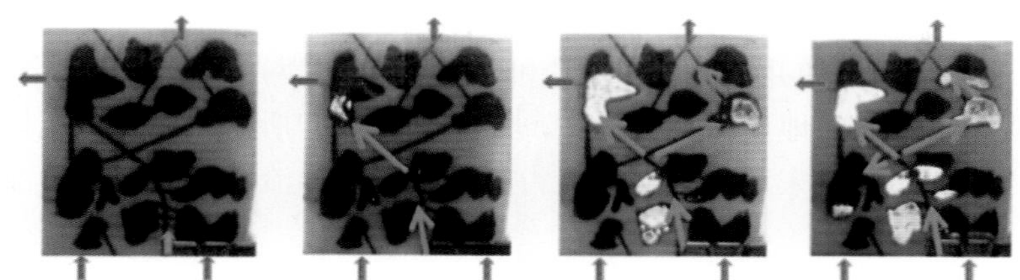

底水驱替高导流水窜通道的形成与剩余油

图 1.5 高导流通道与剩余油物理模拟实验

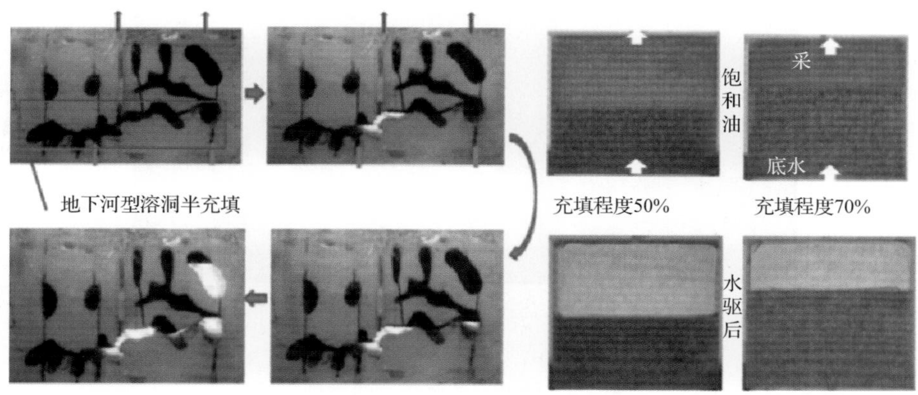

图 1.6 充填与剩余油物理模拟实验

5. 井网、采油速度

(1)天然能量阶段井网密度越小，采油速度越快，采收率越低。

$$E_{\mathrm{R}} = \sum_{i=0}^{n} (N_{\mathrm{d}i}/N)\ E_{\mathrm{v}i} E_{\mathrm{d}i} \tag{1.1}$$

$$\delta = \frac{A_{\mathrm{D}} \sum_{i=1}^{n_{\mathrm{v}}} N_{\mathrm{v}i} + B_{\mathrm{D}} \sum_{i=1}^{n_{\mathrm{f}}} N_{\mathrm{f}i}}{N} \tag{1.2}$$

$$B_{\mathrm{D}} = \frac{\sum_{i=1}^{n_{\mathrm{f}}} \sum_{j=1}^{N_{\mathrm{v}}} \omega_{ij} f_{ij}(l,\ k)}{N} \tag{1.3}$$

式中，E_{R} 为最终采收率；$N_{\mathrm{d}i}$ 为溶洞 i 的可采储量；$E_{\mathrm{v}i}$ 为溶洞 i 的波及系数；$E_{\mathrm{d}i}$ 为溶洞 i 的洗油效率；n_{v} 为钻遇溶洞数；n_{f} 为未钻遇溶洞数；ω_{ij} 为连通系数相关权重；f_{ij} 为井洞连通系数；l 为某井 l；k 为某洞 k；A_{D} 为钻遇溶洞井的井控系数；B_{D} 为未钻遇溶洞井的井控系数；$\sum N_{\mathrm{v}i}$ 为钻遇溶洞井的控制储量之和；$\sum N_{\mathrm{f}i}$ 为未钻遇溶洞井的控制储量之和；

N 为地质储量。

(2) 天然能量阶段仅使井控范围内的原油得到动用，井网密度越小，剩余油的量越大。

立足典型缝洞单元的地质与开发认识，建立如图 1.7 所示的概念物理模型，实验表明，碳酸盐岩缝洞型油藏宏观剩余油主要为阁楼油、高导流通道屏蔽剩余油、盲端滞流油等(表 1.4，图 1.8)。

图 1.7　典型缝洞单元概念物理模拟

表 1.4　缝洞型油藏剩余油类型

主控因素	作用力	类型	位置	分布状态	比例/%
井与洞储集体配置	重力	洞顶阁楼油	溶洞的上部	连片或零星分布	32～60
充填	毛细管力与驱替动力	充填介质孔隙残余油	溶洞充填介质	连片或零星分布	25～35
高导流通道	重力与驱替动力	高导流通道屏蔽剩余油	水平或近水平溶洞和缝中	水窜通道间连片分布	30～40
			横向缝或入口阻力大的洞	连片或零星柱状分布	
储集体连通差	重力与驱替动力	单向盲端滞留油	流场未控制溶洞和裂缝中	连片存在	＜20

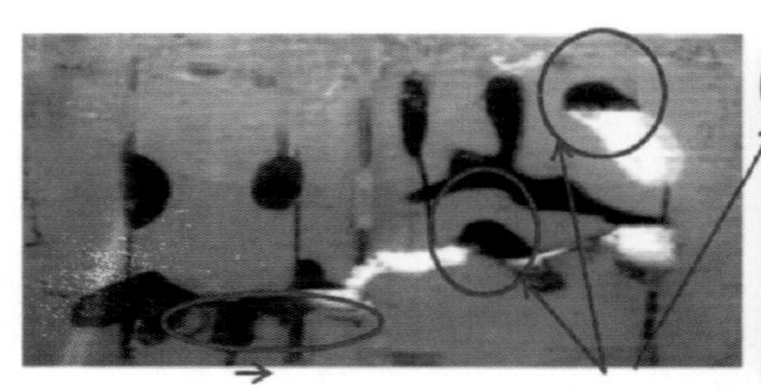

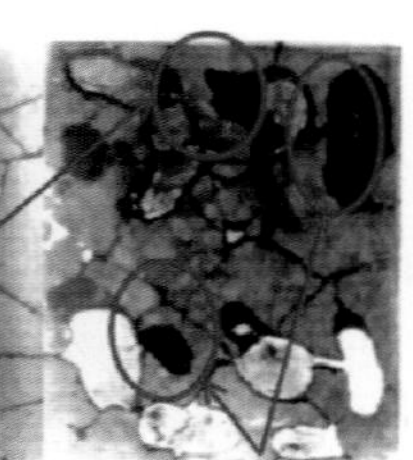

图 1.8　剩余油分布类型

1.3.3　剩余油分布数值模拟

数值模拟技术是研究剩余油分布的有效手段，但由于缝洞型油藏的复杂性，建模难度极大。依据国内外最新技术进展，在塔里木盆地示范区，针对缝洞型油藏储集空间非均质性强、缝洞结构复杂等技术难题，在前期岩溶相建模的基础上，根据不同岩溶地质背景，细化储集体类型，分类型优选敏感属性，优化地质建模方法，形成缝洞型油藏三大背景下不同的地质建模技术(图 1.9)。

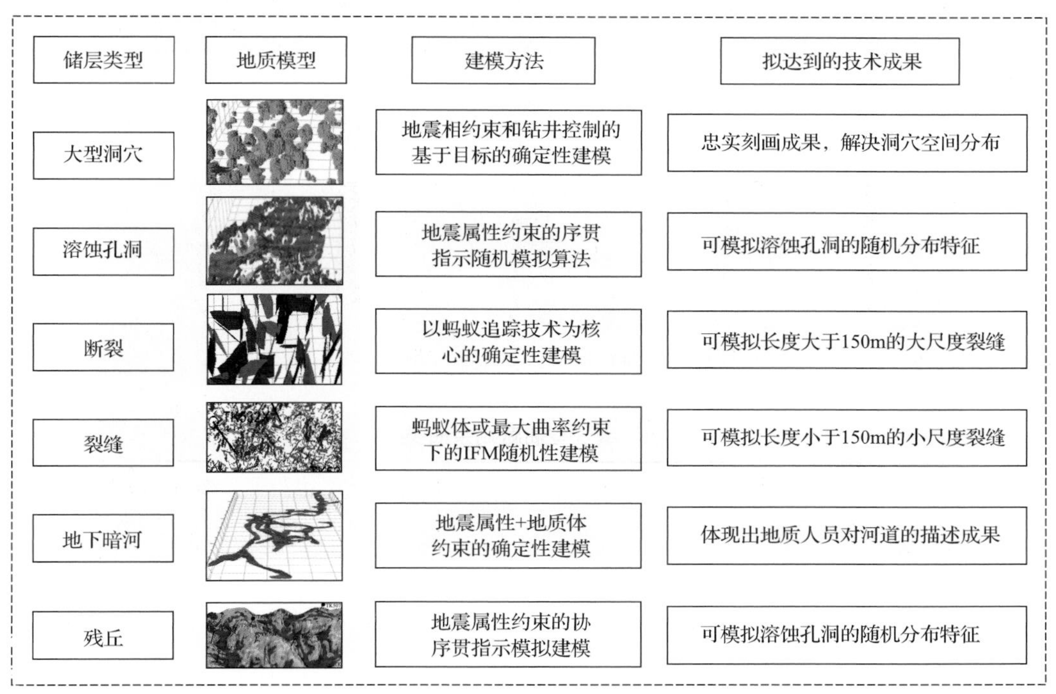

图 1.9　缝洞型油藏在不同背景下的地质建模

IFM (integrated flow model)

根据 A 区块 3 个缝洞单元的地质模型，建立 3 个单元的数值模拟模型，由数值模拟的计算结果可知，剩余油主要分布在 C1、C2 段，而 C3 段已基本被水淹没(图 1.10～图 1.12)。剩余油总体形成 4 种模式：①局部构造高部位的阁楼油；②由于生产井暴性水淹井筒周边底水封挡剩余油；③连通性较差部位未动用剩余油；④致密层以下部位存在剩余油。

在利用地球物理属性特征(包括振幅变化率、能量、波形、相干等)对储集体进行预测的基础上，通过室内与现场结合、动态与静态结合，从井点和井间两个角度，按剩余油分布部位及形成机制进行分类，提出了缝洞型油藏 7 大类 13 亚类剩余油分布模式(图 1.13、表 1.5)，并初步明确了各类剩余油的识别方法。

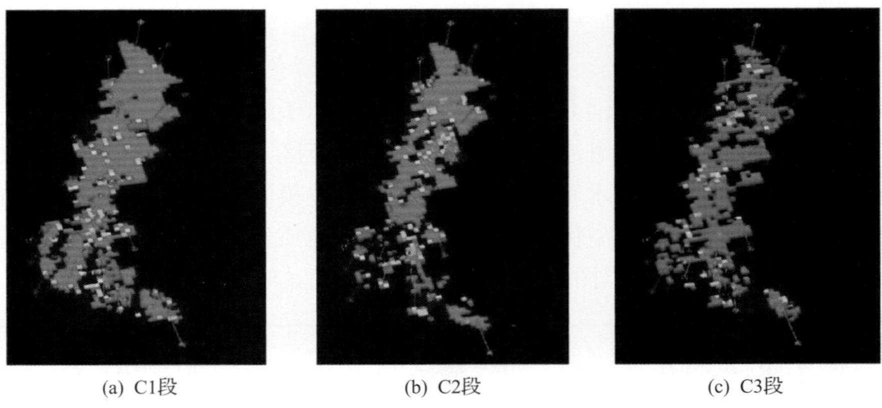

(a) C1段　(b) C2段　(c) C3段

图 1.10　A 区块 A1 单元剩余油分布图

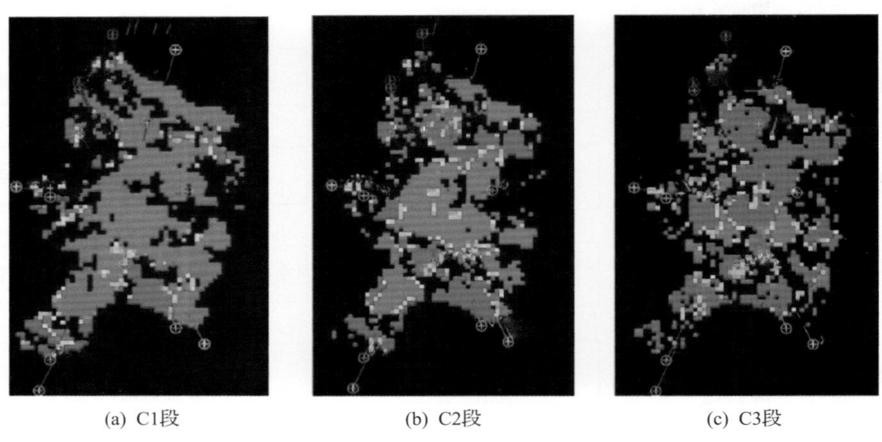

(a) C1段　(b) C2段　(c) C3段

图 1.11　A 区块 A2 单元剩余油分布图

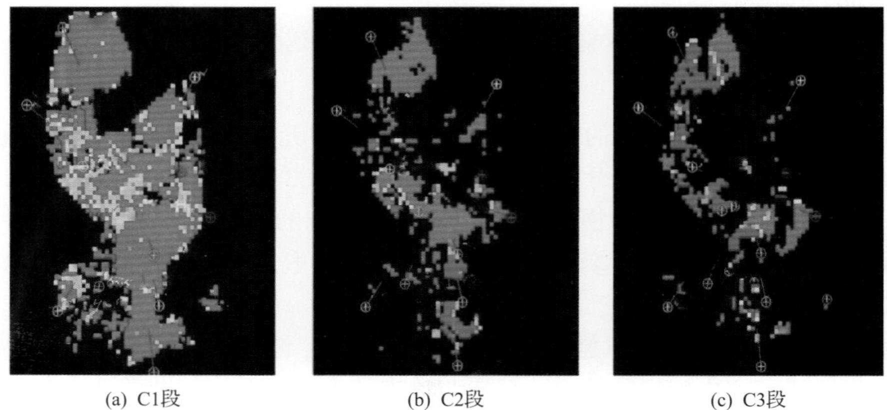

(a) C1段　(b) C2段　(c) C3段

图 1.12　A 区块 A3 单元剩余油分布图

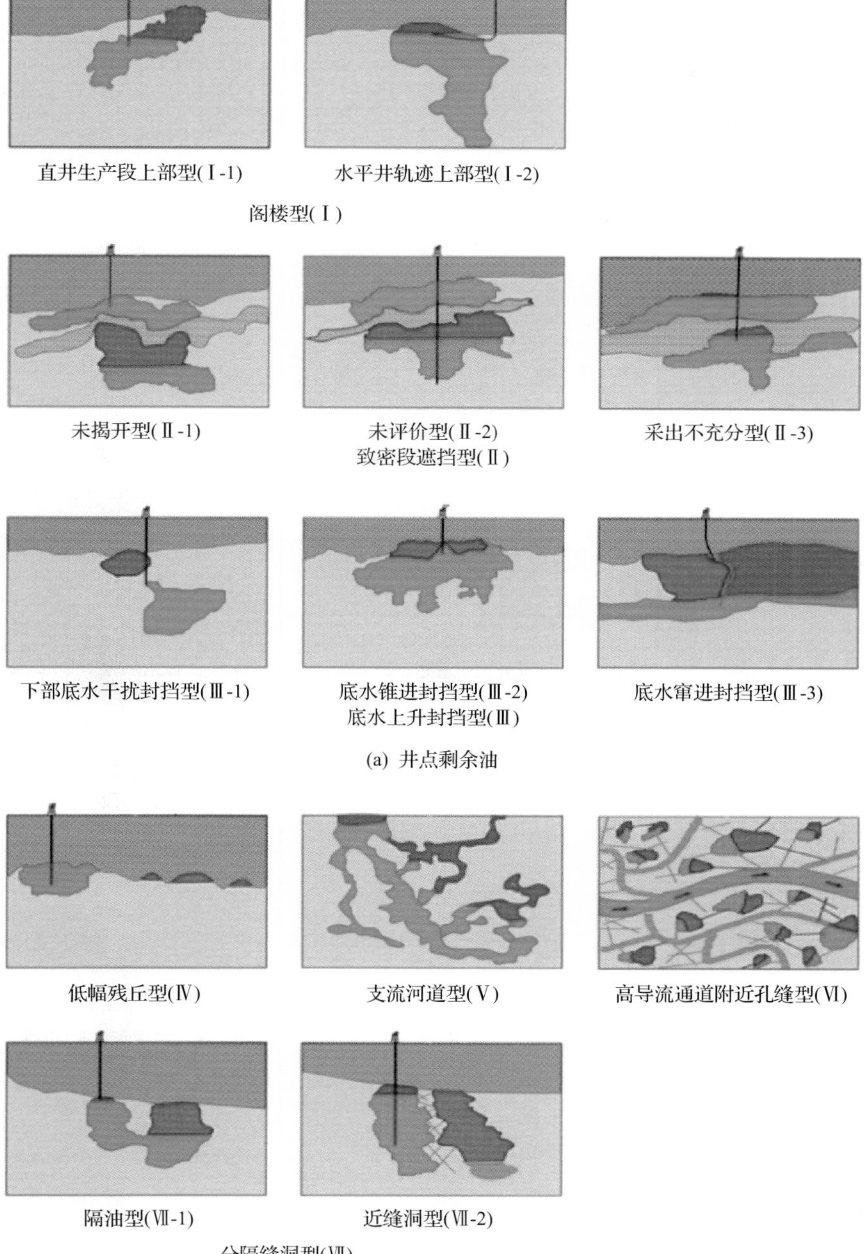

(b) 井间剩余油

图 1.13　缝洞型油藏剩余油分布模式图

表 1.5　缝洞型油藏剩余油分布模式描述表

<table>
<tr><th rowspan="2">部位</th><th colspan="2">大类</th><th colspan="2">亚类</th><th rowspan="2">识别手段</th></tr>
<tr><th>名称</th><th>定义</th><th>名称</th><th>定义</th></tr>
<tr><td rowspan="8">井点剩余油</td><td rowspan="2">阁楼型（Ⅰ）</td><td rowspan="2">生产层段顶部以上的缝洞体中无法直接采出的剩余油</td><td>直井生产段上部型（Ⅰ-1）</td><td>直井生产层段上部缝洞体中的剩余油</td><td rowspan="2">先利用高精度三维地震处理资料的振幅属性识别缝洞体展布范围，再根据缝洞体与油井最高生产层段位置关系识别阁楼缝洞部位，结合油井生产特征，最终可判断阁楼缝洞体中剩余油的富集状况</td></tr>
<tr><td>水平井轨迹上部型（Ⅰ-2）</td><td>水平井井身轨迹上部缝洞体中的剩余油</td></tr>
<tr><td rowspan="3">致密段遮挡型（Ⅱ）</td><td rowspan="3">致密段下部缝洞体内被致密遮挡未采出的剩余油</td><td>未揭开型（Ⅱ-1）</td><td>钻井未揭开的致密段下部缝洞体中的剩余油</td><td rowspan="3">先通过井点测井识别并井间对比及预测绘制致密段分布范围，再结合邻井或本井在致密段下部的生产状况分析剩余油的富集程度</td></tr>
<tr><td>未评价型（Ⅱ-2）</td><td>钻井揭开的致密段下部缝洞体中未评价生产的剩余油</td></tr>
<tr><td>采出不充分型（Ⅱ-3）</td><td>钻井揭开的致密段下部缝洞体中未能完全采出的剩余油</td></tr>
<tr><td rowspan="3">底水上升封挡型（Ⅲ）</td><td rowspan="3">由于底水上升造成水淹的油井周围被底水封挡无法直接采出的剩余油</td><td>下部底水干扰封挡型（Ⅲ-1）</td><td>由于下部底水干扰上部小规模缝洞体内无法采出的剩余油</td><td rowspan="3">根据产液剖面测试情况及生产动态判断。具有下部底水干扰封挡型剩余油的油井在前期生产中含水随产液强度变化存在波动现象，且通过前期和后期的产液剖面对比分析上部产层段的原油是否被封挡；具有底水锥进封挡型的剩余油的油井主要位于裂缝及孔洞发育井区，或者溶洞顶部存在坍塌的角砾堆积形成孔洞储层，生产动态表现为前期含水主要呈缓慢上升或台阶式上升特征；而具有底水窜进封挡型剩余油的油井生产动态主要表现为含水呈快速上升特征或暴性水淹特征，地震剖面上可识别出断裂</td></tr>
<tr><td>底水锥进封挡型（Ⅲ-2）</td><td>由于底水锥进形成的水锥封挡形成的周围孔缝中的剩余油</td></tr>
<tr><td>底水窜进封挡型（Ⅲ-3）</td><td>由于底水沿断裂窜进形成的线性水体封挡的井周剩余油</td></tr>
<tr><td rowspan="5">井间剩余油</td><td colspan="3">低幅残丘型（Ⅳ）</td><td>无井控的低幅残丘上缝洞体内的剩余油</td><td>先根据地震趋势面分析技术和低幅残丘的地震解释技术识别残丘分布，再根据地震振幅属性识别其储集性能，结合生产动态判断含油气性</td></tr>
<tr><td colspan="3">支流河道型（Ⅴ）</td><td>暗河系统中无井控高部位支流河道中的剩余油</td><td>先利用地震能量、均方根振幅等属性认识河道系统的分布，再结合邻近生产动态对比分析判断河道系统内含油气性及剩余油分布状况</td></tr>
<tr><td colspan="3">高导流通道附近孔缝型（Ⅵ）</td><td>强水淹大型岩溶管道或断裂等高导流通道附近低发育程度孔缝中的剩余油</td><td>通过能量、振幅变化率等分析缝洞发育程度，识别岩管道或发育程度低的孔缝储层，同时可通过相干属性及“蚂蚁体追踪”技术识别裂缝展布方向，结合注水情况，识别注入水主要通道，再结合邻井生产动态特征判断孔缝储集体中剩余油的富集状况</td></tr>
<tr><td rowspan="2">分隔缝洞型（Ⅶ）</td><td rowspan="2">与强水淹缝洞体横向不直接连通的分隔缝洞体内剩余油</td><td>隔油型（Ⅶ-1）</td><td>隔油式“U”形缝洞中，一侧已开采高水淹，而另一侧未井控生产的剩余油</td><td rowspan="2">根据振幅属性识别各类分隔缝洞类型，再根据生产动态判断剩余油富集状况</td></tr>
<tr><td>近缝洞型（Ⅶ-2）</td><td>与已开采缝洞相邻的未井控的低连通缝洞中的剩余油</td></tr>
</table>

1.4 提高采收率的技术思路

对于常规砂岩油藏，驱油效率与波及系数决定水驱油藏的采收率。影响驱油效率的主要因素包括油藏性质(储层物性、原油性质)、开发方式；影响波及系数的主要因素有储层非均质性、布井方式、工作制度等。而对于碳酸盐岩缝洞型油藏，裂缝和溶洞为主要流动通道，流动特征尺度小到微米量级，大到几十米，且多种流动方式共存，影响采收率的因素更复杂。在目前地质认识的条件下，提高碳酸盐岩缝洞型油藏采收率主要面临以下 5 个问题。

(1) 对碳酸盐岩缝洞型油藏储集体内部结构尚缺乏充分的认识。随着碳酸盐岩缝洞型油藏描述技术的发展，虽然对储集体发育规律与分布进行了描述，但由于技术手段的局限性，还无法精确地刻画储集体内部结构、储集体的连通性、缝洞的接触关系及油藏内部底水的分布；对开发后缝洞储集单元内部油水空间分布的认识程度还比较低；对整个油藏的底水规模也缺乏了解。因此，转换开发方式、调整井网、控水稳油措施的制定均缺乏可靠依据。

(2) 地层水及注入水的波及程度均较低。由于对储集体认识的局限性，在开发初期采用“稀井高产”的开发原则，虽然提高了效益，降低了成本，但井网密度小，单井采油强度大，部分油井过早见水，不仅油藏无水采收率低，而且底水不能均匀推进。在纵向上，油藏动用不均，油水分布进一步复杂化，使大部分油井见水早，且含水率上升快，产量递减迅速，增大了后期提高采收率的难度。油井见水后，各种控水措施效果不理想，导致稳产期较短。注水开发后，部分注入水沿优势通道突进，水驱效率低。

(3) 单井储量动用程度不均。由于碳酸盐岩缝洞型油藏非均质性极强，储集空间分布复杂，油藏内部的连通性控制着单井储量动用程度。沟通更多的储集空间、提高油藏平面上的动用程度应是提高采收率的主要手段。酸化压裂、定向井和水平井的开发技术已凸显出其作用和效果，但仍需结合储集体、裂缝预测技术的改进，进一步提高沟通能力。

(4) 长裸眼井段不利于提高纵向上原油的采出程度。大段的裸眼完井方式难免会出现油层段间相互串通、相互干扰，难以全面认识、评价各产层；更难以对各出油层段进行控制，不利于有针对性、有选择性地进行储层改造和纵向上原油的开采。

(5) 注水开发后能量补充不均。早期以建产为目的，根据勘探开发程度不同，采用不规则面积布井方式，并利用天然能量进行开采，使油田在短时间内迅速建成较高的产能。对于与底水沟通较差的定容缝洞单元，随着天然能量的消耗，不仅地层压力降低，随之引起储集空间内主要流动通道即裂缝闭合，原油中重质成分析出，也增大了储层油流的渗流阻力，因此产量递减迅速。尽管采用了注水补充能量开发，但能量的补充也仅限于连通程度好的区域。

综合分析国内已有的碳酸盐岩缝洞型油藏的开发历程，可以确定油井过早出水、储量动用能力低、天然能量不足是天然能量开发阶段采收率低的主要原因；而水驱效率低是注水开发阶段采收率低的主要原因。因此，针对碳酸盐岩缝洞型油藏不同的开发阶段，提高采收率技术应用的侧重点应有所不同。在天然能量开发阶段，以整体控水压锥、提高油井平面和纵向上储量动用能力为提高采收率的目标；在补充能量开发阶段，提高采收率则重点转向有效补充地层能量、提高注入体系驱替效率。

1.4.1 天然能量开发阶段提高采收率思路

在天然能量开发阶段，从控制底水锥进速度以提高底水波及程度和油井储量动用能力两个方面提高采收率。利用地质、测井、测试和生产动态等相关信息，以油藏缝洞流动单元为研究对象，综合分析缝洞型储层底水锥进程度、油水分布、油井出水层位及分隔底水的致密体层位，为提高堵水的成功率奠定了地质基础。同时，分析现有堵水、调整工作制度等压锥施工成败的关键，确定正确的选井原则，改进现有技术，探索整体控水压锥的新方法。

此外，结合地质与生产动态资料，研究现有井网条件下平面剩余油分布及油井纵向上储油层段的动用程度。在此基础上，探索提高酸压横向作用距离的新方法，优化侧钻与水平井的开发技术，提高现有技术在天然能量开发阶段提高采收率的作用，扩大油井沟通能力，增加油藏平面的动用程度；同时探索纵向上细化开发层系、分层段开采、分层段实施堵水和增产措施的可行性，提高油井纵向原油的动用能力。

1.4.2 补充能量开发阶段提高采收率思路

根据国内外碳酸盐岩油藏的开发经验[11]，依靠天然能量开采的油藏，采收率均很低，特别是对基质渗透率低的碳酸盐岩缝洞型油藏进行人工补充地层能量，是提高采收率的必经之路。由于缝洞型油藏非均质性极强，国内外已开发的同类油藏水驱并未取得显著效果，主要原因是对储层认识不清，在选井、选层及注入方案确定上缺乏可靠的依据。因此，深入研究碳酸盐岩缝洞型油藏储集体的特征，针对不同储集空间类型制定不同的注水开发与调整政策，是提高水驱采收率成功的根本保证。

由于油藏地层水矿化度高及油藏温度高，所有已成功用于砂岩油藏的聚合物驱、三元复合驱、微生物法、热力采油等提高采收率技术均不能直接用于碳酸盐岩缝洞型油藏。储集体裂缝发育更提高了高成本化学法应用的风险性。此外，较高的地层压力与埋深提高了注气技术对地面设备的要求，因此迫切需要在经济与技术两个方面深入研究注气技术在埋藏较深的缝洞型油藏的可行性。

在补充能量开发阶段，提高采收率的重点应放在扩大注入水波及体积上。研究思路应当是针对不同类型缝洞单元内部的不同类型剩余油，开展相应的技术研究。将优化注水开发技术作为首要任务，同时探索改变液流方向、不稳定注水提高波及体积的可行性。其次，探索注 N_2[12]、CO_2[13]、N_2 泡沫[14]、稠化水驱[15]、活性剂、碱剂或纳米流体[16,17]吞吐技术的可行性，作为后续的技术储备。

参 考 文 献

[1] 白国平. 世界碳酸盐岩大油气田分布特征. 古地理学报, 2006(02): 241-250.

[2] 谢锦龙, 黄冲, 王晓星. 中国碳酸盐岩油气藏探明储量分布特征. 海相油气地质, 2009, 14(02): 24-30.

[3] 王建坡, 沈安江, 蔡习尧, 等. 全球奥陶系碳酸盐岩油气藏综述. 地层学杂志, 2008, 32(04): 363-373.

[4] 李阳, 康志江, 薛兆杰, 等. 中国碳酸盐岩油气藏开发理论与实践. 石油勘探与开发, 2018, 45(04): 669-676.

[5] Sahin S, Kalfa U, Celebioglu D, et al."Bati Raman field immiscible CO_2 application-status quo and future plans". SPE Reservoir Evaluation & Engineering, 2008, 11(4): 778-791.

[6] 程杰成, 廖广志, 杨振宇, 等. 大庆油田三元复合驱矿场试验综述. 大庆石油地质与开发, 2001, 20(2): 46-47.

[7] Koottungal L. 2014 Worldwide EOR survey. Oil and Gas Journal, 2014, 112(4): 79-91.

[8] 郑建军, 周怀亮. 国外油田提高采收率技术应用现状. 中国石油和化工标准与质量, 2018, 38(01): 32-34.

[9] 吴永超, 黄广涛, 胡向阳, 等. 塔河缝洞型碳酸盐岩油藏剩余油分布特征及影响因素. 石油地质与工程, 2014, 28(03): 74-77.

[10] 程倩, 李曦鹏, 刘中春, 等. 缝洞型油藏剩余油的主要存在形式分析. 西南石油大学学报(自然科学版), 2013, 35(04): 18-24.

[11] Alvarado V, Manrique E. Enhanced oil recovery: An update review. Energies, 2010, 3(9): 1529-1575.

[12] 张慧, 刘中春, 吕心瑞. 塔河油田缝洞型油藏注气提高采收率机理研究. 中国矿业, 2016, 25(S1): 455-459.

[13] 刘学利, 郭平, 靳佩, 等. 塔河油田碳酸盐岩缝洞型油藏注 CO_2 可行性研究. 钻采工艺, 2011, 34(04): 41-44, 4.

[14] 刘中春, 汪勇, 侯吉瑞, 等. 缝洞型油藏泡沫辅助气驱提高采收率技术可行性. 中国石油大学学报(自然科学版), 2018, 42(01): 113-118.

[15] 刘中春. 塔河缝洞型油藏剩余油分析与提高采收率途径. 大庆石油地质与开发, 2015, 34(02): 62-68.

[16] Ahmadi M A, Shadizadeh S R. Nanofluid in hydrophilic State for EOR implication through carbonate reservoir. Journal of Dispersion Science and Technology, 2014, 35(11): 6.

[17] Abdel-Fattah A I, Mashat A, Alaskar M, et al. NanoSurfactant for EOR in carbonate reservoirs. SPE Kingdom of Saudi Arabia Technical Symposium and Exhibition, Dammam, 2017.

第 2 章　缝洞型油藏试井技术

20 世纪 50 年代，Horner 和 Miller 提出的压力恢复试井分析方法奠定了试井理论的基础；1983 年 Gringgarten 等以组合参数绘制典型曲线和导数曲线，开创了现代试井理论，使试井真正成为一种油藏描述工具[1]。20 世纪 90 年代计算机技术的发展使试井分析从图版拟合变成自动拟合。近 30 年来，试井技术主要向解决识别复杂油气藏方向发展，尤其针对多井、多层、多相和低渗透、碳酸盐岩等特殊油藏。

碳酸盐岩缝洞型油藏形态极不规则、分布离散随机，导致碳酸盐岩缝洞型油藏试井理论分析困难。20 世纪 80 年代初期，刘慈群[2]、吴玉树和葛家理[3]提出了孔隙-裂缝-孔洞三重介质达西渗流的模型。1986 年，李允和葛家理[4]通过对我国碳酸盐岩油藏大量岩心的分析，提出了多重孔隙介质模型，并给出了 5 种基本渗流模式：裂缝式、岩块-裂缝-大洞穴式、岩块-裂缝式、岩块-大洞缝式、均匀裂缝式。

20 世纪 90 年代，大型计算技术快速发展，使数值试井变成可能。数值试井可以灵活地处理复杂油藏中各种断层、边界、多相流等影响，推动了缝洞型油藏数值试井的研究和应用。

2007～2017 年，常宝华[5]、蔡明金等[6]、彭小龙等[7]先后研究了大尺度缝洞型油藏管渗耦合试井解释方法。该理论把洞当成等势体；对于裂缝，有的简化成既是流动通道又是储集空间，有的仅简化成流动通道。该理论的提出有力地推动了缝洞型油藏管渗耦合试井理论的发展。

数值试井与大尺度缝洞型油藏管渗耦合试井理论的突破使试井能够识别复杂储层结构、解释储层体积等参数。随着这两项技术在碳酸盐岩缝洞型油藏中的逐渐应用，试井成为与地震雕刻技术、物质平衡评价技术并列的碳酸盐岩缝洞型油藏储层评价技术，也成为指导缝洞型油田高效勘探、精细开发和提高采收率的主要技术。本章主要以塔里木盆地碳酸盐岩缝洞型油藏为例，探讨具有不同储层特征的缝洞型油藏试井理论和应用情况。

2.1　流 动 特 征

碳酸盐岩缝洞型油藏储集空间多样、缝洞尺度差异大、分布不均，流动机理与流动特征复杂，既存在裂缝面的二维缝隙流和三维洞穴流，也存在缝洞间的流动。只有认清缝洞型油藏流动的特殊性，才能建立缝洞型油藏试井技术。

2.1.1　储层特征

碳酸盐岩缝洞型油藏储层具有以下的特征。

1. 储集空间类型多样

塔里木盆地某缝洞型油藏储集空间按成因、几何形态及大小可以分为 3 种[8,9]类型(表 2.1)。

(1) 孔。孔在区内发育分布较局限，主要有两种类型：①重结晶的晶间孔，以白云岩重结晶为主；②溶洞陆源碎屑充填物的粒间孔、溶蚀孔。

(2) 洞。洞为缝洞型油藏的主要储集空间类型之一，小洞可在岩心上完整识别，中洞、大洞可在地震、成像测井或常规测井资料中识别，被地下暗河沉积或崩塌堆积的角砾岩充填的洞也可用地震、常规测井资料识别。未被充填的巨洞则需要通过工程录井资料来识别。

(3) 裂缝。裂缝为区内另一主要的储集空间类型。根据岩心观察裂缝可分为构造裂缝(包括剪裂缝、张裂缝)及非构造裂缝(包括成岩收缩微裂缝、沿裂缝发生溶蚀形成的溶蚀扩大缝、压溶缝合线等)两大类。裂缝的规模(裂缝的长度、张开度和裂缝的密度)在纵横向变化大。

表 2.1　塔里木盆地某缝洞型油藏储集空间类型

形态	成因	大小(直径或宽度)/μm	地质作用
洞	巨洞	$>100\times10^3$	溶蚀
	大洞	$10\times10^3\sim100\times10^3$	
	中洞	$5\times10^3\sim10\times10^3$	
	小洞	$2\times10^3\sim5\times10^3$	
裂缝	构造溶蚀缝	大小不等	构造溶蚀
	构造缝	1～100	构造
	收缩缝	1～100	成岩
	压溶缝	1～100	成岩
孔	裂缝充填孔	10～1000	充填
	砾间、砾内孔	10～1000	风化、构造、溶蚀
	基质溶孔	10～1000	溶蚀
	晶间孔	1～100	沉积、成岩
	粒内孔	1～100	成岩
	晶间溶孔	10～1000	溶蚀

2. 储集体类型复杂

缝洞型油藏主要有上述 3 种储集空间类型，为了准确地建立试井模型，需要按不同的方式及规模组成 5 种储集空间类型：裂缝型、裂缝-孔隙型、孔洞-裂缝型、裂缝-溶洞型及溶洞型。

(1) 裂缝型。裂缝型为区内发育最普遍的一类储层，储渗空间主要为溶蚀裂缝，基质孔隙度低(0.5%～1.5%)，对储渗贡献不大。该类储层的储集性能主要受裂缝发育程度的控制。

(2)孔洞-裂缝型。储层中孔洞和裂缝均较发育，其中裂缝起主要作用，辅以溶蚀孔洞，在岩心上见发育网状裂缝和溶蚀小孔，部分孔洞缝被泥质等充填，部分充注原油，两者对油气的储、渗都有贡献。

(3)裂缝-孔隙型。区内发育生物礁(丘)及粒屑滩，属于浅海开阔台地及台缘礁滩相沉积，由于受岩石组构控制，礁滩相灰岩比泥微晶灰岩更易发生溶蚀，形成较大的储集空间，此类储层储集性能较好。

(4)裂缝-溶洞型。孔洞主要由沿裂缝溶蚀扩大的孔和大小不一的洞组成，裂缝主要起沟通洞穴和改善流动性能的作用，此类储层储集性能较好，产能较高且稳定。

(5)溶洞型。溶洞型储层是缝洞型油藏最具价值的储层，以发育较大洞穴为特征，其分布与古岩溶发育相关，该类储层以高产、产量相对较稳定为特点。

以上 5 种储集类型中裂缝-溶洞型、溶洞型储层储集性能优越，产量高，孔洞-裂缝型、裂缝-孔隙型和裂缝型储层的储集性能则相对较差。

2.1.2 特殊流动特征

缝洞型油藏具有在空间尺度上变化大、非均质性强、基质不具有流动性等特点，在油藏流动方面有以下几个特征。

1. 毛细管压力可以忽略

在油藏油水界面附近存在油相、水相和固相，由于油相、水相与固相的润湿性不同，在油藏的油水界面处都存在毛细管压力，毛细管压力的计算如下[10]：

$$P_c = \frac{2\sigma\cos\theta}{r} \tag{2.1}$$

式中，P_c为毛细管压力，MPa；σ为两相间界面张力，N/m；θ为润湿接触角，(°)；r为毛细管半径，mm。式(2.1)表明毛细管压力与毛细管半径 r 成反比，毛细管半径越小，毛细管压力越大。

若油水界面张力 $\sigma = 0.01163\text{N/m}$，润湿角 $\theta = 20°$，根据式(2.1)计算，毛细管直径 0.1mm 的毛细管压力为 2.186×10^{-3}MPa，而直径 1000mm 的洞的毛细管压力仅为 2.186×10^{-7}MPa。因此在缝洞型油藏中毛细管压力完全可以忽略。

2. 压力分布存在近似台阶分布

在常规砂岩储层中，远井和近井储层的渗透率虽然存在差异，但差异较缝、洞而言很小，这种变化都是连续性的。因此，在砂岩储层中，从远井到近井其流速逐渐变大，相应的压力变化率从零逐渐增加，在井筒附近达到最大；而缝洞型储层由于缝、洞尺度差异大，流体在其中流动时流速和流动阻力存在较大的差异，这种差异造成流体在缝、洞中流动时压力变化率不一致。

基于管渗耦合理论，对简化的缝-洞组合模型(图 2.1)描述油藏中的压力分布(图 2.2)。从图 2.2 可以看出：裂缝中的压力下降趋势明显大于溶洞中的压力下降趋势，主要原因是流体在洞中的流动阻力明显小于在裂缝中的阻力；此外，距离井筒更近的裂缝，压力下降的趋势大于远离井筒的裂缝，这是因为在裂缝参数一致的条件下，距离井筒近的裂缝的流速大，沿程压力损耗也就大。这种压力分布和砂岩储层的压降漏斗(图 2.3)有明显的区别。

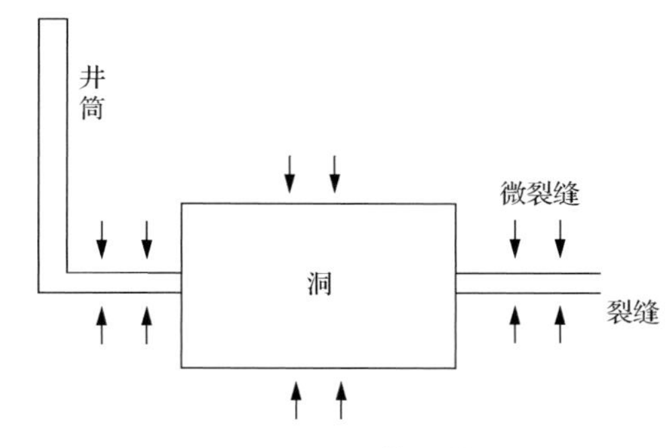

图 2.1　缝-洞简化模型

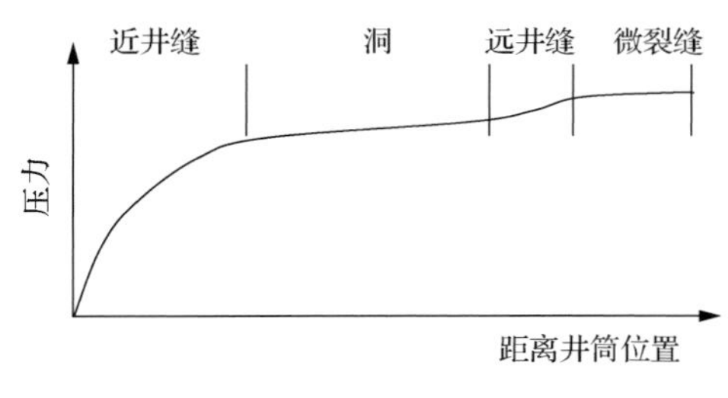

图 2.2　缝-洞压力分布图

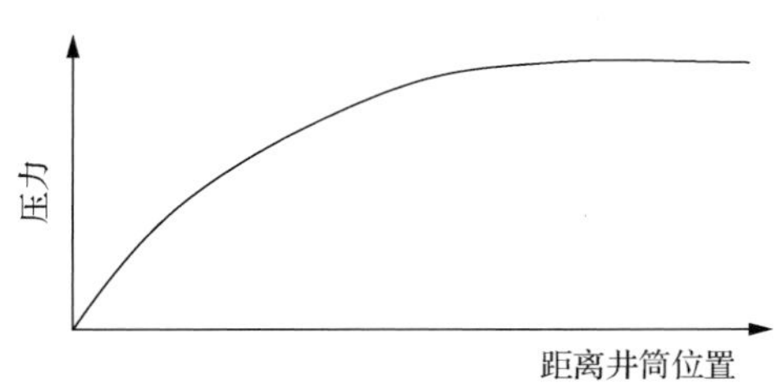

图 2.3　砂岩储层压力分布图

3. 地质模型差异大

目前缝洞型油藏模型的简化主要有两种：一种是基于连续介质基础上的简化，一种是基于非连续介质基础上的简化。

1)连续介质简化模型

连续介质简化模型是把基质(孔)、缝、大洞等效于三个独立的流动系统。裂缝是渗流通道，洞和基质是储集空间，基质与裂缝、基质与洞、裂缝与洞之间都可发生流体交换。三重介质理论就属于此类简化模型。

在缝洞型油藏中，由于基质不具有流动性，可以简化为裂缝-孔洞型模式，这种简化模型可以看成一种双重介质模型[图 2.4(a)]。溶蚀孔洞是主要的储集空间，而裂缝是主要的渗流通道。但这种双重介质与传统的裂缝-孔隙型双重介质模型[图 2.4(b)]完全不同，它们的流动方式和流动机理有很大的差异。

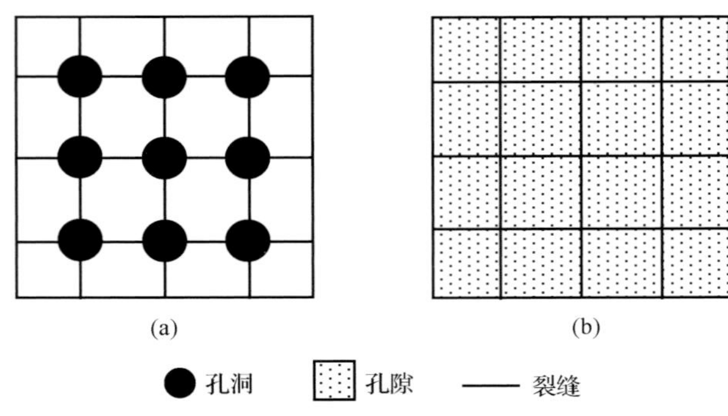

图 2.4　裂缝-孔洞模式和裂缝-孔隙模式

在裂缝-孔洞型双重介质中，流体从流动能力强的溶蚀孔洞流到流动能力相对差的裂缝系统，存在管流和渗流的耦合；而传统的裂缝-孔隙型双重介质则恰恰相反，流体从渗透率相对较低的孔隙系统渗流到渗透率相对较高的裂缝系统。这种差异造成两种双重介质在压力分布上的差异。

在裂缝-孔隙型双重介质中，油井开井之后，裂缝系统向井筒供液，率先产生一个压力降[图 2.5(a)]。当裂缝系统与孔隙系统之间的压差达到某个值时，孔隙系统的原油才开始向裂缝系统流动(窜流)。窜流作用使裂缝系统得到了能量补充，裂缝系统压力的下降速度也开始减慢。通常生产情况下裂缝-孔隙型双重介质中存在两个压力分布，即两套压力系统，且基质(m)孔隙系统的压力(P_m)高于裂缝(f)系统的压力(P_f)[图 2.5(b)]。

但是，对于裂缝-孔洞型双重介质储层，情况则完全不同。由于孔洞系统(v)以管流为主，流动能力强，当油井从裂缝系统中采油时，溶洞向裂缝系统补给速度很快，因此裂缝-孔洞型储层中存在的两个压力系统的变化几乎是同步的，即裂缝系统的压力(P_f)与溶洞系统的压力(P_v)几乎相等(图 2.6)。

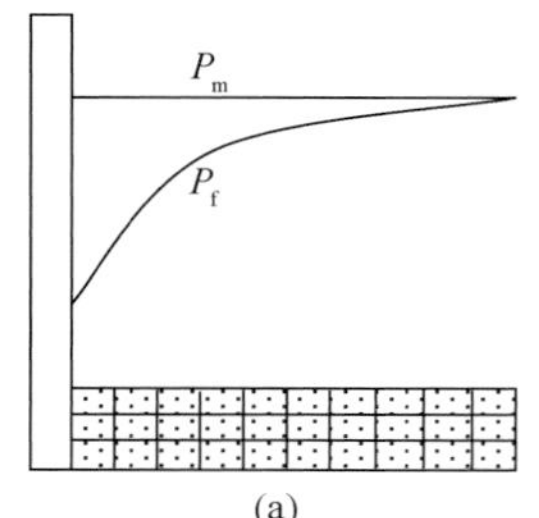

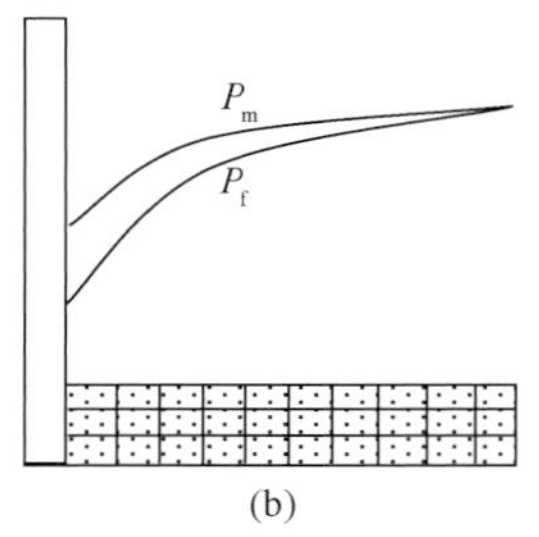

图 2.5　裂缝-孔隙介质压力分布

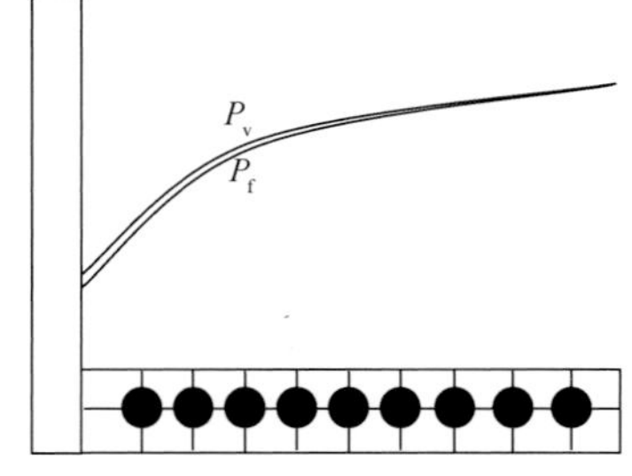

图 2.6　裂缝-孔洞型双重介质压力分布

此类简化的物理模型对应的数学模型是基于渗流理论的相关方程，三重介质试井理论就是建立在此类模型基础之上的，具体理论见第 2.2 节。

2) 非连续介质简化模型

针对缝洞型油藏非均值性强、基质不具有流动性的特点，学术界提出了各自的非连续介质简化模型，总体上可以分为两种。这两种模型的物理模型相同(图 2.7)，只是对缝与洞的流动特征假设不同。

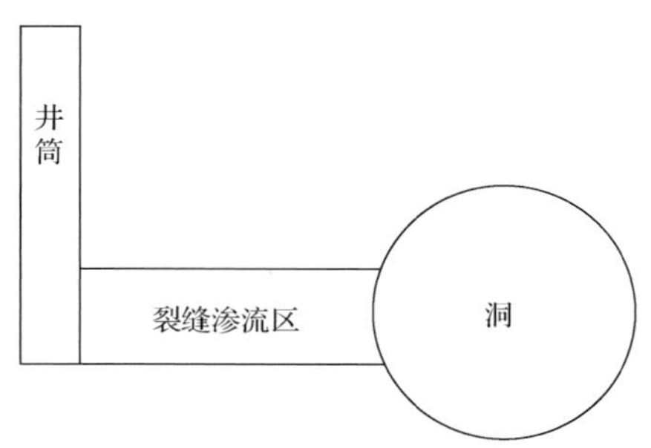

图 2.7 非连续介质简化模型

第一种模型假设条件：裂缝只是流动通道，不是储集空间；洞是储油空间，洞中的压力瞬间平衡(没有考虑洞中的流动)。这类模型主要用于建立大尺度缝洞型储层等势体试井理论。

第二种模型假设条件：裂缝既是流动通道，也是储集空间；洞是储油空间，洞中存在压力降。这类模型主要考虑流体在洞中的流动，用伯努利方程和波动方程进行表征，在此基础上进一步建立了波动-管渗耦合试井理论。

第一种模型中，裂缝中流体的流量都是由洞供给，裂缝中流量恒定。若裂缝宽度和高度不变，流体在裂缝中流动的单位长度的压力损耗相同。

第二种模型中，裂缝中流体的流量既有洞供给，也有裂缝产出，裂缝中流量是变质量流。若裂缝宽度和高度不变，流体在裂缝中流动的单位长度的压力损耗，由远及近(相对井筒)是逐渐增加的。

在洞中压力和供给裂缝的流量相同的条件下，由于第二种模型的裂缝流量比第一种模型的裂缝流量大，第二种模型的井筒压力比第一种模型井筒压力低(图 2.8)。

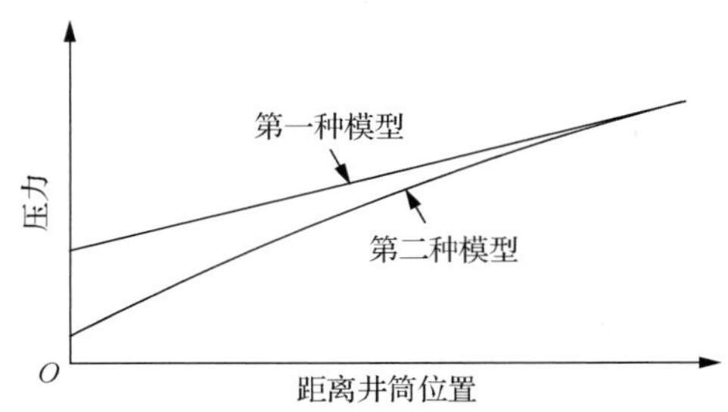

图 2.8 非连续介质简化模型裂缝压力分布示意图

2.2 三重介质试井理论

常规双重介质渗流模型，是假设在油藏内存在裂缝和孔隙两个系统，孔隙是主要的储集空间，裂缝是主要的渗流通道。该理论已在砂岩油藏中得到广泛的应用，比较成熟和完善。开发实践表明，部分碳酸盐岩缝洞型油藏存在“基质(孔)-缝-洞”3 种储集空间，常规双重介质试井理论无法有效地描述此类油藏的储层参数。对此，扩展应用了三重介质试井理论，实现了对基质(孔)、裂缝和洞间流动特征的评价。

2.2.1 三重介质定义及模型分类

1. 三重介质的概念

缝洞型油藏三重介质模型主要由裂缝、不同尺寸的洞穴(通过小裂缝或基质直接或间接与裂缝连通)、基质(可能包含一些小洞，局部与裂缝连通)组成(图 2.9)，裂缝是渗流通道，洞穴和基质是储集空间。

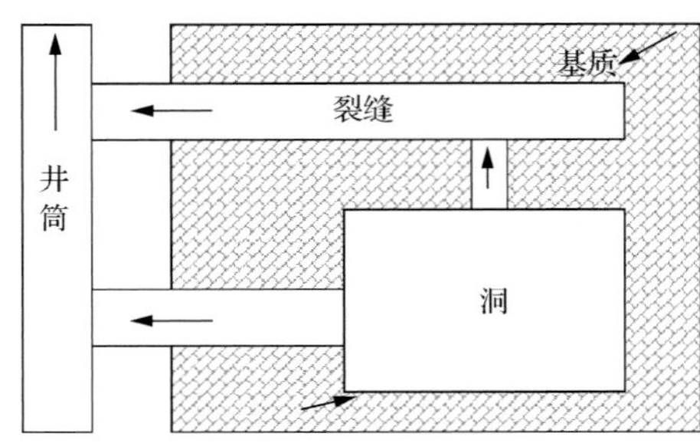

图 2.9 三重介质试井解释模型

2. 三重介质物理模型

三重介质理论发展多年，对裂缝系统、溶洞系统和基质系统的认识逐渐深入，对三者关系的刻画也越来越精细，其渗流物理模型主要有以下几种形式。

1)裂缝+双基质模型

裂缝是渗流通道，与井筒连通，基质按照渗透率的不同划分为两类[11]。裂缝+双基质模型可细分为层状和块状两种模型(图 2.10)。对于层状模型，基质系统被裂缝系统水平分割，基质与裂缝之间发生不稳定窜流；对于块状模型，基质系统被一组正交的裂缝系统分割，基质与裂缝之间同样发生不稳定窜流。

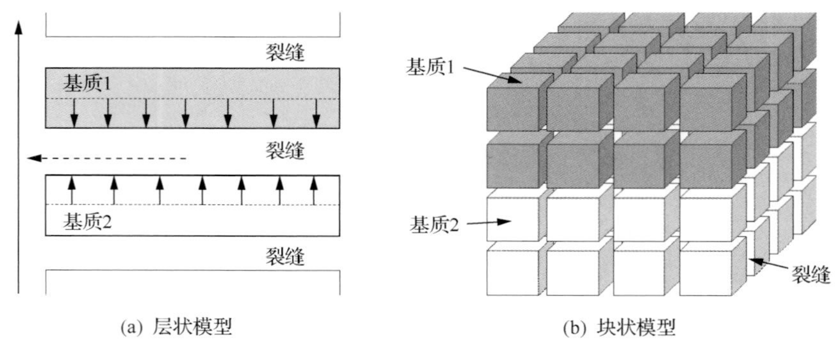

图 2.10 裂缝+双基质模型示意图

2)基质+双裂缝模型

基质+双裂缝模型细分为以下 3 种形式[12]：①基质和微裂缝向大裂缝拟稳态窜流；

②基质先向微裂缝发生拟稳态窜流，微裂缝再向大裂缝发生拟稳态窜流，最后大裂缝向井筒供液；③基质先向微裂缝发生拟稳态窜流，然后微裂缝向大裂缝发生拟稳态窜流，微裂缝和大裂缝同时向井筒供液(图 2.11)。

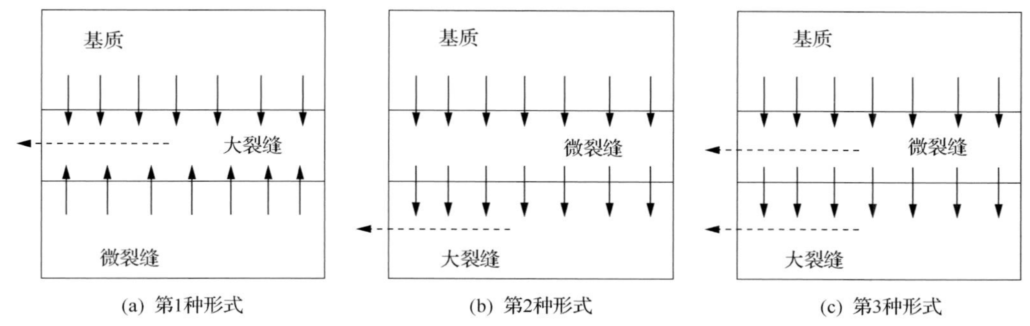

图 2.11　基质+双裂缝模型示意图

3) 三连续介质模型

三连续介质模型主要由裂缝、不同尺寸的洞穴、基质组成(图 2.12)。该模型即为最常见的碳酸盐岩缝洞型油藏三重介质模型。裂缝是渗流通道，洞穴和基质是储集空间，基质与裂缝、基质与洞穴、裂缝与洞穴之间均可发生流体交换。

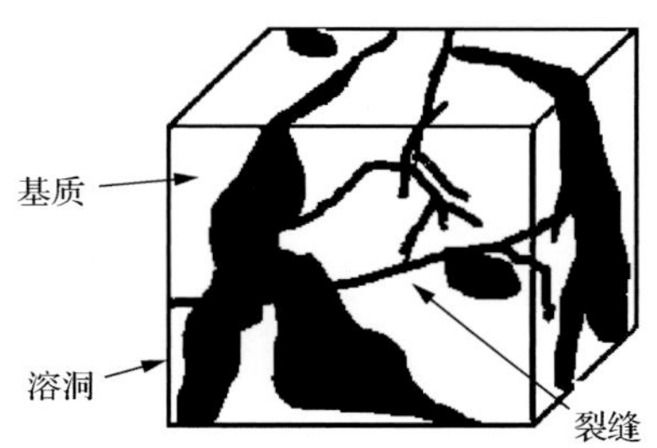

图 2.12　三连续介质模型示意图

2.2.2　三重介质解释模型建立与求解

1. 三重介质试井解释模型建立[13]

对缝洞型油藏三重介质试井解释模型作如下假设。

(1) 油井以定产量生产。

(2) 地层流体和岩石微可压缩。

(3) 地层流体为单相流，压缩系数为常数。

(4) 地层流体在 3 个渗流场内的流动满足达西定律。

(5) 不考虑井筒储存和表皮效应的影响。

(6) 油井测试前地层中各点的压力分布均匀，都为 p_{i}。

(7) 忽略重力和毛细管力的影响，并假设地层中的压力梯度比较小。

(8) 基质/孔、缝和洞三种介质的压力变化相对独立。

(9) 裂缝和洞与井筒连通，而基质只作为“源”项。基质和裂缝之间、基质和洞之间以及裂缝和洞之间均发生拟稳态窜流。

由上述假设条件，可得到无因次渗流方程组：

$$K_{\mathrm{f}}^{*}\frac{1}{r_{\mathrm{D}}}\frac{\partial}{\partial r_{\mathrm{D}}}\left(r_{\mathrm{D}}\frac{\partial P_{\mathrm{Df}}}{\partial r_{\mathrm{D}}}\right)+\lambda_{\mathrm{mf}}(P_{\mathrm{Dm}}-P_{\mathrm{Df}})+\lambda_{\mathrm{vf}}(P_{\mathrm{Dv}}-P_{\mathrm{Df}})=\omega_{\mathrm{f}}\frac{\partial P_{\mathrm{Df}}}{\partial t_{\mathrm{D}}} \tag{2.2}$$

$$K_{\mathrm{v}}^{*}\frac{1}{r_{\mathrm{D}}}\frac{\partial}{\partial r_{\mathrm{D}}}\left(r_{\mathrm{D}}\frac{\partial P_{\mathrm{Dv}}}{\partial r_{\mathrm{D}}}\right)+\lambda_{\mathrm{mv}}(P_{\mathrm{Dm}}-P_{\mathrm{Dv}})-\lambda_{\mathrm{vf}}(P_{\mathrm{Dv}}-P_{\mathrm{Df}})=\omega_{\mathrm{v}}\frac{\partial P_{\mathrm{Dv}}}{\partial t_{\mathrm{D}}} \tag{2.3}$$

$$-\lambda_{\mathrm{mf}}(P_{\mathrm{Dm}}-P_{\mathrm{Df}})-\lambda_{\mathrm{mv}}(P_{\mathrm{Dm}}-P_{\mathrm{Dv}})=\omega_{\mathrm{m}}\frac{\partial P_{\mathrm{Dm}}}{\partial t_{\mathrm{D}}} \tag{2.4}$$

式(2.2)～式(2.3)中，

$$r_{\mathrm{D}}=\frac{r}{r_{\mathrm{w}}}$$

$$t_{\mathrm{D}}=\frac{3.6(k_{\mathrm{f}}+k_{\mathrm{v}})}{\mu r_{\mathrm{w}}^{2}(\phi_{\mathrm{m}}C_{\mathrm{m}}+\phi_{\mathrm{f}}C_{\mathrm{f}}+\phi_{\mathrm{v}}C_{\mathrm{v}})}t$$

$$P_{\mathrm{D}j}(r_{\mathrm{D}},t_{\mathrm{D}})=\frac{(k_{\mathrm{f}}+k_{\mathrm{v}})h}{1.842\times10^{-3}q\mu}\left[P_{\mathrm{i}}-P_{j}(r,t)\right],\qquad (j=\mathrm{m,f,v})$$

$$\omega_{j}=\frac{\phi_{j}C_{j}}{\phi_{\mathrm{m}}C_{\mathrm{m}}+\phi_{\mathrm{f}}C_{\mathrm{f}}+\phi_{\mathrm{v}}C_{\mathrm{v}}},\qquad (j=\mathrm{m,f,v})$$

$$\lambda_{\mathrm{mf}}=\frac{\alpha k_{\mathrm{m}}r_{\mathrm{w}}^{2}}{k_{\mathrm{f}}}$$

$$\lambda_{\mathrm{mv}}=\frac{\alpha k_{\mathrm{m}}r_{\mathrm{w}}^{2}}{k_{\mathrm{v}}}$$

$$\lambda_{\mathrm{vf}}=\frac{\alpha k_{\mathrm{v}}r_{\mathrm{w}}^{2}}{k_{\mathrm{f}}}$$

$$K_{\mathrm{f}}^{*}=\frac{K_{\mathrm{f}}^{*}}{K_{\mathrm{f}}^{*}+K_{\mathrm{v}}^{*}}$$

$$K_{\mathrm{v}}^{*}=1-K_{\mathrm{f}}^{*}$$

式中，下标 m、f、v 分别为基质系统、裂缝系统和溶洞系统；k_{m}、k_{f}、k_{v} 分别为基质系统、裂缝系统、溶洞系统的渗透率，$10^{-3}\mu\mathrm{m}^2$；P 为地层瞬时压力，$P=P(r,\ t)$，MPa；P_{Dm}、P_{Df}、P_{Dv} 分别为基质、裂缝、溶洞的无因次压力；ϕ 为孔隙度，小数；C 为压缩系数，MPa^{-1}；λ_{mf}，λ_{vf}，λ_{mv} 分别为基质系统与裂缝系统、溶洞系统与裂缝系统及基质系统与溶洞系统之间的窜流系数；$\omega_j(j=\mathrm{m,f,v})$ 分别为基质、裂缝和溶洞系统的弹性储容比；r_{w} 为井筒半径，m；r_{D} 为无因次半径；h 为油层有效厚度，m；α 为与岩石比面、

孔隙结构有关的特征参数；q 为井底流量，m^3/d；K_f^*，K_v^* 分别为裂缝系统和溶洞系统的渗透率比；P_i 为原始地层压力，MPa。

2. 三重介质试井解释模型求解

1) 无限大地层

无因次渗流方程组[式(2.2)～式(2.4)]和下列定解条件组成完整的数学模型。

内边界条件：

$$K_f{}^* \frac{\partial P_{Df}}{\partial r_D} + K_v{}^* \frac{\partial P_{Dv}}{\partial r_D}\bigg|_{r_{D=1}} = -1, \quad t_D > 0 \tag{2.5}$$

外边界条件：

$$\lim_{r_{D\to\infty}} P_{Dj}(r_D, t_D) = 0, \quad j = m, f, v \tag{2.6}$$

初始条件：

$$P_{Dj}(r_D, t_D)\big|_{t_{D=0}} = 0, \quad j = m, f, v, \ 1 \leqslant r_D \leqslant +\infty \tag{2.7}$$

利用 Laplace 变换方法得到拉氏空间的无因次压力解：

$$\overline{P_{Df}}(r_D, s) = \frac{1}{s\left[\dfrac{D(s)}{K_1^0(\sigma_1)} + \dfrac{E(s)}{K_1^0(\sigma_2)}\right]} \tag{2.8}$$

式中，s 为 Laplace 空间变量；

$$K_1^0(\sigma) = \frac{K_0(\sigma)}{\sigma K_1(\sigma)}$$

$$D(s) = \frac{(a_2 - 1)(Ka_1 + 1 - k)}{a_2 - a_1}$$

$$E(s) = \frac{(a_1 - 1)(Ka_2 + 1 - k)}{a_1 - a_2}\text{。}$$

其中，

$$a_1 = 1 + \frac{1}{\lambda_{mf} + \dfrac{\lambda_{mf}\lambda_{mv}}{\omega_m s + \lambda_{mf} + \lambda_{mv}}} + \left(\omega_v s - K_v^* \sigma_1^2 + \frac{\lambda_{mf}\omega_m s}{\omega_m s + \lambda_{mf} + \lambda_{mv}}\right)$$

$$a_2 = 1 + \frac{1}{\lambda_{mf} + \dfrac{\lambda_{mf}\lambda_{mv}}{\omega_m s + \lambda_{mf} + \lambda_{mv}}}\left(s - K_v^* \sigma_2^2 + \frac{\lambda_{mf}\omega_m s}{\omega_m s + \lambda_{mf} + \lambda_{mv}}\right)$$

其中，K_0 和 K_1 分别为零阶和一阶的贝塞尔函数。

2) 有界圆形封闭地层

无因次渗流方程组[式(2.2)～式(2.4)]和下列定解条件组成完整的数学模型，其他条件与无限大地层一样，封闭外边界条件为

$$\frac{\partial P_{\mathrm{Df}}}{\partial r_{\mathrm{D}}}\bigg|_{r_{\mathrm{D}}=r_{\varepsilon\mathrm{D}}}=\frac{\partial P_{\mathrm{Dv}}}{\partial r_{\mathrm{D}}}\bigg|_{r_{\mathrm{D}}=r_{\varepsilon\mathrm{D}}}=0 \tag{2.9}$$

式中，$r_{\varepsilon\mathrm{D}}$ 为无因次边界距离。

利用 Laplace 变换方法得到拉氏空间的无因次压力解：

$$\overline{P_{\mathrm{Df}}}(r_{\mathrm{D}},s)=\frac{1}{s\left[\dfrac{D(s)}{\mathrm{K}_1^0(\sigma_1)}+\dfrac{E(s)}{\mathrm{K}_1^0(\sigma_2)}\right]} \tag{2.10}$$

式中，$\mathrm{K}_1^0(\sigma)=\dfrac{\mathrm{K}_{00}(\sigma)}{\sigma\mathrm{K}_{11}(\sigma)}$

$\mathrm{K}_{00}(\sigma)=\dfrac{\mathrm{K}_1(r_{\mathrm{eD}}\sigma)}{\mathrm{I}_0(r_{\mathrm{eD}}\sigma)}\mathrm{I}_0(r_{\mathrm{D}}\sigma)+\mathrm{K}_0(r_{\mathrm{D}}\sigma)$

$\mathrm{K}_{11}(\sigma)=-\dfrac{\mathrm{K}_1(r_{\mathrm{eD}}\sigma)}{\mathrm{I}_1(r_{\mathrm{eD}}\sigma)}\mathrm{I}_0(r_{\mathrm{D}}\sigma)+\mathrm{K}_1(r_{\mathrm{D}}\sigma)$。

其中，I_0 为修正的第一类零阶贝塞尔函数；I_1 为修正的第一类一阶贝塞尔函数。

3) 有界圆形定压力地层

其他条件与无限大地层一样，而定压外边界条件为

$$P_{\mathrm{Df}}(r_{\mathrm{eD}},t_{\mathrm{D}})=P_{\mathrm{Dv}}(r_{\mathrm{eD}},t_{\mathrm{D}})=0 \qquad (t_{\mathrm{D}}>0) \tag{2.11}$$

利用 Laplace 变换方法得到拉氏空间无因次压力解为

$$\overline{P_{\mathrm{Df}}}(r_{\mathrm{D}},s)=\frac{1}{s\left[\dfrac{D(s)}{\mathrm{K}_1^0(\sigma_1)}+\dfrac{E(s)}{\mathrm{K}_1^0(\sigma_2)}\right]} \tag{2.12}$$

式中，$\mathrm{K}_{00}(\sigma)=-\dfrac{\mathrm{K}_0(r_{\mathrm{eD}}\sigma)}{\mathrm{I}_0(r_{\mathrm{eD}}\sigma)}\mathrm{I}_0(r_{\mathrm{D}}\sigma)+\mathrm{K}_0(r_{\mathrm{D}}\sigma)$。

未列出的公式同前两种模型。

4) 考虑井筒储存和表皮效应的无因次井底压力的计算方法

在拉氏空间利用 Duhamel 原理考虑井筒储存和表皮效应的影响。设变产量 $q_{\mathrm{D}}(t_{\mathrm{D}})$ 下的井底压力为 $P_{\mathrm{wD}}(t_{\mathrm{D}})$，由褶积积分得

$$P_{\mathrm{wD}}=\int_0^{t_{\mathrm{D}}}q_{\mathrm{D}}(\tau_{\mathrm{D}})\left[\frac{\partial P_{\mathrm{D}}(t_{\mathrm{D}}-\tau)}{\partial\tau}+S\right]\mathrm{d}\tau \tag{2.13}$$

式中，P_{D} 为产量为常数情况下的无因次井底压力；$q_{\mathrm{D}}(\tau_{\mathrm{D}})$ 为无因次井底产量，$q_{\mathrm{D}}=q(t)/$

q_{ref}，其中，q_{ref} 为参考产量；S 为表皮系数，无量纲。

由无因次井筒存储系数 C_D 来表示变产量 $q_D(t_D)$，则有

$$q_D(t_D) = 1 - C_D \frac{dP_{wD}}{dt_D} \tag{2.14}$$

进行 Laplace 变换，则

$$\overline{P_{wD}}(s) = s\overline{q}(s)\left(\overline{P_D}(s) + \frac{S}{Z}\right) \tag{2.15}$$

$$\overline{q_D}(t_D) = 1/s - C_D s \overline{P_{wD}}(s) \tag{2.16}$$

将式(2.15)和式(2.16)进行整理，可得

$$\overline{P_{wD}}(s) = \frac{Z\overline{P_D}(s) + S}{s\left\{1 + C_D s\left[s\overline{P_D}(s) + S\right]\right\}} \tag{2.17}$$

利用 Stehfest 数值 Laplace 反演方法可求得考虑井筒储存和表皮效应的无限大地层、圆形封闭地层和圆形定压地层的无因次井底压力。

2.2.3　地层参数对三重介质试井压力响应的影响分析

1. 窜流系数对压力响应的影响

改变溶洞向裂缝窜流系数 λ_{vf} 的大小，其他参数不变时，不同压力响应曲线见图 2.13。λ_{vf} 越大，溶洞向裂缝窜流过渡段出现的时间越早，在双对数曲线上代表第一个下凹部分出现越早，过渡段曲线沿无因次压力为 0.5 水平线向左平移但形状不变。

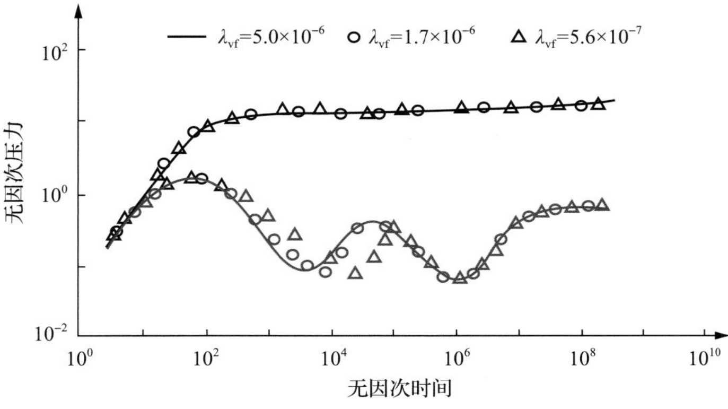

图 2.13　溶洞向裂缝的窜流系数 λ_{vf} 对压力响应的影响

改变基质向裂缝窜流系数 λ_{mf} 的大小，其他参数不变时，不同压力响应曲线见图 2.14。随着 λ_{mf} 的增大，基质向缝洞窜流过渡段出现的时间越早，在双对数曲线上代表第二个下凹部分出现得越早，过渡段曲线沿 0.5 水平线向左平移但形状不变。

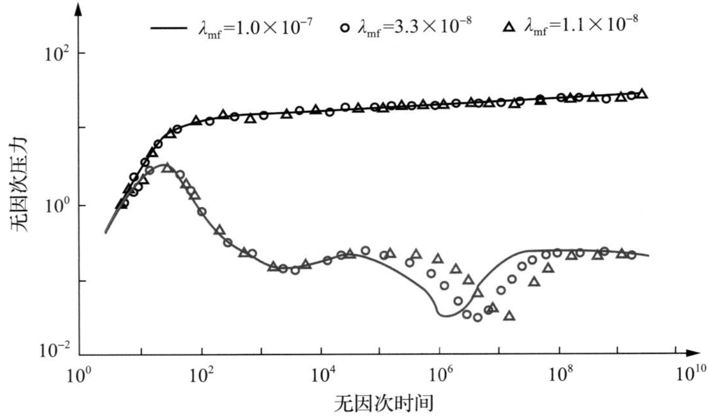

图 2.14 基质向裂缝的窜流系数 λ_{mf} 对压力响应的影响

2. 弹性储容比对压力响应的影响

改变裂缝弹性储容比 ω_f 的大小，不同压力响应曲线见图 2.15。在双对数曲线上，裂缝弹性储容比 ω_f 越小，导数过渡段曲线出现的时间越长；同时下凹也越深，表明洞与裂缝之间窜流的时间也就越长。

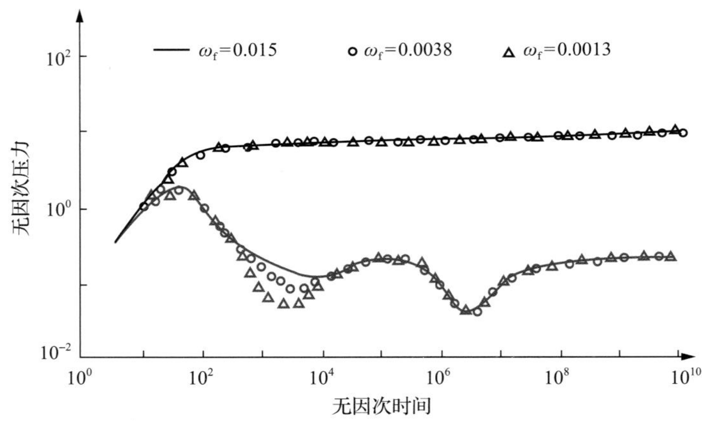

图 2.15 裂缝系统弹性储容比 ω_f 对压力响应的影响

改变溶洞弹性储容比 ω_v 的大小，其他参数不变时，不同压力响应曲线见图 2.16。溶洞弹性储容比 ω_v 越小，在双对数曲线上导数过渡段曲线出现的时间越长；同时下凹越深，表明基质与缝洞之间窜流的时间也就越长。

3. 裂缝渗透率比对压力响应的影响

改变裂缝渗透率比 K_f^* 的大小，其他参数不变时，不同压力响应曲线见图 2.17。K_f^* 值越大，在双对数曲线上导数过渡段曲线出现的时间越长；同时下凹越深，表明洞与裂缝之间的窜流的时间也就越长。

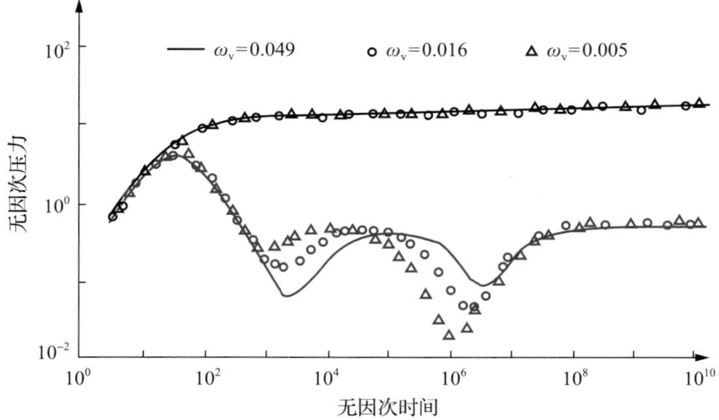

图 2.16　溶洞弹性储容比 ω_v 对压力响应的影响

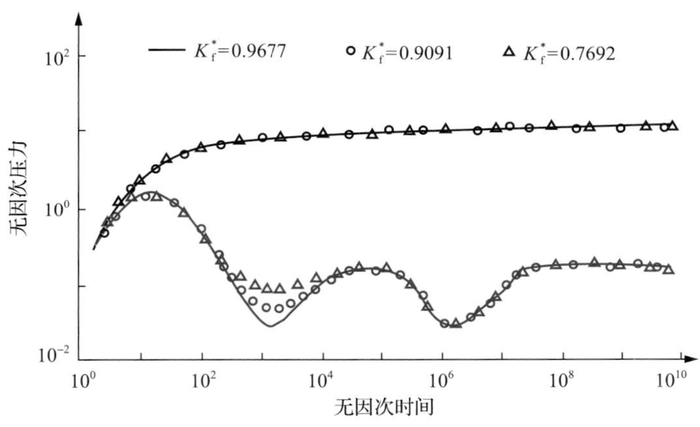

图 2.17　裂缝渗透率 K_f^* 对压力响应的影响

2.2.4　应用实例

B-1 井位于塔里木盆地某碳酸盐岩缝洞型油藏，该井储层经过充分的溶蚀作用后孔、缝、洞同时发育，属于典型的三重介质油藏，该井物性参数见表 2.2。

表 2.2　B-1 井储层物性参数表

孔隙度 /%	含油饱和度 /%	井眼半径 /m	油层厚度 /m	原油压缩系数 /MPa^{-1}	原油地下黏度 /(mPa · s)	原油体积系数 (m^3/m^3)
15	0.72	0.075	26.5	7.51×10^{-3}	13.84	1.098

该井投产后进行试井测试，共测得 237 个小时的压力恢复数据，采用三重介质试井解释方法进行分析，模型选择“井筒储存+表皮系数+三重介质油藏+圆形封闭边界”的解释模型，解释参数值如表 2.3 所示，图 2.18 为该井的双对数曲线拟合图。

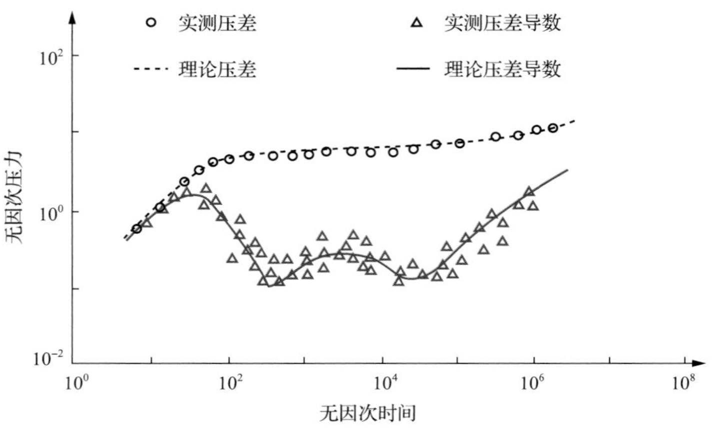

图 2.18　B-1 井压恢试井双对数曲线三重介质解释拟合图

表 2.3　B-1 井试井解释数据表

井筒储集系数/(m^3/MPa)	表皮系数	裂缝渗透率/$10^{-3}\mu m^2$	溶洞渗透率/$10^{-3}\mu m^2$
0.394	−3.5	338	2490
基质向裂缝窜流系数	溶洞向裂缝窜流系数	基质弹性储溶比	裂缝弹性储溶比
9.23×10^{-7}	1.48×10^{-6}	9.23×10^{-1}	1.32×10^{-4}

2.3　数值试井方法

碳酸盐岩缝洞型油藏非均质性强，特别是在具有复杂油藏边界、内部次生断层的情况下，油藏渗流方程不存在解析解，只能采用存在解析解的简化模型近似替代，导致试井解释的结果误差较大，不能准确地评价油藏信息。针对此类难题发展了数值试井方法，通过正演模拟，探索试井曲线表征的缝洞型储集体的结构与边界特征。数值试井所描述的油藏特征更真实，可以对复杂边界、井组和生产历史进行模拟。

2.3.1　有限元分析方法

1. 有限元分析方法概念

有限元分析方法是用多个简单的问题代替复杂问题。它将求解对象划分为许多有限单元互连的子域。对每一个单元求解一个合适的近似解，然后求解整个对象的解。由于复杂问题被多个简单问题所代替，所以有限元分析方法能适应各种复杂情况，成为行之有效的工程分析技术手段。

2. 有限元分析步骤

有限元分析方法以其独有的技术特点被广泛应用于描述各种复杂的现象。作为一种技术手段，对于不同的分析对象，有限元分析基本方法都是相同的，只是具体的描述和运算求解不同。

1) 建立求解对象的数学模型

对于任何问题的求解，首先要建立与之对应的数学模型。

(1) 找出决定研究对象的主要因素。利用对象的状态变量和边界条件的微分方程来表征每个单元网格点，即将数学方程和初值、边值转化为网格点上的代数方程组。

(2) 形成适当的数学方程。

(3) 给出符合实际的边值和初值。

2) 求解对象的离散化

将要分析的对象视为具有不同有限大小、形状且彼此相连的离散单元[14]，即通常所说的有限元网格划分。显而易见，单元网格划分越小，离散单元的近似程度越高，计算结果也越精确。

3) 构造单元矩阵

选择适当的方法，构造符合单元特征的数学矩阵，包括选择适合的坐标系、建立单元函数及给出单元各状态变量的离散化关系，最终形成单元矩阵。

4) 总装矩阵

将各单元矩阵总装形成研究对象的总矩阵方程。

5) 联立方程组求解

选用合适的计算方法对单元方程联立求解，并用已知的边界条件进行限定。

3. 单元网格的特性

有限元单元网格的划分直接关系到数值分析的计算速率和结果的准确性，对于划分的网格应满足以下特性。

(1) 合法性。一个单元的结点不能落入其他单元内部，在单元边界上的结点均可作为单元的结点。

(2) 相容性。单元必须落在区域内部，且单元并集等于研究对象。

(3) 逼近精确性。研究对象的顶点必须是单元的结点，研究对象的边界须被单元边界所逼近。

(4) 良好的单元形状。单元最佳形状是正多边形或正多面体。

(5) 良好的剖分过渡性。单元之间过渡应相对平稳，否则将影响计算结果的准确性，甚至无法计算。

(6) 网格剖分的自适应性。在几何尖角处，应力、温度等变化较大处的网格应当加密，其他部位应稀疏，保证结果精确。

2.3.2 数值试井方法

1. 数值试井模型

1) 井的模型

通常一口井的产能可表达为

$$Q = \mathrm{WI}(P_{\mathrm{i}} - P_{\mathrm{w}}) \tag{2.18}$$

式中，WI 为井的模型表达式，$\mathrm{WI} = 2\pi kh \Big/ \ln\left(\dfrac{r_{\mathrm{o}}}{r_{\mathrm{w}}}\right)$；$P_{\mathrm{i}}$ 为原始压力，MPa；P_{w} 为井底压力，MPa；k 为分析单元的渗透率，$10^{-3}\mu\mathrm{m}^2$；h 为油层有效厚度，m；r_{o} 为分析单元的直径，m；r_{w} 为井筒半径，m。

对于一个初始化的网格：

$$r_{\mathrm{o}} = \exp\left(\sum f_{\mathrm{c}} \frac{\ln r}{r} - \theta\right) \tag{2.19}$$

式中，f_{c} 为渗透性的径向校正系数。

如果井的单元是一个规则的多边形，井到边缘的距离为 $R_{\mathrm{o}i}$，则式(2.19)可以简化为

$$r_{\mathrm{o}} = R_{\mathrm{o}i} \exp\left[\frac{-\theta}{f_{\mathrm{c}} n_{\mathrm{a}} \tan(\pi / n_{\mathrm{a}})}\right] \tag{2.20}$$

式中，n_{a} 为多边形的边的数量。

上述井模型中只考虑了井筒储集系数的影响，如再考虑表皮系数，则井的换算的表达式变为

$$\mathrm{WI} = 2\pi kh \Big/ \ln\left(\frac{r_{\mathrm{o}}}{r_{\mathrm{w}}}\right) + S \tag{2.21}$$

式中，S 为分析单元的表皮系数。

用数值解描述油藏与用解析解描述油藏存在一定的差异，主要原因是有限元数值方法必须考虑井单元与相邻单元的关系。通过对比分析，这两种分析方法的差异性可以用数值表皮的方式进行定义，若该数值表皮系数 $S = -0.06$，则数值分析方法中井的确切表达式为

$$\mathrm{WI} = 2\pi kh \Big/ \ln\left(\frac{r_{\mathrm{o}}}{r_{\mathrm{w}}}\right) + S + 0.06 \tag{2.22}$$

2) 渗流模型

流体在任何油藏中的流动特征都遵循运动方程和物质守恒定律，以单相不可压缩流体为例，则有

$$\boldsymbol{v} = -\frac{k}{\mu} \nabla P \tag{2.23}$$

$$-\mathrm{div}(\rho \boldsymbol{v}) = 0 \tag{2.24}$$

2. 油藏的离散化

1) 有限元网格的建立

有限元数值试井对于油藏的离散化最常用的网格划分方式是六边形网格划分(图 2.19)。

对于油藏中的井、不同的渗流单元、单元间的干扰、边界的描述，有限元数值试井方法采用径向模型、干扰模型、角度模型、片段模型等多种方式进行组合，最终形成一个能够准确反映油藏地质特征的组合单元网格模型(图 2.20)。

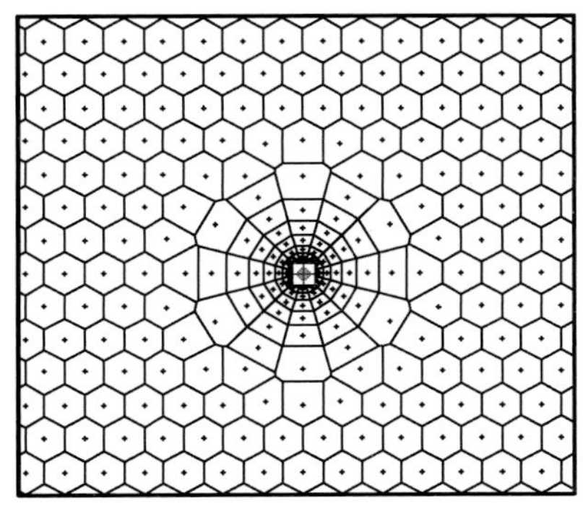

图 2.19　六边形模型

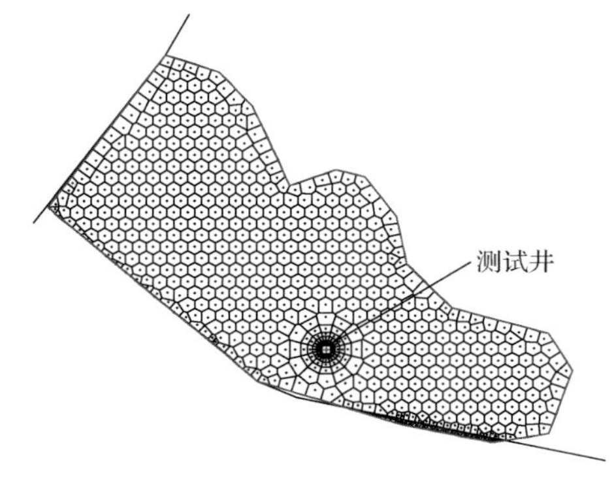

图 2.20　单元网格模型示意图

2) 离散方程的建立

将井和储层的模型进行离散，确定每个单元网格点上的微分方程式。

(1) 空间离散。

考虑一个油藏的网格，单元之间的物质平衡条件可以用给定的时间进行离散[15]：

$$e_i = \sum_{j \in j_i} T_{ij} \lambda (P_j - P_i) - \frac{\partial}{\partial t}(V_i \phi_i / B_i) - q_i \tag{2.25}$$

式中，e_i 为物质平衡误差；T_{ij} 为单元 ij 节点的渗透系数；λ 为流动的性能，$\lambda = 1/B\mu$ (其中 B 为体积系数，m^3/m^3；μ 为流体黏度，mPa·s)；P_i 为单元 i 的压力，MPa；P_j 为单元 j 的压力，MPa；V_i 为单元 i 的体积，m^3；ϕ_i 为单元 i 节点的孔隙度，小数；B_i 为单元 i 节点的体积系数，m^3/m^3；q_i 为单元 i 节点的流量，m^3/s。

(2) 时间离散。

把空间离散方程用模拟时间间隔进一步离散，从而使所有的量都被最终表达为

$$e_i^{n+1} = \sum_{j \in j_i} T_{ij} \lambda (P_j^{n+1} - P_i^{n+1}) - \frac{V_i}{\Delta t}[(\phi_i / B)^{n+1} - (\phi_i / B)^n] - q_i^{n+1} \tag{2.26}$$

3) 离散单元的联立及求解

对于一个离散系统可以简单地描述为

$$F(P)=0 \tag{2.27}$$

式中，$P=\left(P_1,P_2,\cdots,P_n\right)^t$；$F=(e_1,e_2,\cdots,e_n)^t$，上角标 t 表示 t 时刻。

利用 Newton-Raphson 迭代法对系统进行求解，得到一个重复 l 次的近似解：

$$F^{l+1}=F^l+J^{-1}\Delta P \tag{2.28}$$

式中，$J=\partial F/\partial P$；$\Delta P=P^{l+1}-P^l$。

对方程进行多次迭代求解，最后得到一个收敛值 $\max(e_i)\Delta t/V$，产生一个有限元数值模型。将得到的解通过图形方式表达出来，生成动态压力响应特征曲线(图 2.21～图 2.23)，在实际分析过程中，通过将生成的理论数值模型的特征曲线与实际特征曲线进行对比调整，达到最佳的匹配，可以准确地描述油藏。

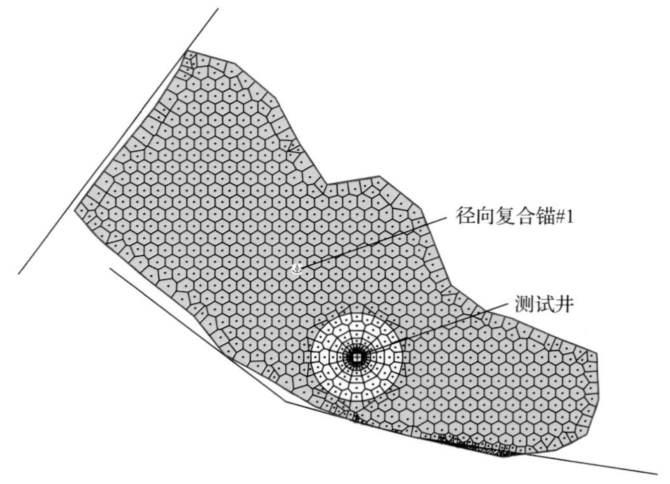

图 2.21　有限元数值分析油藏压力响应图

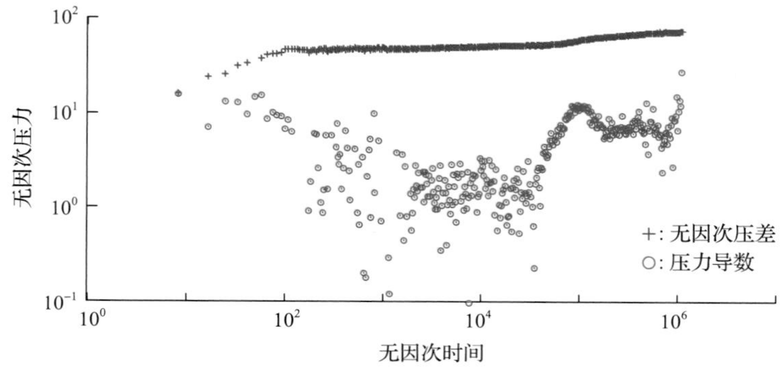

图 2.22　压力响应双对数-导数曲线

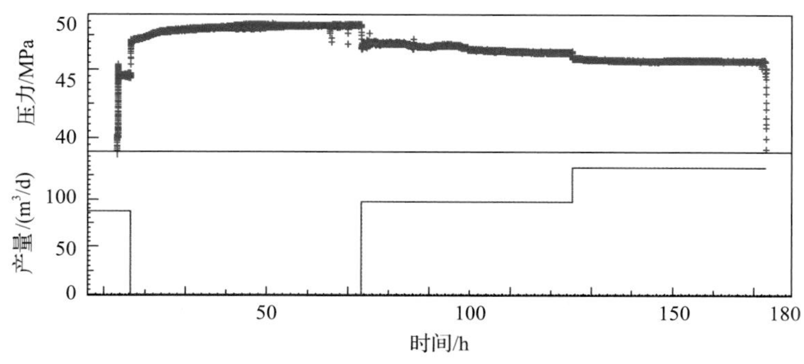

图 2.23　压力响应历史曲线

3. 有限元数值试井技术特点

有限元数值方法通过有限元网格方法将复杂的现象进行一系列网格划分，使对单个网格的分析变得简单，复杂的问题得以简化，从而可以实现对油藏各种动态变化的精细描述[16]。该方法具有以下特点。

(1) 实现了对油藏内部不同区域的渗流场分布特征和压力分布特进行精细刻画，使复杂的油藏动态变化特征得到直观的显现，为深化认识油藏属性提供了技术手段。

(2) 实现多口井的并行分析，使井间干扰、注采井网中水的推进速度等一系列复杂动态问题得以解决。

(3) 有限元数值试井技术具有丰富的油藏边界描述功能，为复杂油藏边界、内部次生断层的分析创造了条件。

(4) 为油藏建模、产能预测、开发方案的制定等提供了技术支撑。

2.3.3　应用实例

B-2 井在停喷前进行了压力恢复试井，试井曲线表现出复合油藏的特征。结合生产动态情况，认为该井油藏在高渗单元以外还存在低渗供液区域。由于低渗区的渗流条件差，在早期油藏整体压降较小的情况下，低渗区内流体处于“休眠”状态，所以压力恢复曲线表现出封闭单元的特征。随着高渗单元压降增大，“休眠”的低渗区流体参与供液，显示出初期高产，产能递减快，后期低产，产能相对稳定的特点(图 2.24)。

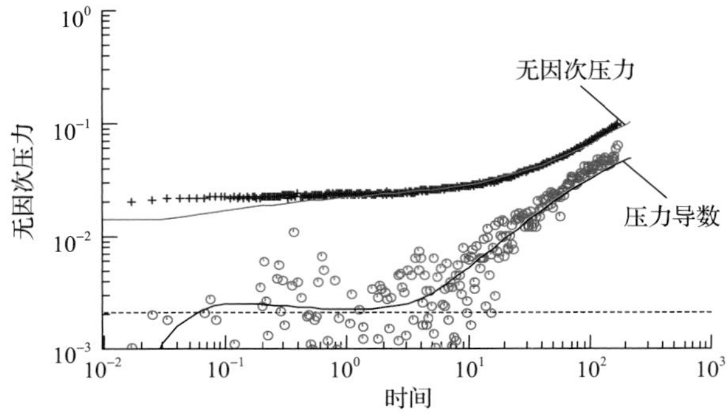

图 2.24　B-2 井常规试井压力恢复双对数曲线图

常规试井解释实现了对压力导数的拟合，但压力历史拟合效果很差，说明所选用的模型类型不符合本区的实际地质特征，不能满足油藏评价的需要。

依据上述分析，考虑该井所在区块裂缝走向多为南北向发育，建立了该井的油藏数值模型(图 2.25)，模型设计为线性复合模型，除近井高渗单元外，还设置了 3 个不同渗流条件的低渗区。

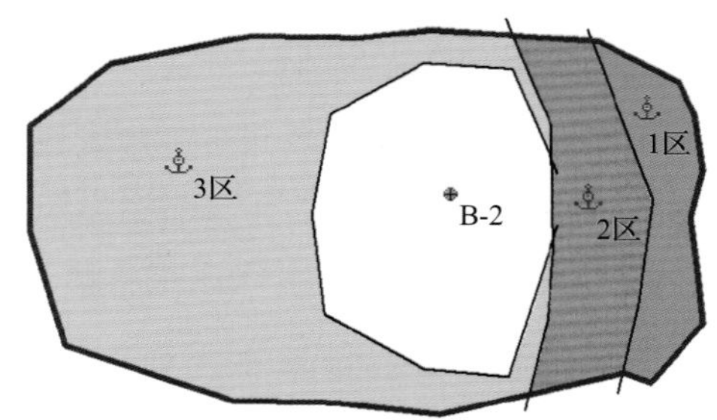

图 2.25　油藏概念模型示意图

各外区单元的物性参数定义见表 2.4。

表 2.4　油藏低渗区储层物性参数表

区域	流度比	分散比	弹性储能比	窜流系数	储层类型
1	150	150	0.08	8×10^{-7}	双孔拟稳态
2	50	50	0.01	3×10^{-7}	双孔拟稳态
3	220	220	0.02	2×10^{-7}	双孔拟稳态

利用建立的数值模型进行模拟分析，取得了非常好的拟合效果，实现了从动态角度对该井储渗单元的准确分析，地层参数能够反映油藏的实际特征。

拟合求得各项油藏参数如表 2.5 所示。

表 2.5　B-2 井解析试井与数值试井解释参数对比表

类型	地层压力/Mpa	流动系数/[($10^{-3}\mu m^2\cdot m$)/(mPa·s)]	地层系数/($10^{-3}\mu m^2\cdot m$)	弹性储能比 ω	窜流系数 λ
解析试井	52.30(5570.5m)	5013.5	5.1×10^5	0.039	1.66×10^{-7}
数值试井	52.37(5570.5m)	5315.4	4.3×10^5		

类型	1 区流度比	2 区流度比	3 区流度比	有效弹性体积/10^4m^3
解析试井				
数值试井	150	50	220	198.08

利用有限元数值试井分析方法对 B-2 井油藏的储层分布、油藏特征进行了准确的描述。分析结果表明，该井近井筒的洞穴发育区最好，但发育储层较好的区域的体积有限，即油藏中的优质储量较少，同时受外围基质的限制，油藏的整体弹性空间有限。

2.4　波动-管渗耦合试井方法

2.2 节、2.3 节介绍的三重介质理论和数值试井方法均基于达西渗流理论，适用于介质相对连续的储层。而在实际的勘探开发过程中，部分碳酸盐岩缝洞型油藏存储空间属于缝洞组合的非连续型介质，流体在此类油藏中存在渗流和管流，三重介质理论和数值试井方法难以解决这些问题。针对此类缝洞型油藏，需要考虑洞中的流动和波动，以及洞和缝的耦合流动。本节重点探讨波动-管渗耦合试井方法。

2.4.1　基本概念及定义

1. 碳酸盐岩缝洞型油藏试井参数定义

由于缝洞型油藏的流动特征，引入一些新的、可描述缝洞型油藏特征的特征参数，定义如下。

1) 溶洞波动系数

溶洞波动系数的表达式为

$$C_{\mathrm{a}}=\frac{2\pi r_{\mathrm{v}}^{2}}{\rho C C_{\mathrm{v}}} \qquad C_{\mathrm{aD}}=\frac{2\pi r_{\mathrm{v}}^{2}\mu\phi C_{\mathrm{t}}r_{\mathrm{w}}^{2}}{\rho C C_{\mathrm{v}}k} \tag{2.29}$$

式中，C_{a} 为溶洞的波动系数，s^{-1}；C_{aD} 为无因次溶洞波动系数，无量纲；C_{t} 为综合压缩系数，MPa^{-1}；C 为波速，m/s；ρ 为密度，$\mathrm{kg/m^3}$；C_{v} 为溶洞储存系数，$\mathrm{m^3/MPa}$；r_{v} 为溶洞半径，m。

2) 溶洞阻尼系数

溶洞阻尼系数的表达式为

$$C_{\mathrm{p}}=\frac{1}{2}\rho\left(\frac{4r_{\mathrm{v}}^{2}}{D^{2}}v_{0}\right)^{2}, \quad C_{\mathrm{pD}}=\frac{16\pi\rho k r_{\mathrm{v}}^{4}h}{D^{4}QB\mu}v_{0}^{2} \tag{2.30}$$

式中，C_{p} 为溶洞的阻尼系数，MPa；C_{pD} 为无因次溶洞阻尼系数，无量纲；Q 为流量，$\mathrm{m^3/s}$；h 为渗流层总厚度，m；D 为井筒直径，m；v_0 为流体初始速度，m/s。

3) 流量比

流量比的表达式为

$$n=q_{\mathrm{v}}/Q \tag{2.31}$$

式中，n 为流量比；q_{v} 为距离井筒最远洞在某一时刻的流量，$\mathrm{m^3/d}$；Q 为地面流量。

4) 溶洞体积（V_{v}）

缝洞型油藏中溶洞的体积（$\mathrm{m^3}$）在 2.4.3 节中有详细介绍计算方法。

5) 形状因子(θ)

以上 5 个参数是缝洞型油藏试井理论中新引入的几个特色参数。溶洞压缩系数对试井理论解释的洞体积结果影响较大，下面先对溶洞压缩系数的表征进行详细介绍。

2. 溶洞压缩系数

缝洞型油藏的储集空间是由裂缝和溶洞两种孔隙构成的，裂缝和溶洞的尺度各不相同，表现出极强的非均质性。

溶洞可以分为球形洞和虫形洞两种基本的形态。地层中一维方向发展的溶洞为虫形洞；大型裂缝也可以等效成虫形洞。三维方向发展的溶洞为球形洞。球形洞由虫形洞连通起来，形成有效的储集空间。图 2.26 为溶洞介质概念模型。球形洞是主要的储集空间，虫形洞既是重要的储集空间，又是有效的连通通道。有些虫形洞在后期的成岩过程中可能被部分充填或完全充填，致使部分球形洞成为封闭或半封闭的溶洞。

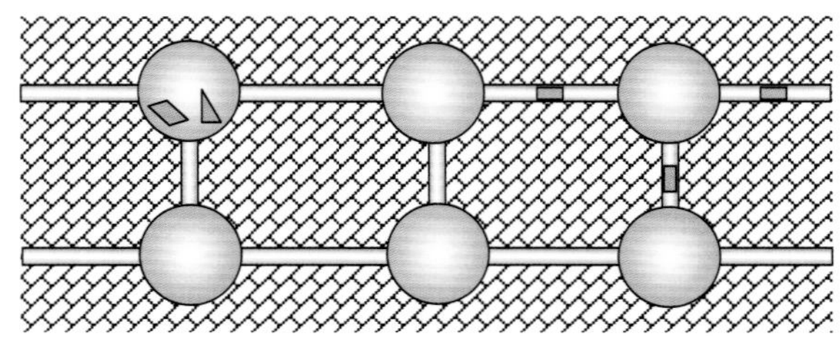

图 2.26　溶洞介质概念模型

洞与洞之间是相互连通的，只是连通的程度有所不同。溶洞中的流体被采出后，压力会下降，溶洞体积因此被压缩。溶洞的压缩是一种驱替能量，压缩系数越大，岩石的弹性驱动能量就越多。下面分虫形洞和球形洞两种情况来研究溶洞的压缩问题[17]。

1) 虫形洞

虫形洞可以用空心圆环进行模拟(图 2.27)，圆环的内径为 r_1，模拟溶洞的大小；圆环的外径为 r_2，模拟溶洞之间的距离，即溶洞的密度。内、外径差值为环厚。圆环为固体物质，模拟地层的基质部分。圆环受到内、外应力的共同作用，内应力为 P_{vi}，模拟溶洞的孔隙压力；外应力为 P_{vo}，模拟地应力。当内、外应力发生变化时，圆环将产生变形，用来模拟地层岩石的变形行为。

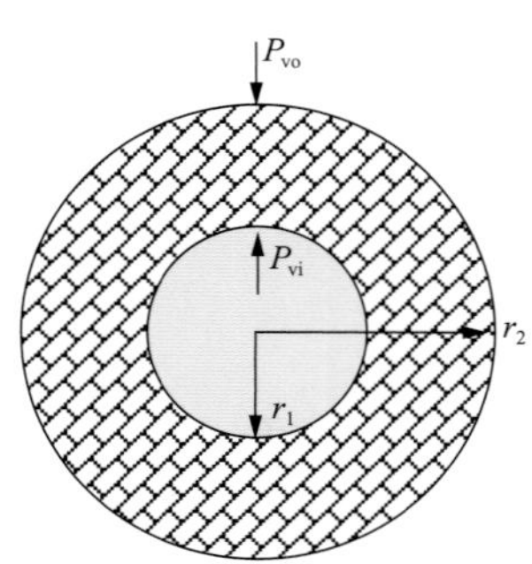

图 2.27　虫形洞压缩图

在内、外应力均为原始地层压力的情况下，岩石处于初始的压力平衡状态，此时圆环的空心面积(溶洞面积)为

$$A_{\mathrm{p}} = \pi r_1^2 \tag{2.32}$$

式中，A_{p} 为溶洞面积，m^2；r_1 为溶洞半径，m。

圆环的总面积(岩石外观面积)为

$$A_{\mathrm{b}} = \pi r_2^2 \tag{2.33}$$

式中，A_{b} 为岩石总面积，m^2；r_2 为圆环外半径，m。

岩石的孔隙度为溶洞面积与外观面积的比值，即

$$\phi = \frac{A_{\mathrm{p}}}{A_{\mathrm{b}}} = \frac{r_1^2}{r_2^2} \tag{2.34}$$

式中，ϕ 为溶洞孔隙度。

当岩石的初始平衡状态遭到破坏，即内部应力或外部应力发生变化时，圆环将产生变形。油藏生产过程中溶洞外应力为常数(地应力)，而溶洞内部压力随流体采出而发生变化。因此，定义岩石溶洞孔隙体积(孔隙面积)的压缩系数为

$$C_{\mathrm{p}} = \frac{\mathrm{d}A_{\mathrm{p}}}{A_{\mathrm{p}}\mathrm{d}P_{\mathrm{vi}}} \tag{2.35}$$

式中，C_{p} 为溶洞的压缩系数，MPa^{-1}；P_{vi} 为溶洞内压，MPa。

把式(2.32)代入式(2.35)得

$$C_{\mathrm{p}} = \frac{2\mathrm{d}r_1}{r_1\mathrm{d}P_{\mathrm{vi}}} \tag{2.36}$$

根据材料力学的有关理论，可以得出圆环在弹性变形过程中任意径向距离(r)处的位移：

$$\mathrm{d}r = \frac{1-\nu}{E}\frac{r_1^2\mathrm{d}P_{\mathrm{vi}} - r_{\mathrm{vo}}^2\mathrm{d}P_2}{r_2^2 - r_1^2}r + \frac{1+\nu}{E}\frac{r_1^2 r_2^2(\mathrm{d}P_{\mathrm{vi}} - \mathrm{d}P_{\mathrm{vo}})}{r_2^2 - r_1^2}\frac{1}{r} \tag{2.37}$$

式中，E 为岩石弹性模量，MPa；ν 为泊松比，无量纲；P_{vo} 为溶洞外压，MPa。

在外应力不发生变化的情况下，r_1 处的位移为

$$\mathrm{d}r_1 = \frac{1-\nu}{E}\frac{r_1^3\mathrm{d}P_{\mathrm{vi}}}{r_2^2 - r_1^2} + \frac{1+\nu}{E}\frac{r_1 r_2^2\mathrm{d}P_{\mathrm{vi}}}{r_2^2 - r_1^2} \tag{2.38}$$

将式(2.38)代入式(2.36)，可以得虫形溶洞压缩系数的计算公式为

$$C_{\mathrm{p}}=\frac{2}{E}\frac{(1-\nu)r_1^2+(1+\nu)r_2^2}{r_2^2-r_1^2} \tag{2.39}$$

结合式(2.34)、式(2.39)可以写成：

$$C_{\mathrm{p}}=\frac{2}{E}\frac{(1-\nu)\phi+(1+\nu)}{1-\phi} \tag{2.40}$$

式(2.40)即为虫形溶洞的压缩系数计算公式，可以看出虫形溶洞的压缩系数随溶洞孔隙度的增大而增大，随基质硬度的增大而减小。

2)球形洞

球形溶洞可以用空心球进行模拟，球的内径为 r_1，模拟溶洞内径的大小；球的外径为 r_2，模拟溶洞之间的距离。内、外径之差为球的壁厚。球壁为固体物质，模拟地层的基质部分。球受到内、外应力的共同作用，内应力为 P_{vi}，模拟溶洞的孔隙压力；外应力为 P_{vo}，模拟地应力。当内、外应力发生变化时，球将产生变形，用来模拟地层岩石的变形。

在内、外应力为原始地层压力的情况下，岩石处于初始平衡状态，此时，球的空心体积(溶洞体积)为

$$V_{\mathrm{p}}=\frac{4}{3}\pi r_1^3 \tag{2.41}$$

式中，V_{p} 为溶洞体积，m^3。

球的总体积(岩石外观体积)为

$$V_{\mathrm{b}}=\frac{4}{3}\pi r_2^3 \tag{2.42}$$

式中，V_{b} 为外观体积，m^3。

岩石的孔隙度为溶洞体积与外观体积的比值，即

$$\phi=\frac{V_{\mathrm{p}}}{V_{\mathrm{b}}}=\frac{r_1^3}{r_2^3} \tag{2.43}$$

当内、外应力发生变化时，球将产生变形。由于油藏生产过程中外应力为常数，内部压力随流体采出而发生变化，因此，定义岩石溶洞孔隙体积的压缩系数为

$$C_{\mathrm{p}}=\frac{\mathrm{d}V_{\mathrm{p}}}{V_{\mathrm{p}}\mathrm{d}P_{\mathrm{vi}}} \tag{2.44}$$

将式(2.41)代入式(2.44)得

$$C_{\mathrm{p}}=\frac{3\mathrm{d}r_1}{r_1\mathrm{d}P_{\mathrm{vo}}} \tag{2.45}$$

根据弹性力学的有关理论，可以得出空心球在弹性变形过程中任意径向距离 (r) 处的位移：

$$\mathrm{d}r=\frac{(1+v)r}{E}\left[\frac{\dfrac{r_2^3}{2r^3}+\dfrac{1-2v}{1+v}}{\dfrac{r_2^3}{r_1^3}-1}\mathrm{d}P_{\mathrm{vi}}-\frac{\dfrac{r_1^3}{2r^3}+\dfrac{1-2v}{1+v}}{1-\dfrac{r_1^3}{r_2^3}}\mathrm{d}P_{\mathrm{vo}}\right] \tag{2.46}$$

在外应力不发生变化的情况下，r_1 处的位移为

$$\mathrm{d}r_1=\frac{(1+v)r_1}{E}\frac{\dfrac{r_2^3}{2r_1^3}+\dfrac{1-2v}{1+v}}{\dfrac{r_2^3}{r_1^3}-1}\mathrm{d}P_{\mathrm{vi}} \tag{2.47}$$

将式(2.47)代入式(2.45)可得溶洞压缩系数的计算公式为

$$C_{\mathrm{p}}=\frac{3(1+v)}{E}\frac{\dfrac{r_2^3}{2r_1^3}+\dfrac{1-2v}{1+v}}{\dfrac{r_2^3}{r_1^3}-1} \tag{2.48}$$

联立式(2.43)和式(2.48)可得

$$C_{\mathrm{p}}=\frac{3}{2E}\frac{2(1-2v)\phi+(1+v)}{1-\phi} \tag{2.49}$$

式(2.49)即为球形溶洞的压缩系数计算公式。由式(2.49)可以看出，球形溶洞的压缩系数也随溶洞孔隙度的增大而增大，随基质硬度的增大而减小。

由式(2.40)和式(2.49)可以看出，无论虫形溶洞还是球形溶洞，溶洞的压缩系数都随基质力学参数的变化而变化，基质越硬，溶洞压缩系数就越小；同时，溶洞的压缩系数还随溶洞孔隙度的变化而变化，岩石孔隙度越大，溶洞的压缩系数就越大。表 2.6 分别为孔隙度为 1%和 5%时的压缩系数计算结果，计算中泊松比取 0.3。

表 2.6　溶洞压缩系数计算结果　　（单位：$10^{-4}\mathrm{MPa}^{-1}$）

孔隙度/%	溶洞类型	低硬度岩石 E=1×10^{4}MPa	中等硬度岩石 E=5×10^{4}MPa	高硬度岩石 E=10×10^{4}MPa	Hall 图版值
1	虫形洞	2.64	0.528	0.264	19.25
	球形洞	1.98	0.396	0.198	
5	虫形洞	2.81	0.562	0.281	9.55
	球形洞	2.12	0.423	0.212	

表 2.6 的计算结果表明：在相同孔隙度、相同岩石的条件下，球形洞的压缩系数略低于虫形洞，其原因是球形洞比虫形溶洞多一个支撑方向。溶洞介质的压缩系数受岩石弹性模量的影响较大，但由于大多数碳酸盐岩的弹性模量都在 5×10^4MPa 以上，因此，压缩系数的数值通常都很小，油藏工程计算可将其忽略。

3) 小岩样测量结果

某碳酸盐岩缝洞型油藏三口井的实测岩石压缩系数曲线如图 2.28 所示[18]，在净围压为 2.76MPa 时，岩石的压缩系数为 $115\times10^{-4}\sim132\times10^{-4}\text{MPa}^{-1}$；在净围压为 67.59MPa 时，岩石的压缩系数为 $17\times10^{-4}\sim23\times10^{-4}\text{MPa}^{-1}$。实测的岩石压缩系数偏高，甚至超过了液体和气体的压缩系数，缺乏基本的合理性，因此无法在油藏工程中使用。

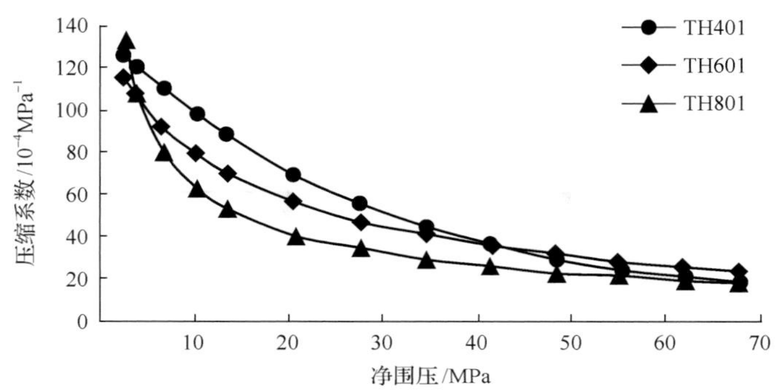

图 2.28　岩石压缩系数测量曲线

4) Hall 图版及新公式计算结果

碳酸盐岩储层的岩石压缩系数可以用 Hall 图版(图 2.29)进行计算，其经验公式为

$$C_{\mathrm{p}}=\frac{2.587\times10^{-4}}{\phi^{0.4358}} \tag{2.50}$$

若溶洞的孔隙度为 1%，则由式(2.50)计算出的压缩系数为 $19.25\times10^{-4}\text{MPa}^{-1}$；若溶洞孔隙度为 5%，压缩系数为 $9.55\times10^{-4}\text{MPa}^{-1}$(表 2.6)。

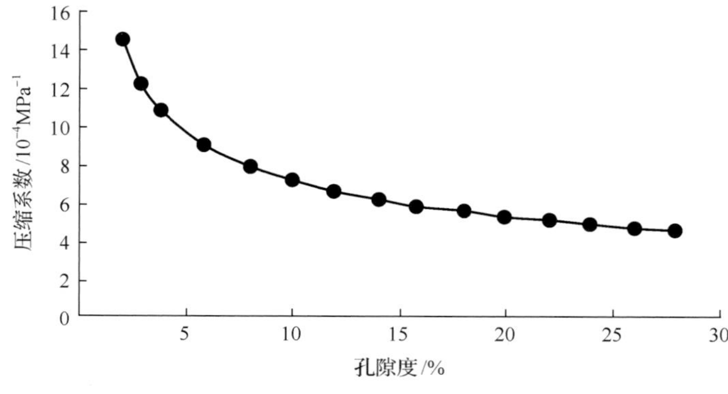

图 2.29　Hall 图版

由 Hall 图版确定的岩石压缩系数普遍偏大，无形中高估了岩石的弹性驱动能量；而且实验的系统误差导致 Hall 图版存在逻辑反转现象，即孔隙度越大，压缩系数越小，即岩石越疏松越难压缩。因此，Hall 图版基本上不能使用。实验之所以测量出了错误的实验结果，是因为实验时将坚硬的岩心放入柔软的塑料封套中，岩心与封套之间存在微间隙[19]（图 2.30）。

传统的岩石压缩系数是在图 2.31 所示的仪器中进行测量的。测量时将岩心放入夹持器的封套中，充满饱和流体的岩心在内、外应力的作用下达到压力平衡。若增加外压（围压，σ）或降低内压（P），岩心的孔隙体积受到压缩，其中的流体将被排出。流体的排出量和内压的变化都可以计量。流体的排出量可以换算成岩心孔隙体积的变化量，就可以计算出岩石的压缩系数。这种测量方法被称作体积法。

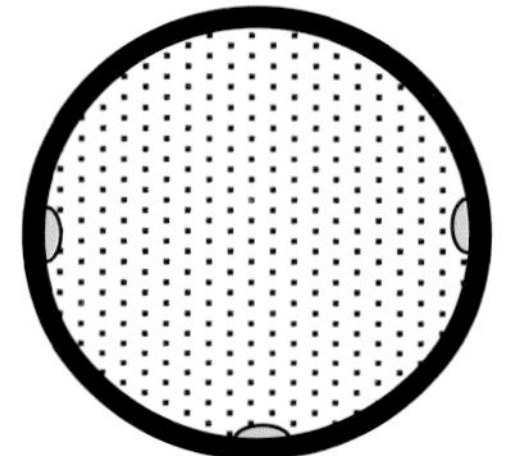

图 2.30　岩心-封套微间隙

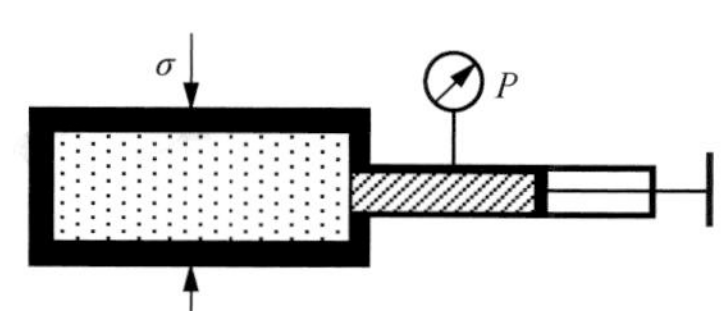

图 2.31　体积法测量岩石压缩系数

碳酸盐岩缝洞型油藏不适宜采用小岩心的实验分析方法确定岩石的压缩系数，一是因为岩心的表皮效应导致实验测量的误差太大；二是因为取到岩心的地方都不是地层的储集空间所在，储集空间为大的缝洞孔隙，缝洞十分发育的地方，又无法取到完整的岩心供实验分析使用。

根据双重有效应力理论，得出的岩石压缩系数新公式为

$$C_p = \frac{\phi}{1-\phi} C_s \tag{2.51}$$

式中，C_s 为固体骨架的压缩系数，计算表达式为

$$C_s = \frac{3(1-2\nu)}{E_s} \tag{2.52}$$

式中，E_s 为固体物质的弹性模量，MPa；ν 为泊松比。

由式（2.51）计算的岩石压缩系数曲线如图 2.32 所示，可以看出岩石的压缩系数随孔隙度的增大而增大，且其数值普遍小于地层流体的压缩系数，符合力学理论的一般原则。

根据式（2.51）和式（2.52），岩石的压缩系数可以通过测量岩石的弹性模量进行测量，弹性模量法的测量原理如图 2.33 所示。在岩心两端施以应力作用后（固定围压），测量岩石的纵向应变和横向应变，然后绘制岩石的应力-应变曲线，计算岩石的弹性模量和泊松比。这样就克服了岩心的表皮效应对测试结果的严重影响。

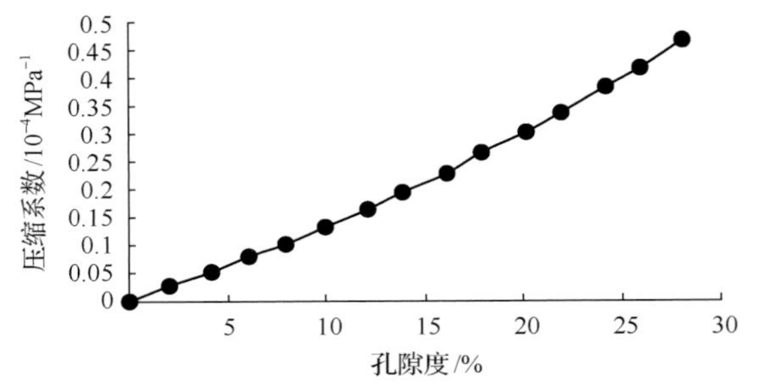

图 2.32　岩石压缩系数随孔隙度变化曲线

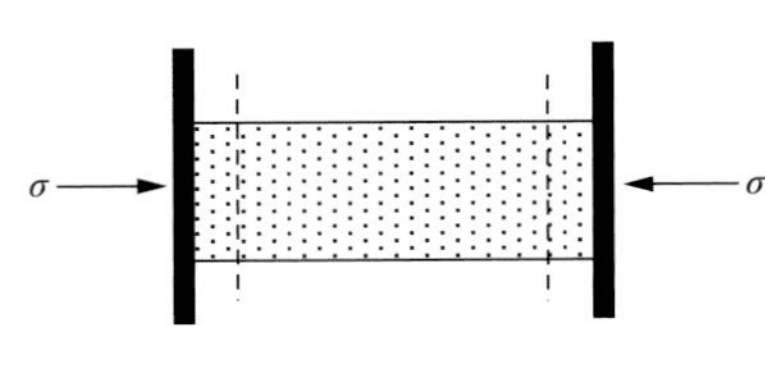

图 2.33　岩石应变仪测量图

表 2.7 为用弹性模量法测量的岩石压缩系数数据表，由表 2.7 的数据可以看出，岩石的压缩系数数值很低。

表 2.7　岩石力学参数和压缩系数计算结果

岩心编号	岩性	E/MPa	ν	ϕ	C_p/MPa^{-1}	Hall 图版值
1	灰岩	49800	0.25	0.05	0.02×10^{-4}	9.55×10^{-4}
2	砂岩	14500	0.28	0.15	0.14×10^{-4}	5.91×10^{-4}
3	白云岩	34000	0.26	0.07	0.03×10^{-4}	8.24×10^{-4}

碳酸盐岩缝洞型油藏的岩石骨架致密坚硬，弹性模量数值大，虽然储集空间为溶蚀孔洞，但岩石的压缩系数很低，岩石的弹性能量有限，不是油藏重要的驱动能量。

2.4.2　基于力学三大守恒定律建立的物理数学模型[20]

1. 假设条件

为获得缝洞型油藏流动规律，做出以下假设：①油井以定产量生产；②地层流体和岩石微可压缩；③油藏为单相流体，压缩系数为常数；④油井测试前地层中各点的压力均匀，都为 p_i；⑤缝、溶洞中的压力变化相对独立；⑥假设洞为圆柱，并且洞和井筒同心；⑦裂缝和洞与井筒连通，洞和裂缝都是储集空间也是流动通道。

2. 物理模型

基于上述假设，可将建立的物理模型简化为图 2.34 所示的理想模型。图中与等效裂缝或井筒及溶洞相沟通的地层为均匀介质，且地层厚度分别为 h_1 和 h_2；裂缝或井筒等效半径为 r_w，溶洞半径为 r_v，压缩系数均为 C_t。

3. 数学模型

流体从溶洞流入井筒，满足连续性方程、动量守恒方程和能量守恒方程：

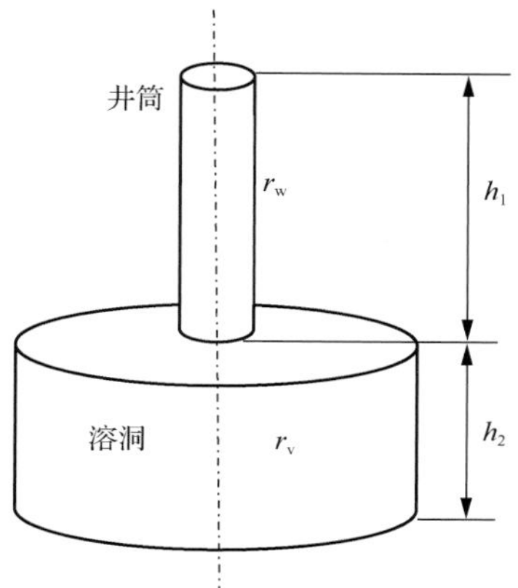

图 2.34　缝-洞/井筒-洞示意图

$$\frac{\partial\rho}{\partial t}+\frac{\partial}{\partial x}(\rho v)=0 \tag{2.53}$$

$$\frac{\partial}{\partial t}(\rho v)+\frac{\partial}{\partial x}(\rho v^2)+\frac{\partial P}{\partial x}-\rho g-\frac{\rho f v^2}{2D}=0 \tag{2.54}$$

$$P_v=P_{wf}+\frac{1}{2}\rho v_{wf}^2 \tag{2.55}$$

式中，ρ 为流体密度，kg/m^3；v 为流体流动速度，m/s；x 为由井筒圆心向下建立的一维坐标轴；P 为压力，MPa；f 为流体受到的摩擦系数；D 为井筒的直径，m；P_{wf}、P_v 分别为井筒和溶洞中的压力，MPa；v_{wf} 为井筒和溶洞连接处流体的速度，m/s。

井筒与溶洞联通组成了一个巨大的流体储集空间，当开井生产时，由于压力很高，早期的产量由岩石和流体的弹性能量提供，考虑图 2.35 的流体储集空间，井筒及溶洞中流体存在两种类型的运动：一种是流体的运动，其速度为 v，由流量 Q 来决定；另一种是流体流出后的压力泄压速度，以波的形式传播，速度为 C，以井筒中的流动为例，建立相应的方程。

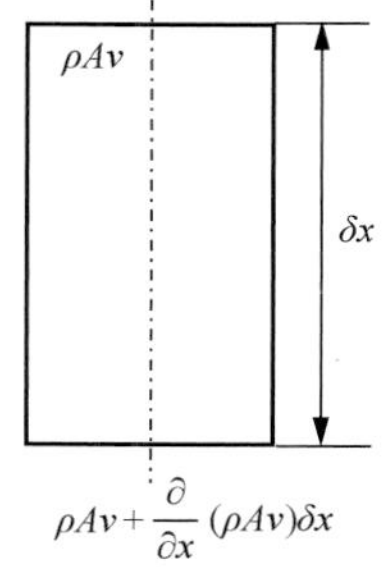

图 2.35　流体微元中流体流入和流出示意图

在井筒中取流体微元，由质量守恒方程可得

$$\rho Av-\left[\rho Av+\frac{\partial}{\partial x}(\rho Av)\delta x\right]=\frac{\partial}{\partial t}(\rho A\delta x) \tag{2.56}$$

式中，A 为微元面积，m^2；δx 为微元高度，m。

在高压状况下，流体存在压缩性。油管也是一个弹性体，其变形由油管直径、壁厚及油管材料的杨氏模量决定，式(2.56)展开变成

$$\frac{\partial v}{\partial x}+\frac{v}{A}\frac{\partial_A}{\partial x}+\frac{v}{\rho}\frac{\partial \rho}{\partial x}+\frac{1}{A}\frac{\partial A}{\partial t}+\frac{1}{\rho}\frac{\partial \rho}{\partial t}=0 \tag{2.57}$$

根据流体力学中全导数和偏导数关系：

$$\frac{\mathrm{d}\rho}{\mathrm{d}t}=\frac{\partial \rho}{\partial t}+v\frac{\partial p}{\partial x};\quad \frac{\mathrm{d}A}{\mathrm{d}t}=\frac{\partial A}{\partial t}+v\frac{\partial A}{\partial x} \tag{2.58}$$

式(2.57)可修改为

$$\frac{\partial v}{\partial x}+\frac{1}{\rho}\frac{d\rho}{dt}+\frac{1}{A}\frac{\mathrm{d}A}{\mathrm{d}t}=0 \tag{2.59}$$

考虑流体的压缩性，式(2.59)中的密度项可表示成压力的函数：

$$\frac{1}{\rho}\frac{\mathrm{d}\rho}{\mathrm{d}t}=\frac{1}{K}\frac{\mathrm{d}P}{\mathrm{d}t} \tag{2.60}$$

式中，K 为流体的体积模量，MPa。

假设油管为弹性变形，对薄壁的圆管，当压力增加 dP 时，其径向变形与 dP 的关系为

$$\frac{\mathrm{d}D}{D}=\frac{D}{2Ee}\mathrm{d}P \tag{2.61}$$

式中，D 为油管直径，m；e 为油管壁厚，m；E 为油管杨氏模量，MPa。

由油管面积公式：

$$\frac{1}{A}\frac{\mathrm{d}A}{\mathrm{d}t}=\frac{D}{eE}\frac{\mathrm{d}P}{\mathrm{d}t} \tag{2.62}$$

联合式(2.60)和式(2.61)，则式(2.62)可得

$$\frac{\partial v}{\partial x}+\left(\frac{1}{K}+\frac{D}{Ee}\right)\frac{\mathrm{d}P}{\mathrm{d}t}=0 \tag{2.63}$$

定义

$$C^2=\frac{1}{\rho}\left(\frac{1}{K}+\frac{D}{Ee}\right) \tag{2.64}$$

式中，C 为管道及流体系统中的波速，m/s。

利用全导数公式，式(2.63)可变成：

$$\frac{\partial P}{\partial t}+v\frac{\partial P}{\partial x}+\rho C^2\frac{\partial v}{\partial x}=0 \tag{2.65}$$

如果将溶洞也视作圆柱，连续性方程同式(2.65)，压力传播的波速 C 可表示为

$$C^2=\frac{1}{\rho}\left(\frac{1}{K}+\frac{1}{\phi E}\right) \tag{2.66}$$

将连续性方程和动量守恒方程联合，可得

$$\frac{\mathrm{d}v}{\mathrm{d}t}+\frac{1}{\rho C}\frac{\mathrm{d}P}{\mathrm{d}t}-g-\frac{4fv|v|}{D}=0 \tag{2.67}$$

流体在溶洞中流动，速度 v 较小，可忽略重力和流体摩擦力，考虑溶洞的存储常数 C_v，则有

$$\frac{\mathrm{d}v}{\mathrm{d}t}+\frac{1}{\rho C}\frac{\pi r_\mathrm{v}^2 V}{C_\mathrm{v}}=0 \tag{2.68}$$

式(2.68)的解即为溶洞中的流体流速：

$$v=v_0\exp\left(-\frac{\pi r_\mathrm{v}^2}{\rho C C_\mathrm{v}}t\right) \tag{2.69}$$

式中，v_0 为初始时刻的速度，m/s。

由地面产量可以确定溶洞提供的产量：

$$Q_\mathrm{t}=\pi r_\mathrm{v}^2 v_0\exp\left(-\frac{\pi r_\mathrm{v}^2}{\rho C C_\mathrm{v}}t\right) \tag{2.70}$$

于是流体流入井筒处的速度为

$$v_\mathrm{wf}=\frac{4r_\mathrm{v}^2}{D^2}v_0\exp\left(-\frac{\pi r_\mathrm{v}^2}{\rho C C_\mathrm{v}}t\right) \tag{2.71}$$

根据井筒及溶洞处的能量守恒方程，则有

$$P_\mathrm{wf}=P_\mathrm{v}-\frac{1}{2}\rho\left(\frac{4r_\mathrm{v}^2}{D^2}v_0\right)^2\exp\left(-\frac{2\pi r_\mathrm{v}^2}{\rho C C_\mathrm{v}}t\right) \tag{2.72}$$

2.4.3　波动–管渗耦合试井模型及求解

碳酸盐岩缝洞型油藏的结构复杂，缝、洞组合模型多样，但归纳起来可分成两类：井–洞模型和井–洞–缝–洞模型，这里主要介绍两种试井模型的建立和相应的求解方法。

1. 井–洞模型

塔里木盆地某碳酸盐岩缝洞型油藏有 45%以上的井直接钻遇放空建产，因此在缝洞

型油藏中存在大量的井-洞模型。

1) 物理模型及基本假设

采用的物理模型如图 2.36 所示。为获得缝洞型油藏流动规律，做出以下假设：①地层为各向同性圆形油藏，圆心处有一口定产量生产的油井；②假设地层外部为单一均匀介质；③考虑流体的微可压缩性，假设压缩系数很小，则运动过程中流体的速度也很小；④假设洞为圆柱，并且与井筒同心，仅考虑竖直方向的流动。

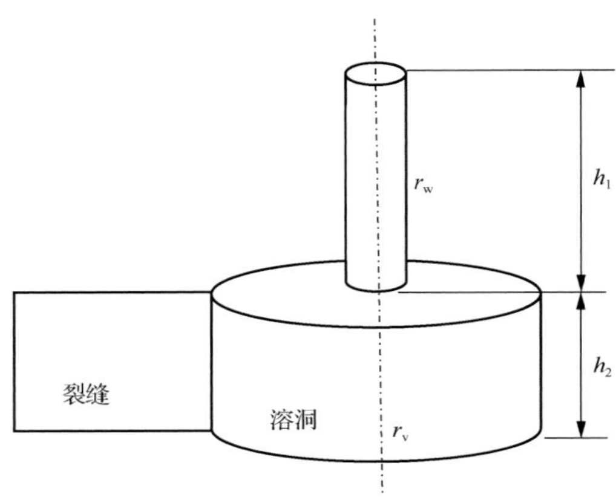

图 2.36　物理模型示意图

2) 井-洞模型无量纲方程求解

在缝洞型油藏试井模型中，流动方程是由井筒、洞及地层三部分组成，对于外部地层仍然采用渗流方程。其方程可表示为

$$k\nabla^2 P_1 = \mu C_t \phi \frac{\partial P_1}{\partial \mathrm{t}} \tag{2.73}$$

$$k\nabla^2 P_2 = \mu C_t \phi \frac{\partial P_2}{\partial t} \tag{2.74}$$

通过定义井筒及溶洞的表皮系数，可以将介质的压力 P_1、P_2 与井筒和溶洞中的压力 P_{wf} 和 P_v 联系起来：

$$P_{wf} = P_1 - S_w r \left.\frac{\partial P}{\partial r}\right|_{r=r_w} \tag{2.75}$$

$$P_v = P_1 - S_v r \left.\frac{\partial P}{\partial r}\right|_{r=r_v} \tag{2.76}$$

式中，S_w、S_v 分别为井筒和溶洞的表皮系数。

由井筒、溶洞储存常数及定产量，井筒内边界条件可表示为

$$-BQ = C_w \frac{\partial P_{wf}}{\partial t} + C_v \frac{\partial P_v}{\partial t} - 2\pi r_w h_1 \frac{k}{\mu}\left.\frac{\partial P}{\partial r}\right|_{r_w} - 2\pi r_v h_2 \frac{k}{\mu}\left.\frac{\partial P}{\partial r}\right|_{r_v} \tag{2.77}$$

式中，C_w、C_v 分别为井筒和溶洞的存储常数，m^3/MPa。

采用如下的无因次定义：

$t_D = \dfrac{k}{\mu\phi C_t r_w^2} t$，无因次时间；

$P_{1D} = \dfrac{2\pi k(h_1+h_2)(P_i-P_1)}{QB\mu}$，介质 1 中的无因次压力；

$P_{2D} = \dfrac{2\pi k(h_1+h_2)(P_i-P_2)}{QB\mu}$，介质 2 中的无因次压力；

$P_{wfD} = \dfrac{2\pi k(h_1+h_2)(P_i-P_{wf})}{QB\mu}$，无因次井筒压力；

$P_{vD} = \dfrac{2\pi k(h_1+h_2)(P_i-P_v)}{QB\mu}$，无因次溶洞压力；

$r_D = \dfrac{r}{r_w}$，无因次半径；

$C_{wD} = \dfrac{C_w r_w}{2\pi\phi C_t(r_w h_1 + r_v h_2) r_w^2}$，无因次井筒储存常数；

$C_{vD} = \dfrac{C_v r_w}{2\pi\phi C_t(r_w h_1 + r_v h_2) r_w^2}$，无因次溶洞储存常数；

$\lambda = \dfrac{r_w h_1}{r_w h_1 + r_v h_2}$，无因次系数。

据此可以将式(2.76)～式(2.77)化为无因次方程组：

$$
\begin{cases}
\dfrac{1}{r_D}\dfrac{\partial}{\partial r_D}\left(r_D\dfrac{\partial P_{1D}}{\partial r_D}\right) = \dfrac{\partial P_{1D}}{\partial t_D} \\
\dfrac{1}{r_D}\dfrac{\partial}{\partial r_D}\left(r_D\dfrac{\partial P_{2D}}{\partial r_D}\right) = \dfrac{\partial P_{2D}}{\partial t_D} \\
P_{wfD} = \left.\left(P_{1D} - s_w r_D\dfrac{\partial P_{1D}}{\partial r_D}\right)\right|_{r_D=1} \\
P_{vD} = \left.\left(P_{2D} - s_v r_D\dfrac{\partial P_{2D}}{\partial r_D}\right)\right|_{r_{vD}} \\
C_{wD}\dfrac{\partial P_{wfD}}{\partial t_D} + C_{vD}\dfrac{\partial P_{vD}}{\partial t_D}\left[\lambda\left.\dfrac{\partial P_{1D}}{\partial t_D}\right|_{r_D=1} + (1-\lambda) r_{vD}\left.\dfrac{\partial P_{2D}}{\partial r_D}\right|_{r_{vD}}\right] = 1 \\
P_{1D}(r_D\to\infty,\ t_D) = P_{2D}(r_D\to\infty,\ t_D) = 0
\end{cases}
\tag{2.78}
$$

结合前面的无因次定义，同时考虑 ρ 是压力的函数，并考虑重力、摩擦力及洞为非圆柱体，无因次井筒压力及溶洞压力之间关系为

$$\overline{P_{\text{wfD}}} = \overline{P_{\text{vD}}} - C_{\text{pD}} t_{\text{D}}^{\alpha-1} \exp(-C_{\text{aD}} t_{\text{D}}) \tag{2.79}$$

对地层渗流方程、井筒及溶洞方程进行 Laplace 变换，Laplace 空间上的方程及边界条件为

$$\begin{cases} \dfrac{1}{r_{\text{D}}}\dfrac{\text{d}}{\text{d}r_{\text{D}}}\left(r_{\text{D}}\dfrac{\text{d}\overline{P_{\text{1D}}}}{\text{d}r_{\text{D}}}\right) = s\overline{P_{\text{1D}}} \\ \dfrac{1}{r_{\text{D}}}\dfrac{\text{d}}{\text{d}r_{\text{D}}}\left(r_{\text{D}}\dfrac{\text{d}\overline{P_{\text{2D}}}}{\text{d}r_{\text{D}}}\right) = s\overline{P_{\text{2D}}} \\ \overline{P_{\text{wfD}}} = \left(\overline{P_{\text{1D}}} - s_{\text{w}} r_{\text{D}}\dfrac{\text{d}\overline{P_{\text{1D}}}}{\text{d}r_{\text{D}}}\right)\Bigg|_{r_{\text{D}}=1} \\ \overline{P_{\text{vD}}} = \left(\overline{P_{\text{2D}}} - s_{\text{v}} r_{\text{D}}\dfrac{\text{d}\overline{P_{\text{2D}}}}{\text{d}r_{\text{D}}}\right)\Bigg|_{r_{\text{vD}}} \\ \dfrac{1}{s} = uC_{\text{wD}}\overline{P_{\text{wfD}}} + uC_{\text{vD}}\overline{P_{\text{vD}}} - \left[\lambda\dfrac{\text{d}\overline{P_{\text{1D}}}}{\text{d}r_{\text{D}}}\Big|_{r_{\text{D}}=1} + (1-\lambda) r_{\text{vD}}\dfrac{\text{d}\overline{P_{\text{2D}}}}{\text{d}r_{\text{D}}}\Bigg|_{r_{\text{vD}}}\right] \\ \overline{P_{\text{wfD}}} = \overline{P_{\text{vD}}} - \Gamma(\theta)\dfrac{C_{\text{pD}}}{(C_{\text{aD}}+s)^{\theta}} \end{cases} \tag{2.80}$$

式中，s 为 Laplace 空间变量。

方程组(2.80)的通解为

$$\overline{P_{\text{1D}}} = A\text{I}_0(\sqrt{s}r_{\text{D}}) + B\text{K}_0(\sqrt{s}r_{\text{D}}) \tag{2.81}$$

$$\overline{P_{\text{2D}}} = C\text{I}_0(\sqrt{s}r_{\text{D}}) + D\text{K}_0(\sqrt{s}r_{\text{D}}) \tag{2.82}$$

式中，A、B、C、D 分别为 4 个待定系数，针对不同的边界条件分别求解；I_0、K_0 分别为零阶贝塞尔方程，无量纲。

(1) 无限大地层的解。

对无限大地层，Laplace 空间上的外边界条件可表示为

$$\overline{P_{\text{1D}}}(r_{\text{D}} \to \infty，s) = \overline{P_{\text{2D}}}(r_{\text{D}} \to \infty，s) = 0 \tag{2.83}$$

所以此时 A、C 为 0。结合式(2.83)可得

$$B = \left(\frac{1}{M_4}\frac{1}{s} - \frac{T}{M_2}\right)\left(\frac{M_3}{M_4} + \frac{M_1}{M_2}\right)^{-1} \tag{2.84}$$

$$D=\left(\frac{1}{M_3}\frac{1}{s}-\frac{T}{M_1}\right)\left(\frac{M_4}{M_3}+\frac{M_2}{M_1}\right)^{-1} \tag{2.85}$$

式中，$M_1=\mathrm{K}_0(\sqrt{s})+s_{\mathrm{w}}\sqrt{s}\mathrm{K}_1(\sqrt{s})$；$M_2=\mathrm{K}_0(\sqrt{s})+s_{\mathrm{v}}r_{\mathrm{vD}}\sqrt{s}\mathrm{K}_1(\sqrt{s}r_{\mathrm{vD}})$；$M_3=sC_{\mathrm{wD}}M_1+\lambda\sqrt{s}\mathrm{K}_1(\sqrt{s})$；$M_4=sC_{\mathrm{vD}}M_2+(1-\lambda)r_{\mathrm{vD}}\sqrt{s}\mathrm{K}_1(\sqrt{s}r_{\mathrm{vD}})$；$T=-\Gamma(v)\dfrac{C_{\mathrm{pD}}}{(C_{\mathrm{aD}}+s)^{v}}$。

(2) 圆形封闭地层。

此时 Laplace 空间下的外边界条件可表示为

$$\left.\frac{\mathrm{d}\overline{P_{1\mathrm{D}}}}{\mathrm{d}r_{\mathrm{D}}}\right|_{r_{\varepsilon\mathrm{D}1}}=\left.\frac{\mathrm{d}\overline{P_{2\mathrm{D}}}}{\mathrm{d}r_{\mathrm{D}}}\right|_{r_{\varepsilon\mathrm{D}2}}=0 \tag{2.86}$$

结合式(2.86)可得

$$A=\left(\frac{T}{N_2+M_2X_2}+\frac{1}{W_3+W_4X_2}\frac{1}{s}\right)\left(\frac{M_1+M_1X_1}{N_2+M_2X_2}+\frac{W_1+W_2X_1}{W_3+W_4X_2}\right)^{-1} \tag{2.87}$$

$$B=\left(\frac{1}{M_1+M_1X_1}\frac{1}{u}-\frac{T}{N_2+M_2X_2}\right)\left(\frac{N_2+M_2X_2}{M_1+M_1X_1}+\frac{W_3+W_4X_2}{W_1+W_2X_1}\right)^{-1} \tag{2.88}$$

式中，$N_1=\mathrm{I}_0(\sqrt{s})-\sqrt{s}s_{\mathrm{w}}\mathrm{I}_1(\sqrt{s})$；$N_2=\mathrm{I}_0(\sqrt{s}r_{\mathrm{vD}})-\sqrt{s}r_{\mathrm{vD}}s_{\mathrm{v}}\mathrm{I}_1(\sqrt{s}r_{\mathrm{vD}})$；$W_1=sC_{\mathrm{wD}}N_1-\lambda\sqrt{s}\mathrm{I}_1(\sqrt{s})$；$W_2=sC_{\mathrm{wD}}M_1+\lambda\sqrt{s}\mathrm{K}_1(\sqrt{s})$；$W_3=sC_{\mathrm{vD}}N_2-(1-\lambda)r_{\mathrm{vD}}\sqrt{s}\mathrm{I}_1(\sqrt{s}r_{\mathrm{vD}})$；$W_4=sC_{\mathrm{vD}}M_2+(1-\lambda)r_{\mathrm{vD}}\sqrt{s}\mathrm{K}_1(\sqrt{s}r_{\mathrm{vD}})$；$X_1=\dfrac{\mathrm{I}_1(\sqrt{s}r_{\mathrm{eD1}})}{K_1(\sqrt{s}r_{\mathrm{eD1}})}$；$X_2=\dfrac{\mathrm{I}_1(\sqrt{s}r_{\mathrm{eD2}})}{K_1(\sqrt{s}r_{\mathrm{eD2}})}$。

所以井底压力表达式为

$$\overline{P_{\mathrm{wfD}}}=N_1A+M_1B \tag{2.89}$$

(3) 圆形定压地层。

对圆形定压地层，Laplace 空间上的外边界条件可表示为

$$\overline{P_{1\mathrm{D}}}(r=r_{\mathrm{eD1}},\ s)=\overline{P_{2\mathrm{D}}}(r=r_{\mathrm{eD2}},\ s)=0 \tag{2.90}$$

结合式(2.90)可得

$$A=\left(\frac{T}{N_2+M_2X_4}+\frac{1}{W_3+W_4X_4}\frac{1}{s}\right)\left(\frac{M_1+M_1X_3}{N_2+M_2X_4}+\frac{W_1+W_2X_3}{W_3+W_4X_4}\right)^{-1} \tag{2.91}$$

$$B=\left(\frac{1}{M_1+M_1X_3}\frac{1}{s}-\frac{T}{N_2+M_2X_4}\right)\left(\frac{N_2+M_2X_4}{M_1+M_1X_3}+\frac{W_3+W_4X_4}{W_1+W_2X_3}\right)^{-1} \tag{2.92}$$

式中，$X_3 = -\dfrac{\mathrm{I}_0(\sqrt{s}r_{\mathrm{eD1}})}{\mathrm{K}_0(\sqrt{s}r_{\mathrm{eD1}})}$，$X_4 = -\dfrac{\mathrm{I}_0(\sqrt{s}r_{\mathrm{eD2}})}{\mathrm{K}_0(\sqrt{s}r_{\mathrm{eD2}})}$。

所以井底压力表达式为

$$\overline{P_{\mathrm{wfD}}} = N_1 A + M_1 B \tag{2.93}$$

3) 井-洞模型典型曲线分析

(1) 曲线特征分析。

取参数 $C_{\mathrm{pD}} = 0.5$，$C_{\mathrm{aD}} = 0.01$，$\theta = 1$，可得井底压力(P_{wD})及其导数(P'_{wD})与时间的双对数曲线(图 2.37)，图 2.37 压力及导数双对数曲线由 4 个部分组成。

Ⅰ区(流动早期)：此时井口产量主要由井筒部分供给，是典型的井筒存储段，所以压力及导数双对数曲线均为斜率为 1 的直线段。

Ⅱ区(流动前中期)：随着流体的采出，井筒存储逐渐向溶洞存储过渡，由于溶洞与井筒间流动通道突然变小，产生附加压降(类似于表皮效应)，所以压力导数开始下降。

Ⅲ区(流动中期)：此时井筒存储完全结束，进入溶洞存储阶段，在压力导数图中出现一条斜率为 1 的直线段。随着流体不断流出，地层中的流体开始向溶洞补充流量，表皮效应开始显现。

Ⅳ区(流动后期)：溶洞存储结束后，渗流作用占主导，压力及压力导数逐渐向径向流过渡。当流动到达径向流后，压力导数曲线为一条值为 0.5 的水平线段。

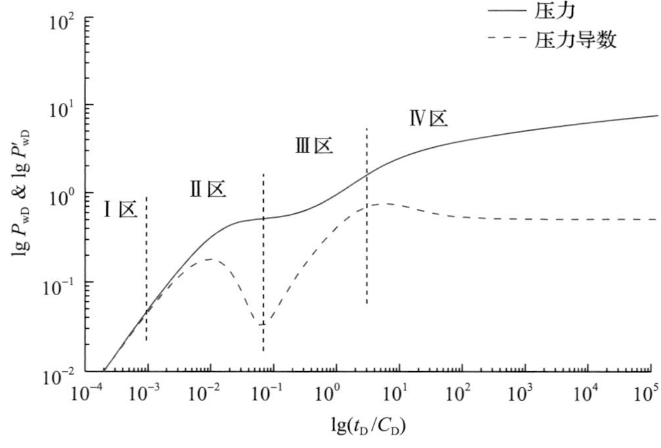

图 2.37 井底压力与压力导数双对数曲线图

(2) 敏感性分析。

为了更好地分析缝洞型典型曲线的特征，下面就各个参数对曲线的影响进行分析。

① C_{pD} 对曲线的影响分析。

选取参数：$C_{\mathrm{aD}} = 0.01$，$\theta = 1$，C_{pD} 分别取 0.5、0.7、0.9 和 1.0 时，压力及导数双对数曲线图如图 2.38 所示，从图中可以发现以下规律。

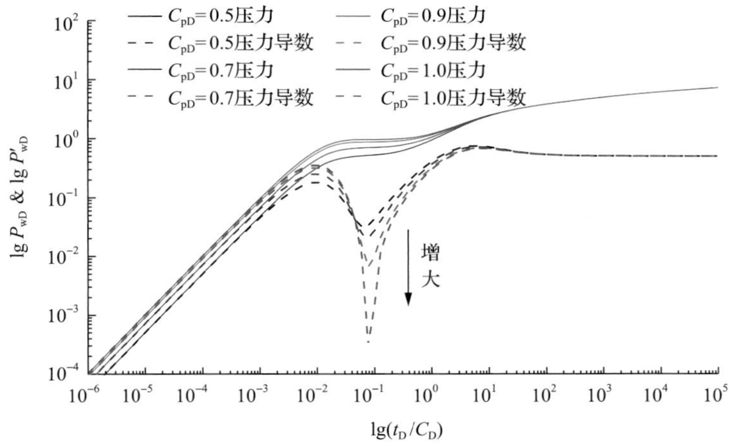

图 2.38　C_{pD} 取不同值时井底压力与压力导数双对数曲线图

C_{pD} 对曲线的 I 区、II 区、III区产生影响，对IV区无影响。C_{pD} 取不同值时，压力导数开始下降的时间一致，但压力导数下降的幅度不同，C_{pD} 越大，导数曲线下降的幅度也越大。压力和压力导数在流动后期重合。

对 I 区的影响体现在起始时间上，C_{pD} 越大，起始时间越晚，但影响很小。对 II 区的影响体现在压力导数开始下降时的值不同，C_{pD} 越大，压力导数开始下降时的值越大。

对III区的影响体现在压力导数下降的最低值上，C_{pD} 越大，压力导数的最低值越小。这是因为 C_{pD} 越大，溶洞中的流体进入井筒的过程越艰难，所以导致压力导数的最低值越小。但 C_{pD} 对压力导数到达最低点的时间并没有影响，取不同值时压力导数到达最低点的时间比较一致。

② C_{aD} 系数对曲线的影响分析。

取参数 $C_{pD}=0.8$，$\theta=1$，C_{aD} 分别取 0.01、0.05、0.1 和 0.15 时，压力及压力导数与时间的双对数曲线如图 2.39 所示，从图中可以发现以下规律。

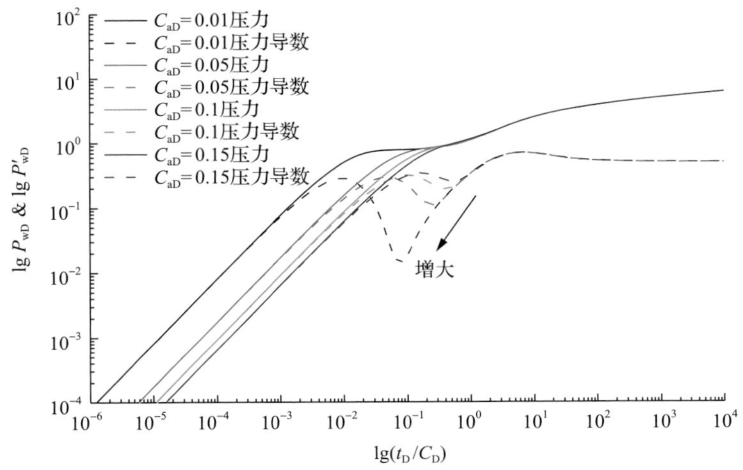

图 2.39　C_{aD} 取不同值时井底压力与压力导数随时间变化曲线图

C_{aD}对流动的Ⅰ区、Ⅱ区、Ⅲ区均有影响，对Ⅳ区无影响。当流动到达后期时，C_{aD}取不同值，压力和压力导数重合。

C_{aD}对Ⅰ区的影响体现在起始时间上，C_{aD}越大，整个流动过程起始时间越晚。

C_{aD}对Ⅱ区的影响体现在压力导数开始下降的时间上。M_D越大，压力导数开始下降的时间越晚。

C_{aD}对Ⅲ区的影响不仅仅体现在到达最低值的时间上，也体现在最低值的大小上。C_{aD}越大，到达最低值的时间越晚，最低值也越大。这是由于C_{aD}对压力导数开始下降的时间有影响，其到达最低值的时间也会受到影响。不同C_{aD}值的曲线进入流动后期的时间是一致的，C_{aD}越大，进入Ⅱ区的时间越晚，在Ⅱ区的时间也就越短，所以压力的最低值也就越大。

(3) θ对曲线的影响分析。

取参数$C_{pD}=0.8$，$C_{aD}=0.01$，θ分别取1.0、1.02、1.05和1.1时，压力及压力导数与时间的双对数曲线如图2.40所示，从图中可以发现以下规律。

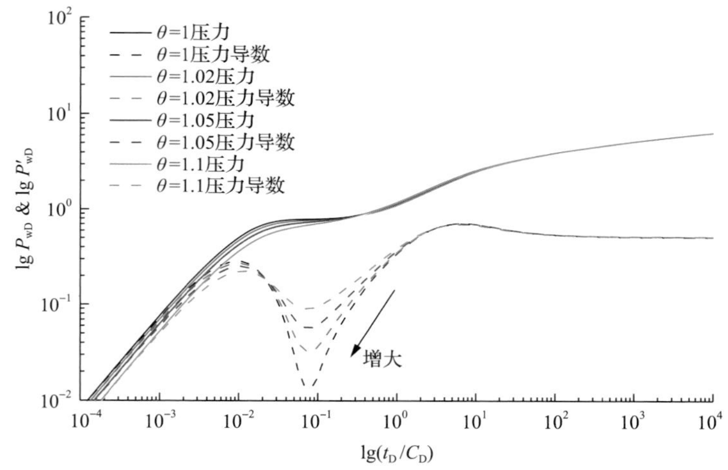

图2.40　θ取不同值时井底压力与压力导数随时间变化曲线图

θ对曲线的Ⅰ区、Ⅱ区、Ⅲ区均有影响，对Ⅳ区无影响。当进入流动后期时，θ取不同值，压力和压力导数曲线重合。

θ对曲线的Ⅰ区、Ⅱ区的影响比较小。θ取不同值时，起始时间和压力导数下降时间相差并不大。

θ对Ⅲ区的影响主要体现在压力导数的最低值。θ越小，压力导数的最低值越大，这可能是θ会影响流体在Ⅲ区流动的时间所导致，但θ对压力导数到达最低值的时间和进入Ⅲ区的时间并无影响。

2. 井-洞-缝-洞模型

直接钻遇溶洞的井，有可能通过裂缝系统连通远处的洞，不少井实际测试的试井双对数曲线也反映出远处存在另外一个溶洞系统，因此要建立井-洞-缝-洞模型，进一步准确地评价碳酸盐岩缝洞型储层结构。

1) 物理模型及假设

考虑地层中存在两个大溶洞，大溶洞之间通过裂缝彼此相连，井筒位于溶洞中，溶洞 1 直接向井筒供液，溶洞 2 通过裂缝向溶洞 1 供液。图 2.41 为井-洞-缝-洞模型示意图，其基本的假设如下。

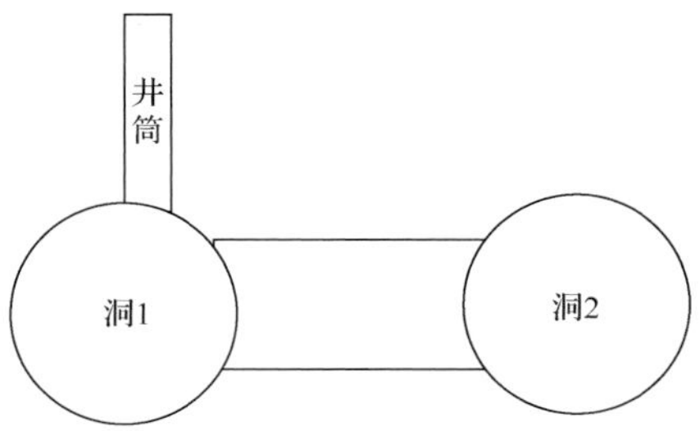

图 2.41　井-洞-缝-洞模型示意图

(1) 油井以定产生产，井位于溶洞 1 中，开井生产前溶洞及裂缝中压力均匀分布。

(2) 流体为单相，储层储集空间为溶洞及裂缝。

(3) 溶洞 1、溶洞 2、裂缝及流体都微可压缩，且压缩系数为常数。

(4) 裂缝向溶洞 1 供液，流体在裂缝中的流动满足达西定律，溶洞 2 向裂缝供液。

(5) 裂缝两端分别与溶洞 1 和溶洞 2 相连。

(6) 忽略重力的影响，考虑表皮效应、井筒储集效应。

(7) 考虑裂缝的长度、横截面积、孔隙度以及渗透率。

2) 模型方程及求解

在上述假设下，裂缝中的流动方程可以表示为

$$\begin{cases} \dfrac{\partial^2 P_{\mathrm{f}}}{\partial x^2} + q_1(t)\dfrac{1}{wh}\dfrac{\mu}{k_{\mathrm{f}}} = \dfrac{\phi_{\mathrm{f}}\mu C_{\mathrm{t}}}{k_{\mathrm{f}}}\dfrac{\partial P_{\mathrm{f}}}{\partial t} \\ P_{\mathrm{f}} = P_{\mathrm{v1}} \qquad (x = x_{\mathrm{f}},\ t > 0) \\ P_{\mathrm{f}} = P_{\mathrm{v2}} \qquad (x = 0,\ t > 0) \\ Q = (Q_{\mathrm{w}} + Q_{\mathrm{v}} + Q_{\mathrm{f}})B \end{cases} \tag{2.94}$$

式中，P_{f} 为裂缝中的压力，MPa；P_{v} 为溶洞中的压力，MPa；w 为裂缝宽度，m；ϕ_{f} 为裂缝中的孔隙度；k_{f} 为裂缝中的渗透率，$10^{-3}\mu\mathrm{m}^2$；Q_{w} 为井筒中的流体储集产生的流量，m^3/s；Q_{v} 为溶洞 1 中的流体储集产生的流量，m^3/s；Q_{f} 为由于溶洞 1 而产生的流量，m^3/s。

假设溶洞 2 周围地层的孔隙度及渗透率分别为 ϕ 和 k，当溶洞 2 的产量为 $q(t)$ 时，定义如下物理量：

$M=\dfrac{(k/\mu)_{\mathrm{f}}}{(k/\mu)}$，溶洞 2 周围的流度比；

$\omega=\dfrac{(\phi C_{\mathrm{t}})_{\mathrm{f}}}{(\phi C_{\mathrm{t}})}$，溶洞 2 周围的弹性储容比；

$q_{1\mathrm{D}}=\dfrac{q(t)}{Q}$，溶洞 2 提供的产量比；

$t_{\mathrm{D}}=\dfrac{k_{\mathrm{f}}}{\mu\phi_{\mathrm{f}}C_{\mathrm{t}}x_{\mathrm{f}}^{2}}t$，无因次时间；

$p_{\mathrm{fD}}=\dfrac{2\pi k_{\mathrm{f}}(P_i-P_{\mathrm{f}})}{QB\mu}$，无因次裂缝压力；

$C_{\mathrm{wD}x_{\mathrm{f}}}=\dfrac{C_{\mathrm{w}}}{2\pi\phi C_{\mathrm{t}}hx_{\mathrm{f}}^{2}}$，无因次井筒存储常数；

$C_{\mathrm{vD}x_{\mathrm{f}}}=\dfrac{C_{\mathrm{v}}}{2\pi\phi C_{\mathrm{t}}hx_{\mathrm{f}}^{2}}$，无因次溶洞存储常数；

$C_{\mathrm{pD}}=\dfrac{16\pi\rho k_{\mathrm{f}}h}{\omega^{2}QB\mu}v^{2}$，无因次阻尼系数；

$L_{\mathrm{D}x_{\mathrm{f}}}=\dfrac{L}{x_{\mathrm{f}}}$，地层中溶洞到井的无因次距离；

S_{m}，裂缝机械表皮。

对于地层而言，当溶洞 2 的产量为 $q_1(t)$ 时，溶洞 2 中的压力可以表示为[21]

$$P_{\mathrm{fD}}(x_{\mathrm{D}},\ t_{\mathrm{D}})=\frac{x_{\mathrm{f}}}{w}\sqrt{\frac{k\phi C\pi}{(k\phi C)_{\mathrm{f}}}}\int_{0}^{t_{\mathrm{D}}}\sum\nolimits_{n=-\infty}^{\infty}q_{\mathrm{D}}(\tau)\frac{\exp\left[\dfrac{(x_{\mathrm{D}}-2n)^{2}}{4\tau}\dfrac{M}{\omega}\right]}{\tau}\mathrm{d}\tau \tag{2.95}$$

利用点源汇解的积分，可以得到裂缝中的无因次压力解为

$$P_{\mathrm{f}}(x_{\mathrm{D}},\ t_{\mathrm{D}})=\int_{0}^{t_{\mathrm{D}}}\int_{-1}^{1}q_{\mathrm{D}}(x_{\mathrm{D}}',\ \tau)\frac{\exp\left[-\dfrac{(x_{\mathrm{D}}-x_{\mathrm{D}}')^{2}+y_{\mathrm{D}}^{2}}{4(t_{\mathrm{D}}-\tau)}\dfrac{M}{\omega}\right]}{t_{\mathrm{D}}-\tau}\mathrm{d}x_{\mathrm{D}}'\mathrm{d}\tau \tag{2.96}$$

由于在 $x_{\mathrm{D}}=0$ 处裂缝中的压力与溶洞 1 中的压力相等，$x_{\mathrm{D}}=1$ 处裂缝中的压力与溶洞 2 中的压力相等(满足连续性条件)，溶洞 2 中的压力采用洞存储系数表达式。这样可以求解流量随时间的变化值。由流量随时间的变化值就可以得到井-洞-缝-洞模型的井底压力，最终形成试井分析所需的图版。

3) 地层洞中的源汇近似

当地层中存在多个溶洞时，可以将洞视作提供流量的源项(图 2.42)。

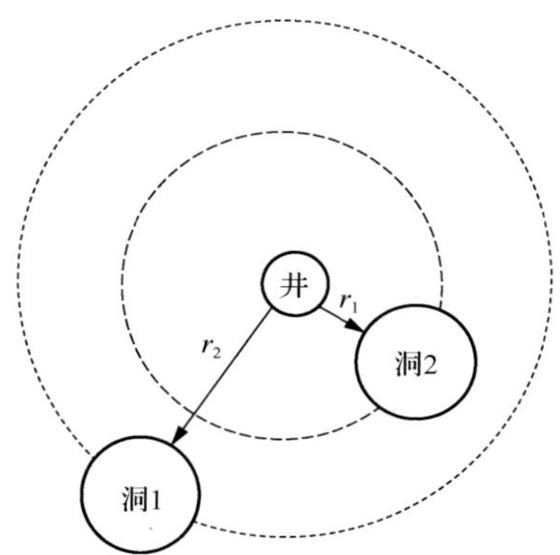

图 2.42　多洞模型下的井与洞关系图

洞向井提供产量，导致洞中压力降低，以洞 1 为例：当洞 1 向井提供产量 q_1 时，洞 1 中的压力就降低，为保持洞与周围压力的平衡，洞 1 周围的地层必须向洞 1 补充流体，洞 1 相对周围地层就相当一口生产井，按照源汇理论，考虑地层中多源汇的连续性方程为

$$\frac{\partial(\rho\phi)}{\partial t}+\nabla\cdot(\rho\boldsymbol{v})=\sum_{i=1}^{n}\rho q_i(M)\delta(M-M_0) \tag{2.97}$$

式中，q_i 为第 i 个源汇的强度，m^3/s。

δ 函数是一个描述集中分布的物理量(如质点、点电荷、点热量、集中力等)的数学工具。如果要在数学上用一个 δ 函数来描述这些集中分布的物理量，需满足以下两个要求：

$$\delta(M)=\begin{cases}0, & M\in M_0\\ \infty, & M\notin M_0\end{cases} \tag{2.98}$$

$$\iiint_V \delta(M)\mathrm{d}_v=\begin{cases}1, & M_0\in V\\ 0, & M_0\notin V\end{cases} \tag{2.99}$$

δ 函数的一个重要性质，就是对于任意的连续函数 $f(x，y，z)$ 都有

$$\iiint_V \delta(M-M_0)f(M)\mathrm{d}_v=\begin{cases}f(M), & M_0\in V\\ 0, & M_0\notin V\end{cases} \tag{2.100}$$

δ 函数的另一个重要性质就是对称性：

$$\delta(M-M_0)=\delta(M_0-M) \tag{2.101}$$

当地层中存在多个源或汇时，给方程的求解带来困难。这里介绍基于边界元的计算方法，该方法的优点之一是可以降低所求解方程的维数。边界元仅涉及表面及外边界，因此油田中的渗流方程求解，仅考虑油井和外边界。

4）边界元方法求解

在边界元方法中，外边界形状不规则的线性微分方程的解在求解区域内是精确的，方程的近似求解仅局限在外边界上。可以利用边界上的近似解给出求解区域内的准确的计算公式。这样就不存在有限差分和有限元方法中的网格方向和数值离散的问题。同时，由于外边界是光滑的，即使没有理论上的解析解，也可采用高精度网格方法进行积分求解，数值解的误差也很小。

利用边界元求解线性微分方程的步骤为：①将线性微分方程通过基本解（也称自由空间上的 Green 函数），化成边界积分形式，求解区域内任一点的解；②对边界进行离散，并求解区域移至边界得到一组线性方程；③求解线性方程组，得到边界上每个节点的函数及其导数值，利用这些函数及其导数值，再结合边界上的 Green 函数及其导数值，得到求解区域中任一点的解。

对于多源汇井，其无因次方程可以表示为

$$\frac{\partial^2 P_{\mathrm{D}}}{\partial x_{\mathrm{D}}^2}+\frac{\partial^2 P_{\mathrm{D}}}{\partial y_{\mathrm{D}}^2}=\frac{\partial P_{\mathrm{D}}}{\partial t_{\mathrm{AD}}}+\sum_{i=1}^{n} q_{i\mathrm{D}} \tag{2.102}$$

式中，t_{AD} 为无因次时间，$t_{\mathrm{AD}}=\dfrac{3.6kt}{\phi\mu C_t A}$；$x_{\mathrm{D}}$ 为 x 的无因次量，$x_{\mathrm{D}}=x/\sqrt{A}$；$y_{\mathrm{D}}$ 为 y 的无因次量，$y_{\mathrm{D}}=y/\sqrt{A}$；$q_{i\mathrm{D}}$ 为第 i 个源汇的无因次流量，$q_{i\mathrm{D}}=q_i(x,y,t)/q$；$q$ 为地面流体总流量，$\mathrm{m^3/s}$。

在试井分析的曲线拟合中，$q_{i\mathrm{D}}$ 与 $C_{\mathrm{D}}\mathrm{e}^{2s}$ 一样，作为图版参数时，需要输入每个 $q_{i\mathrm{D}}$，当地层中有 N 个洞时，$q_{i\mathrm{D}}$ 必须满足 $\sum_{i=1}^{N} q_{i\mathrm{D}}<1$，其物理含义是每个洞提供的产量占总产量的比例。

在外边界上可能存在 3 种类型的外边界条件：

$$P_{\mathrm{D}}=P_{\Gamma 1\mathrm{D}},\ \Gamma_1\subset\Gamma \tag{2.103}$$

$$\frac{\partial P_{\mathrm{D}}}{\partial n}=q_{\Gamma 1\mathrm{D}},\ \Gamma_1\subset\Gamma \tag{2.104}$$

$$\alpha P_{\mathrm{D}}+\beta\frac{\partial P_{\mathrm{D}}}{\partial n}=r,\ \Gamma_1\subset\Gamma \tag{2.105}$$

式中，n 为外边界的法线方向，方向向外；Γ 为体边界。

如果油藏的外边界如图 2.43 所示，求解区域就局限在 Ω 内，而与之相应的边界 Γ 则可由分封闭边界或定压边界。

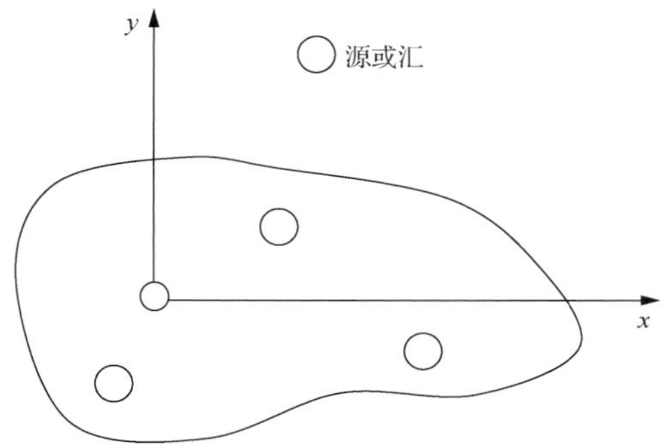

图 2.43　任意油藏形状的外边界

式(2.102)自由空间上的 Green 函数定义为在 τ 时刻，(ξ, ζ) 点的单位源汇强度的瞬时线源，在 t_D 时的 (x_D, y_D) 点产生的压力分布。于是自由空间上的 Green 函数定义为

$$G\left(x_D, y_D, t_D, \xi, \zeta, \tau\right)=\frac{1}{t_D-\tau}H(t_D-\tau)\exp\left[-\frac{r_D^2}{4(t_D-\tau)}\right] \tag{2.106}$$

式中，$H\left(t_D-\tau\right)=\begin{cases}0 & t_D<\tau \\ 1 & t_D \geqslant \tau\end{cases}$，为单位函数；$r_D^2=(x_D-\xi)^2+(y_D-\zeta)^2$；$\xi$，$\zeta$ 分别为源和汇点的位置。

将式(2.106)写成如下的简单形式(省略下标)：

$$L(P)=-P_{xx}-P_{yy}+P_t+q \tag{2.107}$$

式中，$L(P)$ 为无因次压力 P 的线性算子；P_{xx} 为 P 对 x 的二阶导数；P_{yy} 为 P 对 y 的二阶导数；P_t 为 P 对 t 的一阶导数。

由于自由空间上的 Green 函数 G 与压力 P 满足同样的方程，于是在式(2.107)两边同乘 G 得

$$GL(P)=-P\left(G_{xx}+G_{yy}+G_t\right)-(GP_x-G_xP)_x-(GP_y-G_yP)_y+Gq \tag{2.108}$$

式中，G_{xx} 为 G 对 x 的二阶导数；G_{yy} 为 G 对 y 的二阶导数；G_t 为 G 对 t 的一阶导数；P_x 为 P 对 x 的一阶导数；P_y 为 P 对 y 的一阶导数。

定义如下的运算符：

$$L^*(G)=-G_{xx}-G_{yy}-G_t \tag{2.109}$$

将式(2.109)代入式(2.108)得

$$GL(P)-PL^*(G)=-(GP_x-G_xP)_x-(GP_y-G_yP)_y+(GP)_t+Gq \tag{2.110}$$

对式(2.110)进行积分运算得

$$\int_t \mathrm{d}_\tau \int_\Omega \left[GL(P) - PL^*(G) \right] \mathrm{d}_A = -\int_t \mathrm{d}_\tau \int_\Omega [(G\nabla P - P\nabla G) + (GP)_t + Gq] \mathrm{d}_A \tag{2.111}$$

由于

$$L^*(G) = -\left(G_{xx} + G_{yy} + G_t\right) = \delta(x-\xi)\delta(y-\zeta)\delta(t-\tau) \tag{2.112}$$

式(2.112)变成

$$P(\xi,\ \zeta,\ t) = \int_t \mathrm{d}\tau \int_\Gamma \left(G\frac{\partial P}{\partial n} - P\frac{\partial G}{\partial n} \right) \mathrm{d}s + \int_\Omega G_0 P_0 \mathrm{d}A + \int_t \mathrm{d}\tau \int_\Omega Gq\mathrm{d}A \tag{2.113}$$

由式(2.113)可得求解区域中任一点$(x_\mathrm{D},\ y_\mathrm{D})$处的压力分布：

$$2\theta P_\mathrm{D}(x_\mathrm{D},\ y_\mathrm{D},\ t_\mathrm{D}) = \int_{t_\mathrm{D}} \mathrm{d}\tau \int_\Gamma \left(G\frac{\partial P}{\partial n} - P\frac{\partial G}{\partial n} \right) \mathrm{d}s + \int_\Omega G_0 P_0 \mathrm{d}A + \int_{t_\mathrm{D}} \mathrm{d}\tau \int_\Omega G q_\mathrm{D} \mathrm{d}A \tag{2.114}$$

式中，$\theta = \begin{cases} 2\pi & (x_\mathrm{D},\ y_\mathrm{D}) \in \Omega \\ \alpha & (x_\mathrm{D},\ y_\mathrm{D}) \in \Gamma \end{cases}$，其中，$\alpha$ 为两边界元素之间的夹角。

用数值方法可以得到式(2.114)的解，但涉及整个区域 Ω 上的积分，因而不可能使用边界元法。如果在 $t_\mathrm{D}=0$ 时刻地层的 $P_\mathrm{D}=0$，并且整个 Ω 上无源或汇项，则式(2.114)可以写成

$$2\theta P_\mathrm{D}(x_\mathrm{D},\ y_\mathrm{D},\ t_\mathrm{D}) = \int_{t_\mathrm{D}} \mathrm{d}\tau \int_\Gamma \left(G\frac{\partial P}{\partial n} - P\frac{\partial G}{\partial n} \right) \mathrm{d}s \tag{2.115}$$

可以用边界元来求式(2.115)的数值解。

在求解边界元素上任一位置的压力及其法向导数值时，要用到外推函数和边界形状函数，选择不同形式的外推函数和边界形状函数，会得到边界元素上任一点压力及其法向导数的不同的表达式，在这里两元素结点间外推函数形式为：空间上为线性函数，时间上为常数。这样，在元素的两点压力已知的条件下，元素的任一位置上的压力 P_D 为

$$P_\mathrm{D} = \frac{\left(P_{\mathrm{D}(j+1)} - P_{\mathrm{D}j}\right)\xi + (\xi_{(j+1)} P_{\mathrm{D}j} - \xi_j P_{\mathrm{D}(j+1)})}{\xi_{j+1} - \xi_j} \tag{2.116}$$

式中，ξ_j 和 ξ_{j+1} 分别为已知的两个点到源的距离。法向压力导数的外推函数也与式(2.116)形式相同。

根据以上叙述，可以写出边界元素上的压力及其法向导数所满足的线性方程为

$$\sum_{j=1}^{N} 2\theta_i \delta_{ij} P_{\mathrm{D}i} = \sum_{j=1}^{N} \left[(AA)_{1ij} + (AA)_{2ij} \right] \quad (i=1, 2, \cdots, N) \tag{2.117}$$

式中，

$$
\begin{aligned}
(AA)_{1ij} = & \frac{\zeta_i}{\xi_{j+1}-\xi_j}\left(P_{\mathrm{D}(j+1)}-P_{\mathrm{D}j}\right)\left\{-E_i\left[-\frac{\xi_j^2+\zeta_i^2}{4(t_\mathrm{D}-\tau)}\right]+E_i\left[-\frac{\xi_{j+1}^2+\zeta_i^2}{4(t_\mathrm{D}-\tau)}\right]\right\} \\
& +\frac{2\zeta_i}{\left(\xi_{j+1}-\xi_j\right)}\exp\left[-\frac{\zeta_i^2}{4(t_\mathrm{D}-\tau)}\right]\left\{\int_{\xi_j}^{\xi_{j+1}}\frac{\mathrm{d}_\xi}{\left(\xi_j^2+\zeta_i^2\right)}\exp\left[-\frac{\zeta_i^2}{4(t_\mathrm{D}-\tau)}\right]\right\}
\end{aligned}
\tag{2.118a}
$$

$$
\begin{aligned}
(AA)_{2ij} = & \frac{P_{\mathrm{D}nj+1}-P_{\mathrm{D}nj}}{\xi_{j+1}-\xi_j}\left(P_{\mathrm{D}j+1}-P_{\mathrm{D}j}\right)\left(\frac{1}{2}\left\{-\left(\xi_{j+1}^2+\zeta_i^2\right)E_i\left[-\frac{\xi_{j+1}^2+\zeta_i^2}{4(t_\mathrm{D}-\tau)}\right]+\left(\xi_{j+1}^2+\zeta_i^2\right)E_i\left[-\frac{\xi_j^2+\zeta_i^2}{4(t_\mathrm{D}-\tau)}\right]\right\}\right. \\
& \left.+2(t_\mathrm{D}-\tau)\exp\left[-\frac{\zeta_i^2}{4(t_\mathrm{D}-\tau)}\right]\left\{\exp\left[-\frac{\xi_j^2}{4(t_\mathrm{D}-\tau)}\right]-\exp\left[-\frac{\xi_{j+1}^2}{4(t_\mathrm{D}-\tau)}\right]\right\}\right) \\
& -\frac{\left(\xi_{j+1}P_{\mathrm{D}nj}-\xi_j P_{\mathrm{D}nj+1}\right)}{\xi_{j+1}-\xi_j}\left\{\int_{\xi_j}^{\xi_{j+1}}E_i\left[-\frac{\xi_j^2+\zeta_i^2}{4(t_\mathrm{D}-\tau)}\right]\mathrm{d}\xi\right\}
\end{aligned}
\tag{2.118b}
$$

其中，$P_{\mathrm{D}n}=\dfrac{\partial P_\mathrm{D}}{\partial n}$ 为边界元素上的法向压力导数。

$(AA)_{1ij}$ 和 $(AA)_{2ij}$ 中的积分采用高精度的勒让德-高斯积分。在这个积分中，时间步长是一个参变量。如果采用等时间步长，即 $t_\mathrm{D}=t_{\mathrm{D}0}+K\Delta t_\mathrm{D}$，可以写出以下形式的矩阵方程：

$$
\sum_{\alpha=1}^{K}\boldsymbol{H}^{k\alpha}\boldsymbol{u}^{\alpha}=\boldsymbol{b}^{\alpha} \tag{2.119}
$$

式中，$\boldsymbol{H}$ 为系数矩阵；$\boldsymbol{b}$ 为右边列向量；$\boldsymbol{u}$ 为未知参数列向量。

矩阵 $\boldsymbol{H}$ 的有限项及矩阵中的元素都含有时间项，如果 K–1 时间步上的解都已知，那么 K 时间步上的解可以写成

$$
\boldsymbol{H}^{k1}\boldsymbol{u}^1+\boldsymbol{H}^{k2}\boldsymbol{u}^2+\cdots+\boldsymbol{H}^{kk}\boldsymbol{u}^k=\boldsymbol{b}^k \tag{2.120}
$$

式(2.120)也可写成

$$
\boldsymbol{H}^{kk}\boldsymbol{u}^k=\boldsymbol{b}^k-\sum_{\alpha-1}^{K-1}\boldsymbol{H}^{k\alpha}\boldsymbol{u}^{\alpha} \tag{2.121}
$$

矩阵 $\boldsymbol{H}^{k\alpha}$ 依赖于整个外边界的几何形状及时间步长，式(2.121)表明：若要计算 K 时间步的未知参数，就必须要对 1～K–1 时间步上的系数矩阵 $\boldsymbol{H}^{k\alpha}$ 和列向量 $\boldsymbol{u}^{\alpha}$ 乘积后再求和。不同时间步上的矩阵为

$$
\begin{bmatrix}
H_{11} & & \\
\vdots & \ddots & \\
H_{k1} & \cdots & H_{kk}
\end{bmatrix}
$$

系数矩阵 $\boldsymbol{H}$ 的特点为在矩阵的对角线上的矩阵元素值是相同的，即 $H_{32}=H_{21}$，这样，每个时间步上只需产生一个新的矩阵元素。根据系数矩阵的特点，可以编制计算机程序来求解矩阵，最后得到每个边界节点上的压力及其压力导数。

5) 地层中洞体积的计算方法

缝洞型油藏最重要的参数就是洞的个数与体积，本章将洞分解为与井筒相连通的洞及地层中存在的洞。试井分析的图版中定义了洞的半径，因此可以直接计算与井相连接的洞的体积。

试井分析方法不能得到洞的体积，因在试井分析中将洞简化为源汇，可以得到每个洞提供的产量，可以采用物质平衡法计算地层中洞的体积。将地层中的洞作为参考点，洞中的压力分布 $P(r,\ t)$ 所满足的方程及其定解条件为

$$\frac{\partial^2 P}{\partial r^2}+\frac{1}{r}\frac{\partial P}{\partial r}=\frac{1}{3.6\chi_{\mathrm{v}}}\frac{\partial P}{\partial t} \tag{2.122}$$

$$P(r,\ t=0)=P_{\mathrm{i}} \tag{2.122a}$$

$$\left.\frac{\partial P}{\partial r}\right|_{r=R_{\mathrm{v}}}=0 \tag{2.122b}$$

$$\lim_{r\to 0} r\frac{\partial P}{\partial r}=\frac{q_{\mathrm{v}}B\mu}{172.8\pi(kh)_{\mathrm{v}}}\ (\text{瞬时点源}) \tag{2.122c}$$

式中，$\chi_{\mathrm{v}}=\dfrac{k}{\phi\mu C_{\mathrm{t}}}$；$R_{\mathrm{v}}$ 为洞半径，m；下标 v 表示洞附近的参数。

如果令 $\Delta P(r,\ t)=P_{\mathrm{i}}-P(r,\ t)$，并对式(2.122)及其定解条件作 Laplace 变换，将洞视作封闭体系，Laplace 空间上的地层压力可表示为

$$\Delta\overline{P}(r,\ s)=-\frac{qB\mu}{172.8\pi(kh)_{\mathrm{v}}}\frac{\mathrm{K}_1\left(\sqrt{\dfrac{sR_{\mathrm{v}}}{3.6\chi_{\mathrm{v}}}}\right)\mathrm{I}_0\left(\sqrt{\dfrac{sr}{3.6\chi_{\mathrm{v}}}}\right)+\mathrm{I}_1\left(\sqrt{\dfrac{sR_{\mathrm{v}}}{3.6\chi_{\mathrm{v}}}}\right)\mathrm{K}_0\left(\sqrt{\dfrac{sr}{3.6\chi_{\mathrm{v}}}}\right)}{s\mathrm{I}_1\left(\sqrt{\dfrac{sr}{3.6\chi_{\mathrm{v}}}}\right)} \tag{2.123}$$

式中，s 为 Laplace 空间变量；χ_{v} 为导压系数；$\mathrm{K}_0(x)$、$\mathrm{K}_1(x)$、$\mathrm{I}_0(x)$、$\mathrm{I}_1(x)$ 分别为虚宗量的贝塞尔函数；$\Delta\overline{P}(r,\ s)=\int_0^{\infty}\Delta P(r,\ t)\mathrm{e}^{-ut}\mathrm{d}t$ 为 Laplace 空间上的压力分布，MPa；R_{v} 为洞半径，m。

对于式(2.123)，可以使用解析反演的方法(围道积分法)，将 Laplace 空间上的压力 $\overline{P}(r,\ s)$ 反演到实空间上，实空间上的压差解 $\Delta P(r,\ t)$ 可写成

$$\Delta P(r,\ t)=\frac{1}{2\pi i}\int_{\sigma-i\infty}^{\sigma+i\infty}\overline{P}(r,\ s)\mathrm{e}^{ut_{\mathrm{D}}}\mathrm{d}s \tag{2.124}$$

由于 $\Delta\overline{P}(r,\ s)$ 是两个函数之比，只讨论式(2.123)中的分母 $s\mathrm{I}_1(\sqrt{R_{\mathrm{v}}s/3.6\chi_{\mathrm{v}}})$ 的零点。根据贝塞尔函数的性质及有关公式可知：$s\mathrm{I}_1(\sqrt{R_{\mathrm{v}}s/3.6\chi_{\mathrm{v}}})$ 的零点有下面 3 条规律。

(1) 所有的零点都是非正实数，$z_0=0, z_1, z_2, \cdots, z_n(|z_{n+1}|>|z_n|)$。

(2) 所有的零点都是一阶的。

(3) 零点的个数是无限个。

通过解析反演，最后得到视作封闭体系的洞的压力分布 $P(r,\ t)$：

$$P(r,\ t)=P_{\mathrm{i}}+\frac{q_{\mathrm{v}}B\mu}{345.6\pi(kh)_{\mathrm{v}}}\left\{\frac{3}{2}+2\ln\left(\frac{r}{R_{\mathrm{v}}}\right)-\left(\frac{r}{R_{\mathrm{v}}}\right)^2-\frac{14.4\chi_{\mathrm{v}}t}{\phi\mu C_{\mathrm{t}}R_{\mathrm{v}}^2}\right.$$
$$\left.+4\sum_{n=1}^{\infty}\frac{J_0(z_n r/R)}{\left[z_n J_0(z_n)\right]^2}\exp\left(-\frac{3.6\chi_{\mathrm{v}}t}{R_{\mathrm{v}}^2}z_n^2\right)\right\} \tag{2.125}$$

式中，z_n为$J_1(z_n)=0$ 第 n 个正根。

对式(2.125)进行无因次化，最终可以得到洞中平均地层压力的关系为

$$P_{\mathrm{aveD}}=2t_{R_{\mathrm{vD}}} \tag{2.126}$$

式中，$P_{\mathrm{aveD}}=\dfrac{2\pi(kh)_{\mathrm{v}}(P_{\mathrm{i}}-P_{\mathrm{ave}})}{q_{\mathrm{v}}B\mu}$；$t_{\mathrm{D}}$ 为无因次时间，$t_{\mathrm{D}}=\dfrac{k_{\mathrm{v}}t}{\phi_{\mathrm{v}}\mu C_{\mathrm{t}}R_{\mathrm{v}}^2}$。

从式(2.126)可以看出：洞中的平均压力与洞的体积相关，由于将洞视作点源，井和洞中的压力可采用

$$P_{\mathrm{D}}(L_{\mathrm{D}},\ t_{\mathrm{D}})=\frac{1}{2}\frac{q_{\mathrm{v}}}{Q}\mathrm{Ei}\left(\frac{L_{\mathrm{D}}^2}{4t_{\mathrm{D}}}\right) \tag{2.127}$$

式中，$P_{\mathrm{D}}=\dfrac{2\pi kh\left[P_{\mathrm{i}}-P(r,\ t)\right]}{QB\mu}$；$t_{\mathrm{D}}=\dfrac{kt}{\phi\mu C_{\mathrm{t}}r_{\mathrm{w}}^2}$；$L_{\mathrm{D}}=\dfrac{L}{r_{\mathrm{w}}}$ 为井到洞的无因次距离。

对比式(2.126)和式(2.127)可以发现，计算洞的体积需要知道如下参数：流度比 $M=\dfrac{k/\mu}{(k/\mu)_{\mathrm{v}}}$，弹性储容比 $\omega=\dfrac{\phi C_{\mathrm{t}}}{(\phi C_{\mathrm{t}})_{\mathrm{v}}}$，流量比 $\dfrac{q_{\mathrm{v}}}{Q}$，井到洞的距离 L。

6) 裂缝体积计算

为了更方便地计算缝洞类油藏的储量，针对碳酸盐岩缝洞型油藏建立了缝、洞型试井模型。利用该类模型对实际试井资料进行拟合，可以直接给出大溶洞的体积，但碳酸盐岩还广泛分布着裂缝，这些裂缝也储存大量的流体，需要给出裂缝体积的计算方法。

油气藏是一个封闭系统，开发前油藏中液体与气体的总体积等于开发之后任意时刻的采出体积与地下剩余体积之和。在原始状况下，油藏内流体体积之和等于开发过程中任意时刻油藏内所含流体的体积之和。在油藏开发过程中的任意时刻，油气水三者体积变化的代数之和等于零。如果已知原始地层压力和不同时间段内的平均地层压力，就可以计算封闭系统的体积。洞与裂缝相通，洞中的平均压力降低，导致裂缝中的平均压力降低，对于整个裂缝系统，通过平均压力与原始压力可以计算裂缝的体积。

考虑拟稳态状态时，裂缝系统中各点的压力以同一速度下降，此时的压力方程可表示为

$$P_{\mathrm{D}}=\frac{2t_{\mathrm{D}}}{r_{\mathrm{eD}}^{2}}+\left(\ln r_{\mathrm{eD}}-\frac{3}{4}\right)+f(\theta) \tag{2.128}$$

对于油藏，将式(2.128)有因次化可得

$$\left[\frac{\Delta P}{q}\right]=\frac{1}{V_{\mathrm{f}}C_{\mathrm{t}}}t+\frac{\mu B}{4\pi Kh}\ln\left(\frac{4A}{\theta \mathrm{e}^{\gamma\delta}r_{\mathrm{w}}^{2}}\right) \tag{2.129}$$

如果是变产量的流动，需要将式(2.129)中的时间 t 用物质平衡时间替换，可得到变产量情况下流动动态物质平衡方程：

$$\left[\frac{\Delta P}{q}\right]=\frac{1}{V_{\mathrm{f}}C_{\mathrm{t}}}\left[t_{\mathrm{c}}\right]+b_{\mathrm{pss}} \tag{2.130}$$

$$t_{\mathrm{c}}=\frac{N_{\mathrm{p}}}{q},\quad \Delta P=P_{\mathrm{i}}-P_{\mathrm{wf}},\quad b_{\mathrm{pss}}=\frac{\mu B}{4\pi Kh}\ln\left(\frac{4A}{\theta \mathrm{e}^{\gamma\delta}r_{\mathrm{w}}^{2}}\right) \tag{2.131}$$

式(2.129)～式(2.131)中，b_{pss} 为拟稳态系数，无量纲；t_{c} 为物质平衡时间，无量纲；N_{p} 为累积产量，m^3；V_{f} 为裂缝系统的体积，m^3；θ 为形状因子，无量纲；δ 为欧拉常数，无量纲。

7)典型曲线分析

对于多洞情况下的典型曲线，假设井附近的地层参数分别为渗透率 k、孔隙度 ϕ、综合压缩系数 C_{t}，第 i 个洞周围的渗透率为 k_i、孔隙度为 ϕ_i、综合压缩系数为 $C_{\mathrm{t}i}$，井到洞的距离为 L_i，可以定义以下无因次量：

$M_i=\dfrac{k/\mu}{(k/\mu)_i}$，第 i 个洞周围的流度比；

$\omega_i=\dfrac{\phi C_t}{(\phi C_t)_i}$，第 i 个洞周围的储容比；

$q_{i\mathrm{D}}=\dfrac{q_i}{Q}$，第 i 个洞的产量比；

$L_{iD}=\dfrac{L_i}{r_w e^{-s}}$，井到第 i 个洞的无因次距离。

根据以上定义的参数，对多洞的图板进行敏感参数分析。

(1) 组合参数对典型曲线的影响。

图 2.44 是地层中有一个洞，$M_1=4,\ \omega_1=4,\ L_D=400,\ C_De^{2s}$ 分别为 10、100 和 1000 时的典型曲线，从图 2.44 可以看出，不同的组合参数不仅影响压力导数峰值的高低，而且影响压力导数上翘的时间。

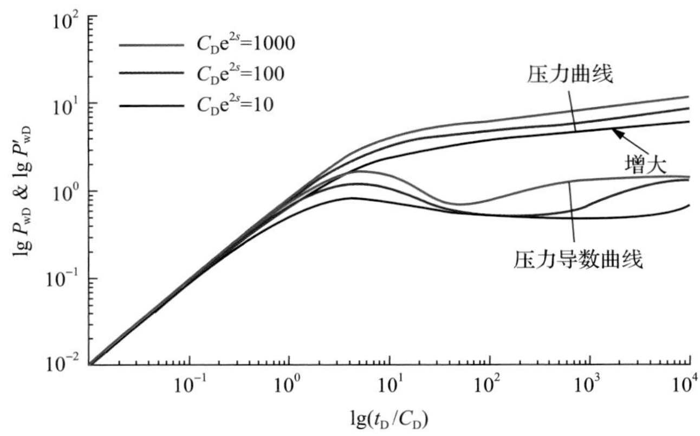

图 2.44　组合参数对典型曲线的影响

(2) 流度比对典型曲线的影响。

图 2.45 是地层中有一个洞，$C_De^{2s}=100,\ \omega_1=4,\ L_D=400,\ M_1$ 分别为 0.5、2 和 10 时的典型曲线，从图 2.45 可以看出，流度比不同，导数曲线上翘的高度不一样，流度比越大，导数曲线上翘越高，同时流度比也影响压力导数上翘的时间，这是因为压力在地层中传播，本质上是与导压系数相关的。

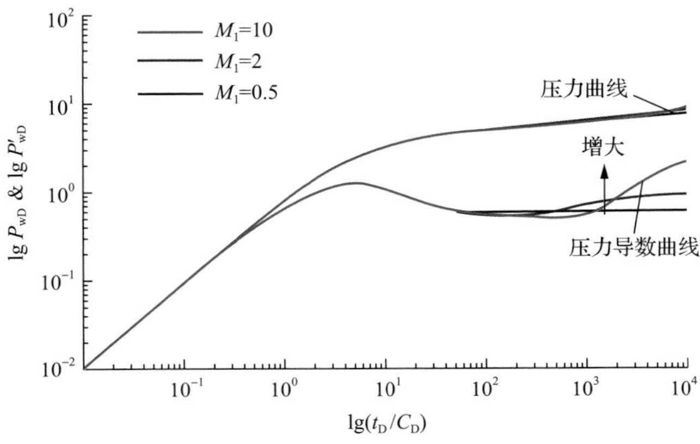

图 2.45　流度比对典型曲线的影响

(3) 弹性储容比对典型曲线的影响。

图 2.46 是地层中有一个洞，$C_De^{2s}=100$，$M_1=4$，$L_D=400$，ω_1 分别为 0.5、2 和 5 时的典型曲线。从图 2.46 可以看出，弹性储容比影响压力导数曲线上翘的时间，弹性储容比越大，压力导数曲线上翘时间越早。

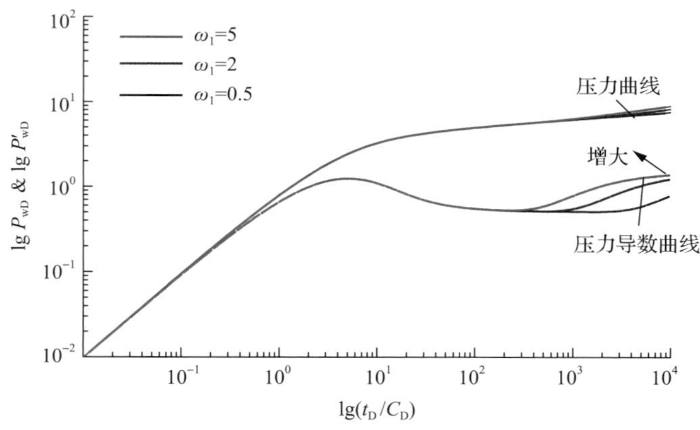

图 2.46　弹性储容比对典型曲线的影响

(4) 无因次井到洞的距离影响。

图 2.47 是地层中有一个洞，$C_De^{2s}=100$，$M_1=4$，$\omega_1=4$，L_D 分别为 200、300 和 400 时的典型曲线。从图 2.47 可以看出，无因次井到洞的距离影响压力导数曲线上翘的时间，距离越小，压力导数曲线上翘时间越早。图 2.46 和图 2.47 较为相似，说明弹性储容比与无因次距离对压力及压力导数曲线有相同的作用，在试井解释中会导致多解性。

(5) 流量比的影响。

图 2.48 是地层中有一个洞，$C_De^{2s}=100$，$M_1=4$，$L_D=400$，$\omega_1=4$，流量比分别为 0.2、0.5 和 0.8 时的典型曲线。从图 2.48 可以看出，流量比影响压力导数曲线上翘的高度，流量比越大，压力导数曲线上翘越高，流量比对典型曲线的作用类似于流度比，也会导致试井解释的多解性。

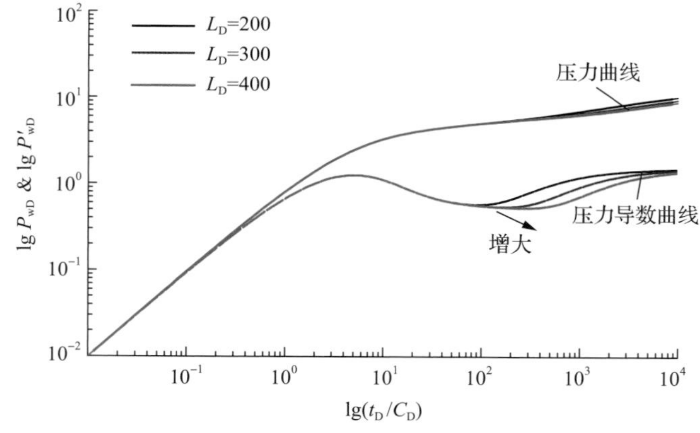

图 2.47　井到洞的距离对典型曲线的影响

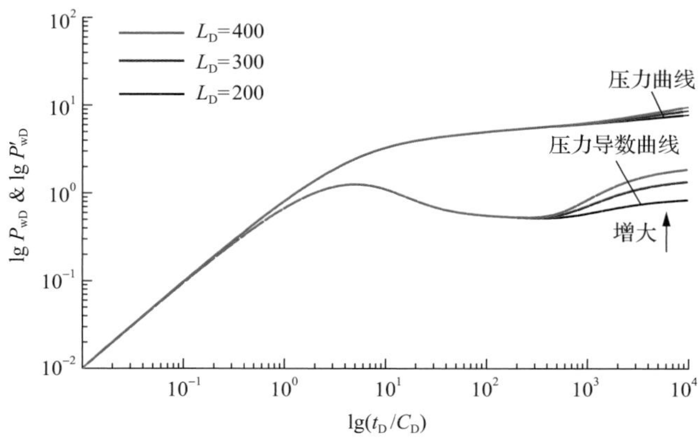

图 2.48　流量比对典型曲线的影响

(6) 多洞典型曲线。

当地层中存在多个溶洞时，典型曲线也会发生变化。图 2.49 是地层中存在 2 个洞，$C_D e^{2s}=100$，$M_1=4$，$\omega_1=0.7$，$q_1=0.3$，$L_{1D}=100$ 的典型曲线。

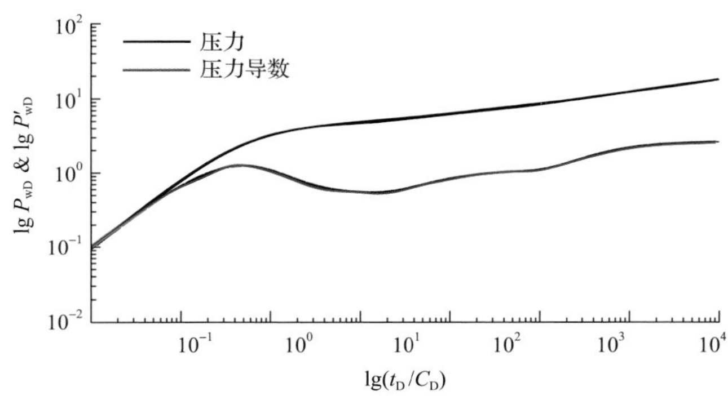

图 2.49　地层中两个溶洞时的典型曲线

2.4.4　波动-管渗耦合试井应用实例

本节主要应用缝洞型油藏试井解释技术对 14 口碳酸盐岩缝洞型油井进行试井解释，以验证方法的有效性，初步实现了“识别洞个数、计算洞体积、解释洞距离”的目的。

1. 单井实例计算

1) B-3 井

B-3 井钻井至测试层位发生泥浆漏失，累计漏失钻井液 1810.5m^3，油管测试直接建产，初期生产情况见表 2.8。

为了评价储集体结构特征、储层参数和缝洞规模等，对该井进行了压力恢复(简称压恢)试井。对压恢资料用波动-管渗耦合试井方法进行解释。

表 2.8　B-3 井压恢测试前生产数据表

油嘴/mm	油压/MPa	产油/(m^3/d)	产气/(10^4m^3/d)	气油比(m^3/m^3)	阶段产油/m^3
4	42.4	122.14	2.35	192	283.62(水 47.98)
关井	42.4～43.0				
4	42.5	107.6	3.96	368	750.20
关井	42.5～43.0				
3	42.7	58.4	2.32	395	452.7
4	42.5	107.0	3.99	373	457.45
5	42.0～41.9	165.27	6.47	392	1780.73
6	40.86～40.05	241.23	9.07	376	1367.34
测压恢	40.05～42.86				

试井双对数曲线显示出两个“凹子”(图 2.50)，表明试井探测到了两个溶洞。

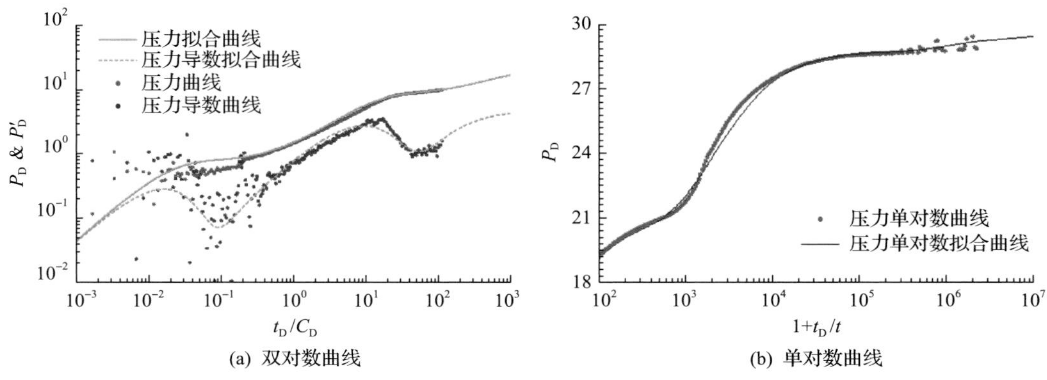

图 2.50　B-3 井压恢双对数和单对数曲线拟合图

双对数曲线、单对数曲线(图 2.50)和历史拟合曲线(图 2.51)拟合效果较好，说明拟合效果较好，解释结果见表 2.9。

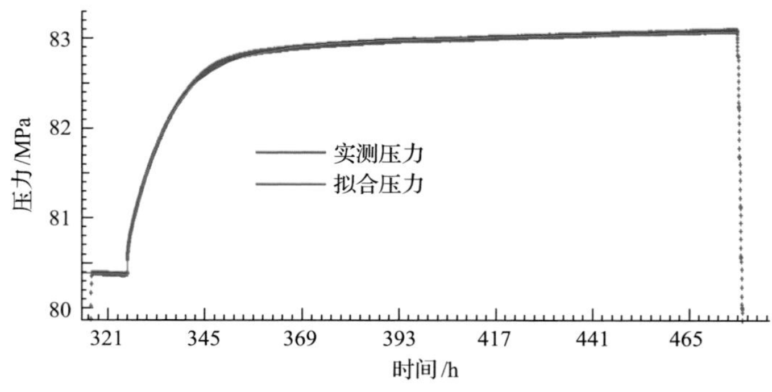

图 2.51　B-3 井历史拟合曲线

表 2.9　B-3 井压恢解释结果表

原始压力 P_i/MPa	井筒表皮系数 S_w	井储常数 C/(m^3/MPa)	洞 1 体积 V_1/m^3	洞 2 体积 V_2/m^3
83.67	0.189	1.889	51202	293095
裂缝体积 V_f/m^3	洞距离 L_1/m	洞波动系数 C_a	洞阻尼系数 C_b	流量比 n
1.718×10^6	148.9	0.0166	40.75	0.3

2) B-4 井

B-4 井钻井至测试层位发生泥浆漏失，累计漏失钻井液 1333.4m^3，油管测试直接建产，初期生产情况见表 2.10。

表 2.10　B-4 井压恢测试前生产数据表

油嘴/mm	油压/MPa	日产液/(t/d)	日产油/(t/d)	含水/%
3.0	38.79	53.7	53.4	0.5
3.5	36.98	86.4	85.5	1.08
4.0	36	107.8	107.1	0.66
4.5	33.6	118.3	117.2	0.93

该井的双对数曲线显示出的“凹子”(图 2.52)中出现大幅度波动，常规试井方法(图 2.53)难以拟合此类波动。采用波动-管渗耦合试井方法能够较好地进行拟合，双对数

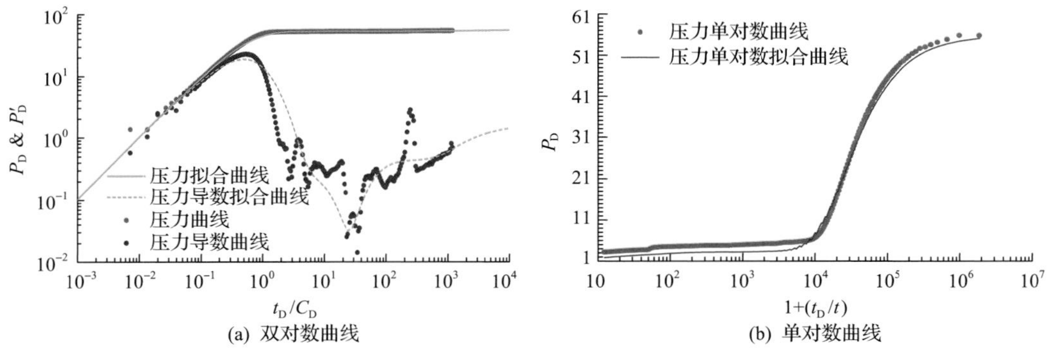

(a) 双对数曲线　　(b) 单对数曲线

图 2.52　B-4 井压恢双对数和单对数曲线拟合图

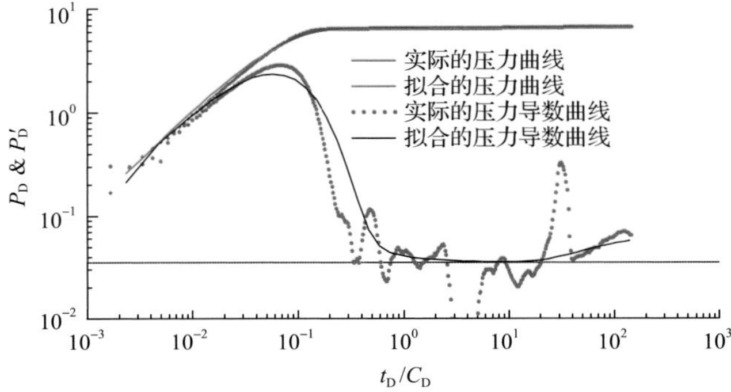

图 2.53　B-4 井常规试井理论拟合曲线

曲线、单对数曲线和历史拟合曲线(图 2.54)拟合效果较好，解释结果见表 2.11。

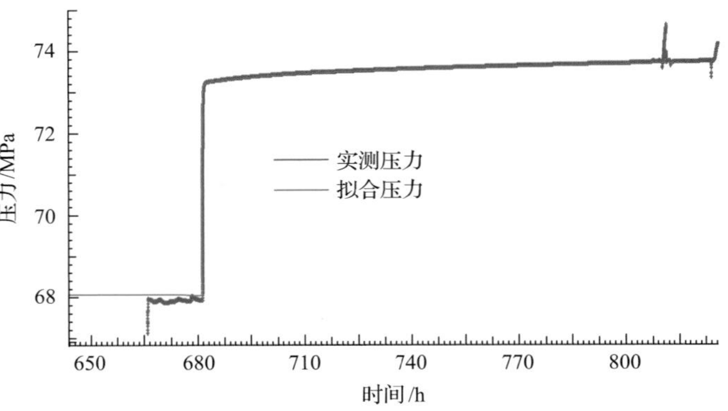

图 2.54　B-4 井历史拟合曲线

表 2.11　B-4 井压恢解释结果表

原始压力 P_i/MPa	井筒表皮系数 S_w	井储常数 C/(m³/MPa)	洞 1 体积 V_1/m³	裂缝体积 V_f/m³	洞距离 L_1/m	洞波动系数 C_a	洞阻尼系数 C_b
74.33	43.57	7.62	157633	1.45×10^6	105	1942	0.012

3) B-5 井

B-5 井钻井至测试层位发生钻井液漏失，放空 2.92m，油管测试直接建产。但投产后该井的产量和压力快速下降，单位压降产量仅 100～245m³/MPa，显示出典型的定容储层特征。

为了掌握该井的储集体结构、储层参数和缝洞规模等信息，给措施增效提供支撑，对该井进行了压恢试井。通过压恢双对数曲线(图 2.55)可以识别出近井筒附近存在的规模储集体，同时用波动-管渗耦合试井方法解释的储集体体积为 70×10^4m³ 左右，近井筒储层存在污染(表 2.12)，表明该井产量快速下降可能是受储层污染的影响。

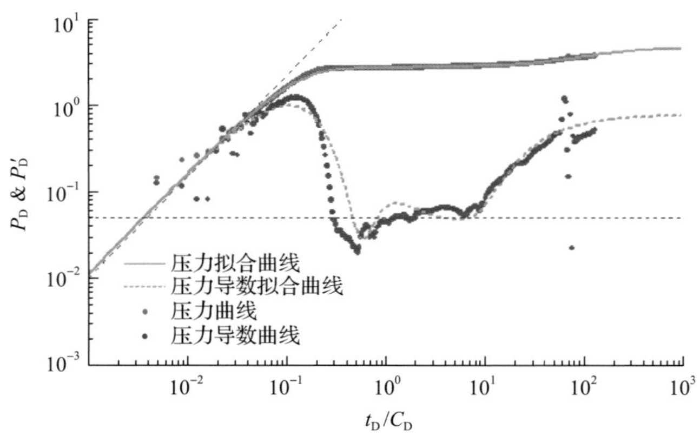

图 2.55　B-5 井压恢双对数曲线拟合图

表 2.12　B-5 井压恢解释结果表

原始压力 P_i/MPa	井筒表皮系数 S_w	井储常数 C/(m^3/MPa)	裂缝体积 V_f/m^3	洞距离 L_1/m	洞波动系数 C_a
81.38	20	2.59	670651	91	70

压力恢复试井结束后，根据试井评价结果指导酸化解堵措施，酸化后产油量 97m³/d，效果明显。

2. 储层类型划分

波动-管渗耦合试井方法已在塔里木盆地缝洞型油藏中规模推广应用，在 B 区块应用 14 井次，对储层进行动态认识后，取得了较好的应用效果。通过前期钻遇显示、试井双对数曲线特征与试井解释结果等综合分析，将 14 口井的储层初步划分为两大类四小类储层类型(表 2.13)。

表 2.13　储层类型分类

裂缝-孔洞型			裂缝型
波动型	光滑型	定容型	
B-4、B-6、B-9、B-10、B-11、B-13、B-14	B-3、B-7、B-8、B-12、B-5	B-15	B-16

1) 波动型

波动型是指双对数曲线探测到洞后，双对数曲线出现大幅度来回波动(图 2.56)。在常规试井理论中，把这种来回大幅度波动曲线解释为资料异常或井筒复杂的流态变化造成的异常波动。这些井测试时井口压力都高于泡点压力，井筒和地层都是单相流，流态不会发生突变。

缝洞型油藏试井理论引入波动方程后，能够很好地拟合这种来回波动曲线。同时计算的波动系数在 90～1800s^{-1}。目前认为是压力恢复时，压力波在具有复杂边界和流道中传播引起的，波动系数越大，代表缝洞型油藏流道越复杂。

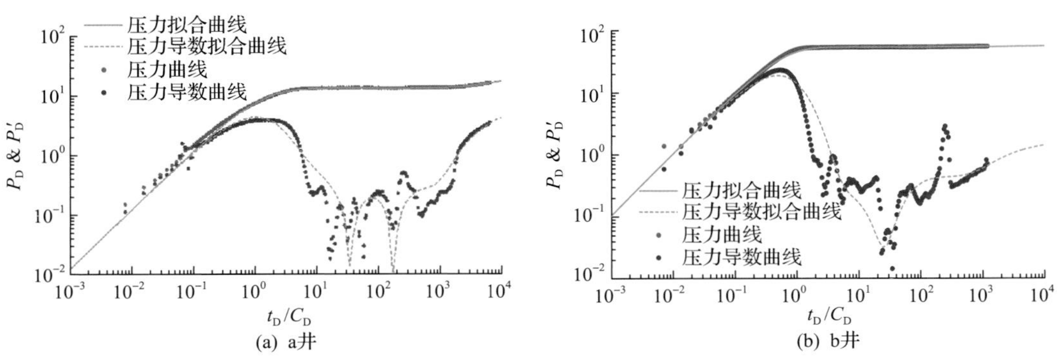

图 2.56　波动型双对数曲线

2) 光滑型

光滑型是相对波动型而言(图 2.57)，是指双对数曲线探测到洞的特征后，双对数曲线较为光滑，未出现大幅度的波动。同时计算出的波动系数为 0.02～50s^{-1}，代表缝洞型油藏边界和流道较简单。

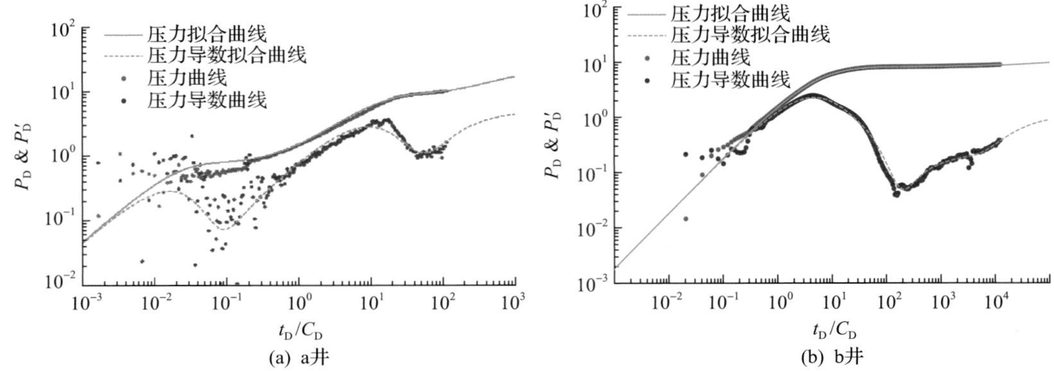

图 2.57　平滑型双对数曲线

3) 定容型

定容型是指在有限测试时间的前提下，探测到明显的边界或外围物性的急剧变差，或有效沟通范围内储层规模较小。生产表现为油压下降很快，单位压降产量很低(图 2.58)。这口井关井测压恢前单位压降产液 149m^3/MPa。它与裂缝型储层的差别如下：①钻遇漏失；②解释的井储系数较大，油水井一般为 1～100m^3/MPa。

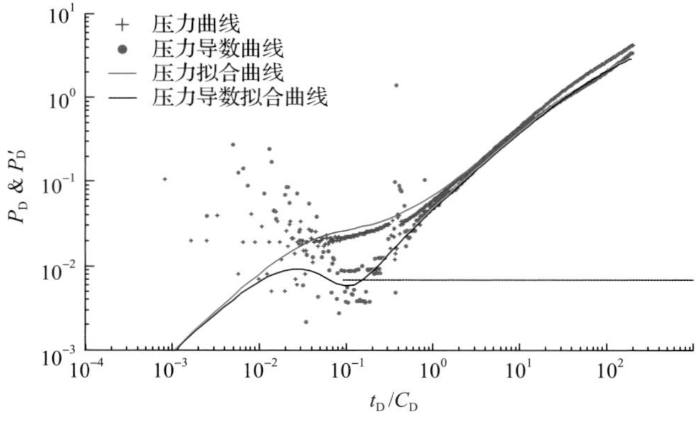

图 2.58　定容型双对数曲线

4) 裂缝型

裂缝型储层双对数曲线特征[图 2.59(a)]与定容型[图 2.58(a)]相似，单从双对数曲线特征上很难进行判断，需要从钻遇显示、酸压施工曲线及解释参数等方面综合分析判断。首先，钻井期间无放空，漏失或漏失量和漏失速度很小；其次，一般都进行过酸压改造，酸压施工压力没有大幅度下降；最后，解释的井储系数很小，油水井一般为 0.1m^3/MPa 的数量级。

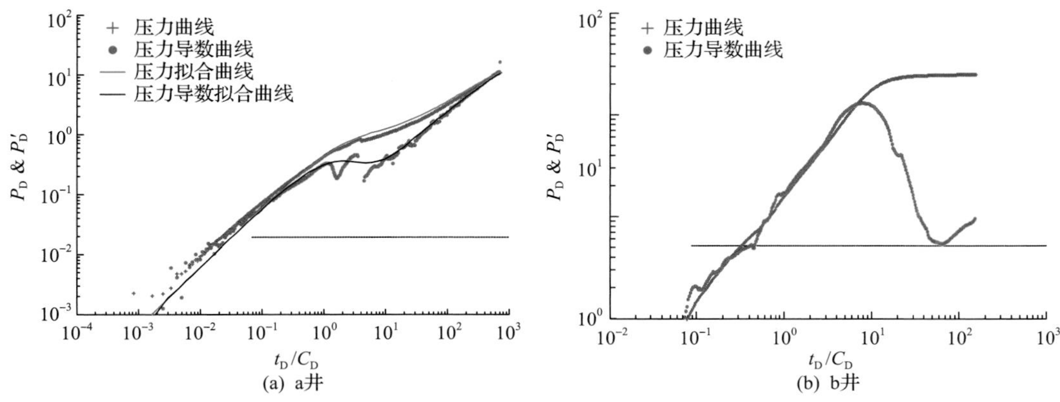

图 2.59　裂缝型双对数曲线

3. 洞体积计算

14 口井的试井解释的储层体积见表 2.14，目前这些井都处于无水生产的自喷期，无法用实际累产量来验证解释结果的可靠性。这些井在生产期间都测取了静压数据，可用物质平衡法计算的储层体积来判断试井解释的储层体积的可靠性。

表 2.14　解释储层体积　　(单位：10^4m^3)

井号	洞体积	缝体积	总体积	动态拟合
B-3	34.43	171.80	206.23	595
B-4	15.76	145.00	160.76	147
B-5	221.80	69.12	290.92	217
B-6	31.38	79.77	111.15	146
B-7	91.73	164.50	256.23	560
B-8	25.41	42.64	68.05	42.1
B-9	14.78	45.78	60.56	93
B-10	30.80	83.73	114.53	163
B-11	13.10	75.00	88.10	84.5
B-12	16.41	111.00	127.41	146
B-13	121.30	96.20	217.50	122
B-14	11.05	48.00	59.05	29.65
B-15	11.05	45.73	56.78	26
B-16	4.1	—	4.1	3.49

注：“—”表示未解释出缝体积。

图 2.60(a)是 14 口井试井解释的储层体积和用物质平衡法计算的体积的关系图，从图 2.60(a)可以看出，两者整体上呈现正相关关系。其中有两口储量较大的井，相关性不好。可能的原因是物质平衡法计算采用的参数是几千甚至上万小时的生产数据，由于应用数据时间长，探测范围广，计算结果更为准确。而试井解释时，应用的仅仅是关井 200h 左右的数据，探测范围有限，解释的储层体积明显偏小。

去掉这两口储量较大的井的数据，剩余井试井解释的储层体积和用物质平衡法计算的体积的关系近似呈 1.08 倍关系[图 2.60(b)]。可见新建立的缝洞型油藏试井解释理论解释的储层体积具有一定的可靠性，弥补了常规试井理论无法解释探测范围内储层体积的不足。

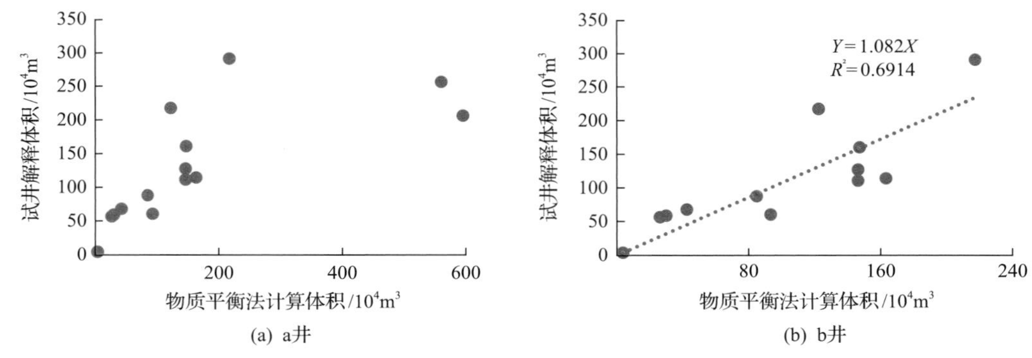

图 2.60　解释储层体积的对比分析

参 考 文 献

[1] 李道伦, 查文舒. 数值试井理论与方法. 北京: 石油工业出版社, 2013.

[2] 刘慈群. 双重介质中弹性渗流方程组的近似解. 石油勘探与开发, 1981, 3: 36-39.

[3] 吴玉树, 葛家理. 三重介质裂-隙油藏中的渗流问题. 力学学报, 1983, 19(1): 81-85.

[4] 李允, 葛家理. 多重介质油藏试井软件. 西南石油学报. 1986(4): 45-51.

[5] 常宝华. 大尺度缝洞型碳酸盐岩油藏含水率变化规律. 石油地质与采收率, 2011, 18(2): 80-86.

[6] 蔡明金, 张福祥, 杨向同, 等. 碳酸盐岩洞穴型储层试井解释新模型. 特种油气藏, 2014, 21(2): 98.

[7] 彭小龙, 杜志敏, 刘学利, 等. 大尺度溶洞裂缝型油藏试井新模型. 西南石油大学学报, 2008, 30(2): 74-77.

[8] 鲁新便, 胡文革, 汪彦, 等. 塔河地区碳酸盐岩断溶体油藏特征与开发实践. 石油与天然气地质, 2015(3): 347-355.

[9] 李阳, 范智慧. 塔河奥陶系碳酸盐岩油藏缝洞系统发育模式与分布规律. 石油学报, 2011, 32(1): 101-106.

[10] 何更生. 油层物理. 北京: 石油工业出版社, 1994.

[11] 程时清, 屈雪峰. 三重介质模型试井分析方法. 油气井测试, 1997, 6(1): 5-10.

[12] 孙贺东, 施英, 唐海龙, 等. 三重解释油气藏试井分析研究进展. 油气井测试, 2008, 17(1): 71-74.

[13] 常学军, 姚军, 戴卫华, 等. 裂缝和洞与井筒连通的三重介质油藏试井解释方法研究. 水动力学研究与进展, 2004, 19(3): 339-346.

[14] 康志江, 赵艳艳, 张允, 等. 缝洞型碳酸盐岩油藏数值模拟技术与应用. 石油与天然气地质, 2014, 35(6): 944-949.

[15] 黄登峰, 刘能强. 数值试井在描述油气藏复杂边界中的应用. 油气井测试, 2006, 5(6): 18-19.

[16] 杨坚, 程倩, 李江龙, 等. 塔里木盆地塔河 4 区缝洞型油藏井间连通程度. 石油与天然气地质, 2012, 33(3): 484-489.

[17] 李传亮, 张学磊. 溶洞介质的压缩系数计算公. 特种油气藏, 2006, 13(6): 32-34.

[18] 李传亮. 实测岩石压缩系数偏高的原因分析. 大庆石油地质与开发, 2005, 24(5): 53-54.

[19] 李传亮. 岩石压缩系数测量新方法. 大庆石油地质与开发, 2008, 27(3): 53-55.

[20] Yang D X, Wen G H, Wei P. A new method for diagnosing caves in fault-karst carbonate reservoirs. The Abu Dhabi International Petroleum Exhibition & Conference, Abu Dhabi, 2018.

[21] 孔祥言. 高等渗流力学. 合肥: 中国科学技术大学出版社, 2010.

第3章　缝洞型油藏注 N_2 提高采收率技术

据2014年美国《油气杂志》公布的世界EOR(enhanced oil recovery)调查[1]显示，注气提高采收率项目数量达176个，占EOR总项目数量的53%，产量也超过EOR总产量的40%。另外，自2002年以来，注气项目(主要是 CO_2 驱)的实施数量超过了热采项目。注气类型主要有注 CO_2、注 N_2 或空气、注烃类气体等。美国因为有丰富的 CO_2 气田资源和成熟的低成本 CO_2 捕集、管道输送技术，主要采用注 CO_2 气驱油，加拿大则主要采用注烃类气驱油。我国注气提高采收率技术发展相对较晚，2000年以后，注 CO_2 提高采收率技术发展迅速，以胜利油田、吉林油田、华东草舍油田为代表的示范项目，标志着注 CO_2 提高采收率技术逐渐走向成熟，2010年以后，注 N_2 提高采收率技术发展迅猛，以塔里木盆地碳酸盐岩缝洞型油藏为代表的先导推广项目的成功，标志着注 N_2 提高采收率技术走向新的阶段。

碳酸盐岩缝洞型油藏水驱开发后期剩余油类型以洞顶“阁楼油”为主，兼有充填介质孔隙残余油、高导流通道屏蔽剩余油、单向盲端滞留油，其中洞顶“阁楼油”占比大，约为32%～60%，提高采收率潜力巨大。产生洞顶“阁楼油”的主要原因为油井生产底水上升、油水界面上升至溢出口之上，原油无法采出导致形成洞顶“阁楼油”。

N_2 以其丰富易得、价格低廉、难压缩、增能作用强等特征，常常作为气顶驱的驱替介质，在针对性地解决“阁楼油”方面优势明显。进入21世纪以后，碳酸盐岩油藏注 N_2 提高采收率取得巨大成功的主要有我国的塔里木盆地缝洞型油藏和墨西哥的Cantarell油藏[2]。Cantarell油藏为碳酸盐岩裂缝型油藏，埋深平均仅为2300m，注 N_2 主要的目的是恢复地层压力和提高采收率。

缝洞型油藏由于地质情况复杂、埋藏太深等特点，面临注 N_2 机理不明确、技术政策尚属空白、纯注 N_2 压力高(45～60MPa)等诸多难题[3]。针对以上难题，如何明确缝洞型油藏注 N_2 提高采收率机理，如何建立缝洞型油藏注 N_2 提高采收率技术政策，如何建立安全风险评估、超高压制氮-注氮、超深井注 N_2 井口-管柱、注 N_2 苛刻条件下防腐等系列配套技术，是本章阐述探讨的重点。

3.1　缝洞型油藏注 N_2 机理

本节采用注 N_2 相态实验、注 N_2 细管驱替实验和缝洞型油藏注 N_2 物理模拟实验，深入研究了缝洞型油藏注 N_2 提高采收率的机理，其机理主要为气顶重力驱和非混相驱[4]。与普通油藏的区别在于，缝洞型油藏储层发育孔洞和溶洞，使重力分异的速度更加迅速，可实现“快注快采”，能大幅度提高底水屏蔽的“阁楼油”的动用程度[5]。

注 N_2 相态实验研究表明，N_2 难溶于塔里木盆地示范区原油中，N_2 注入油藏中极易形成气顶，实现垂向重力驱；注 N_2 细管驱替实验研究表明，塔里木盆地缝洞型油藏注

N_2为非混相驱；注N_2物理模拟实验进一步揭示了注N_2提高采收率的机理主要为气顶驱和非混相驱，针对井周“阁楼油”油井注N_2效果更加显著，不同的油井注N_2表现出不同的压力响应特征和气油比变化特征。

3.1.1 缝洞型油藏原油–N_2相态实验研究

塔里木盆地缝洞型油藏埋藏深(大于 5000m)、油藏温度高(120℃)、压力高(大于55MPa)，注入N_2相态变化大，对于原油的相态变化影响大，注N_2相态研究有助于明确N_2的溶解度、降黏效果、膨胀特征等基础参数，指导注N_2提高采收率机理的认识，可为制定注N_2技术政策和方案参数优化提供依据。

1. 原油 PVT 相态特征实验

1) 实验设备

为了研究原油及原油-N_2相态特征，实验采用的装置是高温高压可视相态仪(图 3.1)，该仪器主要由自动泵、PVT 测试单元、加热及温度控制系统、压力测量与数显系统、高压视窗及摄像系统、活塞密封结构、摆动搅拌系统、磁力搅拌系统、体积测量与数显系统、自动控制系统、计算机数据采集操作系统、自动测控及校正软件、阀门管件、水平调节及机架控制箱等组成。PVT 测试单元的主体由耐腐蚀的不锈钢制成，以确保 PVT 测试单元的耐腐蚀性及在高压实验中的安全性。PVT 测试单元的可视窗采用高压石英玻璃制成，最大容积为 300mL，视窗体积为 90mL。工作压力上限为 70MPa，测温上限为 200℃。内有可以上下移动的活塞，可通过调整活塞位置调节 PVT 测试单元内的压力及体积。其内放置热电偶，用于检测可视 PVT 测试单元内体系的温度，测定精度为±0.3℃。体系压力由精密压力传感器测定，系统体系压力精度为±0.01MPa。平衡状态下油相的体积通过 CCD 摄像机系统读取，其体积精度为±0.001mL。

图 3.1 HB300/70 型 PVT 实验装置

2) 实验准备

(1) 样品准备。

将现场送来要分析的油气样品逐项登记入账，同时根据送样单检查样品数量，从外表检查是否有漏油、漏气现象，检查样品瓶的标签是否与送样单一致。根据石油行业标准检查样品的开阀压力和饱和压力，将检查合格的油气样品按标准配制成地层油样。

(2) PVT 仪准备。

①仪器的清洗。每次实验前需用无铅汽油或石油醚对 PVT 仪的注入泵、管线、PVT 筒、分离瓶、密度仪等进行清洗，清洗干净后用高压空气或 N_2 吹干待用。

②仪器试温、试压。按国家质量监督检验检疫总局计量认证的技术规范要求，对所用设备进行试温、试压，试温、试压的最大温度和压力为实验所需最大温度和压力的 120%。

③仪器的校正。用标准密度油对密度仪进行校正，按操作规程对泵、压力表、PVT 筒体积、温度计进行校正。

3) 地层流体样品的配制及分析

依据中华人民共和国石油天然气行业标准《地层原油物性分析方法》(SY/T 5542—2000)，采用 C-1 井和 C-2 井的原油样品及分离器的气样，在地层温度为 126.2℃、泡点压力为 25.94MPa 条件下配样，配制成符合要求的流体样品。

配样条件下的油量按式(3.1)计算：

$$V_{\mathrm{oce}} = V_{\mathrm{a}}\left[1 - C_{\mathrm{a}}\left(P_{\mathrm{ce}} - P_{\mathrm{a}}\right)\right] \tag{3.1}$$

配样条件下的气体用量按式(3.2)计算：

$$V_{\mathrm{gce}} = 3.445\frac{V_{\mathrm{sep}}\mathrm{GOR}_{\mathrm{t}}T_{\mathrm{ce}}Z_{\mathrm{ce}}}{P_{\mathrm{ce}}} \tag{3.2}$$

配样压力、温度下的偏差因子可按式(3.3)计算(等质量气体下)：

$$Z_{\mathrm{ce}} = \frac{P_{\mathrm{ce}}V_{\mathrm{gce}}T_{\mathrm{a}}Z_{\mathrm{a}}}{T_{\mathrm{ce}}P_{\mathrm{a}}V_{\mathrm{a}}} \tag{3.3}$$

式(3.1)～式(3.3)中，V_{oce}、V_{a} 分别为配样条件下的油量和地面条件下的油量，cm^3；V_{gce}，V_{sep} 为配样条件下气量和分离器条件下油量，cm^3；V_{a} 为室温、大气压力下等质量气体的体积，cm^3；T_{ce}、T_{a} 分别为配样温度和室温，K；P_{ce}、P_{a} 分别为配样压力和大气压力，MPa；C_{a} 为地面条件下油的压缩系数，MPa^{-1}；Z_{ce} 为配样压力、温度下的偏差因子；Z_{a} 为大气压力、室温条件下的偏差因子；$\mathrm{GOR}_{\mathrm{t}}$ 为分离器气油比，$\mathrm{m}^3/\mathrm{m}^3$。

复配的原始地层流体样品地层条件流体组成，具体计算公式如式(3.4)所示：

$$Z_{\mathrm{ori}} = \frac{\dfrac{(P_{\mathrm{a}} - P_{\mathrm{w}})V_g}{RT_{\mathrm{a}}}Y_i + \dfrac{G_{\mathrm{o}}X_{\mathrm{w}i}}{M_i}}{\sum\left[\dfrac{\left(P_{\mathrm{a}} - P_{\mathrm{w}}\right)V_g}{RT_{\mathrm{a}}}Y_i + \dfrac{G_{\mathrm{o}}X_{\mathrm{w}i}}{M_i}\right]}100\% \tag{3.4}$$

式中，Z_{ori} 为凝析油 i 组分的含量百分数；P_a 为脱气时的大气压力，MPa；P_w 为测量温度下的水蒸气饱和蒸气压，MPa；R 为气体常数，8.31kPa·cm^3/(mol·K)；V_g 为 P_a、T_a 条件下单次闪蒸气体的体积，cm^3；T_a 为脱气时的室温，K；Y_i 为单次闪蒸气中组分 i 的摩尔分数；G_o 为单次闪蒸油量，g；X_{wi} 为闪蒸油 i 组分质量含量，%；M_i 为 i 组分的相对分子质量，g/mol。

地层流体物性(气油比及体积系数)参数计算方法按式(3.5)～式(3.6)计算：

$$\mathrm{GOR_o} = \left(\frac{T_a P_R V_{gf}}{P_a T_R}\right) / (W_{od} / \rho_{od}) \tag{3.5}$$

$$B_{oi} = V_{of} / V_{os} \tag{3.6}$$

式中，GOR$_o$ 为地层流体闪蒸气油比，m^3/m^3；B_{oi} 为地层凝析气的体积系数；ρ_{od} 为地面脱气油密度，g/cm^3；T_R 为脱气时地层温度，K；P_R 为脱气时的地层压力，MPa；V_{gf} 为地层条件下排出的气体体积，cm^3；V_{of}、V_{os} 分别为地层条件下原油的体积及排放到标准状况下原油的体积，cm^3；W_{od} 为排出的脱气油质量，g。

为了检验配制流体样品的代表性，将样品转入 PVT 仪，在地层温度和压力下进行单次脱气测试。参考标准《地层原油物性分析方法》(SY/T 5542—2000)，检验复配样品的代表性，配制样品的结果与现场数据进行对比，表 3.1 和表 3.2 说明配样代表性较好，配好的样品可用于原油 PVT 物性分析实验。

表 3.1　塔里木盆地缝洞型油藏 C-1 井地层流体样品配制结果对比

结果	饱和压力/MPa	地层油黏度/(mPa·s)	地层油体积系数	气油比(m^3/m^3)	地层油密度/(g/cm^3)	脱气油密度/(g/cm^3)	50℃脱气油黏度/(mPa·s)
现场结果	25.90	22.32	1.1742	68	0.8578	0.9205	1495
配制结果	25.94	24	1.1786	68	0.8615	0.9228	1526

表 3.2　塔里木盆地缝洞型油藏 C-2 井地层流体样品配制结果对比

结果	饱和压力/MPa	地层油黏度/(mPa·s)	地层油体积系数	气油比(m^3/m^3)	地层油密度/(g/cm^3)	脱气油密度/(g/cm^3)	50℃脱气油黏度/(mPa·s)
现场结果	19.62	149	1.1875	65	0.8986	0.9798	52900
配制结果	19.59	156	1.1842	63	0.9089	0.9851	53500

4) 实验结果与分析

(1) 单次脱气实验测试结果。

通过单次脱气后油气样品组成色谱分析及井流物组成计算，得到 C-1 井地层原油组成(表 3.3)。其中，C_1 占比 38.103%，C_2～C_6 占比 10.81%，C_{7+}占比 51.338%。按烃组分分布特征，C-1 井地层原油属高含重质组分的重质原油。在模拟地层温度 126.2℃、地层压力 59.57MPa 下进行单次脱气，得到样品的 PVT 主要参数(表 3.4)。

表 3.3　C-1 井流物组分、组成分析数据

	CO_2	C_1	C_2	C_3	iC_4	nC_4	iC_5	nC_5	C_6	C_{7+}
摩尔分数/%	0.378	38.103	2.359	0.792	1.287	0.835	0.627	3.569	0.712	51.338

注：C_{7+}相对分子质量为 254.8139，C_{7+}相对密度为 0.8775。

表 3.4　C-1 井地层流体地层温度下单次脱气数据

溶解气油比 GOR	地层体积系数 B_o(124.1℃，59.70MPa)	地层油密度(124.1℃，59.70MPa)/(g/cm^3)	死油密度(20.0℃，0.101MPa)/(g/cm^3)	饱和压力下地层油密度(124.1℃)/(g/cm^3)	脱气油分子量
68	1.1786	0.8615	0.9228	0.8287	232.92

按照同样方法得到 C-2 井地层原油组成见表 3.5。其中，C_1 占比 39.943%，C_2～C_6 占比 9.87%，C_{7+}占比 44.096%。按烃组分分布特征，C-2 井地层原油属高含重质组分的原油。在地层温度 138℃、地层压力 64.81MPa 下进行单次脱气，得到 PVT 主要参数(表 3.6)。实验结果表明，C-2 井地层原油较 C-1 井地层原油分子量更大，密度更大。

表 3.5　C-2 井流物组分、组成分析数据

	CO_2	N_2	C_1	C_2	C_3	iC_4	nC_4	iC_5	nC_5	C_6	C_7	C_8	C_9	C_{10}	C_{11+}
摩尔分数/%	3.428	2.664	39.943	5.441	2.721	0.338	0.721	0.316	0.099	0.234	0.070	0.184	0.034	0.076	43.732

注：C_{11+}相对分子质量为 449，C_{11+}相对密度为 0.9952。

表 3.6　C-2 井地层流体地层温度下单次脱气数据

溶解气油比 GOR	地层体积系数 B_o(138℃，64.81MPa)	地层油密度(138℃，64.81MPa)/(g/cm^3)	死油密度(20.0℃，0.101MPa)/(g/cm^3)	饱和压力下地层油密度(138℃)/(g/cm^3)	脱气油分子量
64.21	1.1843	0.9073	0.9822	0.8582	436.2351

(2) 等组成膨胀实验测试结果。

等组成膨胀实验测试数据压力与相对体积关系曲线见图 3.2 和图 3.3，由等组成膨胀实验测试的相对体积曲线得到饱和压力处有明显的拐点，与直接观测得到的饱和压力 25.94MPa(C-1 井)和 19.59MPa(C-2 井)基本一致。由图 3.2 和图 3.3 可以看出，随着压力的增加，相对体积逐渐减小。

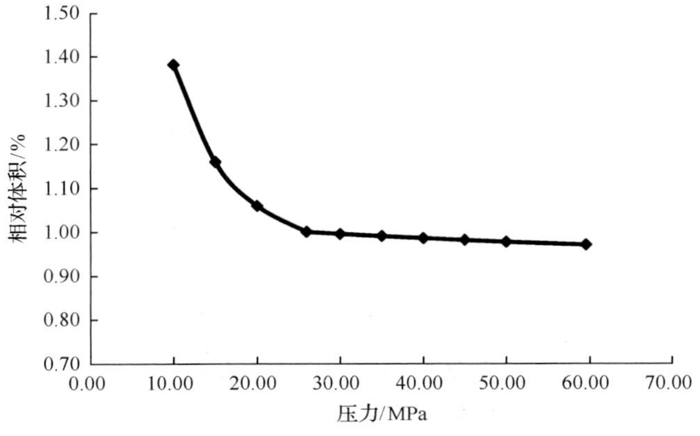

图 3.2　C-1 井稠油压力与相对体积关系曲线

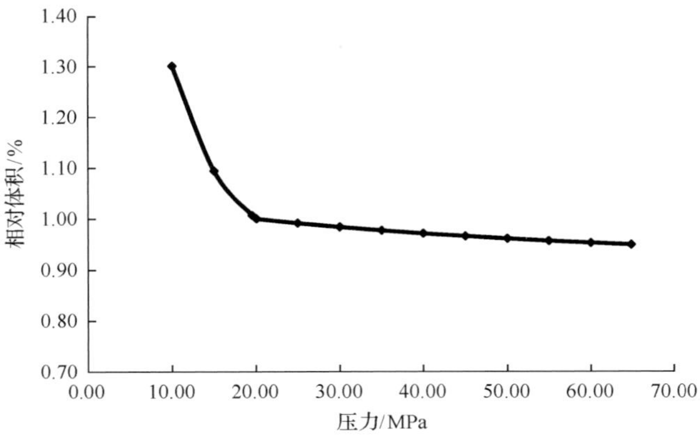

图 3.3　C-2 井稠油压力与相对体积关系曲线

2. 原油-N_2 PVT 相态特征实验

为了研究 N_2 对储层流体的相态特征的影响，采用 C-1 井和 C-2 井两种地层流体样品进行注气膨胀实验。

1）实验原理

地层流体注 N_2 膨胀实验，实验的过程是在地层压力下将一定比例的 N_2 加入到油中，按照设计饱和压力的次数加 N_2，每次加气后逐渐加压使 N_2 在地层流体中完全溶解并达到单相饱和状态。每次加入 N_2 后，体系的饱和压力和凝析油性质均会发生变化，然后对体系进行饱和压力、PV 关系等参数的测试，从而研究 N_2 对地层流体性质的影响。对地层流体的 PVT 参数进行测试后，再继续加入一定量的 N_2，直到达到设计要求比例为止。

注气过程中及注气后流体组成可用式（3.7）计算：

$$Z_i = \frac{Z_{oi} + N_{gas} Z_{gi}}{N_{gas}} \tag{3.7}$$

式中，Z_i 为注气后 i 组分的摩尔分数；Z_{oi} 为注气前剩余地层流体中 i 组分的摩尔分数；Z_{gi} 为注气前气相中 i 组分的摩尔分数；N_{gas} 为注入气与注入前剩余地层流体的物质的量之比。

2）实验准备

注入的 N_2 气体取自商品 N_2，其纯度为 99.995%。

3）实验过程

将适量配制好的地层流体样品转入 PVT 仪中，待温度在地层温度（C-1 井地层温度为 124.1℃，C-2 井地层温度为 138℃）稳定 2h 后，将适量增压后的 N_2 气体注入 PVT 仪地层原油样品中，充分搅拌 2h 使样品变成均质单相状态，然后缓慢降压测其泡点压力，并进行单次脱气测试，测试原油溶解气量及流体的密度、黏度等参数。测试完后，按上述实验方法在油样中再继续注入 N_2，加压使样品变成均质单相状态，再降压测其新的泡点压力，进行单次脱气测试。注 N_2 膨胀实验流程如图 3.4 所示。

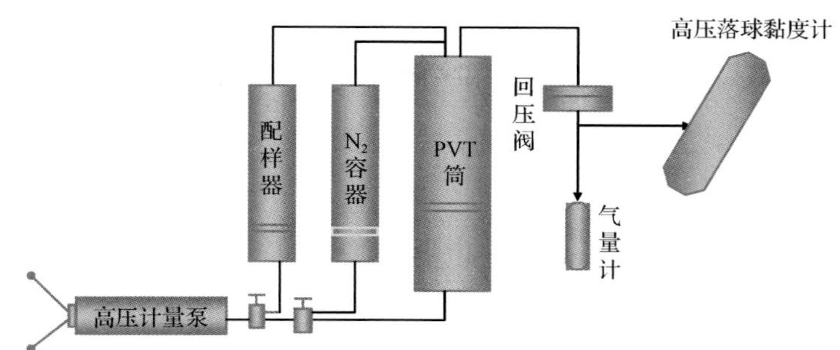

图 3.4　注 N_2 膨胀实验流程图(温度为 150℃，压力为 70MPa)

密度、气油比、油气组成等分析测试

4) 实验结果与分析

(1) C-1 井原油相态实验结果。

C-1 井普通稠油注 N_2 膨胀实验测试结果如图 3.5～图 3.9 所示。实验表明，随着注气量的增加，饱和压力增大，其对应的地层油密度也相应增大。随着 N_2 含量的增加，地层油黏度随之下降，表明注入的 N_2 气体对 C-1 井普通稠油具有一定的降黏效果。图 3.8 和图 3.9 表明，随着 N_2 注入量的增加，饱和原油的相对体积及膨胀系数有所增大，表明 N_2 气体对 C-1 井普通稠油具有膨胀补充地层能量的作用。

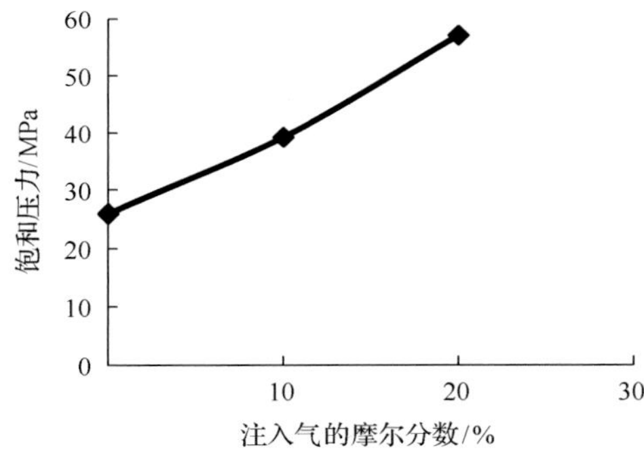

图 3.5　C-1 井普通稠油在不同 N_2 含量下原油饱和压力的变化图

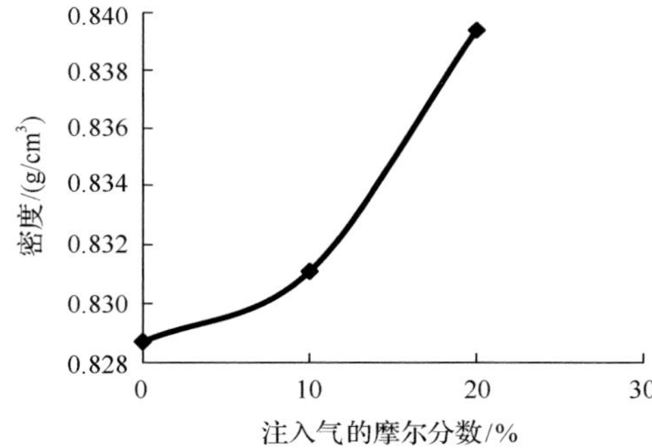

图 3.6　C-1 井普通稠油在不同 N_2 含量下地层油密度的变化图

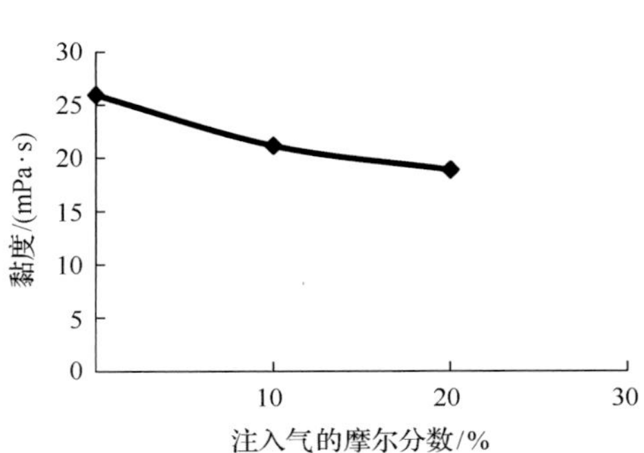

图 3.7　C-1 井普通稠油在不同 N_2 含量下地层油黏度的变化图

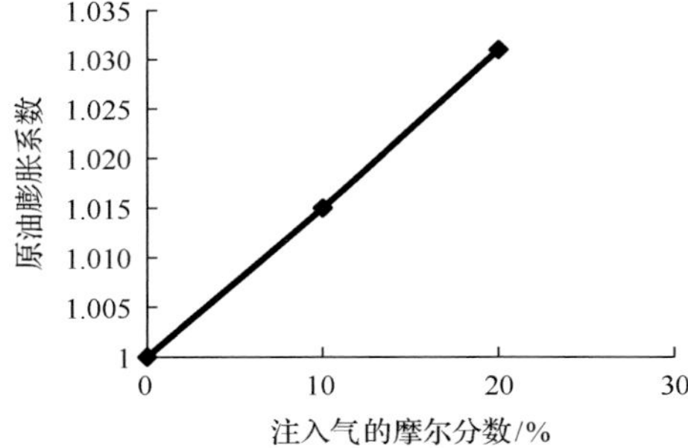

图 3.8　C-1 井普通稠油在不同 N_2 含量下原油膨胀系数的变化图

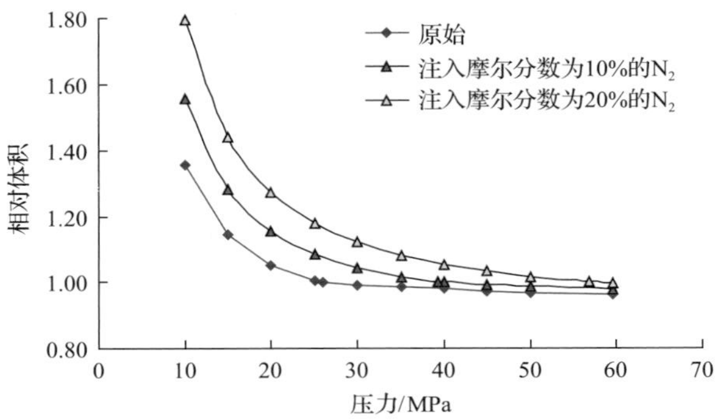

图 3.9 C-1 井普通稠油在不同 N_2 含量下的压力与相对体积关系的变化

(2) C-2 井原油相态实验结果。

C-2 井超稠油注 N_2 膨胀实验测试结果如图 3.10～图 3.13 所示。实验表明，随着注气量的增加，饱和压力增大；当压力超过地层油饱和压力 30.23MPa 后，注入的 N_2 可溶于地层油，起到降黏膨胀的作用，且随着 N_2 注入量的增加，其在地层油中的溶解度增大。图 3.12 中随着 N_2 含量的增加，地层油黏度随之下降，表明注入的 N_2 气体对 C-2 井超稠油具有一定的降黏效果。图 3.13 中随着 N_2 注入量的增加，原油膨胀系数有所增大，表明 N_2 气体对 C-2 井超稠油同样具有一定的膨胀补充地层能量的作用。

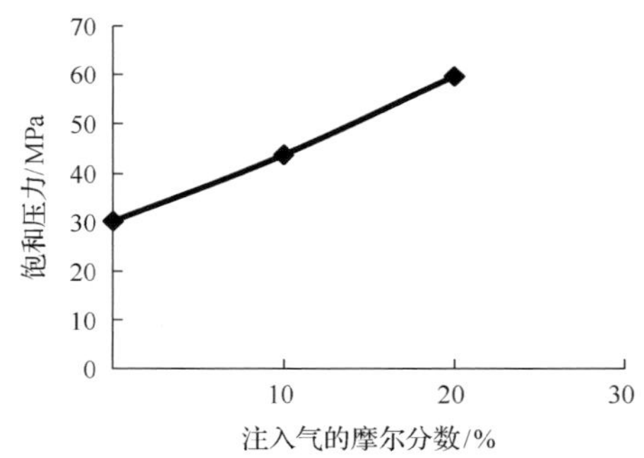

图 3.10 C-2 井超稠油在不同 N_2 含量下原油饱和压力的变化图

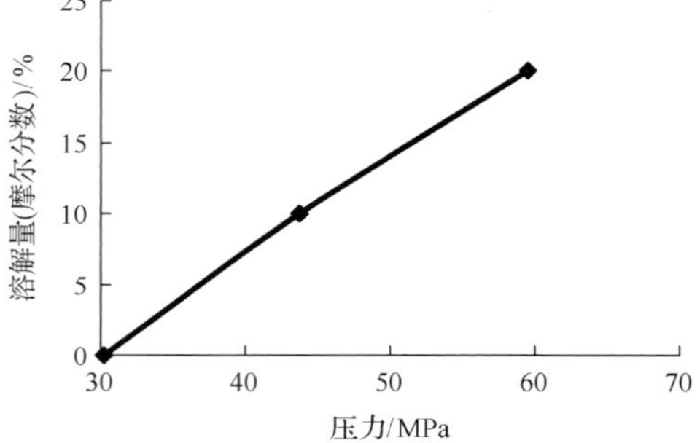

图 3.11 不同压力条件下 N_2 在 C-2 井超稠油中的溶解情况

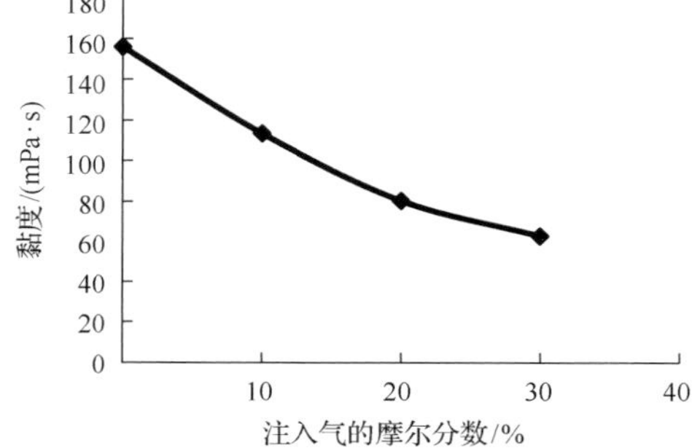

图 3.12 C-2 井超稠油在不同 N_2 含量下地层油黏度的变化图

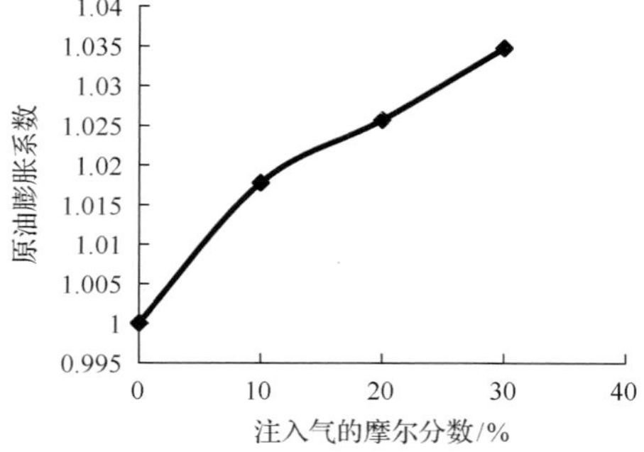

图 3.13 C-2 井超稠油在不同 N_2 含量下原油膨胀系数的变化图

原油-N_2 PVT 相态特征实验结果表明：对于塔里木盆地示范区原油，N_2的溶解量较低，在地层压力条件下小于 20%(摩尔分数)，加之 N_2在 120℃、60MPa 情况下密度仅 0.35g/cm^3，N_2密度小、溶解度低，油藏内原油-N_2重力分异快，极易形成气顶，实现垂向重力驱；当原油黏度增加后，N_2的溶解度更低，但降黏作用增加。

3.1.2　缝洞型油藏原油注 N_2 细管实验研究

塔里木盆地缝洞型油藏埋藏深(大于 5000m)、油藏温度高(120℃)、压力高(大于 55MPa)，注入的气体能否与地层原油混相，决定了提高采收率的机理与幅度，因此需要开展混相能力评价的研究。细管实验是目前世界上公认的确定注入气能否与原油混相的标准方法[6]。下面采用细管实验测试塔里木盆地缝洞型油藏注 N_2 最小混相压力。

1. 实验仪器及技术指标

注气驱油最小混相压力(mininum miscible pressure，MMP)实验是在美国 CoreLab 公司的细管装置和加拿大 Hycal 公司的长岩心驱替装置上共同完成的，实验流程如图 3.14 所示。

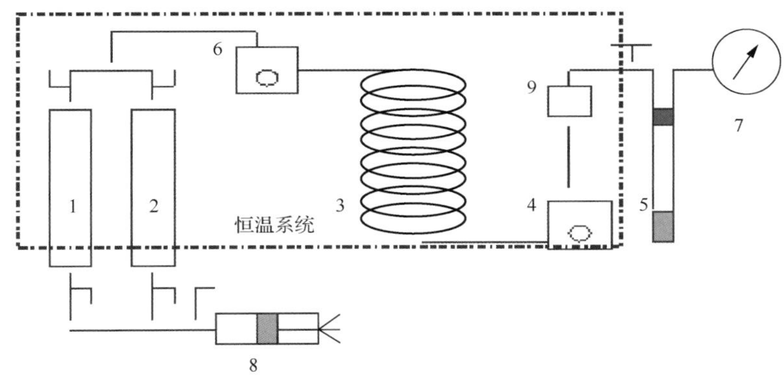

图 3.14　注气 MMP 的细管实验流程图

1. 注入气；2. 地层油；3. CoreLab 细管；4, 6. 观察窗；5. 液量计；7. 气量计；8. RUSKA 自动泵；9. 回压调节器

此套流程主要由注入泵系统、细管、回压调节器、压差表、控温系统、液体馏分收集器、气量计和气相色谱仪组成，各部分的技术指标如下。

(1)注入泵系统：Ruska 全自动泵，工作压力 0～70.00MPa，工作温度室温，速度精度 0.001mL。

(2)回压调节器：工作压力为 0～70.00MPa，工作温度为室温至 200.0℃。

(3)压差表：最大工作压差为 34.00MPa，工作温度为室温。

(4)控温系统：工作温度为室温至 200.0℃，控温精度 0.1℃。

(5)液体馏分收集器：精度 0.001g，工作环境为常温、常压。

(6)气量计：计量精度 1mL。

(7)气相色谱：美国 HP6890 气相色谱仪。

(8)细管：技术指标见表 3.7。

表 3.7 细管参数表

直径/mm	长度/cm	孔隙体积/cm^3	孔隙度/%	渗透率/μm^2
4.4	2000	101.91	33.46	10.8

细管是细管实验测 MMP 的关键设备，细管通常弯曲成盘状，是由内充填细砂的不锈钢管构成。填砂的目的并不是企图模拟油藏岩石，只是为了在流动过程中，为注入气和原油的混合及多次接触提供一种介质。所以不能将细管实验中的最终采收率、波及效率和过渡带长度等实验数据与实际油田的指标等同起来。

MMP 的值受细管的长度、充填砂的孔隙结构及驱替速度等因素的影响。目前，对于这些参数并没有统一的标准。不同的实验者所用的细管长度、充填砂的粗细和注入速度也不同。

不同的细管长度和注入速度对注入 1.2PV 气体(PV为细管孔隙体积)时的采收率有较大的影响。一般的原则是：细管的长度应尽可能长，以避免因长度不够致使在细管内不能形成有效的混相段塞，导致测得的最终采收率不准；实验过程中，驱替速度通常是在注入 0.7PV 气体以前较慢，在注入 0.7PV 的气体以后，可以认为，不论是混相还是非混相，细管中已建立了传质带。这时可将注入速度适当提高，以便在较短的时间内完成实验。

2. 实验前的准备工作

1) 细管准备

每次实验前对细管进行清洗，清洗剂采用石油醚。当入口石油醚与出口石油醚颜色、组分相同时，可以认为清洗工作完成；然后将清洗干净的细管用 N_2 或压缩空气吹干后，在实验所需的温度下烘干，一般要求在 6h 以上。将烘干的细管进行孔隙度和渗透率测定，求出孔隙体积，紧接着在所要求的地层温度和所选的驱替压力下饱和原油待用。

2) 驱替流体准备

驱替所用注入气为 N_2，注入的 N_2 取自商品 N_2，其纯度为 99.995%。驱替油样为前面配制的 C-1 井稠油。

3. 实验过程

首先应将细管在要求的实验温度和压力下用油饱和，将所需驱替的气样充满中间容器，并让其在实验温度、压力下保持平衡，并将回压调节器的回压调节到实验所需的压力值。用 Ruska 注入泵将气样以一定的速度进行驱替。在注入 1.2PV 的气样后，结束驱替实验。采出油样采用自动液体收集器每隔一定的时间计量一次，采出气量用全自动气量计计量，并用气相色谱仪每隔一定的时间分析采出气组分变化情况。在实验过程中，除按时准确记录实验要求的数据外，还应不定期观察注入和采出端微型透明 PVT 窗的相态和颜色变化情况。

4. 实验条件

(1)实验温度：C-1井稠油实验温度为地层温度126.2℃。

(2)驱替压力：C-1井稠油注N_2选取4个压力点，分别为30MPa、40MPa、50MPa、60MPa。

(3)驱替速度：在0.4PV注入量以前，设置气体的驱替速度为0.2mL/min，在0.4PV注入量后，驱替速度提高为0.4mL/min，当注气量达到1.2PV时，结束驱替过程。

(4)注入压力和回压：注入压力取注入泵在整个实验过程的平均压力。在本次实验中回压采用一台自动泵控制，可始终保持回压为所选定的驱替压力值，其波动幅度一般不超过0.01MPa。

(5)注入体积：经泵校正后，注入体积为不同压力下由泵读数测得的实际体积，当注入体积为1.2PV时，结束驱替过程。

5. 数据处理

注入1.2PV N_2后的最终采收率如下计算：

$$
\begin{aligned}
&采收率=\frac{采出油的原有体积\times体积系数}{饱和的原油体积}\times100\% \\
&采收率=\frac{饱和的原油体积-细管中残余油体积\times体积系数}{饱和原油体积}\times100\%
\end{aligned}
\tag{3.8}
$$

式中，饱和的原油体积和采出的原油体积必须经过压缩系数、温度系数、含水率和密度校正后才能进行最终结果计算。

6. 实验结果及分析

通过细管实验，得出了C-1井普通稠油注N_2最小混相压力实验综合数据(图3.15、图3.16)。实验结果表明，这4次实验的注入压力分别为30MPa、40MPa、50MPa和60MPa，注入气体突破均相对较早，分别在注入0.2PV、0.4PV、0.5PV、0.7PV时突破。气体突破前，气油比基本不变，突破后，气油比则迅速增大；注入1.2PV时采收率分别为31.80%、38.63%、46.22%、55.11%，均低于60%，表现出非混相驱特征。

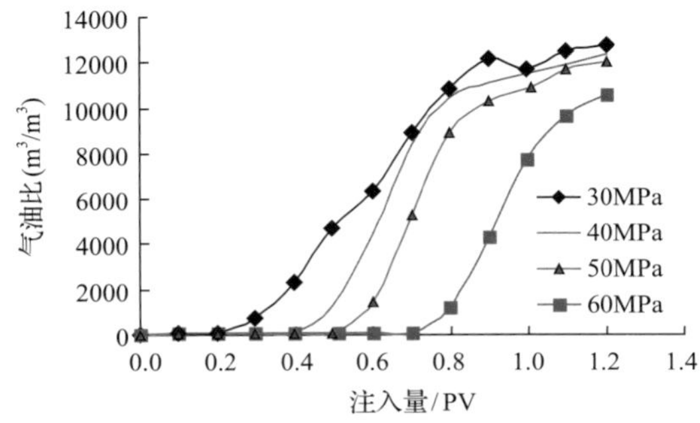

图3.15　不同压力下N_2注入量与气油比关系图

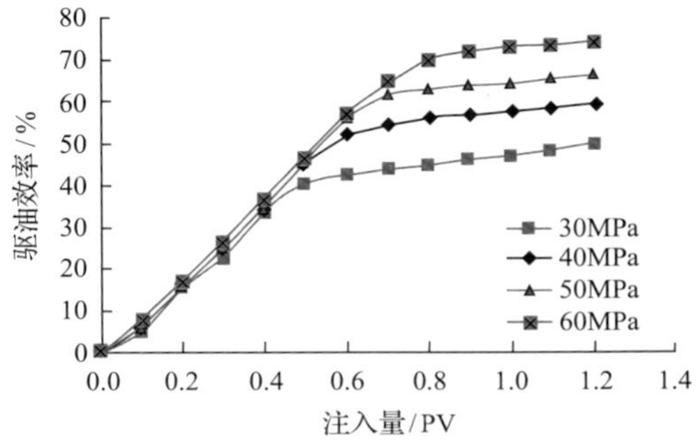

图3.16　不同压力下N_2注入量与驱油效率关系图

不同实验压力下，注入 N_2 驱替到 1.20PV 时的采收率与压力关系如图 3.17 所示。由图 3.17 可见，该曲线上不存在较明显的转折点，未测得最小混相压力，压力高达 60MPa 时仍不能混相，驱油效率仅为 55.11%。由于 C-1 井普通稠油单元地层压力为 59.70MPa，在目前地层条件下注 N_2 无法达到混相条件，只能实施注 N_2 非混相驱提高采收率。

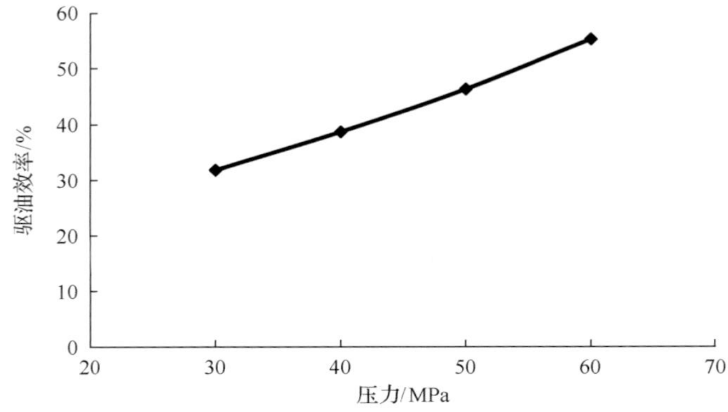

图 3.17　N_2 在不同注入压力情况下的驱油效率

细管驱替实验结果表明：当注气压力由 30MPa 升至 60MPa 时，仍未测得最小混相压力 MMP，即在储层温度和压力条件下，注入 N_2 无法与地层原油实现混相，注 N_2 提高采收率的机理之一为非混相驱。

3.1.3　缝洞型油藏单井注 N_2 物理模拟实验

鉴于缝洞型油藏储层的严重非均质性，不同储集体类型的油井的响应特征和增油效果也会不同。为了进一步明确注 N_2 机理，采用单井注气物理模拟实验的手段开展了压力响应特征和增油效果研究。

针对两种油品黏度（24mPa·s 和 1094mPa·s），开展缝洞型油藏单井注 N_2 吞吐模拟实验，结合注 N_2 高压物性测试结果，分析单井 N_2 吞吐的效果及相关机理，为以“阁楼油”为主要剩余油的缝洞型油藏注 N_2 吞吐提供理论依据。

1. 实验条件

(1) 模拟地层水的矿化度为 200000mg/L，地层水离子组成如表 3.8 所示。

表 3.8　我国塔里木盆地缝洞型油藏地层水离子浓度　　(单位：mg/L)

离子	浓度	离子	浓度
Ca^{2+}	12000	Cl^-	132000
Mg^{2+}	1440	HCO_3^-	105
SO_4^{2-}	580		

(2) 实验油为室内配制模拟油，黏度分别为 24mPa·s 和 1094mPa·s 的两种油品。

(3) 注气介质为 N_2，取自商品 N_2，纯度为 99.995%。

(4) 实验温度为 60℃。

2. 实验步骤及流程

1) 实验系统及流程

实验系统由四部分组成，分别为缝洞型油藏物理模型、恒速恒压注入系统、产出流体标定系统和数据采集及实验控制系统，实验装置及模型图如图 3.18 和图 3.19 所示。

(1) 缝洞型油藏物理模型：具有典型缝洞组合及连通模式的三维立体模型。

(2) 恒速恒压注入系统：注入系统包括活塞式中间容器、恒压恒速计量泵和底水恒压注入装置等。恒压底水装置恒压范围为 1～20kPa，工作温度为 45℃；恒压恒速计量泵工作压力为 0～30MPa，工作温度为室温，流速范围为 0.001～10.000mL/min。

(a) 单井N_2吞吐实验装置实物图

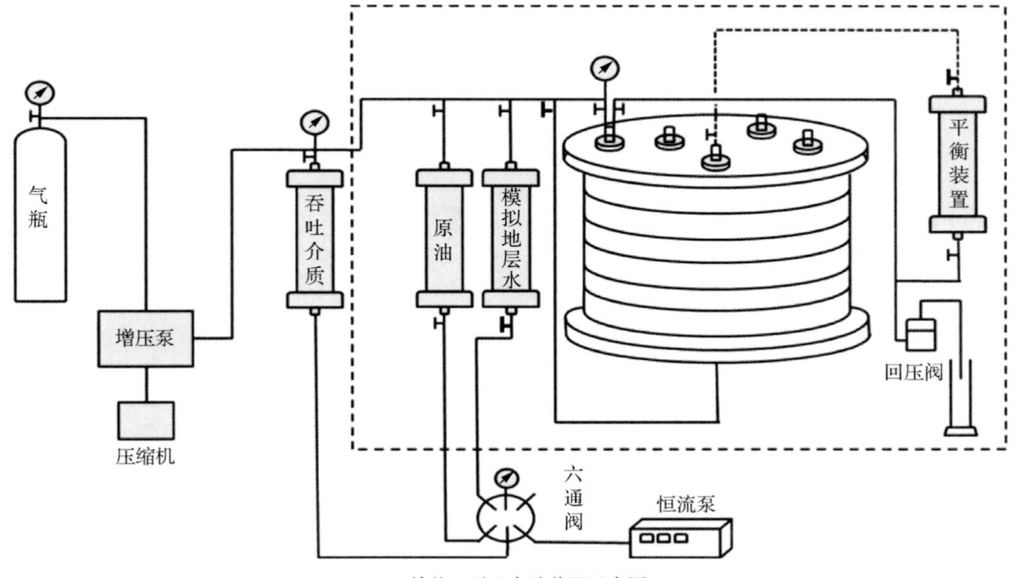

(b) 单井N_2吞吐实验装置示意图

图 3.18　单井 N_2 吞吐实验装置图

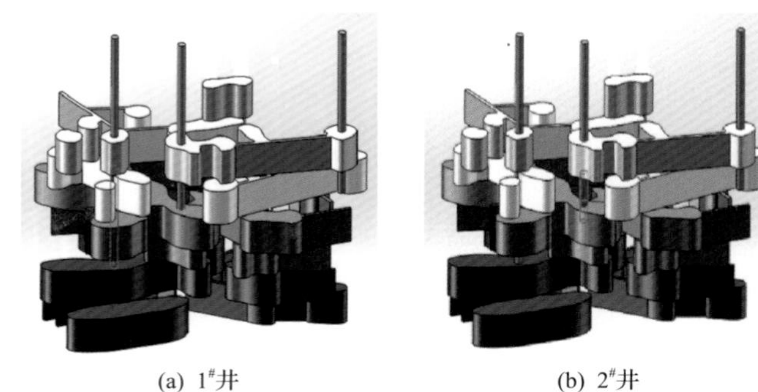
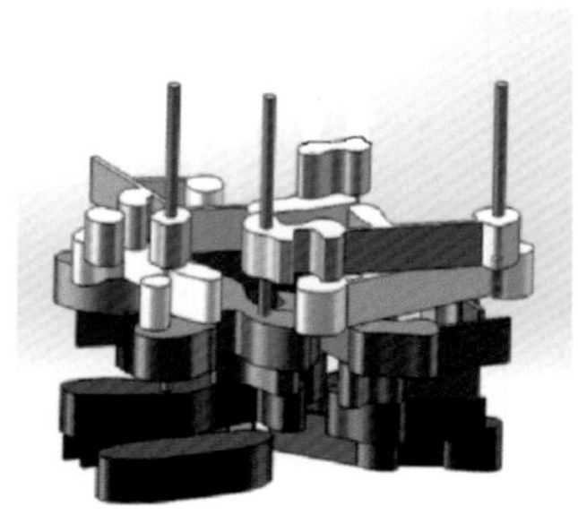

(a) 1#井　　(b) 2#井　　(c) 3#井

图 3.19　单井 N_2 吞吐实验模拟井示意图

(3) 产出流体标定系统：主要由生产井和出液收集装置组成，负责标定产出液的体积。

(4) 数据采集及实验控制系统：数据采集和实验控制系统包括计算机、数据采集器、压差传感器、温度传感器、烘箱及实验台，用来控制实验运行，定时测量和温度控制，记录吞吐过程中的压力响应及生产数据。

2) 实验步骤

按实验流程图连接实验装置，按矿场实际配制模拟地层水，配制黏度为 24mPa·s 和 1094mPa·s 的两种模拟油，岩心首先造束缚水，饱和原油至一定压力，再“吞”入一定体积的 N_2，关阀闷井一段时间后，开井吞吐，计量吞入与吐出的各流体体积，计算吞吐采出程度与换油率。具体步骤如下。

(1) 注气准备：岩心装置抽真空，检漏(15h 保持不漏)，饱和模拟水，计量饱和水体积即孔隙体积，岩心总体积可测定，进而可以计算岩心模型的孔隙度；然后采用“高注低采”的方式造束缚水，计量产出水体积，得到岩心含油量，计算含油饱和度；关闭出口，持续注入原油，目标井处压力升至 3MPa 时停止注入。

(2) 注入气体：在 60℃、3MPa 条件下，以 5mL/min 的速度注入 100mL 的 N_2 气体。

(3) 关阀闷井：“吞”完 N_2 后，保持一定的压力和温度闷井。在设定的时间内，使吞入的 N_2 气体与原油充分接触。根据相似性原理，模拟油藏条件及工艺条件选择闷井时间。

(4) 开阀“吐”油：在一定的压差下吐油，在生产过程中，当吞吐停止时测量此时间段产出油、水的体积，计算吞吐阶段采出程度 R 及吞吐介质换油率，计算方法见式(3.9)和式(3.10)：

$$R=\frac{\text{吞吐原油体积}}{\text{原始含油体积}}\times 100\% \tag{3.9}$$

$$\text{换油率}=\frac{\text{吞吐阶段采出原油体积}}{\text{注入驱替介质常压下体积}} \tag{3.10}$$

式中，R 为吞吐阶段采出程度，%；换油率的单位为 mL/mL。

(5) 实验后装置的清洗及整理。

3. 空白实验效果分析

1) 实验方案

设置实验模拟压力 3MPa，在不注入气体介质的情况下，对比普通稠油和超稠油两种油品在压力降、依靠自身弹性能和岩石弹性能情况的产出效果，即空白实验，作为单井吞吐增产效果对比的基础。

2) 空白实验效果分析

选取普通稠油(24mPa·s)和超稠油(1094mPa·s)两种油品，开展空白试验，结果如图 3.20 和图 3.21 所示。

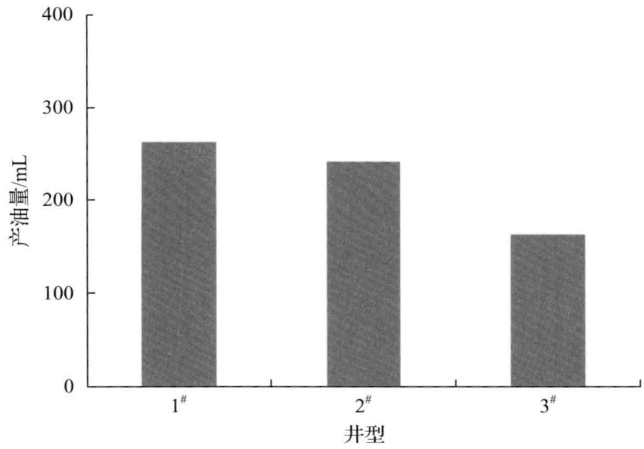

图 3.20　普通稠油单井吞吐空白实验产油量对比

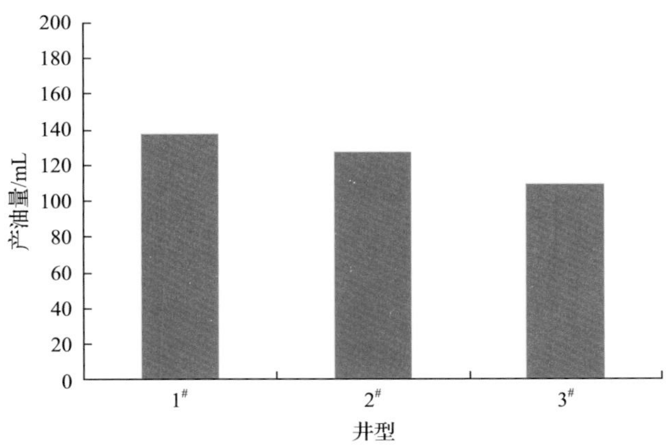

图 3.21　超稠油单井吞吐空白实验产油量对比

对于普通稠油，1#、2#和 3#井由于距离注入端依次接近，目标井升压相同时，模型整体升压稍低，依靠压力降的产油量也依次降低。

超稠油实验组 1#、2#和 3#井的产油动态与普通稠油类似，但由于油品的黏度增大，流动性变差，单井产油量仅为普通稠油的一半。本部分空白实验所得结果可作为后续单井注 N_2 吞吐实验效果的对比参照。

4. 单井注 N_2 吞吐响应特征与效果分析

1) 实验条件

设置实验模型压力 3MPa，注入 N_2 100mL(3MPa)，实验温度 60℃，闷井时间为 24h，吞吐 1 次，注气、闷井和采出各时间段分别计量注气压力响应、闷井压力响应及产量。

2) 压力响应特征

注气压力响应特征可以反映注气介质的注入性能和扩散性能，且与近井储层参数有关。以普通稠油为例，超稠油注气压力响应特征与普通稠油类似。图 3.22 为采用黏度 24mPa·s 模拟油时，各井 N_2 注入压力的响应特征，注气压力变化规律表现为 3 种类型：缓慢下降型、持续上升型和相对平稳型。如图 3.22 所示，1 井注气压力处于相对平稳的状态，推断 1 井注气时 N_2 扩散快；2 井注气压力表现出持续上升的趋势，推断 2 井近井周围气体不易扩散且存在较大的阻力；3 井注气压力表现出缓慢下降的趋势，推断 3 井所在的溶洞发育较好，处于高部位，注入气体扩散快且阻力减小。

图 3.23 反映了各井闷井阶段的压力响应特征，此阶段的压力响应特征可以反映注入气体介质在储层流体中的扩散及溶解能力。由图 3.23 可以看出，1 井和 2 井闷井阶段压力先快速上升，后趋于平稳；而 3 井压力则缓慢持续上升。由于 N_2 不易溶于原油，在重力作用下聚集在溶洞单元的顶部，形成气顶。N_2 注入后，各单井的压力上升，表明 N_2 具有良好的增能作用。

3) 产油速率、产气速率和气油比生产特性

以 1#井 N_2 单井吞吐为例，吞吐过程中产油速率、产气速率和气油比变化规律如图 3.24 和图 3.25 所示，2#井和 3#井各参数变化规律类似。N_2 吞吐生产过程可分为 3 个阶段：①第一阶段为早期阶段，为 20min 之前，开井生产的瞬间产油速率和产气速率为 100mL/min 左右，N_2 迅速气窜，并且携带大量原油，处于压力控制阶段；②第二阶段为

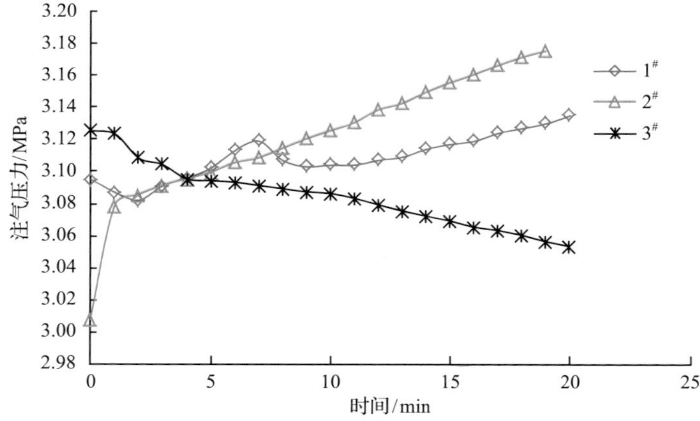

图 3.22 普通稠油 N_2 单井吞吐注入压力响应特征曲线

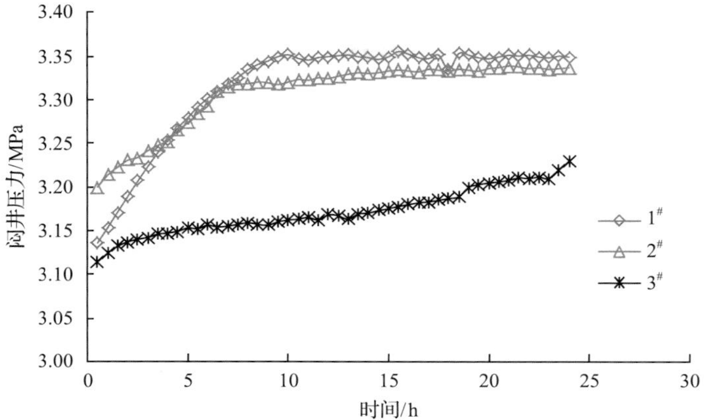

图 3.23　普通稠油 N_2 单井吞吐闷井压力响应特征曲线

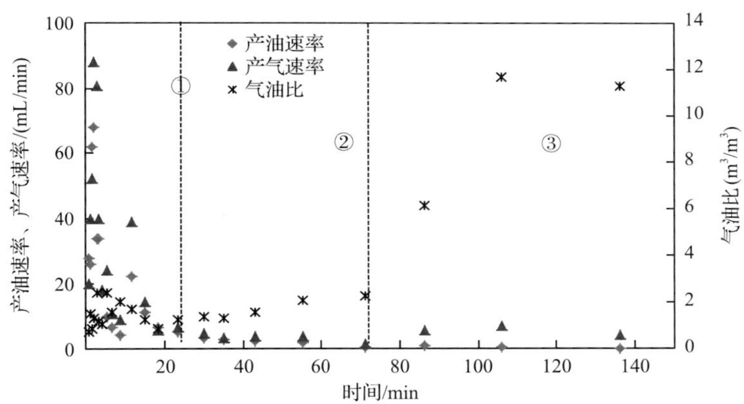

图 3.24　普通稠油 1#井 N_2 吞吐过程产油速率、产气速率和气油比变化规律

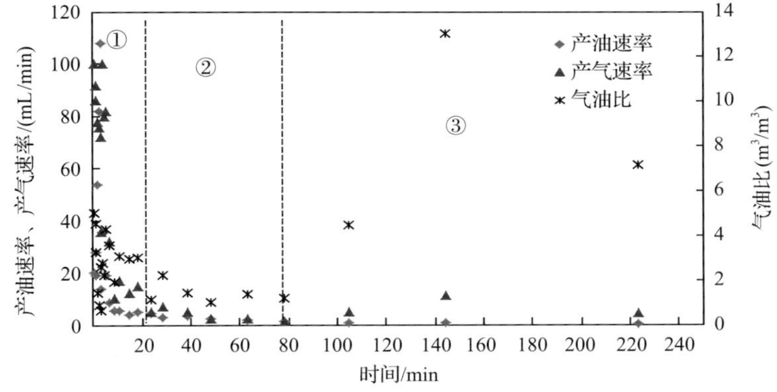

图 3.25　超稠油 1#井 N_2 吞吐过程产油速率、产气速率和气油比变化规律

中期阶段，其产油速率、产气速率和生产气油比都处于相对稳定状态，产油速率、产气速率和气油比都较小，油气同出，处于(溶解)气驱控制阶段；③第三阶段为后期阶段，气油比有所升高，产油量急剧减少，处于气窜控制阶段。通过普通稠油与超稠油 N_2 吞吐

实验可以总结得出，第一阶段的平均产油量占总产油量的 56.2%，第二阶段产油量占总产油量的 32.3%，第三阶段产油量占总产油量的 11.5%，即吞吐的早期阶段和中期阶段对于 N_2 吞吐增油至关重要。

4) 单井注 N_2 吞吐效果分析

普通稠油(24mPa·s)单井注 N_2 吞吐实验结果如图 3.26 所示。实验结果表明，1#井 N_2 吞吐效果最好，换油率为 0.45；其次为 2#井，换油率为 0.17；最差为 3#井，换油率为 0.08。原因是 N_2 易于聚集在缝洞单元顶部，形成气顶，增强单元内能量；1#井注入气受缝洞充填影响小，能够充分置换较高部位的原油，实现气顶气驱；而 3#井注入气能够置换的原油有限。对于普通稠油，重力分异置换和气顶气驱是 N_2 吞吐增油的主要作用机理。

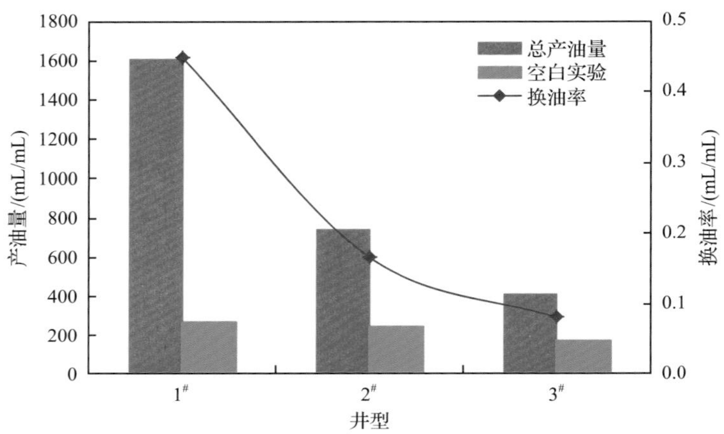

图 3.26　普通稠油单井 N_2 吞吐各生产井增油效果对比

超稠油(1094mPa·s)单井注 N_2 吞吐实验结果如图 3.27 所示。与普通稠油相比，超稠油 N_2 单井吞吐效果明显下降，主要原因是原油黏度大，气油置换速度慢；N_2 扩散作用较强，可波及至较远的范围，其回吐增油的效果较好。对于超稠油，重力分异置换和(溶解)气驱是 N_2 吞吐增油的主要作用机理。

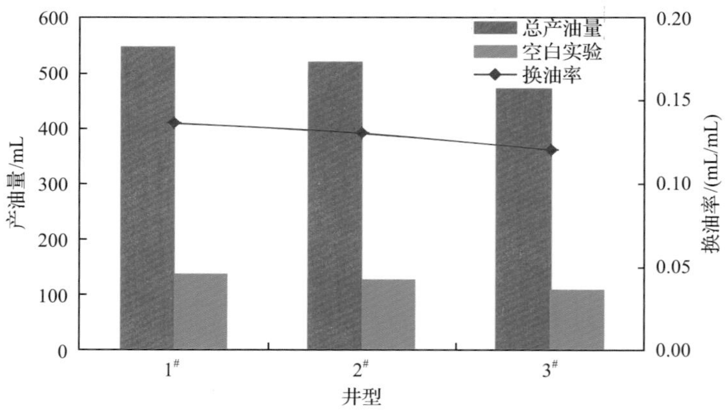

图 3.27　超稠油单井 N_2 吞吐各生产井增油效果对比

综合上述吞吐模拟实验，得出以下结论：注入 N_2 可实现显著的增油效果，其主要作用机理为重力分异置换和气顶气驱；超稠油由于黏度增加，气油置换速度慢，效果变差；油井与溶洞储集体的匹配关系非常重要，针对井周“阁楼油”油井注 N_2 效果更加显著。

3.2　缝洞型油藏注 N_2 技术政策研究

鉴于缝洞型油藏储层及油水关系较常规油藏更加复杂，为了提高注 N_2 的增油效果，开展注气量、注气速度、注气时机等参数的优化研究具有重要意义[7,8]。通过数值模拟和物理模拟手段，建立一套缝洞型油藏注 N_2 技术政策，对缝洞型油藏单井、单元注 N_2 提高采收率的现场实践具有显著的实用价值与指导意义。

3.2.1　缝洞型油藏单井注 N_2 影响因素

单井注 N_2 提高采收率技术，在塔里木盆地缝洞型油藏广泛应用以来增油效果显著，初期主要用周期产油量和方气换油率来评价注气效果。方气换油率即注气累产油量与注气量的地下体积之比。通过大量的数据统计，并结合注气投入产出经济性分析，结果显示当方气换油率(Q)达到 0.3 以上时，注气是经济有效的。

1. *岩溶地质的影响*

按照奥陶系一间房组地质特性，将岩溶地质背景分为一间房剥蚀区、一间房暴露区和上奥陶统覆盖区，对应注气井划分见表 3.9，结果显示注气效果不好的井多位于覆盖区。

表 3.9　不同岩溶地质背景注气效果统计

位置	井数/口	$Q>0.3$ 的井数/口	比例/%	$Q\leqslant 0.3$ 的井数/口	比例/%
一间房剥蚀区	20	14	70	6	30
一间房暴露区	6	4	66.67	2	33.33
上奥陶统覆盖区	10	3	30	7	70
合计	36	21	58.33(平均)	15	41.67(平均)

不同岩溶地质背景注气效果差异较大，主要由于表层岩溶性储层比覆盖区储层更发育且保存较好，剩余油富集，而上奥陶统覆盖区的顶部盖层构造对储层发育，剩余油分布起到控制作用，形成的储集体规模相对较小，同时储层连通性差，因而注气效果相对较差。

2. *构造要素的影响*

将构造要素分为构造高点、缓坡、斜坡和平台 4 类，对注气井按照构造类型分析注气效果。从表 3.10 可以看出，构造平台处的井注气有效率最高，4 口井注气全部有效，有效率为 100%。

表 3.10　不同构造注气效果统计

构造要素	$Q \geq 0.7$ 的井数/口	$0.3 < Q < 0.7$ 的井数/口	$Q \leq 0.3$ 的井数/口	总井数/口	有效率/%
高点	6	8	8	22	64
缓坡	1	1	5	7	29
斜坡	0	1	2	3	33
平台	1	3	0	4	100
合计	8	13	15	36	58(平均)

处于缓坡位置的井属于岩溶储层最发育地带，水驱效率相对较高，剩余储量规模小，且实际注气量小导致油井波及范围有限，因而不易见效；位于构造平台部位的井由于储集体规模大，剩余油富集，因而注气效果最好。

3. 储集体类型的影响

将钻遇储集体类型分为溶洞、裂缝孔洞、裂缝三类，根据油井动态反应，井周储集体也可以分为溶洞、裂缝孔洞、裂缝三类。进而井点和井周储集体可组合成 6 个类型：溶洞-溶洞、溶洞-裂缝孔洞、裂缝孔洞-溶洞、裂缝孔洞-裂缝孔洞、裂缝-裂缝、裂缝-裂缝孔洞。统计不同类型储集体的油井的注气效果，可以当储集体类型较为杂乱时，注气效果好。如当井点处为溶洞、井周也为溶洞，两者为同一储集体类型时，注气有效率最低，仅为 33%；当井点处为溶洞、井周为裂缝孔洞时，注气有效率较高，为 62%(表 3.11)。

表 3.11　不同储集体类型注气效果统计

储集体类型		$Q \geq 0.7$ 的井数/口	$0.3 < Q < 0.7$ 的井数/口	$Q \leq 0.3$ 的井数/口	总井数/口	有效率/%
溶洞	溶洞	1	1	4	6	33
	裂缝孔洞	2	6	5	13	62
裂缝孔洞	溶洞	3	2	3	8	63
	裂缝孔洞	1	1	3	5	40
裂缝	裂缝	0	1	1	2	50
	裂缝孔洞	0	1	1	2	50
合计		7	12	17	36	53(平均)

注气替油的机理主要是利用重力分异作用，用注入气置换井周剩余油，因而储集体类型并不是注气效果的决定因素，不同类型储集体之间的空间接触关系、井与储集体的位置关系对注气效果的影响则至关重要，储集体组合类型越复杂，剩余油赋存越多。

4. 动态特征的影响

动态特征分析主要包括油井含水变化特征、不同剩余油类型、注气前采出程度、底水能量等对注气效果影响。

1) 含水变化类型

将含水变化类型分为暴性水淹、快速上升、无明显见水、投产即见水、台阶状上升和缓慢上升 6 类。统计分析注气井的含水变化类型见表 3.12，认为暴性水淹、含水快速上升的井由于储集体与下部水体直接沟通，水体能量强，注气效果不是很理想；无明显见水或投产见水的井储集体具有定容特征，注气效果较好；台阶状上升的井一般为多个缝洞逐级沟通，有多套储集体供给，剩余油丰富，注气效果最好；含水缓慢上升的井储集体非均质性较弱，底水驱替效率高，故注气替油的潜力小、效果差。

表 3.12　含水变化类型注气效果统计

含水上升规律	$Q\geqslant0.7$ 的井数/口	$0.3<Q<0.7$ 的井数/口	$Q\leqslant0.3$ 的井数/口	总井数/口	有效率/%
暴性水淹	0	2	4	6	33
快速上升	1	1	5	7	29
无明显含水	1	1	1	3	67
投产见水	2	4	2	8	75
台阶上升	4	4	0	8	100
缓慢上升	0	0	4	4	0
合计	8	12	16	36	56(平均)

2) 不同剩余油类型

将剩余油类型分为两大类：残丘型剩余油和底水窜进型剩余油。剩余油类型进一步细分为 4 类：残丘高部位剩余油、水平井上部剩余油、底水未波及剩余油及非均质极强剩余油。从产油量来看，统计不同剩余油类型油井的注气效果，可以残丘型平均单井周期增油量最高(表 3.13)。

表 3.13　不同剩余油类型注气增油效果统计

剩余油类型	剩余油类型亚类	平均单井增油/t
残丘型剩余油	井周构造高点	1469
	水平井上部	688
底水窜进型剩余油	底水未波及	525
	非均质极强	498

从有效率来看，统计不同剩余油类型的油井的注气有效率，可以发现残丘型剩余油有效率最高(表 3.14)，这个规律和增油效果相对应。

表 3.14　不同剩余油类型注气效果统计

剩余油类型	$Q\geqslant0.7$ 的井数/口	$0.3<Q<0.7$ 的井数/口	$Q\leqslant0.3$ 的井数/口	总井数/口	有效率/%
残丘	5	2	2	9	78
水平井上部	4	2	4	10	60
底水未波及	3	3	9	15	40
非均质极强	0	1	1	2	50
合计	12	8	16	36	56(平均)

将不同剩余油类型的油井的注气效果进行对比，可以发现残丘型剩余油储集体发育，剩余油丰富，因而残丘型剩余油油井注气有效率最高；水平井上部剩余油类型的注气效果较好，说明水平井上部普遍存在水驱无法动用的剩余油，注气可以驱替这部分剩余油；对于底水未波及的剩余油类型，储集体越发育，地质储量规模越大，与底水沟通水体能量强，越难抑制水锥，因而含水呈台阶上升油井的注气效果好于暴性水淹的油井；非均质极强剩余油类型注气井，在注气量较小的情况下难以扩大波及范围，注气效果较差。

3) 注气前采出程度

从图 3.28 可以看出，注气前采出程度对注气增油效果影响较小。

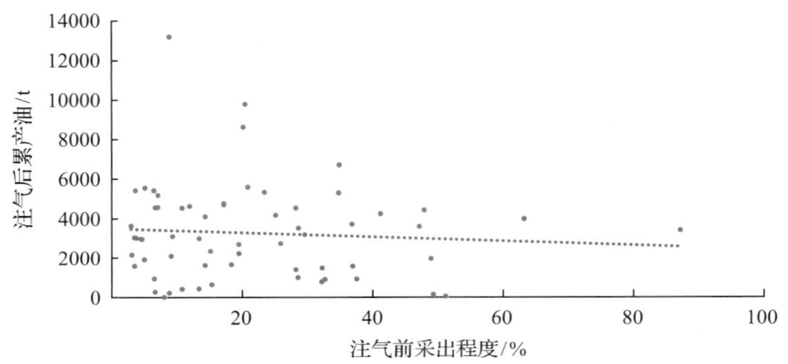

图 3.28　注气前采出程度与注气效果的关系

分析认为，注气前采出程度和洞顶剩余油的数量决定了注气效果。注气前采出程度高，洞顶剩余油多，增油效果好；注气前采出程度低，洞顶剩余油少，增油效果差（图 3.29）。

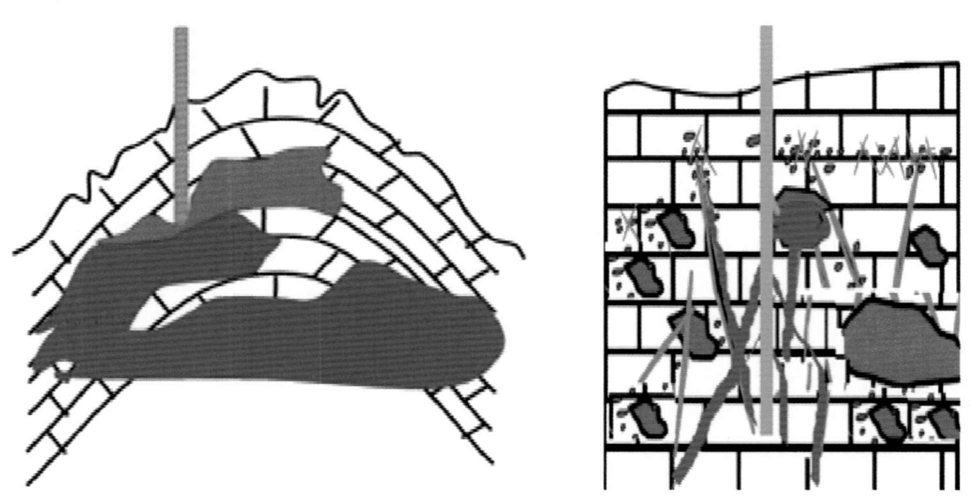

图 3.29　洞顶剩余油分布图

4) 底水能量

注气井底水能量不同，增油效果不同。底水能量弱，中等的注气效果好；底水能量强，虽然注气前开采效果好，但注气效果较差(图 3.30)。

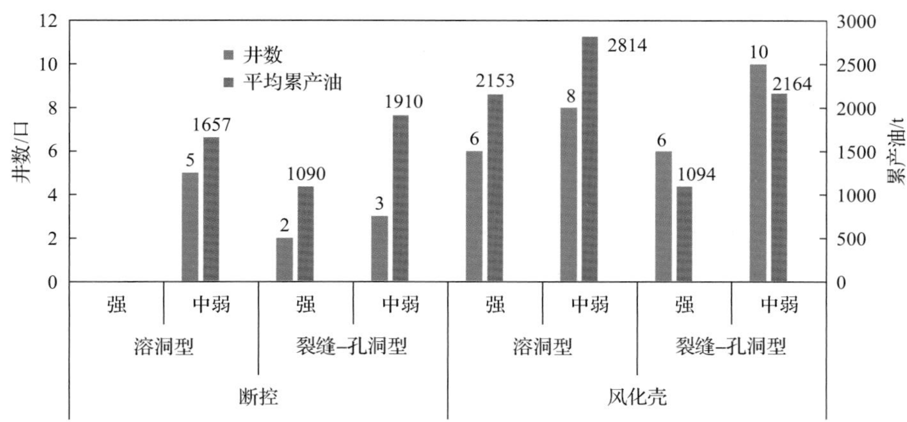

图 3.30　不同地质成因下底水能量对注气效果的影响

底水能量强、中、弱的判定依据为：①根据注气井生产动态曲线，将日产液量高，含水上升速度快，迅速达到高含水的井判定为底水能量强；②将注气前底水锥进井，判定为底水能量强；③因供液不足间开的井，判定为底水能量弱；④符合定容体特征的井一般底水能量都较弱；⑤将生产过程中实施了多轮次注水替油井判定为底水能量弱。

5. 缝洞型油藏注 N_2 选井原则

缝洞型油藏注气提高采收率技术应始终坚持“边研究、边实施、边总结”的方式。分析注 N_2 效果的影响因素，形成了一套注气井选井办法(表 3.15)。

表 3.15　单井注气选井原则

筛选参数	筛选标准优先级排序
构造位置	剥蚀区＞暴露区＞覆盖区
井储关系	中下部(30～60m)＞上部
储集体类型	钻遇溶洞型储集体＞酸压沟通溶洞型＞裂缝孔洞型储集体
剩余油类型	残丘及水平井上部类型＞致密层遮挡、分隔溶洞
储量规模	地质储量＞0.8×10^4t
含水上升规律	台阶状上升＞缓慢上升＞快速上升＞暴性水淹

3.2.2　缝洞型油藏单井注 N_2 吞吐参数优化

在缝洞型油藏区块地质模型的基础上，通过动静态数据校正建立区块数值模型。在大区块数值模型中，优选典型的完成历史拟合的单井数值模型，建立残丘型剩余油和底水窜进型剩余油的单井数值模型[9]。通过研究两种典型的模型中的注气时机、周期注气量、注气速度、闷井时间、产液速度、注气周期等技术参数，建立了一套单井注 N_2 驱油的开发技术政策。

1. 缝洞型油藏单井注气驱油数值模拟典型模型的建立

1) 缝洞型油藏数值模拟方法优选

数值模拟中双重介质假设裂缝与基质网络均匀分布；数值模拟中一个网格有基质和裂缝两种介质，裂缝和基质的孔隙度、渗透率不同；但是缝洞型油藏裂缝及溶洞分布具有分带性和区域性，缝洞型油藏使用双重介质模型不合理。

在单重介质模型中，一个网格只代表一种介质，只有一种孔隙度和渗透率。融合后的属性场反映出缝洞型油藏的主要介质属性，可等效模拟缝洞型油藏。将裂缝模型和储层模型进行耦合，形成单一介质；渗透率采用优势通道方式进行合并(取渗透率较大值)，孔隙度采用加权平均方式合并。

2) 单井注气驱油典型模型建立

(1) 全区地质模型。

构造模型采用 Petrel 模型，选取的单井为 C-9 井、C-10 井、C-11 井、C-12 井、C-13 井、C-14 井。

(2) 模型选择。

在选择模型时，主要考虑以下因素：油藏的复杂性(非均质性、各向异性、分层情况、断层等)、布井情况与生产动态、油藏内流体驱动机理、流体相数及相态特征、资料的可靠性和完整性等。根据油水分布规律和开发方式，采用 Eclipse 组分模型模拟软件对 9 个拟组分进行数值模拟研究。

(3) 网格系统。

油藏几何形态通常是决定模拟网格方向的主要因素，此外，确定网格方向还必须考虑下列因素：渗透率各向异性、网格方向与流线吻合程度。网格尺寸设计应满足以下几个要求：①能正确地描述油藏的几何形态、地质特征；②能详细地描述油藏压力和初始流体饱和度在平面及纵向剖面上的变化；③能正确模拟流体在油藏中的流动；④能满足数值模拟模型稳定性、收敛性和研究精度的要求。

结合前期地质研究，在地质模型的基础上，模型网格划分为 25m×25m×5m，纵向上划分为 48 个模拟层。

(4) 物性参数。

两种稠油，一种是超稠油，地面脱气原油密度为 985.1kg/m^3，地层原油密度为 908.9kg/m^3，地层原油黏度为 156mPa·s；另一种是普通稠油，地面脱气原油密度为 922.8kg/m^3，地层原油密度为 922.8kg/m^3，地层原油黏度为 24mPa·s；原始油藏条件下地层水压缩系数为 $5\times10^{-4}$$MPa^{-1}$，水相黏度为 0.22mPa·s，岩石压缩系数为 $2\times10^{-3}$$MPa^{-1}$，原始地层压力为 60MPa。底水能量分为两个级别：弱底水和强底水，弱底水的水体体积大小为油藏孔隙体积的 0.5 倍，强底水的水体体积大小为油藏孔隙体积的 50 倍。

(5)开发历史拟合。

对6口井的开发动态进行历史拟合，拟合度高，地层压力和含水拟合误差小于10%，产液速度误差为0。下面以C-10井和C-12井为例进行说明(图3.31～图3.36)。

(6)地质模型完善。

基于油藏认识，结合开发历史拟合，对选择的6口单井进行地质模型完善，形成了6口单井的数模模型，为参数优化提供支撑。下面以C-10井和C-12井为例进行说明。

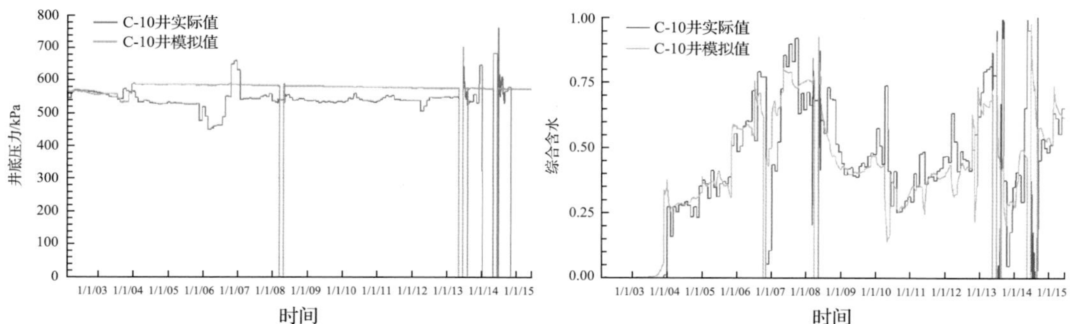

图3.31　C-10井井底压力指标和含水指标拟合

注：时间轴日期由模拟系统自动生成，不表示真实时间，下同

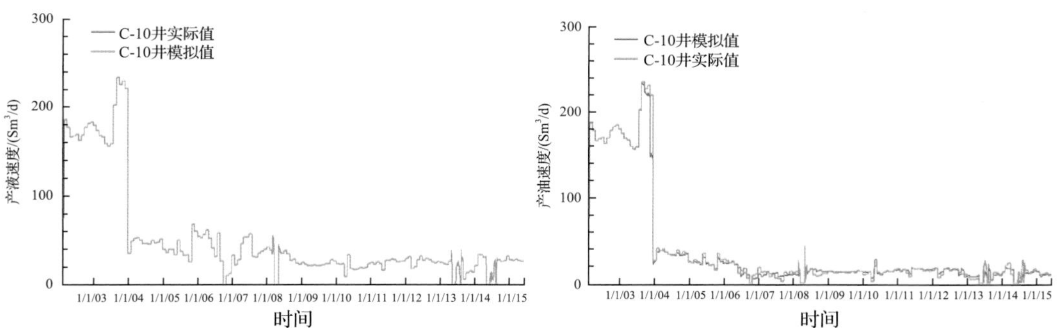

图3.32　C-10井产液速度指标拟合和产油速度指标拟合

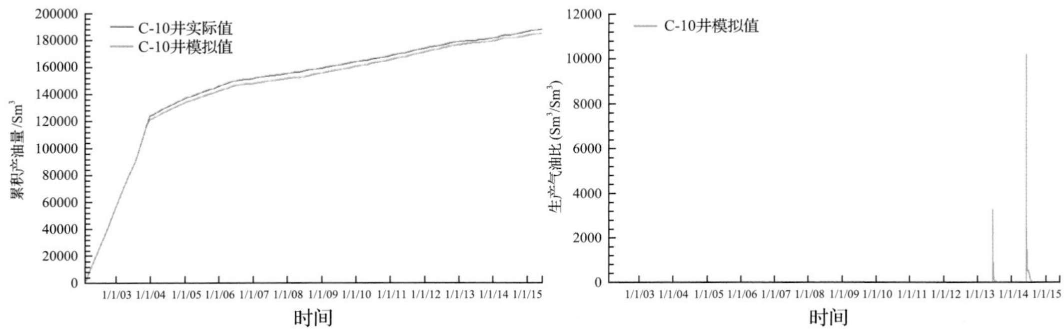

图3.33　C-10井累积产油量指标和生产气油比指标拟合

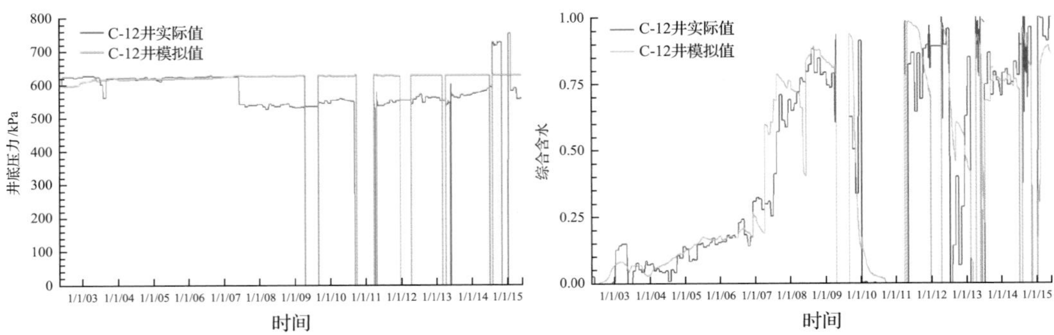

图 3.34　C-12 井井底压力指标和含水指标拟合

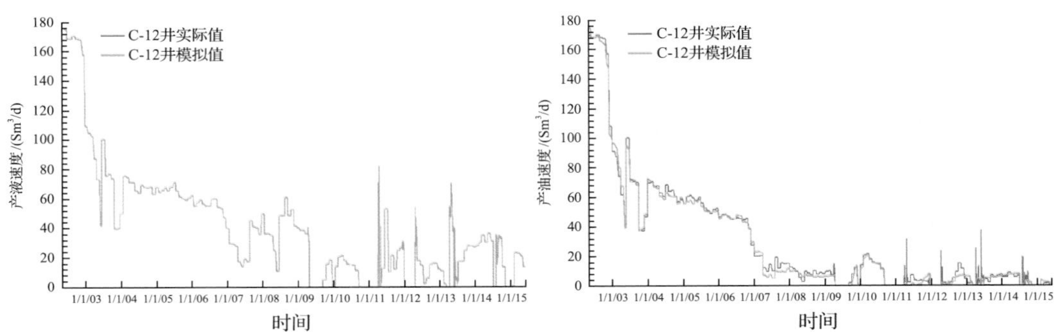

图 3.35　C-12 井产液速度指标和产油速度指标拟合

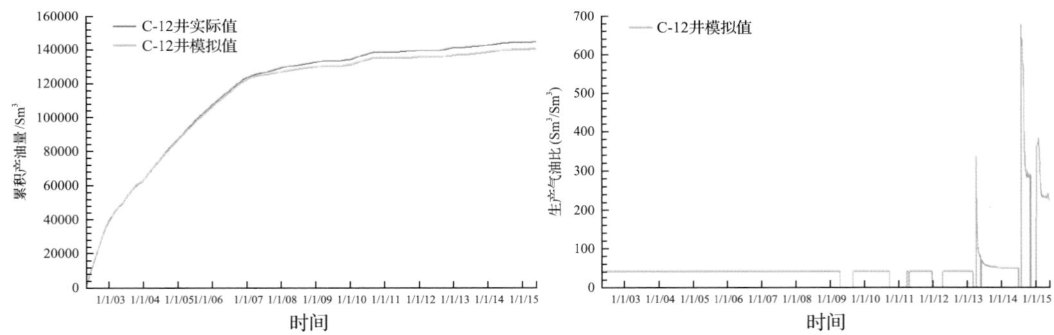

图 3.36　C-12 井累积产油量指标和生产气油比指标拟合

C-10 井钻井无放空、漏失现象，地震无串珠反射特征，未钻遇溶洞，井周没有大溶洞。C-10 井见水前产量高，地层能量供应充足，判断存在强底水。原地质模型基质部分为无效网格，根据经验同时参考周围网格，给基质孔隙度赋值 0.005%，渗透率赋值 10mD。历史拟合过程中，无水采油期为两年，判断油水界面离井底较远。2004 年 1 月油井突然见水，含水达到 25%，判断原塞面被冲开，填砂段成为底水窜流通道(图 3.37，图 3.38)。

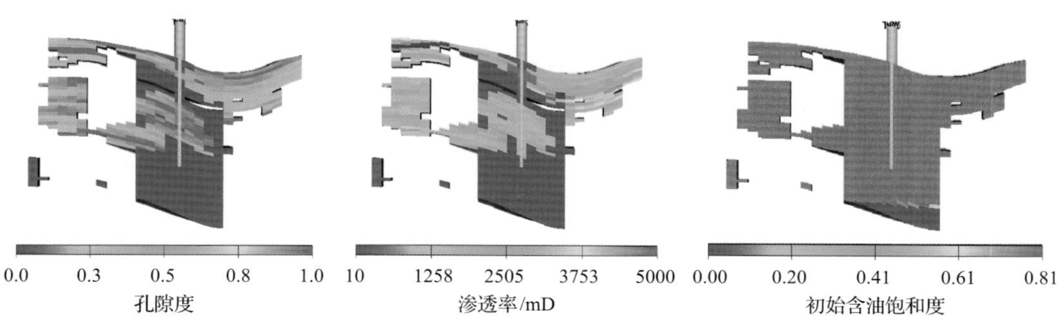

图 3.37　C-10 井调整后孔隙度、渗透率和初始含油饱和度剖面图

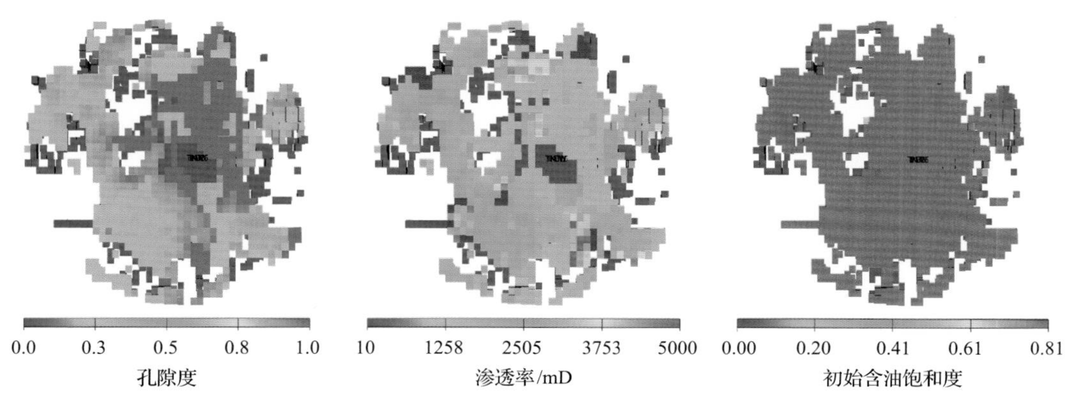

图 3.38　C-10 井调整后孔隙度、渗透率和初始含油饱和度平面图

C-12 井钻井无放空、漏失现象，地震无串珠反射特征，未钻遇溶洞，井周没有大溶洞。3 次生产测井均显示上层产层出液量极少，判断上层为低渗层，因此将井周 50m 的渗透率乘以 0.05 的倍数。该井 2002 年 12 月开始产水，到 2006 年 11 月含水为 20%，含水上升速度缓慢，判断井底存在低阻区；2006 年 12 月含水台阶上升，经生产测井得出水泥塞面处产水，判断原填砂及打塞井段被冲开成为水窜流通道，因此等效为此段是射孔段。2009 年 4 月至 9 月进行第一次注水替油，开井生产基本不产水，判断井底周围存在缝洞。N_2 吞吐后，油井高含水，注气效果差，已经水淹(图 3.39，图 3.40)。

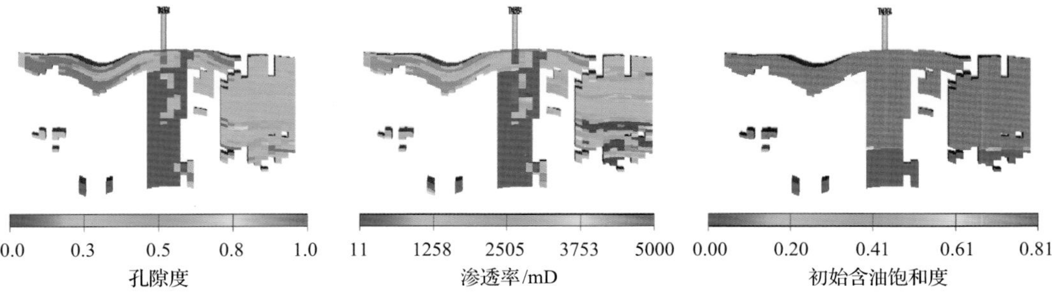

图 3.39　C-12 井调整后孔隙度、渗透率和初始含油饱和度剖面图

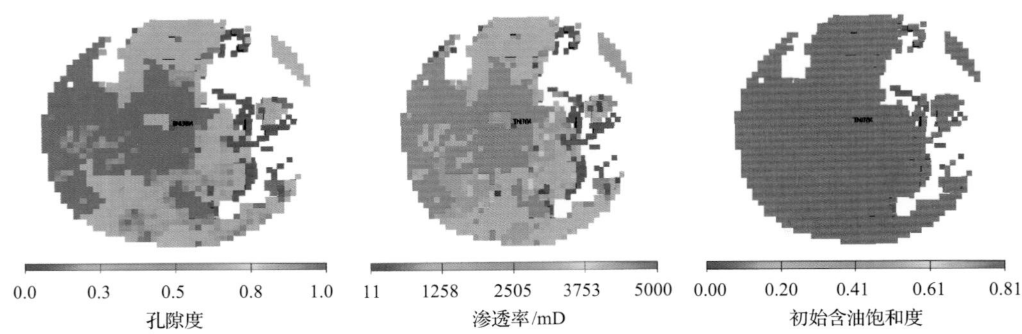

图 3.40　C-12 井调整后孔隙度、渗透率和初始含油饱和度平面图

(7) 典型模型建立。

残丘型剩余油和底水窜进型剩余油约占缝洞型油藏水驱后剩余油总量的 90%以上，因此，以 C-10 井为基础建立残丘型剩余油典型模型，以 C-12 井为基础建立底水窜进型剩余油典型模型，用于研究不同底水能量、不同原油类型情况下注气参数该如何优化调整。

以 C-10 井为基础建立的残丘型剩余油典型模型的平均地层厚度为 45m，平均渗透率为 4079mD，平均孔隙度为 21.39%，初始含油饱和度为 80%，原始地层压力为 60MPa，地质储量为 40×10^{4}t(图 3.41，图 3.42)。

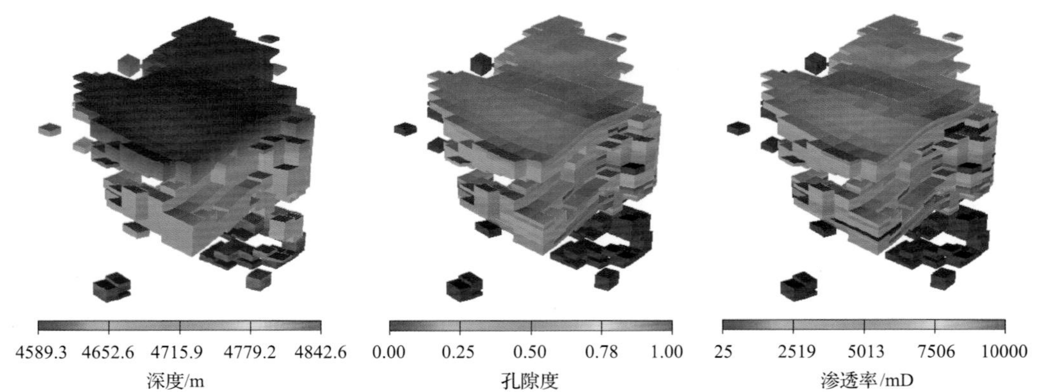

图 3.41　残丘型剩余油典型模型构造、孔隙度和渗透率模型

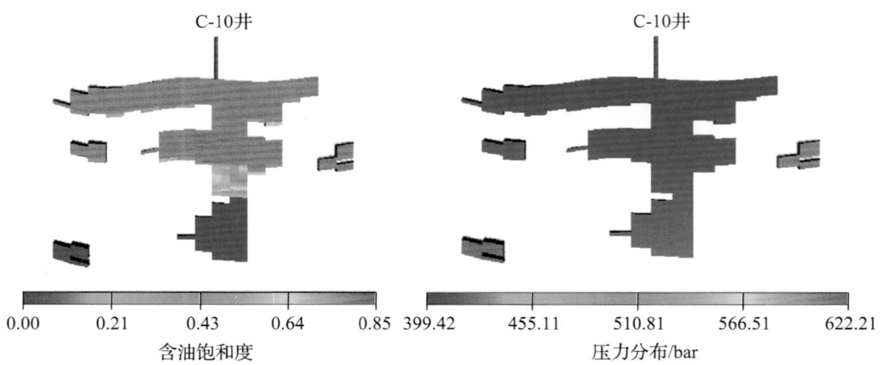

图 3.42　残丘型剩余油典型模型含油饱和度及压力分布剖面图

以 C-12 井为基础建立的底水窜进型剩余油典型模型近井裂缝发育，平均地层厚度为 45m，含油平均渗透率为 6495mD，平均孔隙度为 26.29%，裂缝平均孔隙度为 8%，渗透率为 800mD，初始含油饱和度为 80%，原始地层压力为 60MPa，地质储量为 45×10^4t（图 3.43，图 3.44）。

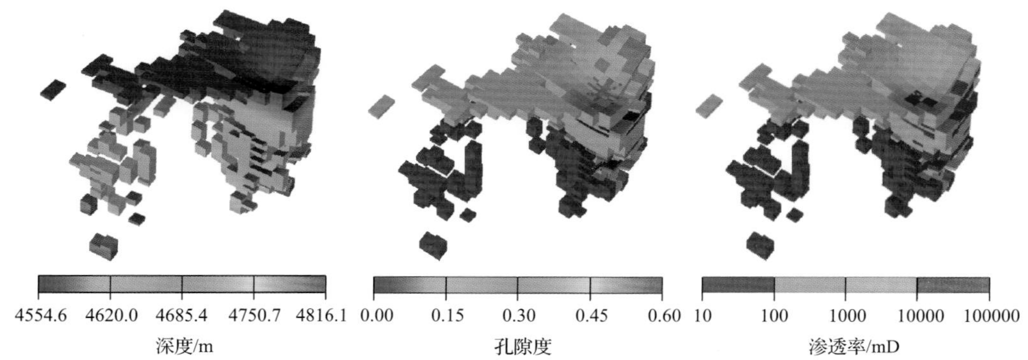

图 3.43　底水窜进型剩余油模型构造、孔隙度和渗透率模型

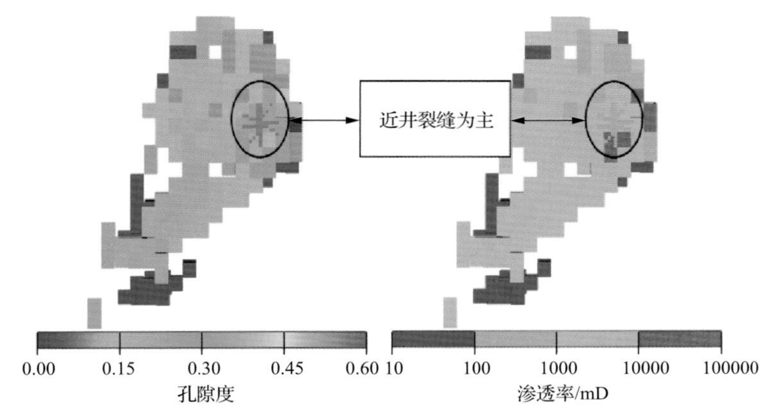

图 3.44　近井裂缝孔隙度和渗透率分布平面图

2. 残丘型剩余油注气驱油参数优化

1）注气时机优化

利用所建立的典型模型模拟不同注气时机对 N_2 驱油效果的影响。模拟过程中，累计注气量为 0.09PV，注入速度为 $4\times10^4m^3/d$，闷井时间为 20d，产液速度 $22.5m^3/d$。

注气时机以含水率界定，早期、中期、后期对应含水分别为 30%、60%、90%。模拟结果如图 3.45 所示。不同含水条件下两类稠油注气开发效果趋势图一致，弱底水含水在 60%～90%时注气效果好，推荐中后期注气。早期注气时地层压力高，气体溶解量大，波及范围及增能作用小；后期注气时，地层压力低，气体溶解量小，波及范围广，增能效果强，更易发挥重力分异作用。强底水在含水 60%时注气效果最好，底水还未完全推进至井底，注气抑制底水能力强，因此推荐中期注气，若后期注气则失去了其对系统底水的抑制作用。

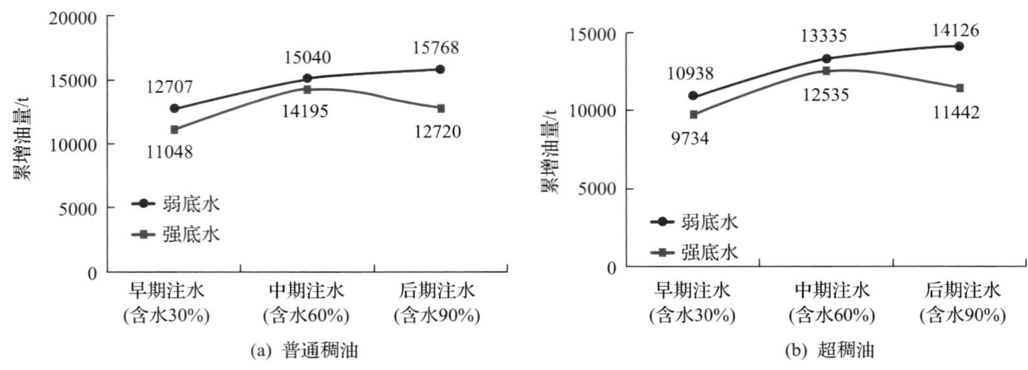

(a) 普通稠油　(b) 超稠油

图 3.45　弱底水、强底水条件下注气时机对效果的影响

2) 周期注气量优化

利用所建立的典型模型模拟不同注气量下的增油效果。其中，增油量是以 N_2 注入后生产，直至地层压力降为 40MPa，这段时间为计算标准。模拟过程中，注入速度为 $4\times10^4m^3/d$，闷井时间为 20d，产液速度 $22.5m^3/d$。

不同注气量条件下两类稠油的增油效果趋势图一致，模拟结果如图 3.46 所示。随着注气量的增加，累产油增加，但换油率下降，说明 N_2 的利用率逐渐降低，进而影响注气

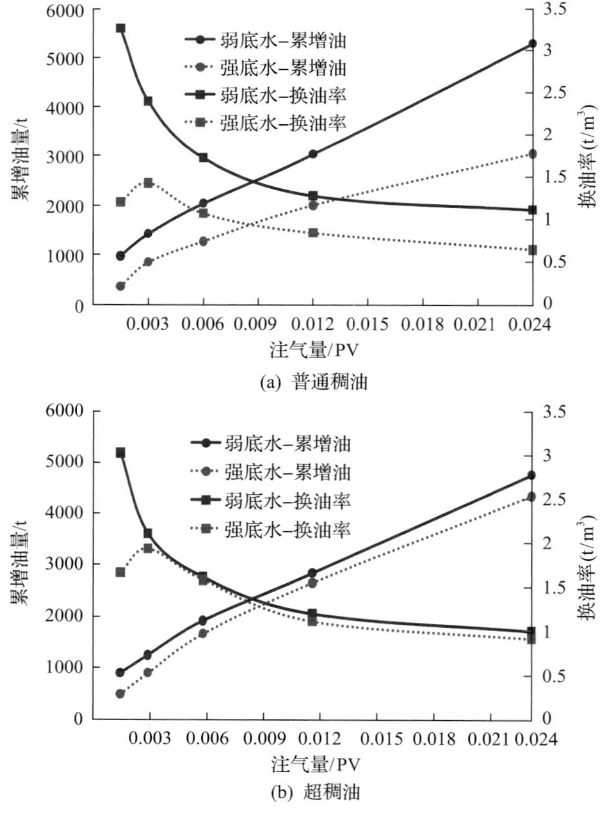

(a) 普通稠油

(b) 超稠油

图 3.46　弱底水、强底水条件下注气量对效果的影响

的经济效益，最佳的经济注气量需结合经济评价方法来确定。综合累增油量和换油率，将产油量大于1000t时的换油率最大值作为最佳注气量，弱底水时注气量推荐0.003PV，强底水时注气量推荐 0.006PV。但具体周期注气量还与缝洞储集体规模有关，溶洞规模大，则需要较大的注气量。

3) 注气速度优化

利用所建立的典型模型模拟不同注气速度下的增油效果。模拟过程中，固定注气量为0.006PV，闷井时间为20d，产液速度为22.5m³/d。

不同注气速度下两类稠油的增油效果趋势图一致，模拟结果如图3.47所示。注气速度影响注入气在地层中的运移速度，注气速度慢，气体与地层原油接触充分，起压慢，不利于抑制含水上升，且周期过长；注气速度快，则可沟通多套储集体，增油效果好，考虑现场设备，推荐注气速度为4×10^4～8×10^4m³/d。

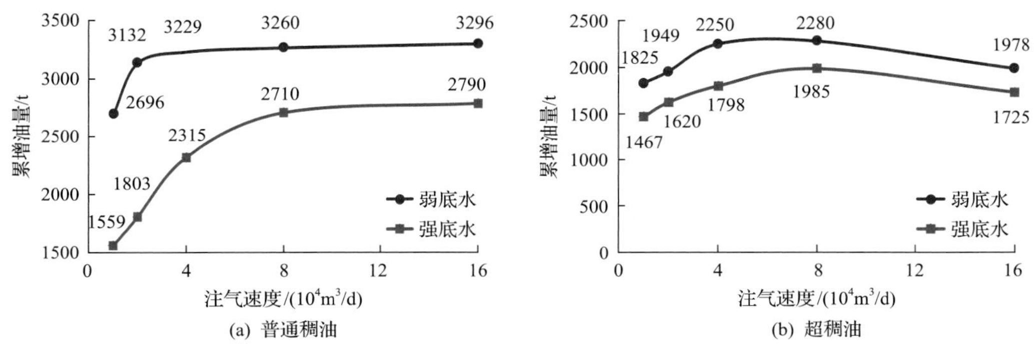

(a) 普通稠油 (b) 超稠油

图3.47 弱底水、强底水条件下注气速度对效果的影响

4) 闷井时间优化

N_2在注入油藏后需要一定的扩散传质时间才能充分溶于原油，进而起到膨胀、补充地层能量的作用，因此在注完N_2后需要关井一段时间以保证N_2的驱油效果。关井时间的长短影响N_2的驱油效果，时间短可能会由于注入的N_2不能与原油充分接触而影响驱油效果；关井时间过长则可能由于浸泡期长而使注入的N_2扩散到油层深部，降低了油井周围地层N_2的弹性驱动能量，影响油井的产量，同时闷井时间过长还会影响油井产量，降低注气替油的经济效果。

在模拟过程中，固定注气量为0.006PV，注入速度为4×10^4m³/d，产液速度为22.5m³/d。

不同闷井时间下气体增油效果如图3.48所示。不同闷井时间下两类稠油的增油趋势一致，随着闷井时间的增长，增油量变化不大。弱底水和强底水的推荐闷井时间均为20d，在现场实施中，可根据不同油品性质和缝洞发育情况来适当地缩短或延长闷井时间。

5) 产液速度优化

采液速度在生产过程中直接影响稳产时间及采出程度，因此选择合理的采液速度对于单井注气驱油也非常重要，产液速度过快，容易引起底水锥进。

利用所建立的典型模型模拟不同产液速度下的增油效果，模拟结果如图3.49所示。模拟过程中，固定注气量为0.006PV，注入速度为4×10^4m³/d，闷井时间为20d。通过

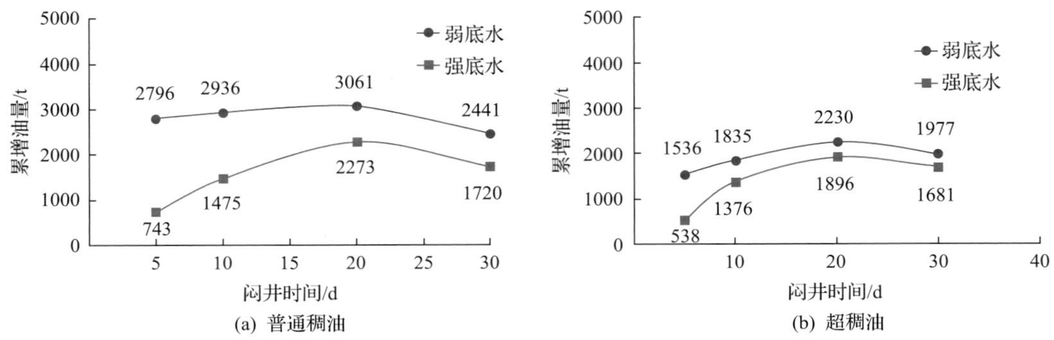

(a) 普通稠油 (b) 超稠油

图 3.48 弱底水、强底水条件下闷井时间对效果的影响

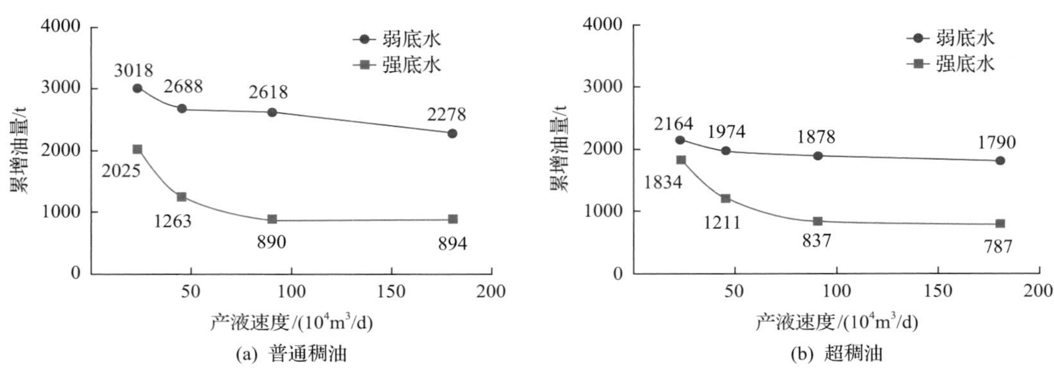

(a) 普通稠油 (b) 超稠油

图 3.49 弱底水、强底水条件下产液速度对效果的影响

改变生产阶段所允许的最大采液速度，模拟计算采液速度对驱油效果的影响。模拟结果表明不同产液速度下两类稠油增油趋势一致，无底水和弱底水的最优产液速度为 $22.5m^3/d$。

6) 注气周期预测

在周期注气量为 $100\times10^4m^3$ 的条件下对周期次数与周期效果进行了预测，模拟结果如图 3.50 所示。模拟结果表明，弱底水与强底水可开展的周期次数基本相当，为 10 个周期左右，但弱底水注气的效果好于强底水，预计弱底水注气后可提高采收率 3.1%，而强底水可提高采收率 2.6%。

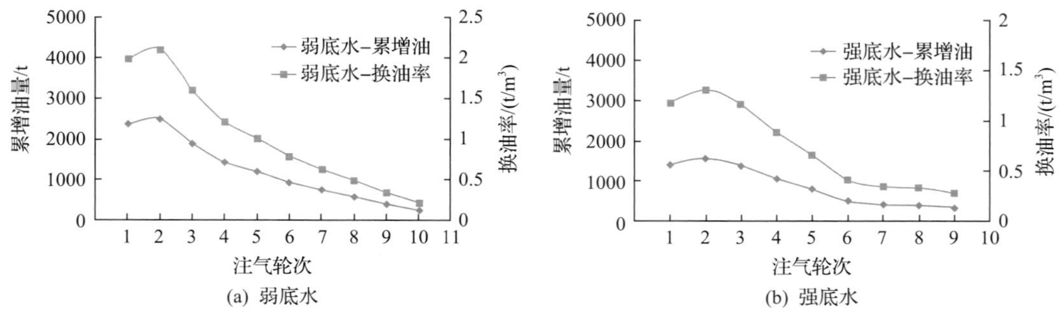

(a) 弱底水 (b) 强底水

图 3.50 不同底水能量下普通稠油多周期注气单井驱油效果预测分布图

3. 底水窜进型剩余油注气驱油参数优化

在弱底水情况下先模拟生产至地层压力降低到40MPa，之后采用注气驱油方式补充地层能量，保持压力开采。注气后地层压力得到一定程度的恢复，随后生产至地层压力降低至40MPa时，分析不同参数变化对驱油开发效果的影响。

在强底水情况下先模拟生产至含水率为90%，然后注气驱油，注气后生产一定时间，分析不同参数变化对驱油开发效果的影响。

1) 注气时机优化

注气时机以含水率界定，早期、中期、后期对应的含水分别为30%、60%、90%。模拟结果如图3.51所示。不同含水条件下两类稠油的增油效果趋势一致，弱底水推荐中后期注气，强底水推荐中期注气，强底水时若后期注气，则失去了气体对系统底水的抑制作用。

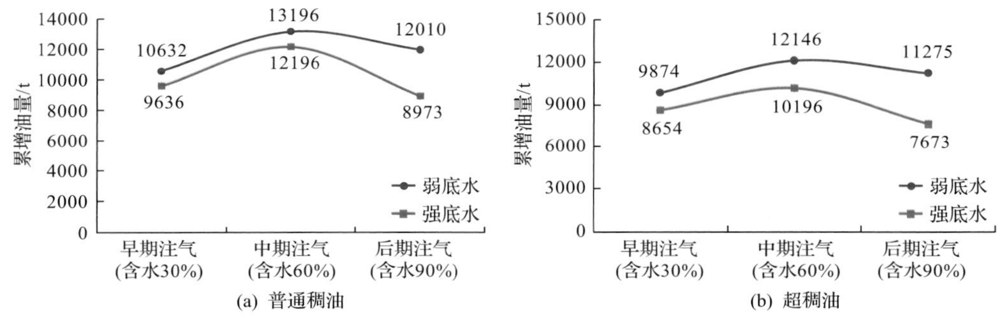

图3.51　弱底水、强底水条件下注气时机对效果的影响

2) 周期注气量优化

周期注气量的优化结果如图3.52所示。在有底水的条件下，随着注气量的增加，累产油量增加，换油率则逐渐降低。综合累增油量和换油率，将产油量大于1000t、换油率最大值作为最佳注气量，弱底水推荐注气量为0.003PV，强底水推荐注气量为0.012PV。但具体周期注气量还与缝洞储集体规模有关，溶洞规模大，则需要较大注气量。

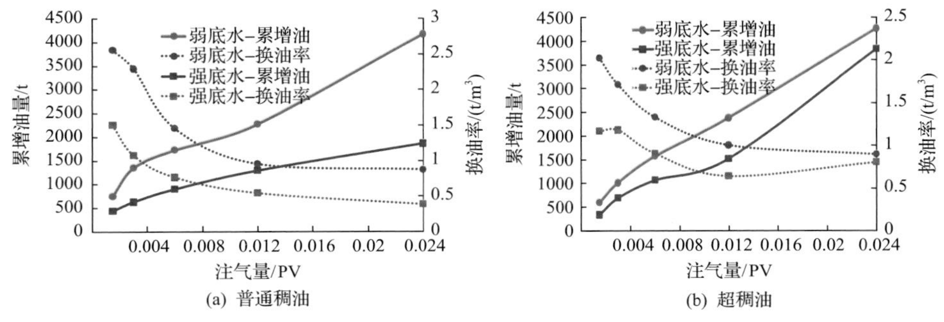

图3.52　弱底水、强底水条件下注气量对效果的影响

3) 注气速度优化

注气速度优化结果如图3.53所示。考虑现场设备，推荐注气速度为4×10^4～$8\times10^4m^3/d$。

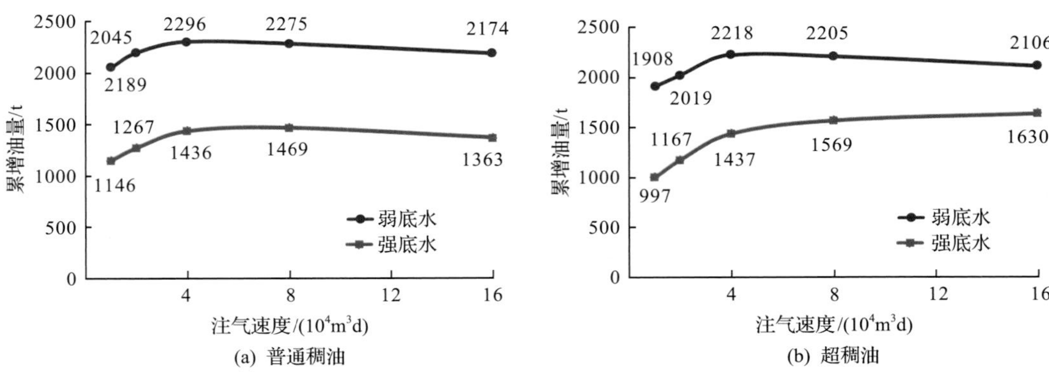

(a) 普通稠油　(b) 超稠油

图 3.53　弱底水、强底水条件下注气速度对效果的影响

4) 闷井时间优化

闷井时间优化结果如图 3.54 所示。弱底水和强底水的推荐闷井时间均为 20d，在现场实施中，可根据不同油品性质和缝洞发育情况来适当缩短或延长闷井时间。

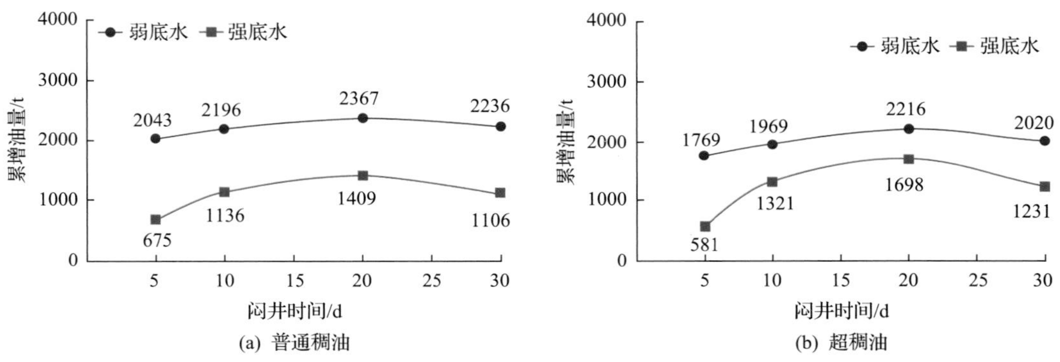

(a) 普通稠油　(b) 超稠油

图 3.54　弱底水、强底水条件下闷井时间对效果的影响

5) 产液速度优化

产液速度优化结果如图 3.55 所示。无底水和弱底水时的最优产液速度为 22.5m^3/d。

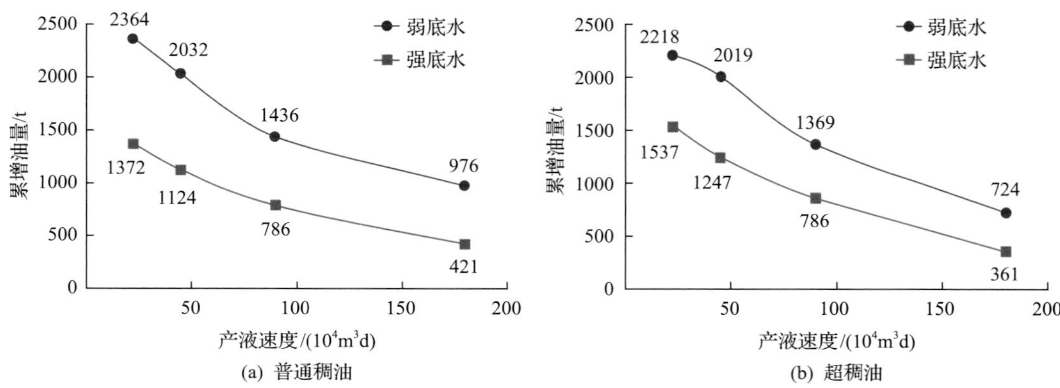

(a) 普通稠油　(b) 超稠油

图 3.55　弱底水、强底水条件下产液速度对效果的影响

4. 单井注N_2开发技术政策

根据上述数值模拟的研究结果，制定了单井注N_2的开发技术政策(表3.16)。

表3.16　单井注N_2驱油技术政策

潜力区	底水情况	因素	最优方案
残丘型剩余油	弱底水	注气量/PV	0.003
		注气时机	中后期注气
		注气速度/($10^4m^3/d$)	4～8
		闷井时间/d	20
		采液速度/(m^3/d)	22.5
	强底水	注气量/PV	0.006
		注气时机	中期注气
		注气速度/($10^4m^3/d$)	4～8
		闷井时间/d	20
		采液速度/(m^3/d)	22.5
底水窜进型剩余油	弱底水	注气量/PV	0.003
		注气时机	中后期注气
		注气速度/($10^4m^3/d$)	4～8
		闷井时间/d	20
		采液速度/(m^3/d)	22.5
	强底水	注气量/PV	0.012
		注气时机	中后期注气
		注气速度/($10^4m^3/d$)	4～8
		闷井时间/d	20
		采液速度/(m^3/d)	22.5

3.2.3　缝洞型油藏单元N_2驱参数优化

在缝洞型油藏区块地质模型的基础上，通过动静态数据校正建立区块的数值模型。在大区块数值模型中，优选典型的完成历史拟合的井组数值模型，建立风化壳型油藏和暗河型油藏数值模型。通过研究两种典型模型中的注气方式、累计注气量、注气速度、注气周期等技术参数，建立了一套单元注N_2驱油的开发技术政策。风化壳油藏采用周期注气，注气量设计为0.2PV，注气速度为$5\times10^4m^3/d$，注气周期3个月能够取得最佳的效果；暗河油藏采用周期注气，注气量设计为0.2PV、注气速度为$3\times10^4m^3/d$，注气周期2个月能够取得最佳的效果。

以典型地质剖面为模板，建立有机玻璃缝洞型油藏井组物理模型，通过考察注采方式、注气方式、注气速度、非均质性对注气开发的影响，取得了一些能够指导单元N_2驱开发的认识。对特定的缝洞油藏而言，推荐顶部注气方式；注气速度不宜过快，易发生气窜；可先考虑充分利用水体能量，再进行注气驱，同时也降低了注入压力和注入气量；缝洞内非均质性增加，采收率降低，注气驱替过程要充分考虑注入气在地层对原油的置换运移过程(闷井)。

1. 缝洞型油藏单元 N_2 驱数值模拟研究

1) 缝洞型油藏数值模拟典型单元模型的建立

构造模型采用 Petrel 模型，从塔里木盆地缝洞型油藏选取两个典型井组(图 3.56、图 3.57)，建立风化壳型油藏井组模型和暗河型油藏井组模型，进行单元 N_2 驱数值模拟研究。

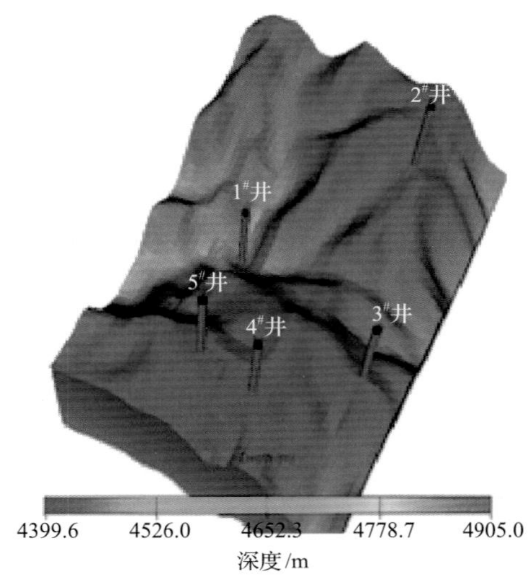

图 3.56　风化壳型油藏 C-3 井组数值模型

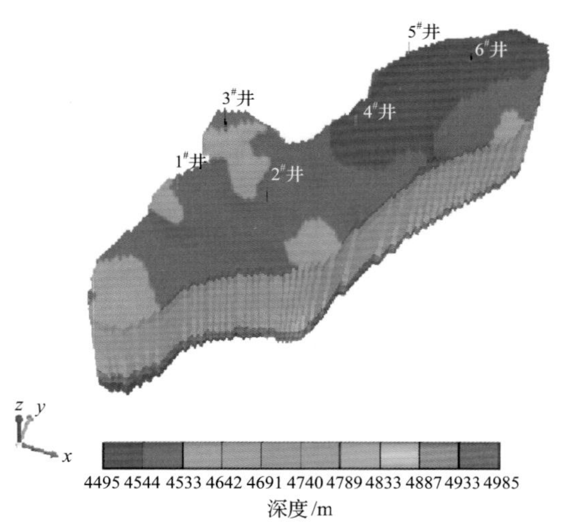

图 3.57　暗河型油藏 C-4 井组数值模型

2) 缝洞型油藏数值模拟典型单元模型历史拟合

利用建立的风化壳型油藏井组模型和暗河型油藏井组模型，进行生产动态历史拟合(图 3.58～图 3.61)，拟合结果显示井组整体含水率、产油速度开发指标拟合均较好，能够为 N_2 驱参数优化提供保障。

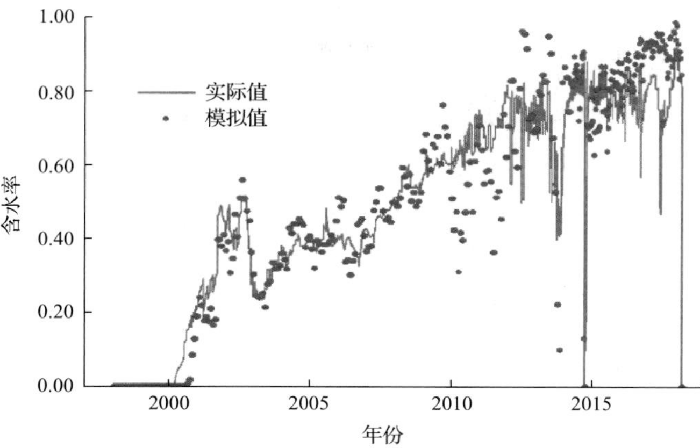

图 3.58　风化壳型油藏典型 C-3 井组含水率拟合

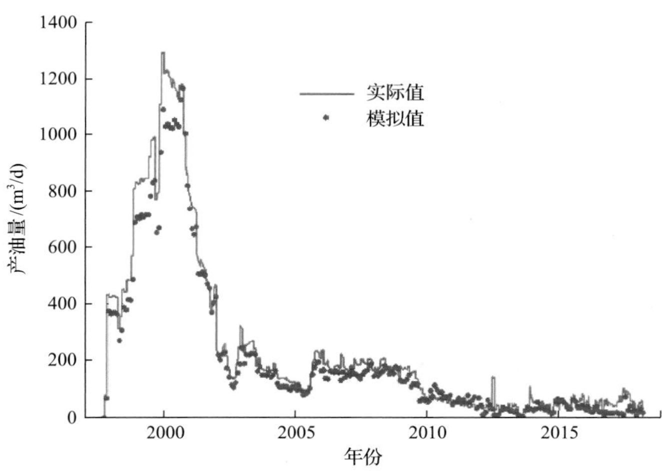

图 3.59　风化壳型油藏典型 C-3 井组产油拟合

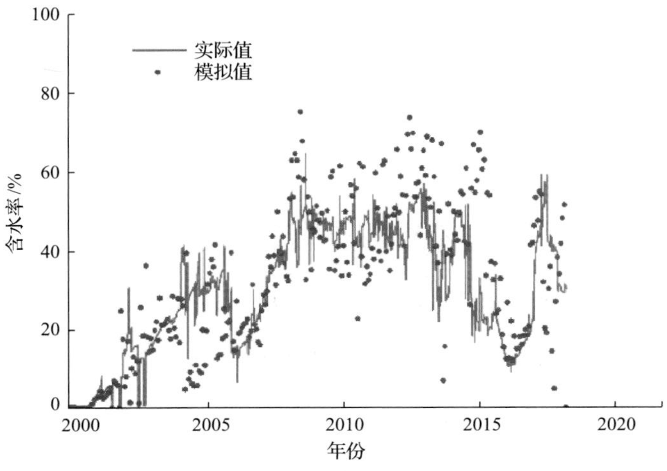

图 3.60　暗河型油藏典型 C-4 井组含水率拟合

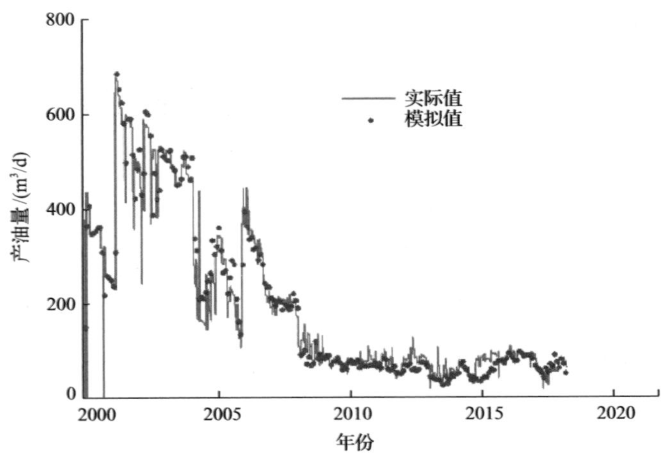

图 3.61　暗河型油藏典型 C-4 井组产油拟合

3) 缝洞型油藏单元 N_2 驱技术政策

利用建立的风化壳型油藏 C-3 井组模型和暗河型油藏 C-4 井组模型，对注气方式、累计注气量、注气速度、注气周期等参数进行优化，建立了一套缝洞型油藏单元 N_2 驱技术政策。

(1) 注气方式。

研究不同岩溶背景油藏井组的注气方式的增油效果，风化壳和暗河背景油藏周期注气效果较好。风化壳型油藏不同注气方式的增油幅度顺序一样，从大到小依次是周期注气＞连续注气＞气水交替(图 3.62，图 3.63)。

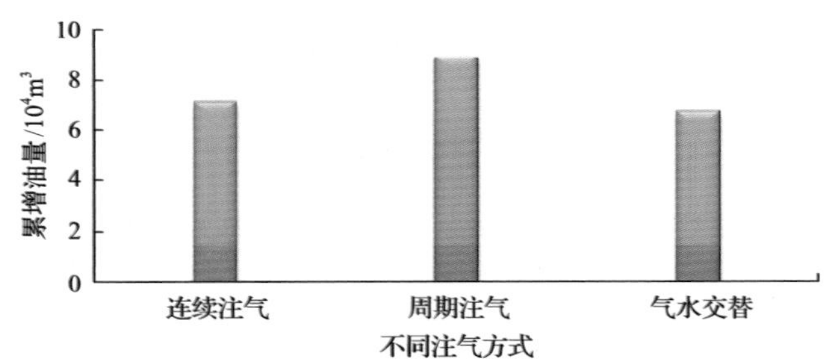

图 3.62　风化壳型油藏 C-3 井组模型不同注气方式累增油量对比图

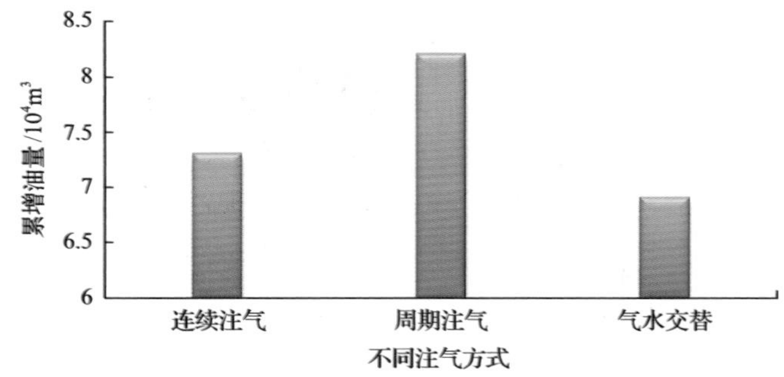

图 3.63　暗河型油藏 C-4 井组模型不同注气方式累增油量对比图

(2)累计注气量。

研究不同类型油藏井组的不同注气量的增油效果，随着注气量的增加，增油量先增大后减小，存在最佳注气量。风化壳背景油藏和暗河背景油藏最佳注气量均为0.2PV(图 3.64，图 3.65)。

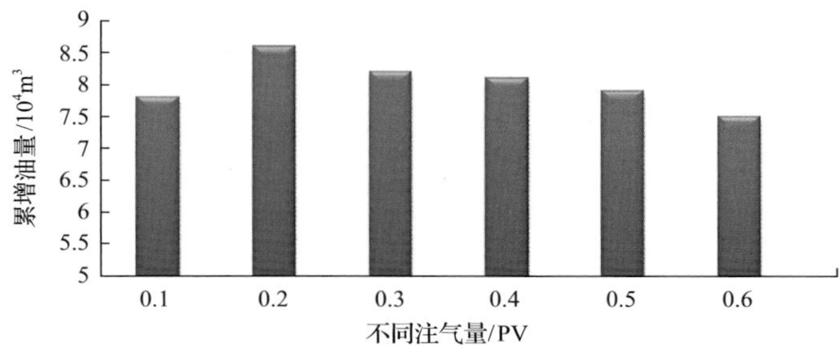

图 3.64　风化壳型油藏 C-3 井组模型不同注气量累增油量对比图

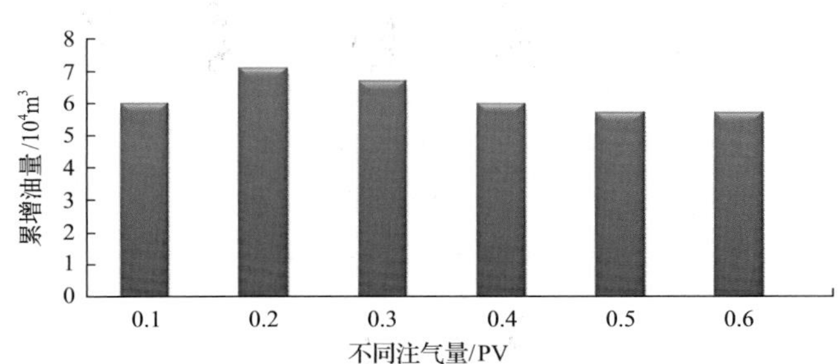

图 3.65　暗河型油藏 C-4 井组模型不同注气量累增油量对比图

(3)注气速度。

研究不同岩溶背景油藏井组的注气速度的增油效果，风化壳背景油藏和暗河背景油藏的最佳注气速度分别是 $5\times10^4m^3/d$、$3\times10^4m^3/d$。暗河背景油藏最佳注气速度较风化壳型油藏小，主要原因可能是暗河背景的油藏注气速度增加后容易发生气窜，导致增油效果变差(图 3.66，图 3.67)。

(4)注气周期。

研究不同岩溶背景油藏井组的注气周期的增油效果，风化壳背景油藏和暗河背景油藏的最佳注气周期分别为 3 个月、2 个月(图 3.68，图 3.69)。

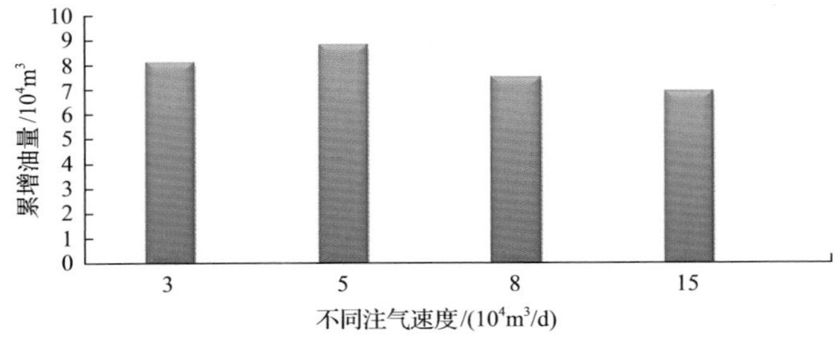

图 3.66　风化壳型油藏 C-3 井组模型不同注气速度累增油量对比图

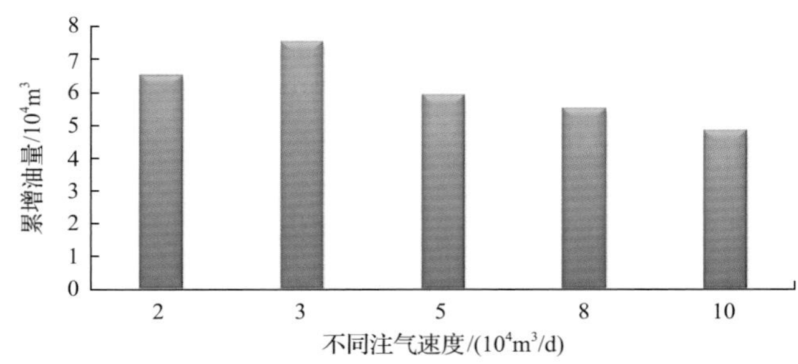

图 3.67　暗河型油藏 C-4 井组模型不同注气速度累增油量对比图

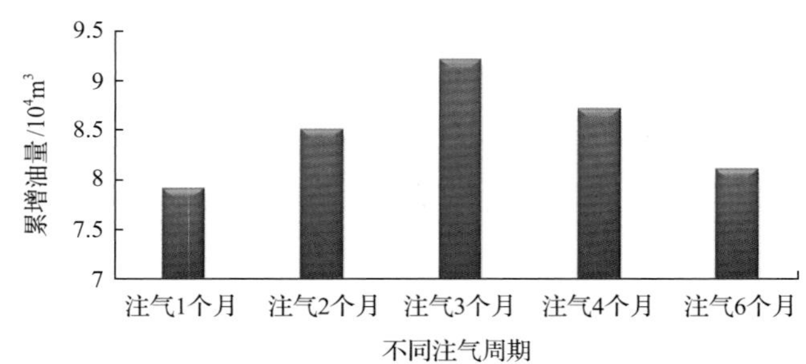

图 3.68　风化壳型油藏 C-3 井组模型不同注气周期累增油量对比图

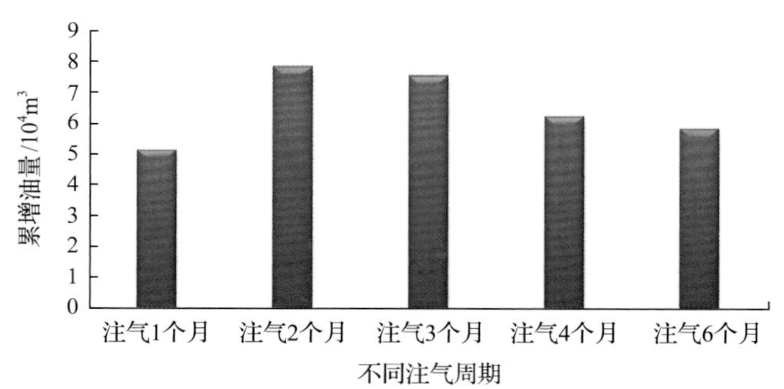

图 3.69　暗河型油藏 C-4 井组模型不同注气周期累增油量对比图

通过典型井组 N_2 驱数值模拟参数论证，并结合矿场统计结果，建立了井组 N_2 驱注气技术政策(表 3.17)。

表 3.17　风化壳型油藏 C-3 井组模型不同注气周期累增油量对比图

技术政策	论证参数	优化结果	
		风化壳型油藏	暗河型油藏
注气方式	连续注气、周期注气、气水交替	周期注气	周期注气
累计注气量	0.1PV、0.2PV、0.4PV、0.6PV、0.8PV、1.0PV	0.2PV	0.2PV
注气速度	$3.5\times10^4m^3/d$、$6\times10^4m^3/d$、$8\times10^4m^3/d$、$12\times10^4m^3/d$、$24\times10^4m^3/d$	$5\times10^4m^3/d$	$3\times10^4m^3/d$
注气周期	1 个月、2 个月、3 个月、4 个月、6 个月	3 个月	2 个月

2. 缝洞型油藏单元N_2驱物理模拟研究

1）实验模型

参考C-5井的地质剖面和储集体刻画，在有机玻璃上刻蚀形成C-5井组单元实验模型(图3.70)，模型参数见表3.18。

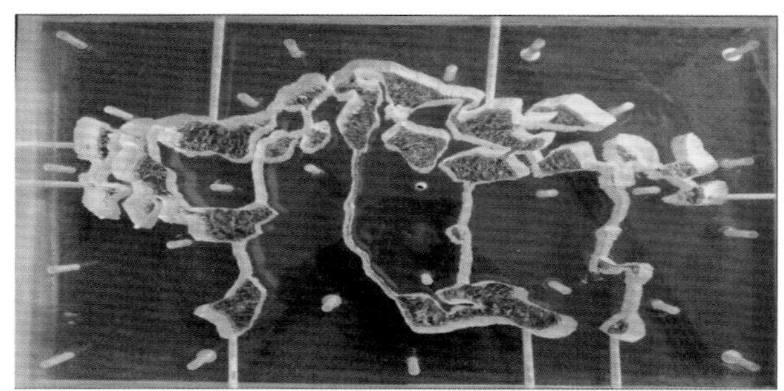

图3.70　C-5井组单元模型视图

表3.18　C-5井组模型参数

参数	外部	内部体积
长/mm	800	
宽/mm	600	3840
厚/mm	100	

2）实验设计

实验用油水：采用硅油和煤油配制黏度为20mPa·s的模拟油，并用苏丹红染料将其染成红色，实验用油在实验前应抽空过滤。根据实际地层水的成分，在实验室配制黏度为1mPa·s的实验用水。实验用水应在实验前放置一天以上，然后用微孔滤膜过滤除去杂质，并抽空。

孔隙体积测试和地层共存水饱和度模拟：①用注入系统将模拟油注入大尺度可视化模型孔隙空间，准确计量总注油量和溢出量，当体系空间完全被油充满后，二者之差为孔隙体积；②用注入系统将模拟地层水从底部1、2和3号井连续缓慢注入可视化模型，每隔15～30min记录注入水量、排出油量，注入油量和排出油量体积为底水体积，并根据实验过程进行体积校正。本次实验模型为二维物理模型，共设计11组物理模型实验，主要用于对比分析不同开采方式下的驱油效果。

3）实验结果与讨论

C-5井组水(气)驱油实验结果如表3.19所示：对特定缝洞油藏而言，推荐顶部注气方式，根据成本和操作难易进行选择；注气速度不宜过快，易发生气窜；可先考虑充分利用水体能量，再进行注气驱，同时降低了注入压力和注入气量；缝洞内非均质性增加，采收率降低，注气驱替过程要充分考虑注入气-地层油置换运移过程(闷井)。

表 3.19 C-5 井组水(气)驱油实验结果

方案	实验过程	水驱采出程度/%	气驱采出程度/%	总的采出程度/%
1	低注高采，连续注气	56.40	9.06	65.46
2	低注高采，周期注气	52.90	8.57	61.5
3	低注高采，气水交替	58.02	8.28	66.3
4	高注低采，连续注气	41.52	14.27	55.80
5	高注低采，周期注气	37.15	13.55	50.70
6	高注低采，气水交替	48.65	14.37	63.02
7	低注高采，两井含水均高于 90%后，再连续注气	52.27	9.10	61.37
8	高注低采，两井含水均高于 90%后，再连续注气	57.40	10.09	67.49
9	高注低采，两井含水均高于 90%后，再连续注气（加快速度）	76.51	3.73	80.34
10	先注气，低注高采，再底水驱	43.81	16.22	60.03
11	先注气，高注低采，再底水驱	52.59	14.02	66.61
12	低部位先注水，再连续注气	53.44	8.72	62.16
13	高部位先注水，再连续注气	60.57	6.77	67.34
14	模型填砂，高部位先注水，再连续注气	43.32	4.81	48.13
15	模型填砂，低部位先注水，再连续注气	38.58	4.05	42.63

综上研究，缝洞型油藏单井注 N_2 效果影响因素主要有岩溶地质背景、构造位置、储集体类型、含水上升类型、底水能量等。缝洞型油藏单井 N_2 技术政策方面：对于弱底水油井，含水在 60%～90%时更能体现注气效果，推荐中后期注气；对于强底水油井，含水在 60%时注气效果最好，水还未完全推进，注气对底水抑制作用强，推荐中期注气，若后期注气则失去了对系统底水的抑制作用。缝洞型油藏单元 N_2 技术政策方面：风化壳油藏采用周期注气，注气量设计为 0.2PV，注气速度为 $5\times10^4m^3/d$，注气周期 3 个月能够取得最佳的效果；暗河油藏采用周期注气，注气量设计为 0.2PV，注气速度为 $3\times10^4m^3/d$，注气周期 2 个月能够取得最佳的效果。

3.3 缝洞型油藏注 N_2 配套工艺技术

缝洞型油藏在 6000m 超深井注 N_2 工艺方面面临爆炸安全风险评估、高压注气管柱与井口优选、管柱腐蚀与防护等诸多难题[8]。通过自主创新形成了一套超深井注 N_2 配套工艺技术，极大地促进了注 N_2 提高采收率技术的进步。

3.3.1 注 N_2 爆炸安全风险评估研究

在实施注 N_2 的过程中，注入含有一定量 O_2 的 N_2 不会在油藏内产生爆炸，因为此时注入的 N_2 和 O_2 的量相对油藏是很有限的，可能发生爆炸的节点主要是生产井和地面设施。避免因 O_2 突破而造成生产井和地面设施内 O_2 含量过高而引起的爆炸是注气技术安全实施的关键。设计进行 N_2 与 O_2 不同比例注入安全评估研究，可为油田开发提供安全保证。

1. 室内实验研究

不同含氧量的 N_2 的注入过程、生产过程及处理过程中安全性评估研究，所采用的实验设备为加拿大DBR公司研制和生产的JEFRI全观测无汞高温高压多功能地层流体分析仪（图3.71）。该装置带有一个150mL整体可视高温高压PVT室，温度范围为–30～200℃，测试精度0.1℃；压力范围为0.1～70MPa，测试精度0.01MPa。JEFFRI地层流体分析仪的PVT室中安装有一个底部紧配合的锥体柱塞，使可视的PVT筒内壁与活塞之间形成一个很小的环形容积空间，能通过外部测高仪准确测试样品的高度。该仪器可适应各种性质的油气体系的研究要求。原油采用的是塔里木盆地缝洞型油藏原始油样。

图3.71　JEFRI全观测无汞高温高压地层流体分析仪

此外，专门对以上实验设备进行工艺流程和实验方法设计，可以满足对高温高压条件下地层流体注气安全评估的分析要求。实验流程如图3.72所示，该流程主要由注入泵系统、PVT筒、闪蒸分离器、温控系统、油/气相色谱和电子天平等组成。

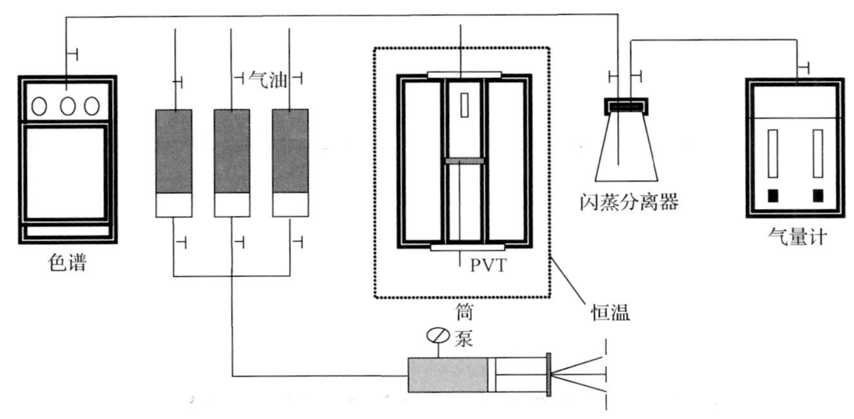

图3.72　油气体系PVT实验流程图

1) 95% N_2+5% O_2 气样安全评估

本实验先将一定量配置好的流体样品转至 PVT 筒中，再将一定量配置好的含不同比例 N_2 和 O_2 的气样注入 PVT 筒中，充分搅拌后在地层压力下放置 10d，静置时间达到设定时间后，在恒压条件下慢慢从顶部排气并测定排出气体组成，记录排出气体距离流体顶部的高度，并在排气过程做点火实验，记录气体的燃烧状况。注入 95% N_2+5% O_2 混合气的实验数据见表 3.20 和图 3.73。

表 3.20　不同高度气相组成

高度/cm	N_2/%	CO/%	O_2/%	CO_2/%	CH_4/%	C_2～C_6/%	状况
0.0000	86.1682	7.6957	1.5508	0.1423	2.4739	1.9691	不可燃
0.6519	86.4009	7.6572	1.4887	0.1437	2.3011	2.0084	不可燃
1.3038	86.3723	7.6558	1.4945	0.1423	2.3582	1.9769	不可燃
1.9557	86.2938	7.6471	1.4983	0.1444	2.3968	2.0196	不可燃
2.6001	86.3918	7.6548	1.5027	0.1405	2.3021	2.0081	不可燃
3.2592	86.298	7.6450	1.5068	0.1421	2.4006	2.0075	不可燃
3.9078	86.3252	7.6493	1.5090	0.1423	2.4054	1.9688	不可燃
4.5633	87.0137	7.6098	1.6077	0.1301	2.77215	0.86655	不可燃
5.2147	86.393	7.6499	1.5146	0.1402	2.3062	1.9961	不可燃
5.8661	86.1374	7.6195	1.5114	0.1394	2.6046	1.9877	不可燃
6.5190	86.0855	7.6202	1.5158	0.1374	2.6918	1.9493	不可燃
6.8448	86.1023	7.6173	1.5165	0.1380	2.6011	2.0248	不可燃
7.1707	86.0438	7.6140	1.5204	0.1395	2.6832	1.9991	不可燃
7.4966	86.1667	7.6178	1.5193	0.1358	2.5279	2.0325	不可燃
7.8227	86.0973	7.6197	1.5245	0.1383	2.4212	2.1990	不可燃
8.1278	85.9006	7.6016	1.5210	0.1382	2.8091	2.0295	不可燃
8.4886	86.2205	7.5769	1.5159	0.1374	2.5259	2.0234	不可燃
8.6445	86.7185	7.6304	1.5147	0.1350	1.4071	2.5943	不可燃
8.7832	86.7611	7.6097	1.5210	0.1365	1.4196	2.5521	不可燃
8.8984	86.7819	7.6871	1.5438	0.1415	1.0198	2.8259	不可燃

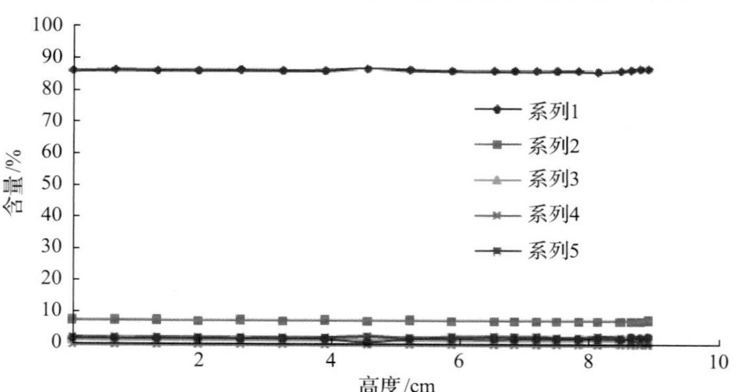

图 3.73　不同高度气相组成(95% N_2+5% N_2 气样)

2）90% N_2+10% O_2 气样安全评估

为了进一步测定注入此类气体的安全性，设计了不同的 N_2、O_2 含量的实验作对比，本组实验数据见表 3.21 和图 3.74。

表 3.21　不同高度气相组成（2）

高度/cm	N_2/%	CO/%	O_2/%	CO_2/%	CH_4/%	C_2～C_6/%	状况
0	84.3677	8.0764	4.6524	0.4092	0.178	2.3163	不可燃
0.6139	84.328	8.0903	4.7421	0.3967	0.09	2.3529	不可燃
1.3226	84.3033	8.0871	4.7804	0.3889	0.2118	2.2285	不可燃
2.1236	84.2956	8.0828	4.7942	0.3874	0.0951	2.3449	不可燃
2.8919	84.3128	8.085	4.8091	0.3838	0.0653	2.344	不可燃
3.6489	84.2916	8.0803	4.8176	0.3827	0.0576	2.3702	不可燃
4.3579	84.0903	8.0496	4.81	0.3818	0.3484	2.3199	不可燃
5.0002	84.1439	8.1089	4.8472	0.3831	0.166	2.3509	不可燃
5.6570	84.1817	8.1095	4.8567	0.3831	0.1608	2.3082	不可燃
6.3058	84.2313	8.1093	4.8676	0.3832	0.1857	2.2229	不可燃
7.0190	84.0795	8.0547	4.845	0.3764	0.3094	2.335	不可燃
7.7733	84.1977	8.062	4.8565	0.3782	0.2392	2.2664	不可燃
8.4228	84.1444	8.0584	4.8624	0.3734	0.2183	2.3431	不可燃
9.0701	83.9765	8.0309	4.8538	0.3731	0.4574	2.3083	不可燃

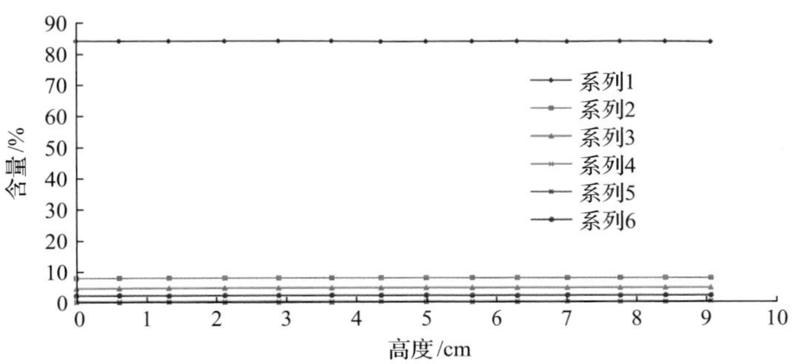

图 3.74　不同高度气相组成（90% N_2+10% O_2 气样）

两组采出气中，变化较大的有 O_2、N_2、CO_2、CO 和 CH_4（表 3.22）。气体组成变化的主要原因是注入气中 N_2 和 O_2 的比例不同，第二组中 CO_2 有所增高，CH_4 降低幅度比较大，这是因为第二组注入气中 O_2 含量比较高，氧化反应更为充分，导致 CH_4 被氧化得更为充分。

在排气过程中气组成变化很小，说明 O_2 和其他气体并未发生沉积，排出的气体不能点燃，进而说明在现有 O_2 浓度下注 N_2 不会发生爆炸，是一个安全可行的注气方案。

表 3.22　采出气组分

组分	注入 95% N_2+5% O_2 后采出气平均组分的摩尔分数/%	注入 90% N_2+10% O_2 后采出气平均组分的摩尔分数/%
O_2	1.5199	4.8139
N_2	86.3336	84.2103
CO_2	0.1392	0.3844
CO	7.6339	8.0775
CH_4	2.3214	0.1988
C_2	0.4958	0.4615
C_3	0.0962	0.0893
iC_4	0.0172	0.0192
nC_4	0.0347	0.0388
iC_5	1.2081	1.5974
nC_5	0.0227	0.0273
C_6	0.1772	0.0815

2. 理论安全性分析

很多文献都提到可燃性气体燃烧和爆炸的三要素：一是可燃性气体处于一定的浓度范围，二是最低浓度以上的 O_2 需求，三是具有最小温度、能量、持续时间的点火源。下面具体分析气体发生爆炸的参数，从而判断能否发生爆炸。

1) 气体爆炸极限

每种可燃气体在 O_2 中都有一个可以发生爆炸的范围，超过这个范围，即使用很强的点火源也不能激发爆炸。这个浓度范围叫爆炸极限。实际上，气体的爆炸极限是指可燃气体的爆炸浓度极限。

(1) 单组分可燃性气体爆炸上限和下限。

单组分可燃性气体爆炸上限和下限值用单组分可燃性气体占气体总体积的百分数来表示，采用混合物完全燃烧所需氧原子数进行计算，即

$$C_L=\frac{100}{4.76(N-1)+1} \tag{3.11}$$

$$C_U=\frac{100}{4.76(N+4)} \tag{3.12}$$

式中，C_L 为单组分可燃性气体的爆炸浓度下限，%；C_U 为单组分可燃性气体的爆炸浓度上限，%；N 为混合物完全燃烧所需氧原子数。

(2) 多组分可燃性气体混合物的爆炸极限。

多种可燃性气体与空气组成的混合物的爆炸极限可以根据理·查特里法则进行计算，但是必须满足各个组分之间不发生化学反应，且燃烧时不发生催化作用这一条件。当已知各组分气体的爆炸极限时，其计算公式为

$$C_{min}=\frac{100}{\frac{V_1}{C_1}+\frac{V_2}{C_2}+\cdots+\frac{V_n}{C_n}} \tag{3.13}$$

式中，C_{min}为多组分可燃气体混合物的爆炸极限，%；V_1，V_2，…，V_n为各组分在混合气体中的体积分数，%；C_1，C_2，…，C_n为各组分的爆炸极限，%。

(3)天然气与空气混合的爆炸极限。

在注空气过程中，主要是原油中的天然气与空气混合容易发生爆炸，所以天然气的成分决定了其爆炸极限。估算天然气与空气混合爆炸极限的步骤是先用式(3.11)和式(3.12)分别估算出单组分气体的爆炸上、下极限；再由式(3.13)计算多组分可燃气体混合物的爆炸极限。

(4)含有惰性气体的可燃气爆炸极限。

如果在爆炸混合物中掺入不燃烧的惰性气体(如氮气、二氧化碳、水蒸气、氩、氦等)，随着惰性气体所占体积分数的增加，爆炸极限范围缩小，当惰性气体的浓度提高到某一值后，混合物便不能爆炸。一般情况下，惰性气体对爆炸混合物爆炸上限的影响较之对下限的影响更显著。油藏注入N_2后，由于惰性气体浓度增大(表3.23)，氧的浓度相对减小，而在爆炸上限中氧的浓度已经很小了，故惰性气体浓度增加一点即可产生很大影响，从而使爆炸上限明显下降(表3.24)。

表3.23 注入气后油藏内可燃混合物气体的摩尔分数

物质名称	CO_2/%	CO/%	CH_4/%	C_2/%	C_3/%	C_4/%	C_5/%	C_6/%
注入95% N_2+5% O_2后可燃混合物	1.15	62.85	19.11	4.08	0.79	0.43	10.13	1.46
注入90% N_2+10% O_2后可燃混合物	3.50	73.59	1.81	4.21	0.81	0.53	14.8	0.74

表3.24 可燃气体在空气中和纯氧中的爆炸极限范围

物质名称	在空气中的爆炸极限/%	范围/%	在纯氧中的爆炸极限/%	范围/%
注入95% N_2+5% O_2后可燃混合物	5.54～9.48	3.94	4.73～64.576	59.85
注入90% N_2+10% O_2后可燃混合物	6.60～9.60	3.00	5.26～67.07	61.81

2)可燃气体(液体蒸气)爆炸时的临界氧含量和安全氧含量

临界氧含量是指当给以足够的点燃能量时，能使某一浓度的可燃气体刚好不发生燃烧爆炸的临界最高氧浓度，即爆炸与不爆的临界点。若氧含量高于此浓度，便会发生燃烧或爆炸，氧含量低于此浓度便不会发生燃烧或爆炸。安全氧含量是指在密闭空间内形成爆炸性气体的混合气体(液体蒸气)的氧的安全值，以N_2、CO_2等惰性气体置换装在贮罐或管道中的可燃气体，无论给以多高的点火能量，都不能使任意浓度的可燃性气体或液体蒸气发生爆炸的最低氧浓度，氧含量高于此浓度，对于某一浓度的可燃气体可能会发生燃烧爆炸，但若氧含量低于此浓度则对任意浓度的可燃气体都不会发生燃烧或爆炸。通常最低临界氧含量即为安全氧含量。

(1)临界氧含量的理论计算。

可燃性气体(液体蒸气)与氧气发生完全燃烧时，化学反应式如下：

$$C_nH_mO_\lambda+\left(n+\frac{m-2\lambda}{4}\right)O_2\longrightarrow nCO_2+\frac{m}{2}H_2O \tag{3.14}$$

式中，n 为碳的原子数；m 为氢的原子数；λ 为氧的原子数。

当可燃性气体(液体蒸气)体积分数为爆炸下限 L 时，此时反应为富氧状态，若体积分数为 L，理论临界氧含量(也叫理论最小氧体积分数)为

$$C(O_2)=L\left(n+\frac{m-2\lambda}{4}\right)=LN \tag{3.15}$$

式中，$C(O_2)$ 为可燃性气体(液体蒸汽)的理论临界氧含量，%；L 为可燃性气体(液体蒸气)的爆炸下限也为其体积分数，%；N 为每摩尔可燃气体(液体蒸气)完全燃烧时所需要的氧分子个数。

对于甲烷分子来说，其完全燃烧时需要两个氧分子，如果甲烷的爆炸下限为 5%，则其对应的临界氧含量应为 10%。井下高温高压条件下氧的安全限值还没有实验确定，需要进一步研究压力、温度、惰性气体等对临界氧含量的影响。对表 3.23 的组成数据进行归一化处理，注 95% N_2+5% O_2 后油藏采出气可燃混合物中，n =1.78136，m =2.895195，λ =0.672706；注 90% N_2+10% O_2 后油藏采出气可燃混合物中 n =1.738445，m =2.323013，λ =0.805978。根据式(3.16)可算出它们的临界氧含量分别为 12.01518%和 12.64698%。

(2)作图法估算产出气的临界氧含量。

图 3.75 给出了甲烷、氧气和氮气的爆炸三角线图，其中甲烷的临界氧浓度约为 12%。用三角线图表示爆炸范围很方便，图 3.75 中 L_1、L_2、临界氧浓度和 U_1、U_2 围成的近似三角区为可燃性气体的爆炸范围。L_2、U_2 为可燃性气体在 O_2 中的爆炸下限和爆炸上限，L_1、U_1 为可燃性气体在空气中的爆炸下限和爆炸上限，通过爆炸范围与顶点 C 的直线为空气组分线，空气线在 O-N 的起点为 O_2 浓度 20.95%处。对某一浓度的混合气体 M_1，当加入甲烷时，其浓度沿着 M_1 与 C 的连线变化至 M_2，于 M_2 中加入氧气，其浓度又沿着 M_2 与氧气的连线变化至 M_3。由此可见，当混合物 M_1 的某一组分发生变化时，M_1 将朝着该组分的方向发生正负变化。从图 3.74 可见，M_1 中增加 O_2 浓度或降低 CH_4 浓度，M_1 向进入爆炸范围的方向变化，而 N_2 浓度发生正负变化时，对 M_1 的爆炸性能影响不大。

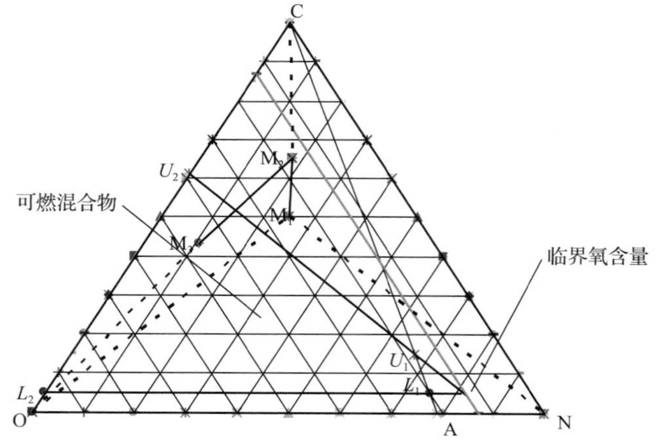

图 3.75　CH_4-O_2-N_2 混合体在一个标准大气压、26℃时的爆炸范围

图 3.75 中，连接顶点为 C 与 N 的一边是氧浓度为 0 的线。平行这条边的直线，表示氧浓度为一定值的混合物，与该边平行而与爆炸三角区顶点相切的那条线，是要求的含氧量安全限值，即图 3.76 所示的临界氧浓度。

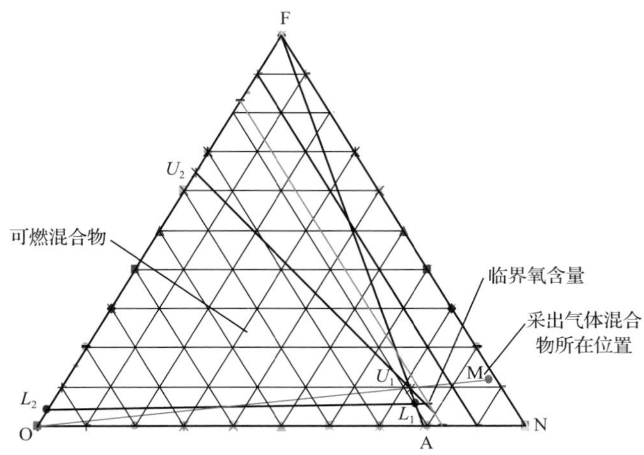

图 3.76　注入 95% N_2+5% O_2 后采出气体混合物在一个标准大气压、26℃时的爆炸范围

A 指空气点，此点氧气浓度为 20.95%，氮气浓度为 79.05%

爆炸范围三角线图对研究可燃性气体火灾与爆炸危险性非常有用，其制作过程如下：首先，画出等边三角形，顶点 F、O、N 分别表示可燃性气体、氧气和氮气。然后，画出空气线 F—A，在 F—O 边上取可燃性气体在氧气中的爆炸上限 U_2 和爆炸下限 L_2，在 F—A 线上取可燃性气体在空气中的爆炸上限 U_1 和爆炸下限 L_1，连接 U_2 和 U_1，再连接 L_2 和 L_1，将两线段延长成三角形，过顶点作平行 F—N 的切线即为临界氧浓度。由图 3.76 和图 3.77 可知，注入 95% N_2+5% O_2 后采出气体混合物的临界氧含量为 16.3%，注入 90% N_2+10% O_2 后采出气体混合物的临界氧含量为 17%。图 3.77 右下角圆点表明目前混合物在相图中的位置，由此可知采出气中加入可燃混合物和 N_2 均不会导致爆炸，向混合物中加入 O_2，当混合物进入可燃物区域时，此时，遇火就有可能发生爆炸的危险。

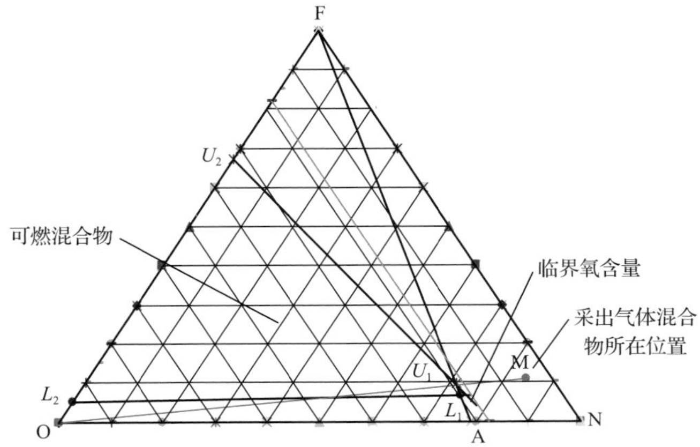

图 3.77　注入 90%N_2+10% O_2 后采出气体混合物在一个标准大气压、26℃时的爆炸范围

综合室内实验和理论安全性分析，注入氮气中 O_2 浓度≤5%时，注入过程中、油藏内、生产过程中均不会发生爆炸，制氮工艺应达到 O_2 浓度≤5%的要求。

3.3.2 注气井口配套设计技术

以注气压力预测为基础，考虑安全与实用，针对不同的注气井采用不同的注采井口配套方案，确保井口控制安全。

1. 注气压力预测

缝洞型油藏储层物性一般比较好，油井在 15～20MPa 的注水压力下日注水量可达到 $500m^3$ 以上。注入压力系统的设计方法为：根据开发配注指标预测所需井底流压，再计算所需井口注气压力。

地层吸气能力的计算和预测采用经验方程，由井筒压力传递得

$$P_{泵压}=P_{地层}+P_{启动}+P_{摩阻}+P_{压差}-P_{液柱压力} \tag{3.16}$$

式中，$P_{泵压}$为注气时压缩机出口的压力；$P_{地层}$为注气时地层深部的压力；$P_{启动}$为注气时泵压与井口压力的压力差；$P_{摩阻}$为注气时注入气体在油管中的摩阻压力损失；$P_{压差}$为注气时地层压力与井底流压的压力差；$P_{液柱压力}$为注气时油管内气水液柱产生的静压力。

通过研究及现场实践，目前采用的经验方程如下：

$$q_{sc}=c(P_{wf}^2-P_{启动压力}^2)^n \tag{3.17}$$

$$\lg q_{sc}=\lg c+n\lg(P_{wf}^2-P_{启动压力}^2) \tag{3.18}$$

式中，q_{sc} 为产量，t；P_{wf} 为井底流动压力，MPa；$P_{启动压力}$ 为油层流体流向井筒所需压力，MPa；c 为系数。

对于碳酸盐岩缝洞型油藏，储层裂缝孔洞发育，此较难确定渗透率，无法通过储层物性参数确定地层吸气能力，目前根据试注气的结果计算地层的吸气指数等参数。

我国塔里木盆地碳酸盐岩油藏埋深为 5400～6500m，地层压力为 50～65MPa，前期试注试验结果表明地层吸气能力很强，地层注气吸气指数达到 5×10^4～$20\times10^4m^3/(d\cdot MPa)$。可根据这些井的试注资料预测注气井的注气压力，为地面注气设备的选择提供可靠的依据。根据 C-6 井和 C-7 井的现场试验经验，可采用注气启动压差法预测注气压力。注气启动压差借鉴现场经验值 2～3MPa 进行取值设计，同时注气压力随着注气量的增加而增加，计算时再附加 3～5MPa 的注气压差，以求取不同注气量和注气压力下的吸气指数。

注气井压力计算如下：

$$P_{wf}=\sqrt{P_{tf}^2e^{2\alpha}-\beta(e^{2\alpha}-1)} \tag{3.19}$$

$$P_{井口}=P_{wf}-P_{气柱}+P_{摩阻} \tag{3.20}$$

式中，P_{tf} 为流动井口压力，MPa；α，β 为系数。

计算结果见表 3.25。

表 3.25 塔里木盆地示范区缝洞型碳酸盐岩油藏注气压力预测

油藏深度/m	地层压力/MPa	井底注气压力/MPa	Φ89mm 油管不同注气量下的井口注气压力/MPa			
			$5\times10^4m^3/d$	$10\times10^4m^3/d$	$15\times10^4m^3/d$	$20\times10^4m^3/d$
5400～6500	50	55	40.16	40.25	40.4	40.5
	55	60	44.7	44.8	44.9	45
	60	65	49.2	49.3	49.5	49.7
	65	70	53.8	53.9	54	54.1

根据表 3.25 的预测结果，当注气速度为 $5\times10^4m^3/d$、地层压力为 50MPa 时，需要地面注气压力 40.16MPa；当地层压力为 55MPa 时，需要地面注气压力 44.7MPa；当地层压力为 60MPa 时，需要地面注气压力 49.2MPa；当地层压力为 65MPa 时，需要地面注气压力 53.8MPa，目前的压缩机等级为 52～54MPa，纯注氮气难以满足地层压力 65MPa 以上的油藏注气要求。

在充分地研究地层启动压差、井筒摩阻、井筒气柱压力和地层吸气能力的基础上，可设计注入排量，进行预测井口注气压力，结果见表 3.26。从实际情况来看，预测值与实际注气结果吻合度较高。

表 3.26 注气压力计算和实际注气施工结果对比表

序号	井号	设计排量/(m^3/h)	预测注气压力/MPa	实际注气压力/MPa
1	C-6	12(液氮)	45	43
2	C-7	4200	23.1	25.4
3	C-8	20(液氮)	44	46
4	C-9	4200	27.5	28.1
5	C-10	4200	21	19
6	C-11	4200	22	20

2. 气水混注比设计技术

鉴于出口压力为 50MPa 的压缩机难以解决大部分油井纯注气施工的难题，现场探索形成了气水混注技术。根据多口井的气水混注现场试验，针对超深井注 N_2，逐步形成气水混注比优化设计技术，不同气水比能够不同程度地降低井口注气压力(表 3.27)。

表 3.27 塔里木盆地示范区油井气水混注优化结果

水气比(m^3/m^3)	降低井口注气压力/MPa
1：350	25
1：400	22
1：450	19
1：500	16
1：550	13

在现场试验的基础上，进一步总结形成了一套气水混注设计方法，为准确预测井口注气压力打下了基础，不同气水比下的压力梯度和设计图版见图 3.78 和图 3.79。

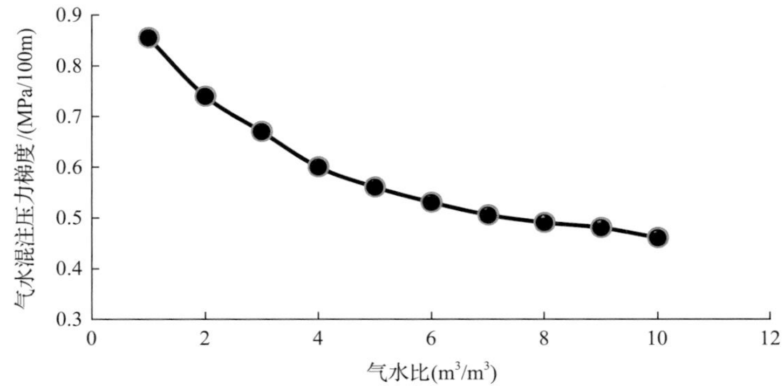

图 3.78　气水混注压力梯度经验图版

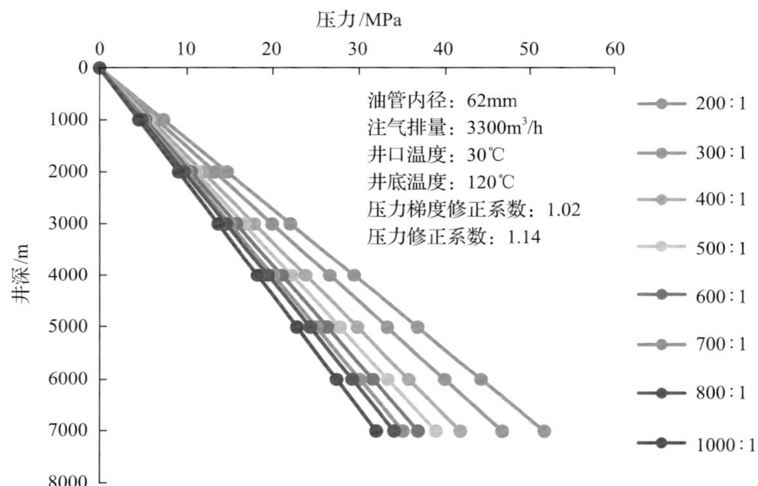

图 3.79　气水混注水气比设计标准图版

3. 注气-采油一体化井口研发

在注气压力预测的基础上，考虑采气井口注气后需更换机抽井口才能生产，研发设计了 KQ78(65)-70 注气-机抽采油生产一体化井口，该井口通过改变井口结构，即采用一个主阀控制，可满足压力控制和紧急情况下的关井要求；同时可将井口高度降低至1.4m，以满足注气后机抽生产的要求。注气采油一体化井口结构见图 3.80。

注气采油一体化井口，其性能及参数指标如下。

(1)井口整体高度不得高于 1.5m，满足注气后机抽生产的要求。

(2)气密封性能好，承压能力高，最大工作压力承气密封压 70MPa，能够满足高压注气需求。

(3)注气时可以实现抽油杆杆柱的气密封悬挂，确保注气后不动管柱能够直接机抽生产，避免注气后再进行机抽生产管柱作业。

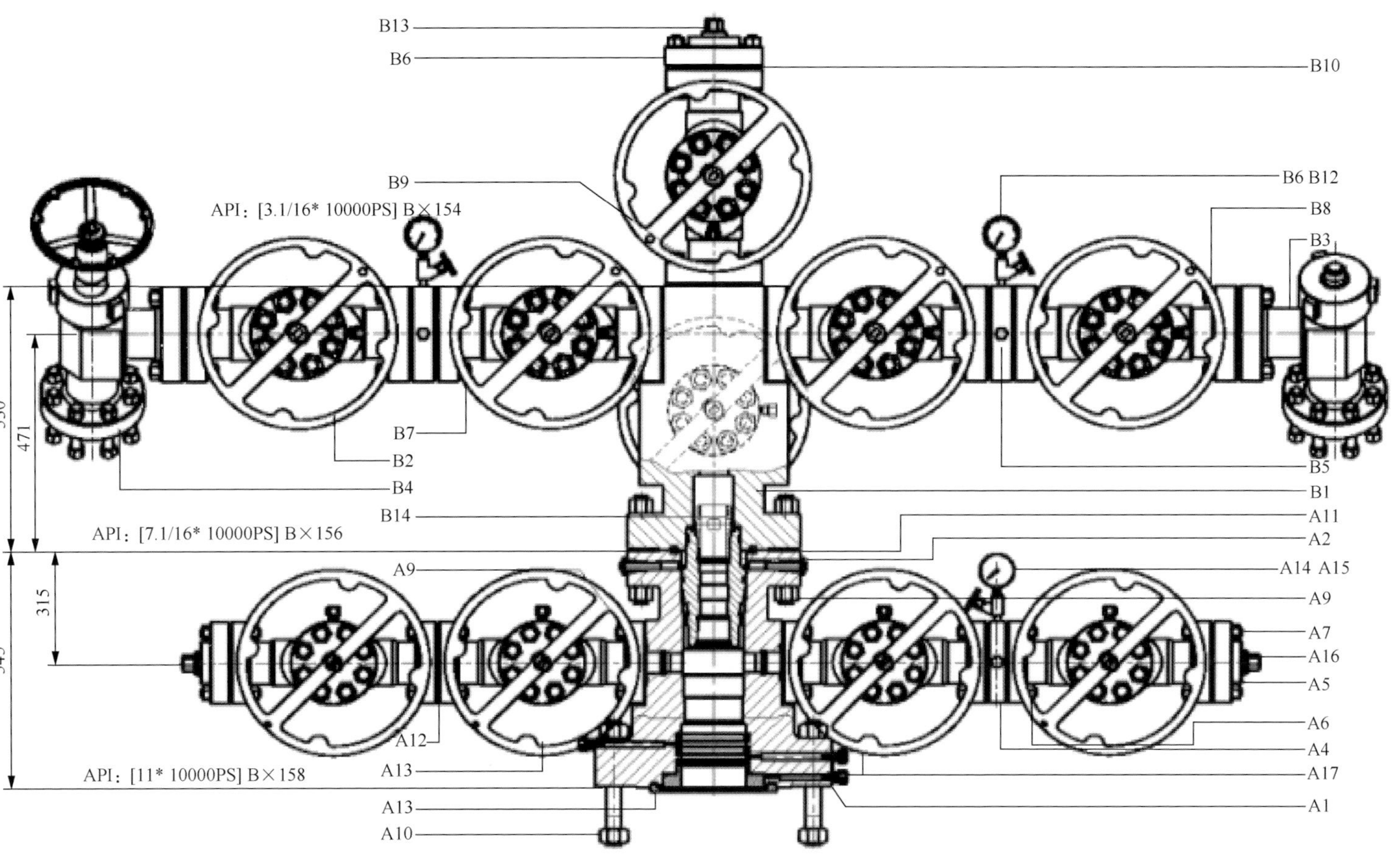

图3.80 注气采油一体化井口结构图(单位：mm)

A代表油管头部分；B代表采油树部分

(4)能够实现如下注气-机抽生产切换要求：①注气前上提并卸下光杆，换抽油杆短节，下放抽油杆，让抽油杆悬挂在光杆连接器上，上好密封螺帽；②打开与地面注气管线连接一侧的注气阀门，通过抽油悬挂总成，将气注入地层；③注气完毕后，用油田水将井筒内气体顶入地层，关井闷井；④闷井结束时先限压(压差在 5MPa 以内)自喷生产，自喷结束时，注油田水压井，上提杆柱换光杆，下放杆柱，抽油生产。

注气-机采一体化井口满足了油井注气后直接转抽生产的需要，避免了多轮次注气频繁更换井口，单轮次注气施工缩短占井周期 3 天以上，降低了注气成本，提高了油井利用率。

4. 注气井口优化技术

注采一体化井口较好地满足了先导试验的现场需求，技术参数符合设计需要，但造价高，交付时间长。随着注气大规模工业化应用，注采一体化井口逐渐显现出供求矛盾。从降本增效的角度出发，先后试验了 70MPa 采气井口和 70MPa/105MPa 修复采油井口，通过注气井口优化，形成了以修复采油树为主的注气井口配套技术。

1) 70MPa 采气井口

单井注气初期，为了确保安全，优选承压高、气密封性性能高的 70MPa 采气树。但因单井注气后需要更换机抽井口，影响生产时效，为了降低作业成本，后期选用其他井口进行单井注气。对于单元注气来讲，由于注气时间长，注气期间不生产，为了保证注气安全，首选 70MPa 采气树。该井口主要优点是承压高，满足施工要求；主要缺点是注采需更换井口及上提下放抽油杆柱，井口等级高，价格偏高。

2) 70MPa/105MPa 修复采油井口

为进一步降低成本，设计了抽油杆悬挂器，实现了 70MPa/105MPa 采油树注气-采油一体化。修复采油树的优点是：承压高，满足高压注气需求；配套抽油杆座挂短接，满足多周期注气不动杆柱的需要；充分利旧。

通过现场试验的不断测试，形成了以 70MPa 采气井口/修复采油树为主、注采一体化井口为辅的注气井口优化技术(表 3.28)。

表 3.28　不同注气井口性能特点及适应性条件

井口	井口特点	局限性	应用条件
70MPa 采气井口	承压高，满足注气要求	频繁更换井口及提放抽油杆柱 价格偏高，近 70 万元	单元注气、单井注气 注气时间长、气密封要求高
注采一体化井口	气密封好，承压高 实现杆柱气密封悬挂 高度＜1.5m	加工周期长，单价 40 万	单元注气、单井注气 注气时间长、气密封要求高 井口管柱一次性修井
修复采油树	充分利旧； 配套抽油杆座挂短接 满足多周期注气不动杆柱需要 适宜于气水混注	修复采油树数量有限	单井注气 注气压力低于 42MPa

3.3.3 注气管柱配套设计技术

塔里木盆地缝洞型油藏埋藏深(大于 5000m)、油藏温度高(120℃)、压力高(大于

55MPa），同时需要兼顾注气和机械采油，这给高压注氮气管柱设计带来巨大挑战，超深井高压注气油管应满足以下条件：油管本体和接箍应具有较高的抗内压性能；油管接头应具有可靠持久的密封性；油管丝扣应具有较强的抗拉性能；油管材质应具有优的抗伸缩性（避免疲劳破坏）和抗腐蚀性。

1. 设计原则

注气管柱设计原则如下。

(1) 管柱设计满足井口压力 40MPa 高压注气要求，能保证安全注气。

(2) 注气层段较深，管柱满足 5400m 井深强度要求。

(3) 由于注入时间长，管柱必须满足长期气密封性要求。

(4) 考虑腐蚀介质的影响，应尽量做到对井下管柱和套管的保护。

(5) 管柱结构必须满足注气工艺、井下作业、测试工艺及要求。

2. 油管直径选择

油管直径对注气的影响分为两部分：在相同管径下，随着注气、注水量的增大，摩擦损失增大，小油管将导致较大压力损失；油管直径过大将增大管柱成本，同时井下工具也不易配套，综合考虑注气工具的配套性，超深井注气井选择 Φ89mm+Φ73mm 组合油管进行注气。

取油管内壁粗糙度为 0.01524mm 进行摩阻分析，分析结果如表 3.29 所示。可以看出，在注气压力为 55MPa 的情况下（满足设备能力），如果单井注气量为 $4.8\times10^4m^3/d$，可选择 60.3mm 油管、73.0mm 油管或 88.9mm 油管注气，或对应的组合油管注气。

表 3.29 不同注入参数下井筒摩擦损失计算结果

油管规格/mm	井口注气压力/MPa	不同注气量下的摩擦损失/MPa					
		$15\times10^4m^3/d$	$20\times10^4m^3/d$	$25\times10^4m^3/d$	$30\times10^4m^3/d$	$50\times10^4m^3/d$	$60\times10^4m^3/d$
60.32×4.24	50	1.13	1.95	2.99	4.18	10.34	14.08
	52	1.18	2.05	3.12	4.38	10.88	15.37
	55	1.24	2.17	3.33	4.68	11.92	17.30
73.02×5.51	50	0.46	0.79	1.22	1.73	4.52	6.31
	52	0.47	0.83	1.28	1.81	4.74	6.6
	55	0.5	0.88	1.35	1.93	5.06	7.07
88.9×6.54	50	0.16	0.29	0.44	0.63	1.69	2.39
	52	0.17	0.30	0.46	0.66	1.77	2.50
	55	0.18	0.32	0.49	0.70	1.87	2.66
101.60×6.65	50	0.076	0.13	0.20	0.29	0.78	1.12
	52	0.079	0.14	0.21	0.30	0.82	1.16
	55	0.084	0.15	0.23	0.32	0.86	1.23

井筒内高速流动的气流将引起冲蚀，注气井生产管串应不因气体冲蚀而降低寿命，其注气量不能大于相应管串(不同尺寸油管组成的管柱)和流压(流压指油管内注气时的压力)、温度下的气体冲蚀临界流量。由前面计算可知，在注气量为 $4.8\times10^4m^3/d$ 时，选用 $\Phi73mm$ 及以上油管生产不会发生气体冲蚀油管的情况。

由于超深井油井注气时要伴注油田水以降低井口注气压力，油管直径的选择还要考虑注水压力损失的要求，不同管径对注水压力损失的影响见图 3.81。在相同管径下，随着注水量的增大，摩阻损失增大，其中 $\Phi61mm$ 油管压降幅度最大，表明选择小油管将导致较大的压力损失。现有的 $\Phi73mm$ 油管与 $\Phi89mm$ 油管压力损失较小，考虑到油井机抽的需要，设计选择 $\Phi73mm+\Phi89mm$ 组合油管进行注气，即上部为 $\Phi89mm$ 油管 2000m，下部为 $\Phi73mm$ 油管 3500m。

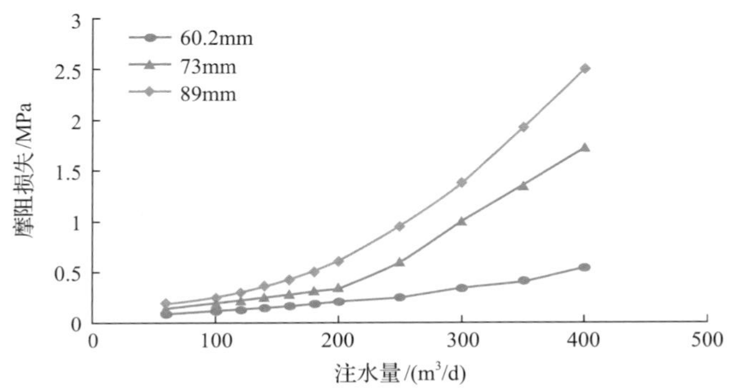

图 3.81　不同管径下不同注水量压力损失曲线

3. 管柱强度校核

为了提高管柱方案设计的普遍适应性，同时综合考虑经济效益，方案设计注气管柱下入深度以 5500m 为准，具体到单井可根据实际情况进行调整。

管柱下入深度和允许承担的负荷受管柱抗拉强度限制，经计算分析，管柱在起下过程中的轴向负荷大于注气时的轴向载荷，因此，可只按起下管柱的受力状况进行计算。结合 API 油管标准和国内防硫油管的实际情况，对防硫油管同等级别的油管分别进行强度校核。

考虑到注气管柱采用 88.9mm 和 73.0mm 组合，分别对 N80、P105、P110 不同钢级，73.0mm 和 88.9mm 不同壁厚的外加厚油管进行强度校核，结果见表 3.30。由表 3.30 可知，不考虑封隔器解封力，安全系数为 1.6 时，采用 P110 钢级、88.9mm 和 73.0mm 油管均能满足下深要求。

由表 3.31 可知，当封隔器解封力为 200kN，安全系数为 1.8 时，采用 P110 钢级、88.9mm 和 73.0mm 油管均不能满足 5500m 下深要求。

表 3.30　光油管校核结果

公称直径/mm	钢级	抗拉强度/10^4MPa	壁厚 δ/mm	单位长度重量 q/(kg/m)	允许下入深度 L/m			
					n=1.0	n=1.3	n=1.5	n=1.8
73.0	N80	64.5	5.5	9.67	6806	5236	4537	3781
		80.2	7.0	11.73	6977	5367	4651	3876
		88.4	7.8	12.96	6960	5354	4640	3867
		96.4	8.6	14.2	6927	5329	4618	3848
	P105	84.6	5.5	9.67	8927	6867	5952	4960
		105.3	7.0	11.73	9160	7046	6107	5089
		116.0	7.8	12.96	9133	7026	6089	5074
	P110	88.65	5.5	9.67	9355	7196	6237	5197
88.9	N80	79.3	5.5	11.43	7079	5446	4720	3933
		92.2	6.5	13.84	6798	5229	4532	3777
		131.0	9.5	19.27	6937	5336	4625	3854
	P105	104.1	5.5	11.43	9293	7149	6196	5163
		121.0	6.5	13.84	8921	6862	5947	4956
		172.0	9.5	19.27	9108	7006	6072	5060
	P110	109.0	5.5	11.43	9731	7485	6487	5406
		126.7	6.5	13.84	9344	7187	6229	5191
		180.2	9.5	19.27	9540	7338	6360	5300

表 3.31　带封隔器油管校核结果(取附加载荷为 200kN)

公称直径/mm	钢级	抗拉强度/10^4MPa	壁厚 δ/mm	单位长度重量 q/(kg/m)	允许下入深度 L/m			
					n=1.0	n=1.3	n=1.5	n=1.8
73.0	N80	64.5	5.5	9.67	4738	3645	3159	2632
		80.2	7.0	11.73	5272	4055	3514	2929
		88.4	7.8	12.96	5417	4167	3611	3009
		96.4	8.6	14.2	5519	4245	3679	3066
	P105	84.6	5.5	9.67	6859	5276	4573	3811
		105.3	7.0	11.73	7455	5735	4970	4142
		116.0	7.8	12.96	7590	5839	5060	4217
	P110	88.65	5.5	9.67	7287	5605	4858	4048
88.9	N80	79.3	5.5	11.43	5330	4100	3553	2961
		92.2	6.5	13.84	5353	4117	3568	2974
		131.0	9.5	19.27	5899	4538	3933	3277
	P105	104.1	5.5	11.43	7544	5803	5029	4191
		121.0	6.5	13.84	7476	5751	4984	4153
		172.0	9.5	19.27	8070	6208	5380	4483
	P110	109.0	5.5	11.43	7981	6139	5321	4434
		126.7	6.5	13.84	7899	6076	5266	4388
		180.2	9.5	19.27	8502	6540	5668	4723

计算结果表明(表 3.32)：P110 钢级、Φ89mm+Φ73mm 组合油管可满足 5500m 下深的强度要求。为提高效益，降低成本，并尽量满足工程需求，管柱设计为 2000mΦ89mm+3500mΦ73mm 组合油管。

表 3.32　P110 钢级注气组合油管强度校核结果表(取附加载荷为 200kN)

外径/mm	壁厚/mm	重量/(kg/m)	长度/m	抗拉强度/MPa	最大受力/MPa	安全系数
89	6.45	13.8	2000	126.8	81.28	1.80
73	5.51	9.68	3500	88.5	53.88	2.08

4. 管柱设计优化技术

目前，塔里木盆地缝洞型油藏生产井主要分为 177.8mm 套管井和 244.5mm 套管井，根据不同的井况选择不同的管柱结构。

1) 177.8mm 套管井

为了进一步提高注气效益，前期注气施工积累的经验，验证了 177.8mm 套管回接井不动管柱直接注气的可行性，认为该类井满足目前注气工艺的承压要求，可以实施 177.8mm 套管回接井不动管柱注气(图 3.82)。

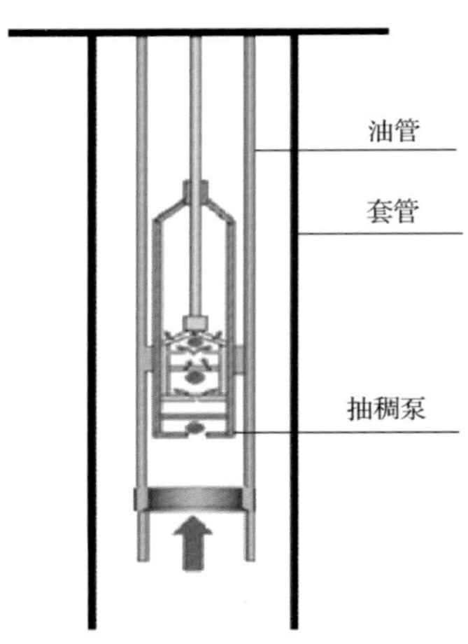

图 3.82　177.8mm 回接井原井(机抽管柱/光管柱)管柱示意图

2) 244.5mm 套管井

2013 年 10 月，对 339.7mm×244.5mm-34.5MPa 套管头及升高短节进行了液压和气压密封实验，开展了 244.5mm 套管井不动管柱注气可行性探索。现场试验过程中，套管、密封橡胶圈、零配件均为全新，试验结果表明气密封性合格(表 3.33)。

表 3.33　244.5mm 套管头密封性测试试验　　(单位：MPa)

339.7mm×244.5mm-34.5MPa 套管头+升高短节	液压试验		气压试验	
	试压值	压降	试压值	压降
244.5mm 套管(壁厚：11.05mm)	30.5	0.4	34.5	0.1
244.5mm 套管(壁厚：11.99mm)	34.5	0.3	34.5	0.2

对于244.5mm套管井，实行分级管理，对于风险较低的油井实施直接注气，或整改后注气；对安全风险较高的油井，更换注采一体化管柱注气。

对于安全风险较高的244.5mm套管井，考虑到套管头承压级别，优选带封隔器的注采一体化管柱，采用封隔器+抽稠泵过桥技术，实现注水、注气、机抽生产一体化。目前针对不同原油性质设计了两套注采一体化管柱(图3.83，图3.84)。

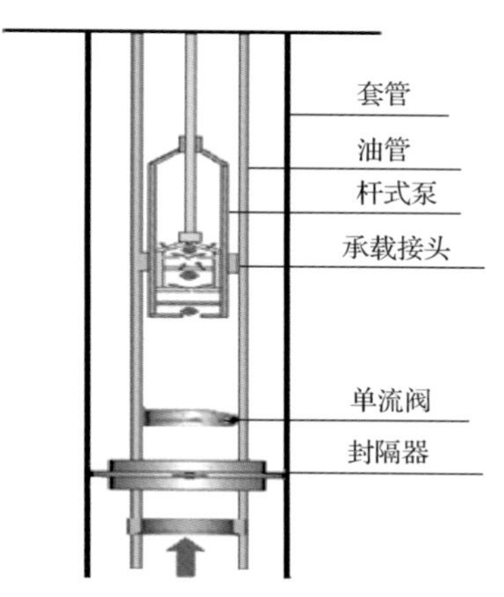

图3.83　稀油井注气采油一体化管柱示意图

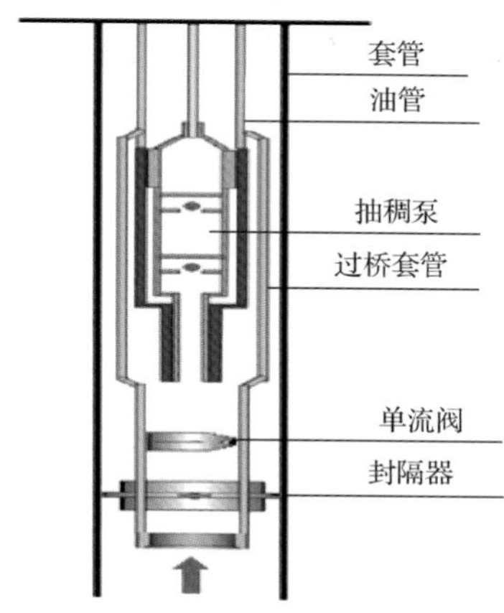

图3.84　稠油井注气采油一体化管柱示意图

(1) 稠油井套管过桥管柱：Φ89mm气密封扣油管＋过桥套管(内置泵筒)＋Φ73mm气密封扣油管＋掺稀阀+封隔器＋Φ73mm油管＋筛管+丝堵。

(2) 稀油井杆式泵过桥管柱：Φ89mm气密封扣油管＋杆式泵＋Φ73mm气密封扣油管＋封隔器＋Φ73mm油管＋筛管+丝堵。

对于部分安全级别较高的244.5mm套管注气井，若管柱无腐蚀或套变套损情况、244.5mm套管固井质量合格及以上、注水压力小于10MPa吸水效果好、244.5mm套管头有BT密封、井口试压34.5MPa试压合格等，对于此类注气井，实施不动管柱直接注气，在保证施工安全的同时，节约注气费用。

3.3.4　注气管柱的腐蚀与防护

碳酸盐岩缝洞型油藏注N_2增油效果显著，但受制氮设备及工艺的制约，注入的N_2含有1%左右的O_2。缝洞型油藏井下往往具有超深、高温、高氧的工况特征和低pH、高矿化度、高Cl^-、高含Ca^{2+}、Mg^{2+}的介质特点，基础环境非常苛刻；缝洞型油藏注N_2时，抽油泵柱塞要提出泵筒，开井生产前由于生成腐蚀结垢产物，挂抽成功率较低；缝洞型油藏埋藏深，注N_2需要气水混注，强腐蚀性O_2与油田回注水协同作用，进一步加剧了井下管柱的腐蚀速率[9]；缝洞型油藏注N_2后闷井，O_2与井底CO_2、H_2S等强腐蚀性介质共存，管柱腐蚀机理更加复杂；井下管、杆、泵等金属材料腐蚀问题突出(图3.85)，尤其是位于封隔器下部的套管难以有效保护。腐蚀已成为注N_2技术推广应用中亟待解决的问题。

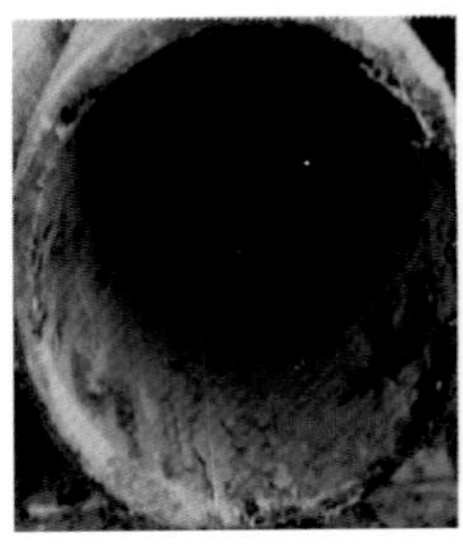

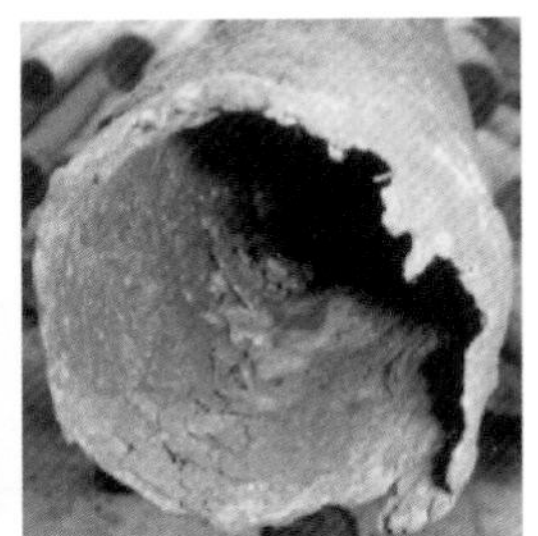

图 3.85 注气井现场腐蚀

1. 腐蚀影响因素

在注 N_2 的过程中，腐蚀产物主要成分为 Fe_2O_3 和 Fe_3O_4，说明导致腐蚀的主要因素为氧，另外，H_2S、CO_2 等井下酸性气体会不同程度地加剧腐蚀程度，也是加剧腐蚀的重要影响因素。

1) 氧腐蚀

由于注入的 N_2 中 O_2 含量较高，约 1%，在与高矿化度(22×10^4mg/L)、高 Cl^-(13×10^4mg/L)盐水共存的环境中，O_2 进入水溶液并迁移到金属表面发生腐蚀反应。这一过程包括以下步骤(图 3.86)：O_2 穿过气液界面进入水溶液；在水溶液对流作用下，O_2 迁移到金属表面附近；在扩散层范围内，O_2 在浓度梯度作用下扩散到金属表面，对金属造成严重的氧腐蚀。O_2 浓度越高，O_2 浓度梯度越大，造成氧腐蚀的风险也相应越高。

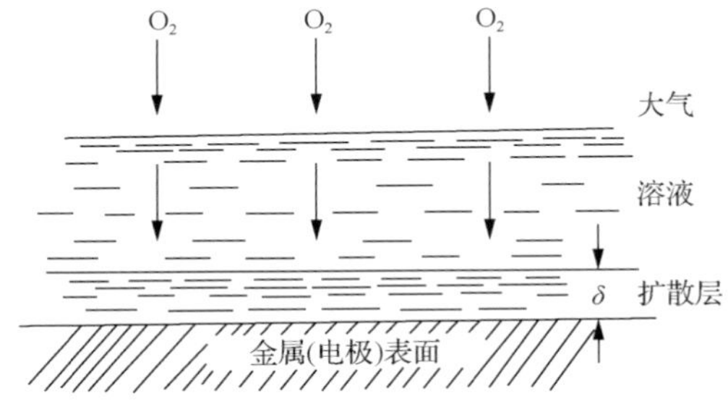

图 3.86 氧向金属表面的迁移过程

通常情况下，溶解的 O_2 向金属表面的持续输送，使腐蚀过程得以不断进行，溶解的 O_2 只能以扩散这种传质方式通过扩散层，因此这个步骤是决定腐蚀快慢的关键。在注 N_2 过程中气体不断地注入，井下的 O_2 得到源源不断的补充，特别是井下封隔器下方套管腐蚀风险更大，氧持续扩散到金属表面，产生严重的氧腐蚀。氧腐蚀反应机理如下：

$$2Fe + O_2 + 2H_2O \longrightarrow 2Fe(OH)_2 \tag{3.21}$$

$$4Fe(OH)_2 + O_2 + 2H_2O \longrightarrow 4Fe(OH)_3 \tag{3.22}$$

金属表面腐蚀产物的不完整附着和其他沉积物的堆积易构成氧浓差电池[10]，造成沉积物下的局部腐蚀(图 3.87)，这是造成腐蚀破坏的主要原因，其危害程度比均匀腐蚀更加严重。管柱长期服役，最终导致局部腐蚀穿孔失效。

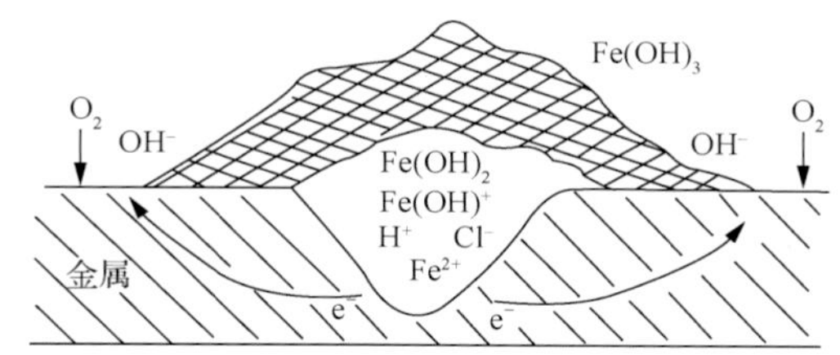

图 3.87　氧浓差电池引起的沉积物下局部腐蚀模型

2) 酸性气体腐蚀

注气闷井过程中井筒含有一定量的 CO_2 和 H_2S，CO_2 含量约 2%～4%，H_2S 含量最高，可达 $13\times10^4 mg/m^3$，CO_2 和 H_2S 溶于水形成弱酸，对钢的腐蚀是一个电化学过程，通常在 H_2S 和 CO_2 共存时比 H_2S 或 CO_2 单独存在时腐蚀行为更加复杂。CO_2 对钢材的腐蚀一般有两种形式，即 CO_2 溶于水生成的碳酸造成的腐蚀和 CO_2 氧化引起的剥裂，剥裂过程腐蚀产物膜溶解，形成离散多孔的氧化团，降低腐蚀产物膜的力学性能，加速腐蚀。气体中混有的 H_2S 作为阴极去极化剂，在金属表面生成一种疏松的 Fe_xS_y，此反应对金属产生很大的破坏作用，通常在金属表面产生坑蚀、斑点和大面积脱落，造成钢管变薄、穿孔和强度减弱等现象，甚至发生断裂。

在实际生产中，由于区块 H_2S 和 CO_2 的含量存在差异，腐蚀主控因素各有不同，有以 H_2S 为主的，也有以 CO_2 为主的，同时还有以 H_2S-CO_2 共同作用为主的。有研究表明，CO_2-H_2S 共存体系中气体浓度对腐蚀影响为：①当 $P_{CO_2}/P_{H_2S}>500$ 时，主要为 CO_2 腐蚀；②当 $20<P_{CO_2}/P_{H_2S}<500$ 时，为两者共同作用；③当 $P_{CO_2}/P_{H_2S}<20$ 时，主要为 H_2S 腐蚀。

2. 主要防腐措施

国内外注气井的防腐蚀手段通常有非金属涂镀层、非金属内衬、牺牲阳极等技术。使用缓蚀剂、缓蚀阻垢剂或除氧剂等化学药剂也可以减缓腐蚀速率，此方法具有效率高、适应性强、经济性好等优点。此外，也可以采用缓蚀剂与牺牲阳极共同保护，这两种方式互相促进，缓蚀剂可以有效地减少牺牲阳极消耗量，在井筒有限空间内延长阳极的使用时间，而牺牲阳极可以弥补缓蚀剂高温缓蚀效果差的缺点。与 H_2S、CO_2、Cl^-等腐蚀工况相比，注气时井下管柱面临着高温、高氧的强腐蚀工况，腐蚀环境更加苛刻，井下管柱腐蚀风险极高，对源头控氧技术、缓蚀剂、涂镀层技术防腐手段提出了更高的要求。

在注 N_2 驱过程中，O_2 为注气井的主要腐蚀因素。可根据碳酸盐岩缝洞型油藏注气工艺特点，将注气井划分为单井注气井和单元注气井，根据两类不同的注气工艺和腐蚀风险，分别制定针对性的防腐措施。

单井注气工艺可概括为“注气—闷井—开井生产”，注气周期短、频次低，管柱面临的腐蚀风险相对较低，可通过注气过程中加注抗氧缓蚀剂，将腐蚀风险控制在可控范围之内，属于经济、灵活的防腐措施。单元注气工艺可概括为“注气井注气，受效井生产”，注气井长期注气，管柱面临的腐蚀风险远高于单井注气，可通过耐高温非金属内衬配合环空保护降低腐蚀风险，属于本质、持久的长期防腐措施。

1）源头控氧技术

注气所需N_2目前获取的方法主要有深冷分离法制氮、PSA（pressure swing adsorption）变压吸附制氮和膜分离制氮3种（表3-34）。对3种制氮工艺进行对比可知，PSA变压吸附制氮工艺投资小、制氮纯度高，因而较其他两种制氮工艺具有显著的技术优势。目前，塔里木盆地示范区主要采取PSA变压吸附制氮工艺。

表3.34　三种制氮工艺汇总表

项目	空气分离原理	制氮特点	N_2纯度/%	相对投资	现场施工
深冷分离制氮	相同压力下，液氧沸点大于液氮	低温、连续、氮气压力稳定	99～99.99	1.2～1.5	占地面积大，施工难度大
PSA变压吸附制氮	相同压力下，氮气比氧气更易被吸附	常温、制氮过程的吸附—均压—解吸—吸附过程压力波动	≤99	1	体积小，启动快，操作简便
膜分离制氮	相同压力下，氧气渗透率高于氮气	常温，压缩空气在膜组件中连续通过，无循环切换，氮气压力稳定	95～97.5	≥1.5	体积小，启动快，操作简便

2）单井注气抗氧缓蚀剂技术

缓蚀剂是目前石油开采过程中广泛应用的防腐手段，特别是在单井注气工艺中具有经济、灵活、高效的技术优势。在高温、高氧的苛刻注气工况下，普通缓蚀剂产品防腐效果较差，无法满足现场需求，针对高温（120℃）、高压（60MPa）、高氧（1%）的苛刻环境自主研发了XS-1抗氧缓蚀剂产品。

（1）缓蚀剂开发技术。

高温和高浓度氧是制约缓蚀剂应用的两大难题。耐高温抗氧缓蚀剂的开发要求对传统的缓蚀剂进行全面的认识，从分子设计、作用机理、合成路线、复配增效等方面进行发展和创新，主要通过分子改性技术，在咪唑啉类缓蚀剂分子上“嫁接”耐高温抗氧官能基团，自主研发出XS-1型耐高温新型抗氧缓蚀剂产品，耐温提升至120℃，抗氧浓度提高到5%。

（2）缓蚀剂加注工艺。

缓蚀剂有两种加注工艺：一种是井口加注，保护对象主要是地面集输管线；另一种是通过伴水携带缓蚀剂井下加注，主要保护井下管柱和地面集输系统，实现系统防护。在此重点介绍第二种加注工艺。

缓蚀剂按照设计浓度先在地面与回注水混配，通过混合器进一步增强混配效果，由回注水携带缓蚀剂一同注入井下，对井下管柱起到防腐效果，总体加注流程为：伴水储罐→加药泵→混合器→注水泵→井口。

为了提高缓蚀剂防护效果，在注气前期采用高浓度缓蚀剂进行预膜处理，注气期间采用正常浓度连续加注。

预膜液量可设定为2倍油管内容积，药剂用量计算公式如下：

$$V=2(\pi D^2/4)LP/10^{12} \tag{3.23}$$

式中，V为药剂用量，L；D为管柱内径，mm；L为管柱长度，m；P为药剂浓度，mg/L。

预膜期间药剂浓度按照2000mg/L进行计算，注气作业前期可配置2000mg/L高浓度缓蚀剂溶液45m^3，共需缓蚀剂90L。算例分析参数见表3.35。

表3.35　预膜期间加注参数计算表

管线内径/mm	油管长度/m	油管内容积/m^3	加药浓度/(mg/L)	药剂用量/L
76	5000	22.5	2000	90

预膜完成后即开始正常浓度药剂加注，缓蚀剂用量计算公式如下：

$$V=QP/1000 \tag{3.24}$$

式中，V为药剂用量，L；Q为注水量，m^3。

正常连续加注期间药剂浓度按照1000mg/L进行算例分析，按50×10^4m^{3}气、1400m^{3}水规模测算，注气7d需要加注缓蚀剂1400L。算例分析参数见表3.36。

表3.36　正常加药期间加注参数计算表

注气规模/m^3	注气周期/d	日伴水量/(m^3/d)	加药浓度/(mg/L)	药剂总量/L
50×10^4	7	200	1000	1400

(3)缓蚀剂效果评价。

为了判定XS-1型耐高温新型抗氧缓蚀剂产品在注N_2工况下的防腐性能，从室内评价和现场试验评价两个方面开展评价工作。

室内评价主要采用高温高压反应釜，模拟高温、高氯、高氧的注气现场工况条件，分别测定加药与不加药对应的挂片腐蚀速率，评价缓蚀剂的缓蚀率。室内评价条件见表3.37，评价结果见表3.38。

表3.37　缓蚀剂评价条件表

温度/℃	总压力/MPa	周期/d	流速/(m/s)	CO_2分压/MPa	H_2S分压/MPa	O_2分压/MPa
120	30	7	1.0	0.9	0.4	1.5

表3.38　缓蚀剂效果评价数据表

实验类型	钢种	加药浓度/(mg/L)	腐蚀速率/(mm/a)	缓蚀率/%
空白实验	P110 P110S		3.78 3.56	
普通缓蚀剂	P110 P110S	1000	>2.32 >2.69	<38.6 <24.4
XS-1抗氧缓蚀剂	P110 P110S	1000	0.79 0.60	79 83.1

注：—指未加药，无缓蚀。

在上述室内评价条件下，实验结果如表3.38所示，XS-1型抗氧缓蚀剂表现出优良的缓蚀效果，P110材质缓蚀效率达79%，P110S材质缓蚀效率达83.1%，有效抑制了腐蚀的产生和发展。加注缓蚀剂后不仅可使腐蚀程度得到有效控制，金属试片表面腐蚀产物也明显减少。

缓蚀剂的效果如图 3.88 所示，和普通的缓蚀剂相比，由于 XS-1 型抗氧缓蚀剂具有抗氧官能基团，在金属表面形成了更加稳定的双层保护膜结构，抗氧膜层对底层吸附膜起到保护作用，整体增强了对氧分子和其他腐蚀介质的阻隔效果，金属试样得到有效的保护。

(a) 未加缓蚀剂

(b) 加缓蚀剂

图 3.88　试片腐蚀形貌

按照石油行业推荐标准 SY/T 5273-2000[10]，对 XS-1 抗氧缓蚀剂外观、pH 等 7 项理化性能进行评价，结果如表 3.39 所示，缓蚀剂各项性能均达到行业标准要求，符合现场工况要求。

表 3.39　XS-1 抗氧缓蚀剂物化性能室内评价数据表

	指标	结果	备注
外观	红棕色液体	红棕色均匀液体	合格
pH	5～9	5.13	合格
密度/(g/cm^3)	0.91～0.93	0.917	合格
乳化倾向	无乳化倾向	无乳化倾向	合格
水溶性	水溶或水分散，无沉淀	分散性好	合格
倾点/℃	≤-10	<-27	合格
闪点/℃	>50	86	合格

选取 C-12 井开展抗氧缓蚀剂现场效果评价，预膜期间药剂浓度为 2000mg/L，正常加注期间药剂浓度为 1000mg/L，试验结束后挂片表面覆盖较多的结垢物，裸露未结垢部位呈现金属光泽，初步判断起到一定的防腐效果。该井未加缓蚀剂期间腐蚀速率为 2.523mm/a，加注缓蚀剂期间平均腐蚀速率为 0.5940mm/a，平均腐蚀速率下降 80%。

(4) 效益分析。

XS-1 耐高温抗氧缓蚀剂，预膜浓度为 2000mg/L，连续加注浓度 1000mg/L，按照一轮次注气 5×10^5m^3、注水 1500m^3 进行计算，每井次需加 1.5m^3 缓蚀剂，药剂单价

1.9747 万元/m^3，药剂费用 2.962 万元/井次。单井注气井之前没有采取任何防腐措施，注气后腐蚀结垢严重；因为腐蚀原因，检管费用、检泵等产生的费用平均一口井一年需要 15 万元；加注缓蚀剂后腐蚀速率下降 80%，平均降低成本 12.6 万元。注 N_2 作为一种有效的开发方式，注气作业井次呈逐年上升趋势，按照作业 100 井次/a 作业规模计算，全年加药费用投入 296 万元，可减少经济损失 1260 万元，具有较好的经济效益和推广前景。

3) 单元注气耐高温非金属内衬技术

碳酸盐岩缝洞型油藏往往具有超深（>5500m）、高温（120℃）、高压（60MPa）的工况特征和低 pH（5.5）、高矿化度（22×10^4mg/L）、高 Cl^-（13×10^4mg/L）、高 H_2S（平均为 1685mg/m^3，最高为 13×10^4mg/m^3）、高 CO_2（平均为 2.6%，最高为 11.9%）的介质特点，基础环境非常苛刻。

缝洞型油藏单元注气，井下管柱在苛刻的工况下长期服役，可在金属油管内表面使用非金属内衬，使金属油管与腐蚀介质隔离开，以阻碍金属油管内壁发生腐蚀反应。油管外壁和套管内壁通过“封隔器+环空保护液”进行保护。

普通的 PE 内衬材质，在高温井下工况下长期服役，会发生高温老化失效。POK（polyketone）聚酮类材质是一种完全不同于常规 PE 的非金属材质，具有更高的耐温性能和更好的防腐性能。

POK 内衬材质性能评价数据如表 3.40 所示。在 120℃缝洞型油藏单元注气苛刻的腐蚀环境下，各项性能均满足注气工况的应用条件，比普通的 PE 内衬耐温性能有了显著提升。

表 3.40　POK 内衬管性能测试结果

	实验前	实验后		
		试样	内衬管	内衬管+钢套
拉伸强度/MPa	63	55	39	40
断裂伸长率/%	43	84	221	98
冲击强度/(kJ/m^2)	13	10	9	8
弯曲强度/MPa	62	55	48	23

采用机械加工方法，将外加钢管的 POK 管切割，取出内衬管。同时，将剖开后的钢管内壁利用酸洗液酸洗，如图 3.89 所示，POK 聚酮内衬管在高温、含 O_2 工况下发生轻微老化，外观由棕黄色转变成了黑色，但内衬 POK 聚酮管无变形，且未观察到明显的宏观裂纹，且外层钢管内壁未观察到局部腐蚀，以均匀腐蚀为主。结果表明，POK 聚酮内衬管在注气工况条件下可以有效地隔离介质并控制腐蚀，在单元注气井长期苛刻的腐蚀工况下具有良好的应用前景。

通过上述研究，将注入 N_2 中的 O_2 控制在 5%以下能够规避注 N_2 爆炸风险；注气井口宜采用采气井口或注采一体化井口；注气管柱宜采用注采一体化管柱；注 N_2 主要防腐技术有源头控氧、单井注气井加注抗氧缓蚀剂和单元注气井采用耐高温非金属内衬技术。

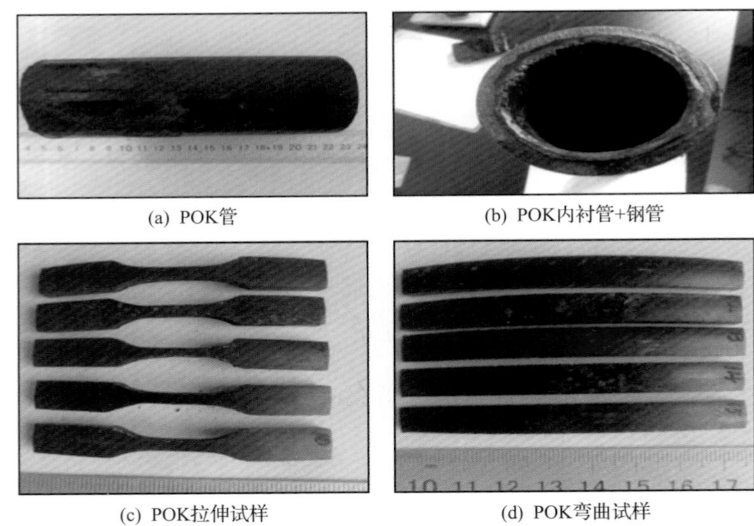

(a) POK管　(b) POK内衬管+钢管

(c) POK拉伸试样　(d) POK弯曲试样

图 3.89　POK 聚酮材料在 120℃、含 O_2 工况下浸泡 30d 后的腐蚀形貌

3.4　缝洞型油藏注 N_2 效果评价与实践

截至 2017 年底，超深缝洞型油藏注 N_2 提高采收率技术已在塔里木盆地缝洞型油藏的 10 个区块进行了规模化应用，仅其中 5 个区块已累计施工 1006 井次，累计增油 185 $\times 10^4$t，降低自然递减 4.9 个百分点，已成为注水后重要的开发接替技术，成为塔里木盆地缝洞型油藏重要的提高采收率技术和稳产技术。

初步统计的 5 个区块中：单井注 N_2 方面，累计实施注气 436 口/895 井次，累计注气 $4.95\times 10^8 m^3$，动用储量 9255×10^4t，阶段增油 145.5×10^4t，方气换油率 0.84t/m^3，已提高采收率 2.76%；单元注 N_2 方面，累计实施 36 个单元/48 个井组，累计注气 $2.17\times 10^8 m^3$，动用储量 8896×10^4t，阶段增油 39.5×10^4t，方气换油率 0.56t/m^3，已提高采收率 2.20%。

3.4.1　单井注 N_2 效果评价与实践

1. 单井注 N_2 评价标准

为了合理、准确地评价注 N_2 工艺及注 N_2 效果[10]，建立了注 N_2 提高采收率效果评价标准，从注 N_2 施工、增油效果及经济效益评价 3 个方面进行评价。

1) 注气施工评价

施工过程达到注气设计的注入量、注气速度、压力控制和安全等要求，定义施工成功。

施工获得成功的概率和比例，即统计期内认定注气施工成功的井次与总注气井次之比，依据加权算术平均数统计学定律，按式(3.25)计算：

$$C_{工艺}=\frac{\sum C_{成功}}{\sum C}\times 100\% \tag{3.25}$$

式中，$C_{工艺}$为施工成功率，%；$\sum C_{成功}$为统计期内认定注气成功井次之和；$\sum C$为统计期内全部参加对比的井次。

2）增油计算及效果评价方法

（1）注气后日产油量（q_i）。注气后，完成排液的（$q_i>1$t，含水有下降趋势时）日产油量。

（2）第1周期注气增油量（Q_1）。注气后日产油量与注气前日产油量作差后的累计产油量，若差值为负，设定为0，依据加权调和平均数统计学定律，按式（3.26）计算：

$$Q_1=\sum_{i=1}^{n}(q_i-q_0) \tag{3.26}$$

式中，Q_1为第1周期注气增油量，t；q_i为第i周期注气后日产油量，t；q_0为注气前日产油量。其中，对于注气前连续生产井，选取注前5天的平均日产油量；对于因供液不足、高含水间开井及注水替油井，选取注前一个间开周期内平均日产油量；对于注前处于停产状态，注前日产油量取0。

（3）第n周期注气增油量（Q_n，$n\geqslant2$）。从第2周期开始后的周期注气产油量作为增油量，即基值设为0，依据加权调和平均数统计学定律，按式（3.27）计算：

$$Q_n=\sum_{i=1}^{n}q_i \tag{3.27}$$

式中，Q_n为第n周期注气增油量，t；q_i为第i周期日产油量，t。

（4）单井注气增油（Q）。注气所有周期增油量之和，依据加权算术平均数统计学定律，按式（3.28）计算：

$$Q=\sum_{i=1}^{n}Q_i \tag{3.28}$$

式中，Q_i为第i周期注气增油量，$i\geqslant1$，t。

（5）单井注气提高采收率。单井注气累增油与单井地质储量的比值，依据总体平均数统计学定律，按式（3.29）计算：

$$\omega=Q/R_{\mathrm{r}} \tag{3.29}$$

式中，ω为单井注气提高采收率，%；Q为单井注气累增油量，t；R_{r}为单井地质储量，t。

（6）地下方气换油率。单井注气累增油量与周期注入N_2体积的比值，依据标准差系数，按式（3.30）计算：

$$\mathrm{OGR}=\frac{Q}{V_{\mathrm{g}}C_{\mathrm{v}}}\times100\% \tag{3.30}$$

式中，OGR为地下方气换油率，t/m^3；Q为单井注气累增油量，t；V_{g}为周期注入N_2标态体积，m^3；C_{v}为N_2折算系数，相同质量气体的地下体积与标态体积的比值。

（7）存气率。存留在地层中N_2体积与注入N_2体积之比，依据标准差系数，按式（3.31）计算：

$$\mathrm{GSR}=\frac{V_{\mathrm{g}}-Q_{\mathrm{g}}\phi}{V_{\mathrm{g}}}\times100\% \tag{3.31}$$

式中，GSR 为存气率，%；V_g 为注入 N_2 标态体积，m^3；Q_g 为产出气体标态体积，m^3；ϕ 为回采 N_2 平均体积含量，%。

3) 经济效益评价计算方法

(1) 经济效益。注气投入：注气总投入包括配合费用(如更换管柱作业、井筒预处理、维护费用等)和施工费用(如泵注费、气体费用等)。

注气产出：注气产出为周期增油量与同期原油销售价的乘积。

单井注气经济效益评价采用经济利润和投入产出比两个方面评价。

经济利润：收益与成本之差，注气经济利润为注气产出与注气投入的差值，依据投资效益按式(3.32)计算：

$$I = I_1 - I_2 \tag{3.32}$$

式中，I 为注气经济利润，万元；I_1 为注气产出，万元；I_2 为注气投入，万元。

(2) 投入产出比。项目全部投资与运行寿命期内产出的工业增加值总和之比，为注气投入与注气产出的比值，依据单利法按式(3.33)计算：

$$N = I_2 / I_1 \tag{3.33}$$

式中，N 为注气投入产出比。

4) 单井注气效果评价

以周期增油量值判断注气是否有效，若周期增油≥300t(单井周期注气平均成本 60 万元，油价按 2000 元/t 计算)，则有效，继续评价；若无效，则停止评价。

油井注气替油效果评价由技术指标和经济指标综合评价，其单项评价以分值表示，两项分值相加之和为综合分值，最终根据综合分值大小划分油井注气三采效果评价等级，详见表 3.41 和表 3.42。

表 3.41 注气指标算法参照表

指标项目	细类指标	数值	分值要求
技术指标	存气率 GSR/%	3	GSR≥90
		2	60≤GSR<90
		1	GSR<60
	方气换油率 OGR/(t/m^3)	2	OGR≥0.6
		1	0.3≤OGR<0.6
		0.5	OGR<0.3
	平均周期增油量 Q_{oc}/t	3	Q_{oc}≥1000
		2	500≤Q_{oc}<1000
		1	300≤Q_{oc}<500
经济指标	投入产出比 N/%	2	N≥150
		1	100≤N<150
		0.5	N<100

表 3.42 油井注气三次采油效果评价等级表

等级	综合分值	效果评价
1	≥8	好
2	5～8	中
3	<5	差

2. 典型实例单井 C-6 注 N_2

(1) 完井及测试情况。C-6 井位于塔里木盆地北缘，1999 年 5 月完钻，完钻井深 5612.7m，完钻层位奥陶系下统。1999 年 5 月 25 日对 5353.59～5612.70m 井段进行地层测试，折算产油 16.1m^3/d。

(2) 酸压情况。2000 年 3 月 22 日进行酸压完井，酸压井段 5410～5480m，最高泵压 63.5MPa，最大排量 3.04m^3/min，共挤入地层总液 201.5m^3，酸压后自喷生产。初期 4mm 油嘴生产，油压 12.5MPa，套压 30MPa，日产液 126.3t/d，不含水。

(3) 转抽生产情况。2000 年 10 月 15 日转螺杆泵生产，生产过程中，油套合采，2001 年 6 月 24 日继续机抽和套管自喷采油，日产原油由 40m^3 下降到 28m^3，含水由 43%上升到 56%。考虑到产液较低，再次修井转电潜泵采油，下入电潜泵 QYDB50m^3/1600m，下泵深度 801m，初期日产液 358t，日产油 28.6t，含水 92%，后期由于含水达到 95%以上，于 2002 年 12 月 1 日换抽稠泵，机抽控液生产，后期效果较差。

(4) 堵水。该井换抽稠泵后至 2003 年 4 月上旬，含水率上升到 98%，2003 年 4 月 29 日进行脉冲中子衰变(pulsed neutron decay，PND)测井，解释结果 5414～5420m 为含油水层，5428.5～5434m 为水层，下部油层已完全水淹。2003 年 7 月倒灰至 5422.95m，填砂 6 次全部漏失，累计填砂 148L，倒灰 60L 也全部漏失，后下 5″MAP 电桥至 5426.0m，倒灰 30L，电缆软探塞面为 5422.95m，组下 80m^3/d-1600m 电泵机抽管柱完井，转抽后高含水。

(5) 转抽稠泵。2007 年 4 月 14 日至 4 月 19 日提出电泵，转 CYC-70/44 抽油泵机抽生产。泵挂深度 1608.97m，初期日产液 60m^3。

(6) 酸化施工。2009 年 6 月 28 日进行酸压施工，历时 75min，挤入地层总液量 36m^3，最高施工压力 29.9MPa，最高施工排量 1.4m^3/min。

酸化施工曲线见图 3.90，曲线显示在低挤胶凝酸阶段，油、套压迅速下降，酸液解除了近井带的污染、疏通了近井渗流通道。该井酸化后注水压力大幅下降，注水和生产均得到较好的改善。

(7) 注水替油。2006 年 9 月 12 日开始注水替油，进行了 7 轮次注水替油(表 3.43)，共注水 101239m^3，注水替油累计产油 32078m^3，累计产液 95549m^3。该井自喷生产能力强，日产量高，注水替油增产效果明显，生产动态显示出储集体的定容特征。

(8) 注气论证。对 C-6 井地质特征和生产特征进行系统分析(图 3.91，图 3.92)，认为 C-6 井井周存在“阁楼油”，注 N_2 提高采收率潜力巨大。

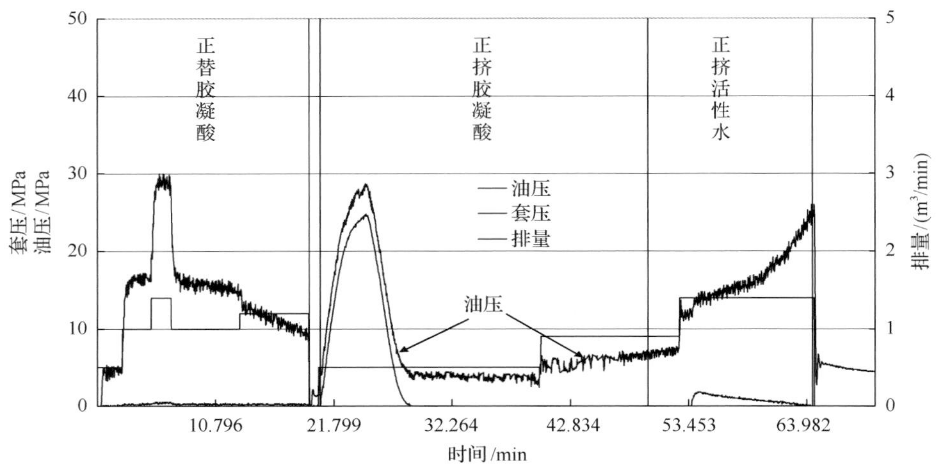

图 3.90 C-6 井酸化施工曲线

表 3.43 C-6 井注水替油统计表

编号	注水日期	注水天数	注水量/m^3	产液量/t	产油量/t	综合含水/%	阶段注采比
0				341032	143776		
1	2006-9-12	127	52533	26522	5790	78.2	2.01
2	2008-6-9	33	20437	9697	3997	58.8	2.12
3	2009-1-22	8	494	42	0	99.3	13.05
4	2009-2-1	10	1722	1098	1	99.9	1.71
5	2009-4-6	29	5000	32936	14795	55.1	0.16
6	2010-7-9	22	10845	22994	7491	67.4	0.49
7	2011-5-4	16	10208	2260	3	99.9	4.52
合计		245	101239	436581	175853		

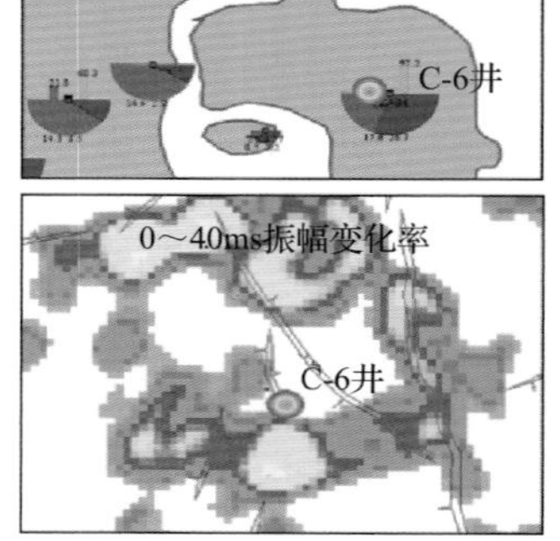

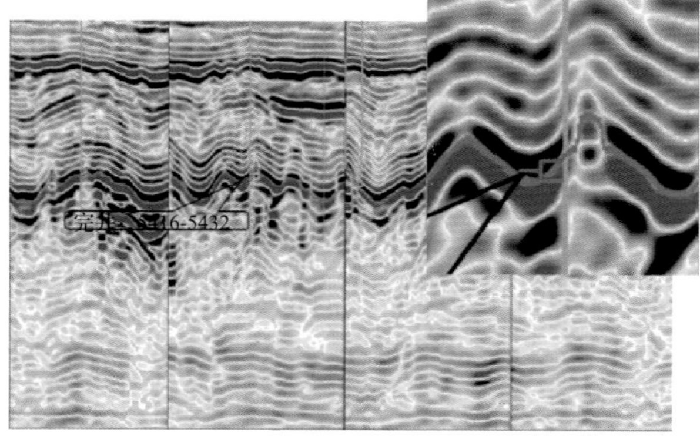

图 3.91 C-6 井地震剖面和振幅变化率

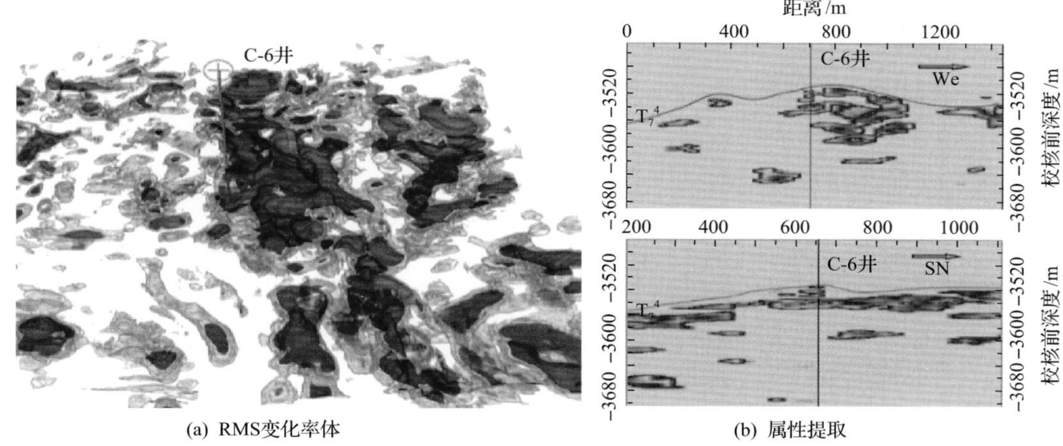

(a) RMS变化率体

(b) 属性提取

图 3.92 C-6 井 RMS 变化率体和属性提取

(9)注气效果。C-6 井于 2012 年开展先导实验，累计实施 7 轮次，累计增油 1.1×10^4t，注气效果显著，是典型注 N_2 提高采收率油井，具体见表 3.44。

表 3.44 C-6 井注 N_2 效果统计表

注气轮次	开注时间	完注时间	N_2 形式	注气总量/10^4m^3	注水总量/m^3	轮次产液量/t	轮次产油量/t	轮次综合含水/%	轮次增油量/t
1	2012-4-14	2012-4-26	液氮	583.24	280	7676.5	2658.95	0.65	2658.95
2	2012-11-10	2012-12-30	液氮	550.6	140	5485	1286.31	0.77	1286.31
3	2013-4-29	2013-5-15	N_2	485100	1443	6509.7	1456.98	0.78	1456.98
4	2013-9-7	2013-10-7	N_2	487577	311	10915.5	1268.67	0.88	1268.67
5	2014-6-19	2014-7-15	N_2	992273	2759	7434.1	1495.29	0.8	1495.29
6	2015-5-15	2015-6-11	N_2	695101	618	11935.8	2953.76	0.75	2953.76
7	2017-3-10	2017-4-12	N_2	690000	860	0	0	0.75	0
合计				3351185	6411	49956.6	11119.96	0.77	11119.96

3. 低产低效分析与增效技术

1)单井注 N_2 低产低效分析

以我国塔里木盆地缝洞型油藏注 N_2 油井为样本库，按照地下方气换油率 $Q<0.2$ 统计，截至 2015 年年底，共有低产低效井 40 口(表 3.45)。初步分析低产低效的主要原因是暴性水淹导致低效，其次为能量亏空低效、欠发育储层低效、乳化举升效率低等因素。

2)单井注 N_2 增效技术

基于缝洞型油藏概念模型和响应特征，实践形成了“排、补、返、堵、增”5 种注气增效技术(表 3.46)。针对定容体水淹或断裂水窜井，采用排水泄油进行增效；针对定

表 3.45 塔里木盆地缝洞型油藏注 N_2 低产低效井统计分析表

序号	井号	注气总量/10^4m^3	注水总量/m^3	日增油/t	年增油/t	2015 年累油/t	2014 年累油/t	低产低效类型	地下方气换油率/(t/m^3)
1	C-20	50.14	3066	0.0	29.2	29.2		暴性水淹	0.018
2	C-21	100.10	3400	0.1	0.7	0.7		暴性水淹	0.000
3	C-22	50.04	1299.5	0.0	131.3	131.3		暴性水淹	0.080
4	C-23	50.0	2347	0.0	78.2	78.2	0.0	暴性水淹	0.048
5	C-24	50.04	2737.8	0.0	0.0	0.0	31.6	暴性水淹	0.000
6	C-25	50.01	2464.5	0.2	111.7	111.7		暴性水淹	0.068
7	C-26	70.00	1260	3.8	80.1	95.9		暴性水淹	0.035
8	C-27	50.02	1611		72.2	83.5	348.7	暴性水淹	0.044
9	C-28	50.03	2248		20.0	20.0	48.0	暴性水淹	0.012
10	C-29	60.11	671.8				1626.2	暴性水淹	0.000
11	C-30	50.10	1259	0.0	37.0	53.7	0.0	能量亏空	0.022
12	C-31	60.12	779	0.0	2.4	79.8	0.0	能量亏空	0.001
13	C-32	49.88	2163	0.0	15.2	25.2	0.0	乳化举升低效	0.009
14	C-33	50.39	1544	0.0	31.0	833.7	0.0	暴性水淹	0.019
15	C-34	50.17	300	0.0	84.4	84.4	0.0	暴性水淹	0.051
16	C-35	50.19	1769	0.0	149.3	173.2	0.0	暴性水淹	0.090
17	C-36	50.16	424	0.0	206.9	267.7	229.3	暴性水淹	0.125
18	C-37	50.16	798	0.0	163.5	606.7	14.9	存气率低	0.099
19	C-38	50.17	514	0.0	100.8	1250.5	808.4	暴性水淹	0.061
20	C-39	50.15	1251	0.1	193.2	586.4	527.8	能量亏空	0.117
21	C-40	64.83	1453.6		43	43	837	暴性水淹	0.020
22	C-41	50.05	1260	12.1	255.2	480.7	161.0	能量亏空	0.155
23	C-42	50.14	842	0.0	0.0	0.0	249.8	暴性水淹	0.000
24	C-43	50.09	1282	11.1	48.6	48.6	280.9	暴性水淹	0.029
25	C-44	5.51	708	0.0	0.0	0.0	82.4	暴性水淹	0.000
26	C-45	50.13	631	0	1	2	133	暴性水淹	0.001
27	C-46	50.04	845	0	0	40	85	外围低效	0.000
28	C-47	50.2	1478	2	261	379	117	暴性水淹	0.158
29	C-48	60.0	2567	0	69	87		外围低效	0.035
30	C-49	50.1	1193	0	57	58	0	暴性水淹	0.034
31	C-50	50	4430	0	63	424	2234	暴性水淹	0.038
32	C-51	60	1187	2	37	296	707	暴性水淹	0.019
33	C-52	50.0	910	0	149	164	6	暴性水淹	0.090
34	C-53	50	1641	5	6	11	20	暴性水淹	0.004
35	C-54	50.1	1710	2	15	24	0	储层污染	0.009

续表

序号	井号	注气总量/10^4m^3	注水总量/m^3	日增油/t	年增油/t	2015年累油/t	2014年累油/t	低产低效类型	地下方气换油率/(t/m^3)
36	C-55	50.0	1448	1	212	212	0	暴性水淹	0.129
37	C-56	50	2711.4	0	83	84	461	外围低效	0.051
38	C-57	50.03	2695	0	15	47	21	暴性水淹	0.009
39	C-58	50.1	1924	0	250	250	154	暴性水淹	0.151
40	C-59	50	1566.6		0	0	188	暴性水淹	0.000
平均或合计	40口	52.04	1609.54	1.09	99.52	213.38	299.41		0.058

表 3.46　不同类型油藏注气井增效技术

油藏模型	油藏特点	增效对策	效果评价
	定容体或断裂	排水泄油	C-15 井排水增油 2550t，增效 255 万元，投入产出比 1∶5.5
	定容体	注水补压	C-16 井注水补压注气增油 1450t，增效 145 万元，投入产出比 1∶1.8
	暗河或溶洞	上返酸压	C-17 井上返酸压增油 9431t，增效 943.1 万元，投入产出比 1∶1.9
	残丘或断裂	封堵底水	C-18 注气后堵水增油 942t，增效 94.2 万元，投入产出比 1∶1.5
	暗河大底水井	增大注气量压锥	C-19 井增大注气量增油 2066t，增效 206.6 万元，投入产出比 1∶2.9

容体供液不足井，采用注水补压进行增效；针对暗河或溶洞水淹井，采用上返酸压进行增效；针对残丘或断裂水侵井，采用封堵底水的方法进行增效；针对暗河大底水井，采用增大注气量压锥的方法进行增效。

3.4.2　单元 N_2 驱提高采收率技术实践

1. 单元 N_2 驱提高采收率概况

截至 2017 年 12 月，在塔里木盆地缝洞型油藏西部的 298 个多井单元中，累计实施井组 N_2 驱 50 个，N_2 驱覆盖 36 个单元/50 个井组，动用储量 8896×10^4t，阶段增油 39.5×10^4t，新增可采储量 163.8×10^4t，方气换油率 $0.56t/m^3$，已提高采收率 2.20%。

2. 典型单元 N_2 驱实例

基于“油藏认识高、连通性好、水淹程度高，注水效果变差、剩余油富集”的选取原则，优选塔里木盆地示范区主体区 C-60 单元作为气驱试验区。

1）注采井网设计

根据注采井所处的构造相对位置设计了 3 种不同的注气方案（表 3.47），在单元注水历史拟合的基础上，对单元注水效果进行模拟预测，并对 3 个注气方案进行了模拟对比。注气方案均采用连续注气方式，根据前期注水开发中的注入量与注采比设计注气参数，日注入气体的地下体积与日注入水的体积相等，日注水体积 400m³，预测时间为 8 年。

表 3.47　不同类型油藏注气井增效技术

序号	方案描述	注气井数量/口	采油井数量/口
1	高部位注气	3	12
2	低部位注气	3	12
3	高低部位结合注气	3	12

数值模拟预测结果显示，在相同定产液的生产方式下，方案 3 的高低部位结合注气井注入方式的累产油量最高，低部位井注气方式的累产油量最小。3 种方案累产油量对比（图 3.93）显示，低部位注入方案在生产第 2 年的时候产量突增，之后在生产了 4 年后产量增长速度迅速下降。原因是注入气体首先驱替井间剩余油运移到高部位井，从而提高了井间剩余油的动用程度，在生产了 4 年（受效期 2 年）之后受效井气体突破，导致增油量迅速下降。综合分析，针对 C-60 单元，采用高低部位结合的方式 N_2 驱方案注气效果最优。

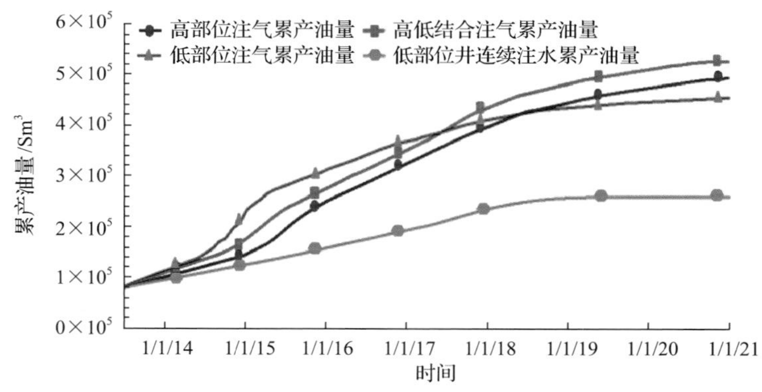

图 3.93　3 种方案预测累产油量对比图

2）注气时机选择

选择位于低部位的 C-61、C-62、C-63 三口井注气，对比不同含水率（60%、70%、80%、85%、90%）的注气效果，注入 N_2 $73\times10^4m^3$（地层体积），模拟预测 10 年的注气效果（图 3.94）。

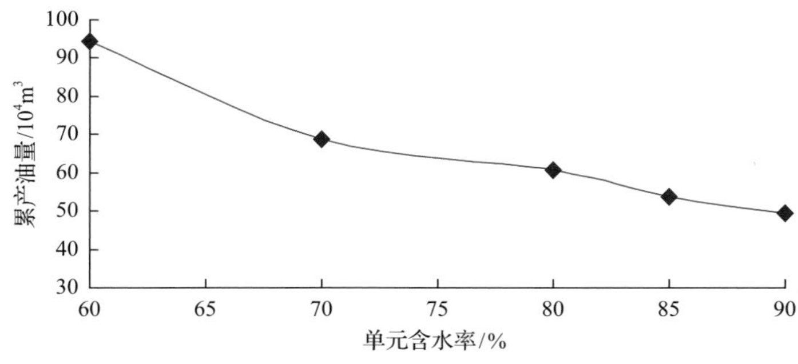

图 3.94 不同含水时机注气效果对比图

从不同注入时机的累产油量对比来看，注气时机越早增油效果越好。随着单元含水率的增大，注入气体增油量越来越小。C-60 单元在综合含水率为 92.9%时，通过注气也能提高油藏采收率。

3）注入方式论证

在确定了注气时机的基础上，设计 4 个方案分别对周期注气、连续注气、气水交替和连续注水 4 种注入方式进行对比。4 个方案中注入气体地层体积均为 $73\times10^4m^3$，方案预测时间为 5 年，生产井定液生产 $50m^3/d$，具体方案设计及预测结果见表 3.48。

表 3.48 不同类型油藏注气井增效技术

注入方式	方案设计（注气量为地层体积）	累产油/(10^4m^3)
周期注气	注气周期：注气 3 个月，停 1 个月 注气 5 年，注气总量 $73\times10^4m^3$	33.6
连续注气	连续注气，注气 5 年；注气总量 $73\times10^4m^3$	30.9
气水交替	交替周期：注气 1 月，注水 1 个月 注气 5 年，注气 $36.5\times10^4m^3$，注水总量 $36.5\times10^4m^3$	25.7
注水	维持目前注水开发方式；注水 5 年，注水总量 $73\times10^4m^3$	18.3

模拟结果见图 3.95，结果表明采用周期注气的开发效果明显优于连续注气、气水交

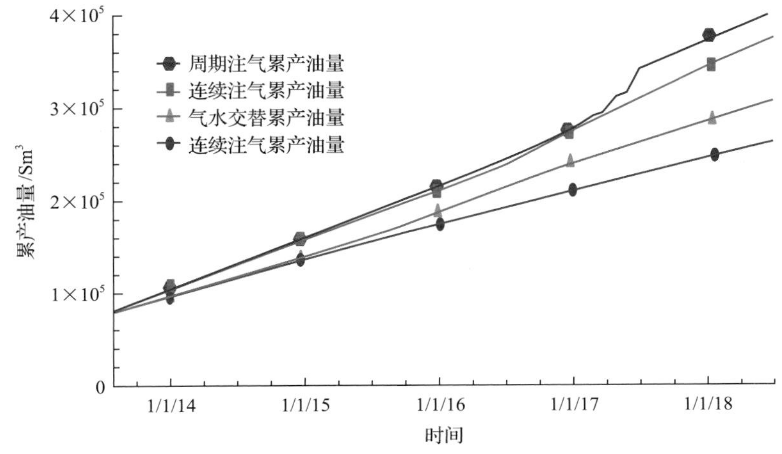

图 3.95 连续注气与交替注入方式累产油量对比图

替、注水 3 种方式，共产原油 $33.6\times10^4m^3$，较注水方式增产 $15.3\times10^4m^3$。连续注气、气水交替、注水开发 3 种方式分别产油 $30.9\times10^4m^3$、$25.7\times10^4m^3$、$18.3\times10^4m^3$。

因为 C-60 缝洞单元的剩余油主要分布在单元的顶面，采用周期注气方式注入气体的平面波及明显优于连续注气，周期注气较连续注气增产 $2.7\times10^4m^3$。根据研究结果，本次单元注气方案采用周期方式，注 3 个月、停 1 个月。

4) 注入量设计

为了论证注气量，设计模拟了不同注入倍数时的注气效果。注气井与一线受效井之间的剩余油体积(hydrocarbon pore volume，HCPV)约为 $660\times10^4m^3$，分别模拟剩余油体积的 0.1、0.2、0.3、0.4、0.5、0.6、0.7、0.8 倍 HCPV 时的注气效果，预测时长为 5 年，模拟结果见图 3.96。

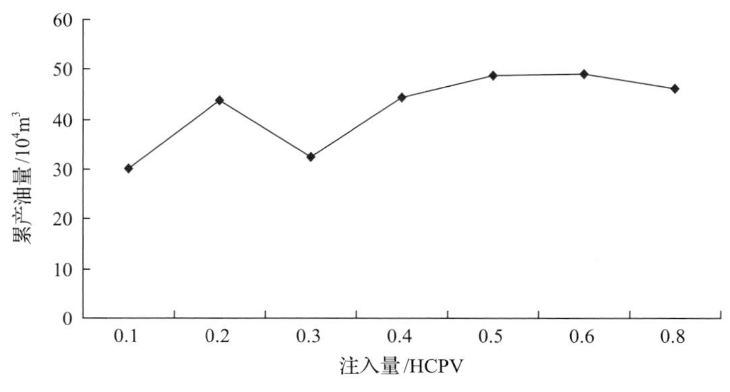

图 3.96 不同注入量增油效果图

模拟结果表明，前期注入体积为 0.2HCPV 时增油量最大，当注入气体体积大于 0.2HCPV 时，单元增油量下降，分析原因是在相同时间内当注气 0.3HCPV 时，注气结束时一线受效井发生气窜。随着注入倍数的增加，位于低部位的二线井开始受效，增油量逐渐增加，当达到 0.5HCPV 时，累产油量达到最大。根据数值模拟结果：设计单元氮气驱注气总量为 0.5HCPV，即 $3.88\times10^8m^3$，注气时间为 10 年。

综上，通过注气井网设计、注气时机、注气方式和注气量论证，设计 C-60 单元 N_2 驱方案见表 3.49。

表 3.49 C-60 单元 N_2 驱方案

参数	结果
注采井网	高低部位结合
注采井网	综合含水率 92.9%
注气方式	周期方式，注 3 个月、停 1 个月
注气开发时间	10 年

5) 实施情况

2014 年 3 月开始的 C-61、C-62、C-63 三口井相继注气，截至目前累注气 $6224.9\times10^4m^3$，建立受效 8 口井，新增可采储量 36×10^4t(图 3.97，表 3.50)，采收率提高 2.33 个百分点。

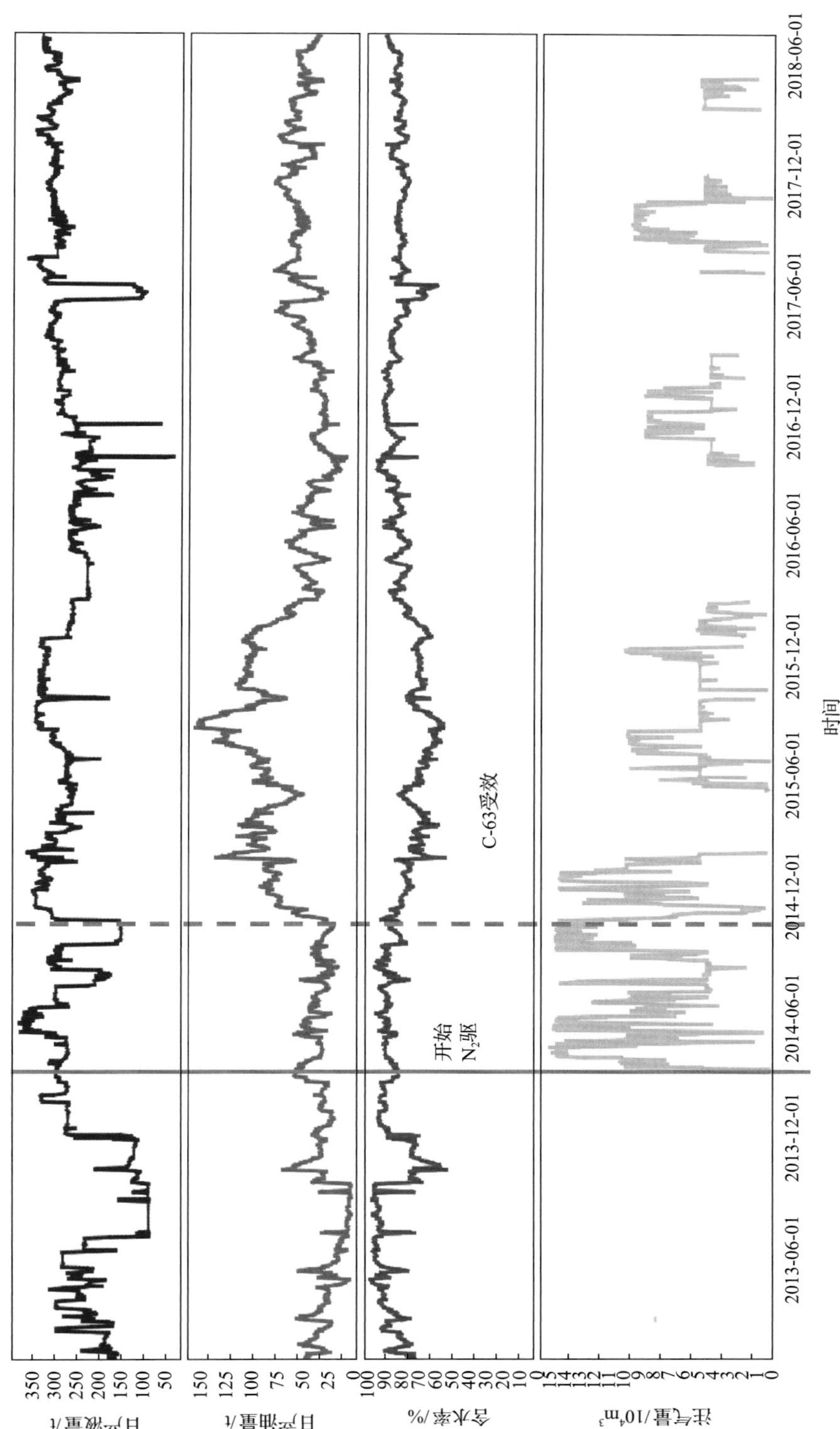

图3.97　C-60单元注气动态生产曲线

表 3.50 不同类型油藏注气井增效技术

注气井	受效井	动用储量/10^4t	日增油/t	增油量/t
C-61	C-64	309.44	17	20677
C-62	C-65、C-66、C-67	850.50	0	13431
C-63	C-68、C-69、C-70、C-71	380.91	27	46834
合计		1540.85	44	80942

3.5 缝洞型油藏注 N_2 安全风险控制

超深缝洞型油藏注 N_2 技术现场实施过程中，由于注气压力高、注气设备复杂、注气周期长、注气量大、注气生产回吐等原因，施工及生产过程中存在较大的安全风险，为了控制风险，利用节点分析手段[11]，对注气生产过程中的各个节点风险进行分析，提出风险把控手段，保障了注气安全、高效运行[12]。

3.5.1 注气施工过程中安全控制

注氮气施工过程中，注气压力高、注气周期长、注气量大可能引起套管头刺漏、二套漏气、注气设备故障、泵头刺漏、高压管线刺漏等风险，为了有效应对风险，建立了采油厂、施工队、研究院三方的现场应急小组，形成了一套完整的针对不同风险的应急预案，有效地保障了注气施工的正常运行。

1. 注氮气施工安全规范

1) 井口装置选择与安装要求

(1) 原井气油比大于 2000 的注 N_2 井或设计注 N_2 压力大于 35MPa 的井应使用采气井口，设计注 N_2 压力大于 35MPa，选用采油井口时，采油井口压力级别应不小于 2 倍设计压力。

(2) 井口按规定进行相应的安全检测并试压合格。

(3) 套管头、井口及井口注 N_2 流程的安装和试压应满足设计要求。

(4) 油套环空注水仅适用于套压升高过快或超限条件下作平衡套管压力之用，不得用于注气伴水。

(5) 井口与生产流程切断。

(6) 注氮气管柱符合注 N_2 施工设计要求。

(7) 油压表、套压表齐全完好并在校验有效期内，量程为设计最大注 N_2 压力的 1.3～1.5 倍。

(8) 采油(气)树油嘴套均采用加厚一体式油嘴套。

(9) 放喷管线与油管、环空连接，放喷口距井口不小于 25m，放喷管线连接处、转弯处的前后、出口处用水泥基墩加地脚螺栓固定，悬空处应支撑牢固；水泥基墩尺寸要求：上口不小于 0.6m×0.6m，下口不小于 0.8m×0.8m，高度不小于 0.6m；固定管线应使用

L 形螺栓，直径不小于 18mm，管线压板厚度不小于 5mm。

(10)注气管线应连接到采油树生产阀门，井口使用直径 18～22mm 十字交叉钢丝绳和 4 个地锚固定，螺旋地锚深度不小于 1.5m。采用其他方式固定的，应达到同等固定效果。

2)注 N_2 设备要求

(1)注 N_2 设备设施安全技术性能应符合注 N_2 施工设计要求。

(2)压力容器、安全阀、压力表等特种设备及安全附件校验、检定合格，压力容器注册备案。

(3)高压管线应用硬质管线或钢质软管线，与井口连接的高压管汇和高压管线每半年进行一次检测、探伤，检测、探伤全程视频记录。

(4)设备转动部位防护装置齐全。

(5)建立健全单台设备技术档案(设备基础信息、随机技术资料、设备易损件清单、设备随机专用工具清单、设备操作规程、设备保养规程、设备润滑“五定”图表、设备调试记录、设备等级保养登记、设备维修登记、设备运行记录、设备等级保养记录、设备维修记录、设备异常报警处置记录、操作工人登记表、设备主要负责人变更记录、设备事故记录、设备计时记录、其他记录)和单台设备运行记录。

(6)在值班室张贴三规程、一图表(设备操作规程、设备巡检规程、设备保养规程、五定润滑表)。

3)电气设备设施要求

(1)防雷防静电接地。

①设备的外露可导电部分应可靠接地，接地线为 $12mm^2$ 的铜线，设备主体接地干线不少于两处与接地体连接，电机必须与主体可靠接地，接地体顶面埋设深度应不小于 0.6m，接至电气设备上的接地线，应用镀锌螺栓连接，用螺栓连接时应设防松螺帽或防松垫片，不得有锈蚀，接地电阻不大于 4Ω。空压机、膜组、增压机、发电机、注水泵、防爆照明灯支架、天然气减压撬、天然气拖车、箱式变外壳、值班营房(两处接地)安装独立接地点，箱式变压器建立 4 处可靠接地，接地电阻小于 4Ω。

②油品、液化石油气和天然气管道上的法兰、胶管两端等连接处应用金属线跨接。当法兰的连接螺栓不少于 5 根时，在非腐蚀环境下，可不跨接。

③静电接地桩上应放置接地电阻测量卡，开工前检测电阻值，并记录，所有接地线桩应有滴水瓶保持湿润。

(2)电气一次接线图和规程。

“电气两图”(电气一次系统图、电缆走向图)必须与现场实际吻合，“电气四规程”(检修规程、运行规程、安全规程、事故处理规程)齐全与实际符合，如电气设备运行中电动机或开关突然出现高温或冒烟时、负载电流突然超过规定值时或确认断相运行状态等的事故处理规程，图与规程张贴在现场合适位置；电气一次系统图张贴在变频柜、控制柜合适位置。

(3)配电柜、启动柜。

配电柜、启动柜外壳防护等级应不低于IP3X，安装固定牢固，柜门密封严密，防雨防尘，门锁坚固耐用；拉、合闸或开、关柜门时，柜身应无晃动现象；各进出线回路标示清晰，接线应正确，接触应良好，电缆的回路标记应清晰，编号准确，指明电缆的走向或所带的负荷，相序色标清晰，进出线孔洞防火防雨封堵。

(4) 供配电线路。

①电气线路和设备必须装设过载、短路、断相和接地保护，采用三相五线制供电(具有单独的中性线N和保护线PE)，配电线路敷设金属保护管内，选用的低压电缆或绝缘导线，其额定电压必须高于线路工作电压，且不得低于500V，两端用阻火堵料严密堵塞，与电气设备连接必须使用定型接线端子和接线鼻子，配电线路严禁有中间接头。

②电气设备的金属外壳必须与保护零线(PE线)连接，PE线应采用绝缘导线，PE线上严禁装设开关或熔断器。

③防爆电气设备的铭牌、防爆标志、警告牌应正确、清晰，外壳和透光部分应无裂纹、损伤。紧固螺栓应有防松措施，无松动和锈蚀。电气设备多余的电缆引入口应用相关防爆型式的堵塞元件进行堵封，隔爆型电气设备隔爆面应有防腐措施，应防止水进入接合间隙，电缆进线装置应密封可靠。

④配电装置上的仪表和信号灯应齐全完好。

⑤防爆照明灯具是保持其防爆结构及保护罩的完整性，检灯具表面温度不得超过产品规定值。

⑥电缆应埋地敷设，深度不小于0.7m；如无法埋地铺设，应采取硬质绝缘线槽防护；电缆设有“走向标志”，穿越道路时应加设相应强度的加强防护套管。

⑦值班房应安装灵敏的过载、短路和漏电保护器，开关、插头、插座、线路绝缘无破损、裸露和老化，电气性能安全可靠，不准私接各种临时用电线路，不准使用大功率电器，电热水器、电暖气、空调应由专线供电，线路不得过负荷运行，安装有大功率电热水器必须采用220V/380V三相五线制供电专线供电，严禁电热水器“干烧”，外壳应接地。进线过墙应穿绝缘保护管，并设防雨弯。

⑧严禁将供电线路直接挂在设备、罐、管线、板房等金属物体上。

4) 设备维护保养

(1) 严格按照设备保养规程对设备进行定期保养。

(2) 按照设备保养规程定期对润滑油消耗量进行对比分析，及时处置异常情况。

(3) 设备排污处应放置防渗膜，增压机需每天手动排污一次，确保排污干净彻底。

(4) 按照设备保养规程定期对压缩机气阀、活塞环等特定部件进行检修，查看有无积炭等。

5) 现场人员要求

(1) 现场操作人员应持有上岗证、硫化氢防护培训合格证、HSE证、井控证、压力容器操作证，特种作业人员应持有司索和低压电工作业证。

(2) 现场操作人员应熟练掌握各项操作规程和应急处置措施。

(3) 现场人员应正确穿戴安全帽、耳塞或耳罩、劳保服、劳保鞋等劳动保护用品。

(4) 电工作业人员应配置绝缘靴、绝缘手套、验电器,有标签或检测报告。

(5) 注 N_2 井作业人员不少于 5 人。

6) 现场安装要求

(1) 平面布置。

①注氮气注水设备距离井口不少于 15m，设备间距不小于 3m，压缩天然气罐宜布置在井场后方，距离井口不低于 50m，设备设施安全技术性能应符合设计要求。

②消防设施：注 N_2 现场配置 8kg 干粉灭火器 4 具，35kg 干粉灭火器 2 具，置于高压警戒区入口处，箱式变压器配置二氧化碳灭火器 2 具，油品区配置 8kg 干粉灭火器 1 具，每 15d 检查一次有记录。

③配置正压式呼吸器 5 套，备用气瓶 2 具，置于值班室；操作人员每人配备 1 台便携式硫化氢检测仪；现场配置 1 台四合一便携式气体检测仪，置于值班室。现场配置对讲机 3 台，巡检人员随身携带，值班室至少保留 1 台。

(2) 工艺管线安装。

①设备与井口用硬质管线连接，每 10m 用水泥基墩固定，水泥基墩规格为 0.8m×0.8m×0.6m，管线连接处用铁质保险链连接。

②天然气管线应地上布置，在经过井场行车道路时应加装过桥；天然气高压管线，额定工作压力不小于 32MPa，低压管线额定工作压力不小于 1.5MPa。

③与井口连接的管线应安装单向阀。

④地面流程连接完毕后,应按照注 N_2 施工设计压力要求试压,并提交试压报告及试压曲线。

7) 注 N_2 施工组织安全

(1) 注 N_2 施工单位编制注 N_2 施工组织方案，注 N_2 施工组织方案应包含注 N_2 注水设备组合方式、施工作业人员组成、施工进度安排、现场人员联系方式、风险控制措施、应急处置措施等内容。

(2) 作业安全分析。注 N_2 施工单位编制注 N_2 施工作业安全分析表，作业安全分析表应包含对设备搬迁、安装、注 N_2 注水作业、设备设施拆除作业进行危害识别，压力设备异常情况识别，制定风险防范措施，编制作业应急处置措施等内容。

(3) 开工前安全教育。注 N_2 施工单位应向现场作业人员进行开工前安全教育，使作业人员掌握注 N_2 工艺参数、风险防范措施、应急处置措施及其他注意事项等。

(4) 开工检查要求。自检自查；发包单位组织和承包商进行开工检查，督促施工单位整改发现的问题；检查合格后，注 N_2 施工单位方可进行注 N_2 作业。

(5) 注 N_2 运行安全要求。设备运行时，注气人员应在室内数据远传终端每 1h 对注气、注水设备和工艺管线视频和数据巡视一次并记录，发现管线刺漏立即停机整改，填写巡检表和施工数据表；设备运行期间，严禁对承压部件进行紧固、拆卸、敲击等操作；禁止人员跨越高压管线；按照《应急处置措施》处置现场紧急情况；保证注气设备运行质量，每日进行两次注气质量测试，及时填写记录；注气设备应配备数据采集系统和数据远传系统。

(6)其他要求。现场应有本次作业 HSSE(health, safe, security, environment)计划书、HSSE 作业指导书、JSA(job safety analysis)分析表、应急处置措施、巡检表和入场登记表；开工前应对应急处置措施进行演练，填写演练记录，演练记录与视频资料同步，施工过程中，每 7d 进行一次应急处置措施演练；注气现场应建立以下档案：资质管理、开工验收台账、文件管理、校验管理、消气防管理、安全教育台账、吊装台账、设备设施管理、应急管理；现场应有以下清单：注气检测设备设施清单、气防设施清单、消防设施清单、静电接地清单、井控设备设施清单、注气现场设备清单、人员资质清单、安保设施清单。

2. 注 N_2 施工应急预案

1)地表漏气应急预案

(1)当发现地表窜气时，立即停止注气，立即关井，进行套管或油管注水压井，同时向应急小组汇报。

(2)当地表大量窜气时，立即向应急小组汇报。

(3)井口失控、发生险情时，应立即组织人员有序疏散撤离，按照施工工程发包商的规定程序启动井喷失控应急预案。

2)管线刺漏应急预案

(1)施工过程中，若油管高压气水混注管线刺漏，应立即停车，立即关井，并立即组织注水压井，刺漏管线整改后继续注气。

(2)施工过程中，若套管注水管线刺漏，应立即停止注气，关闭套管闸门，油管注水压井，刺漏管线整改后继续注气。

3)井口刺漏应急预案

(1)采油树 1 号生产主阀及以下部位刺漏。停电、停动力设备；关闭注 N_2、注水阀门；现场人员撤离至安全区域，并在井场入口 100m 外拉警戒线，严禁无关车辆和人员入内；完成上述 3 项措施后向应急小组汇报。

(2)采油树本体 1 号主阀以上部位至增压机出口高压部分刺漏。停电、停动力设备；关闭采油树 1 号主阀门；打开管线放空阀门进行泄压；完成上述 3 项措施后向应急小组汇报。

4)注气设备异常应急预案

(1)若注气设备发生故障，应立即停止注气，进行注水压井。

(2)若注水设备发生故障，应立即停止注气，关井组织注水压井。

(3)待设备排除故障运行正常后，则恢复政策注气施工。

5)施工压力过高应急预案

施工队伍可直接停止注气，注水压井，并上报主管部门，待现场施工领导小组一致同意，请示主管领导部门批准后，可提前结束本次施工。

6)人员 N_2 窒息应急预案

(1)空气中 N_2 含量过高，O_2 浓度下降至 19.5%以下时，就可能造成人员缺氧窒息；

因此，对于暴露于N_2危害环境中的人员，在出现明显征兆或症状之前，其生命可能已处于危险状态，应立即脱离现场，移送至空气新鲜处，并迅速进行医疗救护。

(2)发现窒息人员，要立即将其从高纯N_2区抬到通风且空气新鲜的上风地区。

(3)若窒息者能自行呼吸，要保持窒息者处于放松状态，并给予输氧。随时保持窒息者的体温，不能乱抬乱背，应将窒息者放于平坦干燥的地方就地抢救，然后将窒息者送至最近医疗机构。

(4)如果窒息者已停止呼吸和心跳，应立即不停地进行人工呼吸、采取胸外心脏按压法和口对口吹气法等方法进行抢救，并拨打急救电话。

7)H_2S溢出应急预案

(1)一旦发生H_2S溢出情况，坐岗人员应立即发出警报信号并立即向队长汇报。

(2)应急人员戴上正压式呼吸器后留在井场上值班，其他人员应全部撤离到上风集合地点，由负责人清点人数。

(3)现场应急小组成员佩戴好正压式呼吸器，在现场检测H_2S含量，由队长向应急小组和采油气厂生产运行科汇报井上的情况。

(4)应急小组应尽快组织好压井。

(5)若H_2S含量低于10ppm时，可进行观察；若H_2S含量高于10ppm低于20ppm时，则应进行循环压井。现场作业时，至少两人同时在一起工作，以便相互救护，并且至少每隔10min撤离到安全地带休息5min后方能继续工作。

(6)当井内H_2S气体溢出继续增大难以控制，浓度达到20ppm时，除应急领导指挥，停止施工作业，实施关井，并立即疏散人员到上风口安全位置。

(7)关井后若决定放喷点火，负责点火人员应佩戴防护器具，并在上风方向，离点火口距离不得少于 10m，用点火装置点火，点火后应急领导立即向主管部门汇报，等待处理。

(8)在井场入口处派专人巡逻，并悬挂标志着井场100m附近高度危险的红色隔离带，防止无关人员进入危险区域。

(9)若井内H_2S气体失控，应立即与当地政府部门联系，通报井上情况，以便及时疏散井场周围5km以内的居民、学校、厂矿等单位人员。

(10)请当地公安、医疗卫生部门等协助救护。

8)H_2S中毒应急预案

(1)发现人员H_2S中毒，及时按动报警器或大声警告在毒气区里的其他人员。

(2)抢救人员进入毒气区抢救之前应先戴上正压式呼吸器，然后立即将中毒人员从H_2S毒气区抬到通风且空气新鲜的上风地区。

(3)对中毒者全身做仔细检查，查看有无受伤，如果需要，立刻进行心肺复苏急救，直到中毒者自己恢复呼吸。在救护车到达之前，要密切注视着中毒者，以防中毒者停止呼吸或表现出需要急救的症状。

(4)向最近的医院请求医疗帮助，继续救护和监视，直到医务人员赶到。

9）井喷事故应急预案

(1)发生井喷失控，按照油井管理公司规定启动井喷失控应急预案(图 3.98)。

(2)发生井喷失控，应严防着火，立即停机、停炉、断电。

(3)测定井口周围的天然气、H_2S、CO_2 的含量，确定安全范围，设置警戒线。在警戒线以内，严禁一切火源及闲杂人员。

(4)发生井喷失控，按照油井管理公司应急管理程序逐级汇报。

(5)迅速做好储水、供水工作，在确保人员安全的情况下，将井口周围的易燃易爆物品拖离危险区域。

(6)在抢险过程中，每个步骤的实施均应进行技术交底，使参加抢险的有关人员心中有数。

(7)处理井喷失控作业不宜在夜间进行，在施工时不能同时进行有可能干扰施工的其他作业。

(8)做好人身安全防护工作，避免烧伤、窒息、中毒、噪音伤害等。

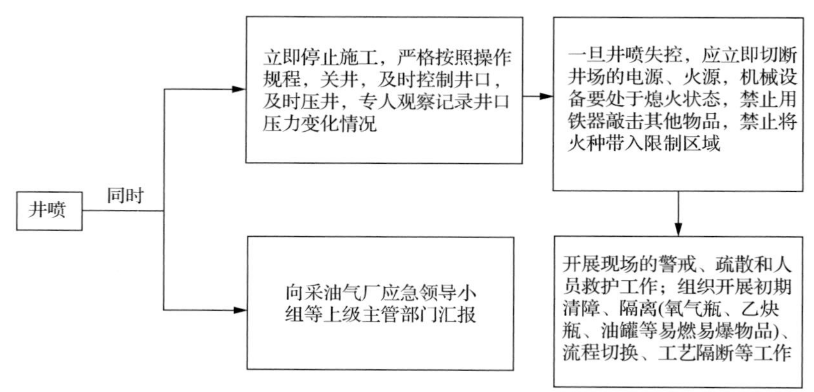

图 3.98　注氮气油井井喷应急流程图

3.5.2　闷井过程中安全控制

为了使 N_2 充分发挥作用，注氮气井在施工后闷井 10d 以上。闷井过程中，气体置换在井口聚集会导致油压、套压快速上升。为了降低安全风险，当井口达到 20MPa 时，进行油管注水压井；套压达到 20MPa 时，注水限压。若注水后压力仍然上升，则立即向应急领导小组汇报，并做好开井放喷的准备。

3.5.3　开井生产过程中安全控制

开井生产过程中可能存在压力较高情况，可能引起溢流、井涌、井喷等井控安全事故，伴随 H_2S 泄露，造成人员伤亡和重大财产损失。为了有效应对开井过程中可能的井喷风险，确保油井安全生产，制定以下应急措施。

(1)油井尽可能以自喷状态生产，自喷生产停喷后，关井恢复压力，再次开井如能自喷则自喷生产，否则修井转抽生产。

(2)若转抽生产过程中发生油压过高的情况(超过 2MPa)，则停泵，进行自喷放气生产。

(3)若采取上述措施井口压力仍然较高，要紧急关井，关闭井口生产主阀，必要时请示主管领导部门批准后，可剪断光杆关井停止生产。

综合来讲，缝洞型油藏注 N_2 提高采收率技术具体如下。

(1)缝洞型油藏中 N_2 提高采收率的机理为重力分异形成气顶驱、非混相驱，其次为补充地层能量。

(2)缝洞型油藏单井注 N_2 效果影响因素主要有岩溶地质背景、构造位置、储集体类型、含水上升类型、底水能量等；不同油井之间注 N_2 效果差异大，低产低效的主要原因是暴性水淹，其次为能量亏空。

(3)缝洞型油藏单井 N_2 技术政策方面，对于弱底水油井，含水为 60%～90%时，更能体现注气效果，推荐中后期注气；对于强底水油井，含水在 60%时注气效果最好，水还未完全推进，注气对底水抑制作用强，推荐中期注气，若后期注气则失去了对系统底水的抑制作用。

(4)缝洞型油藏单元 N_2 技术政策方面，风化壳油藏采用周期注气，注气量设计为 0.2PV，注气速度为 $5\times10^4m^3/d$，注气周期 3 个月能够取得最佳的效果；暗河油藏采用周期注气，注气量设计为 0.2PV，注气速度为 $3\times10^4m^3/d$，注气周期 2 个月能够取得最佳的效果。

(5)缝洞型油藏注 N_2 配套工艺技术方面：将注入 N_2 中的 O_2 控制在 5%以下，能够规律注 N_2 爆炸风险；注气井口宜采用采气井口或注采一体化井口；注气管柱宜采用注采一体化管柱；注 N_2 主要的防腐技术有源头控氧、抗氧缓蚀剂和耐高温非金属内衬技术；单井注 N_2 低效后，可通过排水采油、注水补压、增大注气量或通过与堵水、上返酸压等工艺技术相结合，实现注气失效后的注气增效。

(6)截至 2017 年年底，注 N_2 提高采收率技术已在塔里木盆地缝洞型油藏 10 个区块进行了规模化应用，已成为注水后重要的开发接替技术，成为塔里木盆地缝洞型油藏重要的提高采收率技术和稳产技术。

参 考 文 献

[1] Leena K. World EOR survey. Oil Gas Journal, 2014, 112(4): 79-91.

[2] Yuan D Y, Hou J R, Song Z J, et al. Residual oil distribution characteristic of fractured-cavity carbonate reservoir after water flooding and enhanced oil recovery by N_2 flooding of fractured-cavity carbonate reservoir. Journal of Petroleum Science and Engineering, 2015, 129: 15-22.

[3] 秦山玉. 塔河油田缝洞油藏注 N_2 替油提高采收率机理研究. 成都: 西南石油大学硕士学位论文, 2014.

[4] 谭聪. 塔河 4 区碳酸盐岩缝洞型油藏注气方案研究. 成都: 西南石油大学硕士学位论文, 2015.

[5] 惠健, 刘学利, 汪洋, 等. 塔河油田缝洞型油藏注气替油机理研究. 钻采工艺, 2013, 36(2): 55-57.

[6] 张利明, 孙雷, 王雷, 等. 注含氧 N_2 油藏产出气的爆炸极限与临界氧含量研究. 中国安全生产科学技术, 2013, 9(5): 5-10.

[7] 侯吉瑞, 张丽, 李海波, 等. 碳酸盐岩缝洞型油藏 N_2 驱提高采收率的影响因素. 油气地质与采收率, 2015, 22(5): 64-68.

[8] 江夏. 盐间泥质白云岩油藏注 N_2 提高采收率技术. 石油天然气学报, 2010, 32(4): 294-297.

[9] 吕爱民. 碳酸盐岩缝洞型油藏油藏工程方法研究. 青岛: 中国石油大学(华东)博士学位论文, 2007.
[10] 国家能源局. 油田采出水用缓蚀剂性能评价方法: SY/T 5273-2000. 北京: 石油工业出版社, 2000.
[11] 李淑华, 朱晏萱. 井下油管的腐蚀防护. 油气田地面工程, 2007, 26(12): 45, 56.
[12] 国家能源局. 地层原油物性分析方法: SY/T 5542-2000. 北京: 石油工业出版社, 2000.

第 4 章　缝洞型油藏注 CO_2 提高采收率技术

进入 21 世纪以来，温室气体减排极大地推动了注 CO_2 提高采收率技术的发展[1,2]。对于孔隙型和裂缝-孔隙型油藏，混相驱是注 CO_2 提高采收率的重要机理，截至 2014 年，全球 132 个 CO_2 驱项目中，混相驱 117 个，占比 86%。对于碳酸盐岩缝洞型油藏注 CO_2 提高采收率技术，以土耳其 Bati Raman 油田为代表。由于地下原油黏度为 592mPa·s，采用衰竭式开发和局部注水仅能采出原始地质储量的 1.5%。1986 年注入 CO_2 进行非混相驱后，试验区原油产量高达 822t/d，最终采收率提高了 8.5%，取得了显著效果，实践证明缝洞型油藏注 CO_2 提高采收率完全具有可行性。

以世界上最大的整装碳酸盐岩油藏——塔里木盆地为例，其中稠油的储量占 50%以上。在 2011～2012 年开展了注 CO_2 提高采收率技术论证，2013 年成功开展了注 CO_2 先导试验。通过理论研究与现场实践取得了两大进展。

(1) 与注 N_2 提高采收率相比，注 CO_2 提高采收率机理具有 4 大优势，可以作为碳酸盐缝洞型油藏注 N_2 提高采收率的补充与接替方向。

(2) 初步建立了碳酸盐岩缝洞型油藏注 CO_2 提高采收率技术体系，包括配套工艺技术和效果评价技术。

根据近年来的先导科学研究工作，本章在机理研究、室内实验和先导试验井注气方面进行了详细的论述和总结。

4.1　缝洞型油藏注 CO_2 提高采收率机理

孔隙型油藏和裂缝-孔隙型油藏注 CO_2 提高采收率主要应用混相驱和非混相驱两大机理，其中稀油油藏多采用混相驱机理，而稠油油藏则多采用非混相驱机理。与常规油藏注 CO_2 提高采收率机理相比，国内外关于碳酸盐岩缝洞型油藏注 CO_2 的相关研究实践较少，本章注气机理研究表明，CO_2 重力置换阁楼油的能力弱于 N_2，但与 N_2 相比，具有 4 大优势：①具有缝洞内“等密度”驱油机理，有效驱扫“中部剩余油”，该认识填补了缝洞型油藏注气提高采收率相关机理的空白；②具有更好的溶解膨胀增能作用，适合欠发育通道和盲端剩余油的充分动用；③具有混相机理，适合轻质油田高效驱油；④具有“油水差异化溶解”的控水机理，适合高含水屏蔽剩余油的沟通与充分动用。

4.1.1　重力置换气顶驱机理

CO_2 在塔里木盆地示范区的地下密度为 $0.79g/cm^3$，远高于 N_2 的地下密度 $0.35g/cm^3$，CO_2 的密度远大于 N_2，且缝洞型油藏注入相同体积的气体后，在考虑气体过量和充分溶解的基础上，CO_2 游离气体体积小于 N_2 游离气体体积。总体上看，CO_2 重力置换的能力弱于 N_2。

1. 地层条件下不同气体密度的计算

查阅地层条件下不同气体的压缩因子 Z，利用式(4.1)计算在地层条件下气体密度：

$$\rho = \frac{PM}{ZRT} \tag{4.1}$$

式中，P 为地层压力，Pa；M 为气体的摩尔质量，g/mol；R 为气体常数，取 8.314J/(mol·K)；T 为地层温度，K。

鉴于地层原油密度为 0.8～1.08g/cm^3，当气体过量形成气顶时，CO_2 的置换速度远不及 N_2(表 4.1)。

表 4.1　不同气体在缝洞型油藏下密度

气体	地层条件下(120℃、60MPa)的密度/(g/cm^3)
N_2	0.352
CO_2	0.793
50% N_2+50% CO_2	0.531
空气	0.378

2. 原油-CO_2 溶解度实验

以我国塔里木盆地缝洞型油藏塔里木盆地示范区 D-1 井普通稠油为样品，对现场分离器取得的油样和气样复配后分别测试单脱气油比(gas oil ration，GOR)及体积系数，以对比配制样品的代表性。

1) 实验设备及实验准备

实验设备组成及仪器准备具体见第 3 章的 3.1.1 节。

2) 地层流体实验样品的配制及分析

依据中华人民共和国石油天然气行业标准《地层原油物性分析方法》(SY/T 5542—2000)[3]，应用 D-1 井的稠油样品，加一部分分离器的气样，在地层温度为 124.1℃时，按泡点压力 20.20MPa 配样，配制成符合要求的流体样品。

将样品转入 PVT 仪，在温度为 124.1℃，压力为 59.7MPa 的条件下进行单脱测试，检验复配样品的代表性。配制样品的结果与现场数据进行对比(表 4.2)，说明配样代表性较好。配好的样品可用于原油 PVT 物性分析实验。

表 4.2　D-1 井稠油流体样品配制结果对比

项目	饱和压力/MPa	地层油黏度/(mPa·s)	地层油体积系数	饱和油体积系数	气油比(m^3/m^3)	地层油密度/(g/cm^3)	脱气油密度/(g/cm^3)
现场结果	20.2	21.703	1.1625	1.2277	66	0.8604	0.9482
配制结果	20.281	21.7	1.2027	1.2482	66.12	0.8531	0.9510

3) 实验结果与讨论

5 种气体介质在地层原油中的溶解度随压力的变化见表 4.3 和图 4.1。从图 4.1 可以看到，CO_2 在地层原油中的溶解度随压力的升高而增大。地层压力为 13.00MPa 时，CO_2

在地层原油中的溶解度为 55.74%(摩尔分数，下同)；饱和压力为 23.96MPa 时，CO_2 的溶解度为 75.54%。注气压力越高，CO_2 在原油中的溶解能力越强。

表 4.3　5 种气体介质复配稠油的溶解度

压力/MPa	溶解度/%				
	CO_2	N_2	复合气	干气	空气
6.45	16.09	2.14	8.54	13.56	2.64
8.49	36.02	3.24	16.23	30.21	3.84
10.17	46.04	5.28	23.24	40.52	5.68
12.01	55.74	6.21	25.68	50.65	6.81
13	60.2	6.98	28.24	55.21	7.98
15.25	65.82	7.21	30.21	58.25	8.21
23.96	75.54	7.52	32.54	62.54	8.52

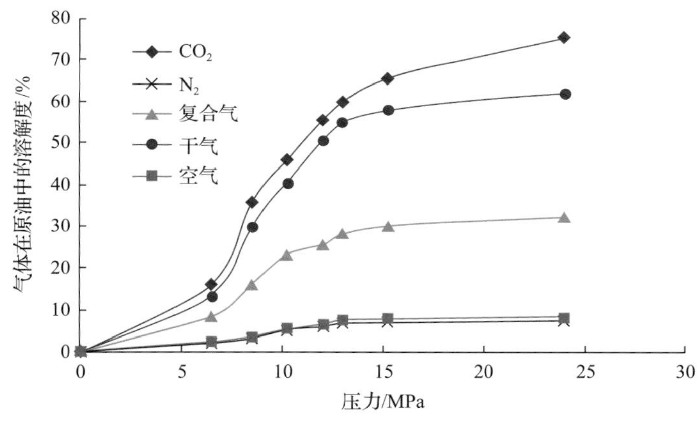

图 4.1　5 种气体介质复配原油溶解度对比

3. CO_2 重力置换能力评价

基于 N_2、CO_2 在原油中的溶解度，假设注入 500m^3 的 N_2 与 1m^3 的地层原油充分接触溶解，分析游离气体与膨胀后的原油体积比例，结果见图 4.2。500m^3 的 N_2 与 1m^3 的

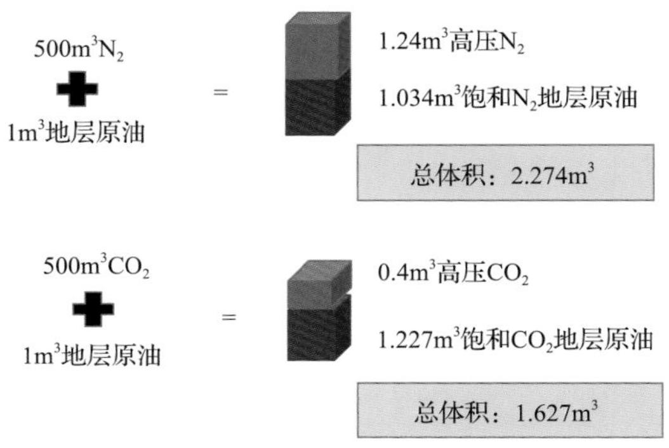

图 4.2　CO_2 重力置换能力弱于 N_2

地层原油充分接触溶解后，分离气体积为 1.24m^3，饱和 N_2 后地层原油的体积为 1.034m^3；而 500m^3 的 CO_2 与 1m^3 的地层原油充分接触溶解后，分离气体积为 0.4m^3，饱和 CO_2 后地层原油的体积为 1.227m^3。

因此，注入相同体积的气体后，CO_2 游离气体体积小于 N_2 游离气体体积，CO_2 重力置换的能力弱于 N_2。

4.1.2 缝洞内“等密度”驱油机理

塔里木盆地示范区的 CO_2 在油藏条件下的密度为 0.793g/cm^3，与原油密度（0.865g/cm^3）相近，且在压力范围内密度变化小，见图 4.3 和表 4.4。根据地质雕刻的三维缝洞物理方法，结合缝洞可视化物理模型，开展驱油机理物理模拟研究。结果表明，CO_2 在缝洞内具有特殊的“等密度”驱油机理，避免出现因气、水重力分异导致的“气走上部气道，水走下部水道，中部剩余油难以驱扫”的难题，在注水、注 N_2 的基础上，注 CO_2 的室内采收率增幅可达 12.3%。

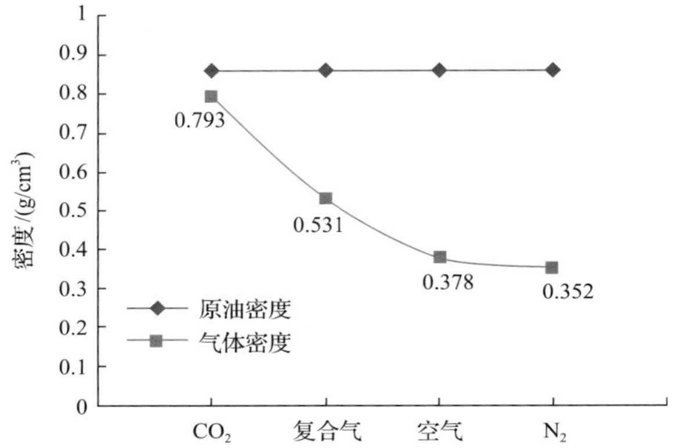

图 4.3 油藏条件下不同气体密度与原油密度的差异（58MPa，125℃）

表 4.4 CO_2 在不同温度、压力情况下的密度

压力/MPa	密度/(g/cm^3)							
	90℃	100℃	110℃	120℃	130℃	140℃	150℃	200℃
30	0.698	0.656	0.617	0.580	0.546	0.515	0.487	0.384
35	0.745	0.709	0.673	0.640	0.608	0.578	0.550	0.441
40	0.782	0.749	0.717	0.686	0.656	0.628	0.601	0.491
45	0.813	0.782	0.753	0.724	0.696	0.669	0.643	0.535
50	0.839	0.810	0.783	0.755	0.729	0.704	0.679	0.574
60	0.882	0.856	0.831	0.807	0.783	0.760	0.737	0.638
70	0.916	0.893	0.870	0.847	0.825	0.804	0.783	0.690

1. 缝洞可视化物理模拟实验

1) 可视化缝洞模型的设计

模型尺寸为 40mm×36mm，模型中的数字 1～9 为溶洞储集体，由 200～400μm 的裂缝相互连通，10 为注入井，11 为生产井，钻遇 1～3 及 8、9 溶洞储集体；4～7 为井间溶洞储集体(图 4.4)。模型外采用耐压钢套配合高强度树脂封装。在近似油藏压力下(30MPa)，采用黏度为 120mPa·s 的油来模拟油藏温度下的原油流动。

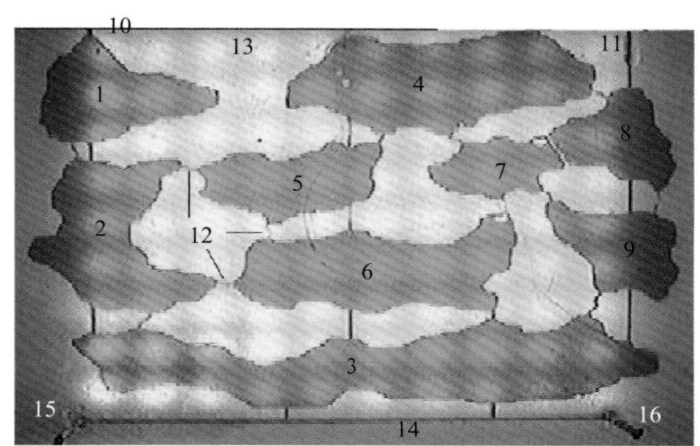

图 4.4　实验用可视化缝洞模型

2) 可视化缝洞模型的水驱油情况

模型饱和水、饱和油后从注入井 10 开始注水，直到产出井 11 的含水率大于 98%停止。由实验图像可见：直井 10 注水生产，注入水在重力分异作用下，沉降到缝洞结构的底部，水驱主要动用“下部剩余油”(图 4.5)。水驱后剩余油主要富集于高部位溶洞和溶洞顶部，水驱最终采收率为 49.1%。

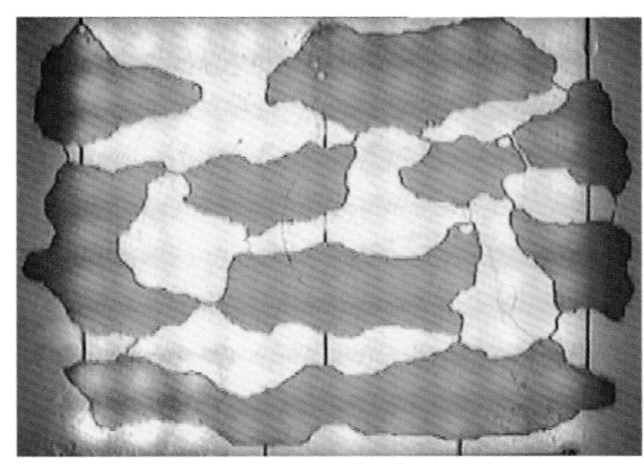

(a) 模型饱和油后照片

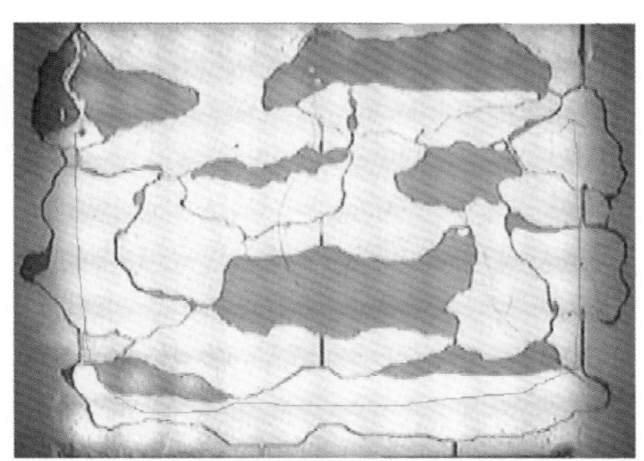

(b) 部分剩余油被驱替后照片

图 4.5　模型水驱后照片

3) 可视化缝洞模型的注 N_2 和 CO_2 的驱油情况

在上述模型水驱的基础上，从直井 10 注 N_2，气体通过高部位溶洞 1、2、5 向 4 推进，最终自生产井 11 窜出，气驱至生产井 11 的含水率大于 98%后停止。由实验图像可见：注入的 N_2 在重力分异作用下，上浮到缝洞结构的顶部，有效动用“上部剩余油”。此阶段 N_2 驱的阶段采收率为 12.8%，剩余油主要是注水、注 N_2 后尚未有效波及的“中部剩余油”（图 4.6）。

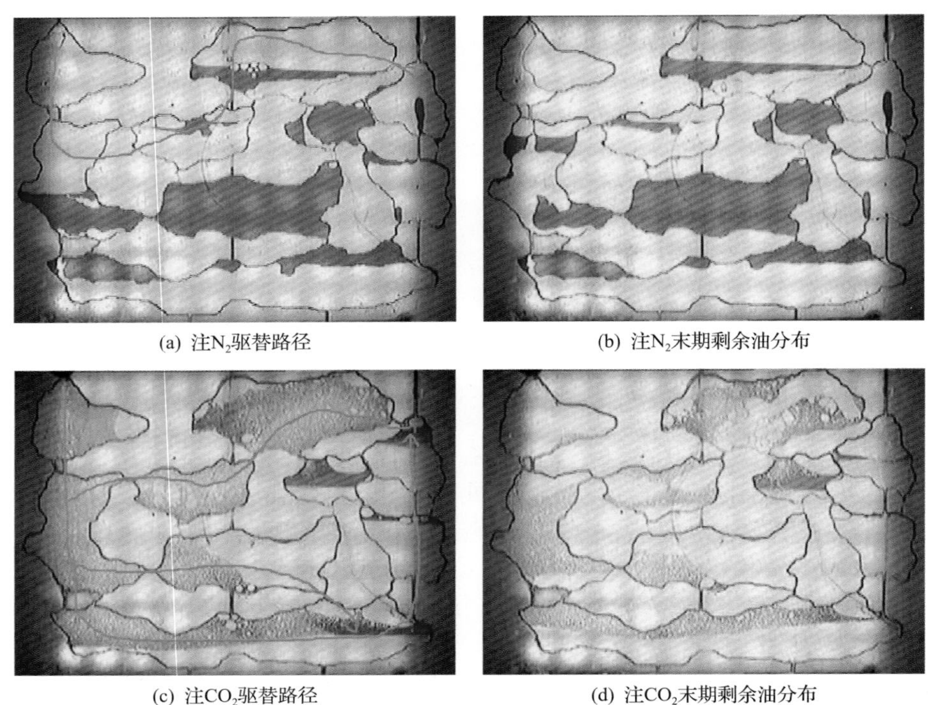

(a) 注N_2驱替路径　(b) 注N_2末期剩余油分布

(c) 注CO_2驱替路径　(d) 注CO_2末期剩余油分布

图 4.6　注 N_2 和 CO_2 的驱油可视化物理模拟图

在注 N_2 的基础上，继续注 CO_2，由于 CO_2 在该地层条件下的密度为 $0.8g/cm^3$，与原油密度相近，CO_2 在缝洞结构内实现了“等密度”驱油，最终阶段采收率达到 38%。

2. 基于地质雕刻的三维缝洞物模

1) 模型相似性设计

相似性设计是指组成模型的每个要素必须与原型的对应要素相似，包括几何要素和物理要素，其具体体现为由一系列物理量组成的场对应相似。对于同一个物理过程，若两个物理现象的各个物理量在各对应点上及各对应瞬间大小成比例，且各矢量的对应方向一致，则称这两个物理现象相似。在流动现象中若两种流动相似，一般应满足如下条件。

(1) 几何相似。几何相似是指模型与其原型形状相同，但尺寸可以不同，而一切对应的线性尺寸成比例，这里的线性尺寸可以是直径、长度及粗糙度等。

(2) 运动相似。运动相似是指对于不同的流动现象，在流场中的所有对应点处对应的速度和加速度的方向一致，且比值相等，即两个运动相似的流动，其流线和流谱是几何相似的。

(3)动力相似。动力相似是指对于不同的流动现象，作用在流体上相应位置处的各种力，如重力、压力、黏性力和弹性力等，它们的方向对应相同，且大小的比值相等，即两个动力相似的流动，作用在流体上相应位置处各力组成的力多边形是几何相似的。

在这 3 种相似条件中，几何相似是运动相似和动力相似的前提和依据，动力相似则是流动相似的主导因素，而运动相似只是几何相似和动力相似的表征。三者密切相关，缺一不可。

大型三维物理模型的设计应满足几何相似、运动相似和动力相似，另外也需要对缝洞型油藏特征参数进行相似性设计。对于几何相似，物理模型以典型缝洞单元的地质雕刻模型作为原型，缝洞型油藏中溶洞是最主要的储油空间，应围绕溶洞进行相似设计。物理模型以地质模型中的“洞径”为基准，以油藏控制直径为边界，将地质模型中油藏控制直径内的缝洞结构分层按比例缩放于圆形岩心中，进而保证模型溶洞尺寸与油藏原型比例相似，“洞径”与“油藏控制直径”之比与油藏原型相等。动力相似中，缝洞型油藏大型裂缝及溶洞发育，流体流动速度大，雷诺数高，流体的流动类似于有压管流，因此，模型相似性设计上应满足雷诺数相等。此外，压力与重力之比在一定程度上影响驱替过程中的油水分布，而多裂缝下的立方定律则主要描述缝洞系统中流体在裂缝中的流动特征，但从相似理论设计的角度分析，在同一物理模拟中难以同时实现多个相似准则，只能侧重局部进行模拟。因此，应以满足雷诺相似准则为前提，通过调整模型及实验参数，使物理模拟尽量接近压力与重力之比并符合多条裂缝下的立方定律；其他重要参数如填充程度及配位数(储集体所连通的裂缝条数)作为缝洞型油藏特征参数进行相似设计。表 4.5 为模型主要相似准则及其数值。

表 4.5　相似准则的物理意义及其数值

相似性	相似准数	物理意义	数值
几何相似	L	几何尺寸(洞径)	166～625
	L/D	洞径与油藏控制直径之比	1
动力相似	$\frac{\rho_o v_o L}{\mu_o}$	雷诺数(黏滞力与惯性力之比)	1
	$\frac{\Delta P}{\mu_o g L}$	压力与重力之比	1.04～1.20
	$\frac{v_o \mu_o L}{n_f b^2 \Delta P}$	多条裂缝下的立方定律	0.71～1.05
运动相似	$\frac{Q}{L^2 v_0}$	注入量与采油量之比	1
特征参数相似	Ξ	配位数	1
	H	填充程度	1

注：L 单位为 m；ρ_o 为原油密度，kg/m³；μ_o 为原油动力黏度，mPa·s；v_o 为流体流速，m/s；b 为裂缝开度，m；n_f 为裂缝密度，条/m；ΔP 为压差，MPa。

用各相似项的油藏参数值除以模型参数值得到相似系数。再根据相似准则对各相似项的相似系数组合，即得到相似准数。根据表 4.5 所示的相似准则，雷诺数为 1，表明物理模型与实际油藏条件关于该相似准则相似；压力与重力之比及多条裂缝下的立方定律数值接近 1，表明物理模型与实际油藏条件关于上述相似准则近似相似。根据表 4.5 相似准则，确定油藏原型参数与物理模型参数，结果见表 4.6。

表 4.6　油藏原型及物理模型参数对比及相似系数

对比项	油藏原型	物理模型	相似系数
洞径/cm	500～5000	3～8	166.67～625
压差/kPa	2000～13000	10～20	200～650
原油黏度/(mPa·s)	10～1000	22.6	0.44～44.25
原油密度/(g/cm^3)	0.92	0.92	1
重力加速度/(m/s^2)	9.8	9.8	1
裂缝密度条/m	3～50	10	0.3～5
裂缝开度/mm	0.5～5.0	1	0.5～5
线速度/(m/d)	30～135	0.02～0.13	0.0027～0.07
注入速度/(m^3/d)	30～150	4	5208.33～26041.67
流动时间/d	6.14～46.40	1	8844.72～66819.06
填充程度/%	0～100	0～100	1
配位数	1～5	1～5	1

2) 基于地质雕刻的三维缝洞模型制作

物理模型以塔里木盆地某典型缝洞单元为基础，单元包括 5 口井(D-2 井、D-3 井、D-4 井、D-4X 井和 D-5 井)，深入分析其油藏结构及生产动态特征，设计并制作出碳酸盐岩缝洞型油藏三维立体物理模型(图 4.7，图 4.8)。

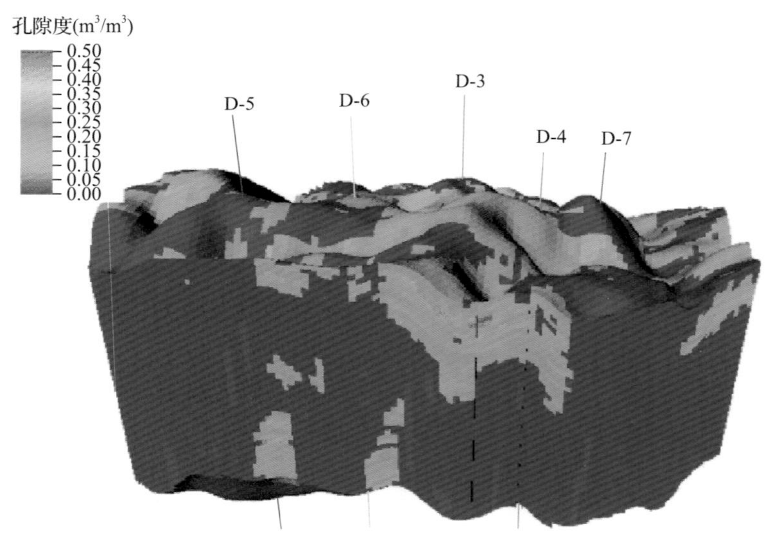

图 4.7　典型缝洞单元地质雕刻孔隙度模型

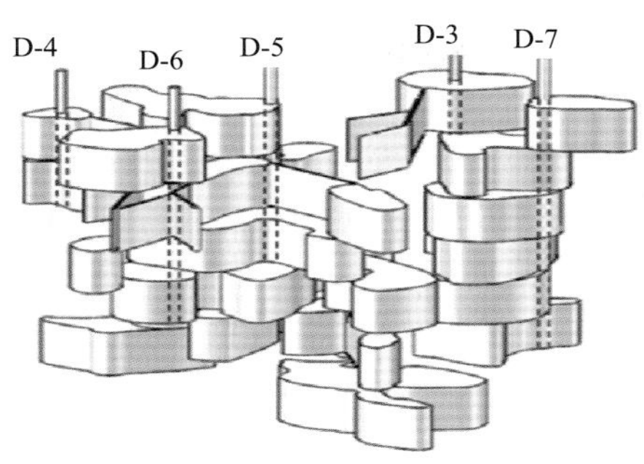

图 4.8　等效三维模型缝洞连通关系图

按照图 4.8 的连通关系图，将模型剖析为 6 段，将碳酸钙粉末和树脂按比例混合后，逐段压成基质，再根据地质雕刻资料，在每段基质上刻画缝洞结构，按地质模型，对第 3～6 段的溶洞进行填充处理，模型下部模拟底水连通。最后按顺序将各段叠加成模型(表 4.7)。模型为圆筒状，直径 40mm，厚度 50mm。四周为耐压钢套配合高强度环氧树脂浇筑封装。

表 4.7　三维模型每段的油藏原型结构图、设计图、实物对应图及相关参数

层位	地质结构示意图	设计图	实物图	模型体积相关参数
第 1 段	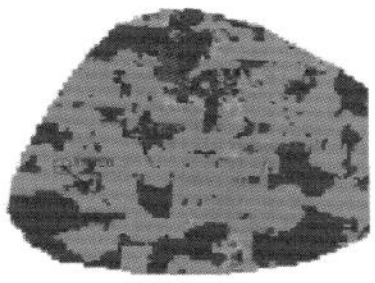	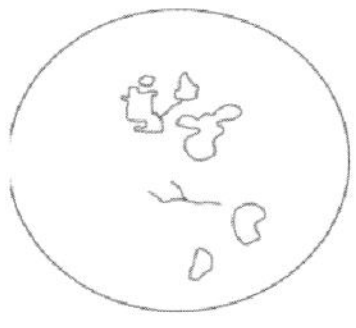	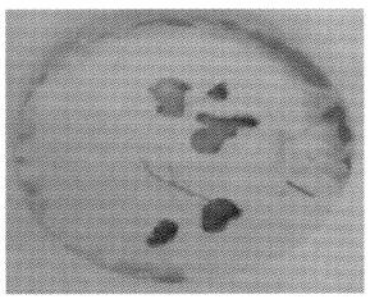	孔隙度：3.96% 裂缝孔隙度：1.92% 溶洞孔隙度：2.04%
第 2 段		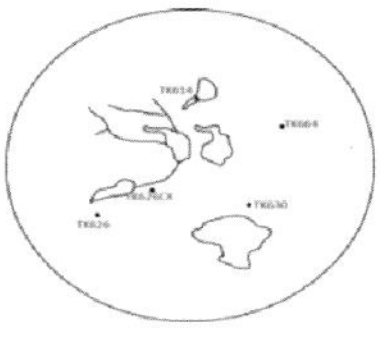		孔隙度：8.06% 裂缝孔隙度：0.70% 溶洞孔隙度：7.35%
第 3 段		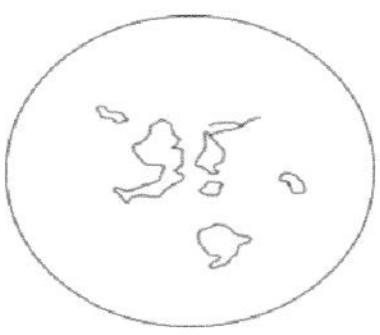	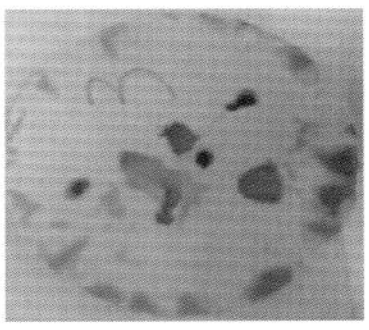	孔隙度：7.84% 裂缝孔隙度：0.96% 溶洞孔隙度：6.89%
第 4 段		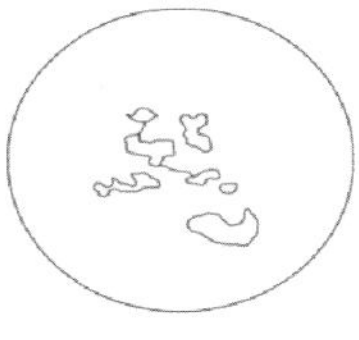	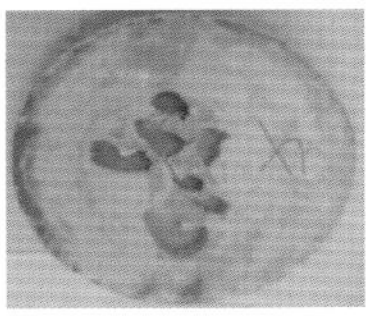	孔隙度：10.98% 裂缝孔隙度：0.57% 溶洞孔隙度：10.41%

续表

层位	地质结构示意图	设计图	实物图	模型体积相关参数
第 5 段				孔隙度：10.69% 裂缝孔隙度：0.74% 溶洞孔隙度：9.95%
第 6 段(底层)				孔隙度：5.70% 裂缝孔隙度：0.47% 溶洞孔隙度：5.24%

3) 不同模式连续驱油的采收率对比

采用模拟油藏温度下黏度为 1094mPa·s 的稠油模拟油，开展水驱、N_2 驱、CO_2 驱 3 种模式、3 个阶段且近似油藏压力为 30MPa 时的连续驱替实验。实验步骤如下：①模型饱和水、饱和油，首先对模型的 5 口油井进行底水驱，当其中一口油井底水突破后，将该井转为注入井，其余 4 口井正常生产；②注水驱油至生产井高含水率稳定后停止，测定水驱模式下最终采收率；③转 N_2 驱油至生产井高含水率稳定后停止，测定 N_2 驱模式下最终采收率；④注 CO_2 驱油至生产井高含水率稳定后停止，测定 CO_2 驱模式下最终采收率；⑤对 3 种模式、3 个阶段的采收率情况进行对比，最终结果见表 4.8。

表 4.8　3 种模式、3 个阶段的连续驱油情况

驱油阶段	驱油模式	阶段采收率/%
1	水驱	20.5
2	N_2 驱	26.5
3	CO_2 驱	12.3
合计		59.3

该实验结果的趋势与本章缝洞可视化模拟相同，同样是在发育缝洞结构中，油、气、水重力分异强，导致水驱主要动用低部位缝洞结构中的“下部剩余油”，在三维缝洞物理模拟的阶段采收率为 20.5%。注 N_2 有效动用高部位缝洞结构中的“上部剩余油”，模型阶段采收率为 26.5%。注 CO_2 时，由于 CO_2 密度与原油相近，可以有效驱替“中部剩余油”，阶段采收率为 12.3%，最终采收率为 59.3%。

4.1.3　溶解膨胀机理

在塔里木盆地示范区地层条件下，CO_2 在原油中的溶解度是 N_2 的 4 倍，其对塔里木盆地示范区地层的原油有更强的溶解膨胀能力。

1. 溶解膨胀实验

测定 5 种气体介质对塔里木盆地示范区原油的膨胀能力，结果见表 4.9 和图 4.9。

表 4.9 5 种气体介质复配稠油膨胀系数

气体摩尔分数/%	膨胀系数				
	CO_2	N_2	复合气	干气	空气
0	1	1	1	1	1
16.09	1.0302	1.014	1.022	1.028	1.016
36.02	1.0902	1.016	1.048	1.0801	1.018
46.04	1.1651	1.024	1.092	1.1423	1.025
55.74	1.2525	1.026	1.18	1.2235	1.027
60.2	1.302	1.027	1.236	1.2836	1.029
65.82	1.4521	1.031	1.3245	1.3945	1.035
75.54	1.5824	1.038	1.4254	1.5265	1.042

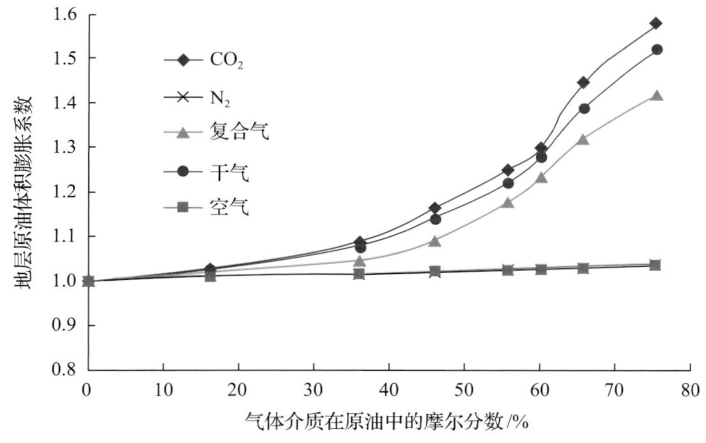

图 4.9 5 种气体介质复配原油膨胀系数对比曲线

2. 实验结果讨论

体积膨胀系数是指加入气体介质后地层原油在地层压力下的体积与未加入气体介质时地层原油在地层压力下的体积之比。体积膨胀系数反映了注气后，气体介质对地层原油的膨胀能力。实验结果表明，注入 CO_2 后，地层原油体积明显膨胀，加入原油中的 CO_2 越多，体积膨胀系数越大。当地层压力为 65.00MPa、CO_2 在原油中达到饱和时，地层原油膨胀系数为 1.4302，说明 CO_2 对塔里木盆地示范区地层原油有较强的膨胀能力，对提高产能十分有利，膨胀效果十分明显。CO_2 在原油中溶解度随压力的增高而增大，因此提高注入压力能够有效地提高 CO_2 膨胀原油体积的能力。

4.1.4 混相驱油机理

CO_2 与原油混相后，不仅能萃取和汽化原油中轻质烃，还能形成 CO_2 和轻质烃混合的油带(oil banking)。油带移动是最有效的驱油过程，可使采收率达到 90%以上。混相的最小压力称为最小混相压力(minimum miscible pressure，MMP)。最小混相压力取决于 CO_2 的纯度、原油组分和油藏温度。最小混相压力的影响因素主要有油藏温度、C_5 以上组分分子量、CO_2 纯度。

塔里木盆地缝洞型油藏作为缝洞型油藏的典型代表，油品覆盖广(稀油到稠油分布广泛)、油藏温度压力高(120℃、60MPa)，不同油品区块 CO_2 是否混相决定了提高采收率的幅度，有必要深入研究是否混相。

1. 混相驱油实验

本实验利用细管测定普通稠油 D-1 单元注 CO_2 的混相压力[4]，为油藏注入压力的选择提供依据。

1) 实验仪器及技术指标

注气驱油最小混相压力 MMP 实验是在美国 Core Lab 公司的细管装置和加拿大 Hycal 公司的长岩心驱替装置上共同完成的，实验流程如图 4.10 所示。

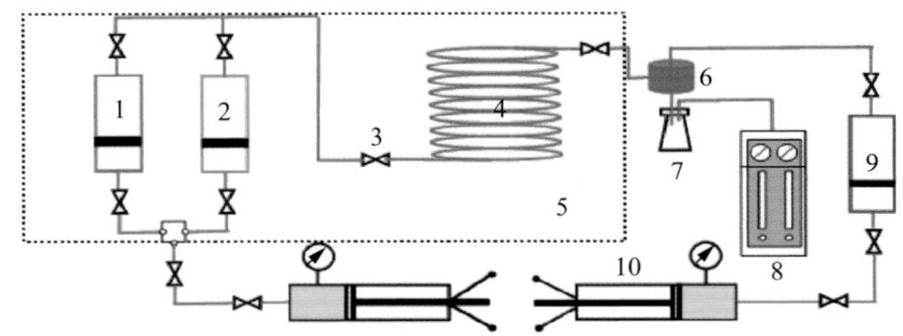

图 4.10 注气 MMP 的细管实验流程图

1. 纯 CO_2；2. 地层油；3. 阀门；4. Core Lab 细管；5. 恒温空气浴；6. 回压阀；7. 气液分离装置；8. 气量计；9. N_2；10. 高压驱替泵

此套流程主要由注入泵系统、细管、回压调节器、压差表、控温系统、液体馏分收集器、气量计和气相色谱仪组成，各部分的技术指标如下。

(1) 注入泵系统。Ruska 全自动泵，工作压力为 0～70.00MPa，工作温度为室温，速度精度为 0.001mL。

(2) 回压调节器。工作压力为 0～70.00MPa，工作温度为室温至 200.0℃。

(3) 压差表。最大工作压差为 34.00MPa，工作温度为室温。

(4) 控温系统。工作温度为室温至 200.0℃，控温精度为 0.1℃。

(5) 液体馏分收集器。精度为 0.001g，工作环境为常温、常压。

(6) 气量计。计量精度为 1mL。

(7) 气相色谱。美国 HP6890 气相色谱仪进行天然气组分和组成分析。

(8) 细管的技术指标见表 4.10。

表 4.10　细管参数表

直径/cm	长度/cm	孔隙度/%	渗透率/μm^2
0.466	1800	35	5

2) 实验过程

首先应将细管在要求的试验温度和压力下用油饱和，将所需驱替的气样充满中间容器，并让其在实验温度和压力下保持平衡，并将回压调节器的回压调节到实验所需的压力值。用 Ruska 注入泵将气样以一定的速度进行驱替。在注入 1.2PV 的气样后，结束驱替实验。采出油样采用自动液体收集器每隔一定的时间计量一次；采出气量用全自动气量计计量，并用气相色谱仪每隔一定的时间分析采出气组分变化情况。在实验过程中，除了按时准确地记录实验要求的数据外，还应不定期观察注入和采出端微型透明 PVT 窗的相态和颜色变化情况。

3) 实验条件

(1) 实验温度。D-1 稠油实验温度为地层温度 124.1℃。

(2) 驱替压力。D-1 稠油注 CO_2 选取 4 个压力点，即 32MPa、46.95MPa、53.30MPa、56.99MPa。

(3) 驱替速度。在驱替过程中保持恒速驱替，驱替速度为 0.125mL/min。

(4) 注入压力和回压。注入压力以注入泵在整个实验过程的平均压力计。在本次实验中回压采用一台自动泵控制，可始终保持回压为所选定的驱替压力值，其波动幅度一般不超过 0.01MPa。

(5) 注入体积。经泵校正后，注入体积为不同压力下由泵读数测得的实际体积，当注入体积为 1.2PV 时，结束驱替过程。

4) 数据处理

注入 1.2PV 的天然气后的最终采收率计算如下：

$$采收率 = \frac{采出的原油体积 \times 体积系数}{饱和的原油体积} \times 100\%$$

或

$$采收率 = \frac{饱和的原油体积 - 细管中残余油体积 \times 体积系数}{饱和原油体积} \times 100\%$$

其中，饱和的原油体积和采出的原油体积必须经过压缩系数、温度系数、含水率和密度校正后才能进行最终结果计算。

2. 实验结果讨论

1) 塔里木盆地示范区稀油细管驱替实验

采用塔里木盆地示范区稀油区块井地层原油样品和 CO_2 注入气，在地层温度为 130℃时共进行了 5 次不同驱替压力下的细管实验，实验结果见表 4.11。前 3 次实验的驱替压力分别为 20MPa、25.3MPa、28MPa，采收率较低，注入 1.20PV CO_2 时原油采收率分别为 59%、71.3%和 85.51%，分析结果证明为非混相驱替过程。第 4、5 次实验的驱替压力分别为 30.2MPa 和 33.6MPa，注入 1.20PV CO_2 时采收率很高，分别为 90%和 91.76%。分析结果表明，两次实验都实现了混相驱替。根据细管实验驱替结果得到的采收率与驱替压力关系曲线见图 4.11。

表 4.11　塔里木盆地示范区稀油地层原油 CO_2 驱替细管实验结果

序号	驱替压力/MPa	实验温度/℃	注入 1.2PV CO_2 时采收率/%	评价
1	20	130	59	非混相
2	25.3	130	71.3	非混相
3	28	130	85.51	非混相
4	30.2	130	90	混相
5	33.6	130	91.76	混相

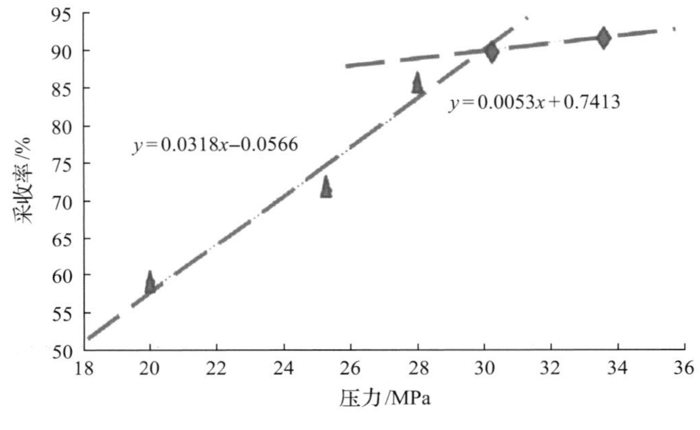

图 4.11　采收率与驱替压力关系图

从图 4.11 可以看到，采收率与驱替压力的关系曲线在压力等于 30.1MPa 处出现突变性转折，当驱替压力小于 30.1MPa 时，采收率较低，为非混相或部分混相驱替过程，驱替效率随驱替压力的增加而增大；而当驱替压力大于 30.1MPa 后，采收率很高(>90%)，这时的驱油机理已转变为混相驱替，继续增大驱替压力，采收率只有很小的增加，曲线趋于平缓。根据细管实验结果和混相判断标准，可以确定 CO_2 与塔里木盆地示范区稀油区块地层原油发生多次接触混相的最小混相压力为 30.1MPa。最小混相压力小于目前的地层压力 40MPa，因此能够在目前地层压力下进行 CO_2 混相驱。

2) 塔里木盆地示范区超稠油细管驱替实验

通过细管实验得出了 D-1 稠油注 CO_2 实验结果，不同注入压力时的采收率随注入 CO_2 体积的变化规律如图 4.12 所示，4 次的注入压力分别为 32.00MPa、46.90MPa、53.30MPa、56.99MPa，注入气体突破均相对较早，分别在注入 0.4480PV、0.5270PV、0.6049PV、0.6915PV 时突破。气体突破前，气油比基本不变，突破后，气油比迅速增大；注入 1.2PV 时，采收率分别为 49.103%、64.637%、70.986%、78.551%，均低于 80%，表现出非混相驱替特征。不同实验压力下，注入气体驱替到 1.20PV 时的采收率见表 4.12。

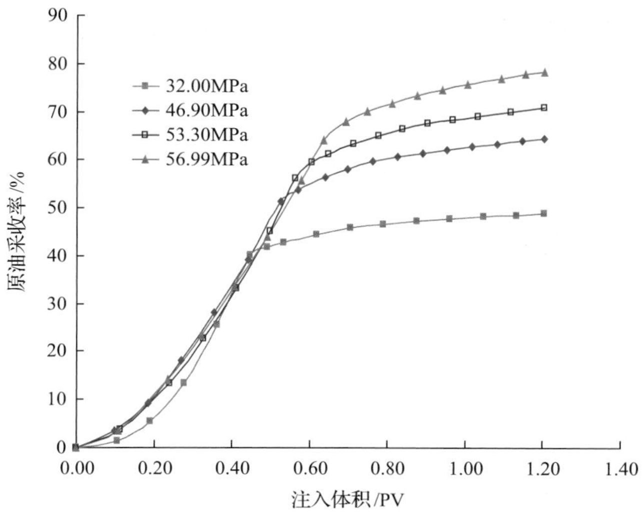

图 4.12　稠油区块不同注入压力驱替时注入 CO_2 体积与采收率的关系

表 4.12　不同压力下 CO_2 驱采收率

驱替压力/MPa	注入 1.2PV 时采收率/%
32.00	49.103
46.90	64.637
53.30	70.986
56.99	78.551

不同实验压力下，注入 1.2PV 气体驱替时的采收率与压力的关系如图 4.13 所示。由图 4.13 可知，该曲线上不存在较明显的转折点，未测出最小混相压力，压力高达 56.99MPa 仍不能混相，驱油效率仅为 78.551%。由于普通稠油 D-1 单元地层压力为 59.70MPa，结合目前地面、地下实际情况，普通稠油 D-1 单元注 CO_2 气驱替是无法达到混相条件的，只能实施注 CO_2 非混相驱。

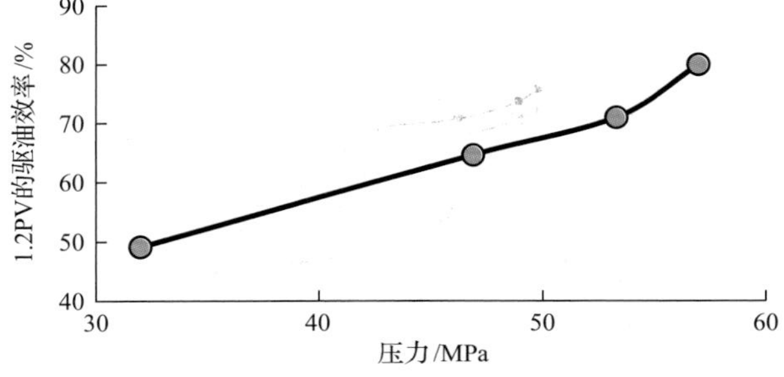

图 4.13　普通稠油 D-1 单元 CO_2 驱最小混相压力图

综合以上细管实验，不同缝洞型油藏区块注 CO_2 的混相能力不同，取决于原油性质。在稀油区块，CO_2 溶解度高，容易实现混相；而在稠油区块，CO_2 溶解度变低，不易实现混相。

4.1.5 油水差异化溶解的控水机理

鉴于缝洞型油藏温度、压力高(120℃、60MPa)，CO_2在油水中的差异性非常大，CO_2在塔里木盆地示范区地层水中的溶解度仅为40(Sm^3/Sm^3)左右，而CO_2在塔里木盆地示范区稠油中的溶解度可达160(Sm^3/Sm^3)。同时，原油溶解CO_2后原油黏度显著降低，地层水中溶解CO_2后黏度显著升高，在裂缝型储层中能够显著地改善流度比，起到控水增油的效果。

1. CO_2在油水溶解度测定

为了分析CO_2在地层条件下的水溶解性，明确地层水对CO_2的影响，开展了不同温度和压力下的水溶解性实验，数据见表4.13。

表4.13 实验样品 (单位：mg/L)

实验样品	K^+	Na^+	Ca^{2+}	Mg^{2+}	Cl^-	SO_4^{2-}	CO_3^{2-}	HCO_3^-	总矿化度
地层水	62.8	289.2	34.8	3.0	3250.0	484.6	0.0	0.0	4128.3
配制盐水1	0	1369	3603	2526	13870	0	0	3630	24998.0
配制盐水2	0	2738	7206	5052	27740	0	0	7260	49996

由图4.14和图4.15可知：①温度越低，CO_2在地层水中的溶解度越高；当温度大于100℃、压力大于22MPa时，CO_2的溶解度随温度升高反而略有增加；②矿化度越高，CO_2在地层水中溶解度越小，高压条件下矿化度对CO_2水溶性的影响更显著。

2. 控水机理探讨

在温度为125℃、压力为9～25MPa时，采用黏度为0.52mPa·s、地层水矿化度为20×10^4mg/L的原油进行实验，CO_2溶于水和原油后，水相黏度增加了20%～30%，大幅度降低了油相黏度，有效地改善了流度比，扩大了波及面积。注CO_2后油水黏度比随压力变化见图4.16。

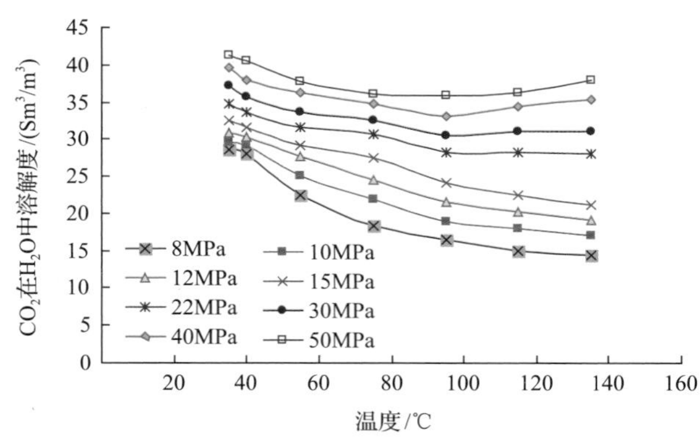

图4.14 不同温度、不同压力下CO_2在水中溶解度

Sm^3指对照条件(一般指20℃，一个标准大气压)下的气体体积

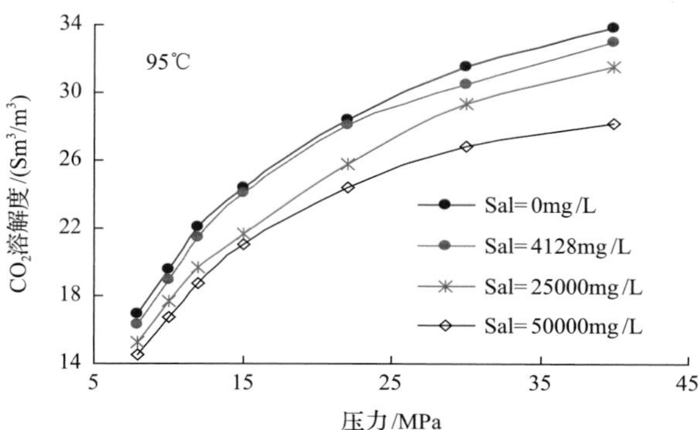

图 4.15　不同矿化度、不同压力下 CO_2 在水中溶解性

Sal 表示地层水的矿化度，mg/L

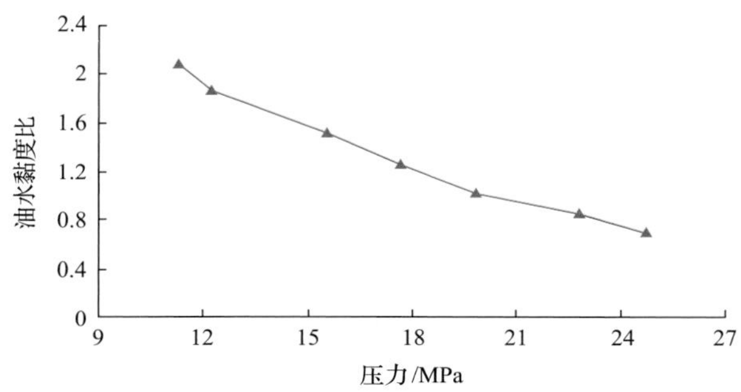

图 4.16　注 CO_2 后油水黏度比随压力变化图

D-6 井位于局部构造高点，井周储集体发育，为裂缝-溶洞型储层，表层强反射特征。2015 年 9 月进行 CO_2 正注施工，累计注 CO_2 770.38t。闷井 21 天后开井不含水自喷生产，无水采油期 42 天，累增油 364t，控水效果显著，见图 4.17。

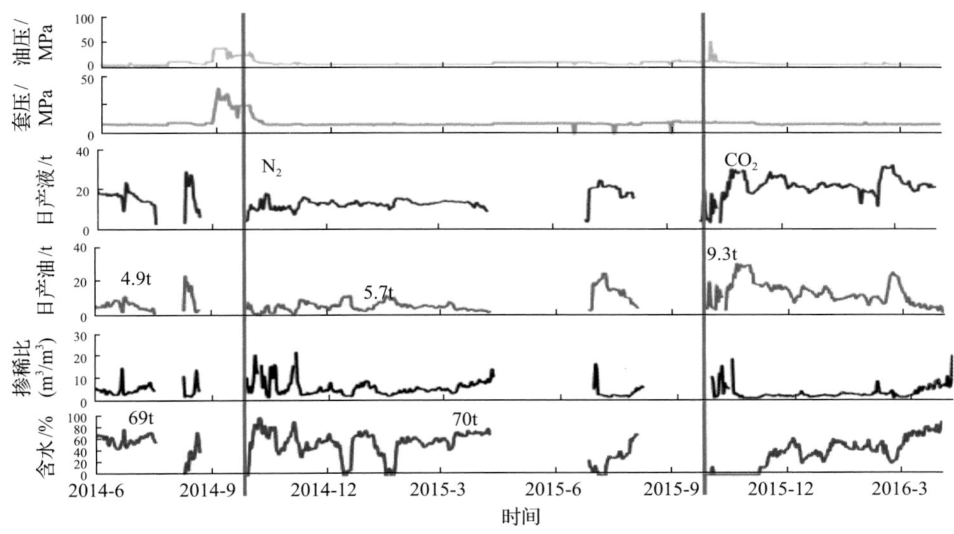

图 4.17　D-6 井生产曲线

4.2 缝洞型油藏注 CO_2 配套工艺技术

塔里木盆地缝洞型油藏埋藏深(≥6000m)、油藏温度高(120℃)、压力高(>55MPa)，给注 CO_2 提高采收率配套工艺技术带来巨大挑战。目前，缝洞型油藏注 CO_2 较大的难题为超深井 CO_2 注入工艺和高效防腐。

4.2.1 超深井 CO_2 注入工艺研究

塔里木盆地示范区，缝洞型油藏超深井注 CO_2 提高采收率涉及 CO_2 注入工艺、注入压力预测、井口管柱设计和防腐技术。

1. CO_2 注入工艺研究

CO_2 注入工艺主要包括超临界气态压缩机注入和液态柱塞泵注入，国外主要采用超临界气态压缩机注入，我国主要采用液态柱塞泵注入。

基于 CO_2 相态图(图 4.18)和实践，当 CO_2 驱伴生气中 CO_2 含量不低于 93%时，可采用压缩机超临界注入，排气压力能够达到 25MPa 以上(图 4.19)。

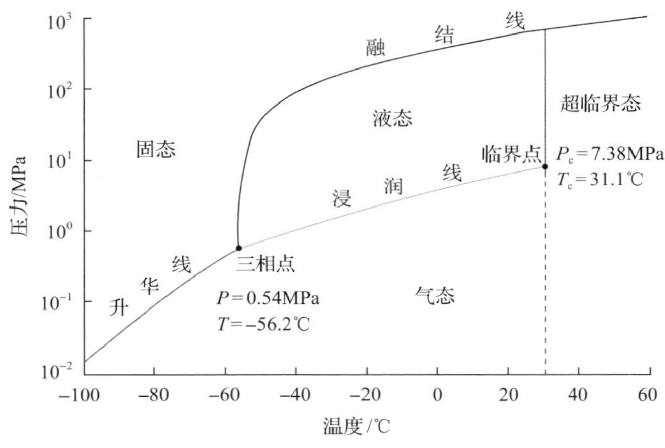

图 4.18 CO_2 相态图

图 4.19 超临界 CO_2 注入装置压缩机

超临界气态压缩机注入主要包括预处理系统和增压系统两部分。主要工艺流程如下：原料气在预处理系统经除尘、除液和除雾后，进入增压系统；在增压系统经换热至 40℃进入压缩机，经三级压缩、换热后，达到注入压力，然后去站外注入干线管网。其中，分别在一级、二级、三级压缩机出口设冷却器和气液分离器，分离由于压缩和冷却形成的液体，用于级间相态、水化物和腐蚀控制。

相对于普通介质的压缩机，CO_2 超临界压缩机主要存在以下特殊性[5]：①CO_2 分子量大，因此 CO_2 压缩机具有转速低，活塞线速度低的特点；②CO_2 临界温度高，因此当采用多级压缩时，需考虑级间是否有液相；③CO_2 是酸性气体，含水的情况下会产生腐蚀，因此需采用不锈钢材质或做表面硬化处理；④CO_2 能与油互溶，若油中含水则会生成腐蚀性酸，因此润滑油需采用掺脂肪的专用润滑油；⑤脉动严重，CO_2 分子量大冲击力大，脉动更严重，因此 CO_2 压缩机全部要求进行脉动分析；⑥为了防止 CO_2 液态腐蚀或形成干冰，回流线一般采用加热回流，不能采用冷回流。因此制造 CO_2 压缩机的技术难题为：CO_2 的重气影响，腐蚀影响，相变影响，以及温度控制和噪声控制。

鉴于 CO_2 易压缩、液态罐车运输工艺成熟，液态泵注在我国多个油田已成功规模化应用。缝洞型油藏储层物性好，吸气能力强，设计采用柱塞泵液态注入工艺。

2. 井筒相态特征及注入压力预测

1) 井筒相态预测

注入过程中，CO_2 进入井口时为液态，随着井筒温度的提高，逐渐变为超临界状态(临界温度 31.1℃，临界压力 7.38MPa)，计算可得塔里木盆地示范区超临界形成位置在 900m 处，液态下 CO_2 平均密度为 $1.03g/cm^3$，则超临界 CO_2 平均密度为 $0.7828g/cm^3$。鉴于超深层缝洞型油藏往往吸气能力比较强，且注入压力比较高，井筒内 CO_2 大部分处于超临界状态，只有部分井筒处于液态。一般情况下，不会出现 CO_2 气化的现象。在实践过程中的控制相态主要是为了保证施工的连续性，避免 CO_2 在井筒内长期滞留被加热气化。

2) 注入压力预测

(1) 注 CO_2 井筒温度和压力场研究。

建立的注气井筒结构及温度分布模型需满足如下基本假设条件：井筒结构为若干同心圆管；油管内流体到水泥环外缘间的热量传递为一维稳态传热，由水泥环外缘到地层间的传热为一维非稳态传热；视油管内的流体为一维均质稳定流动。注气井筒结构见图 4.20。

①井筒温度场模型。

注气过程中，沿油管径向与井筒近井地层交换的热流量 Q_{rw}，就是井筒的热损失量(或热增加量)，任意微元段 dZ 的径向传热满足稳态传热方程。即

$$dQ_{rw} = 2\pi r_{to} dZ U_{to} \left(T_f - T_h\right) \tag{4.2}$$

式中，U_{to} 为以油管外表面为基准面积的总传热系数，$kJ/(m^2 \cdot h \cdot ℃)$；T_f 为注入流体温度，℃；T_h 为水泥环与地层交界面处温度，即井筒温度，℃。

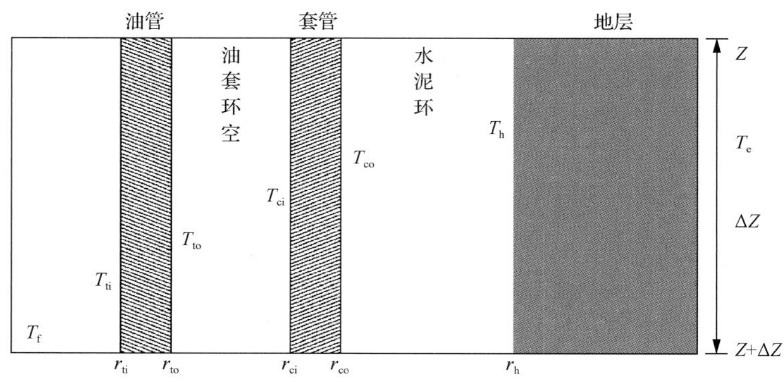

图 4.20　注气井筒结构图

T_{ti}为油管壁的温度，℃；T_{to}为油套管环空流体温度，℃；T_{ci}为套管壁温度，℃；T_{co}为水泥环温度，℃；r_{ti}为油管内径，mm；r_{to}为油管外径，mm；r_{ci}为套管内径，mm；r_{co}为套管外径，mm；r_h为井筒半径，mm

在微元段上，流体热量变化为

$$\mathrm{d}Q_{\mathrm{f}} = WC_p dT_{\mathrm{f}} \tag{4.3}$$

式中，W为流量，kg/h；C_p为注入流体比定压热容，kJ/(kg·℃)；d为油管直径，详见参考文献[6]，m。

在与井筒稳态传热的同一微元段 dZ，地层内非稳态导热的径向微分方程如下：

$$\frac{\partial^2 T_{\mathrm{e}}}{\partial r^2} + \frac{1}{r}\frac{\partial T_{\mathrm{e}}}{\partial r} = \frac{1}{\alpha}\frac{\partial T_{\mathrm{e}}}{\partial r} \tag{4.4}$$

式中，T_{e}为地层内某处温度，℃。

为了方便计算，国内外普遍采用 Ramey 半解析法求解，引入随时间变化的无因次传热函数，水泥环与地层交界面的径向热流速度为

$$\mathrm{d}Q_{\mathrm{rg}} = \frac{2\pi\lambda_{\mathrm{e}}\left(T_{\mathrm{h}} - T_{\mathrm{e}}\right)\mathrm{d}Z}{f\left(\tau_{\mathrm{D}}\right)} \tag{4.5}$$

式中，dQ_{rg}为水泥环外壁向地层传递的热流量，kJ/h；$f\left(\tau_{\mathrm{D}}\right)$为随时间变化的无因次传热函数；$\lambda_{\mathrm{e}}$为地层导热系数，kJ/(m·h·℃)。

由能量守恒原理可知，注入流体热量变化与其到井壁的热流量、从井壁到地层的热流量相等。

$$\frac{\mathrm{d}T_{\mathrm{f}}}{\mathrm{d}Z} = \delta T_{\mathrm{f}} - \delta G_{\mathrm{DC}} Z - \delta T_{\mathrm{sur}} \tag{4.6}$$

式中，G_{DC}为地温梯度，℃/m；Z为井筒深度，m；T_{sur}为地表温度，℃；$\delta = \dfrac{2\pi r_{\mathrm{to}} U_{\mathrm{to}} \lambda_{\mathrm{e}}}{\left[\lambda_{\mathrm{e}} + r_{\mathrm{to}} U_{\mathrm{to}} f\left(\tau_{\mathrm{D}}\right)\right] WC_p}$。其中，$U_{\mathrm{to}}$为以油管外表面为基准面积的总传热系数，W/(m^2·K)，W为流量，kg/h。

初始条件为

$$T_{\mathrm{to}} = T_{\mathrm{ti}} = T_{\mathrm{ci}} = T_{\mathrm{co}} = T_{\mathrm{h}} = T_{\mathrm{e}} = T_{\mathrm{sur}} + G_{\mathrm{DC}} Z \tag{4.7}$$

边界条件为

$$\begin{cases} T_{\mathrm{f}}\big|_{Z=0} = T_{\mathrm{inj}} \\ T_{\mathrm{e}}\big|_{r\to\infty} = T_{\mathrm{sur}} + G_{\mathrm{DC}}Z \\ P\big|_{Z=0} = P_{\mathrm{inj}} \\ W = W_{\mathrm{inj}} \end{cases} \tag{4.8}$$

式中，T_{inj} 为流体注入温度，℃；P_{inj} 为井口注入压力，Pa；W_{inj} 为井口流体注入流量，kg/h。

②井筒压力梯度模型。

CO_2 在井筒流动过程中的总压力梯度由举升梯度、摩擦梯度和加速度梯度组成，即

$$\frac{\mathrm{d}P}{\mathrm{d}Z} = \left(\frac{\mathrm{d}P}{\mathrm{d}Z}\right)_{\text{举升}} + \left(\frac{\mathrm{d}P}{\mathrm{d}Z}\right)_{\text{摩擦}} + \left(\frac{\mathrm{d}P}{\mathrm{d}Z}\right)_{\text{加速度}} \tag{4.9}$$

式中，dP 为 dZ 段内的压降，Pa。

(2) 实例井预测。

以 D-7 井为例，注入井井口注入液态 CO_2，注入温度为−18℃，初始注入压力 15MPa，设计初始配注量 7t/h，井筒温度和压力分布模型基本计算参数如下：油管外半径 88.9mm，油管内半径 76.00mm，套管外半径 193.7mm，套管内半径 177mm，水泥环半径 250.9mm，油层深度 6205.0～6333.0m，油套管导热系数均为 12.5kJ/(m·h·℃)，水泥环导热系数为 0.097kJ/(m·h·℃)，油管外壁和套管内壁辐射系数均为 0.9，地表温度 15℃，地温梯度 2.05℃/100m，地层热扩散系数 $3.02\times10^{-3}\mathrm{m}^2$。

D-7 井注 CO_2 井筒温度分布见图 4.21。从图 4.21 可以看出：在同一深度处油管温度小于地层温度，且依次升高。流体温度随井深的增加而增加，这是由于井口 CO_2 注入温度低于地层温度，热量是由地层经井壁、套管、环空传向流体、注入流体是热量增加的过程。随着深度的增加，地层温度越来越高，地层不断传递给流体热量，流体获得的热量越来越多，导致流体温度越来越高。当 CO_2 注入到一定深度时，温度梯度逐渐接近地层温度梯度，并最后趋于一致。

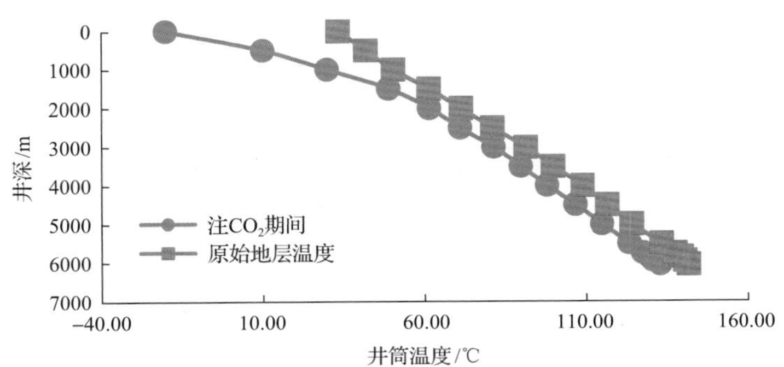

图 4.21　D-7 井 CO_2 井筒温度分布图

D-7 井注 CO_2 井筒压力分布见图 4.22。从图 4.22 可以看出：井筒压力随井深的增加呈两段近似线性增加，上部压力梯度相对大一些，井深超过 2000m 后，压力梯度相对小

一些。流体在井筒中的压力梯度主要是由重力产生的压力梯度，摩擦阻力产生的压力梯度和加速度压力梯度组成。因为在高井筒压力下，CO_2在井筒中一般呈液态或超临界态，其密度变化不像在低压或常压状态下随温度和压力的变化大，所以重力产生的压力梯度和加速度压力梯度变化较小，而液态与超临界态CO_2黏度小，与管壁产生的摩擦阻力梯度小，因而对整个压力梯度产生的影响较小，致使压力随井深呈近似线性分布。

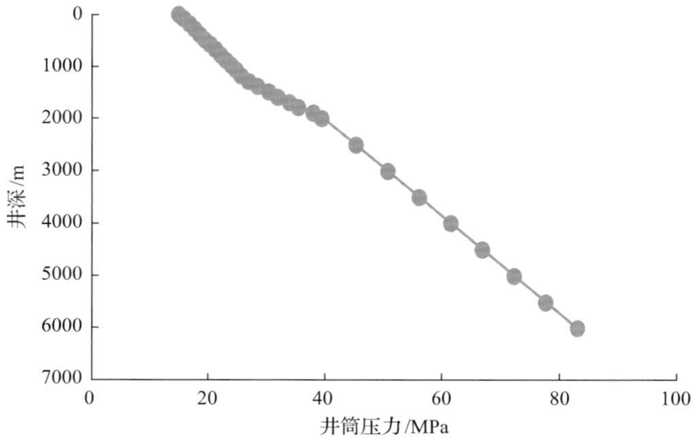

图 4.22　D-7 井注CO_2井筒压力分布图

3. CO_2注入工艺设计

1）注入气气源

在缝洞型油藏附近有CO_2气田时，可采用CO_2气田气源，当没有CO_2气田时，可采用注纯CO_2商品气，中后期CO_2突破后，可采取采出井分离CO_2与纯CO_2商品气两种气源搭配注入方式[7,8]。

2）注气井口设计

对于 6000m 超深井，更换为 70MPa 采油井口（图 4.23 和表 4.14），即可注CO_2施工。

图 4.23　70MPa 采油树作为注气井口

表 4.14　注气井口参数

井口类型	主通径/mm	旁通径/mm	额定压力/MPa	材料级别	额定温度/℃	连接型式	外形尺寸/mm	密封性能
70MPa	78	65	70	EE 级	−29～121	法兰连接	高：2400	气密封

3）注气管柱设计

因为注 CO_2 的压力集中在 30MPa 以下，目前主要采用原井管柱或注采一体化管柱。

4）注气方式设计

一般均采用油管正注方式，注 CO_2 流程见图 4.24。

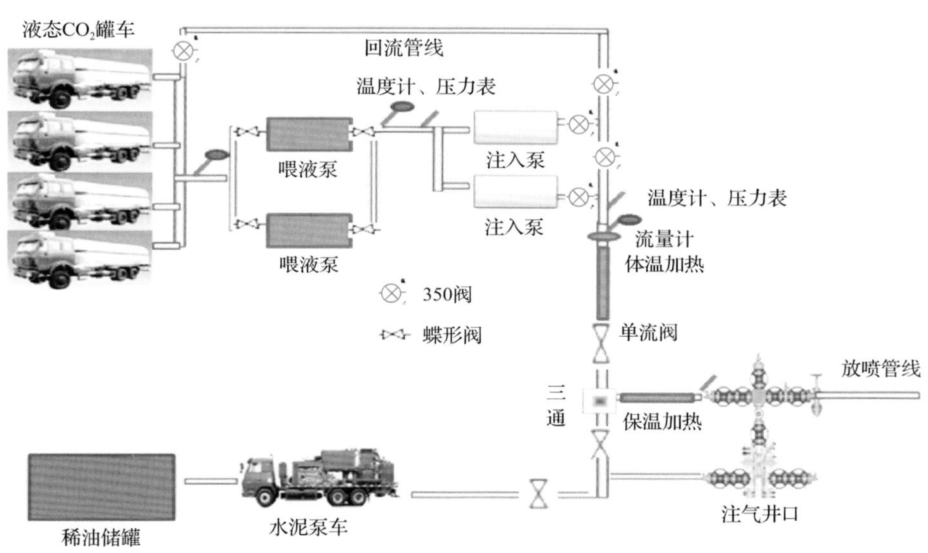

图 4.24　注 CO_2 流程

4.2.2　注 CO_2 防腐工艺技术

1. CO_2 腐蚀性分析

碳酸盐岩缝洞型油藏往往具有超深、高温、高压的工况特征，以及低 pH、高矿化度、高 Cl^-、高 Ca^{2+} 及 Mg^{2+} 的介质特点，基础环境非常苛刻；缝洞型油藏超深井注气需要气水混注，CO_2 与油田回注水协同作用，进一步加剧了井下管柱的腐蚀速率；缝洞型油藏注 CO_2 后存在闷井阶段，CO_2 与井底 H_2S 等强腐蚀性介质共存，管柱腐蚀比单纯 CO_2 腐蚀更快、更严重；缝洞型油藏注 CO_2 时，抽油泵柱塞要提出泵筒，开井生产前由于生成腐蚀结垢产物，挂抽成功率较低。为此，CO_2 防腐主要采用科学选材和配套缓蚀剂两大措施，整体取得了良好的防腐效果。

二氧化碳对金属材质的腐蚀反应机理如下：

$$Fe \longrightarrow Fe^{2+} + 2e^-$$

$$Fe + CO_2 + H_2O \longrightarrow FeCO_3 + H_2$$

开发实践表明，金属材质在 CO_2 溶液中的腐蚀比在同一 pH 下的盐酸溶液中的腐蚀更为严重。其主要原因是 CO_2 溶于水形成碳酸，碳酸是二元弱酸，H^+的不断反应会促进碳酸的电离，产生更多的 H^+，加剧了腐蚀反应的风险。

一般以二氧化碳的分压值作为衡量系统腐蚀风险的依据：①CO_2 分压大于 0.2MPa，严重腐蚀；②CO_2 分压介于 0.02～0.2MPa，中度腐蚀；③CO_2 分压小于 0.02MPa，轻微腐蚀。

二氧化碳的腐蚀过程是一种非常复杂的电化学过程，有多种影响因素，主要有温度、CO_2 分压、流速及流型、PH、腐蚀产物膜的组织结构及对基体的保护作用等。

2. 配套腐蚀防护技术

碳酸盐岩缝洞型油藏注 CO_2 时井下管柱面临高温、高压、高 CO_2 的苛刻腐蚀环境，目前适用于井下的缓蚀剂技术尚不成熟，主要依靠科学选材加强源头防腐能力；地面集输管道面临高矿化度、高 Cl^-、管输介质含 CO_2、H_2S 的问题，较常规介质腐蚀性更强，主要采取“选材+缓蚀剂”的防腐措施。

针对碳酸盐岩缝洞型油藏井下和地面腐蚀难题，模拟现场工况开展了地面选材及配套缓蚀剂筛选、井下选材的研究。

1) 地面防腐

根据碳酸盐岩缝洞型油藏注 CO_2 腐蚀防护配套缓蚀剂的技术需求，制定了缓蚀剂筛选评价技术指标[9,10]，主要包括缓蚀剂的防腐性能、物化性能、配伍性能和有机氯四部分。筛选评价具体指标如表 4.15。

表 4.15　缓蚀剂筛选评价指标

		指标
防腐性能	缓蚀率/%	≥70
	点腐蚀	无明显点蚀
物化指标	外观	均匀液体
	pH	5～9
	倾点/℃	≤-10
	开口闪点/℃	≥50
	水溶性	溶解性好或分散性好
	乳化倾向	无乳化倾向
配伍性能	配伍性	不降低其他相关药剂性能
有害组分	有机氯含量	无

缓蚀剂筛选评价条件如下。

实验介质：模拟地层水，其成分如表 4.16 所示。

实验温度：60℃。

实验压力：总压为 4MPa，CO_2 分压为 0.8MPa。

试片材质：$20^{\#}$管道钢、1Cr 不锈钢和 304 不锈钢 3 种。

试片线速度：1.5m/s。

不加缓蚀剂空白实验 1 组，分别加 30mg/L 缓蚀剂实验各 1 组。

每组实验周期为 168h。

表 4.16　模拟地层水离子含量表　（单位：mg/L）

$Na^{+}+K^{+}$	Ca^{2+}	Cl^{-}	SO_4^{2-}	Mg^{2+}	HCO_3^{-}	总矿化度	∑Fe	pH
70000	12000	130000	400	1300	190	230000	50	6.2

根据物化性质、配伍性、有机氯含量等指标，从 15 种缓蚀剂中初步筛选 3 种，型号分别为 A、B、C，分别代表咪唑啉、曼尼希碱、喹啉 3 类典型缓蚀剂产品。进一步评价这 3 种缓蚀剂的防腐性能，测试结果如表 4.17 所示。

表 4.17　缓蚀性能测试数据表

缓蚀剂编号	材质	腐蚀速率/(mm/a)	缓蚀率/%
空白	$20^{\#}$	4.2719	
	1Cr	1.2976	
	304	0.0166	
A	$20^{\#}$	0.8004	81.26
	1Cr	7.3024	
	304	0.0060	64.00
B	$20^{\#}$	0.1221	97.14
	1Cr	0.2200	83.05
	304	0.0020	74.67
C	$20^{\#}$	0.1749	95.91
	1Cr	0.8541	34.18
	304	0.0058	65.33

3 种材质挂片 A 缓蚀剂评价试验后挂片腐蚀形貌如图 4.25 所示，$20^{\#}$挂片腐蚀较空白实验减轻，对应缓蚀率为 81.26%，防腐性能良好；1Cr 挂片表面均匀覆盖一层黑色腐蚀产物，减薄较严重；304 挂片基本未被腐蚀，表面光滑无腐蚀产物。

(a) $20^{\#}$　　(b) 1Cr

(c) 304

图 4.25　3 种材质挂片 A 缓蚀剂评价实验后腐蚀形貌

B 缓蚀剂对 3 种材质的缓蚀率均达标，表明曼尼希碱类缓蚀剂对注 CO_2 地面工况具有较好的适应性；A 缓蚀剂对 20#材质缓蚀率达标，对 1Cr 材质、304 材质缓蚀性能较差；C 缓蚀剂对 20#材质缓蚀率达标，对 1Cr 材质、304 材质缓蚀性能较差。总体上，咪唑啉和喹啉类缓蚀剂较曼尼希碱类缓蚀剂防腐效果差。

2）井下防腐

依据注 CO_2 注采系统材质配套要求，开展注 CO_2 防腐配套选材评价工作，通过模拟注 CO_2 工况条件，井下选材主要评价 P110、3Cr、13Cr 3 种材质。评价结果如下。

(1) P110 管材适用性分析。

由图 4.26 采出系统模拟工况下 P110 管材的微观腐蚀形貌可知，试样表面均存在大小不一的腐蚀坑，CO_2 分压越高，试样表面的腐蚀坑越密集。图 4.27 为模拟工况条件下 P110 管材预膜前后的腐蚀速率，当 CO_2 含量为 50%时，预膜后的 P110 管材在气相环境中的腐蚀速率分别为 0.039mm/a、0.043mm/a，而其他工况条件下的腐蚀速率均高于 0.076mm/a，说明缓蚀剂预膜处理在一定程度上能够抑制气相腐蚀，但会加重液相腐蚀。仅从平均腐蚀速率来看，模拟工况下 P110 管材的腐蚀较高，不宜使用。因此，高温、高 CO_2 环境下 P110 管材不宜使用，缓蚀剂预膜技术也须慎重使用。如缓蚀剂选型与注 CO_2 工况不匹配，反而会增大腐蚀风险。

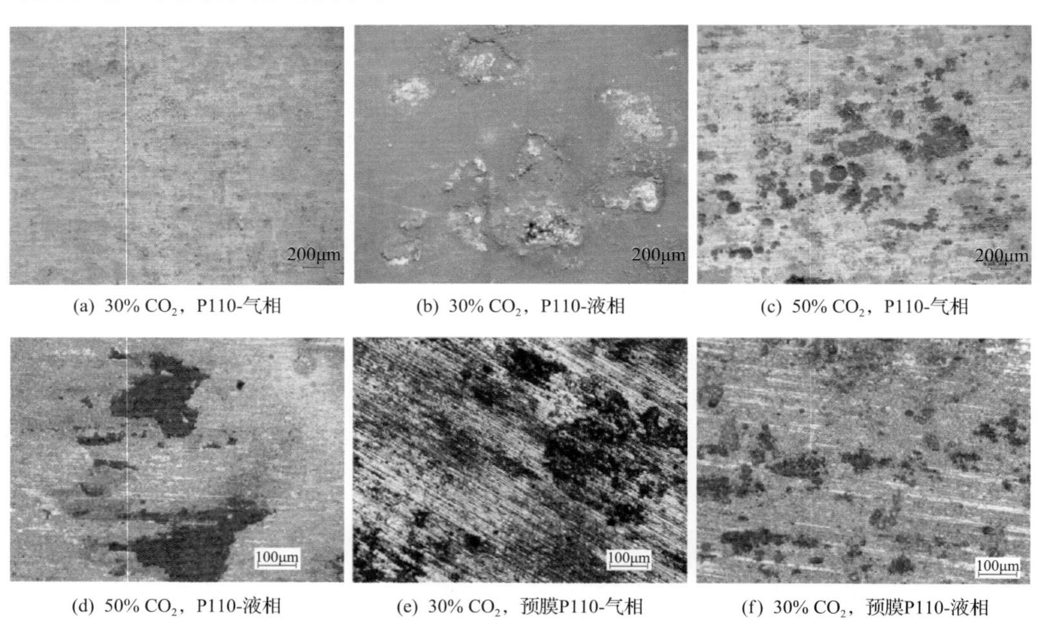

(a) 30% CO_2，P110-气相　(b) 30% CO_2，P110-液相　(c) 50% CO_2，P110-气相

(d) 50% CO_2，P110-液相　(e) 30% CO_2，预膜P110-气相　(f) 30% CO_2，预膜P110-液相

图 4.26　井下工况下 P110 管材的微观腐蚀形貌

(2) 采出系统 3Cr 管材适用性分析。

图 4.28 为模拟工况下气液两相中 3Cr 管材的腐蚀速率，不同 CO_2 分压下 3Cr 管材的腐蚀速率均较高，液相中 3Cr 管材的腐蚀速率均高于 0.076mm/a，且高于同等条件下气相中的腐蚀速率。综合模拟工况下 3Cr 管材的腐蚀类型与平均腐蚀速率，建议高温、高 CO_2 分压下不使用 3Cr 管材。

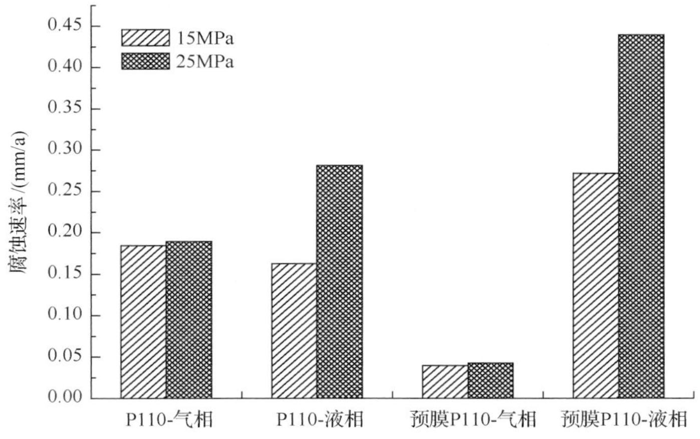

图 4.27　井下工况下 P110 管材的腐蚀速率

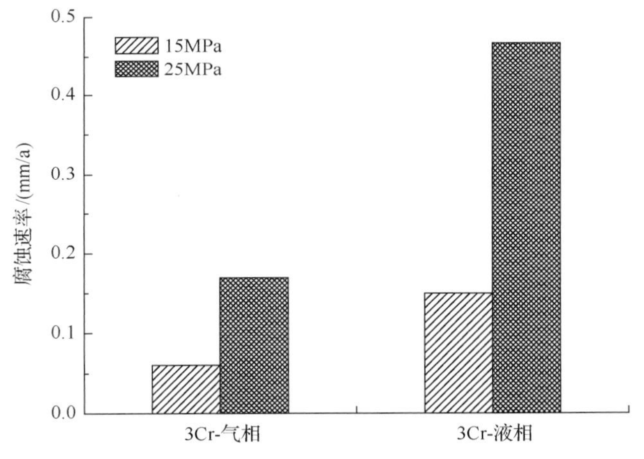

图 4.28　井下工况下 3Cr 管材的腐蚀速率

(3) 采出系统 13Cr 管材适用性分析。

图 4.29 为模拟工况条件下 13Cr 管材的腐蚀速率，不同 CO_2 分压下气液两相中 13Cr 管材的腐蚀速率均较小，低于 0.076mm/a，且液相中的腐蚀速率均高于同等条件下的气相。总体上，13Cr 管材在模拟工况下气液两相中的腐蚀速率较低，可推荐使用 13Cr 管材或抗 CO_2 性能更佳的超级 13Cr 管材。

整体上，碳酸盐岩缝洞型油藏采用注 CO_2 工艺时，井下管柱和地面集输管道都面临着比常规采油工艺更加严峻的腐蚀环境，尤其是井下工况具有高温、高压、高 CO_2 的显著特点，可推荐使用 13Cr 管材或抗 CO_2 性能更佳的超级 13Cr 管材。

碳酸盐岩缝洞型油藏注 CO_2 对应的地面集输系统腐蚀环境相对温和，具有高矿化度、高 Cl^-、含 CO_2 的介质特点，地面集输管材推荐选用 $20^\#$ 钢，关键部件推荐选用 304 不锈钢，并配套曼尼希碱类高效缓蚀剂，保障系统安全运行。

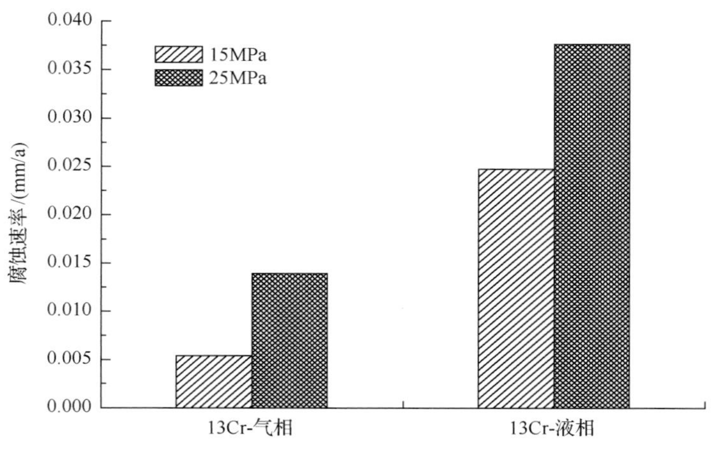

图 4.29　井下工况下 13Cr 管材的腐蚀速率

4.3　缝洞型油藏注 CO_2 现场实践

国外缝洞型油藏注 CO_2 提高采收率的案例比较典型的为土耳其的 Bati Raman 油田。Bati Raman 油田是土耳其最大的稠油油田，面积 52.16km^2，储层为石灰岩，孔隙度为 18%，渗透率为 $58\times10^{-3}\mu m^2$，埋深 1298.7m，原油相对密度为 0.9792，原油黏度为 592mPa·s，油藏温度为 53.9℃，原油原始地质储量高达 2.59×10^8t。但原油黏度高，相对密度大，溶解气少及油藏能量不足等原因导致一次采收率低，最终采收率低于原始地质储量的 2%。经过大量室内实验与现场先导试验，排除了水驱、蒸汽吞吐、火烧油层等增产技术。又因其在土耳其东南部，距离 Bati Raman 油田 89km 有个 Dodan 二氧化碳气藏，其储量达 $70.8\times10^8m^3$，气源充足，最终决定采用 CO_2 吞吐技术开采。该 CO_2 提高采收率项目为 CO_2 非混相驱，由土耳其国家石油公司公司操作，并取得了成功。注 CO_2 之前，每口井平均产量为 3.5t/d。1986 年注 CO_2 之后，油井产量高达 14t/d，部分井在短期内产量甚至高达 28～42t/d，截至 2008 年，CO_2 驱后该油田共采出原油 1316×10^4t，约为原始地质储量的 5%，增加原油产量 812×10^4t。

4.3.1　单井 CO_2 吞吐经济效益分析

为了评价单井注气吞吐的经济效益，首先必须计算注气吞吐经济界限增产油量(盈亏平衡点)[11,12]，即油井注气吞吐的新增投入与产出平衡时的增产量。如果实际增产低于或等于该增油量，则吞吐属于无效投入；如果油井实际增油量大于这一界限值，说明该井吐具有经济效益，属于有效投入。其计算公式如下：

$$Q_m = \frac{(I_0 + m)}{[\lambda P(1-R) - A_{cv}]} \tag{4.10}$$

式中，Q_m 为经济界限增油量，吨；I_0 为单井吞吐施工费用，万元；m 为单井吞吐气费用，万元；λ 为商品率，百分数；P 为油价(已扣除采油成本)，万元/吨；R 为税率，小数；A_{cv} 为每吨油的操作成本，万元。

根据当前市价，暂定 I_0=7.5 万元(主要包括工艺投入费用 2.0 万元，作业费用 5.0 万元/次，实施费用 0.5 万元)，原油商品率 λ=100%，R=0，A_{cv}=200 元/t，注入 CO_2 价格为 1000 元/t；油价为 2000 元/t，用式(4.10)计算分别注入不同量 CO_2 时的经济界限增油量及经济界限换油率。只要施工换油率大于经济界限换油率，就有开采价值。

单次注气总量分别为 $25\times10^4m^3$、$50\times10^4m^3$、$100\times10^4m^3$、$200\times10^4m^3$ 和 $400\times10^4m^3$ 时，利用式(4.10)计算不同注气量下经济界限增油量及经济界限换油率如表 4.18 和图 4.30 所示。

表 4.18　CO_2 吞吐注入量与经济界限增油量关系表

注入量 $/10^4m^3$	注入量/t	注入费用 /(万元/t)	工艺费 /万元	原油价格 /(万元/t)	吨油操作成本 /(万元/t)	经济界限增油量/t	经济界限换油率(t/t)
25	460.075	0.1	7.5	0.2	0.02	297.26	0.65
50	920.15	0.1	7.5	0.2	0.02	552.86	0.60
100	1840.3	0.1	7.5	0.2	0.02	1064.06	0.58
200	3680.6	0.1	7.5	0.2	0.02	2086.44	0.57
400	7361.2	0.1	7.5	0.2	0.02	4131.22	0.56

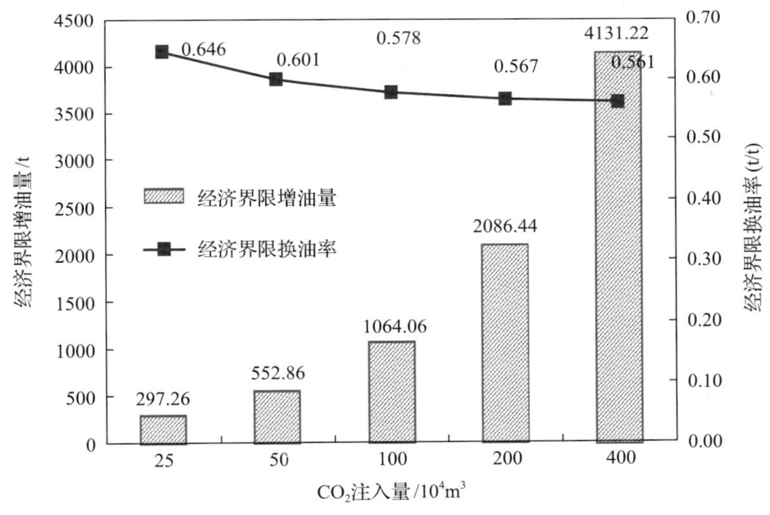

图 4.30　CO_2 吞吐注入量与经济界限增油量和界限换油率关系

4.3.2　缝洞型油藏 D-6 井 CO_2 吞吐实例

2014～2016 年，针对塔里木盆地缝洞型油藏不同储层类型的油井，在稠油区块开展了小规模的 CO_2 吞吐现场试验，平均单井周期增油 454t。其中，D-6 井位于局部构造高点，井周储集体发育，为裂缝-溶洞型储层，表层强反射特征。2012 年 3 月 27 日以 6mm 油嘴投产，低压自喷带水生产，后逐步缩嘴至 4mm。2012 年 9 月流压测试显示 5600m

以下为水梯度。

2014 年 8 月开展注 N_2 三次采油施工，累注气 $50\times10^4m^3$，累注水 $1251m^3$，闷井期间压力稳定，开井后带水自喷生产，累产液 2513.8t，产油 1103t，产水 1410.8t，累计增油 193t，注气效果差，2015 年 4 月因含水高关井。

2015 年 9 月 1 日至 6 日进行油管正注施工，累计注 CO_2 量 770.38t，CO_2 注入前油管顶替稀油 $15.4m^3$，套管顶替稀油 $100m^3$。CO_2 注入完毕，油管顶替稀油 $55m^3$，套管顶替稀油 $10m^3$ 闷井。闷井 21d 后开井不含水自喷生产，无水采油期 42d，累增油 364t，取得了一定的效果(图 4.31，表 4.19)。

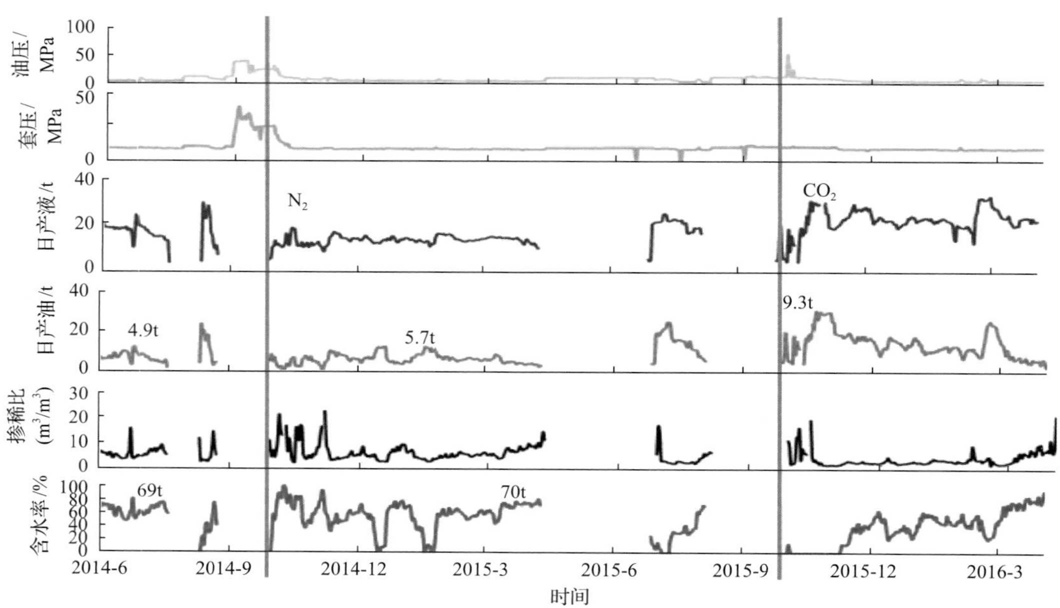

图 4.31　D-6 井生产曲线

表 4.19　D-6 井注气效果统计

类别	周期平均含水/%	周期平均日产油/t	周期累产油/t	掺稀比(m^3/m^3)
关井压锥	47.0	10.0	1786	7.10
N_2	55.5	5.7	1104	5.4
CO_2	27.0	11.8	1972	2.8

4.3.3　缝洞型油藏 D-8 井 CO_2 吞吐实例

D-8 井完钻井深 6247.00m，完钻层位：O_2yj，$T_7{}^4$ 面 6188m，进山 59.53m，177.8mm 套管回接，下深 6181m。2013 年 4 月 1 日钻进至井深 6227.0m 发生漏失，钻至 6241.4m 发生放空，放空井段 6241.4～6242.2m，期间井口失返，后强钻至井深 6247.5m，因发生溢流 $0.6m^3$，提前完钻，钻完井累计漏失 $521.4m^3$。

D-8 井于 2014 年进行 CO_2 复合注气施工，正注液态 CO_2 $997m^3$，顶替油田水 $300m^3$，

正注稀油 20m^3，环空注稀油 45m^3 后关井闷井。注液态 CO_2 过程中，排量为 2.27～23.38m^3/h，最高泵压为 15.38MPa，平均泵压为 6.93MPa，停泵泵压为 10MPa；注 N_2 过程中，注气排量为 4000m^3/h，最高泵压为 40MPa，平均泵压为 36.9MPa，停泵泵压为 39MPa，油压为 38MPa，套压为 29MPa，采用油压测压降，30 分钟后油压为 38MPa，压降为 0MPa。

D-8 井吞吐后评价效果见表 4.20。注气后以 4mm 油嘴开井生产，自喷 8d，累计产液 93.8t，产油 46.6t；后期转抽生产，井口化验产出液密度为 0.9809g/cm^3；有效期为 104d，累计增油 2027.9t，效果显著。

表 4.20　D-8 井注气效果统计

实施前				实施后				差值				有效期/d	累计增油/t
日产液/t	日产油/t	含水/%	掺稀比	日产液/t	日产油/t	含水/%	掺稀比	日产液/t	日产油/t	含水/%	掺稀比		
1.4	0	100	—	19.9	19.5	2.01	1.43	18.1	19.5	2.01	1.43	104	2027.9

参考文献

[1] 李士伦，张正卿，冉新权，等. 注气提高石油采收率技术. 成都：四川科学技术出版社，2001.

[2] 冯巍. 注 CO_2 气驱提高采收率效果影响因素分析. 石化技术，2015，22(9)：16.

[3] 国家能源局. 地层原油物性分析方法：SY/T 5542-2000. 北京：石油工业出版社，2000.

[4] 国家能源局. 最低混相压力实验测定方法-细管法：SY/T 6573-2016. 北京：石油工业出版社，2016.

[5] 李玉刚. CO_2 压缩机级临界点附近压缩特性的数值研究. 上海：上海交通大学硕士学位论文，2014.

[6] 陈林. 注 CO_2 井筒及油层温度场分布规律模拟研究. 成都：西南石油大学硕士学位论文，2008.

[7] 夏明珠，严莲荷，雷武，等. 二氧化碳的分离回收技术与综合利用. 现代化工，1999，19(5)：46-48.

[8] 孙扬. 天然气藏超临界 CO_2 埋存及提高天然气采收率机理. 成都：西南石油大学博士学位论文，2012.

[9] 国家能源局. 油田采出水用缓蚀剂通用技术条件：SY/T 6301-1997. 北京：石油工业出版社，1997.

[10] 国家能源局. 油田采出水处理用缓蚀剂性能指标及评价方法：SY/T 5273-2014. 北京：石油工业出版社，2014.

[11] 国家能源局. 碎屑岩油藏注水水质推荐指标及分析方法：SY/T5329-2012. 北京：石油工业出版社，2012.

[12] 于艳萍，钱争鸣. 投资项目现金流量估计和风险度量研究. 厦门大学学报(哲学社会科学版)，2002(4)：38-43.

第 5 章　缝洞型油藏复合注气提高采收率技术

注气提高采收率技术发展至今，形成了以 CO_2 驱为主、注 N_2/空气/烃类气体为辅的格局，同时也发展出烟道气驱、气体辅助蒸汽驱、泡沫驱等新兴技术。由于能源的需求量逐年增大，我国在 CO_2 驱、N_2 驱、泡沫驱方面发展迅速，注烃类气体主要应用在少量的凝析气藏以提高采收率。烟道气驱作为充分发挥 N_2 的增能作用和 CO_2 的溶解、降黏、膨胀作用的复合气驱技术，一直是室内研究的热点，随着油藏开发过程中油水关系的复杂化、油品的劣质化，水资源匮乏地区的复合注气提高采收率有望成为注气提高采收率技术的一个新的增长点。塔里木盆地碳酸盐岩缝洞型油藏作为缝洞型油藏的典型代表，油品覆盖广(稀油到稠油分布广泛)、油井超深(大于 5000m)，且注 N_2 提高采收率已经取得良好的效果，因此本章以塔里木盆地碳酸盐岩缝洞型油藏为例，探讨注 N_2+CO_2 提高采收率的机理、技术政策、施工工艺，以及探索在缝洞型油藏注 N_2 后期油水气关系复杂时如何提高采收率。

缝洞型油藏注 N_2 主要针对“阁楼油”，N_2 的溶解度相对较低、易实现气顶重力驱；缝洞型油藏注 CO_2 主要针对稠油油藏，利用 CO_2 的降黏作用，实现稠油降黏和超稠油储量的动用；而复合注气的主要对象为缝洞型油藏注水注气后的剩余油，充分利用 N_2 的增能、气顶驱作用、非混相驱作用和 CO_2 的溶解降黏、混相驱作用，探索复合注气的效率与效果，进一步提高缝洞型油藏的原油采收率。

5.1　缝洞型油藏复合注气机理

不同气体介质在不同的条件下，对不同成分的原油作用机理略有不同。CO_2 驱油机理包括混相驱及非混相驱[1]，但在塔里木盆地碳酸盐岩缝洞型油藏条件下难以达到混相状态。在非混相状态下，CO_2 驱油机理主要包括溶解降黏、体积膨胀、萃取轻质组分、溶解气驱等；N_2 驱油机理主要包括重力分异作用和增加储层能量[2]。

本节主要从注复合气相态实验、可视化物理模拟实验、三维缝洞系统复合注气物理模拟实验 3 个方面深入研究复合气驱技术，初步探究缝洞型油藏复合气驱提高采收率机理。

5.1.1　复合气驱技术研究进展

早在 1993 年，便有学者提出气体在重力分异作用下，在各类润湿性的系统中均能发挥较好的气驱作用，与溶洞相比，裂缝对提高采收率有负面影响[3]。郭平等[4]对单井注 N_2、CO_2、CH_4 及烟道气进行驱油实验，通过研究注气膨胀、泡点压力变化趋势及注入气体和地层流体的配伍性来评价驱油效果。在已有的黑油模型的基础上增加了相对渗透率及毛细管压力滞后模型，并在该模型上进行吞吐模拟实验，真实地反映了相渗特征、毛细管压力特征及吞吐过程。

有学者提出注 N_2 可以改善稠油油藏蒸汽吞吐过程中的采收率[5]，不同油藏的注气量及注入方式均会影响采油效果。通过注蒸汽-N_2 吞吐室内模拟实验及工艺参数优化研究[6]，指出注 N_2 辅助蒸汽吞吐具有提高吞吐采收率、降低回采水率和减少蒸汽消耗量等优势。此外，N_2 与蒸汽的比例对吞吐的效果具有较大的影响，存在最佳比例。有学者认为注入高压的浓缩 SO_2 有利于混相[7]，且可以保持地层能量，但可能造成严重的大气污染。也有文章特别提出了复合气驱[8]，复合气由 CO_2 和 N_2 组成，认为复合气可以在稳定油藏压力的同时改变油水的位置，具有较大的开发潜力。

有学者用室内仿真器建立的驱油模型对缝洞型碳酸盐岩油藏的采油机理进行了研究，指出岩石的润湿性随着驱替岩心敏感性的改变而改变，可提高采收率[9]。通过室内实验证明 N_2 吞吐存在最佳的注气量及焖井时间。胡蓉蓉等[10]针对塔河油田的油藏特征，通过数值模拟研究注采井间不同缝洞介质结构对注气开采的影响，提出非混相气驱的主要机理为重力驱、膨胀原油和降低原油黏度，注采井在缝洞中的位置严重影响气驱的结果。

目前，国内外学者针对注气驱提高采收率技术的研究主要集中在常规碎屑岩油藏和裂缝型碳酸盐岩油藏，针对我国特殊的缝洞型碳酸盐岩油藏[11]，国内学者主要研究了 N_2 和 CO_2 单一气体对缝洞型油藏开发效果的影响[12,13]，目前对复合注气（N_2+CO_2）技术的研究还处于起步阶段。

5.1.2　缝洞型油藏注复合气相态实验研究

缝洞型油藏储层非均质严重，N_2 的驱油机理主要为气顶重力驱，CO_2 的驱油机理主要为溶解降黏，复合气体的作用机理尚不明确。本节选择 E-1 井原油，地层原油配样后，分别测试单次脱气 GOR 及体积系数以检验配制样品的代表性；分析不同气体介质（CO_2、N_2 和复合气）对两口井原油的降黏性能、溶解性能和膨胀性能，并特别对比分析复合气与原油的相态特征。

1. CO_2 和 N_2 基础性质

地面标准状况（25℃和 0.101MPa）下 CO_2 和 N_2 的基础性质如下：CO_2 密度为 1.977g/cm^3，1 体积水可溶解 1 体积 CO_2，当温度和压力高于 CO_2 相态临界点（31.26℃和 7.39MPa）时，CO_2 为超临界状态；N_2 的密度为 1.25g/cm^3，1 体积水中大约只溶解 0.02 体积的 N_2。温度高于临界点–147℃，压力高于临界点 3.4MPa 时，N_2 为液态。地层条件下 CO_2 和 N_2 的性质见表 5.1。

表 5.1　塔里木盆地示范区地层条件下两种气体的性质

气体类型	状态	密度/(g/cm^3)	黏度/(mPa·s)	扩散能力	溶解能力	$V_{地面}$ ∶ $V_{地层}$	溶解性
CO_2	超临界流体	0.7828	约 0.052	液体的 100 倍	比液态更强	1∶1.3	易溶于油和水
N_2	气体	0.35		比较差		304.87∶1	难溶于油和水

2. 地层流体配制及分析

PVT 实验设备及实验步骤如第 3 章 3.1 所示，依据中华人民共和国石油天然气行业标准《地层原油物性分析方法》(SY/T 5542—2000)，应用 E-1 井原油样品，加一部分分离器的气样，在地层温度 126.2℃下按泡点压力 25.94MPa 配样，配制成符合要求的流体样品。

将样品转入 PVT 仪，在地层温度和压力下进行了单次脱气测试，参考标准《地层原油物性分析方法》，检验复配样品的代表性。将配制样品的结果与现场数据进行对比(表 5.2)，对比结果说明配样代表性较好，配好的样品可用于原油 PVT 物性分析实验。

表 5.2　E-1 井地层流体样品配制结果对比

类型	饱和压力/MPa	地层油黏度/(mPa·s)	地层油体积系数	气油比(m^3/m^3)	地层油密度/(g/cm^3)	脱气油密度/(g/cm^3)	50℃脱气油黏度/(mPa·s)
现场结果	25.90	22.32	1.1742	68	0.8578	0.9205	1495
配制结果	25.94	24	1.1786	68	0.8615	0.9228	1526

3. 原油-复合气 PVT 相态特征

在 N_2 影响 CO_2 最小混相压力的实验中，复合气中的 N_2 会显著增大 CO_2 的最小混相压力，当复合气中 N_2 的摩尔分数为 5%时，CO_2 的最小混相压力会增大 29.34%，当复合气中 N_2 的摩尔分数为 10%时，CO_2 的最小混相压力会增大 64.07%。因此当复合气中 N_2 与 CO_2 的体积比例为 1∶1 时，认为复合气不会与 E-1 井原油混相。

复合气在原油中的溶解能力处于 N_2 和 CO_2 之间(图 5.1)，其使原油黏度降低和膨胀的能力也在二者之间(图 5.2，图 5.3)。

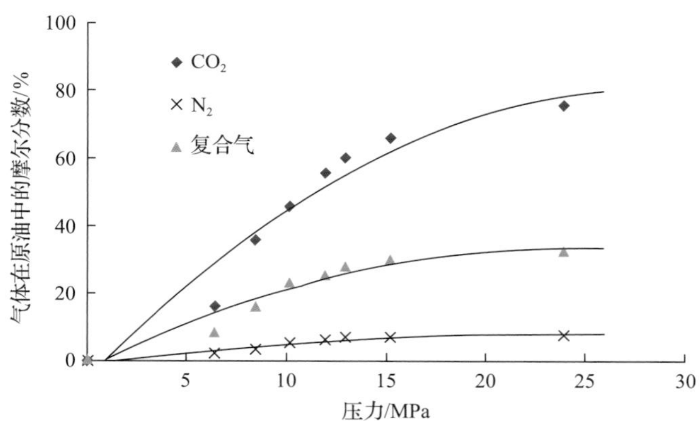

图 5.1　复合气在 E-1 井原油中溶解量与压力关系

复合气在原油中的溶解量随着压力的升高而增大，主要原因是复合气中大量的 CO_2 溶解于原油中，而 N_2 溶解较少。当压力大于 7.38MPa 时，复合气的溶解度大幅提高，这是由于 CO_2 达到超临界状态后，其在原油中的溶解能力和扩散速度迅速提升。当压力大于 15MPa 时，复合气在原油中的溶解度上升速度则逐渐变缓。

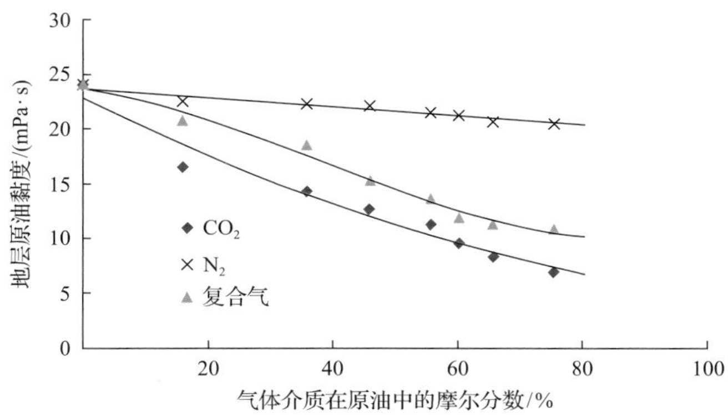

图 5.2　复合气在 E-1 井原油中溶解量与原油黏度关系

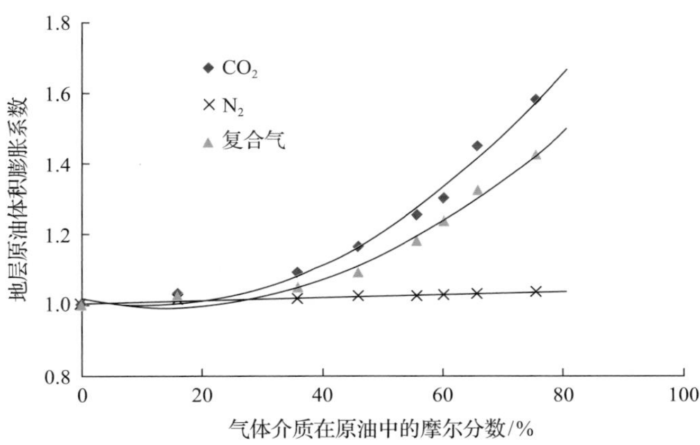

图 5.3　复合气在 E-1 井原油中溶解量与原油体积膨胀系数关系

复合气使原油黏度降低和体积膨胀的能力都随其在原油中溶解度的增大而增强，并且复合气曲线的变化趋势与 CO_2 相似，说明复合气对原油降黏和体积膨胀的作用主要由 CO_2 所决定，所以复合气驱油机理既包含了 N_2 利用油气重力分异作用驱油，又包含了 CO_2 的溶解降黏、溶解膨胀和溶解气驱等机理。

4. 混相机理研究

利用细管驱替实验测试注气的最小混相压力，设置温度为 126.2℃，压力分别为 30MPa、40MPa、50MPa、60MPa，选取 4 种气体，复合气组分为 50% CO_2+50% N_2。

在本次驱替测试过程中，在注入 0.4PV 气体以前驱替速度为 0.2mL/min，在注入 0.4PV 气体后，驱替速度提高为 0.4mL/min，当注入气体积达到 1.2PV 时，结束驱替过程。

利用细管驱替实验装置测定了塔里木盆地示范区普通稠油 E-2 单元注气体与原油的最小混相压力。

(1) 细管的技术指标。

细管的技术指标见表 5.3。

表 5.3　细管参数表

细管号	直径/cm	长度/cm	孔隙度/%	渗透率/μm^2
1	0.466	1800	35	5

(2) 驱替油样。

驱替油样为塔里木盆地示范区 E-2 单元稠油，不同压力条件下地层原油的体积系数见表 5.4。

表 5.4　塔里木盆地示范区 E-2 单元稠油的体积系数

压力/MPa	体积系数(m^3/m^3)
32.00	1.2322
46.90	1.2150
53.30	1.2086
56.99	1.2052

(3) 实验条件。

实验温度为地层温度 124.1℃，驱替压力分别设定为 32MPa、46.95MPa、53.30MPa、56.99MPa；驱替速度为 0.125mL/min，恒速驱替；回压采用自动泵控制，可始终保持回压为所选定的驱替压力值，其波动幅度一般不超过 0.01MPa；注入体积为不同压力下由泵读数测得的实际体积，当注入体积为 1.2PV 时，结束驱替过程。

(4) 实验结果。

对比不同气体在不同注入压力情况下的驱油效率：相同压力下，CO_2 的驱油效率最高，N_2 的驱油效率最低，复合气处于 CO_2 与 N_2 之间(图 5.4)。

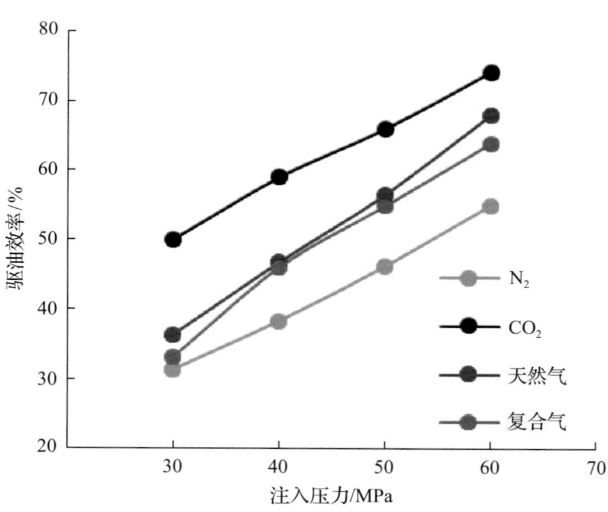

图 5.4　不同气体不同注入压力情况下的驱油效率

综合相态研究和细管驱替实验，结果表明：复合气的性质介于 CO_2 和 N_2 之间，对原油参数的影响也介于 CO_2 和 N_2 之间，超稠油中的溶解能力低于常规稠油；细管实验复合气的驱油效率介于 CO_2 和 N_2 之间，不能达到混相驱。

5.1.3　缝洞型油藏注气可视化实验研究

鉴于缝洞型油藏储集体的非均质性、复合注气的复杂性，需采用可视化方法，在 N_2 驱可视化、CO_2 驱可视化的基础上，进一步研究复合气体的注气机理。

1. 缝洞型油藏 N_2 驱可视化研究

通过大量的理论研究，结合物理实验，认为 N_2 与原油的最小混相压力远高于其地层压力，在原始地层条件下（125℃，60MPa），进行 N_2 与塔里木盆地示范区原油 PVT 实验，结果如图 5.5 所示。油/气界面很明显，说明地层压力小于 N_2 与塔里木盆地示范区原油的最小混相压力，在油藏条件下注 N_2 驱是在非混相状态下进行的。

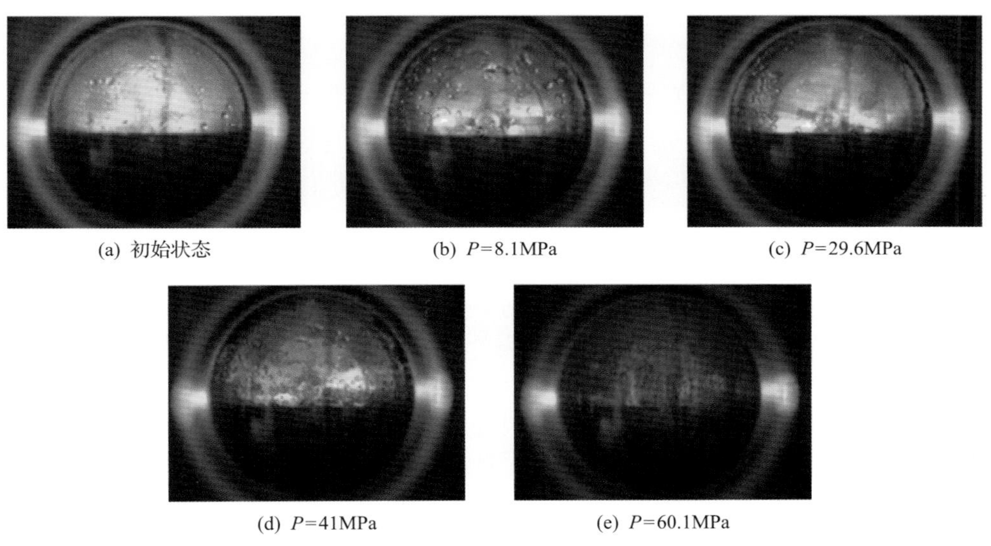

(a) 初始状态　(b) P=8.1MPa　(c) P=29.6MPa

(d) P=41MPa　(e) P=60.1MPa

图 5.5　125℃，60MPa 下 N_2 与塔里木盆地示范区原油 PVT 实验照片

当压力小于 30MPa 时，原油被压缩；当压力大于 40MPa 时，原油开始膨胀；当压力为 60MPa 时，气相颜色变深，表明 N_2 抽提原油轻组分。胡蓉蓉等[10]应用相态分析软件对 N_2 与塔里木盆地示范区原油最小混相压力的评价也证明了此观点，结果如图 5.6 所示，用拟三角相图来表示混相驱与非混相驱，表明混相条件与注入流体、原油、临界切线的相对位置有关。当压力达到 60MPa 时，气液两相包络线仍然距离较远，表现出非混相状态，由于塔里木盆地缝洞型碳酸盐岩油藏地层压力为 55～60MPa，所以在地层条件下 N_2 不会与原油混相。

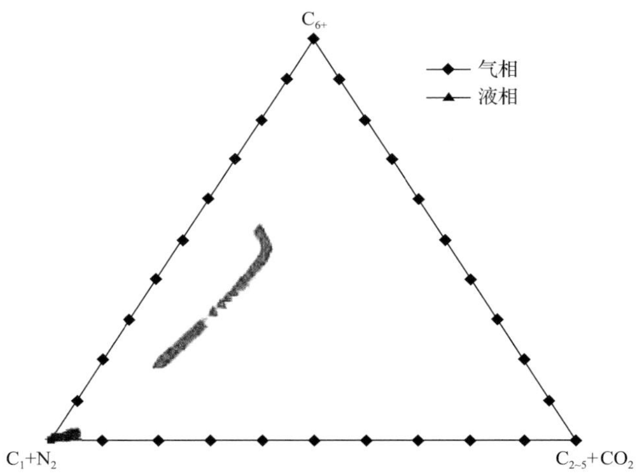

图 5.6　地层温度为 124℃，压力为 60MPa 条件下，N_2 与地层原油的拟三角相图

缝洞型油藏氮气驱提高采收率机理主要包括以下两个方面。

1) 注 N_2 重力驱——油气重力分异作用

在缝洞型油藏中，一般先采用依靠天然能量的衰竭式开采，天然能量不足后采用注水开发，当油井含水率过高导致注水失效后，有大量的剩余油残留在构造顶部。从经济上效益考虑，不宜采用在构造顶部重新布井的方法，而采用注 N_2 驱可以补充地层能量，以达到增油的目的。注 N_2 驱的增产对象是单井所控制的缝洞单元，无论定容封闭的缝洞单元还是天然能量不足的缝洞单元，注 N_2 驱皆可发挥作用。由于油气密度差异大，N_2 注入时在重力分异的作用下运移至构造高部位，形成气顶，将缝洞单元顶部的油置换出来，形成新的剩余油富集区，使地层含油饱和度重新分布，同时下压油水界面至油井底部，从而使油井恢复产能。

N_2 对于缝洞单元高部位剩余油的启动有很好的效果，在横向孤立溶洞注 N_2 实验中(图 5.7)，图 5.7(a)为底水驱后剩余油分布，图 5.7(b)～(d)为注 N_2 后模型内流体流动规律。

由于 N_2 密度小于油水密度，注入后能快速占据孤立溶洞上部孔洞，驱替其中的“阁楼油”向下运移，同时随着底水的注入，原油被采出。但在注气初期，高位井水淹后，注 N_2 驱基本无效，直至在 N_2 和底水的共同推动下，原油开始进入油井底部时，注 N_2 驱才能见效。当原油完全被采出后，N_2 进入模型左侧高部位，到达井底后气窜。N_2 对于孤立溶洞高部位剩余油的采出有巨大的帮助，在不发生气窜的前提下，基本可将剩余油全部驱替。

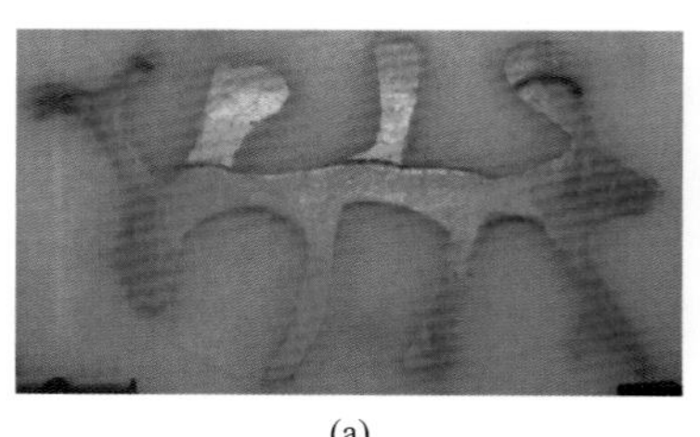
(a)

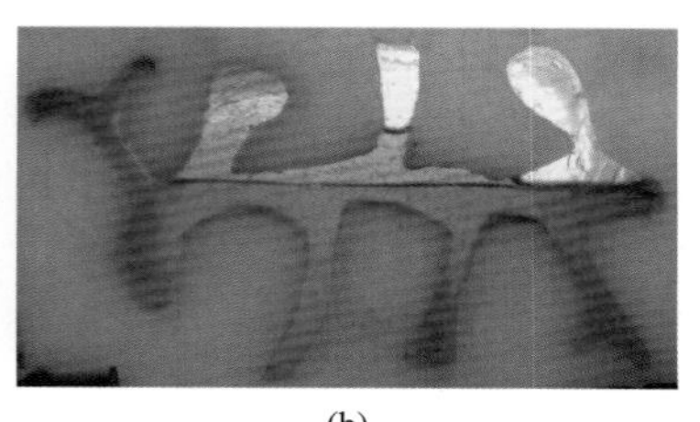
(b)

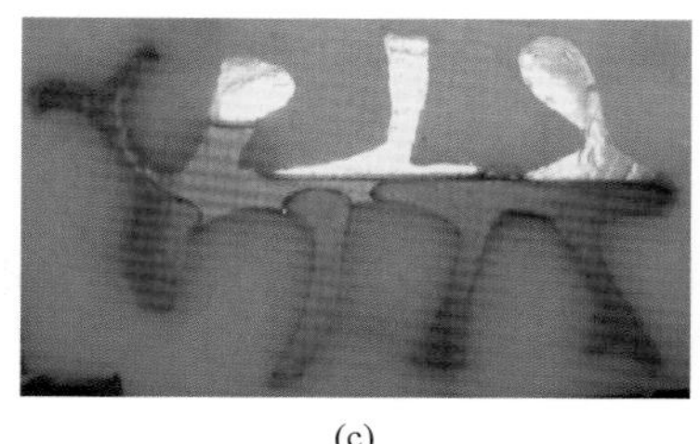
(c)

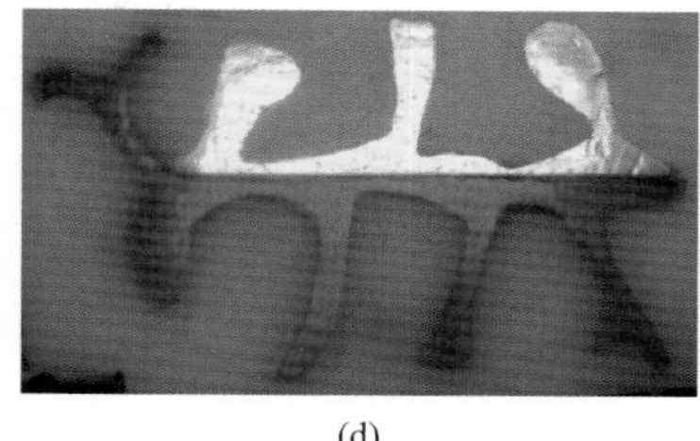
(d)

图 5.7　横向孤立溶洞模型 N_2 驱动态过程图

而 N_2 对于低部位封闭孔洞内剩余油的启动则无效果，在纵向孤立溶洞注 N_2 实验中(图 5.8)，图 5.8(a)为底水驱后剩余油分布，图 5.8(b)～(d)为注 N_2 后模型内流体流动规律。

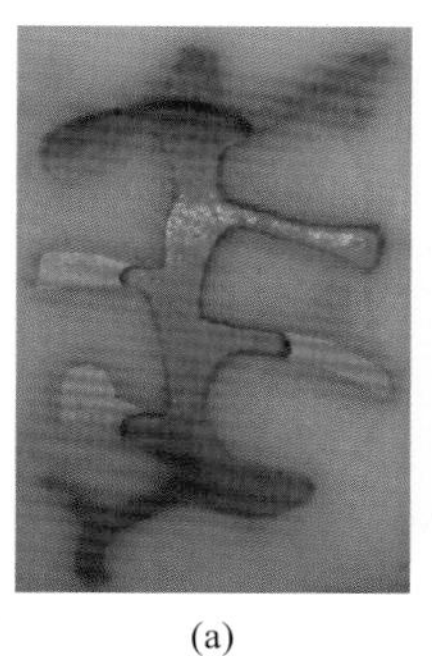
(a)

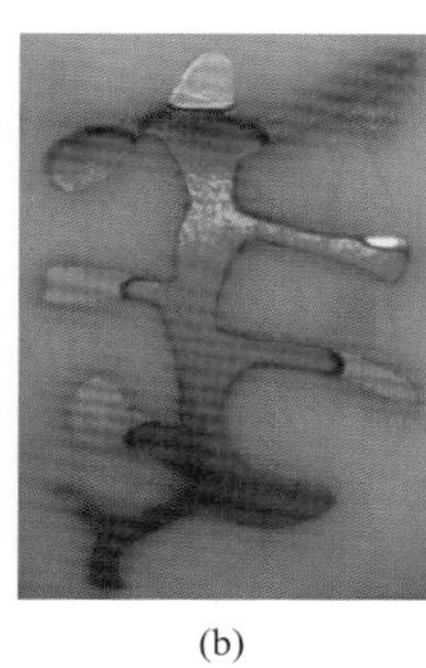
(b)

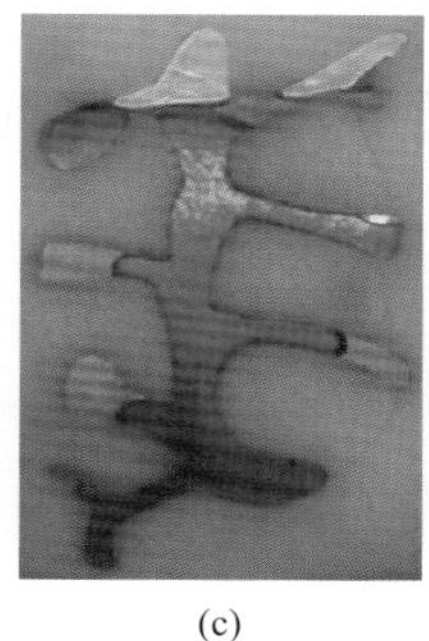
(c)

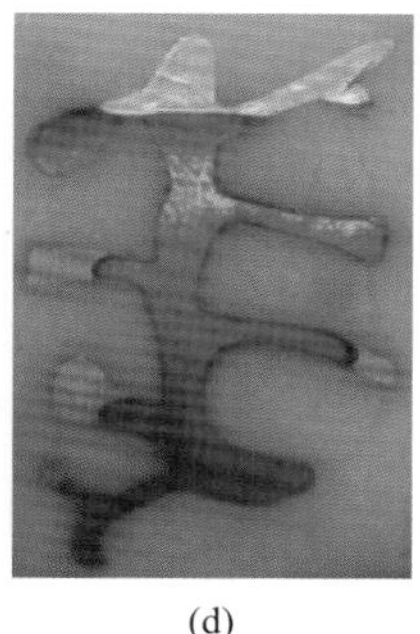
(d)

图 5.8　纵向孤立溶洞模型 N_2 驱动态过程图

与横向孤立溶洞模型相似，注入的气体在重力差异作用下上升到模型顶部形成气顶，驱替上部“阁楼油”。但由于模型中下部封闭孔洞内的剩余油位置低于注气井，气体无法向下运移，导致此处剩余油无法被采出。

2)增大波及体积

N_2 黏度低于水相黏度，流动能力强，与原油之间的界面张力小于油水之间的界面张力，较小的油气界面张力使 N_2 可以进入水无法进入的微裂缝中，驱替出其中的剩余油。N_2 在注入地层后，在压力作用下可以进入水难以进入的部分，如低渗透含油裂缝，N_2 占据了原来被油占据的裂缝空间，使低渗透率裂缝中的剩余油流入高渗透率的溶洞中，使油藏中油、气、水重新分布，在一定程度上有效地增大了波及体积。

对于底水无法进入的一些细小裂缝，N_2 能有效地启动这一部分的剩余油。在裂缝网络注 N_2 实验中(图 5.9)，图 5.9(a)为底水驱后剩余油分布，图 5.9(b)～(d)为注 N_2 后模型内流体流动规律。

沿单缝井向下注气，气体与底水交汇在横向裂缝中，形成了小段的水气交替段塞，正是由于油气界面张力较小，注入的气体能进入上部裂缝，顶替其中的剩余油，再由底水推动被启动的剩余油进入流动通道，从而增大了水驱波及体积。

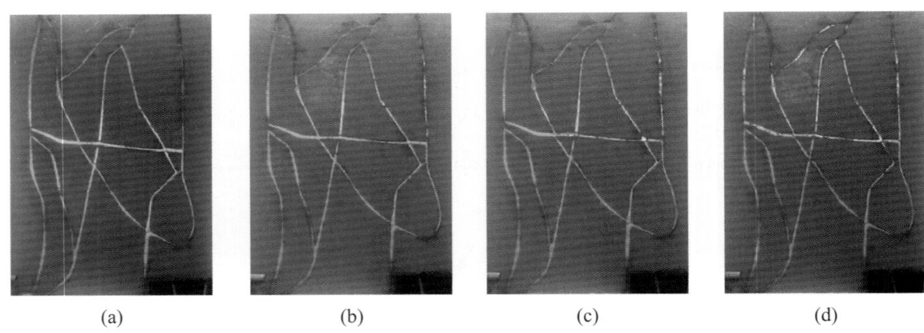

(a) (b) (c) (d)

图 5.9 裂缝网络模型 N_2 驱动态过程图

在缝洞型碳酸盐岩油藏中，孔洞非常发育，渗透率高，相比之下裂缝的渗透率较低，注 N_2 后气体会选择压力最小的孔洞流动，所以在重力分异和注气驱动压力的作用下孔洞中的气体会优先进入构造高部位驱替“阁楼油”。当压力达到一定临界值时，N_2 才会进入裂缝中，启动其中的剩余油。

2. 缝洞型油藏 CO_2 驱可视化研究

CO_2 在常温常压下是一种无色无味气体，密度比空气略大；液态 CO_2 具有与油、水相近的密度，并兼备气体的低黏度和高渗透能力。与常规气体一样，CO_2 具有气、液、固三种物理形态，CO_2 的相态图见图 4.19。

图 4.18 的三相点为 CO_2 气液固三相共存状态，气液相的平衡交点所对应的压力为 CO_2 的临界压力 7.38MPa，高于临界压力时 CO_2 为超临界状态，兼有液态和气态的性质，当 CO_2 处于超临界状态时，其溶解能力和扩散速度均高于气态。

根据驱油方式的不同，CO_2 驱可以分为 CO_2 混相驱和 CO_2 非混相驱。在原始地层条件下(125℃，60MPa)，进行 CO_2 与塔里木盆地示范区原油 PVT 实验，结果如图 5.10 所示。

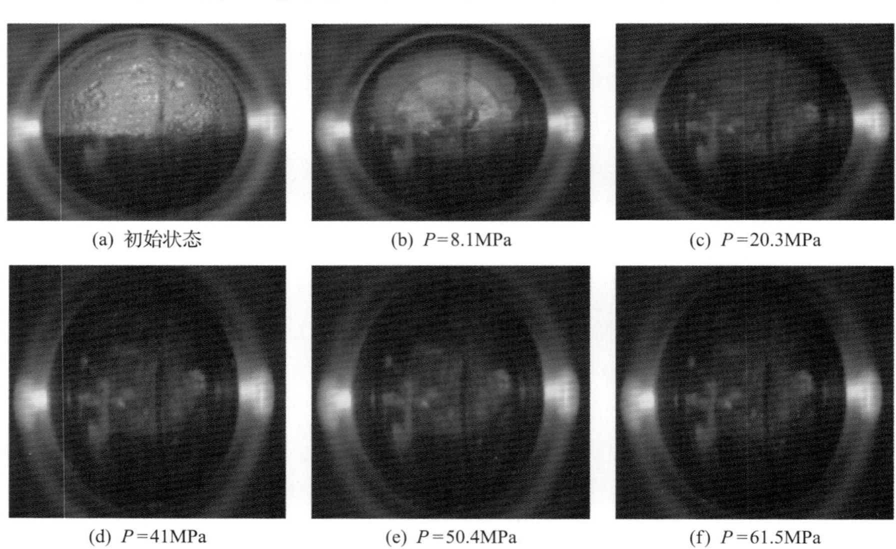

(a) 初始状态 (b) P=8.1MPa (c) P=20.3MPa

(d) P=41MPa (e) P=50.4MPa (f) P=61.5MPa

图 5.10 125℃，60MPa 下 CO_2 与塔里木盆地示范区原油 PVT 实验照片

油/气界面消失，说明地层压力大于 CO_2 与塔里木盆地示范区原油的最小混相压力，在油藏条件下注 CO_2 驱是以混相状态下进行的。当压力为 8.1MPa 时，原油膨胀明显；当压力大于 50MPa，油气界面消失。胡蓉蓉等[10]应用相态分析软件对 CO_2 与塔里木盆地示范区原油之间进行多级接触混相驱，拟三角相图模拟计算结果如图 5.11 所示。

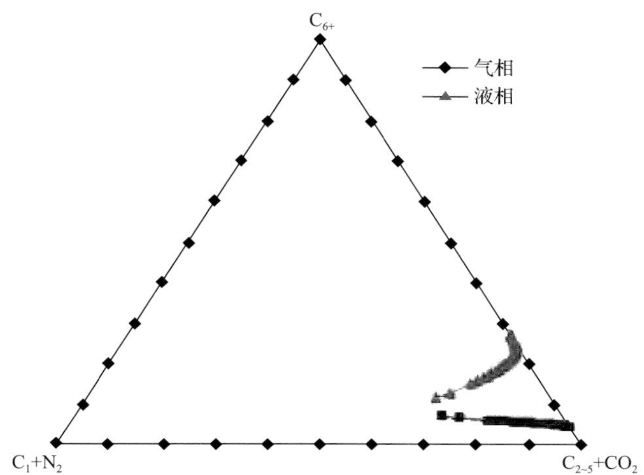

图 5.11　地层温度为 124℃、压力为 41MPa 条件下，CO_2 与地层原油的拟三角相图

在多级接触过程中，当压力增加到 41MPa 时，气液两相包络线开始相交，说明在此压力下 CO_2 与地层原油可达到混相驱替，而塔里木盆地缝洞型碳酸盐岩油藏地层压力为 55~60MPa，可见 CO_2 在地层条件下可与原油达到混相。混相后 CO_2 与原油互相溶解而不存在分界面，这样就完全消除了界面张力，理论上可使微观的驱油效率达到 100%。但室内物理模拟实验条件下无法达到 CO_2 混相驱压力，主要以非混相驱进行驱替实验，其主要驱油机理包括以下几个方面。

1) 溶解降黏

CO_2 在原油中的溶解性很好，其在原油中的溶解度比在水中的溶解度高 3~9 倍，溶解度随压力的升高而增大(图 5.12)，当其压力降低时，又会从原油中析出。随着 CO_2 的

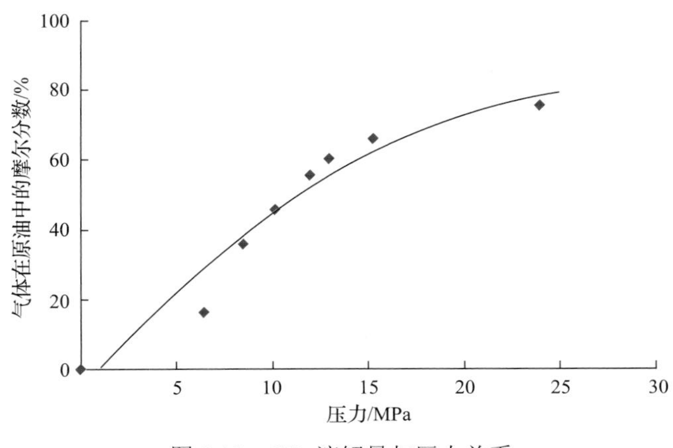

图 5.12　CO_2 溶解量与压力关系

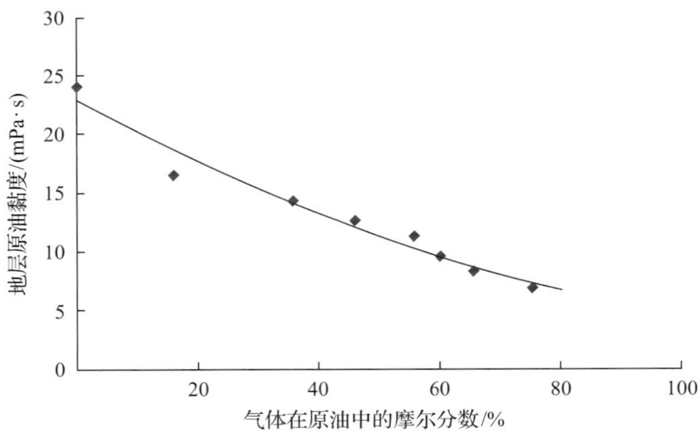

图 5.13　CO_2 溶解量与原油黏度关系

不断溶解，原油黏度、密度大幅度下降(图 5.13)，改善了油水流度比，提高了原油流动性能，使水驱难以动用的油更容易被驱替出来。

2) 溶解膨胀

原油体积系数随着 CO_2 溶解度的增大而增大(图 5.14)，CO_2 充分溶解于原油后，可使原油体积膨胀 10%～40%，使其充分发挥弹性膨胀能作用，补充了地层能量，使孔隙压力升高，部分溶解了 CO_2 的剩余油就会从其滞留空间溢出，成为可被驱替的油相。

3) 溶解气驱

非混相驱时，CO_2 溶解在原油中。在较高压力下，CO_2 也可以抽提轻质组分；由于 CO_2 的溶解度随温度的升高而降低，所以 CO_2 溶解气在地层中随温度的升高会部分气化游离。当原油被采出压力降低时，更多的 CO_2 从原油中脱出，驱动原油流入油井，发挥溶解气驱作用。

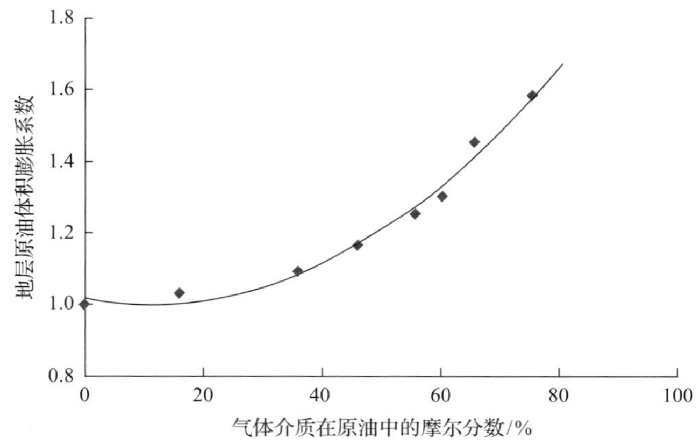

图 5.14　CO_2 溶解量与原油体积膨胀系数关系

CO_2 非混相驱与 N_2 非混相驱不同，N_2 非混相驱主要依靠油气重力分异作用启动构造高部位的剩余油，而 CO_2 非混相驱的效果主要依靠其溶解于原油中产生的溶解膨胀作用。由三维耐压物理模型 CO_2 驱实验中 CO_2 的注入量随压力变化的关系可知，CO_2 的注入量随压力的升高而增大，这正是由于压力增大后，CO_2 大量溶解在原油中，使原油稀释膨胀。当压力达到 8MPa 以后，CO_2 进入超临界状态，溶解量和扩散速度增大，所以注入量明显增加。CO_2 驱采收率随压力的升高而增大，这是因为溶解度增大后，原油被大幅度稀释，易于被采出，而且在溶解气驱的作用下大幅度提高了采收率。

3. 复合气驱可视化启动剩余油规律

1) 复合气注入井井底气顶形变规律

E-3 井以 4sccm①注入复合气，复合气以气泡的形式从井眼冒出，该井在注入复合气前已经暴性水淹，井眼附近有一定高度的水层，由于气液密度差异，气泡先进入水层再上浮到上部油层，在该井底所处的溶洞顶部积聚，逐渐形成气顶，将此气顶命名 1 号气顶(图 5.15)。

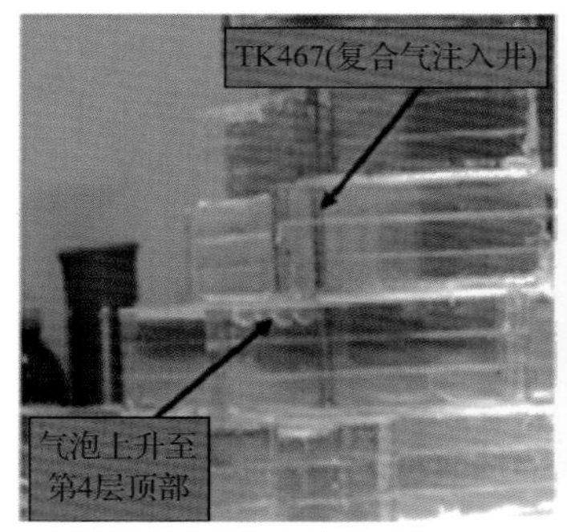

(a) 复合气注入0.5min

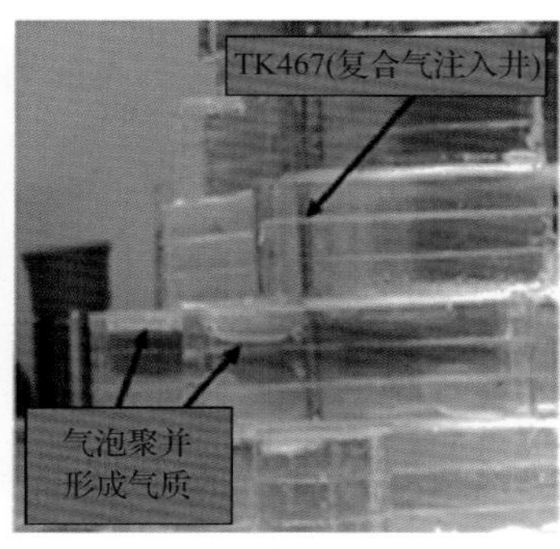

(b) 复合气注入2min

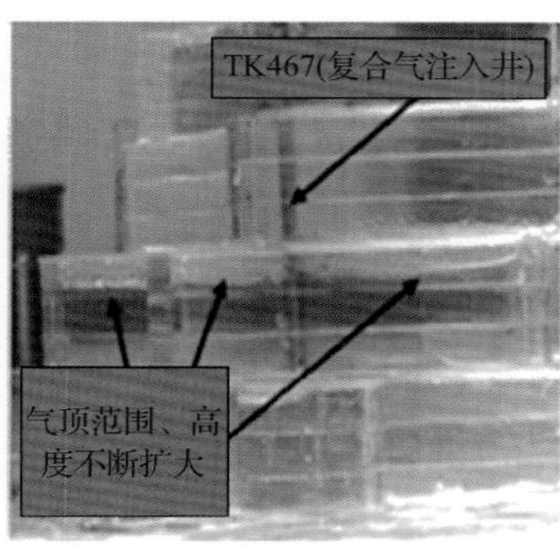

(c) 复合气注入7.5min

图 5.15　E-3 井底所处溶洞顶部的气顶(1 号气顶)形成过程图

在后续的实验过程中，1 号气顶高度没有明显的扩大，只是在底水能量的作用下周期性地发生微小压缩和恢复。这是由于注入气井底所在的溶洞与其他缝洞连通，气体的流度大，易窜逸，很难持续地积聚气顶能量，在与恒底水能量的抗衡过程中，呈现周期性的形变(图 5.16)。

(a) 复合气注入11min

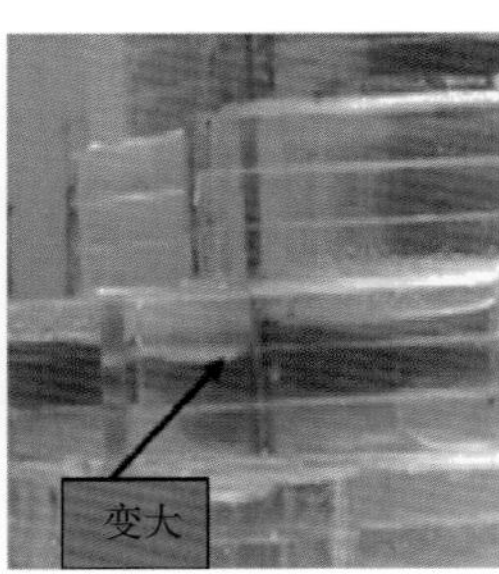

(b) 复合气注入13min

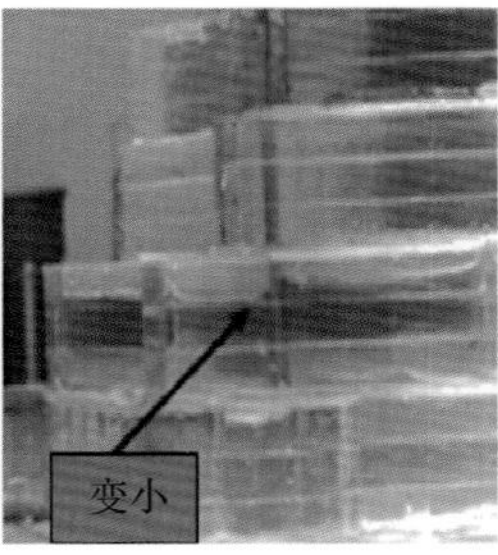

(c) 复合气注入16min

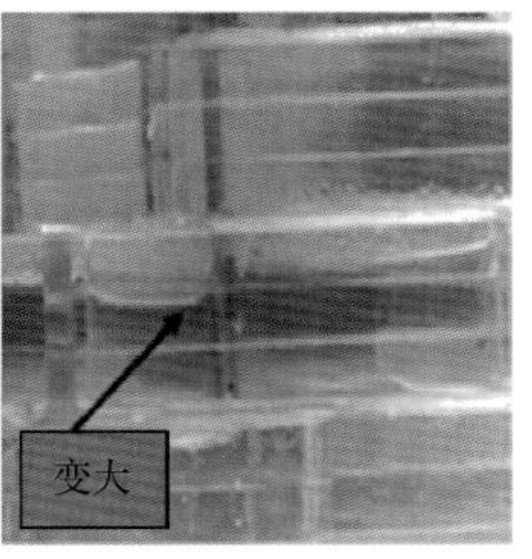

(d) 复合气注入20.5min

图 5.16　1 号气顶周期性变化图

① 1sccm=1cm^3/min。

2) 复合气驱对绕流油、“阁楼油”的启动

1 号气顶中的气体向与其连通的缝洞流动后，气体逐渐进入 E-4 井和 E-5 井上部附近区域，油气界面逐渐降低，置换出单井绕流区的剩余油；同时气体也进入与 1 号气顶相连的垂直孤立溶洞，油气界面逐渐降低，置换出“阁楼油”(图 5.17)。

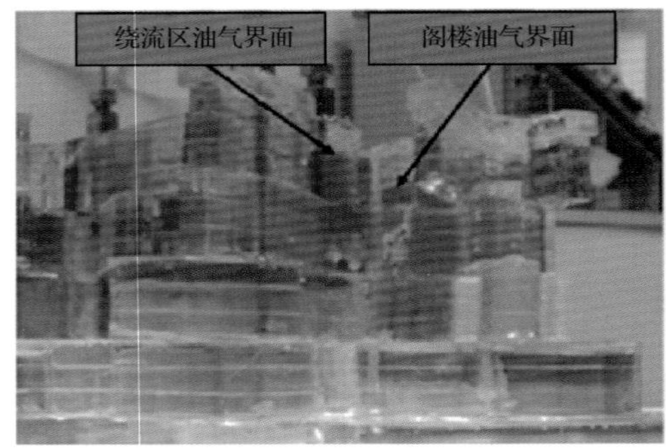

(a) 复合气注入3min

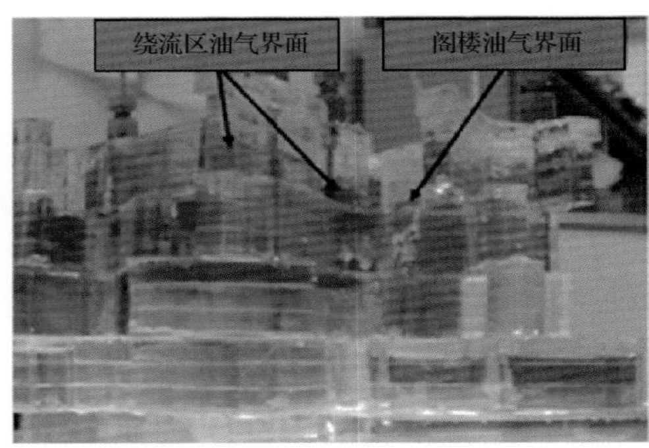

(b) 复合气注入7.5min

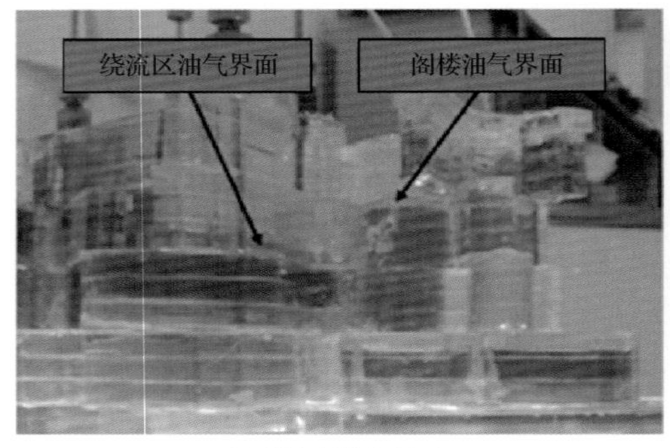

(c) 复合气注入23min

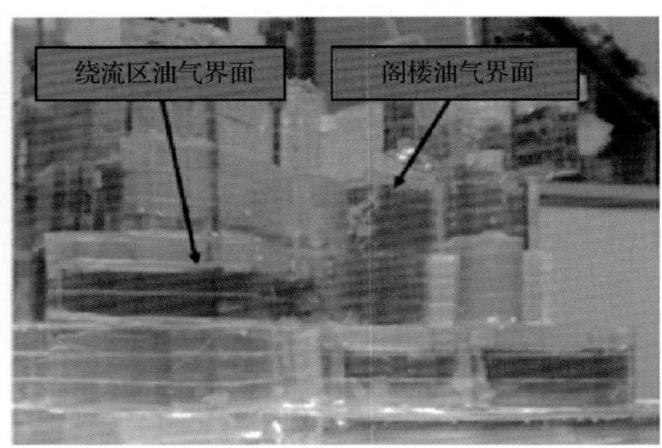

(d) 复合气注入45min

图 5.17 复合气启动 E-4 井、E-5 井绕流区剩余油和“阁楼油”动态图

3) 复合气驱对“复合剩余油”的启动

在缝洞连通结构复杂的 E-6 井附近区域，有多种类型的剩余油且相互之间连通性较好。复合气运移至该区域后，由于油气密度差在顶部积聚形成气顶，气顶能量积聚到一定程度后油气界面逐渐下移，置换出复合剩余油，复合气注入 29min，剩余油基本驱替完毕(图 5.18)。

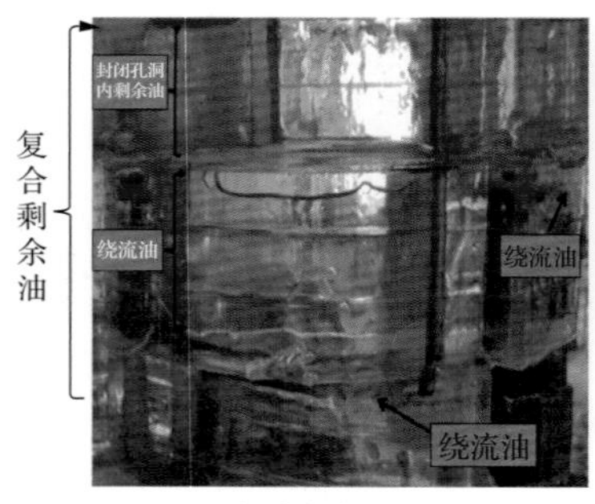

(a) 复合气注入15min

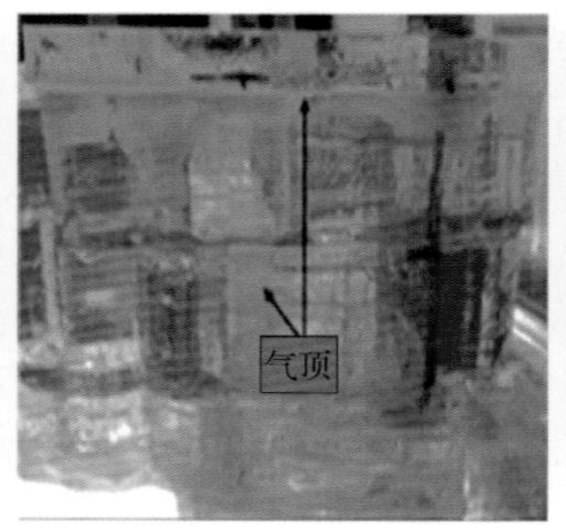

(b) 复合气注入22min

(c) 复合气注入29min

图 5.18 复合气驱对“复合剩余油”的启动

4) 复合气驱与底水能量的协同效应

复合气驱过程中同时保持底水流量为 4sccm，二者都补充体系的能量，但复合气与水密度、流度、流场等不同，使体系内油气水三相的流动变得复杂，产生协同效应，1 号气顶的周期性形变就是其中一种协同效应。

复合气驱与底水能量的协同效应对驱油效果的促进作用和阻碍作用同时存在，如果剩余油的泄油方向处于复合气局部流场和底水局部流场的共同作用方向，则起到促进作用，否则起到阻碍作用(图 5.19)。

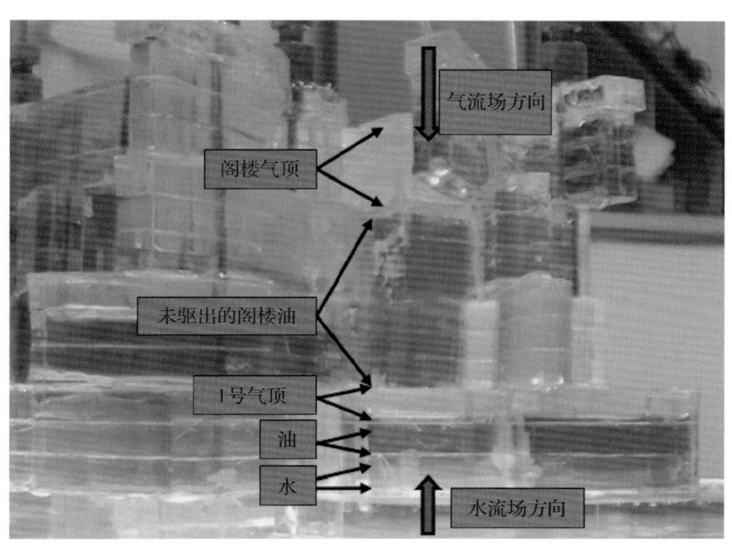

图 5.19　协同效应对驱油的阻碍作用

在同一垂向上，产生了气-油-气-油-水的分布特征，这是由于 1 号气顶保持了一定压力，与底水能量动态平衡，气体置换出部分“阁楼油”后形成阁楼气顶，而该“阁楼油”的泄油方向垂直向下，与底水局部流场方向相反，部分“阁楼油”在阁楼气顶、1 号气顶、底水能量的共同作用下达到平衡，无法驱出，形成剩余油。

协同效应对驱油起到促进作用(图 5.20)。该“阁楼油”的泄油方向与气顶流场方向和底水局部流场方向保持一致，“阁楼油”全部启动且驱油效率很高。

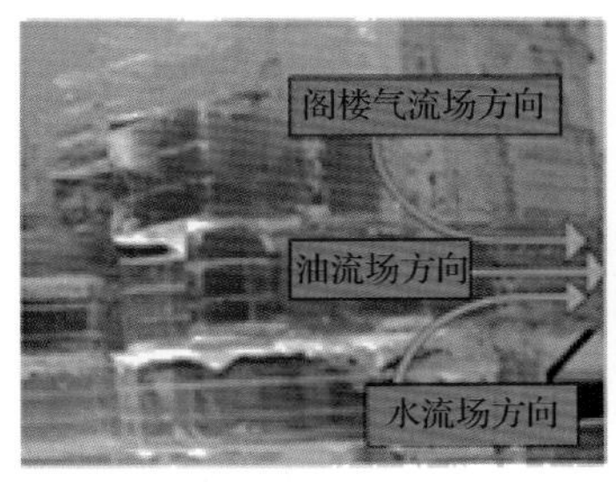

(a) 复合气注入31min

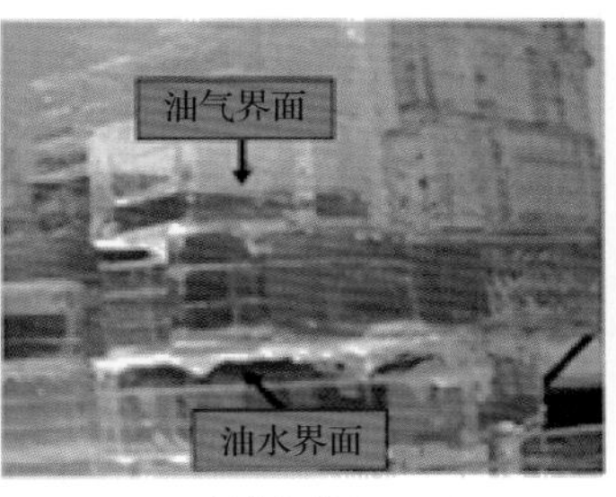

(b) 复合气注入34min

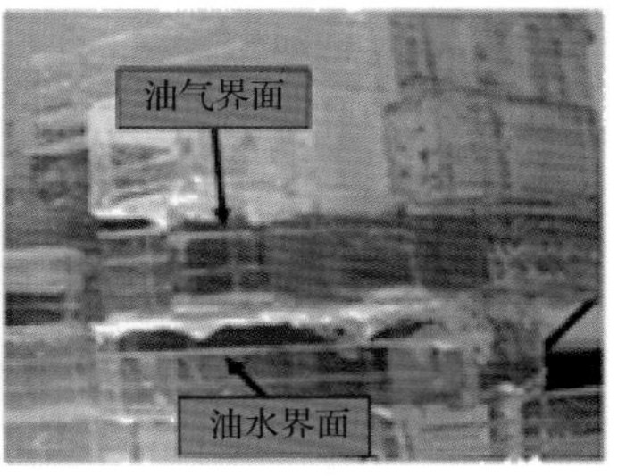

(c) 复合气注入39min

(d) 复合气注入52min

(e) 复合气注入57min

(f) 复合气注入70min

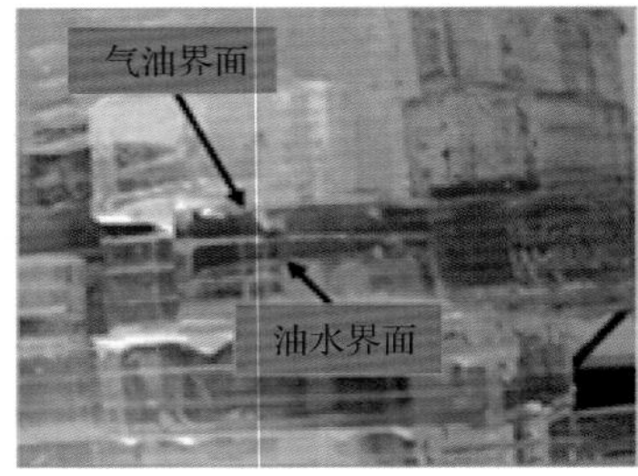

(g) 复合气注入74min

(h) 复合气注入85min

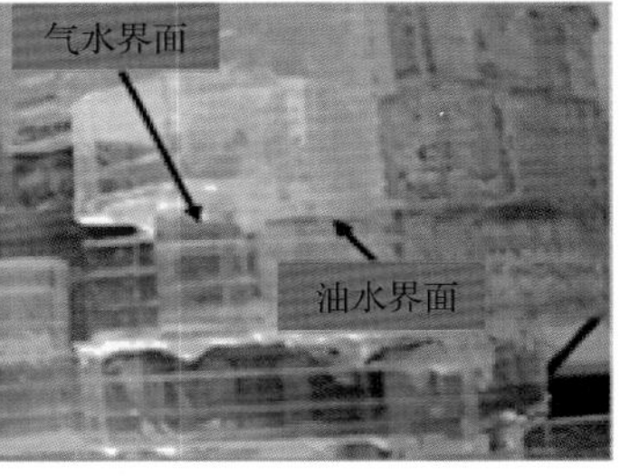

(i) 复合气注入107min

图 5.20 协同效应对驱油的促进作用

图 5.20 的动态过程还反映出油气界面和油水界面均存在先下降再上升的过程。复合气驱 31～39min，阁楼气顶的能量大于底水能量，油气界面和油水界面均下降，但前者的下降程度高于后者；52～107min，当气顶将“阁楼油”推下“阁楼”后，发生气窜，气顶能量降低，底水能量高于气顶能量，油水界面和油气界面开始抬升，但前者的抬升程度高于后者。在之后的驱油过程中，油气界面始终保持在阁楼底部直至驱替完成。

综合对比 CO_2、N_2 和复合气体的可视化物理模拟实验，复合气体综合了 CO_2 和 N_2 的性能，能够形成气顶驱动剩余油，能够与底水能量协同启动绕流油、“阁楼油”、复合剩余油。

5.1.4 三维缝洞系统复合注气物理模拟实验

为了进一步探索复合注气机理，采用三维缝洞型模型，利用 CO_2、N_2 和复合注气 3 种气体，研究复合气驱的提高采收率幅度和缝洞型油井的响应情况。

1. 实验系统

实验系统共由 4 部分组成，分别为缝洞型介质物理模型、恒速恒压注入系统、产出流体标定系统、数据采集及实验控制系统，整个实验系统如图 5.21 和图 5.22 所示。

(1) 缝洞型介质物理模型。物理模型为具有典型缝洞组合及连通模式的三维立体模型，用于开展注气驱油实验。

(2) 恒速恒压注入系统。注入系统包括活塞式中间容器、恒压恒速计量泵和底水恒压注入装置等。底水恒压装置恒压范围为 1～20kPa，工作温度 45℃；恒压恒速计量泵工作压力 0～30MPa，工作温度为室温，流速范围为 0.001～10.000mL/min。

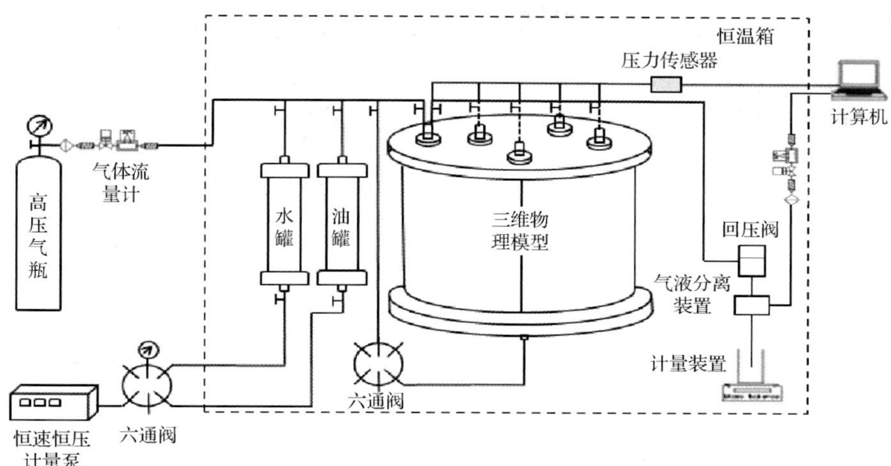

图 5.21　注气驱油实验流程图

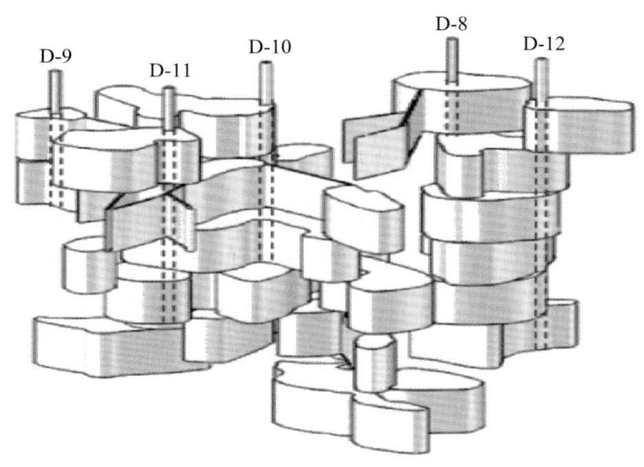

图 5.22　E-6 井组注气驱油实验模型示意图

(3) 产出流体标定系统。产出流体标定系统主要由生产井和出液收集装置组成，负责标定产出气体和液体的体积。

(4) 数据采集及实验控制系统。数据采集及实验控制系统由计算机、数据采集器、压差传感器、温度传感器、烘箱、实验台组成，用于控制实验运行，定时测量和温度控制，记录气驱过程中的压力响应及生产数据。

2. 实验方案

在 8MPa 压力下进行实验，考察复合气驱提高采收率效果，实验步骤如下。

按实验流程图连接实验装置，依据 E-6 井组地质特征建立物理模型，按矿场实际配制模拟地层水、饱和地层水和原油。首先底水开采，当 5 口油井中有 1 口油井水窜后，将水窜的油井作为注水井开始转注水，其余 4 口井正常生产；当 4 口井中有 1 口油井水窜时，停止注水，将注水井变为注气井，开始生产；当 4 口井中某一口井气窜(或者水窜)后关闭该生产井，直至所有生产井气窜或水窜。

(1) 测定装置岩心孔隙度、含油饱和度。将岩心装置抽真空，检漏（15h 保持不漏）后，饱和模拟地层水，测其体积，得 $V_{水}=V_{\Phi}$（孔隙体积）。由于岩心总体积可测定，则可以测定出岩心装置的孔隙度 Φ。然后饱和原油，同时将回压阀的压力调至预定压力（0.5MPa）。

(2) 底水驱替原油。底水注入速度为 10mL/min，利用底水能量驱替，当 5 口井中某一口井水窜后，停止生产，并记录产液情况。

(3) 转注水驱替。底水驱替至油井水窜后，将水窜油井变为注水井，注水速度为 5mL/min，同时底水注入速度降为 6mL/min，开始生产，直至剩余四口井中有一口井水窜，记录产液情况。

(4) 转注气驱。转注水驱至油井水窜后，将注水井转注气生产，注气速度为 5mL/min，同时底水注入速度降低至 4mL/min。记录生产井的产气量和产液量。当 4 口生产井中某一口井气窜（或者水窜）时，关闭该生产井，其他生产井继续生产，直至所有生产井气窜或水窜。

(5) 实验结束后装置的清洗、整理。

3. 实验结果及分析

采用 N_2、CO_2 和复合气体进行三维驱替物理模拟实验，结果见表 5.5 和图 5.23。N_2 主要利用重力分异作用，上升到构造高部位在缝洞顶部形成气顶，大大补充地层能量，驱替剩余油向下运移形成新的富集油区，使油水流场重新分布，其提高采收率幅度为 20.52%；CO_2 在一定程度上主要发挥控水稳油作用，有效地抑制了底水锥进，其提高采收率幅度为 13.54%，与 N_2 相比，CO_2 控水稳油作用占主导地位；复合气驱则同时利用了 N_2 驱的补充地层能量的特点和 CO_2 驱的控水稳油的特点，使其各自发挥优势，效果最好，提高采收率幅度达到 22.72%。

表 5.5　不同气体井间驱不同阶段采收率情况统计

注入介质	底水驱末总采收率/%	水驱末总采收率/%	气驱末总采收率/%	井间气驱提高采收率幅度/%
CO_2	21.34	38.12	51.66	13.54
N_2	20.58	38.26	58.78	20.52
复合气	21.86	38.40	61.12	22.72

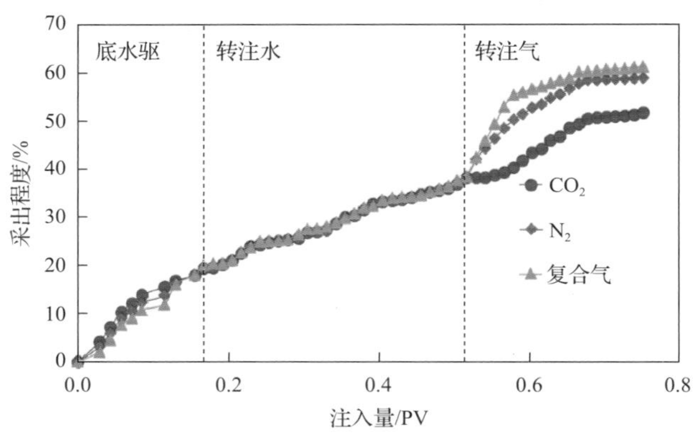

图 5.23　不同气体井间驱不同阶段采收率曲线对比

在该物理模型条件下，不同介质井间水窜和气窜的规律不相同，见图 5.24～图 5.26：

N_2井间驱，最高部位的邻井先气窜，从高到低的井相继水窜；CO_2井间驱，依然是最高部位的邻井先气窜，与注入井距离较近的井先水窜，然后井距较远的井水窜；复合气驱，最高部位的邻井先气窜，然后是从高到低的井相继气窜。这说明不同气体井间驱的机理不一样，N_2井间驱和CO_2井间驱气体主要富集在井周高部位，压制底水导致其他井水窜；复合气驱在N_2和CO_2的共同作用下，能够将气体推送到较远的距离。

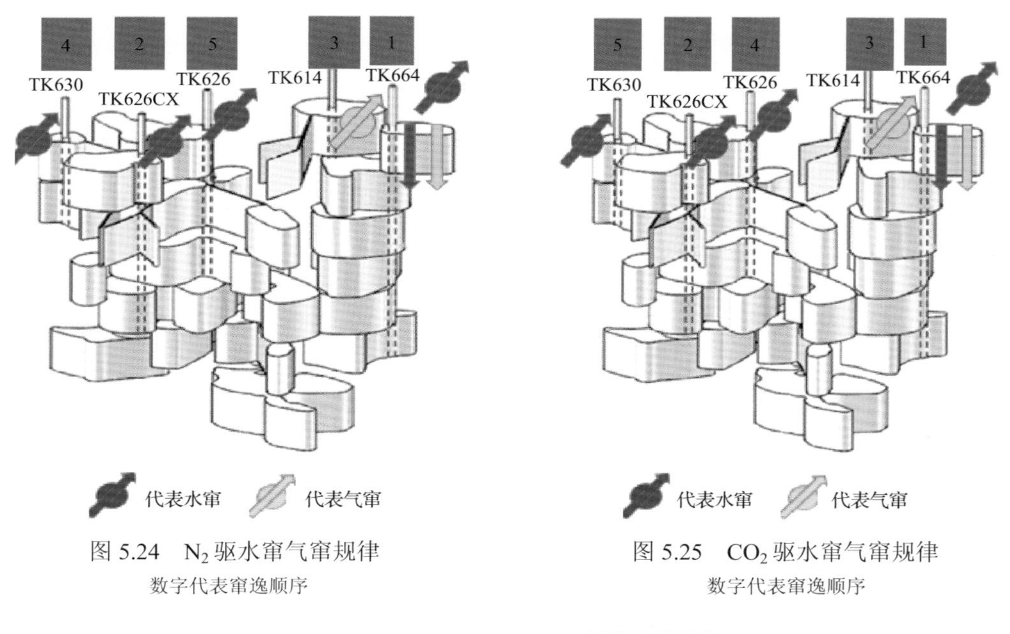

图 5.24　N_2驱水窜气窜规律

数字代表窜逸顺序

图 5.25　CO_2驱水窜气窜规律

数字代表窜逸顺序

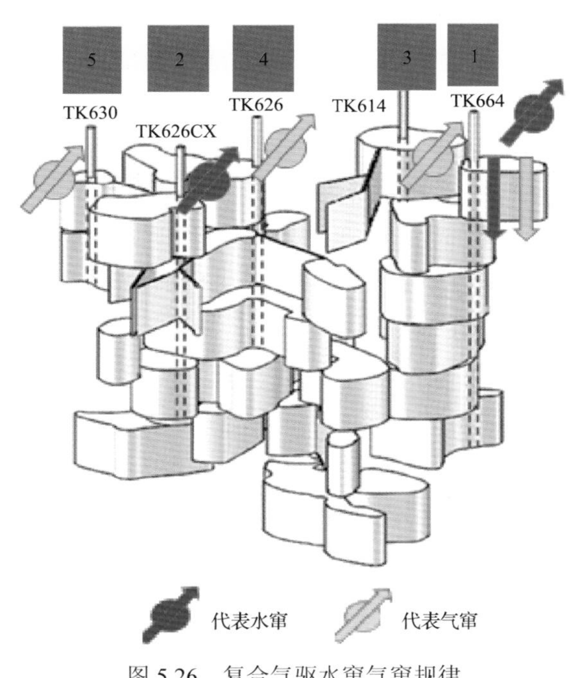

图 5.26　复合气驱水窜气窜规律

数字代表窜逸顺序

5.1.5 复合气提高采收率机理

复合气提高采收率的机理主要有：复合气的性质处于 CO_2 和 N_2 之间，塔里木盆地示范区不能达到混相驱；复合气体综合了 CO_2 和 N_2 的性能，能够形成气顶驱动剩余油，能够与底水能量协同启动绕流油、“阁楼油”、复杂剩余油；复合气驱能够获得更大采收率，将气体推送到较远的距离。

5.2 缝洞型油藏复合注气工艺技术

塔里木盆地缝洞型油藏埋藏深(大于5000m)、油藏温度高(120℃)、压力高(大于55MPa)，复合气体涉及注 N_2 和注 CO_2，复合注气配套工艺挑战更大。复合注气工艺技术主要涉及注气井口优选、管柱设计、注气设备优选和注入-产出流程设计等技术。

5.2.1 注气井口及管柱

1. 注气井口优选

缝洞型油藏超深井复合注气井口应选择采气井口、注采一体化井口等。

1)采气井口

70MPa 采气井口能够满足复合注气井控要求，但存在价格偏高的问题。

2)注采一体化井口

由于油井注气后仍需采用抽油机配套抽稠泵生产，而单纯的采气井口不能满足注气后直接转抽生产的需要，创新设计了 KQ78(65)-70 注气机抽采油生产一体化井口进行注气，详见表 5.6。

表 5.6 注气、机抽井口参数表

井口类型	额定压力/MPa	材料级别	连接型式	密封方式	高/m
350 型机抽井口	35	锻钢	法兰连接	液密封	1.9
70 型注气井口	70	EE 级	法兰连接	气密封	2.4
70 型注气采油一体化井口	70	EE 级	法兰连接	气密封	1.4

(1)井口整体高度不得高于 1.5m，以满足注气后机抽生产的要求。

(2)气密封性能好，承压能力高，最大工作压力承气密封压 70MPa，能够满足高压注气需求。

(3)注气时可以实现抽油杆杆柱的气密封悬挂，确保注气后不动管柱能够直接机抽生产，避免注气后再进行机抽生产管柱作业。

(4)能够实现如下注气-机抽生产切换的要求：①注气前上提并卸下光杆，换抽油杆短节，下放抽油杆，让抽油杆悬挂在光杆连接器上，上好密封螺冒；②打开与地面注气管线连接一侧的注气阀门，通过抽油悬挂总成，将气注入地层；③注气完毕后，用油田水将井筒内气体顶入地层，关井闷井；④闷井结束时先限压(压差在 5MPa 以内)自喷生产，自喷结束时，注油田水压井，上提杆柱换光杆，下放杆柱，抽油生产。

注气-机采一体化井口满足了油井注气后直接转抽生产的需要，避免了多轮次注气频繁更换井口，单轮次注气施工缩短占井周期 3d 以上，降低了注气成本，提高了油井利用率。

3) 修复采油树井口

修复采油树井口承压高，能够满足高压注气需求；配套抽油杆座挂短接，满足多周期注气不动杆柱需求，而且充分利旧，可显著地降低成本。

根据注气压力预测情况，优选 EE 级 70MPa 采油树(–29～121℃)作为注气井口。

2. 管柱设计

1) 国内油田注 CO_2 管柱情况

注 CO_2 在管柱设计上具有以下特点：①主要管柱设计基本一致，大部分带有封隔器，配套级别和材质有所不同；②防腐是注 CO_2 必须考虑的因素，注入和生产过程中考虑防腐措施。详见表 5.7 和图 5.27。

表 5.7　国内油田注 CO_2 管柱调研统计表

序号	油田	开采方式	注入方式	油管	封隔器
1	中原油田	单元驱油	气水交替正注	N80 普通油管	ZQ221-114
2	华东油田	单元驱油	正注	L80-3Cr	带封隔器
3	辽河油田	复合吞吐	液态正注	—	—
4	冀东油田	单井吞吐	套管反注	N80 普通油管	无
5	胜利油田	单元驱油	正注	中碳钢 N80 油管(内 Ni-W 镀层)	带封隔器

注：“—”表示未调研到相关数据。

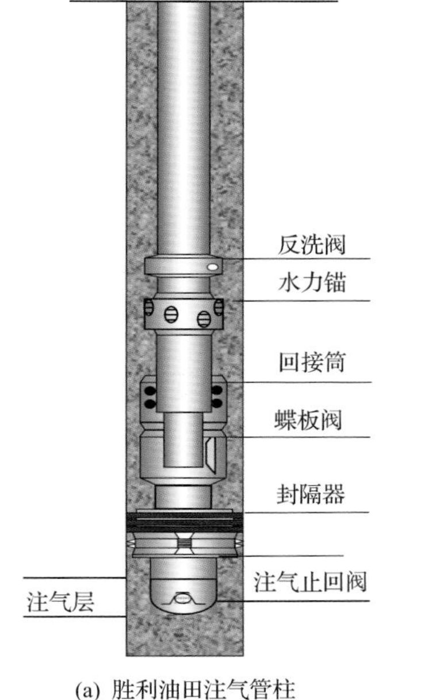

(a) 胜利油田注气管柱

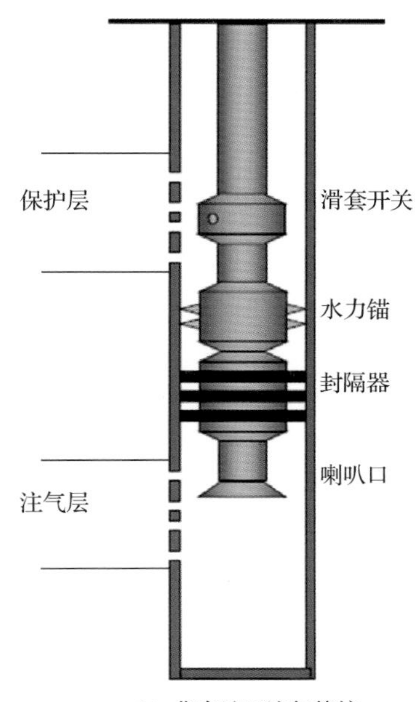

(b) 华东油田注气管柱

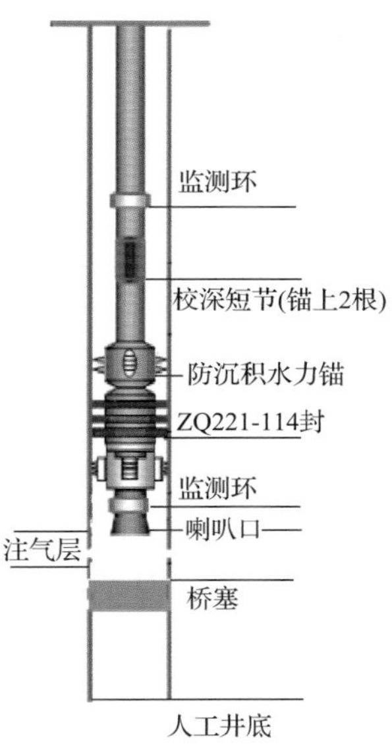

(c) 中原油田注气管柱

图 5.27　国内油田注 CO_2 管柱

2) 复合注气管柱设计

针对超深井注入压力高，井控风险大的特点，管柱优选目前相对成熟的 TP-JC 扣型 P110S 材质油管，管柱设计为注气-机抽一体化管柱，注气管柱中下入腐蚀监测环，监测 CO_2 对管柱的腐蚀情况(图 5.28)。

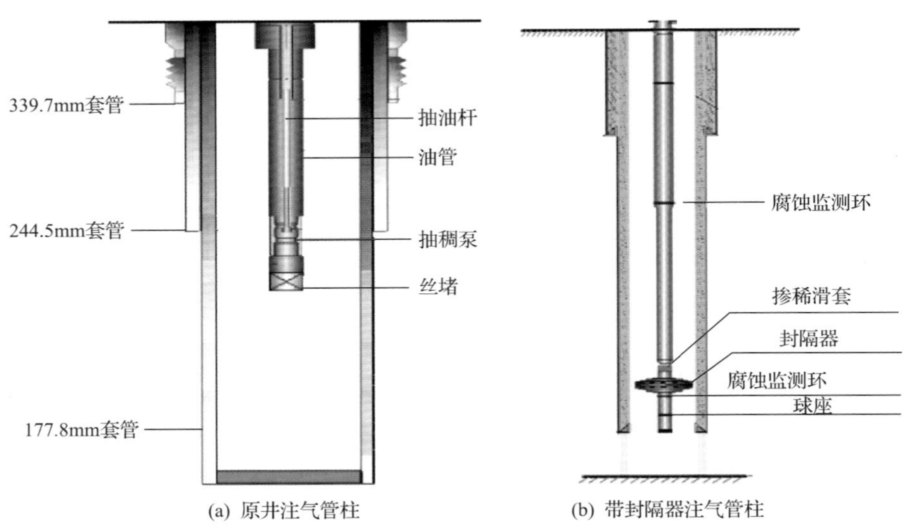

图 5.28 塔里木盆地缝洞型油藏复合注气管柱设计

5.2.2 注 CO_2、N_2 设备

1. CO_2 注入设备

单井液态 CO_2 注入设备主要包括液态 CO_2 罐车、喂液泵、液态 CO_2 注入泵、稀油储罐、水泥泵车及保温加热装置。

1) CO_2 注入泵

目前国内生产的液态 CO_2 注入泵的泵压为 30～40MPa，排量可达到 2.3～6m^3/h，满足超深井 CO_2 注入要求(表 5.8)。

表 5.8 CO_2 注入泵主要生产厂家及设备参数

厂家位置	供货周期/月	主要参数
宁波	2～3	出口压力：35MPa；额定排量：150m^3/d；柱塞：Φ 46mm；泵速：222r/min；电机功率：90kW
天津	2～3	出口压力：35MPa；额定排量：36m^3/d；柱塞：Φ 26mm；泵速：265r/min；电机功率：22kW
天津	2～3	出口压力：35MPa；额定排量：30m^3/d；柱塞：Φ 25mm；泵速：162r/min；电机功率：15kW

2) 喂液泵

液态 CO_2 具有极强的气化趋势，在 CO_2 的吸入过程中，由于注入泵存在吸入阻力损失(约 0.15MPa)，处于气液平衡状态的液态 CO_2 将发生汽化，产生气蚀现象，影响泵的正常工作，为了防止 CO_2 注入泵发生气蚀现象，在液态 CO_2 进增压泵前设置喂液泵进行适当增压，克服吸入的阻力损失，保证进入增压泵腔内的 CO_2 为过饱和蒸汽压以上的液相状态，并弥补增压泵自吸时进口供液不足的缺点，确保增压泵的正常工作。

3) 保温加热装置

由于 CO_2 罐车内的 CO_2 温度为–10℃(2MPa)，注入的液态 CO_2 温度很低，为了防止地层内原油析蜡及低温对套管的应力伤害，需对注入的 CO_2 进行加热，将液态 CO_2 温度加热到 10～25℃，CO_2 相态仍是液态。

2. N_2 注入设备

采用工作压力 50MPa、排量 2400m^3/h 的纯电驱制氮-注氮成套设备，完全可以满足复合注气施工需要。

5.2.3　注入及生产流程

1. 复合注气注入流程

根据 CO_2+N_2 复合吞吐的工艺需要，优化设计了适合不同注入方式的地面注入工艺流程，满足了现场施工需要(图 5.29)。

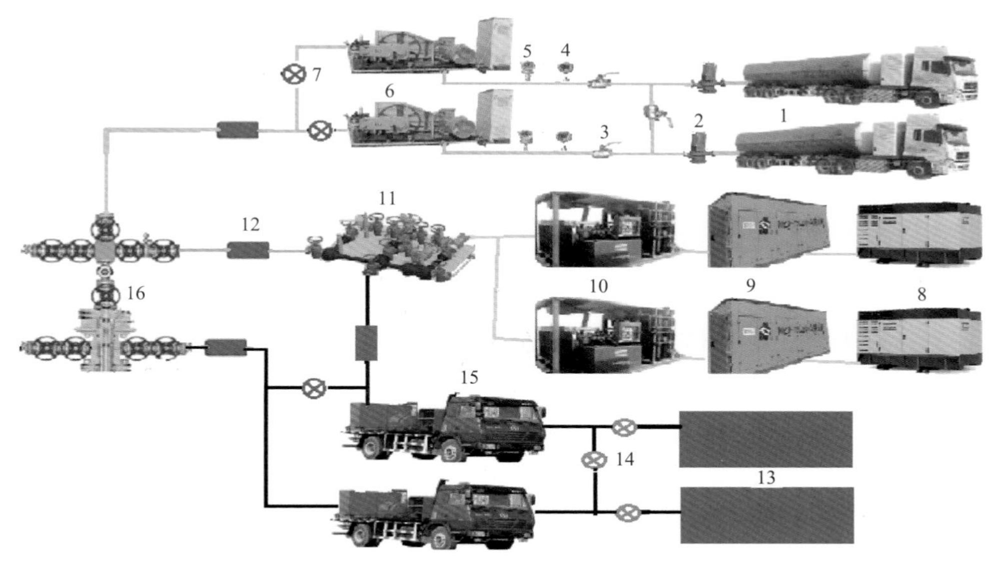

图 5.29　注 CO_2+N_2 复合注入流程

1. 液态 CO_2 罐车；2. 屏蔽泵；3. 阀门；4. 流量计；5. 压力表；
6. CO_2 注入泵；7. 旋塞；8. 空压机；9. 制氮膜组；10. 增压机；
11. 高压管汇；12. 单流阀；13. 稀油罐/储水罐；14. 闸阀；15. 水泥泵车；16. 105 采油树

2. 复合注气生产流程

原油和水中CO_2的溶解度均较高，常规单井集输压力为1.2MPa，60℃时原油中CO_2的溶解度高达21800mg/L；联合站处理压力为0.3MPa，60℃时原油中CO_2的溶解度仍达5100mg/kg。

胜利某集油站，水中CO_2含量为86mg/L(注CO_2区块和非注CO_2区块混合水)，腐蚀速率高达1.0mm/a以上，行业标准《分离器规范》(SY 0515—2007)规定CO_2含量大于600mg/L时，需考虑腐蚀问题。因此，采出液中溶解的CO_2极有可能对集输系统造成的严重腐蚀。

因此，考虑原油及水中溶解CO_2对集输系统具有较强的腐蚀性，建议先导试验阶段采用单井拉运方式生产，分离出的高含CO_2气体经碱性水封罐处理后无害化放空，原油拉运至简易脱水流程处理见图5.30。为了环境保护，建议进行CO_2回收循环再利用。

针对塔里木盆地缝洞型油藏埋藏深(大于5000m)、油藏温度高(120℃)、压力高(大于55MPa)的特点，复合气体井口应选择采气井口或注采一体化井口，管柱设计为注气-机抽一体化管柱，采用地面混注的方式注入，开井生产需考虑集输系统的腐蚀风险。

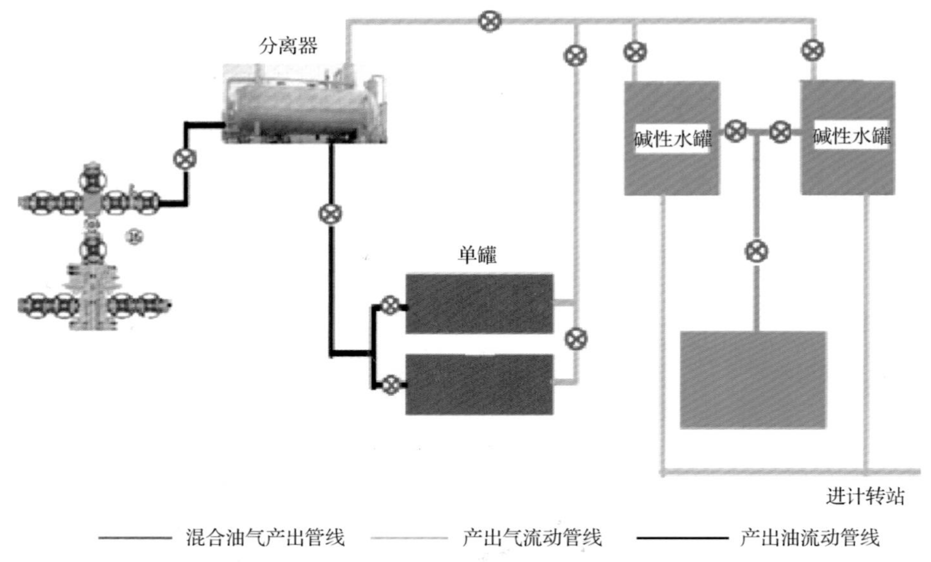

图5.30 注CO_2+N_2油井先导试验阶段产出简易流程

5.3 缝洞型油藏复合注气现场实践

对于塔里木盆地示范区，针对不同储层类型油井，在稠油区块先后开展了CO_2吞吐和复合注气现场试验。据不完全统计，有效率为83.3%，平均单井周期增油724.6t，累计增油 8551.2t。统计复合注气 6 井次，平均单井次增油 894t，累计增油 5368t(表 5.10)。

通过现场数据分析，取得以下两点认识。

(1)复合注气增油效果相对较好。纯 CO_2、CO_2+N_2、N_2+CO_2 3 种注入方式中，N_2+CO_2 的增油效果最好，尤其以 E-13 井效果最为突出，第 2 周期增油 2460.6t(表 5.9)。

(2)注气对地层有增能效果。纯 CO_2、CO_2+N_2、N_2+CO_2 3 种注入方式中，N_2+CO_2 补能效果最好，CO_2+N_2 补能效果次之，纯 CO_2 最低(表 5.10)。

表 5.9　注 CO_2 和复合注气井补能评价表

井号	注气轮次	注入介质	注气量		注气前套压	开井前套压	压力差/MPa	闷井天数/d	注入流体地下体积/m^3	累计增油/t	补能评价系数/[MPa/(d·m^3)]
			CO_2/t	$N_2/10^4m^3$							
E-8	1	CO_2	325.9	0	0	8.6	8.6	35	416	627.1	5.9
E-13	3	CO_2	998	0	2.4	14.5	12.1	22	1275	2027.9	4.3
E-12	1	CO_2	756.5	0	0	0.9	0.9	26	966	27.2	0.4
E-9	1	CO_2	1032	0	0	5.7	5.7	69	1318	68.4	0.6
E-14	1	CO_2	770.38	0	10	10.4	0.4	20	984	364.32	0.2
平均	5 口井									578.77	2.3
E-8	2	CO_2+N_2	1000	25.2	0	16.7	16.7	59	2104	104.9	1.3
E-13	1	CO_2+N_2	327	25.03	1	20.6	19.6	21	1239	504.8	7.5
平均	2 口井									304	4.4
E-13	2	N_2+CO_2	1000	25.13	0	18.7	18.7	74	2102	2027.9	1.2
E-10	1	N_2+CO_2	597.88	30.1	0	26.7	26.7	17	1751	1434	9.0
E-11	1	N_2+CO_2	645.5	25.07	0	25.1	25.1	18	1647	280.84	8.5
E-15	1	N_2+CO_2	277.7	25.04	7	10.6	3.6	34	1176	583.62	0.9
平均	4 口井									1081.6	4.9

注：补能评价系数=套压压力差÷闷井天数÷注入流体地下体积。

综合来讲，缝洞型油藏复合注气提高采收率技术的技术要点总结如下。

(1)复合气提高采收率的机理主要有：复合气性质处于 CO_2 和 N_2 之间，塔里木盆地示范区不能达到混相驱；复合气体综合了 CO_2 和 N_2 的性能，能够形成气顶驱动剩余油，能够与底水能量协同启动绕流油、“阁楼油”、复合剩余油；复合气驱能够获得更大采收率，将气体推送到较远的距离。

(2)针对塔里木盆地缝洞型油藏埋藏深(大于 5000m)、油藏温度高(120℃)、压力高(大于 55MPa)的特点，复合气体井口应选择采气井口或注采一体化井口，管柱设计为注气-机抽一体化管柱，采用地面混注的方式注入，开井生产时需考虑降低溶解 CO_2 对集输系统的腐蚀性风险。

(3)在复合注气参数优化方面，可采用物质平衡油藏工程方法优化复合注气量；考虑设备能力，注气量越大越好；复合注气的最佳闷井时间为 5～10d。

(4)在塔里木盆地示范区稠油区块开展了复合注气现场试验，相对于注 CO_2，复合注气增油效果更好，注复合气对地层增能效果更好。

表 5.10　注 CO_2 及 CO_2+N_2 复合效果不完全统计表

序号	井号	油藏类型	注气轮次	注入介质	注 CO_2 气量/t	注 N_2 气量/10^4m^3	注水量/m^3	生产动态												有效期/d	累计增油/t
								实施前				实施后				差值					
								日产液/t	日产油/t	含水/%	掺稀比	日产液/t	日产油/t	含水/%	掺稀比	日产液/t	日产油/t	含水/%	掺稀比		
1	E-8	裂缝型	1	CO_2	324.7			10.7	10.7	0	2.8	14.4	13.8	4.16	2.87	3.72	3.12	4.16	0.07	201	627.1
			2	CO_2+N_2	1204	25.21	1319	10.7	10.7	0	2.8	32.7	16.2	50.32	1.59	21.95	5.52	50.32	−1.21	19	104.9
2	E-9		1	CO_2	1001			21.8	20.5	5.87	2.24	24.9	24.3	2.41	3	3.12	3.8	−3.46	0.76	18	68.4
3	E-10		1	N_2+CO_2	597.88	30.1	459.5	16.1	0.8	95.03	1.21	18.1	10.4	42.73	0.72	1.99	9.56	−52.3	−0.49	150	1434.0
4	E-11	裂缝-溶洞	1	N_2+CO_2	645.5	25.07	532	12.9	12.9	0	1.46	18.7	17.7	5.35	1.36	5.76	4.76	5.35	−0.1	59	280.8
5	E-12	裂缝-孔洞	1	CO_2	756.47			23.8	23.6	0.8	1.69	25.4	25.4	0	1.79	1.62	1.81	−0.8	0.1	15	27.2
6	E-13	溶洞型	1	CO_2+N_2	326.96	25.3	378	12.3	10.8	12.5	3.58	21.4	16.2	24.43	2.19	9.05	5.37	11.93	−1.39	94	504.8
			2	N_2+CO_2	947.5	25.13	641		0			29.8	24.6	17.28	1.49	29.8	24.61	17.28	1.49	100	2460.6
			3	CO_2	997.93				0			19.9	19.5	2.01	1.43	18.06	19.5	2.01	1.43	104	2027.9
7	E-14		1	CO_2	770.38			20.1	14.9	26.08	3.03	24.7	20	19.19	2.11	4.57	5.08	−6.89	−0.92	72	364.3
8	E-15		1	N_2+CO_2	277.7	25.04	200	17.3	7.2	58.71	0.91	15.4	15.4	0.32	1.26	−1.91	8.22	−58.38	0.35	71	583.6
9	E-16		1	CO_2	886.1				0			10.8	10.8	0	3.4		10.8			4	53.7
10	E-17		1	CO_2	945			9.6	3.5	63.05	4.37	5.9	5.9	0	2	−3.73	2.31	−63.05	−2.37	6	13.9

参 考 文 献

[1] 张怀文, 张翠林, 多力坤. CO_2 吞吐采油工艺技术研究. 新疆石油科技, 2006(4): 19-21.

[2] 周玉衡, 喻高明, 周勇, 等. N_2 驱机理及应用. 内蒙古石油化工, 2007(06): 101-102.

[3] Levitan M, Wilson M. Deconvolution of pressure and rate data from gas reservoirs with significant pressure depletion. SPE Journal, 2012, 17(17): 727-741.

[4] 郭平, 孙雷, 孙良田, 等. 不同种类气体注入对原油物性的影响研究. 西南石油学院学报: 自然科学版, 2000(03): 57-60.

[5] 王启尧, 吴芝华. 八面河油田注 N_2 与蒸汽提高稠油采收率试验. 江汉石油职工大学学报, 2006, 19(6): 59-62.

[6] 李睿姗, 何建华, 唐银明, 等. 稠油油藏氮气辅助蒸汽增产机理实验研究. 石油天然学报, 2006, 28(1): 72-75.

[7] Kantzas A, Nikakhtar B, Wit P D, et al. Design of a gravity assisted immiscible gas injection program for application in a vuggy fractured reef. Journal of Canadian Petroleum Technology, 1993, 32(10): 15-23.

[8] 刘艳平, 任福生, 谢向东, 等. CO_2 吞吐参数的研究与应用. 断块油气田, 2003(06): 71-74.

[9] 钟立国, 张守军, 鲁笛, 等. 空气辅助蒸汽吞吐采油机理. 东北石油大学学报, 2015, 39(2): 108-115, 122.

[10] 胡蓉蓉, 姚军, 孙致学, 等. 塔河油田缝洞型碳酸盐岩油藏注气驱油提高采收率机理研究. 西安石油大学学报(自然科学版), 2015, 30(02): 49-53.

[11] 李金宜, 姜汉桥, 李俊键, 等. 缝洞型碳酸盐岩油藏注 N_2 可行性研究. 内蒙古石油化工, 2008(23): 84-87.

[12] 张艳玉, 王康月, 李洪君, 等. 气顶油藏顶部注 N_2 重力驱数值模拟研究. 中国石油大学学报: 自然科学版, 2006(04): 58-62.

[13] 梁福元, 周洪钟, 刘为民, 等. CO_2 吞吐技术在断块油藏的应用. 断块油气田, 2001(04): 55-57.

第 6 章　缝洞型油藏注水提高采收率技术

注水是最为经济、最为重要的提高采收率技术。常规连续性油藏通常采用规则井网的边缘注水、切割注水或面积注水，而碳酸盐岩缝洞型油藏属于特殊的非连续性油藏，油藏特征显著区别于常规油藏，导致注水开发面临巨大的技术挑战。近年来，以塔里木盆地为示范区，通过积极攻关与现场试验，在以下四大关键技术领域取得了显著进展。

(1) 针对缝洞型油藏储集体非均质性强、连续性差、无法建立规则井网的难题，以缝洞单元的识别划分为核心，以单井单元注水替油和多井单元注水驱油为内涵，创新了满足缝洞型油藏特点的不规则井网构建方法。

(2) 针对缝洞型油藏非均质性极强、流动特征及注采关系复杂、注水技术政策优化困难的难题，创新形成了缝洞单井单元“优化补能耦合油水充分置换”的注水替油技术政策，独创了多井单元“缝注洞采、低注高采、换向不稳定注水”的注水驱油技术政策。

(3) 针对缝洞型油藏改善水驱技术难度远超孔隙型油藏的难题，攻关实现了 6000m 超深井裸眼分段注水的技术突破，创新研制了耐温 140℃、耐 20×10^4mg/L 矿化度、1×10^4mg/L 钙镁离子的强化替油表面活性剂。

(4) 针对“三高一低”强腐蚀性水质的防腐难题，攻关形成了缓蚀剂分子设计及产品定向开发等特色技术，并形成了缝洞单元注水动态监测等配套技术。

在四大关键技术的有力支撑下，注水技术已成为塔里木盆地碳酸盐岩缝洞型油藏高产稳产、不断提高原油采收率的坚实根基，实现了碳酸盐岩缝洞型油藏注水开发技术的重要突破。

6.1　缝洞单元划分与注采井网构建

碳酸盐岩缝洞型油藏注采井网的构建难度远超常规油藏，原因是：①缝洞型储集体在空间结构上整体发育不连续，局部叠合连片、立体分布，平面和纵向差异大，难以构建面状规则注采井网；②由于油藏埋深高达 6000m，钻井成本高，6000m 直井的钻井费用在 2000 万元左右，受经济效益制约，注水井都是由低效、无效的采油井转注而成。井网构建需要紧扣缝洞型储集体特点，从控制储量的产建井网向提高采收率的注采井网逐步转变。对此，以缝洞储集体成因相关性和流体连通性为依据，创新了缝洞单元识别与划分技术。围绕单井单元注水替油、多井单元注水驱油两大方向，构建了碳酸盐岩缝洞型油藏的注采井网。在该技术的支撑下，塔里木盆地示范区自 2005 年注水试验以来，截至 2017 年年底，水驱控制储量从“十一五”末的 1.1×10^8t 快速增至 5.6×10^8t。

6.1.1　缝洞单元定义与识别

针对缝洞储集体发育不连续、难以构建面状注采井网的问题，创新了缝洞单元的理论定义，指导了储集体的局部分布认识与注采井网构建。缝洞单元是指具有统一的压力系统、油水界面，相同流动特征和流体性质，由一个溶洞或若干个裂缝网络沟通溶洞所组成的相互连通的缝洞储集体。其周围被相对致密或渗透性较差的溶蚀界面或封闭断裂所分隔。缝洞单元识别以储集体成因相关性和流体连通性为基础，综合利用动静态资料进行识别，主要形成了下列 8 种理论办法。

(1) 缝洞储集体空间展布识别法。在地震分频技术和波形分析定量预测技术的基础上，结合试采资料和部分钻井、测井资料，形成缝洞储集体的三维空间描述技术，指导缝洞单元在宏观区域上的初步识别。

(2) 油藏压力降落法。当油藏投入开发后，如果油井处于同一缝洞单元，则各井处于同一压力系统，在一定时间内各井压降趋势应保持一致。

(3) 类干扰分析法。如果油井处于同一缝洞单元，则开发过程中会发生明显的井间干扰现象，如新井投产、注采工作制度改变，在邻井能发现明显响应。尤其是注水后，对其相邻井的油压、产量、含水及含水上升速度、递减率等会产生明显的影响。

(4) 生产特征和流体性质判定法。如果油井处于同一缝洞单元，相邻井的生产动态特征和流体性质具有相似性。

(5) 定容体判定方法。定容体就是单井缝洞单元，主要依据是地层压力快速下降；产油量以常速下降，含水不稳定，油水同出；累产液量低，一般低于 $1\times10^4\mathrm{m}^3$；注水后压力快速爬升，能够探测到有明显的注水边界。

(6) 示踪剂判定方法。注入示踪剂分析邻井产出情况，判断井间连通性。

以示踪剂产出浓度增加倍数，作为井间连通性的判断标准，大于等于 4 为连通性好，2～4 为连通性一般，1～2 为连通性较弱。示踪剂产出浓度增加倍数的计算方法为

$$n_{\mathrm{MR}}=\frac{(C_{\max}-C_0)}{C_0} \tag{6.1}$$

式中，n_{MR} 为示踪剂产出浓度增加倍数；$C_{\max}$ 为示踪剂产出最大浓度，$\mathrm{mg/m^3}$；C_0 为示踪剂的基底浓度，$\mathrm{mg/m^3}$。

(7) 油水界面判定方法。同一缝洞单元井具有相同的油水界面，识别油水界面可以支持缝洞单元的识别与划分。油水界面的判定方法主要有 3 种：油藏压力推算法、完井资料对比法、见水时间-见水深度交会法。

油藏压力推算法是最精确的方法，已知油藏中部深度和中部压力，利用油柱高度计算同一油体内任一点的油藏压力，由此推导油水界面深度。油水界面深度的计算方法为

$$D_{\mathrm{owc}}=\frac{P_0-0.0098\rho_0 D_0}{(\rho_{\mathrm{w}}-\rho_0)/0.0098} \tag{6.2}$$

式中，D_{owc} 为油水界面深度，m；P_0 为任意一口井的油藏中部压力，MPa；D_0 为任意一

口井的油藏中部深度，m；ρ_0 为油藏中原油密度，g/cm^3；ρ_w 为油藏中地层水密度，g/cm^3。

完井资料对比法是将对象井的酸压结论、完井测试结论标注在连井剖面上，结合测井解释、生产测井等资料估算油水界面。见水时间-见水深度交会法是对缝洞内的油水关系进行简化，假设缝洞单元见水深度（油水界面深度）与见水时间（采出程度）存在线性关系。利用缝洞单元见水深度随见水时间的变化趋势线与初始投产线（即见水深度轴）交会来估算出原始油水界面深度。

（8）激动-响应连通模型表征法。将注水井、生产井和井间连通看作一个完整系统，注水量为激动信号，产液量为响应信号，建立了两种动态连通性模型[详见式（6.3）～式（6.5）]。

①注采关系激动-响应模型。该模型适用于生产井定井底流压生产且注采数据连续，不存在关停井的情况。

$$q_j(t)=\beta_{0j}+\sum_{i=1}^{I}\beta_{ij}i_i'(t) \tag{6.3}$$

$$i_i'(t)=\sum_{n=0}^{I}\alpha_{ij}^{n}i_i(t-n) \tag{6.4}$$

式中，n 为井数；i 为注水井的井序数；j 为生产井的井序数；I 为总注水井数；β_{0j} 为考虑注采不平衡所引入的产量修正值，当地层注采平衡时，该值为 0；β_{ij} 为表征井间连通性的权重系数；$i_i(t)$ 为在时间 t 内第 i 口注水井的注入量，m^3；$i_i'(t)$ 为在时间 t 内第 i 口注水井修正后的注入量，m^3；α_{ij}^{n} 为第 i 口注水井与第 j 口生产井的第 n 个滤波系数；$q_j(t)$ 为在时间 t 内第 j 口生产井的产液量，m^3。

②压力激动-响应模型。该模型仅适用于井底流压数据多且连续的情况。

$$p_{\mathrm{J}}'(n)=\beta_{0j}+\sum_{i=1}^{I}\beta_{ij}p_{\mathrm{I}}(n) \tag{6.5}$$

式中，$p_{\mathrm{J}}'(n)$ 为第 n 口生产井的井底压力；$p_{\mathrm{I}}(n)$ 为第 n 口注水井的井底压力。

6.1.2 缝洞单元注水机理与注采井网构建

1. 缝洞单元整体识别情况

截至 2017 年年底，通过系统识别，塔里木盆地示范区共划分出 554 个缝洞单元（图 6.1），包括单井单元和多井单元两大类，其中单井单元 311 个，多井单元 243 个。

在开发管理过程中，以缝洞单元为基本单元，针对缝洞单元的能量、储量状况，结合开发情况，进行差异化的管理。井网构建、注水开发、动态分析与调整均围绕其开展工作。以图 6.2 为例，F-1 井、F-2 井、F-3 井、F-4 井地震解释上储集体明显连片分布，压力降落趋势相同，F-1 井、F-2 井注水后，作为生产井的 F-3 井、F-4 井的压力和增油响应明显，因此识别出这 4 口井属于同一缝洞单元，采用“两注两采”注水驱油的开发模式。而同一区块的 F-5 井则识别为单井缝洞单元，采用本井注采的注水替油模式开发。

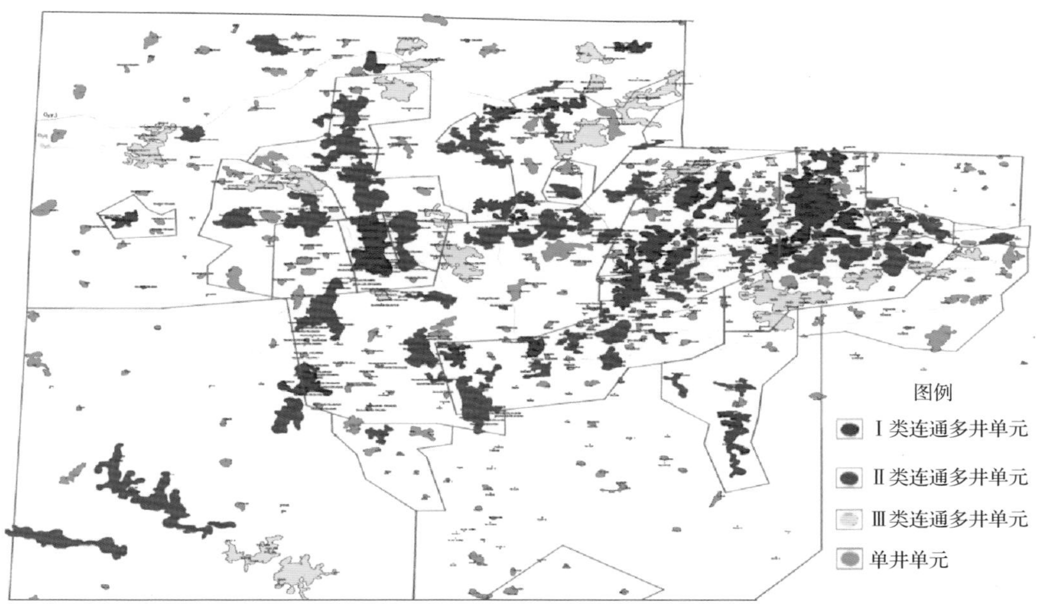

图 6.1　塔里木盆地示范区的缝洞单元识别概况

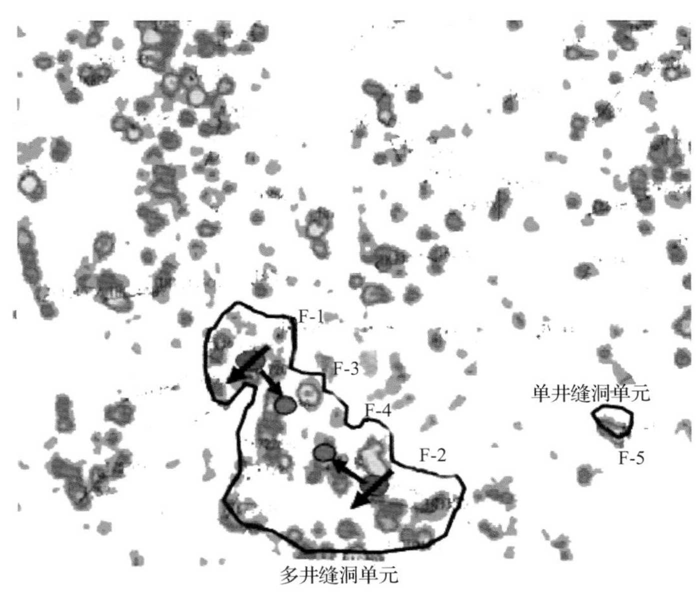

图 6.2　缝洞单井单元和多井单元识别和开发实例

2. 单井缝洞单元注水替油机理与井网构建

1) 单井缝洞单元注水替油机理

单井缝洞单元在自然能量生产中表现为明显的衰竭式开发特征，通常在 1 年内由日产几十吨的高产井直接停喷，需要注水补充能量。对此建立单井缝洞单元的典型物理模型，井直接打在单一溶洞上，按照现场钻测录显示，对溶洞内部进行局部填充。实验情况如下(图 6.3)：①先对模型饱和油、饱和水，并充注 2～3MPa 油藏压力，模拟单井自然能量衰竭开发；②本井注水至原始油藏压力，关井闷井，观察注入水替换溶洞填充物中饱和油；③开井再次衰竭开采，直到停喷，重复上述过程，直至高含水稳定，结束注水替油实验。

图 6.3　单井缝洞单元的单个溶洞注水替油的实验开采过程图

从实验结果可见，单井缝洞单元注水机理主要有两点：一是注水恢复油藏压力原理，保持本井自喷；二是油水重力分异原理。注入水受重力作用下落，首先置换出溶洞填充物外部的浮油，随后落在填充物的表面，注入水逐渐汇聚并向周围展开，油水接触面积不断增加，逐步进入填充物内部置换原油，最终注入水完全进入填充颗粒中，将内部原油置换至溶洞上部，油水分异过程完全结束。随着注水轮次的增加，原油充分置换所需时间将持续增加。

2) 单井缝洞单元井网构建情况

针对单井缝洞单元注水替油，提出本井注水替油的井网构建方式。开发中首先注水补充能量，其次利用油水重力分异原理，使注入水在闷井过程中油水不断置换，产生次生底水，将油水界面抬升至井口。另外，注入水进入井周次级缝洞中，驱替剩余油。油井经过“注水—闷井—采油”多周期的注采循环，逐步提高原油采收率(图 6.4)。

自 2005 年在塔里木盆地示范区首次开展单井缝洞单元注水替油试验以来，截至 2017 年年底累计注水替油 619 口井(图 6.5)，注水 1559×10^4t，增油 372×10^4t。通过构建单井缝洞单元注水替油井网，水驱控制储量由 0.23×10^8t 提升至 0.88×10^8t，增加可采储量 562×10^4t。

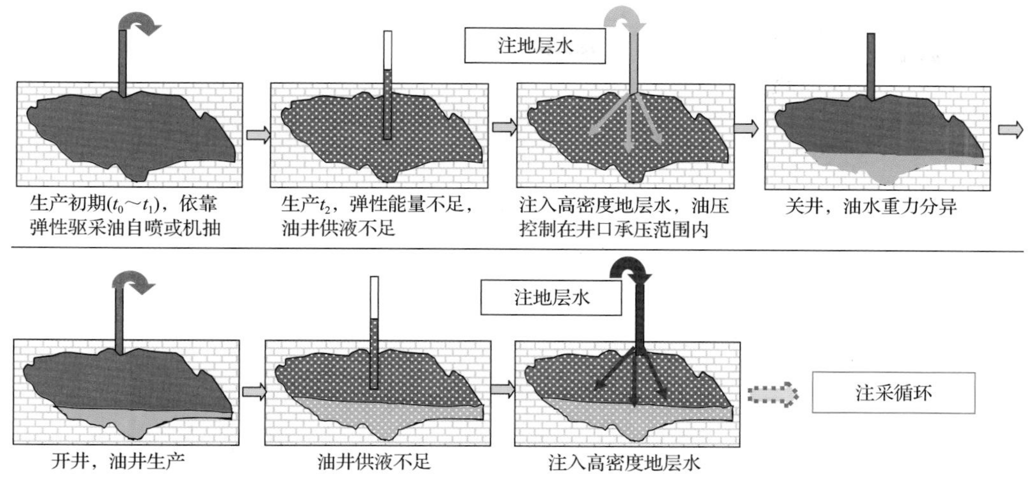

图 6.4　单井缝洞单元注水替油模式图

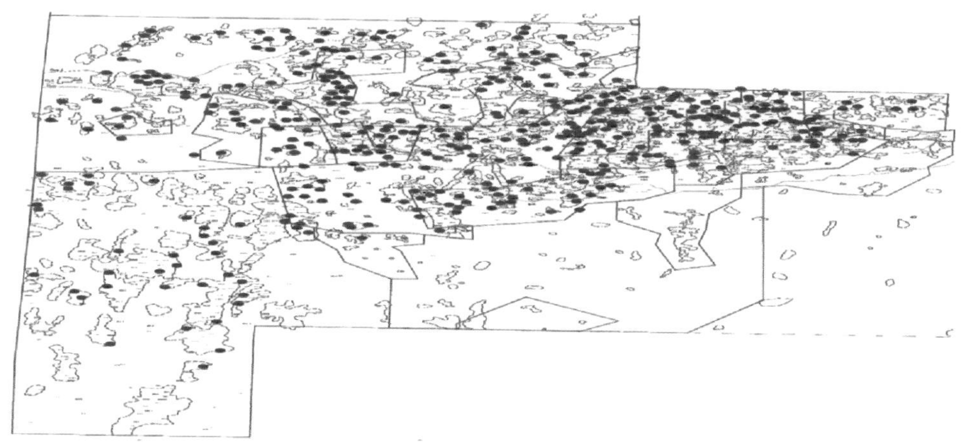

图 6.5　塔里木盆地示范区单井缝洞单元注水替油井分布图

3. 多井缝洞单元注水驱油机理与井网构建

1) 多井缝洞单元注水驱油机理

构建 5 口井组成的多井缝洞单元注水驱油典型物理模型，开展注水驱油的室内模拟，具体实验情况如下(图 6.6)：①首先在模型中饱和水，再以 A1 井作为物源方向充注原油；②整个模型连通底水，模拟底水驱替的 A1～A5 井天然能量开采至高含水稳定；③从单元边部的 A5 井水驱到 A1 井，水驱失效至高含水稳定；④再从 A1 井换向水驱到 A5 井，水驱失效至高含水稳定；⑤重复上述过程，直至高含水稳定，结束实验。

从实验结果可见，多井单元注水机理主要有 3 点：①注水补充能量机理，模型出口压力明显提升；②注入水恢复上部油藏压力的注水压锥原理，对应井产油量明显增加，产水量明显降低；③多轮次换向注水原理，通过不同流动阻力、不同溢出点的连通通道的反复动用，缝洞储集体内的剩余油基本驱完。

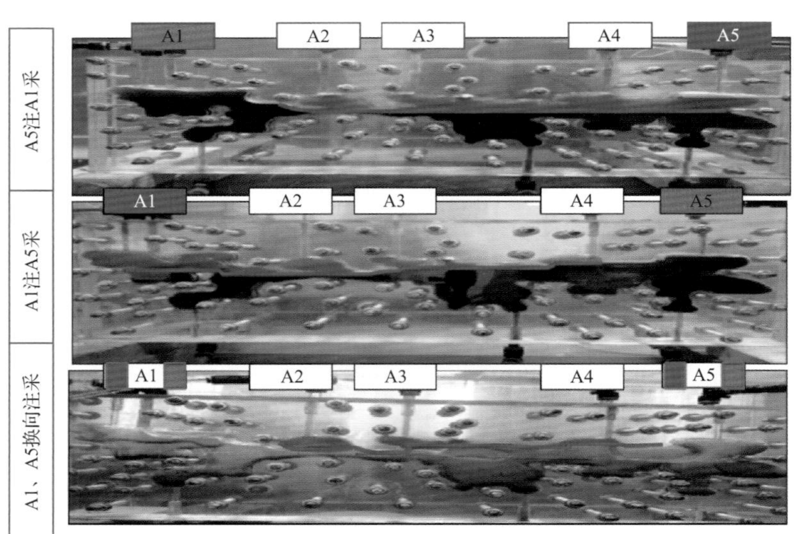

图 6.6 多井缝洞单元典型物理模型水驱情况

2) 多井缝洞单元井网构建情况

多井缝洞单元注采井网是从控制储量的产建井网，逐步向提高采收率的注采井网转变(图 6.7)。首先是在地震资料解释指导下，建立产建井网，以尽可能少的油井控制更多的发育缝洞体。随着开发的深入，将低效、无效的生产井转注，再开展注水连通方向、连通关系的系统识别。由于缝洞储集体往往存在“同井不同路、注采单向受效”等特殊现象，即注采换向后，连通主受效井往往发生改变。因此要按照提高采收率的技术要求，围绕连通方向、连通关系的认识，建立多井缝洞单元注水驱油的响应关系，结合未控制缝洞储量情况，酌情加密井，提高水驱储量的控制程度。

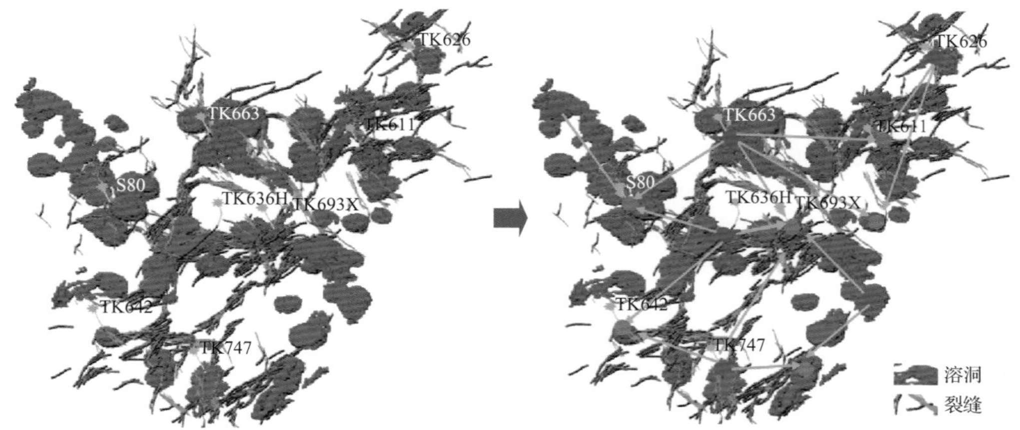

图 6.7 多井缝洞单元由产建型井网向注水提高采收率井网转变的实例

现场注采实践显示，多井缝洞单元注水驱油的主要作用有 4 点，与典型物理模型的机理认识极为吻合：①补充地层能量(图 6.8)，注水后对应生产井含水稳定，油压、液面、液量上升；②注水压锥，恢复上部能量，抑制底水锥进(图 6.9)，注水后生产井产液稳定，

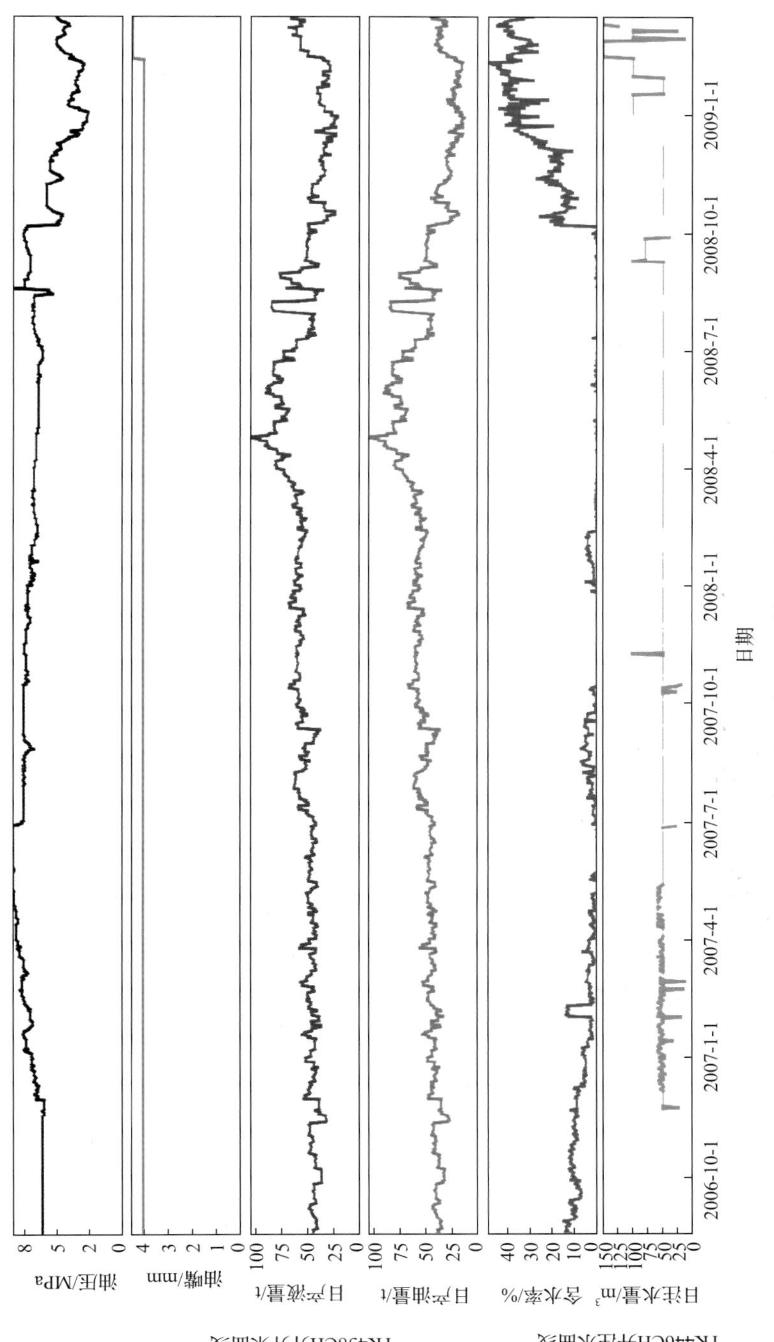

图6.8　多井缝洞单元注水补充能量作用的实例

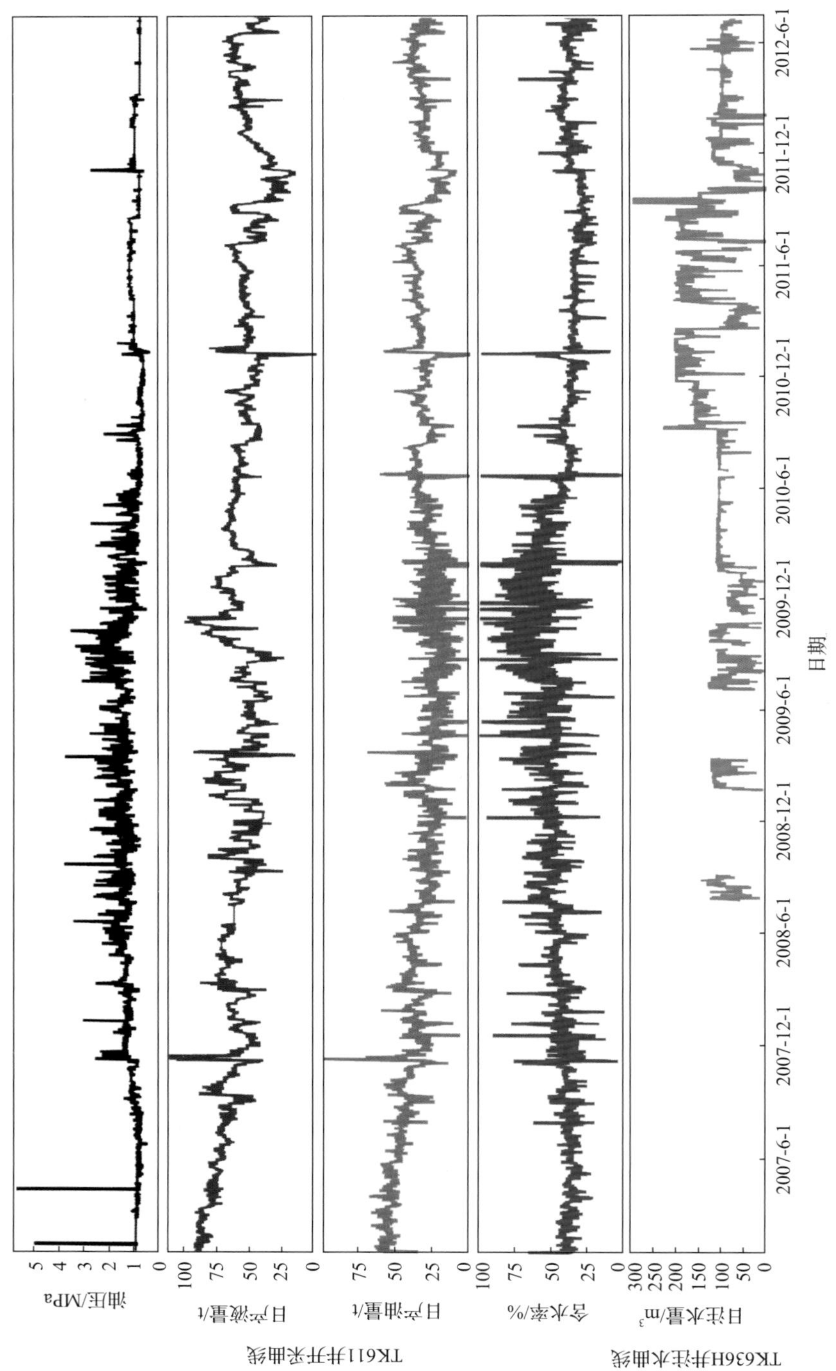

图6.9 多井缝洞单元注水压锥作用的实例

产水量减小，含水下降，油量小幅上升；③正向注水失效后，换向注水可以启动不同阻力、不同溢出点的新连通通道，扩大水驱波及(图 6.10)；④不稳定注水(注注-停停)的效果优于连续注水(图 6.11)。

自2005年在塔里木盆地示范区首次开展多井缝洞单元注水驱油试验以来，截至2017年年底，共有114个多井缝洞单元注水(图 6.12)，累计注水 2468×10^4t，增油 249×10^4t。通过构建多井缝洞单元注水驱油井网，水驱控制储量由 0.85×10^8t 提升到 4.73×10^8t，增加可采储量 1192×10^4t。

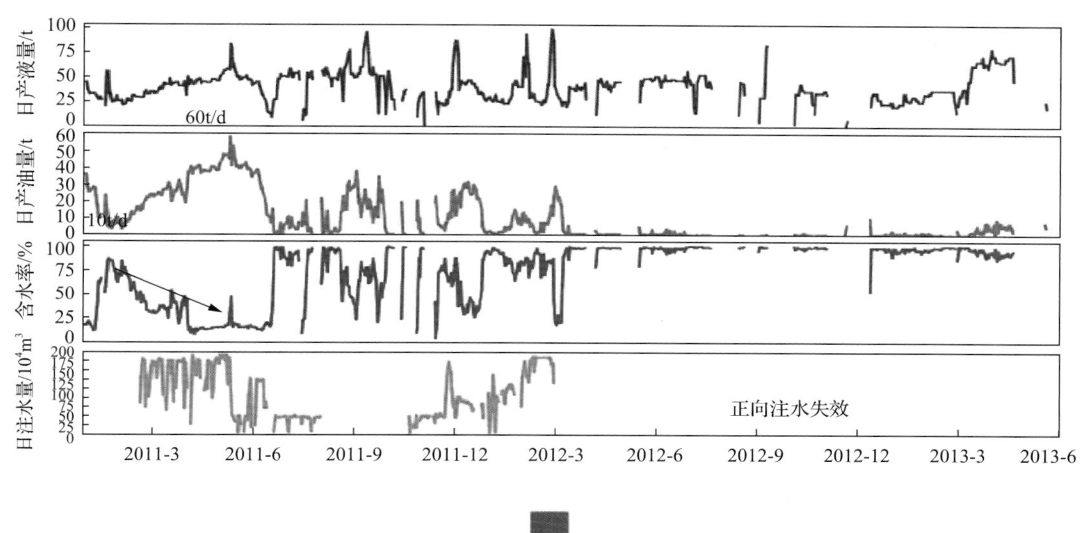

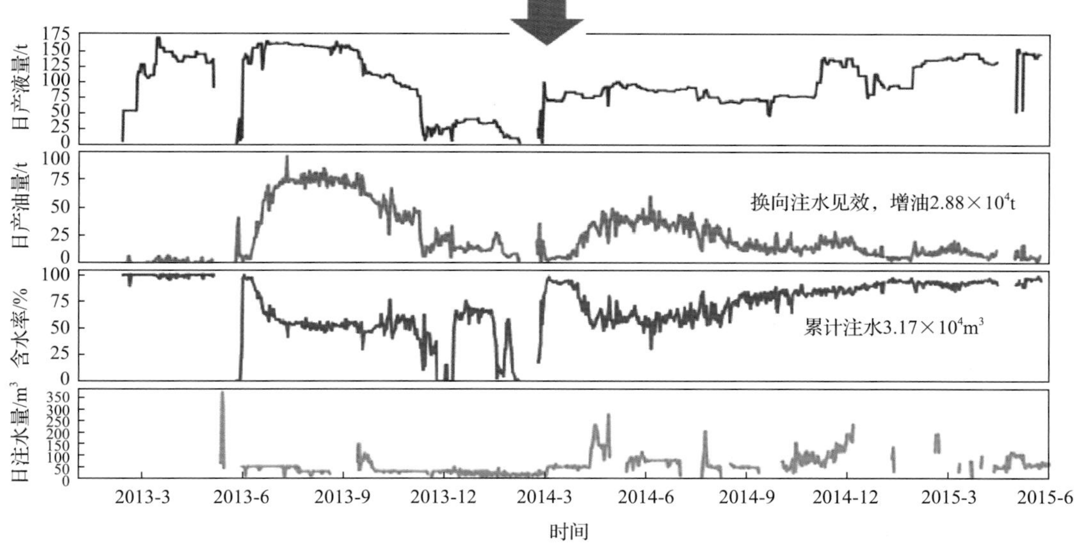

图 6.10　多井缝洞单元换向注水的实例

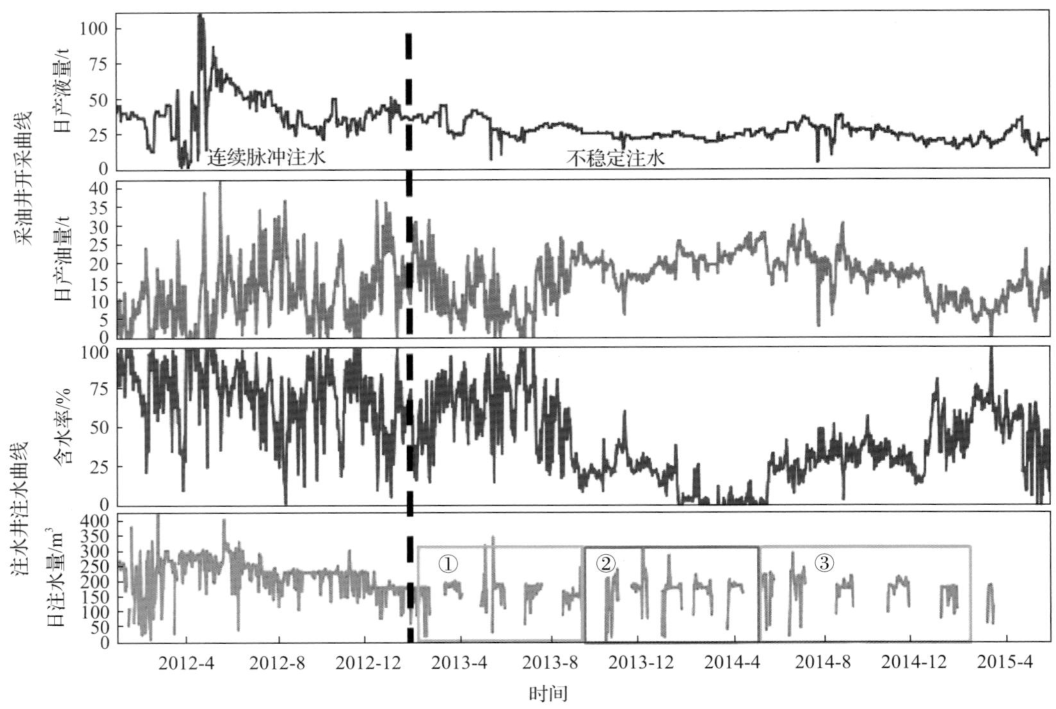

图 6.11　多井缝洞单元不稳定注水的实例

①注入时间：停注时间=1；②注入时间：停注时间=1.2；③注入时间：停注时间=0.6

图 6.12　多井缝洞单元注水驱油井分布图

6.2　碳酸盐岩缝洞型油藏注水技术政策

碳酸盐岩缝洞型油藏注水技术政策的优化难度远超常规油藏，原因是：①储集空间几何形态差异与空间尺度变化远超常规油藏，是几十米的溶洞与不同尺度溶孔、裂缝的复杂组合；②流动特征复杂性远超常规油藏，是以管流为主，管流-空腔流-渗流耦合的复杂流动；③注采关系复杂性远超常规油藏，受多期断裂岩溶、充填、垮塌、压实等多种地质作用的共同影响，内部结构和连通性极为复杂，注采关系识别和优化难度极高。对此，利用典型物模与数模开展理论研究，结合现场实践持续验证与优化，最终创新形成了以“优化补能耦合油水充分置换”为核心的单井单元注水替油技术政策，独创了以“缝注洞采”“低注高采”“换向不稳定注水”为核心的多井单元注水驱油技术政策。

6.2.1　单井缝洞单元注水替油技术政策

采用与本书第 3.2.2 节中“1.碳酸盐岩缝洞型油藏单井注气驱油数值模拟典型模型建立”同样的方法，对典型单井缝洞单元注水替油进行数值模拟研究，结合现场实践经验，优化注水替油技术政策。最终优化了油井补能时间，提高了开井生产时率，实现注入水与原油充分置换，有效增加油井周期产油。

1. 单井缝洞单元注水替油潜力评估

利用单井缝洞单元的累计采出油量与井控储量的比值，来判断单井缝洞单元注水替油潜力，优先选择井控储量大，累计采出油量占比低的井。

由于缝洞型油藏具有非连续性特点，体积法计算储量的适应性较差。对此在塔里木盆地示范区现场数据统计的基础上，结合水驱特征曲线理论，建立了动态储量计算方法。油水相对渗透率比值与含水饱和度存在 5 种关系。其中一种可表示为

$$k_{\mathrm{rw}} / k_{\mathrm{ro}} = a\left(S_{\mathrm{w}} - b\right)^{c} \tag{6.6}$$

在水驱的稳定流动条件下，水油产量比可表示为

$$\frac{Q_{\mathrm{w}}}{Q_{\mathrm{o}}} = \frac{\mu_{\mathrm{o}} B_{\mathrm{o}} \gamma_{\mathrm{w}} k_{\mathrm{rw}}}{\mu_{\mathrm{w}} B_{\mathrm{w}} \gamma_{\mathrm{o}} k_{\mathrm{ro}}} \tag{6.7}$$

联立式(6.6)和式(6.7)，产水量为

$$Q_{\mathrm{w}} = \frac{\mu_{\mathrm{o}} B_{\mathrm{o}} \gamma_{\mathrm{w}}}{\mu_{\mathrm{w}} B_{\mathrm{w}} \gamma_{\mathrm{o}}} a\left(S_{\mathrm{w}} - b\right)^{c} Q_{\mathrm{o}} \tag{6.8}$$

式(6.6)～式(6.8)中，k_{rw} 为水相相对渗透率；k_{ro} 为油相相对渗透率；Q_{w} 为水的产量；Q_{o} 为油的产量；B_{o} 为油的体积系数；B_{w} 为水的体积系数；S_{w} 为当前时刻含水饱和度；μ_{o} 为油的黏度；μ_{w} 为水的黏度；a 为水驱曲线直线段对纵轴的斜率；b 为水驱曲线直线段

在纵轴的截距；c 为常数。

对产水量积分，可得累计产水量为

$$W_{\mathrm{p}}=\int_0^t Q_{\mathrm{w}}\mathrm{d}t=a\frac{\mu_{\mathrm{o}}B_{\mathrm{o}}\gamma_{\mathrm{w}}}{\mu_{\mathrm{w}}B_{\mathrm{w}}\gamma_{\mathrm{o}}}\int_0^t\left(S_{\mathrm{w}}-b\right)^c Q_{\mathrm{o}}\mathrm{d}t \tag{6.9}$$

根据物质平衡原理，累计产油量为

$$N_{\mathrm{p}}=N\frac{S_{\mathrm{w}}-S_{\mathrm{wi}}}{S_{\mathrm{oi}}} \tag{6.10}$$

式中，S_{wi} 为地层原始含水饱和度；S_{oi} 为地层原始含油饱和度；N_{p} 为累积采油量；N 为地质储量。

式(6.10)两边对时间求导，得

$$Q_{\mathrm{o}}=\frac{\mathrm{d}N_{\mathrm{p}}}{\mathrm{d}t}=\frac{N\mathrm{d}S_{\mathrm{w}}}{S_{\mathrm{oi}}\mathrm{d}t} \tag{6.11}$$

将式(6.11)代入式(6.9)，可得

$$W_{\mathrm{p}}=a\frac{\mu_{\mathrm{o}}B_{\mathrm{o}}\gamma_{\mathrm{w}}}{\mu_{\mathrm{w}}B_{\mathrm{w}}\gamma_{\mathrm{o}}}\frac{N}{S_{\mathrm{oi}}}\int_{S_{\mathrm{wi}}}^{S_{\mathrm{w}}}\left(S_{\mathrm{w}}-b\right)^c\mathrm{d}S_{\mathrm{w}} \tag{6.12}$$

对式(6.12)积分求解，得

$$W_{\mathrm{p}}=a\frac{\mu_{\mathrm{o}}B_{\mathrm{o}}\gamma_{\mathrm{w}}}{\mu_{\mathrm{w}}B_{\mathrm{w}}\gamma_{\mathrm{o}}}\frac{N}{S_{\mathrm{oi}}(c+1)}\left[\left(S_{\mathrm{w}}-b\right)^{c+1}-\left(S_{\mathrm{wi}}-b\right)^{c+1}\right] \tag{6.13}$$

根据物质平衡方程，平均含水饱和度为

$$S_{\mathrm{w}}=S_{\mathrm{wi}}+\frac{N_{\mathrm{p}}}{N}S_{\mathrm{oi}} \tag{6.14}$$

将式(6.14)代入式(6.13)，得

$$W_{\mathrm{p}}=a\frac{\mu_{\mathrm{o}}B_{\mathrm{o}}\gamma_{\mathrm{w}}}{\mu_{\mathrm{w}}B_{\mathrm{w}}\gamma_{\mathrm{o}}}\frac{N}{S_{\mathrm{oi}}(c+1)}\left[\left(S_{\mathrm{wi}}-b+\frac{S_{\mathrm{oi}}}{N}N_{\mathrm{p}}\right)^{c+1}-\left(S_{\mathrm{wi}}-b\right)^{c+1}\right] \tag{6.15}$$

当 $c=-2$ 时，式(6.15)可以简化为

$$W_{\mathrm{p}}=a\frac{\mu_{\mathrm{o}}B_{\mathrm{o}}\gamma_{\mathrm{w}}}{\mu_{\mathrm{w}}B_{\mathrm{w}}\gamma_{\mathrm{o}}}\frac{1}{\left(S_{\mathrm{w}}-b\right)^2}\frac{1}{\left[1/N_{\mathrm{p}}-S_{\mathrm{oi}}/N\left(b-S_{\mathrm{wi}}\right)\right]} \tag{6.16}$$

令

$$A=-a\frac{\mu_{\mathrm{o}}B_{\mathrm{o}}\gamma_{\mathrm{w}}}{\mu_{\mathrm{w}}B_{\mathrm{w}}\gamma_{\mathrm{o}}}\frac{1}{\left(S_{\mathrm{w}}-b\right)^2} \tag{6.17}$$

$$B = \frac{S_{\text{oi}}}{N\left(b - S_{\text{wi}}\right)} \tag{6.18}$$

式(6.16)可以简化为

$$W_{\text{p}} = \frac{A}{\left(1/N_{\text{p}} - B\right)} \tag{6.19}$$

即

$$W_{\text{p}}/N_{\text{p}} = A + BW_{\text{p}} \tag{6.20}$$

式(6.20)可进一步变形为

$$\frac{W_{\text{p}}}{N_{\text{p}}} + 1 = A + BW_{\text{p}} + 1 \tag{6.21}$$

即

$$L_{\text{p}}/N_{\text{p}} = A + BW_{\text{p}} + 1 \tag{6.22}$$

如果实际动态数据满足上述水驱特征曲线的形式，即 A，B 为常数，则根据式(6.19)，地质储量为

$$N = \frac{S_{\text{oi}}}{B\left(b - S_{\text{wi}}\right)} = \frac{m}{B} \tag{6.23}$$

通过以上推导可以看出，如果累计液油比同累计产水量呈直线关系，则地质储量同直线斜率 B 的倒数呈线性关系，据此，可利用动态数据计算地质储量。

比例系数 m 与初始含水饱和度、初始含油饱和度、常数 b 有关，可以通过相渗曲线计算。先计算实测油水相对渗透率的比值，再根据式(6.6)，通过拟合的方式确定 b；将 b、初始含油饱和度和初始含水饱和度代入式(6.23)，即可求得 m。在没有相渗曲线或相渗曲线代表性不强的情况下，也可以根据已知区块地质储量与 B 的关系，利用统计的方法获取。

2. 优化补能的注水替油时机

根据地震波形技术雕刻的三维缝洞体空间形态，构建了单井缝洞单元的等效缝洞组合模型，利用数值模拟技术开展了机理研究[1-4]。

(1)模型设计。缝洞单元有效体积 $27.8\times10^4\text{m}^3$，其中单元上部含油，储量 $27.8\times10^4\text{m}^3$，下部为水体，水体大小为 $9.1\times10^4\text{m}^3$，裂缝渗透率取值为 100～500mD，溶洞渗透率取值为 1000～10000mD，溶解气油比为 21(m^3/m^3)，泡点压力为 18.4MPa。模拟网格数为 60×17×30=30600，有效网格数为 16000，网格步长为 3m×3m×2m。

(2)参数设计。油井依然靠天然能量开采阶段参数设计：定液量生产，自喷结束地层压力为52.6MPa，机抽井废弃压力为26.5MPa。注水替油阶段参数设计：每轮次注水5d，注水量400m^3/d，周期注水2000m^3，闷井4d开井生产。采用两种注水时机模式，一是自喷(废弃压力52.6MPa)后直接进行注水替油；二是自喷(废弃压力52.6MPa)，再机抽(废弃压力26.5MPa)，最后注水替油的模式。

从模拟结果看出：采用自喷-机抽-注水替油模式比自喷-注水替油模式，在同样时间内累产油量提高了12.8%，详细结果见图6.13。因此，油井要尽可能利用天然能量开采，油藏压力降至深抽仍无法正常生产时，是注水优化补能的最佳时机。

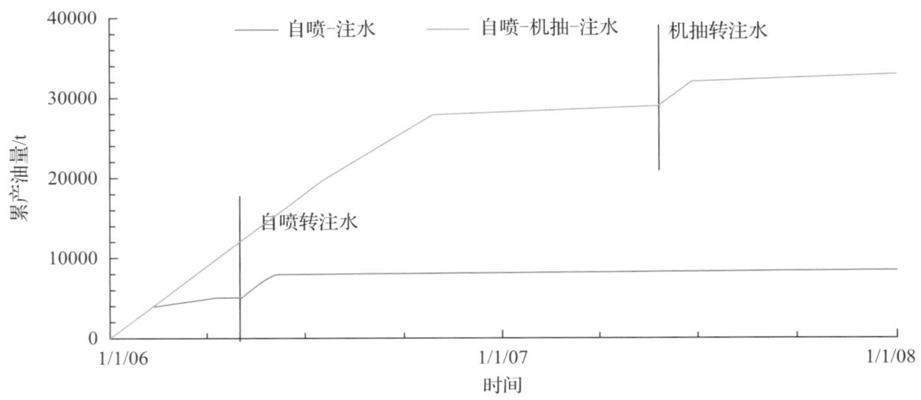

图6.13　模拟两种生产方式下注水替油效果

3. 优化的日注水量

采用数值模拟方法，对比注水替油的周期注水量同样为2000m^3，日注水量分别为1000m^{3}和200m^3。模拟结果表明，采用快速注入(日注水量1000m^3)时注水末期平面波及直径达到55m，而采用慢速注入(日注水量200m^3)时，注水末期平面波及直径仅有25m，模拟情况见图6.14。分析认为，注入速度越高，波及范围越广，注入速度越慢，在重力分异下，注入水易沿高角度裂缝沉入底水。

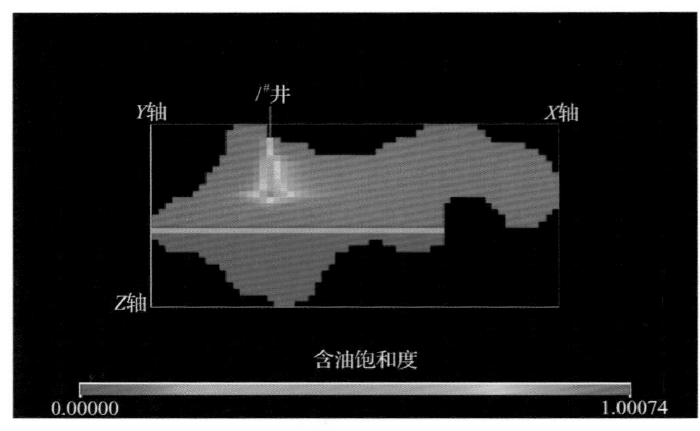

(a) 注入速度1000m^3/d

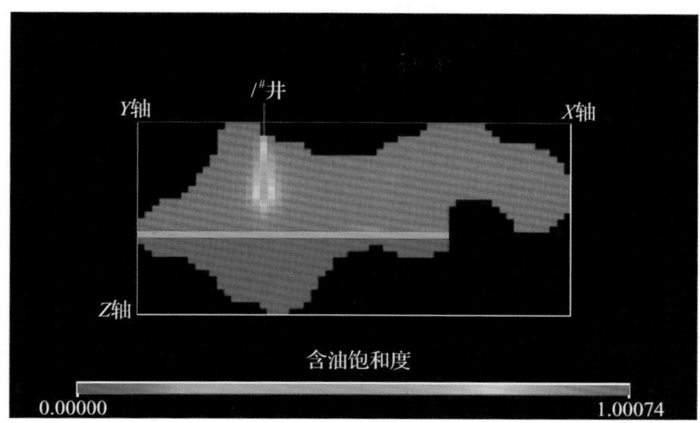

(b) 注入速度200m³/d

图 6.14　注水速度对波及范围的影响

在周期注水同为 2000m³ 的情况下，分别模拟不同日注水量下(20m³、40m³、60m³、80m³、120m³、150m³、200m³、250m³、350m³、400m³、500m³、600m³、800m³、1000m³、1500m³、2000m³)的周期替油量。结果表明，模拟日注水量最佳值是 400m³(图 6.15)。注采速度过大，注入水虽然波及范围更高，但易将井周原油驱向远井，不利于本井充分替油。

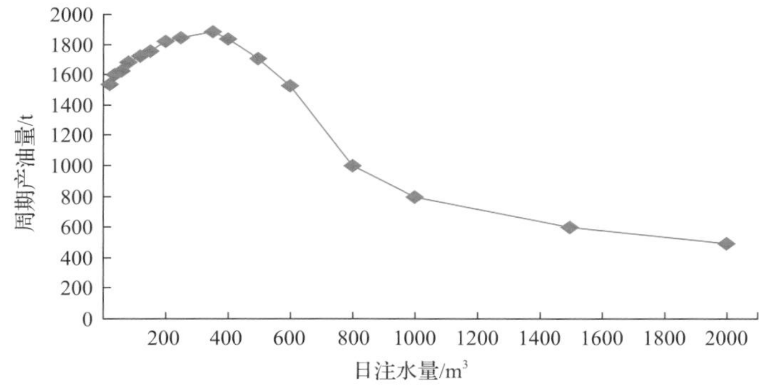

图 6.15　不同注入速度下的累计产油量

结合现场实际资料统计，分析吨油耗水比、日注水量与生产初期产液量比值的关系，结果表明：随着日注水量的增大，吨油耗水比同步增加。日注水量与生产初期产液量比值为 2～4 时，吨油耗水比较低，注水效果较好(图 6.16)。现场实践统计表明，溶洞较为发育的储集体，一般日注水量为 200～400m³/d。对于溶洞欠发育，裂缝网络相对主导的储集体，日注水量一般在 100～200m³/d。

4. 优化的周期注水量

周期注水量是影响注水替油效果的关键因素，通过周期注采比(周期注水量与上周期产液量的比值)来确定其大小。通过实践总结分析，得出了周期注采比的确定原则。

(1)在注水替油的第 1 个周期，周期注采比控制在 0.25～0.50。

统计分析注水周期超过 15 个的 7 口油井的情况，有 6 口井第 1 个周期的注采比在

0.25～0.50，吨油耗水系数约为 2，效果较好。分析认为，注水替油的压力亏空量主要是岩石和流体的弹性膨胀体积，其中由流体弹性膨胀导致的亏空体积可以通过注水在短时间内弥补，而岩石弹性膨胀导致的亏空由于注入压力限制，不能短时间内弥补。

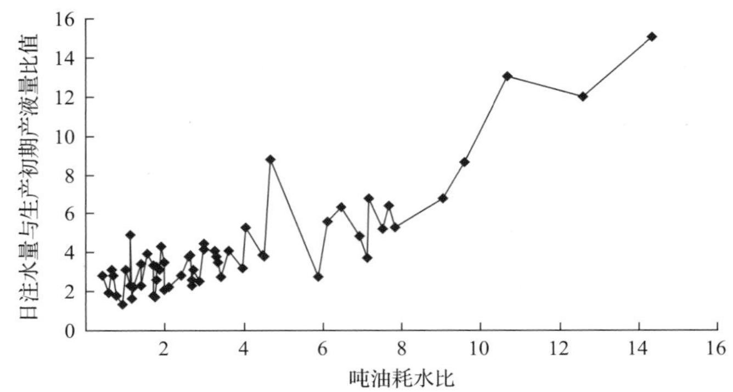

图 6.16　注水受效井吨油耗水比和日注水量与初期产液量比值的关系

(2)溶洞型储集体油井早期注采比控制在 1.0～2.0，中后期控制在 0.5～1.0；裂缝性储集体的油井早期注采比控制在 0.8～1.5，中后期控制在 0.3～0.8。

注水实践表明，注水替油前期替油效果较好，周期含水率一般低于 20%，注水替油中后期含水逐渐上升。分析认为，随着注水替油周期的增加，油井周期注采比逐渐减小。因为随着地层中不断注入水，油水界面逐渐升高，注水压力逐渐增大，注入越来越困难，注入量便会减少，且随着后期含水率的上升，为了保证替油效率，只有采出更多的液体才能采出更多的油，因此注采比会逐渐下降，甚至采出量大于注入量，使注采比小于 1。

统计表明(图 6.17)，当注入量较低时，能量补充不够，注水替油不充分；注入量超过最佳注入量以后，油水界面抬升，含水率大幅上升，开采效果变差，最佳周期累计注入量为 $1800m^3$。

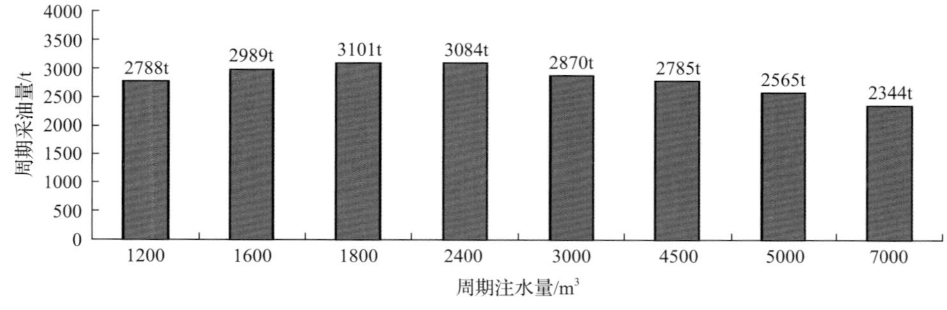

图 6.17　周期注入量对产量的影响

5. 周期注水压力

矿场数据分析表明，注入压力对周期注水替油的影响较小。塔河的注水替油井最高注入压力在 5～20MPa，占比 75.9%。设计注入压力时，要根据井口承压能力而定，自喷井口压力可以高至 20MPa，机抽井口设计压力在 15MPa 左右。

6. 耦合油水充分置换的优化关井时间

合理的替油关井时间应该是油水彻底地分异置换所需的最短时间，表现为关井后压力平稳或先下降后平稳的时间。该参数是“优化补能耦合油水充分置换”的核心参数。典型替油井数值模拟表明(图 6.18)，关机时间会影响本周期的注水替油产油量。

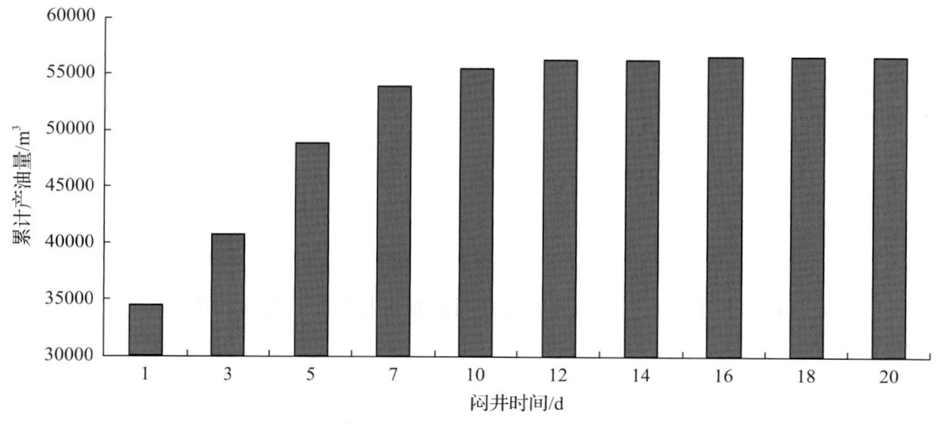

图 6.18　典型井数模关井置换时间对累计产量的影响

现场实践总结表明：不同特征的储集体，关井时间有明显的差异，对于溶洞发育的储集体，一般关井置换时间 2～4d。对于溶洞相对欠发育，缝网主导型储集体，油水分异相对较慢，一般需 10～25d。

7. 单井缝洞单元注水替油技术政策汇总

在上述理论研究的认识基础上，经过现场长期的实践分析与经验总结，单井缝洞单元注水替油技术政策汇总如表 6.1 所示。

表 6.1　单井缝洞单元注水替油技术政策

<table>
<tr><th>项目</th><th colspan="4">参考标准</th></tr>
<tr><td rowspan="2">注水时机</td><td>水体弱</td><td colspan="3">先转抽至供液不足才注水替油</td></tr>
<tr><td>水体强</td><td colspan="3">关井压锥效果变差才注水压锥</td></tr>
<tr><td rowspan="9">注入量</td><td rowspan="6">第一周期(试注)</td><td>累产液 $N_L/(10^4m^3)$</td><td>注采比</td><td>自喷井井口压力一般不超过投产初期值</td></tr>
<tr><td>＜0.2</td><td>0.6～0.8</td><td rowspan="5">机抽井：停注后关井监测液面(若井口压力上升则停注)</td></tr>
<tr><td>0.2～0.6</td><td>0.5～0.8</td></tr>
<tr><td>0.6～1</td><td>0.4～0.6</td></tr>
<tr><td>1～2</td><td>0.4～0.5</td></tr>
<tr><td>＞2</td><td>0.2～0.4</td></tr>
<tr><td rowspan="2">初、中期</td><td colspan="2" rowspan="2">根据试注效果调整，一般为上周期产液的 0.8～1.2 倍</td><td>裂缝型适当加大注水量</td></tr>
<tr><td>溶洞型控制注入量</td></tr>
<tr><td>注水后期</td><td colspan="3">油水界面高的井，控制注入量(上周期产液的 0.8～1.0 倍)</td></tr>
</table>

续表

项目	参考标准	
注入速度	溶洞型	重力分异为主，油水易于置换，快速注入
	裂缝型	重力分异及驱替同时发生，慢速注入
闷井时间	自喷井：井口压力上升或基本平稳；机抽井：液面基本平稳或上升	
	非直接钻遇溶洞适当延长闷井时间	
	低效后油水界面高适当延长闷井时间至 10～20d	
开井工作制度	裂缝型井由于置换速度相对较慢工作制度宜较小	
	水体弱的溶洞型油井不含水时可以较大工作制度生产提高时效	

6.2.2　多井缝洞单元注水驱油技术政策

采用与本书 3.2.2 节中“1.碳酸盐岩缝洞型油藏单井注气驱油数值模拟典型模型建立”同样的方法，对典型多井缝洞单元注水驱油进行数值模拟研究，结合现场实践的经验总结，最终得到以“缝注洞采”“低注高采”“换向不稳定注水”为核心的多井缝洞单元注水驱油技术政策。

1. 多井缝洞单元注水驱油潜力评估

运用井洞关联系数，即多井单元的注采井与主潜力溶洞的匹配程度，来评估多井缝洞单元的注水驱油潜力，因为缝洞油藏的主要储集空间为大洞，占总储量的 90%左右。井洞关联系数越高，注水连通的潜力越大。

当井钻遇溶洞时，忽略钻洞的高低、形状等影响，则近似看作井完全控制洞。控洞系数为 $f_v = 1$。一个注水单元内的贯洞井与洞关联系数表示为

$$A_D = \frac{n_v}{n} f_v \tag{6.24}$$

式中，A_D 为贯洞井与洞关联系数；n_v 为注水单元内贯洞井数；n 为注水单元内井数。

当井未钻遇洞时，忽略其他因素的影响，利用井与钻遇洞的井之间的连通性来反映未钻遇洞井的控洞系数。灰色关联度描述了系统发展过程中，因素或系统之间的相对变化情况，也就是变化大小、方向和速度等因素的相对性。如果两者在发展变化过程中相对变化基本一致，则认为两者关联度大。油井的产液量是整个复杂地质系统中渗透率、含油饱和度、孔隙度等诸多因素及生产制度、生产措施等共同作用的结果，油井的产液量序列可以视为灰色序列，可以根据灰色关联分析原理来分析两口井(贯洞井和非贯洞井)产液量序列的关联程度，进而确定油井间的连通性。设 $X_j(t)=\{Q_{l1},Q_{l2},\cdots,Q_{ln}\}$ 表示第 j 口贯洞井随时间变化的月产液体积数据序列，称为母序列。$X_{ij}(t)=\{Q_{w1},Q_{w2},\cdots,Q_{wn}\}$，表示第 j 口贯洞井周围第 i 口非贯洞井井月注水体积数据序列；其中 $j=1, 2, \cdots, n_v$, $i=1, 2, \cdots, n_f$, n_v 为贯洞井井数，n_f 为非贯洞井井数。

序列 $X_j(t)$ 与 $X_{ij}(t)$ 的关联系数为

$$R_{ij,t} = \frac{\Delta_{\min} + a\Delta_{\max}}{\Delta_{ij}(t) + a\Delta_{\max}} \tag{6.25}$$

$$\Delta_i(t)=\left|X_{ij}(t)-X_j(t)\right| \tag{6.26}$$

$$\Delta_{\max}=\max\max\left|X_{ij}(t)-X_j(t)\right| \tag{6.27}$$

$$\Delta_{\min}=\min\min\left|X_{ij}(t)-X_j(t)\right| \tag{6.28}$$

式(6.25)～式(6.28)中，$R_{ij,t}$ 为 $X_j(t)$ 与 $X_{ij}(t)$ 的关联系数；i 为非贯洞井序号；j 为贯洞井序号；t 为数据序列元素序号，即月份序号；a 为分辨系数，$a\in(0,1)$，现取 a=0.5(一般可以取值为 0.5)。

由式(6.25)～式(6.28)可知，关联系数 $R_{ij,t}$ 是时间 t 的函数，得到的是母序列与子序列在各月份产液体积与产液体积的关联系数值，结果较多，信息过于分散，不便于比较。因此有必要将每一个子序列各个时刻的关联系数集中体现在一个值——灰色关联度 γ_{ij}，即

$$\gamma_{ij}=\frac{1}{n}\sum_{i=1}^{n_f}R_{ij,t} \tag{6.29}$$

进行归一化处理后即可得到第 i 口非贯洞井对第 j 口贯洞井的控洞系数 f_{ij}:

$$f_{ij}=\frac{\gamma_{ij}-\min\left|\gamma_{ij}\right|}{\max\left|\gamma_{ij}\right|-\min\left|\gamma_{ij}\right|} \tag{6.30}$$

一个注水单元内的非贯洞井与洞关联系数表示为

$$B_{\mathrm{D}}=\frac{n_{\mathrm{v}}}{n}f_{\mathrm{f}} \tag{6.31}$$

$$f_{\mathrm{f}}=\frac{f_{ij}}{ij} \tag{6.32}$$

式中，f_{f} 为非贯洞井的控洞系数。

将式(6.24)与式(6.31)相加，即为一个注水单元内的理想的井洞关联系数。在实际的注水开发生产过程中，由于注采的影响，井、洞之间的关联降低。因此，考虑到注采关系对井洞关联性的实际影响，还需要再乘以注采系数 ξ。井洞关联系数的最终表达式为

$$\delta=\left(A_{\mathrm{D}}+B_{\mathrm{D}}\right)\xi \tag{6.33}$$

式中，ξ 为注采系数，反映注采关系的合理性，数值越大，则注采关系越合理，井洞的关联性越接近理想值；反之则越偏离理想值。

ξ 的表达式为

$$\xi=\sum_{k=1}^{pm}\left(\frac{1}{mp}\lambda_k\right) \tag{6.34}$$

式中，p 为注水单元内采油井数；m 为注水井数；k 为注水方向的序号；λ_k 为注水方向评价系数。

2. 优化的注水驱油时机

采用数值模拟方法研究多井缝洞单元合理注水时机[5-8]。优选单元 E1-E2 井组和 E3-E4 井组分别作为发育溶洞型和欠发育溶洞型的代表，研究对比不同压力保持水平和不同含水阶段的注水开发效果，确定最佳注水时机。模型注采参数设计如表 6.2、表 6.3 所示。模拟结果如图 6.19～图 6.22 所示。

表 6.2　设计不同地层压力保持水平模型注采参数表

压力保持度/%	日产液量/m^3		日注水量/m^3	
	发育溶洞型	缝网主导型	发育溶洞型	缝网主导型
100	100	50	100	50
90				
80				
70				

表 6.3　设计不同含水阶段模型注采参数表

不同含水率/%	日产液量/m^3		日注水量/m^3	
	发育溶洞型	缝网主导型	发育溶洞型	缝网主导型
20	100	50	100	50
30				
40				
50				
60				

分析模拟结果，可以得出如下结论。

(1) 对于溶洞发育程度高的储集体，压力水平为 90%～80%时开始注水，注水开发效果最好(图 6.19)。含水率为 40%～50%时进行注水，开发效果好，累计产油量较多(图 6.20)。

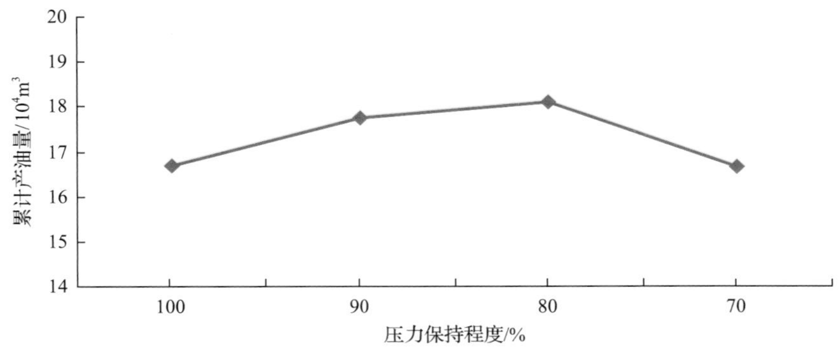

图 6.19　发育溶洞型多井单元注水驱油的压力时机

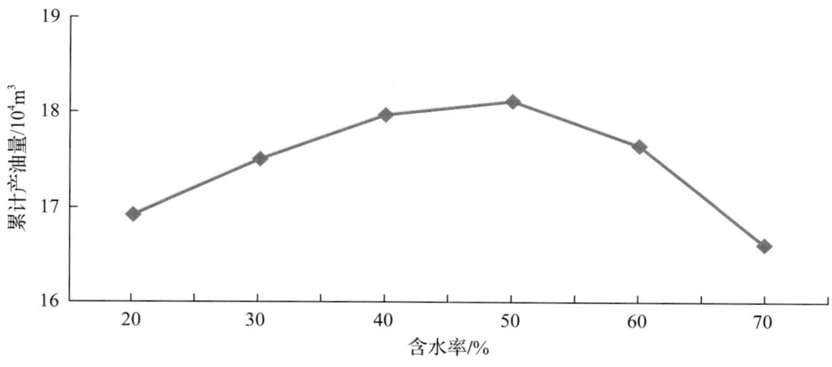

图 6.20 发育溶洞型多井单元注水驱油的含水时机

(2)对于溶洞欠发育，缝网相对主导型，要防止油藏压力下降过低，影响注水效果，注水时间可适当提前(图 6.21)。开始注水时含水率越低，开发效果越好，累计产油量较多(图 6.22)。

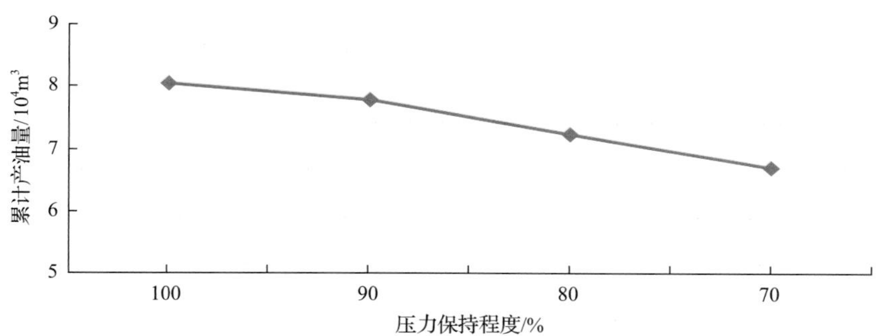

图 6.21 缝网主导型多井单元注水驱油的压力时机

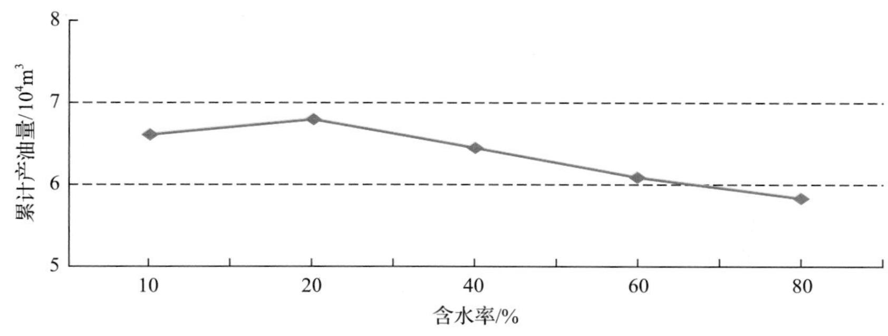

图 6.22 缝网主导型多井单元注水驱油的含水时机

3. 优化的“缝注洞采”模式

通过典型多井缝洞单元注水驱油数学模拟，证明“缝注洞采”注水模式明显好于“洞注缝采”模式(图 6.23，图 6.24)。模型左半部分是裂缝区，右半部分是溶洞区，模型底

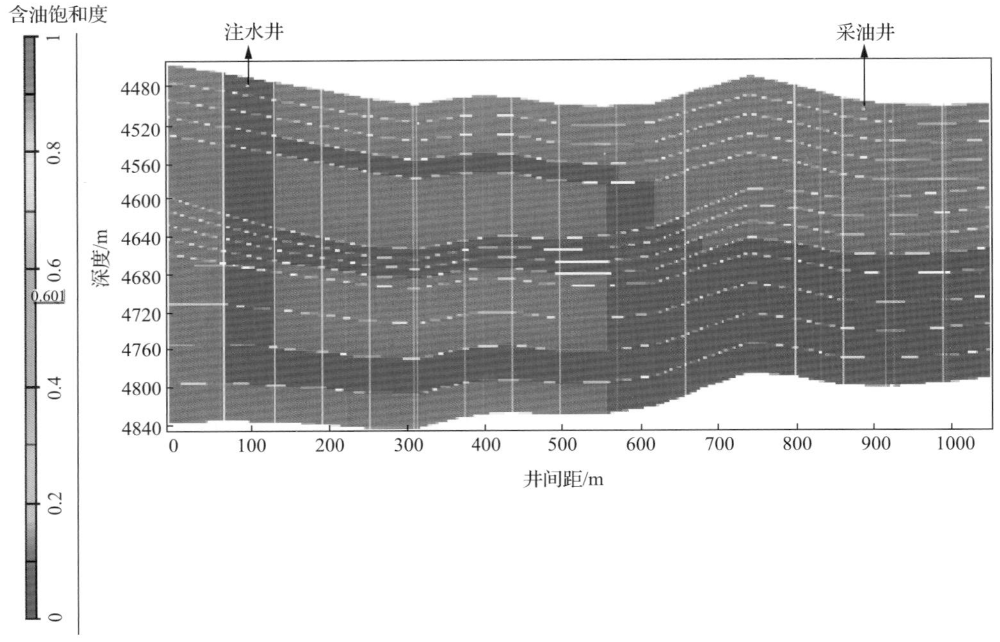

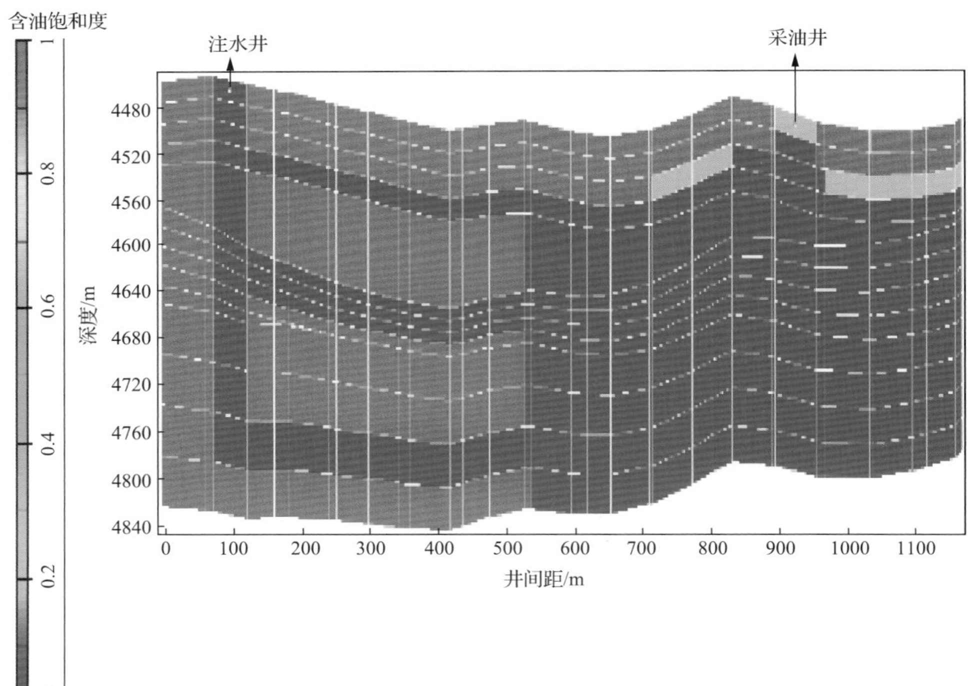

图 6.23 "缝注洞采"模式注水前后的剩余油分布对比图

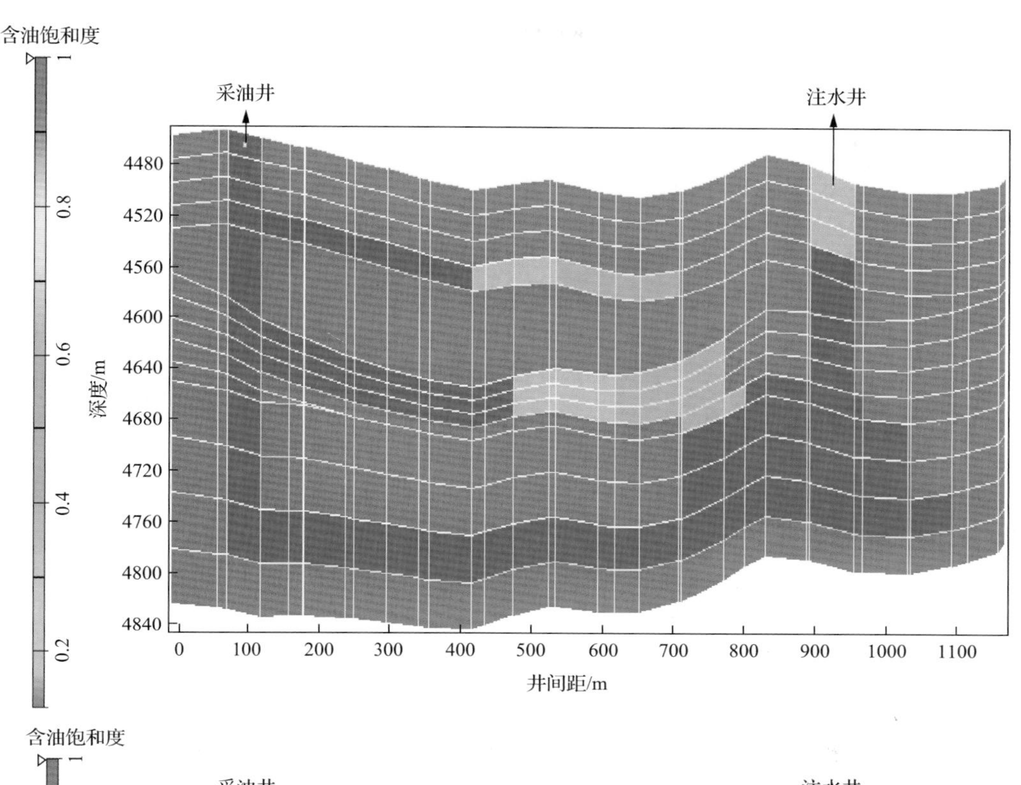

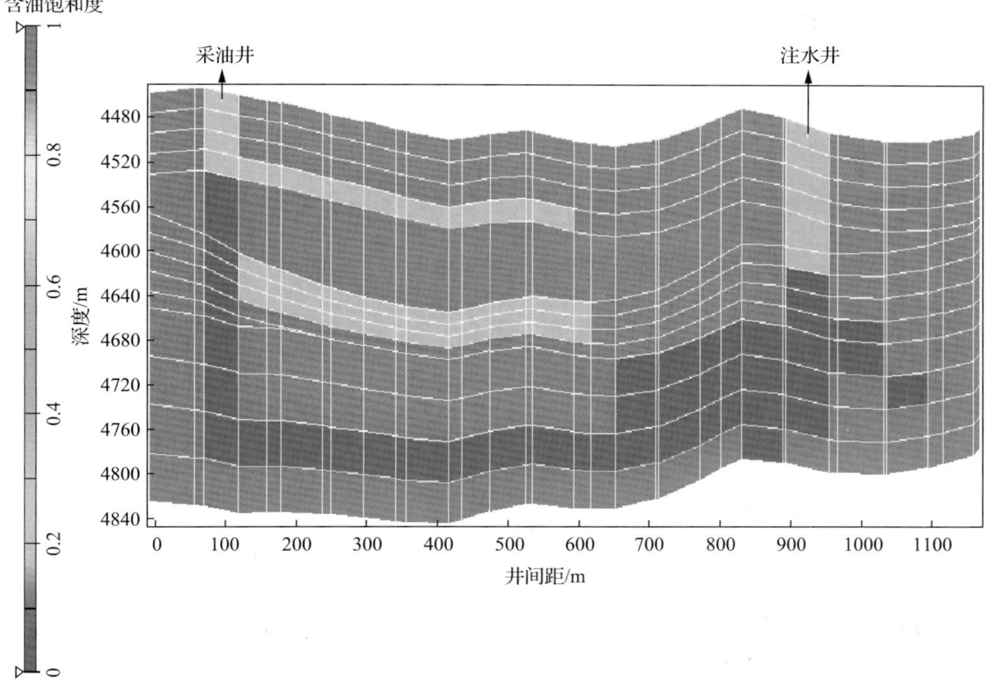

图 6.24　“洞注缝采”模式注水前后的剩余油分布对比图

部相连通，模拟发育底水。在数学模型左边布置水井，右边布置油井模拟“缝注洞采”模式，相应的转换配置模拟“洞注缝采”。在同样的注入速度和累计注水量下，模拟结果表明："缝注洞采"模式较"洞注缝采"模式的采收率增加约 10%。分析认为，"缝注洞采"模式通过不同连通部位的裂缝，水可以有效驱替溶洞，特别是溶洞高部位。而"洞注缝采"模式的注入水一进入井周溶洞就下沉到底水，难以有效平面驱扫。

4. 优化的"低注高采"模式

典型多井缝洞单元水驱数值模拟(图 6.25)证明"低注高采"模式优于"高注低采"模式。模型中的左侧低部位连通发育岩溶管道，连通性极强，右侧高部位为风化壳，分别模拟从左侧岩溶管道注水的"低注高采"模式和从右侧风化壳注水的"高注低采"模式，结果表明：在同样的注水速度和累计注水量下，"低注高采"模式的累产油量更高，水驱波及效果更好。分析认为，"低注高采"模式下，注入水按密度分异，从下部岩溶管道托举原油逐级抬升，实现了整体高效驱替，更适合缝洞型重力作用强，密度分异快的特点。而"高注低采"模式下，注水在重力作用下直接下沉，降低了平面水驱波及，影响了累计产油效果。

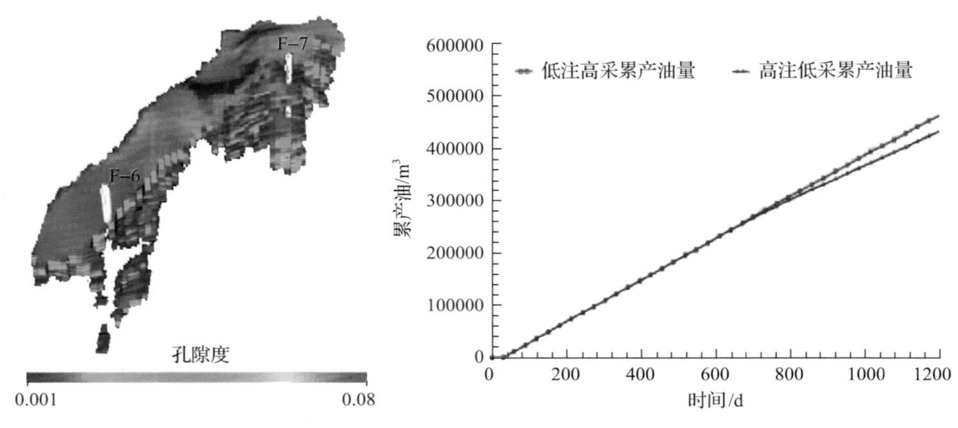

图 6.25 "低注高采"注水模式效果好于"高注低采"模式

5. 优化的不稳定注水模式

利用溶洞、裂缝-溶洞及裂缝-孔洞 3 种不同发育程度的储集体模型，开展不同参数的不稳定注水与连续注水的物模实验对比，所用模型如图 6.26 所示。

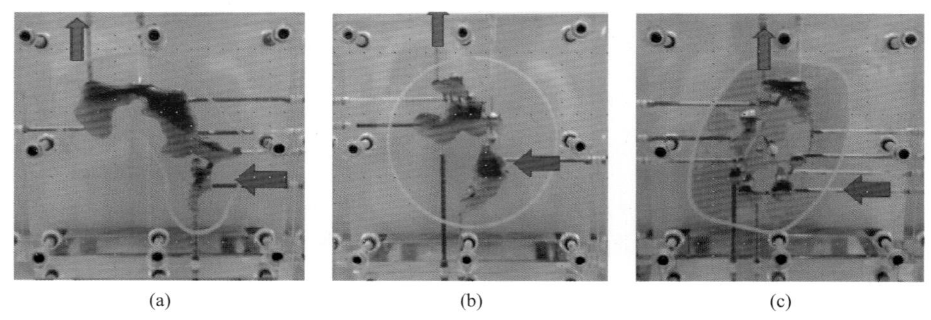

图 6.26 溶洞(a)、裂缝-溶洞(b)、裂缝-孔洞(c) 3 种不同发育程度的典型模型

室内模拟结果(表 6.4)表明：①对于 3 种不同发育程度的模型，不稳定注水的采收率效果明显优于连续注水和连续脉冲注水；②储集体发育程度高的溶洞型和裂缝-溶洞型不稳定注水的最佳参数是短注长停；③储集体相对欠发育的裂缝-孔洞型不稳定注水的最佳参数是“中注中停”的对称注水。

表 6.4　不同注采方式下的室内模型最终采收率情况

注水方式		溶洞模型水驱采收率/%	裂缝溶洞模型水驱采收率/%	裂缝-孔洞模型水驱采收率/%
连续注水		89.69	81.25	62.90
不稳定注水	短注短停，注 2min-停 2min	81.03	90.72	64.31
	中注中停，注 5min-停 5min	83.99	90.59	72.32
	长注长停，注 10min-停 10min	82.14	90.44	69.82
	短注中停，注 2min-停 5min	82.75	90.98	66.25
	短注长停，注 2min-停 10min	84.58	93.09	67.06
	中注长停，注 5min-停 10min	81.39	89.57	66.94
	长注短停，注 10min-停 2min	80.07	89.88	60.37
	长注中停，注 10min-停 5min	83.71	89.25	62.13
	中注短停，注 5min-停 2min	81.33	90.33	61.53
脉冲注水		87.52	80.33	56.06

6. 多井缝洞单元注水驱油技术方案汇总

在理论研究的基础上，经现场总结完善后，多井缝洞单元注水技术方案如表 6.5 所示。

表 6.5　碳酸盐岩缝洞型油藏多井单元注水开发技术方案

<table>
<tr><td colspan="2">技术内容</td><td colspan="4">政策界限</td></tr>
<tr><td colspan="2">注采关系</td><td colspan="4">空间注采、缝注洞采、缝注孔洞采，低注高采，双向及多向注水</td></tr>
<tr><td colspan="2" rowspan="3">不规则注采井网</td><td rowspan="2">风化壳岩溶</td><td rowspan="2">岩溶暗河</td><td colspan="2">断控岩溶</td></tr>
<tr><td>主干断裂</td><td>次级断裂</td></tr>
<tr><td>面状井网</td><td>线状井网</td><td colspan="2">带状井网</td></tr>
<tr><td rowspan="2">注水时机</td><td>强能量单元</td><td>含水率≥80%</td><td>含水率≥80%</td><td>含水率≥80%</td><td>含水率≥20%</td></tr>
<tr><td>弱能量单元</td><td>地层压力≥90%</td><td>地层压力≥90%</td><td>尽早注水</td><td>地层压力 85%～90%</td></tr>
<tr><td rowspan="3">注水方式</td><td>受效初期</td><td>不稳定注水
(对称注水)</td><td>不稳定注水
(对称注水)</td><td>不稳定注水
(对称注水)</td><td>不稳定注水
(短注长停)</td></tr>
<tr><td>受效中期</td><td>不稳定注水
(对称注水)</td><td>不稳定注水
(对称注水)</td><td>不稳定注水
(短注长停)</td><td>不稳定注水
(短注长停)</td></tr>
<tr><td>受效后期</td><td>不稳定注水
(短注长停)</td><td>换向注水</td><td>不稳定注水
(短注长停)</td><td>不稳定注水
(长注短停)</td></tr>
<tr><td rowspan="3">注采比</td><td>受效初期</td><td>0.6～0.8</td><td>0.8～1.0</td><td>0.4～0.6</td><td>0.4</td></tr>
<tr><td>受效中期</td><td>0.8～1.2</td><td>1.0～1.5</td><td>0.6～0.8</td><td>0.4～0.6</td></tr>
<tr><td>受效后期</td><td>0.8～0.6</td><td>1.2～0.8</td><td>0.8～0.6</td><td>0.6～0.4</td></tr>
</table>

6.2.3 碳酸盐岩缝洞型油藏注水水质标准(新增标准)

根据碳酸盐岩缝洞型油藏特征建立代表性物理模型，室内开展注水驱替实验，系统评价含油量、悬浮物含量、粒径中值等水质主控指标的影响，以长期注水不伤害储集体为目标，确定敏感的水质指标范围，最终形成了缝洞型油藏注水水质的技术要求[9,10]。

1. 结合油藏特点的水质敏感性的实验设计

以塔里木盆地示范区为研究对象，按照通道尺度将缝洞型储集体分成欠发育缝洞储集体和发育缝洞储集体 2 个大类，5 个等级的概念模型，结果见表 6.6 和图 6.27。针对概念模型，分别模拟不同含油量、不同悬浮物含量、不同中值粒径下水驱渗透率的变化情况(水驱 5000 倍孔缝或缝洞体积)，分析长期注水对油藏低伤害的敏感水质范围。

表 6.6 缝洞型油藏发育特征分类

序号	模拟对象	不同尺度模型	统计概率/%
1	欠发育缝洞储集体	0.06～0.1mm 裂缝组合	71.3
2		0.1～2.0mm 裂缝	25.6
3		>2mm 裂缝	3.1
4	发育缝洞储集体	2～5mm 孔洞	70.9
5		>5mm 孔洞	29.1

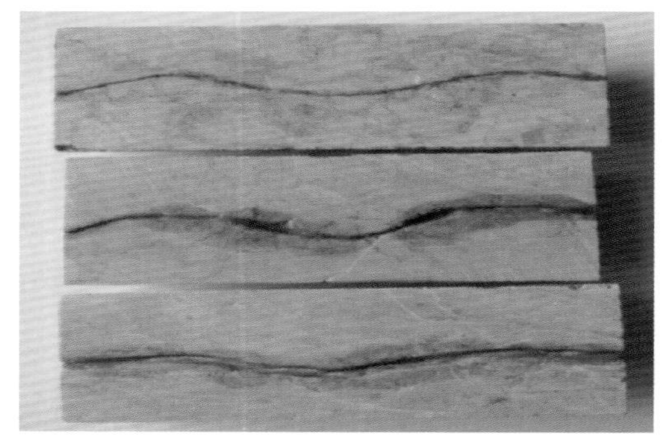
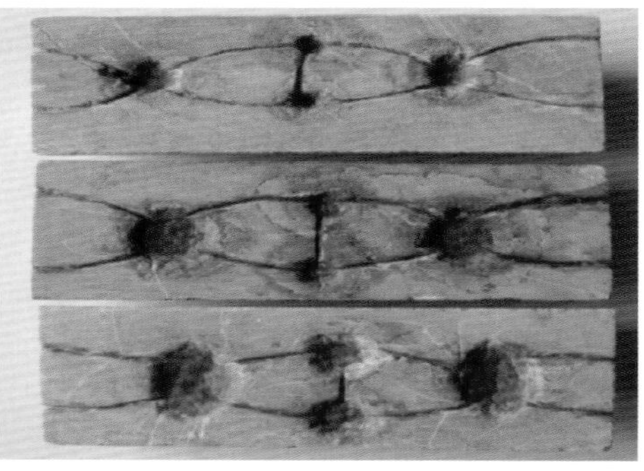

图 6.27 碳酸盐岩缝洞型油藏注水典型模型

2. 不同发育程度模型的敏感水质情况

以 0.06～0.1mm 欠发育缝洞储集体模型为例，开展不同的含油量、不同悬浮物含量、不同粒径中值的室内水驱模拟实验(图 6.28～图 6.30)，最终确定敏感水质为：含油量敏感值≤10mg/L，悬浮物含量敏感值≤30mg/L，粒径中值敏感值≤10μm。

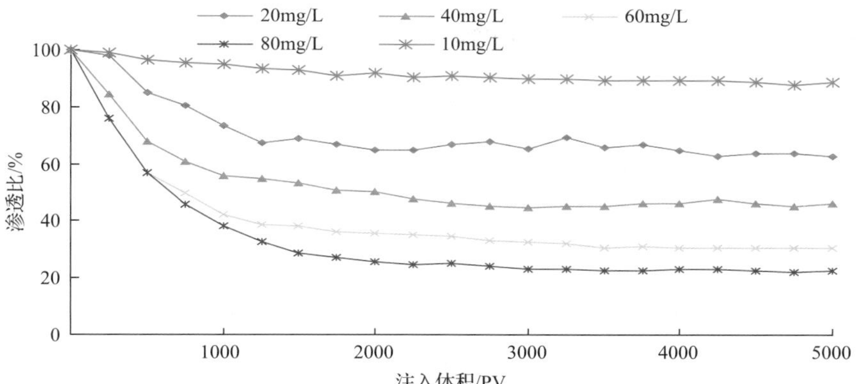

图 6.28　0.06～0.1mm 裂缝含油量敏感值小于等于 10mg/L

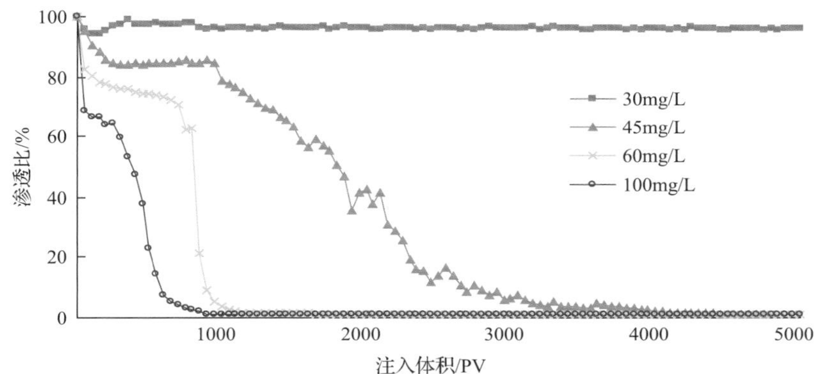

图 6.29　0.06～0.1mm 裂缝悬浮物含量敏感值小于等于 30mg/L

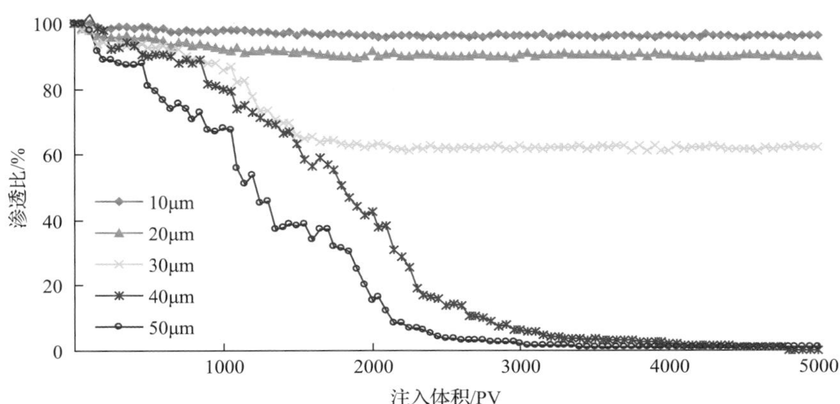

图 6.30　0.06～0.1mm 裂缝粒径中值敏感值小于等于 10μm

依照上述研究方法，通过不同模型的驱替模拟，最终形成了碳酸盐岩缝洞型油藏注水的水质要求(表 6.7)。

表 6.7　碳酸盐岩缝洞型油藏注水水质要求

注水对象	流动通道	水质要求
欠发育型 缝洞储集体	0.06～0.1mm 裂缝 0.1～2.0 mm 裂缝 ＞2mm 裂缝	含油量≤10.0mg/L 悬浮固体含量≤30.0mg/L 粒径中值≤10.0μm
发育型 缝洞储集体	2～5mm 孔洞 ＞5mm 孔洞	含油量≤40.0mg/L 悬浮固体含量≤30.0mg/L 粒径中值≤30.0μm

6.2.4　碳酸盐岩缝洞型油藏注水评价指标

从注水开发水平、注水井网完善程度、注采平衡、注水综合效果四大维度出发，建立由 6 项核心指标组成的评价体系(表 6.8)。其中针对缝洞型油藏特点，创建了 2 个特色评价指标：水驱缝洞控制程度和水驱缝洞动用程度。对于这两个特色指标，首先利用地震物探技术雕刻缝洞结构，标定缝洞视体积，确定注水单元的总缝洞体积；再用同样方法分别计算出注水关联井组的缝洞视体积和注水连通通道的缝洞视体积，两者与总缝洞视体积的比值分别是水驱缝洞控制程度和水驱缝洞动用程度[详见式(6.35)，式(6.36)]。

表 6.8　碳酸盐岩缝洞型注水效果评价指标

类别	评价指标	评价意义
注水开发水平类指标	含水上升率	从油藏工程角度评价
井网完善程度指标	水驱缝洞控制程度 水驱缝洞动用程度	从开发方案角度评价
注采平衡类指标	累计注采比	
综合效果类指标	提高采收率 吨油耗水率	从注水效果角度评价

$$E_{ic}=\frac{\sum_{i=1}^{n}V_{ic}}{V}\times 100\% \tag{6.35}$$

$$E_{im}=\frac{\sum_{i=1}^{n}V_{im}}{V}\times 100\% \tag{6.36}$$

式中，E_{ic} 为水驱缝洞控制程度，%；V 为缝洞单元雕刻法识别的总视体积，m^3；V_{ic} 为缝洞单元内注水已关联 i 井组的缝洞体积，m^3；E_{im} 为水驱缝洞动用程度，%；V_{im} 为缝洞单元内注采连通的 i 通道体积，m^3。

6.2.5　碳酸盐岩缝洞型油藏注水提高采收率效果

截至 2017 年年底，塔里木盆地示范区通过单井单元注水替油和多井单元注水驱油，水驱控制储量 5.6×10^8t，累计新增可采储量 1754×10^4t，增产原油 622×10^4t。典型多井单元注水后采收率增幅 4.51%(图 6.31)。在注水的有力支撑下，示范区自然递减率从 25.07%降低到 20.02%。

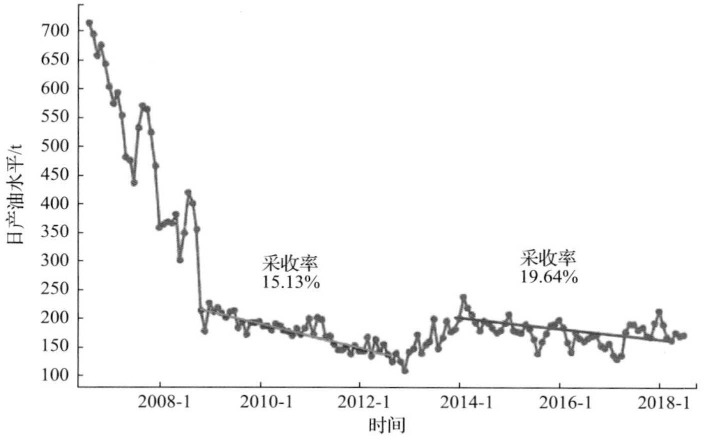

图 6.31　典型多井单元注水后采收率增幅情况

6.3　碳酸盐岩缝洞型油藏改善注水技术

碳酸盐岩缝洞型油藏改善水驱的技术难度远远超过常规油藏：受高温(130～160℃)、高盐(矿化度为 20×10^4mg/L，钙镁离子含量为 1×10^4mg/L)、通道尺度差异大(微米毫米到几十米)等苛刻条件制约，常规化学驱、调剖调驱等改善水驱技术难以直接适用。分段注水也面临 6000m 超深井裸眼完井的巨大挑战。结合塔里木盆地示范区的现场需求，攻关形成了以耐温抗盐强化替油表面活性剂和 6000m 裸眼分段注水为核心的改善水驱技术。

6.3.1　缝洞型油藏改善水驱的整体思路

按照提高采收率的经典公式来看，水驱采收率主要受波及范围内的洗油效率和波及系数两个参数影响。油藏的采收率是波及系数与驱油效率的乘积，即

$$E_{\mathrm{R}}=E_{\mathrm{v}}E_{\mathrm{d}} \tag{6.37}$$

式中，E_{R} 为油藏的采收率，%；E_{v} 为油藏的体积波及系数，%；E_{d} 为油藏的驱油效率，%。

由于缝洞型油藏 90%以上储量集中在发育溶洞和裂缝中(毫米到米级尺度)，受发育缝洞大尺度特点的影响，比表面小，水驱波及范围内洗油效率高达 60%～80%。因此缝洞型油藏注水提高采收率的核心问题是如何提高波及系数。按照不同发育程度的对象，改善水驱主要包括四大技术方向。

(1) 针对单井单元，多轮次注水替油逐渐失效后，受欠发育裂缝制约，溶洞连通剩余油难以充分水驱波及的情况，采用强化替油活性剂，发挥裂缝自渗吸原理来扩大波及范围。

(2) 针对多井单元，平面高阻隔层相对发育井，开展超深井裸眼分段注水，扩大欠发育缝洞连通层段的吸水与波及范围。

(3) 针对多井单元，生产井水窜，制约井周潜力井，开展超低密度固化颗粒堵水(密

度介于油水之间)，在缝洞内建立油水界面隔板，扩大天然水或注入水在井周的波及范围。

(4)针对多井单元，注水井水窜，开展瓜尔胶携砂封堵优势注水方向的调剖工作，扩大注入水的平面波及范围。

6.3.2 耐温抗盐强化替油活性剂

针对塔里木盆地示范区内部分单井缝洞单元注水替油5～8轮次以上，关井置换周期不断延长，注水替油效果不断下滑的难题，开发了耐温抗盐洗油活性剂。利用裂缝自渗析原理，提高注水对欠发育裂缝网络的替油置换效果。立足油藏条件，首先测定岩石表面电性，选择电性相同(降低吸附量)的耐温抗盐表面活性剂。最后通过高温高盐条件下的洗油实验，评价洗油效果，从而构建适于碳酸盐岩缝洞型油藏的耐温抗盐洗油剂体系。

1. *碳酸盐油藏的岩石矿物组成*

收集塔里木盆地示范区内4口典型井的岩石矿物，结果表明4口井的岩石矿物均以方解石为主(图6.32～图6.35)。通常情况下，该矿物表面应该带正电。但由于岩心矿物组成复杂，且受地层水矿化度影响，这些因素严重影响矿物的表面电性，对此需进一步通过Zeta电位测试来判断电性。

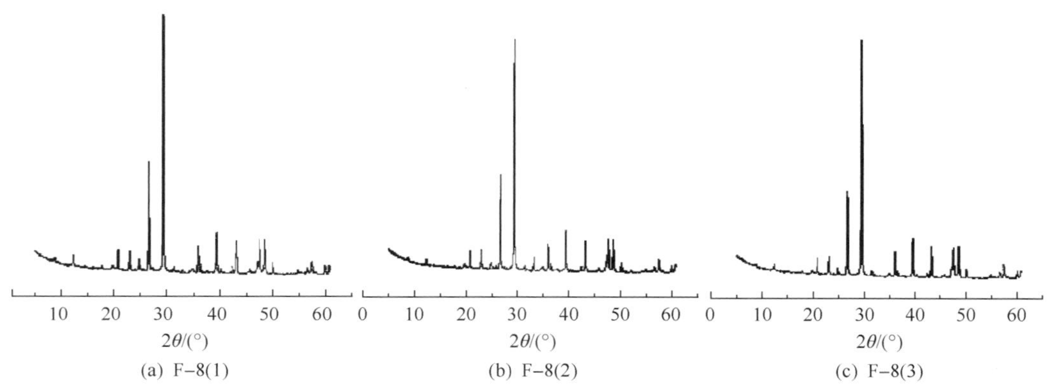

(a) F-8(1)　(b) F-8(2)　(c) F-8(3)

图6.32　F-8井天然岩心X射线衍射分析谱

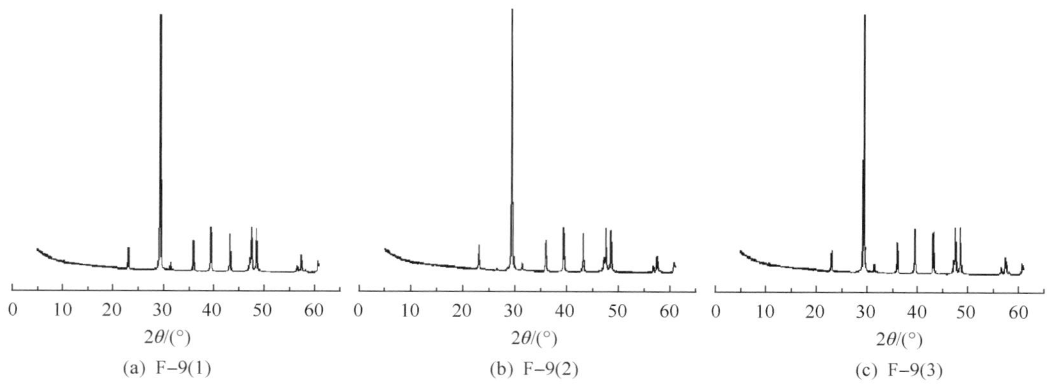

(a) F-9(1)　(b) F-9(2)　(c) F-9(3)

图6.33　F-9井天然岩心X射线衍射分析谱图

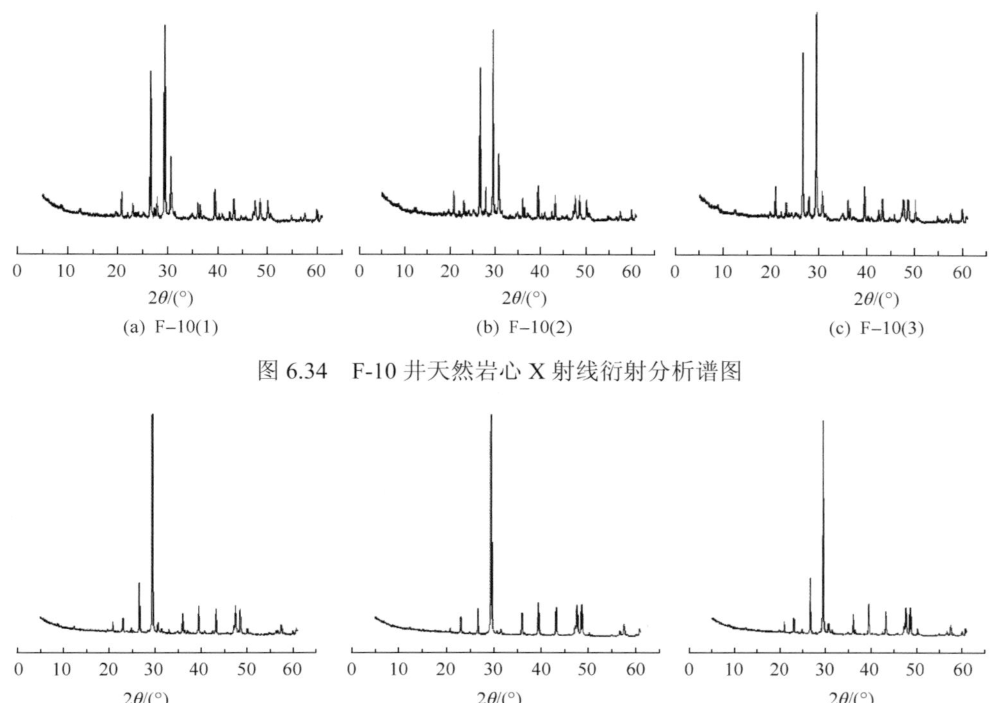

图 6.34 F-10 井天然岩心 X 射线衍射分析谱图

图 6.35 F-11 井天然岩心 X 射线衍射分析谱图

2. 电位法表面电性测定

将模拟地层水用蒸馏水稀释成不同倍数(稀释倍数分别为 8、4、2、1、不稀释)，再向这些溶液中分别加入等量的现场岩块粉末，将粉末充分分散在溶液中后，再测定其 Zeta 电位。结果表明：随着稀释倍数降低，矿化度增加，Zeta 电位值从负值逐渐向正值移动。在地层水条件下，岩块表面 Zeta 电位为弱正电(图 6.36)。

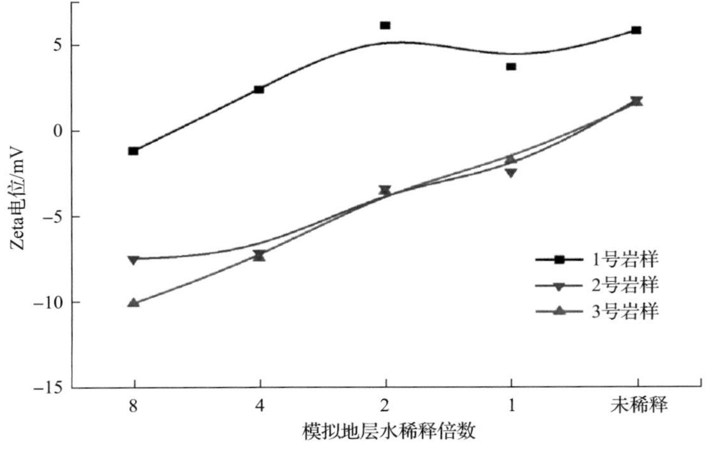

图 6.36 碳酸盐岩屑表面电性分析

3. 表面活性剂选型评价研究

对颗粒表面 Zeta 电位的研究发现，水中颗粒表面显正电性。考虑到由电性引起的吸附作用，在筛选洗油所用表面活性剂时，主要考虑阳离子表面活性剂及两性表面活性剂。在高温、高盐苛刻油藏条件下，考察阳离子表面活性剂十八烷基三甲基氯化铵(1831)和两性表面活性剂十八烷基羧基甜菜碱(CBET-18)的热稳定性及吸附性。

1)耐温抗盐选型评价

使用油田采出水(矿化度为 20×10^4mg/L，钙镁离子含量为 1×10^4mg/L)配制一定浓度的 1831 溶液和 CBET-18 溶液，置于 130℃的烘箱中老化不同的时间后测定活性剂含量变化。其中阳离子表面活性剂 1831 采用两相滴定法，测定含量变化，以溴甲菲定-二磺酸蓝(dimidiumbromide-disulphine blue)为指示剂，以阴离子表面活性剂十二烷基磺酸钠为标准溶液(浓度为 0.004mol/L，其纯度测定和配置方法可参照 GB5173—1985)。CBET-18 则采用高效液相色谱法测定其浓度。

结果两种活性剂老化 30d 后，浓度保留率均在 97%以上，二者在高温高盐条件下均有较好的稳定性(图 6.37)。

2)吸附损耗选型评价

配制一系列浓度的 CBET-18 溶液和 1831 溶液，测定其在天然岩屑表面的吸附量。由实验结果(图 6.38)可知，CBET-18 溶液和 1831 溶液吸附量基本低于 6mg/g。分析认为，1831 为阳离子表面活性剂，CBET18 为两性表面活性剂，与碳酸盐岩石表面弱正电配伍良好，吸附损耗较低，适于用作洗油用活性剂。

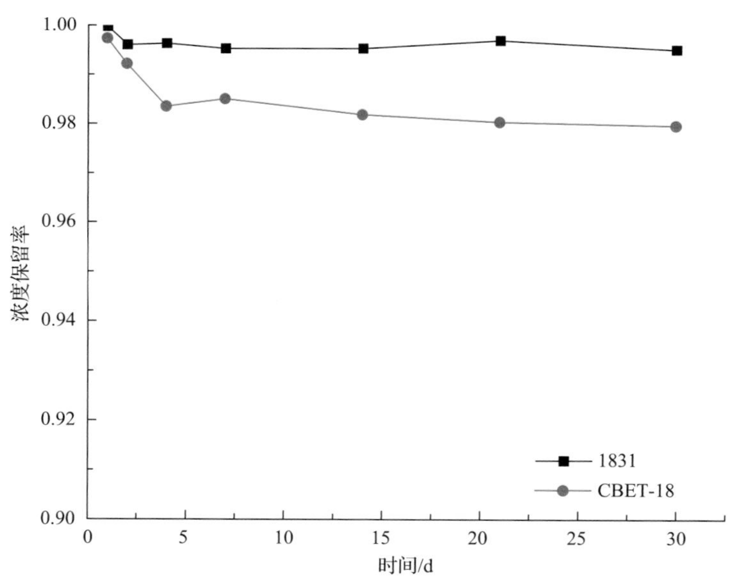

图 6.37　碳酸盐岩屑表面电性分析

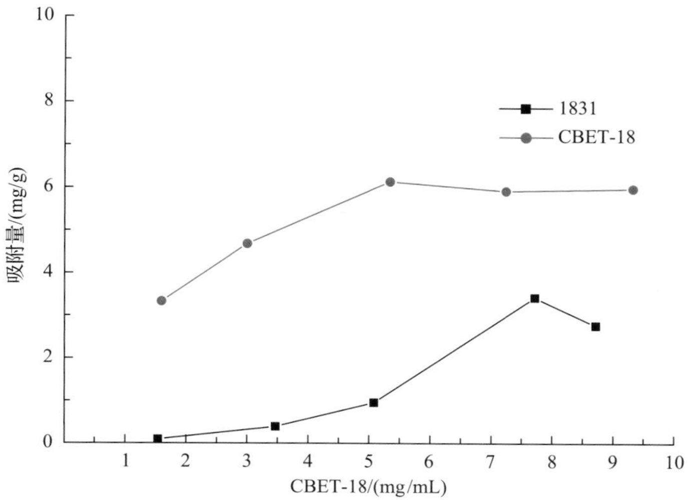

图 6.38　表面活性剂在岩屑表面的吸附量

3) 界面张力选型评价

洗油是克服黏附功将油从岩石表面剥离的过程，界面张力的降低能够有效减小黏附功，因此测定了 CBET-18 和 1831 及其同系物表面活性剂(质量分数 0.1%)降低油水界面张力的效果(图 6.39，图 6.40)。CBET-18 的同系物是 CBET-12、CBET-14、CBET-16，CBET 后数字越大，活性剂链长越长。1831 的同系物是 1231、1431、1631，31 前数字越大，活性剂链长越长。

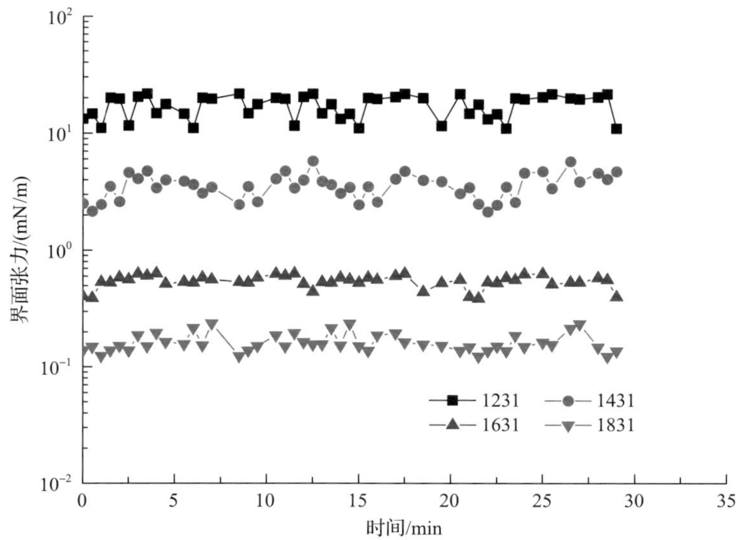

图 6.39　1831 及其阳离子表面活性剂同系物的油水界面张力

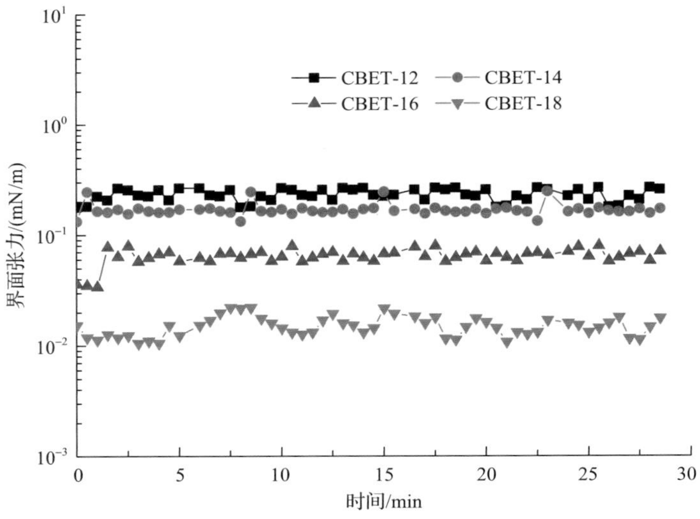

图 6.40　CBET-18 及其两性表面活性剂同系物的油水界面张力

由图 6.39 和图 6.40 可见，随着表面活性剂链长的增加，油水界面的平衡界面张力显著降低。原因可能是原油中的长碳链组分较多，长链表面活性剂与之性质更为相近。

4. 应用配方的研究与评价

通过高温高盐条件下，表面活性剂的洗油实验确定优化的应用配方，具体实验方法如下。

(1) 使用 80mL 耐温样品瓶，称取 15g 制备好的油砂(含油 2.5g，此值在计算中作为理论含油量)。

(2) 向样品瓶中加入 80g 配制好的表面活性剂溶液，并将样品瓶拧紧。

(3) 将样品瓶置于高温罐中，在高温罐中加入适量蒸馏水以保持罐内压力，将高温罐置于 130℃烘箱中。

(4) 每 24h 将高温罐取出，称量产出的原油质量，称量后将样品瓶密封后继续放入高温罐中并置于烘箱内。

(5) 按照上述方法，在 CBET-18 基础上，对比评价其两性表面活性剂同系物 CBET-12、CBET-14、CBET-16 的洗油率，活性剂替油结果见图 6.41。

(6) 在 1831 基础上，对比评价其阳离子表面活性剂同系物 1231、1431、1631 的洗油率，活性剂替油结果见图 6.42。

由图 6.41 可以看出，两性表面活性剂显示出较好的洗油效果，其中以 CBET-18 的洗油效果最为显著。CBET-18 活性替油 110h 后，洗油率达到 70%以上。活性替油效果随着表面活性剂碳链长度的增加而增加，与界面张力随碳链增长而显著降低的趋势吻合，表明随着链长的增加，活性剂与原油性质更为接近，平衡界面张力降低，活性替油效果更突显。

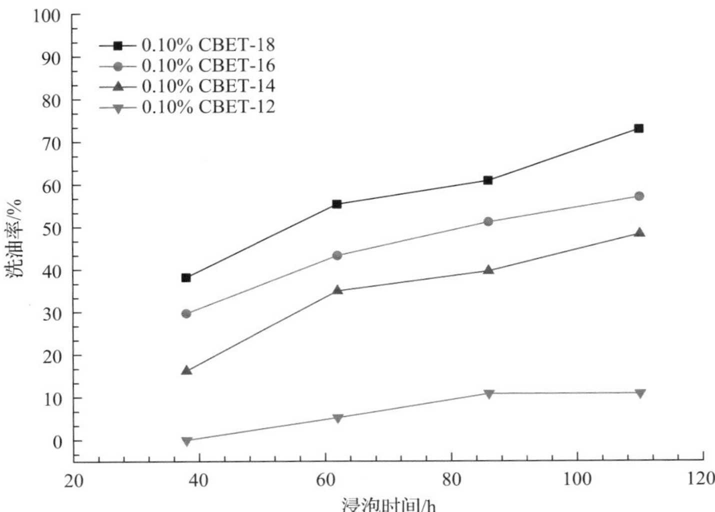

图 6.41　130℃下 CBET-18 及同其两性表面活性剂同系物的洗油率

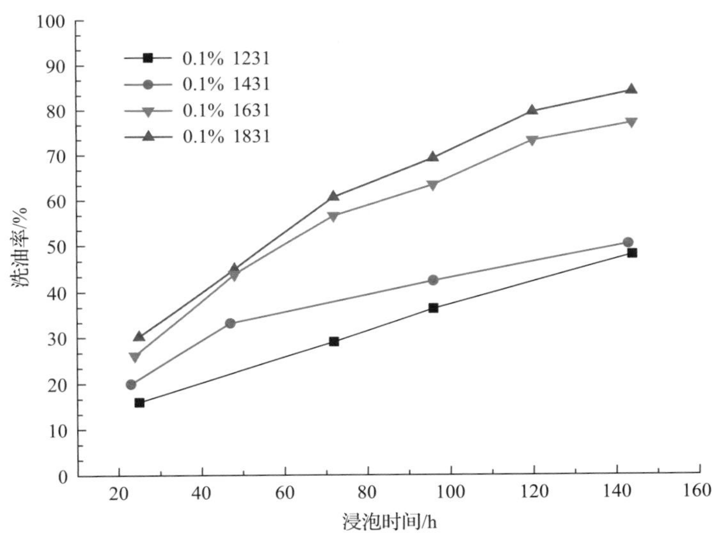

图 6.42　130℃下 1831 及同其阳离子表面活性剂同系物的洗油率

图 6.42 与图 6.41 趋势相同，阳离子表面活性剂中，同样也是链长最大的 1831 洗油效果最好，活性替油 110h 后，洗油率达到 70%以上。综合考虑经济因素，最终选择成本相对低廉的 CBET-18 作为现场强化替油的活性剂产品。

5. 现场试验应用情况

自 2011 年以来，活性剂强化替油现场试验 8 口井(表 6.9)，其中 4 井次见效，累计增油 2063t。主要认识有：①稠油的水驱动用率低，表面活性剂强化替油效果更好；②见效井均为溶洞欠发育的缝网主导型储集体，说明裂缝具有更大的比表面，毛细管力影响更大，具有更高的强化替油潜力；③措施前能量亏空少、产状好，潜力大的井，强化替油效果更好。

表 6.9　表面活性剂强化替油现场试验情况

序号	井号及油品性质	储集体类型	注水情况		措施前日产油量(m^3)/含水率(%)	措施后日产油量(m^3)/含水率(%)	增油量/t
			活性剂加量/m^3	注水总量/m^3			
1	F-12 井，稠油	溶洞欠发育的缝网主导型储集体	9	4000	9.9/0	13.9/1.1	1538
2	F-13 井，稠油		6	1500	17.0/9.8	22.2/9.0	934.7
3	F-14 井，稠油		9.9	2776	11.6/39.6	13.9/44.6	687.4
4	F-15 井，稠油		6.8	2150	8.3/36.7	14.4/53.6	441
5	F-16 井，稀油	溶洞发育的储集体	9.4	3028	4.4/67.2	2.5/81.0	无效
6	F-17 井，稀油		9.4	3040	5.8/80.0	4.1/94.9	无效
7	F-18 井，稠油		5.3	1895	10.2/74.1	2.4/93.5	无效
8	F-19 井，稠油		12.9	6618	6.0/70.1	3.0/82.0	无效
合计			68.73	25007			3601

6.3.3　超深井裸眼分段注水

在碳酸盐岩缝洞型油藏隔夹层相对连续发育的区块，适合开展分段注水。通过对碳酸盐岩缝洞型油藏进行分注技术论证与现场试验，形成了以下三大技术进展。

(1)针对常规套管封隔器不适合裸眼分注的问题，开展了裸眼封隔器选型与创新设计。

(2)针对深井液击作用下易提前坐封、裸眼胶筒易损伤、管柱轴向拉伸易失效的问题，通过改进封隔器胶筒材质、采用改进定压坐封机构、创新两级平衡式活塞，攻关形成了高效裸眼封隔器。

(3)针对 6000m 超深井管柱受力强的问题，对超深井管柱进行全井强度与安全性校核，创新性地形成了碳酸盐岩缝洞型油藏分注开采技术。

通过攻关与现场试验，在塔里木盆地示范区成功开展了6000m超深井裸眼分段注水，为今后碳酸盐岩缝洞型油藏的立体分段开采奠定了坚实的理论与实践基础。

1. 超深井裸眼封隔器优选研究

裸眼封隔器一般包括压力膨胀式与遇水(油)膨胀式两大类，分层注水工艺管柱配套的裸眼封隔器根据需要应允许解封、起出。同时为了与上部的 Y241 封隔器配套使用，推荐采用加压膨胀坐封、泄压解封的工作方式。

综合考虑裸眼段坐封、解封的可靠性，以及对后期作业的影响等主要因素，优选 K341 封隔器作为封隔器研究选型的技术方向，详细优选过程见表 6.10。

表 6.10　常用裸眼封隔器选型

序号	裸眼封隔器类型	坐封解封说明	深井裸眼分段适应性分析
1	K341	液压坐封，上提管柱解封	解封换封简便，适应性强
2	K342	液压坐封，旋转管柱解封	深井扭矩传递难，解封换封困难
3	K343	液压坐封，钻铣解封	解封换封操作繁琐
4	K344	节流压差坐封，放压解封	停注解封，段间压力串通
5	自膨胀封隔器	遇水/遇油膨胀	永久封隔，解封换封困难

2. 裸眼封隔器的机构设计论证

改进并创新了新型 K341 裸眼注水封隔器，该封隔器主要由上接头、上外套、平衡活塞、中外套、坐封活塞、下外套、单流阀、胶筒总成、浮动接头、单流阀、防撞接头等组成(图 6.43)。

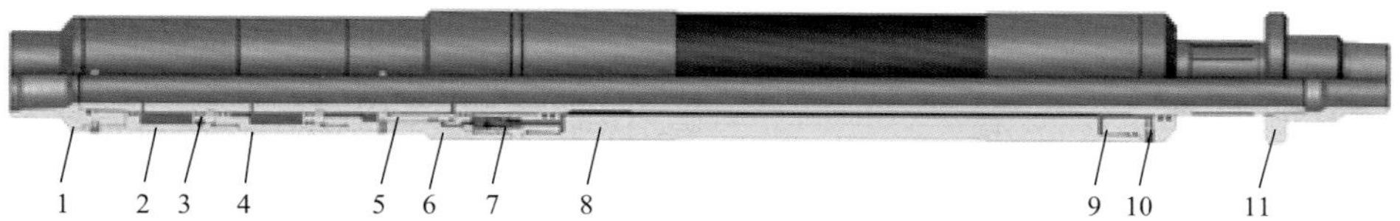

图 6.43　K341 裸眼注水封隔器结构示意图

1.上接头；2.上外套；3.平衡活塞；4.中外套；5.坐封活塞；6.下外套；7.单流阀；8.胶筒总成；9.浮动接头；10.单流阀；11.防撞接头

该封隔器的具体设计思路如下。

(1)改进定压坐封机构，避免提前坐封。

坐封过程中，通过中心管加压推动坐封启动活塞，剪断坐封销钉(承压设置在 14MPa，避免 6000m 深井下入过程中液击提前坐封)，同时胶筒进液通道开启，中心管内液体通过安装在胶筒进液口处的单流阀进入胶筒内，鼓胀胶筒实现封隔井筒。单流阀的作用是使进入胶筒内部的液体在解封前始终被封闭在胶筒内部，在注水过程中保持胶筒的密封效果。

(2)创新两级平衡活塞结构，避免压力波动提前解封。

在需要解封时，可通过上提中心管，剪断上外套与中心管之间的解封销钉；封隔器中心管与胶筒完全脱开，相对移动一定距离后，中心管下端的泄压槽进入胶筒内部，使胶筒内部的液体泄出；胶筒不受液体膨胀后，依靠自身弹力恢复原状，从而实现封隔器解封。

为避免外部压力波动下剪断销钉，致使封隔器提前失效，创新设计了压力平衡机构。由两级平衡活塞组成。其原理是：在注水时，封隔器中心管的压力作用在压力平衡机构的活塞上，克服环空压力对胶筒及与之连接的外套之间的液柱压力，使上外套与中心管保持相对固定，避免解封销钉疲劳屈服并确保中心管上的泄压槽始终处于胶筒外部，当卸去中心管压力时，此平衡力即消除，有利于解封封隔器。

(3)开展解封销钉受力分析，优选 6mm×Φ8mm 规格的剪切销钉。

为了分析压力平衡机构的平衡力能否满足现场需要，对所选销钉的受力进行了分析计算。

假设仅在套压加压 20MPa 且中心管未加压的情况下，计算解封销钉所受剪切力为

$$F_{环}=(S_{套}-S_{封})P_{环}=\frac{\pi}{4}(161.7^2-109^2)\times 20=223947\text{N} \tag{6.38}$$

式中，$S_{套}$ 为套管面积，mm^2；$S_{封}$ 为封隔器面积，mm^2；$P_{环}$ 为环空加压压力，MPa。

在中心管加压 20MPa 的情况下，平衡活塞所产生的上顶力为

$$F_{顶}=2(S_2-S_1)P_{中}=2\times\frac{\pi}{4}\times(106^2-82^2)\times 20=141676\text{N} \tag{6.39}$$

6mm×Φ7mm 解封销钉的剪切力为

$$F_{剪}=6S_{剪}\tau_s=6\times\frac{\pi}{4}\times(7^2)\times420=96931\text{N} \tag{6.40}$$

式中，$S_{剪}$ 为销钉面积，mm^2；τ_s 为销钉的剪切强度极限应力，MPa。则中心管保压 20MPa 的情况下，因环空加压导致剪钉所受的剪切力为

$$F=F_{环}-F_{顶}=223947-141676=82271\text{N}<F_{剪}=96931\text{N} \tag{6.41}$$

由计算可以看出，中心加压 20MPa 时，平衡活塞可以抵消 141676N 的环空压力，这时作用在销钉上的负荷为 82271N。若采用 6mm×Φ7mm 规格的解封销钉，可产生 96961N 的剪切力，大于 82271N，故选取的销钉是合适的。考虑到井下的复杂情况，建议可选取 6mm×Φ8mm 规格的剪切销钉，产生 126603N 的剪切力，可进一步提高封隔器的安全系数。

(4) 采用加长、加厚钢骨架扩张式胶筒为密封元件，使封隔器具有足够的密封面积及密封强度；封隔器胶筒钢骨架在端部外露，也增加了封隔器在段内的摩擦力，使管柱在裸眼段内具有一定锚定性能。

(5) 通过设计可靠的单向进液装置，使封隔器在完成坐封后，能够自动密闭进液通道，避免坐封液体外泄，使封隔器避免油管内压力变化的影响，从而始终处于密封状态，并使胶筒表面及钢骨驾贴合井眼内壁，保持锁紧状态，有利于延长注水管柱的寿命。

3. 裸眼分段注水管柱工况分析

1) 工况分析模型建立

注水在管柱下入、坐封、正常注水、停注、洗井等工况下会受到活塞效应、鼓胀效应、螺旋弯曲效应、温度效应及摩阻效应的影响，管柱在这些效应力的作用下会发生横向和纵向形变，尤其对于裸眼段来说，这种受力更加复杂，应该主要考虑以下两个问题：①因管柱收缩产生过大的张力，引起管柱或封隔器中心管断裂的可能性；②伸长引起的管柱螺旋弯曲对绳索作业及抽油生产的有害影响。

2) 不同工况下的管柱受力与变形分析

根据现场实施情况，超深分注管柱存在 9 种可能工况(入井、试压、坐封、酸洗、注水、关井、洗井、解封、过提)，每种工况下管柱的受力、变形与强度计算不同，必须保证管柱在不同工况下的可靠性。

以 6000m 管柱组合结构为例，两级管柱结构，上部封隔器以上油管 5300m，两级封隔器间油管 160m。下面分析在综合效应作用下两级封隔器处的油管柱变形(主要考虑注水过程)。

正常注水过程中，管柱存在活塞效应、鼓胀效应、温度效应、摩擦效应。当上层注水压力高于下层压力时，在环空活塞效应作用下，油管柱伸长；同时在内径活塞效应作用下油管柱也将伸长。当上层注水压力低于下层压力时，活塞效应使油管柱缩短，与此同时鼓胀效应也使油管柱缩短。

假定注入水温度为 50℃，由于温度效应使管柱伸长，为了研究较恶劣工况下的变形量，假定上层注水压力高于下层压力，也使管柱伸长。其不同效应的综合结果见表 6.11。

表 6.11　相对于坐封状态注水过程中封隔器的可能位移量

相对于坐封时的温度/℃	Y241 封隔器					Y341 封隔器					
	活塞效应/m	鼓胀效应/m	温度效应/m	摩擦效应/m	相对井口总效应/m	活塞效应/m	鼓胀效应/m	温度效应/m	摩擦效应/m	相对Y241 总效应/m	相对井口总效应/m
+20	0.196	–0.605	1.325	0.03	0.946	0.015	–0.017	0.04	0	0.038	0.984
+25	0.196	–0.605	1.656	0.03	1.277	0.015	–0.017	0.05	0	0.048	1.325
+30	0.196	–0.605	1.988	0.03	1.609	0.015	–0.017	0.10	0	0.096	1.704

由表 6.11 可见，注水过程中，两级封隔器的可能位移量对注水温度敏感。当两级封隔器坐封后，注水时 Y241 封隔器与 K341 封隔器将有 1.0～1.7m 的位移的可能。由于 Y241 封隔器处锚定，Y241 封隔器以上管柱的变形量将使管柱屈曲而不会发生实际位移，但 K341 封隔器相对于锚定的 Y241 封隔器将存在 0.04～0.10m 的位移的可能。为了减少注水过程中 K341 封隔器的位移量，在井壁、工艺等满足要求的条件下，应尽可能缩短 K341 封隔器与 Y241 封隔器间的距离。

对于 Y241 封隔器，一方面套管内壁相对光滑；另一方面由于水力锚的作用，在不同工况下其相对于套管处于“静止”状态；但 Y341 封隔器则不同，由于没有锚定机构，不同工况下将存在相对位移，这是 K341 封隔器胶筒容易破坏的根本原因。

为减小封隔器尤其是 K341 封隔器在不同工况下的位移量，应采取以下措施。

(1) 在 K341 封隔器处安装启动接头。其启动压力与 Y241 封隔器的坐封压力越接近，K341 封隔器相对其启封位置的位移量就越小，有助于消除或减小坐封过程中相对于井壁的位移造成的 K341 封隔器胶筒的损坏。由于两类封隔器(套管封隔器与裸眼封隔器)的坐封压力较难匹配，可以通过在 K341 封隔器处安装启动接头，如当油套压差达 10～15MPa 时启动接头动作，压差作用到 K341 封隔器上使之坐封。

(2) 控制注入水温度。垂直井中，温度效应对管柱变形及封隔器位移量的“贡献”较大，且温度的变化量与管柱变形量呈正比，与钢管柱的直径壁厚等参数无关。因此，为了降低注入水温度引起的封隔器位移，应控制注入水温度，水温保持在 25～40℃。

(3) 控制洗井液温度。洗井液温度越低，洗井过程中温度效应导致的封隔器位移量越大。

(4) 适当减小两级封隔器间距。当 Y241 封隔器锚定后，下部 K341 封隔器在不同工况下的位移量与两级封隔器间距密切相关。为了减少注水过程中 K341 封隔器的位移量，在井壁、工艺等满足要求的条件下，应尽可能缩短 K341 封隔器与 Y241 封隔器间的距离。

(5) 采用伸缩节。伸缩节用于生产管柱因温度、压力变化引起油管长度变化时，进行管柱长度补偿，以减少管柱的应力；或用于完井作业时进行长度调节，主要有套筒式伸缩节、键槽式伸缩节、定位式伸缩节、调节式伸缩节、热膨胀伸缩节等。以键槽式伸缩节为例，其由中心筒、外筒、金属密封等组成，安装在旋转解封或直接上提解封封隔器上部，可传递扭矩，压力设定可达 69.0MPa，容易更换剪切销钉以调节剪切力大小，可固定在半伸长、全伸长状态，全压缩或部分伸长时下入。

根据前述分析计算，伸缩节伸缩长度应≥4m，入井时应固定在半伸长状态。

4. 裸眼分段注水管柱结构设计

(1)管柱结构设计："油管+伸缩管+安全接头+水力锚+保护套管封隔器(Y241 封隔器)+偏心配水器+K341 裸眼注水封隔器+偏心配水器+单流阀+筛管丝堵"，该结构主要由封隔器实现层间分隔，以配水器实现分层配水，如图 6.44 所示。

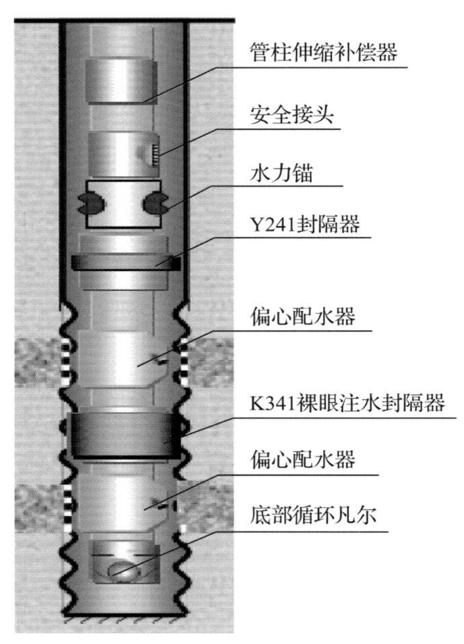

图 6.44 超深裸眼井分注管柱结构示意图

(2)为了防止套管腐蚀，增加一级套管封隔器，为了实现洗井功能并综合考虑管柱解封实施工艺，保护套管封隔器选用可洗井的封隔器，并在管柱中加安全接头，以防井下封隔器不能正常解封时，仍可以保证其以上管柱可以提出井筒，减少作业风险。

(3)井深、温度高及注水后产生的温差变化大，考虑温差效应、坐封时膨胀效应及压力变化产生的活塞效应，管柱的伸缩量依靠伸缩管补偿和预压余量的工艺来解决。

(4)管柱底部加入单流阀和筛管，实现管柱顺利下入井筒后，能够完成封隔器坐封。

5. 现场试验应用情况

通过技术攻关与现场实践，在塔里木盆地示范区成功实现了 6000m 超深裸眼井的分段注水。以典型井组 F-20 井为例(图 6.45)，纵向上发育 C1、C2、C3 三段岩溶储集体，三段之间是 Z1、Z2 两套相对连续的高阻隔层。C2 段(6070.0～6080.0m)为主吸段，吸液占比 93.6%。C1 段(6035.0～6045.0m)为次吸水段，吸液占比 6.4%。C3 段前期不吸水。对该井实施分段注水后，坐封 Z2 段 6152m，分别对上配水器、上下配水器两次试压合格后。对 C1 段和 C2 段日配注 100m^3，新增 C3 段日配注 100m^3。实际总注水量 185.6m^3/d，C1 段和 C2 段 106.3m^3/d，C3 段 79.3m^3/d。最大单段配注误差 20.7%，全井配注误差 7.2%，配注合格率 92.8%。

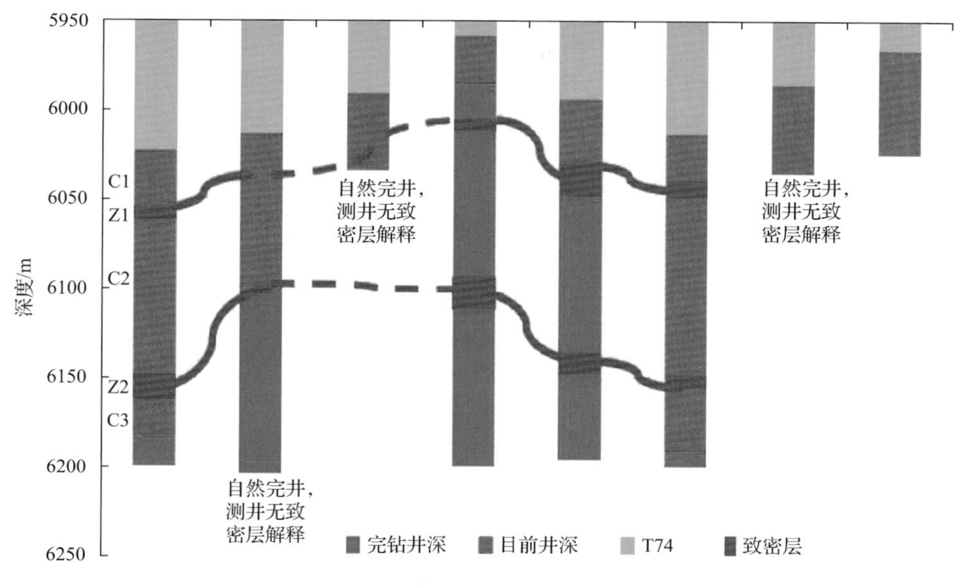

图 6.45　F-20 井分段注水的连井剖面情况

6.3.4　超低密度固化颗粒堵水

缝洞型油藏储集空间大，流体易于发生密度置换，因此创新超低密度固化颗粒堵剂，可在油水界面上驻留，固化后在油水界面上形成一定强度的隔板，底水绕流驱扫次级通道剩余油。适用于缝洞型储层、油水同出、短裸眼的油井。

1. 体系的主要技术特点

基于固液界面扩散双电层理论，结合络合控制离子平衡等方法，通过超细固化颗粒、微硅、复合分散剂优化组配而成的超低密度固化颗粒堵剂具有一定的触变性，即静止状态下形成一定稠度的水化结构，在外力作用下恢复流动性，整个泵注工程不形成堵剂强度，静止 24h 后逐渐固化，主要技术特点是(图 6.46，表 6.12)：①密度介于地层水和原

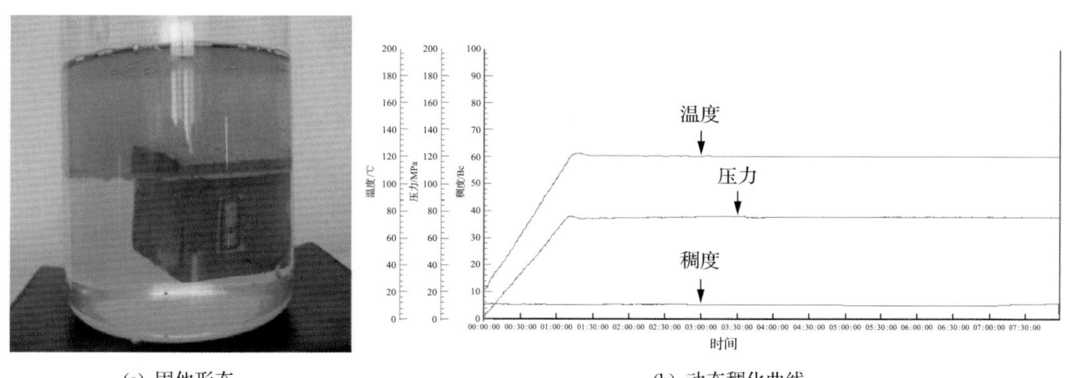

(a) 固他形态　　(b) 动态稠化曲线

图 6.46　超低密度固化颗粒堵剂的固化形态及动态稠化曲线

Bc 为水泥浆标准稠度单位

油之间，利用重力分异自动在大裂缝和溶洞中铺展，在油水界面形成隔板；②密度低，易于驻留在连通溶洞的裂缝中，不会过快漏失；③大量聚合物增黏稳定，耐水稀释；④堵剂动态只初稠，静止方能固化，施工安全。

表 6.12　超低密度固化颗粒堵剂性能

密度/(g/cm^3)	流动度/cm	流变(93℃，20min)/s^{-1}	失水(125℃，30min，6.9MPa)/mL	析水及稳定性(2h)	抗压强度(125℃，20.7MPa，48h)/MPa	稠化时间(125℃，75MPa，70min)
1.09～1.14	22	23/14/11/7/1/1	364	0.1mL，密度变化为 0，没有沉降	0.8	478min/6.0Bc

2. 体系的注入工艺

按照多级分段注入工艺：根据油井漏失情况，采用不同类型的堵漏剂和堵漏工艺进行预堵漏；以不同密度可固化颗粒为主体堵剂，通过多级段塞、分段注入的施工工艺和堵后控压酸化工艺求产评价，实现缝洞型油藏油井高效堵水。

其段塞组合设计为“堵漏段塞+主体堵剂段塞+封口段塞+顶替段塞”，其中，主体堵剂段塞为“多级(超低密度固化颗粒+中密度固化颗粒)”，一般采用清水隔离和顶替；堵剂用量采用“裂缝+孔隙”模型计算；施工中采用光管柱、低速平稳正注，排量一般控制在小于 30m^3/h，压力控制在整个堵水管线系统最低压力和地层破裂压力以内；堵后根据吸水情况，采用控压酸化工艺、小工作制度控液生产评价。

3. 体系的应用效果

超低密度固化颗粒堵水技术广泛应用于塔河油田，以 TK608H 井堵水为例，其属缝洞型储层，底水沿裂缝上窜，短裸眼井油水同出。该井采用同层段密度智能堵水工艺，利用超低密度堵剂建立油水界面隔板，可酸解固化颗粒配合地层封口，过顶见压降即停，保住产液通道。堵后直接投产，增油 1237t，取得较好的降水增油效果(图 6.47)。

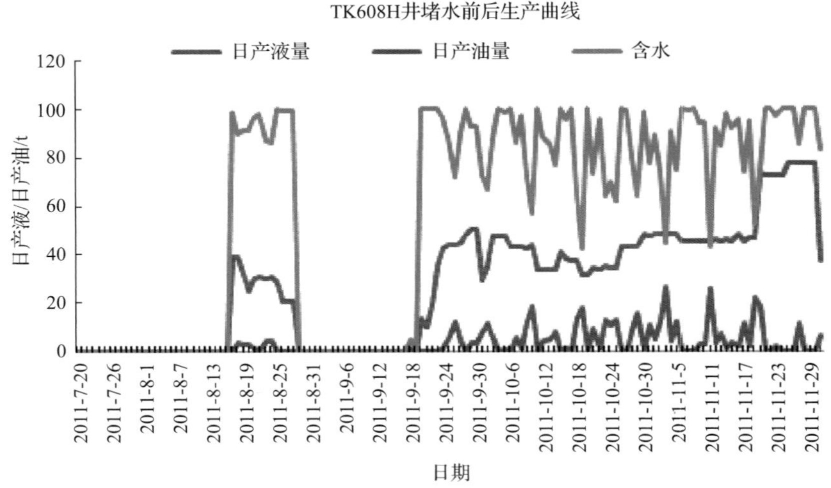

图 6.47　TK608H 井堵水前后生产曲线

自 2008 年以来，采用该超低密度堵剂已完成现场试验 52 井次，有效率 63.5%，较前期常规固化颗粒堵水提高了 10 个百分点，累计增油 8.2×10^4t，增效超 2 亿元，说明该技术的适应性较强，具有推广价值。

6.3.5　瓜尔胶携砂调剖技术

塔河油田碳酸盐岩缝洞型油藏油气生产的中后期，注入水沿着裂缝通道快速窜进，导致井组注水效果变差。为了提高单元水驱效率及波及系数，需要对注水井进行调剖。针对缝洞型油藏大缝大洞的特殊地质特点，提出了“瓜尔胶携砂”的调剖思路，利用瓜尔胶将塔河油田周围砂子带入储集体孔洞中，砂子沉降后封堵孔隙及裂缝，从而达到调整吸水剖面的目的。

1. 瓜尔胶携砂理论与实验

1) 瓜尔胶交联室内实验

瓜尔胶为大分子物质，具有杂乱、松散、多孔洞的网络堆砌结构，而交联后溶液具有均匀、紧密的整体堆砌结构。整体堆砌结构使溶液具有弹性，使其携砂能力发生质的改变。

实验室配制 0.5%羟丙基瓜尔胶(HPG)液，搅拌 30min，密闭放置溶胀 12h。然后边搅拌边加入 0.6%的瓜尔胶交联剂，加入交联剂后瓜尔胶黏度上升较快，搅拌 5min 后瓜尔胶液可以拉成线，搅拌 10min 后瓜尔胶成团(图 6.48)。

图 6.48　加交联剂的 HPG 交联情况

2) 瓜尔胶交联携砂实验

结合动态黏弹性测试，瓜尔胶溶液损耗模量的增加有利于降低其所携带固体的沉降速率，而储能模量的大幅度增加赋予流体弹性，是固体能够长时间保持均匀悬浮状态的根本原因。

在常温下，加入交联剂后瓜尔胶液的黏度快速上升，5min 后胶体稳定，成胶强度不再增加，砂子有效束缚在胶体的网状结构中，瓜尔胶交联体系携砂情况良好(图 6.49)。但由于成胶时间较短、成胶强度较大，黏度非常高(大于 300mPa·s)，注入性差。

图 6.49 加 60g 砂子和 0.6%交联剂后瓜尔胶液

实验测定了不同排量下砂子的沉降速度，参考压裂液通用砂子沉降速率控制在 0.39mm/s 以内，认为瓜尔胶浓度≥0.3%、排量≥6m^3/min 时，满足注入要求(详细要求见表 6.13)。

表 6.13 不同瓜尔胶浓度时排量、浓度、沉降速率、黏度关系表

排量/(m^3/min)	线速度/(m/min)	沉降速率/(mm/s)			黏度理论值/(mPa·s)			温度/℃	黏度/(mPa·s)		
		0.2%	0.3%	0.4%	0.2%	0.3%	0.4%		0.2%	0.3%	0.4%
5	8.06	1.08	0.40	0.046	0.012	0.033	0.28	20	15	30	53
6	9.68	0.93	0.36	0.050	0.013	0.037	0.26	40	12	21	49
7	11.29	0.80	0.32	0.053	0.016	0.041	0.25	50	9	18	33
8	12.90	0.68	0.28	0.055	0.019	0.047	0.24	60	9	15	27
9	14.52	0.57	0.24	0.056	0.022	0.053	0.23	70	6	12	24
10	16.13	0.47	0.21	0.056	0.028	0.062	0.23	80	3	9	18

2. 现场试验应用情况

TK432 井组为裂缝型油藏，TK432-S65 井间存在窜流通道，而 TK488 井无注水响应。对 TK432 井组实施瓜尔胶携砂调剖工艺试验，累计注入覆膜砂 10m^3，塔河砂 69m^3，陶粒 20m^3，顶替液 60m^3(过顶 35m^3)，最高泵压 75.8MPa，最大排量 6m^3/min，详细施工过程见图 6.50。

TK432 井调剖后，注水压力较前期注水压力高，注水阻力增加，原主窜井 S65 水驱效果改善，后两轮生产逐渐变好，而次级响应井 TK488 具有压力反馈，套压由 1.9MPa 上升至 2.9MPa，分流明显增大，调剖前后生产情况见图 6.51。

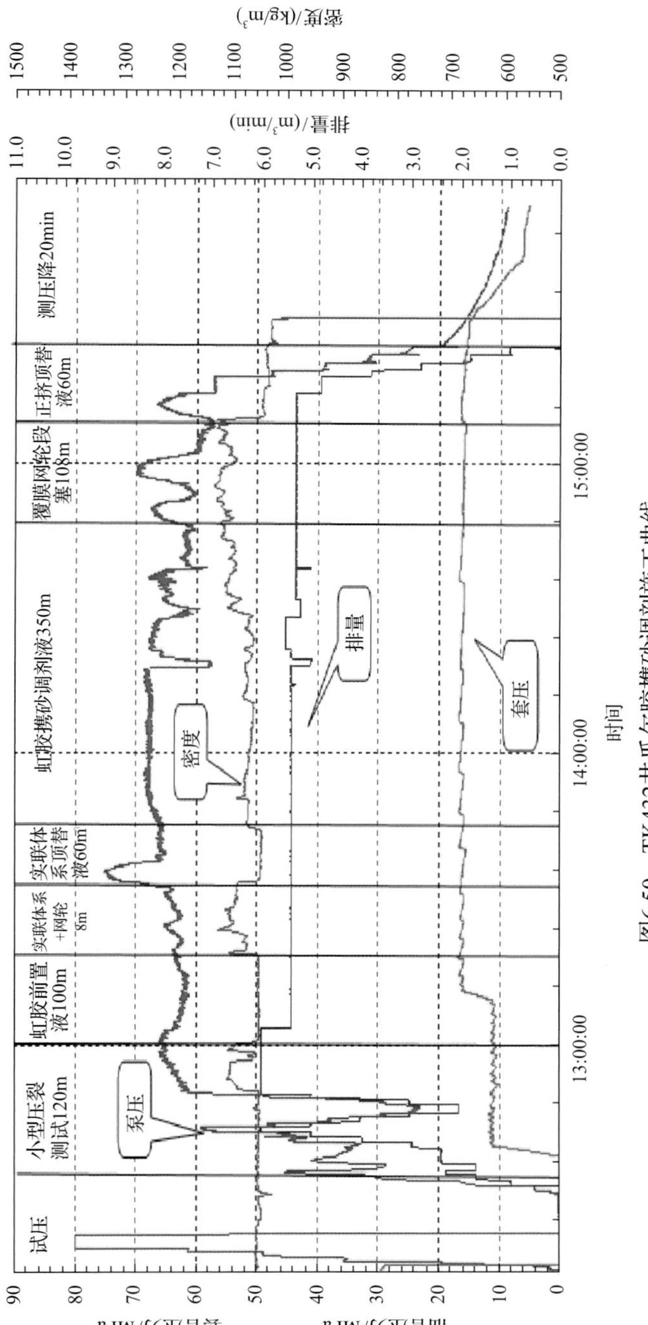

图6.50　TK432井瓜尔胶携砂调剖施工曲线

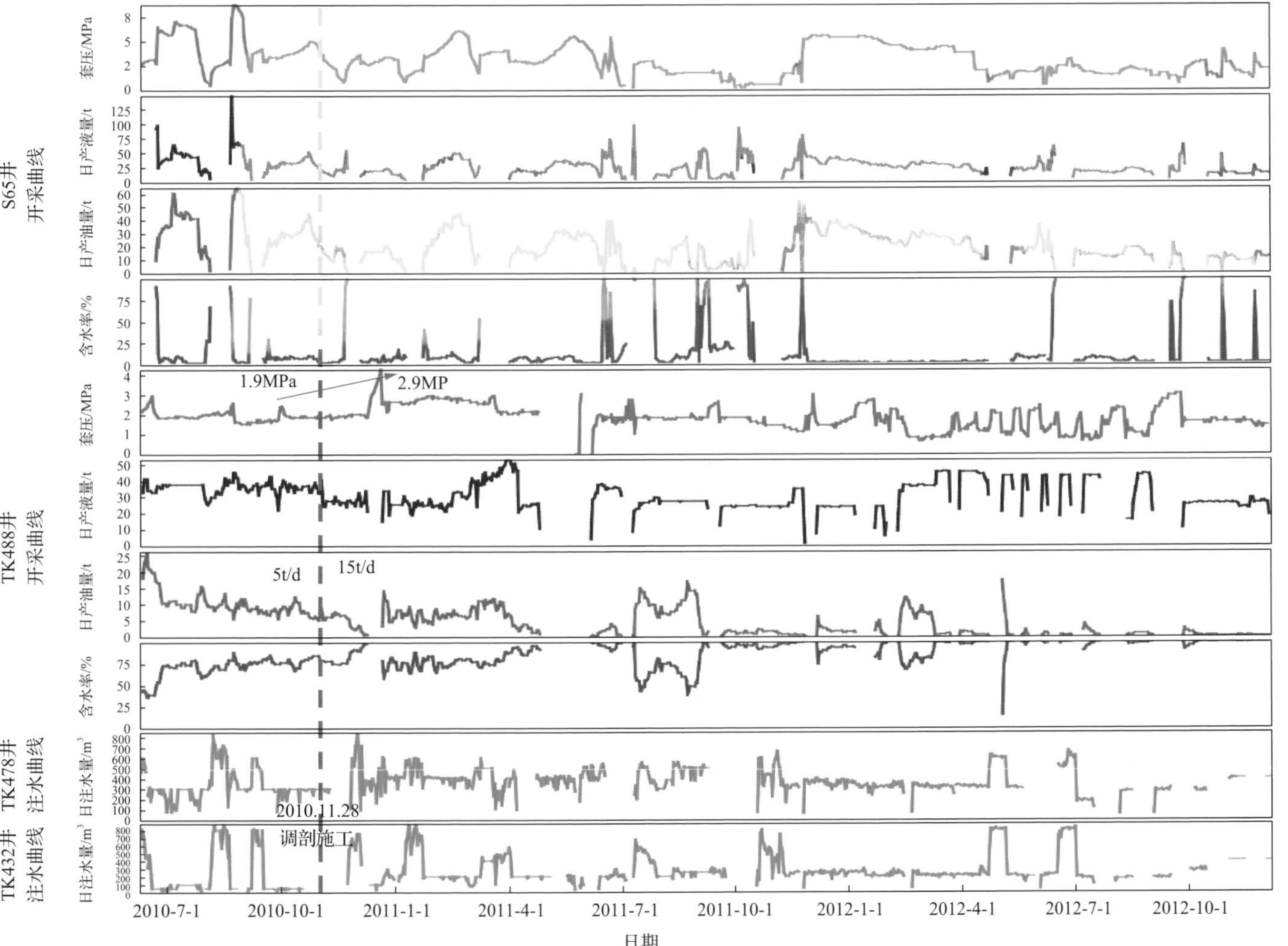

图6.51　TK432井组调剖前后产状曲线

6.4　碳酸盐岩缝洞型油藏水驱配套技术

6.4.1　强腐蚀性水质防腐技术

塔里木盆地示范区的碳酸盐岩缝洞型油藏注水管柱面临高盐、高氯、高钙镁离子、低 pH 的强腐蚀性介质、高温高压的腐蚀工况，腐蚀防护面临较大的技术挑战。部分注水井管柱服役 2～3 个月即出现穿孔现象，不但大大降低了注水管柱的使用寿命，增加了注水成本，更重要的是管柱腐蚀导致水质恶化，某典型注水井因管柱腐蚀导致铁离子含量升高 300%，8 个月后注水压力由 1.5MPa 升高为 8MPa。腐蚀已成为制约注水效果的重要因素之一[11]。

1. 水质腐蚀性分析

碳酸盐岩缝洞型油藏注水水质往往具有较强的腐蚀性，若地面管网、处理设备及井下管柱发生严重腐蚀，影响注水高效开发和现场安全生产运行。更重要的是污水处理设备的腐蚀会导致污水处理系统运行效率下降，处理后污水仍具有较强的腐蚀和结垢特性，长期回注导致地层孔喉堵塞，对提高采收率造成不同程度的影响。因此，开展强腐蚀性油田注水水质防腐技术研究，不仅对安全生产、减少损失具有重要意义，而且对高效注水、提高采收率也有重要意义。

不同油田注水水质不同，影响注水系统腐蚀的因素众多，主要影响因素及作用机理如下。

1) 溶解 O_2 对腐蚀的影响

O_2 是腐蚀性极强的介质。当注水系统存在车拉倒运、注水缓冲罐等曝氧环节时，水质腐蚀性呈指数增长。研究表明，O_2 腐蚀速率是 CO_2 的 80 倍，是 H_2S 的 400 倍，腐蚀风险极高(图 6.52)。

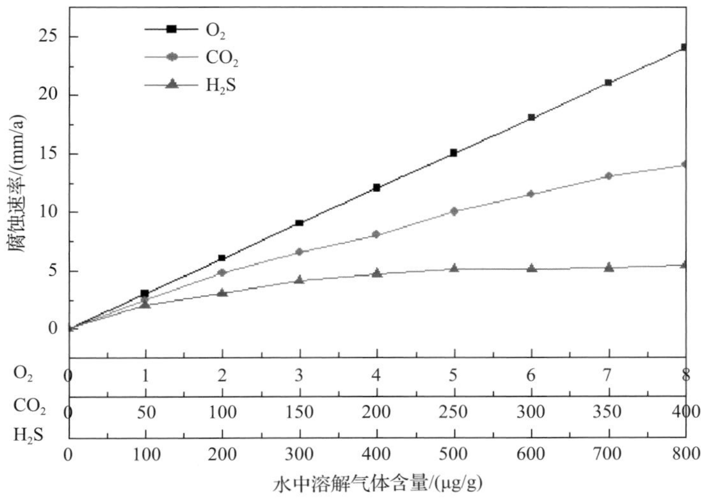

图 6.52　不同气体水溶液腐蚀速率曲线

水中溶解的 O_2 具有极强的去极化作用，是造成注水系统腐蚀的一个最重要因素。溶解氧腐蚀的主要机理如下。

阳极过程：

$$Fe - 2e^- \longrightarrow Fe^{2+}$$

阴极过程：

$$O_2+H_2O+4e^- \longrightarrow 4OH^-$$

阳极反应失去电子，反应生成的电子转移到阴极，立即被溶解氧还原消耗。随着电子的不断消耗，处于阳极的金属铁会快速腐蚀。

2) Cl^-对腐蚀的影响

碳酸盐岩缝洞型油藏注水水质往往 Cl^-含量高，一方面 Cl^-半径小，穿透能力强，容易穿透腐蚀产物膜，到达金属表面，并与金属相互作用形成可溶性的化合物，使金属快速发生不同程度的局部腐蚀；另一方面 Cl^-能优先吸附在氧化膜上，把氧原子排掉，然后和氧化膜中的阳离子结合成可溶性氯化物，结果在金属表面生成孔径为 20～30μm 小蚀坑。蚀坑通常沿薄弱方向发展，甚至加速腐蚀，导致地面金属管道或井下管柱腐蚀穿孔(图 6.53)。

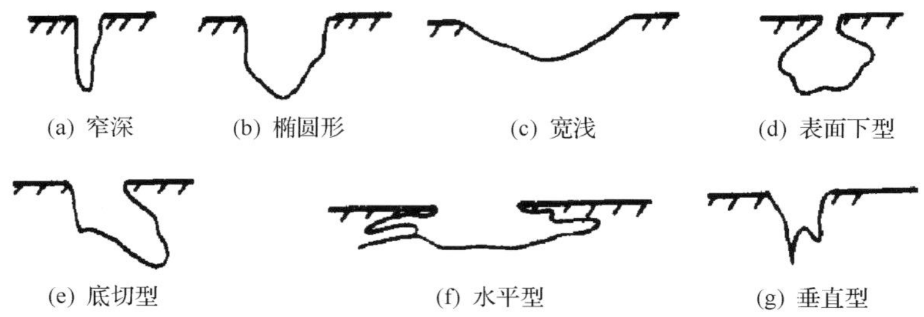

图 6.53 Cl^-引起的各种局部腐蚀特征形貌图

3) H_2S 对腐蚀的影响

H_2S 是油田回注水中常见的强腐蚀性介质，引起的腐蚀形式主要包括硫化物应力开裂、氢诱导破裂、氢鼓泡和应力导向氢诱导破裂等。与此同时，H_2S 还会引发电化学反应，导致阳极的全面或局部腐蚀。

H_2S 在水中的电离反应为

$$H_2S \longrightarrow H^+ + HS^-$$

$$HS^- \longrightarrow H^+ + S^{2-}$$

Fe 在 H_2S 的水溶液中的电化学反应如下。

阳极反应：

$$Fe - 2e^- \longrightarrow Fe^{2+}$$

阴极反应：

$$2H^{+} + 2e^{-} \longrightarrow H_2$$

阳极反应的产物：

$$Fe^{2+} + S^{2-} \longrightarrow FeS\downarrow$$

H_2S 电离产物 HS^-、S^{2-}吸附在金属表面，与金属腐蚀产生的 Fe^{2+}结合生成 FeS。HS^-、S^{2-}的不断消耗，促进 H_2S 电离生成氢原子，使铁原子间金属键的强度大大削弱，进一步促进了阳极金属腐蚀。若在拉应力存在的条件下，金属在腐蚀和应力双重作用下，甚至会发生应力腐蚀开裂(图 6.54)。

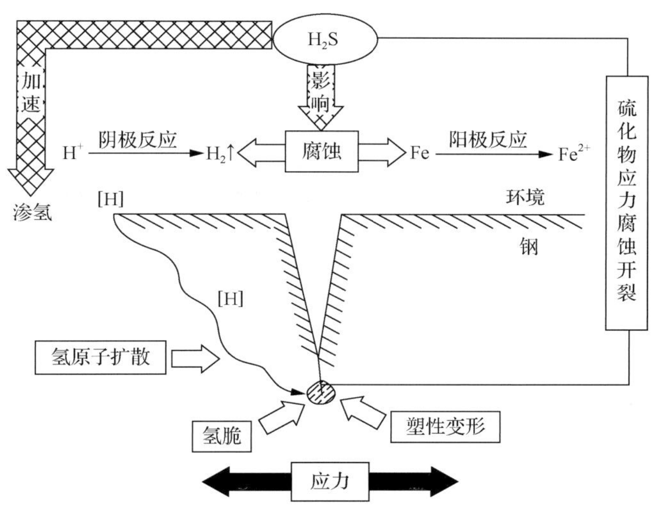

图 6.54 H_2S 应力腐蚀开裂

4) 细菌对腐蚀的影响

碳酸盐岩缝洞型油藏注水水质往往腐蚀性较强，部分水质含有对金属具有腐蚀性的硫酸盐还原菌(通常用 SRB 表示)，出现了不同程度的细菌腐蚀现象。该类腐蚀性细菌生存能力强，菌种适宜温度为 30～65℃，pH 为 5.5～9.0。该类细菌不仅可以还原 SO_4^{2-}产生 H_2S，使水中的 H_2S 含量提高，令水质恶化变为“黑水”，而且可以在水中产生 FeS 等物质，堵塞地层影响注水开发，长期运行会成为制约提高采收率的因素之一。因此，通过加注化学药剂或物理阻隔抑制 SRB 的繁殖也成了注水井防腐蚀的一个重要环节。

SRB 菌作为厌氧型的细菌，主要是在生物酶的催化作用下促使金属发生腐蚀反应，以此作为菌群生存和繁殖的能量来源，具体反应过程如下。

阳极过程：

$$Fe - 2e^{-} \longrightarrow Fe^{2+}$$

水电离过程：

$$H_2O \longrightarrow H^+ + OH^-$$

阴极过程：

$$8H^+ + 8e^- \longrightarrow H$$

细菌消耗阴极产物：

$$SO_4^{2-} + 8H \longrightarrow S^{2-} + 4H_2O$$

生成 FeS 腐蚀产物：

$$Fe^{2+} + S^{2-} \longrightarrow FeS\downarrow$$

生成 $Fe(OH)_2$ 腐蚀产物：

$$Fe^{2+} + 2OH^- \longrightarrow Fe(OH)_2\downarrow$$

总反应：

$$4Fe + SO_4^{2-} + 4H_2O \longrightarrow 3Fe(OH)_2\downarrow + FeS\downarrow + 2OH^-$$

从总体来看，硫酸盐还原菌腐蚀起决定作用的是微生物的去极化作用，将金属腐蚀产生 FeS，长期注水会造成地层堵塞，影响高效注水开发，硫酸盐还原菌腐蚀微观形貌详见图 6.55。

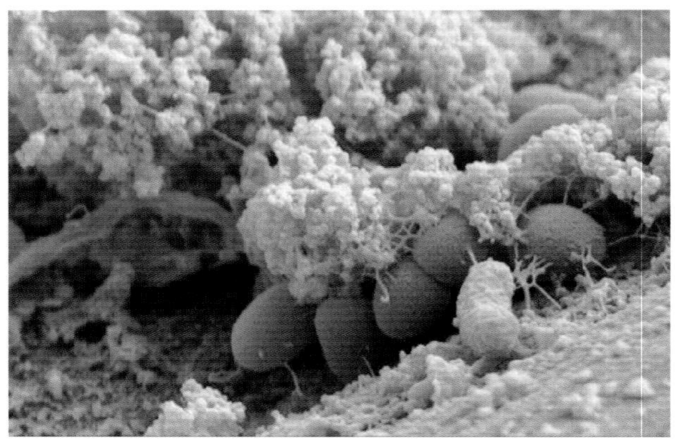

图 6.55　硫酸盐还原菌腐蚀微观形貌

2. 特色注水防腐技术

注水配套防腐技术众多，如涂层、镀层、内衬、非金属、阴极保护等，由于技术性能和经济性限制，均未能规模推广。碳钢复合缓蚀剂技术仍是主流防腐措施，对此，重点介绍缓蚀剂分子设计与定向开发特色技术，其他技术不再赘述。

传统的缓蚀剂开发技术主要依赖大量测试评价实验，开发周期长，药效较低。为了缩短缓蚀剂开发周期并提高药效，近年来兴起了一种缓蚀剂分子设计技术，根据特定腐蚀环境，从理论上设计、优选性能优异的缓蚀剂分子结构，并进一步实验合成和评价验证，开发周期缩短 70%以上，初步做到了“量体裁衣”和“对症下药”，缓蚀剂药效大幅提高 30%～50%。

以 ZH-1 型缓蚀剂为例介绍该项技术。以咪唑啉类缓蚀剂为研究对象，建立缓蚀剂分子结构与防腐性能之间的关系，获得影响缓蚀剂缓蚀性能的主要影响因素，并设计开发出新的缓蚀剂产品，取得了良好的防腐效果。

首先梳理了 15 种油气田注水系统常用的缓蚀剂分子结构，具体结构如表 6.14 所示。通过失重法对所选的 15 种缓蚀剂的缓蚀率进行了实验评价，然后建立缓蚀剂缓蚀效率与分子结构的样本库，并寻求二者之间的关系。

表 6.14　咪唑啉衍生物分子结构

序号	—R	序号	—R
1	$—CH_2CH_2NH_2$	9	$—(CH_2CH_2NH)_2—CHCH_2NH_2$
2	$—CH_2CH_2OH$	10	$—CH_2CH_2NHCH_2CH_2COOH$
3	$—CH_2CH_2NH—C(=S)—NH_2$	11	$—CH_2CH_2NH—N$（马来酰亚胺环，两个 C=O）
4	$—CH_2CH_2NH—C(=O)—NH_2$	12	$—CH_2CH_2—N(CH_3)_2$
5	$—CH_2CH_2NH—C(=S)—NH—C(=S)—NH_2$	13	$—CH_2CH_2—O—P(=O)(OH)_2$
6	$—CH_2CH_2NH—C(=S)—NH—C(=S)CH_2COOH$	14	$—CH_2CH_2NHCH_2CH_2—C(=O)—CH_3$
7	$—CH_2CH_2NH—C(=S)—NH—C(=S)—NH—C(=S)—NH_2$	15	$—CH_2CH_2NH—C(=O)—CH_3$
8	$—CH_2CH_2NH—C(=O)—CH=CH—COOH$		

注：R 代表亲水基团。

使用分子模拟专业软件构建上述 15 种缓蚀剂的分子结构，通过建立合理的计算模型，计算各缓蚀剂分子的量子化学参数，计算结果如表 6.15 所示。

表 6.15　咪唑啉衍生物缓蚀剂的量子化学结构参数

序号	E_{HOMO} /eV	E_{LUMO} /eV	ΔE /eV	Q_{N1}	Q_{N2}	ΣQ_{ring}	ΔN
1	−4.57992	−0.12174	4.45817	−0.307	−0.420	−0.589	1.01473
2	−4.68602	−0.01436	4.67165	−0.307	−0.423	−0.585	0.99229
3	−4.60471	−0.99577	3.60893	−0.309	−0.393	−0.757	1.16371
4	−4.34963	−0.38506	3.96456	−0.310	−0.423	−0.581	1.09635
5	−4.18100	−2.03062	2.15038	−0.321	−0.384	−0.766	2.01093
6	−4.57557	−1.41942	3.15614	−0.328	−0.394	−0.762	1.26816
7	−4.21129	−2.57076	1.64052	−0.325	−0.362	−0.770	2.19989
8	−4.60553	−3.09712	1.50840	−0.295	−0.42	−0.583	1.28741
9	−4.23578	−0.36642	3.86935	−0.291	−0.435	−0.592	1.10063
10	−4.45507	−0.99699	3.45807	−0.304	−0.427	−0.581	1.23594
11	−4.62158	−4.09365	0.52792	−0.384	−0.407	−0.757	0.96307
12	−4.28315	−0.34580	3.93735	−0.294	−0.451	−0.588	1.08694
13	−4.89022	−0.22849	4.66172	−0.304	−0.371	−0.792	0.95258
14	−4.55143	−1.52340	3.02803	−0.309	−0.406	−0.596	1.30858
15	−4.32332	−0.16520	4.15811	−0.304	−0.422	−0.603	0.98978

注：E_{HOMO} 为最高占有轨道能量；E_{LUMO} 为最低空轨道能量；ΔE 为轨道能隙；Q_{N1}、Q_{N2} 分别为 N_1、N_2 原子静电荷；ΣQ_{ring} 为咪唑环上非氢原子静电荷之和；ΔN 为电子转移参数。

对上述缓蚀剂的缓蚀效率与计算得到的量子化学参数进行单变量分析，考察缓蚀剂的缓蚀效率与计算得到的量子化学参数之间的相关性，如表 6.16 所示。

表 6.16　咪唑啉衍生物缓蚀剂的缓蚀效率与单个量化参数之间的相关性

参数	缓蚀率	参数	缓蚀率
E_{HOMO}	0.43407	A	0.70936
E_{LUMO}	−0.74682	μ	0.55801
ΔE	−0.75118	S	−0.70376
Q_{N1}	−0.68354	η	0.75118
Q_{N2}	−0.70207	ω	0.67706
ΣQ_{ring}	−0.73270	E_T	0.80978
ΔN	0.82367	$A\lg P$	0.80142

注：A 为电子亲和势；μ 为偶极距；S 为软度；η 为硬度；ω 为亲电指数；E_T 为总能量；P 为缓蚀剂分子的绝对硬度。

在单变量分析结果基础上，进行逐步回归分析。线性回归得到最佳组合为 ΔN，ΣQ_{ring} 和 α。采用多元线性回归得到含有 14 个咪唑啉衍生物的化合物的定量构效关系(quantitative structure-activity relationship，QSAR)方程(除去其中一个奇异点)：

$$\mathrm{IE} = 14.049\times\Delta N - 75.457\times\Sigma Q_{ring} + 0.149\alpha - 1.206 \tag{6.44}$$

$$N = 14，R^2 = 0.924，\mathrm{SE} = 3.023，F = 84.803，p = 0.000$$

式中，IE 为缓蚀率；N 为样本化合物的数目；ΣQ_{ring} 为咪唑环上非氢原子静电荷之和；α 为分子极化率；R^2 为相关系数的平方；SE 为标准误差；F 为 Fisher 精确检验值；p 为显著性水平。

模型具有很高的相关性，相关系数平方高达 0.924，标准偏差 SE 较小，并且回归分析中所得模型显著水平 p=0.000，说明该模型具有统计学意义。参数的自相关分析和抽一法交叉验证结果显示，该模型具有较好的稳健性和较高的预测能力。用该模型计算的缓蚀效率值和残差见表 6.17。其模型拟合值和实验值吻合性较好，最大残差为 3.95 个百分单位，表明该方程具有优良的拟合性能。

表 6.17　咪唑啉缓蚀剂缓蚀效率实验值与模型计算值数值表

序号	缓蚀率实验值/%	缓蚀率计算值/%	差值/%
1	64.01	62.02	1.99
2	59.78	61.33	–1.55
3	79.32	77.34	1.98
5	89.63	88.96	0.67
6	83.21	78.46	3.74
7	95.03	95.85	–0.82
8	78.24	79.72	–1.48
9	62.78	64.70	–0.92
10	67.43	65.15	2.28
11	82.28	83.69	1.41
12	67.21	62.26	3.95
13	72.10	74.40	–2.30
14	66.33	67.32	–0.99
15	58.17	61.66	–3.49

基于以上所建 QSAR 模型中包含的 3 个参数对缓蚀效率贡献的考虑，ΔN、ΣQ_{ring} 和 α 3 个参数非常重要，并且与缓蚀效率具有非常好的相关性。分析样本可以看出，这些化合物的不同仅在于 R 取代基支链。说明 R 取代基对 ΔN，ΣQ_{ring} 和 α 3 个参数有很大的影响。结合软硬酸碱理论(the theory of hard and soft acids and bases，SHAB)、分子内协同效应，通过改变取代基 R 上的基团或原子来改变 ΔN，ΣQ_{ring}，α 参数值，同时考虑疏水链长的影响，设计得到 1 种新型缓蚀剂 ZH-1(图 6-56)。

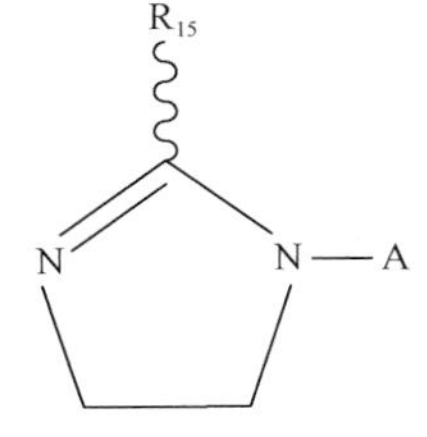

图 6.56　ZH-1 分子结构

采用溶剂法合成 ZH-1(图 6.57)，产物经提纯后利用智能型 Avatar360 傅里叶红外交换光谱仪对鉴定产物的成分与官能团进行分析，鉴定结果表明合成产物确是 ZH-1 设计分子结构(图 6.58)。

采用失重法对合成的 ZH-1 缓蚀剂的缓蚀性能进行评价，实验结果如图 6.59 所示，随着缓蚀剂浓度的增加，缓蚀效率逐渐提高；当浓度达到 100mg/L 时，再增加缓蚀剂浓度，其缓蚀效率几乎没有发生变化。此时缓蚀剂浓度为最佳使用浓度，对应缓蚀剂的缓蚀效率达到 88.05%，防腐效果良好。

图 6.57　合成的 ZH-1 型缓蚀剂实物图

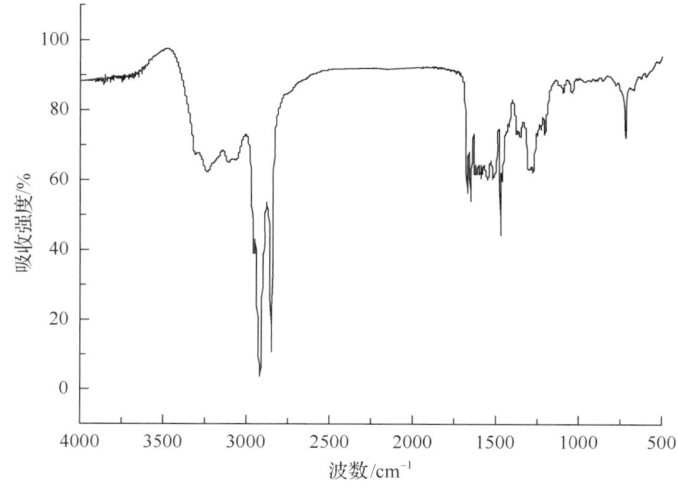

图 6.58　ZH-1 缓蚀剂分子的红外光谱图

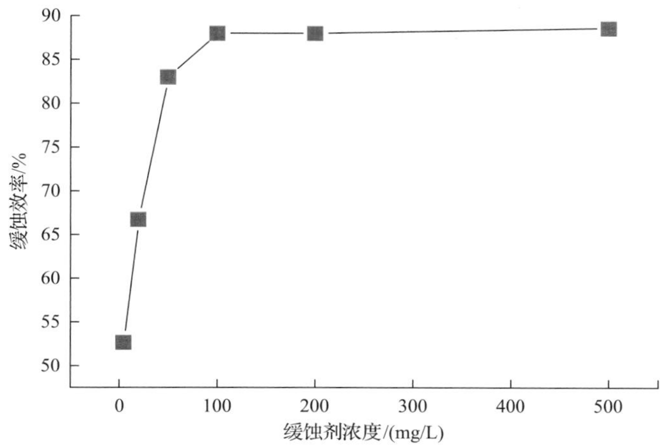

图 6.59　缓蚀剂浓度与缓蚀效率之间的关系图

6.4.2　注水动态监测工艺

注水开发过程中，注水井或采出井需进行实时动态监测，以评价注水效果与油水井状态，指导注水调整。监测技术根据对象可分为井周动态监测技术和井间动态监测技术，其中井周动态监测技术的重点是评价注水井井筒和井周状况，包括注入剖面测井、油套管腐蚀监测等；井间动态监测技术主要是利用井间示踪剂测试，分析注水期间的井组(或区块)受效情况。通过多种注水动态监测技术的有机结合，可以全面了解注水效果和井筒条件的动态变化，有力地支撑了注水工艺的完善与优化。

1. 注入剖面测井技术

碳酸盐岩缝洞型油藏一般为裸眼完井生产，具有多套层段生产和生产剖面逐渐变化的特点，注水开发后一般采用注入剖面测井工艺对吸液段和吸液量进行评价，指导注水优化。

1) 碳酸盐岩注水井特点

碳酸盐岩缝洞型储集体由于岩性本身的特性和油藏特点，注水剖面监测比普通砂岩油藏面临更多的困难：①多数注水井由稠油生产井停产后转为注水井，井筒中附着的稠油可能会严重影响测量；②碳酸盐岩油藏产出和吸水层段并不明确，裸眼段的每一个深度都是可能的产出或吸水层段；③碳酸盐岩油藏的大多数井采用裸眼完井，井径不规则，注水测井资料中的温度和流量都会受到井径变化的影响；④井底可能出现沉沙，掩埋吸水段，增加了测量和分析解释的难度。

2) 碳酸盐岩注水井注入剖面测井工艺

针对碳酸盐岩注水井的复杂井况，主要采取以下两种工艺措施。

(1) 七参数注入剖面测井工艺。在常规五参数注入剖面测井(磁定位、自然伽马、温度、压力、涡轮流量)的基础上增加井径和示踪流量仪器两个参数，提高流量测井资料的整体质量和吸水剖面解释的可靠率。

(2) 三阶段测温工艺。即在注水前、注水中、注水后分别测量三阶段的温度数据，提高吸入井段分析的可靠性。通过 3 次井筒温度剖面，结合涡轮及示踪流量，可以准确地分析井下吸水层段和分层吸水量。

对于有多个吸水层段的井，为了了解不同注水压力条件下的分层吸水能力，可以采用多种注水压力和排量注水，根据吸水剖面测井录取的压力和流量资料，计算不同层段压力和吸水量下的分段吸水指数，分析在不同注水段、不同压力下的吸水能力，更好地指导注水作业。

3) 油田实例应用

F-21 井是 1 口碳酸盐岩裸眼井，2006 年 1 月转为注水井，2011 年 5 月为了了解本井井下吸水情况，进行注水温度测井，通过注水前测量静止温度、注水期间测量流动温度、注水后测量恢复温度，对比分析本井井下吸水层段。

(1) 本井由于前期已经注水一段时间，注水前相对静止，5355～5480m 有明显低温异常，这些低温异常井段是前期注水时的地层吸水响应。

(2) 静止温度与流温在整个测量段上都有明显的温度差，显示测量段底部仍有大量吸水。

(3) 在恢复温度曲线中，5355～5413m、5421～5432m、5454～5479m、5508～5515m、5545m 以下层段均有明显低温异常，其中 5355～5413m、5454～5479m、5545m 以下层段恢复温度低温异常幅度大，显示这 3 个层段吸水量相对较大，5521～5532m、5508～5515m 层段的低温异常幅度小，吸水量相对较少。

通过静温、恢复温度、流温的对比分析，可以准确地识别出主吸水段和次吸水段(图 6.60)。

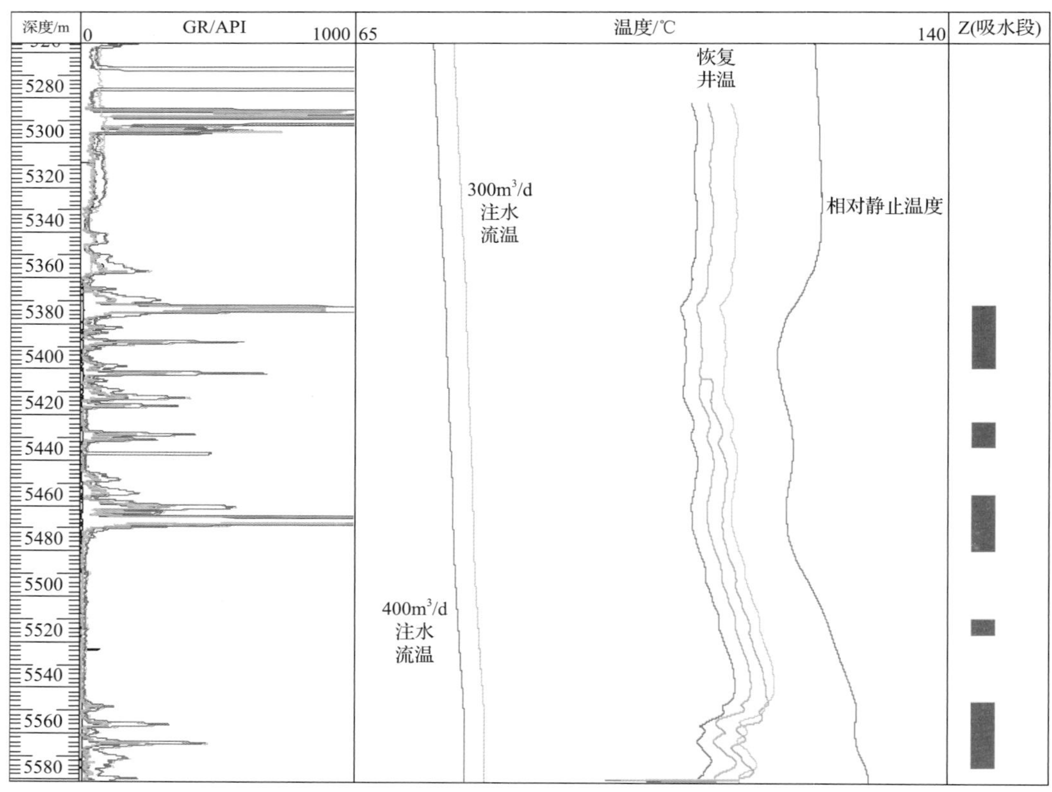

图 6.60　F-21 井注水井温度测井曲线

2. 注水井油套管腐蚀监测技术

随着油田勘探开发进程的逐步深入，油气水井生产时间的延长，受地层压力大小差异、地应力变化、腐蚀等因素的影响，油气水井的油管、套管腐蚀情况日益增多。尤其是在注水开发后，注入水中含有一定的氧，加剧了腐蚀，油管、套管内出现多种腐蚀、变形、裂缝、结垢等问题。为了分析注水井的腐蚀影响因素，评价注水井的井下管柱技术状况，需要开展注水井的腐蚀检测施工，常用的油套管腐蚀监测方法有多臂井径、电磁探伤测井。近年来多臂井径复合电磁探伤是研究发展的重要方向[12-15]。

单一的多臂井径、电磁探伤测井各有优缺点，如多臂井径探测精度高，但只能探测单层管柱的内径，电磁探伤仪器可以探测多层管柱的壁厚，但测量精度不高。同时，碳酸盐岩缝洞型油藏埋深一般较大(如塔里木盆地的碳酸盐岩缝洞型油藏平均埋深＞6000m)，一次测量时间长、费用高，因此现场一般采用多臂井径+电磁探伤的一体化腐蚀评价测井工艺。多臂井径可以准确反映套管内部变化，通过与电磁探伤资料对比，可以评价套管外部是否存在腐蚀损伤。通过两只仪器测量信息的互相对比，还可以验证仪器偶然出现的异常变化。

由于电磁探伤和多臂井径所使用的仪器一般是由不同的仪器厂商生产的，供电电源和信号传输方式都不相同，不能直接连接组合，需要进行适当改造(图 6.61)。为了实现两种仪器组合，专门设计了转换短节。转换短节包括电压转换部分、信号转换调制部分、信号转换控制部分和曼码解调器。通过仪器电路和连接工艺改造，实现了两种仪器信号传输方式统一、供电电压统一、连接方式统一，解决了不同型号两种测量仪器的组合问题，目前已成为重要的油套管腐蚀监测工艺。

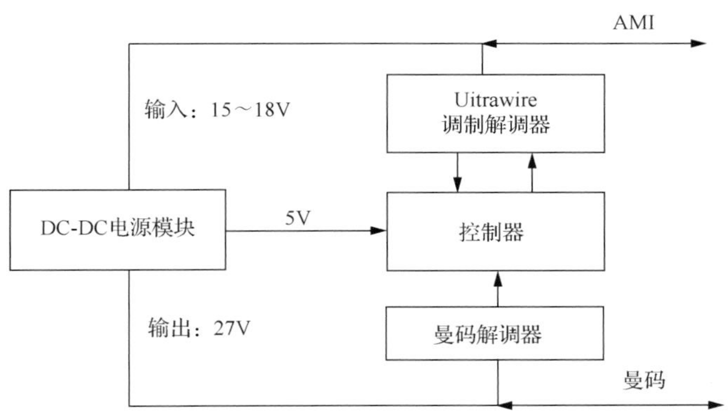

图 6.61 电磁探伤多臂井径一体化改造框图

AMI 为信号交替反转码，alternate mark inversion

通过对注水井油套管的腐蚀测量，可以准确了解不同注水方式对油套管的腐蚀影响，根据腐蚀情况可以优化注水工艺，并提前安排更换管柱等，保障注水井的安全生产(表 6.18)。

表 6.18 注水井腐蚀监测与评价

井号	井型	累注气 /10^4m^3	累注水 /10^4m^3	异常井段/m	腐蚀程度 (壁厚损失率)/%	结垢状况 (井径减小率)/%
E-21	注水	0	2.33	无	无	无
E-22	注水	0	45.2	无	无	无
E-23	注水	0	19.8	无	无	无
E-24	水气混注	864.2	38.8	1831.0～1851.0	重(31)	无
				1889.0～1889.6	穿孔(100)	无
				2100.6～2101.4	穿孔(100)	无
E-25	水气混注	431.3	2.45	1026.0～1033.0	重(38)	7
				5710.0～5726.0	中度(19)	15.7
E-26	水气混注	870.1	11.4	4738.0～5183.0	中度(11.2)	13.5

3. 井间示踪剂监测技术

井间示踪技术是注水开发阶段，根据油田实际开采需求和油田科研的需要，选择一些易被识别(监测)的物质加入到注入水中，随水从注入井注入地层，然后按照特定的取样规则在相应的生产井取采出水样进行检测。

通过检测示踪物质的浓度变化等信息，可以分析示踪剂或注入水在地层中的运动情况，获取注水井组的井间地层信息，评价注水开发效果，优化现场注水工艺。

1) 油田常用示踪剂

油田示踪剂要求选用在地层及其所含流体中没有或含量极微的物质，经过多年的发展，目前油田常用的注水示踪剂主要为微量元素类和荧光类示踪剂，这些类型的示踪剂具有地层无放射、无环境污染、本底浓度低、稳定性好、用量少和极限检测浓度低等特点，在油田中得到广泛应用。

2) 示踪剂监测曲线特征

碳酸岩缝洞型油藏具有极强的非均质性。储集体连续性差，连通性及注水波及情况复杂，因此可通过示踪剂监测数据对其连通程度、相互关系等进行量化评价，为单元注水提供指导。

示踪剂产出的峰值浓度和数量与储集体物性参数存在相关性。对于缝洞型储集体，示踪产出曲线多为单峰型，若有两个峰值或峰形突变，则往往反应流动通道发生变化。

(1) 常见的单层单峰。

缝洞型油藏井间往往存在优势通道，与孔隙性油藏相比，该通道中的活塞推进现象更明显，其压力传递速度更快，水淹或暴性水淹的时间更短(图 6.62)。

(2) 两个相间峰形与储集体的关系。

对于存在两个通道的缝洞型油藏，部分示踪剂优先沿阻力小的优势通道流至油井，其余示踪剂沿阻力相对较大的通道流至监测油井，其滞后时间、产出浓度与通道的物性差异、空间展布相关，具体表现为：①缝洞通道的大小存在极大差异；②路径的迂回差异；③缝洞通道上出现分岔。若出现图 6.63 所示的示踪剂峰型，在注水替油时可采取细分小层(或)段，采用不同的注水强度及注水方式，以获得更好的替油效果。

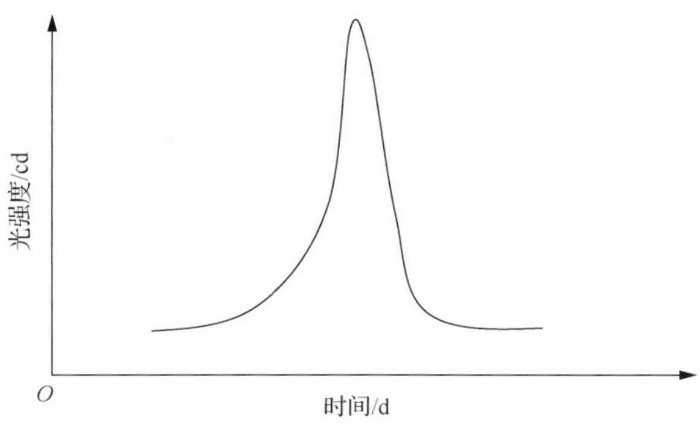

图 6.62　裂缝水驱及示踪剂产出特征

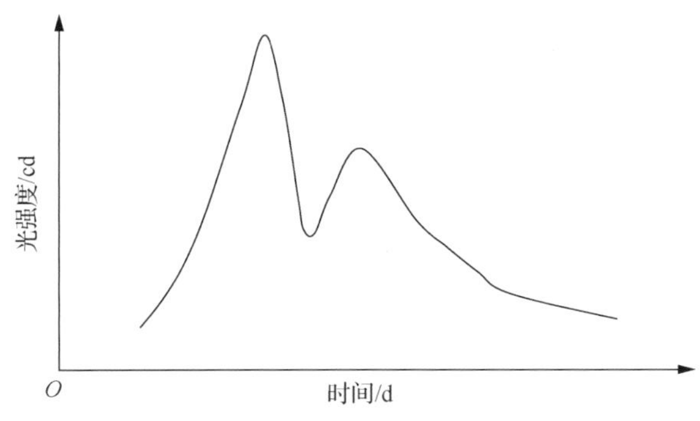

图 6.63　示踪剂产出示意曲线

(3) 出现大而变异的单峰。

峰值的大小、变异程度必然反映出导流能力的变化关系，这种差异在示踪剂监测曲线上表现为出现叠加或异常波动(图 6.64)，说明有多个导流能力近似或间夹有极少个导流能力差的小通道共同作用。具有此类示踪剂峰形的井组，可重新考虑注水替油的波次、

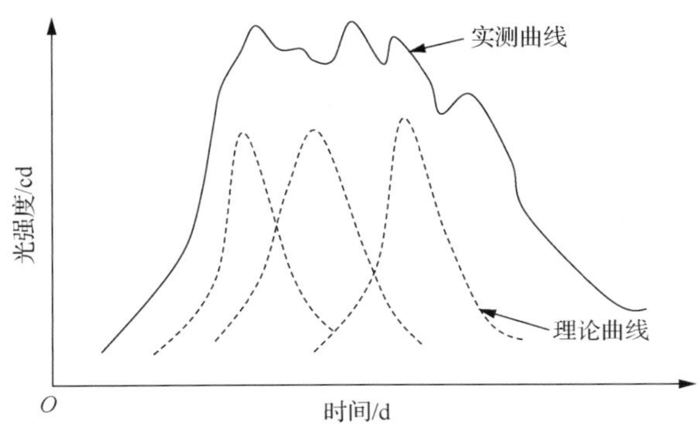

图 6.64　多个近似层示踪剂产出曲线

强度大小，如采取密波次与小强度相配合的注水，使井间油水流场的变化多次分散、集变，使得被驱散的油流获得更多的机会再次集结被替至油井。

(4)长平台形态。

大型溶洞中的示踪剂被严重稀释并有较长的扩散时间，因此产出示踪剂的浓度较低，但持续时间较长，出现长平台形态(图 6.65)。

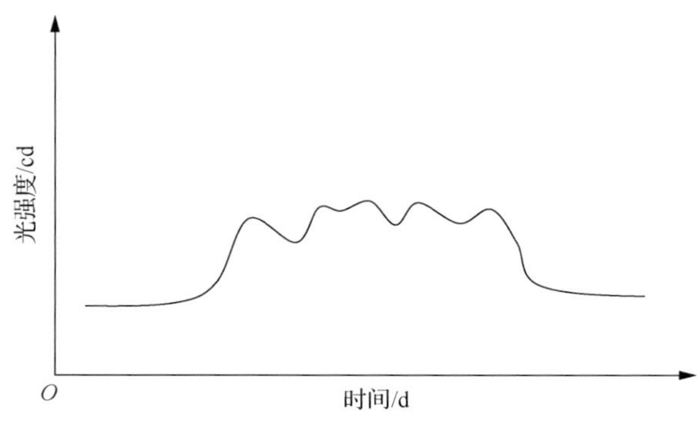

图 6.65　溶洞或近似溶洞示踪剂产出曲线

参考文献

[1] Burgess B, Peter M. Carbo CAT: A cellular automata model of heterogeneous carbonate strata. Computers and Geosciences, 2011, 53: 129-140.

[2] Minasny B, Vrugt J A, McBratney A B. Confronting uncertainty in model-based geostatistics using Markov Chain Monte Carlo simulation. Geoderma, 2011, 164(3-4): 150-162.

[3] Liu X L, Yang J, Li Z Y. A new methodology on reservoir modeling in the fracture-cavity carbonate rock of Tahe oilfield. International Oil and Gas Conference and Exhibition in China 2006-Sustainable Growth for oil and Gas, Beijing, 2006.

[4] Belayneh M, Geiger S, Matthäi S K. Numerical simulation of water injection into layered fractured carbonate reservoir analogs. AAPG Bulletin, 2006, 90(10): 1473-1493.

[5] Geiger S, Dentz M, Neuweiler I. A novel multi-rate dual-porosity model for improved simulation of fractured and multi-porosity reservoirs. SPE Journal, 2013, 18(4): 670-684.

[6] Wang M C, Zhu W Y, Shi C F. Numerical simulation study on remaining oil distribution for L thick reservoir. Proceedings-4th International Conference on Computational and Information Sciences, Chongqing, 2012.

[7] 李红凯. 缝洞型碳酸盐岩储层建模及剩余油分布研究. 北京: 中国地质大学(北京)博士学位论文, 2012.

[8] 王敬, 刘慧卿, 张宏方, 等. 缝洞型油藏剩余油形成机制及分布规律. 石油勘探与开发, 2012, 39(5): 585-590.

[9] 谢卫红, 李冰, 朱景义, 等. 国内外油田注水水质标准差异及原因分析. 石油规划设计. 2014, 25(6): 13-15.

[10] 郭秀东, 胡国亮, 杨映达, 等. 塔河油田高矿化度污水的水质改性中试研究. 中国石油和化工标准与质量. 2013, 24(5): 167.

[11] 孙海礁, 叶帆. 塔河油田油套管内壁的腐蚀与防护. 腐蚀与防护, 2010, 31(5): 383-386.

[12] 王成荣, 李文彬. 多臂井径成像测井技术. 石油仪器, 2006, 20(1): 44-47.

[13] 刘清华, 邹良志. 多臂井径测井在套损检测与预防中的应用. 国外测井技术, 2010(5): 53-58.

[14] 孙彦才. 多层管柱电磁探伤测井技术. 测井技术, 2003, 27(3): 246-250.

[15] 宋立志. 电磁探伤与多臂井径组合测井的应用. 石油仪器, 2010, 24(5): 28-30.

第7章　缝洞型油藏高效储层改造技术

碳酸盐岩缝洞型油藏储集层基质渗透率低，无储集能力，储集空间主要以溶洞、溶孔和裂隙为主，缝、洞较发育，油气渗流通道主要为裂缝，裂缝分布多变，连通性差，70%左右的油井完井后无自然产能，需要使用储层改造技术进行开发，储层改造后形成一定长度、高导流能力的酸蚀裂缝，沟通、连接油气渗流通道和储油空间。因此，储层改造已经成为碳酸盐岩缝洞型油藏增加单井产能和提高油藏采收率必不可少的技术手段。

碳酸盐岩缝洞型油藏储层改造技术可分为水力压裂和酸化两种方式，由于碳酸盐岩储层在进行酸化改造时可降低破裂压力，施工作业成功率高，不存在砂堵等施工风险，因此碳酸盐岩储层采用以酸化为主的储层改造技术。酸化是利用酸液增产增注的一类工艺方法的统称，其原理是通过酸液对岩石基质、胶结物或地层孔隙、裂缝壁面及其堵塞物(黏土、钻井泥浆、完井液)等溶解和溶蚀作用，恢复或提高地层孔隙和裂缝的渗透性。根据施工方法和原理，酸化可分为基质酸化和压裂酸化(简称酸压)两种基本工艺方法。随着碳酸盐岩储层地质条件复杂程度增加，绝大多数生产井都是采用基质酸化或酸压进行投产。

随着油田难采储量的逐步动用，酸化、酸压措施对象情况日益复杂，21世纪以来，国内外碳酸盐岩缝洞型油藏储层改造的发展方向主要集中在新型酸液体系的研发和工艺措施的改进两个方面。为了满足复杂碳酸盐岩储层改造的需要，国内外已研发形成了多种适合储层改造的酸液体系和适合各类碳酸盐岩缝洞型油藏的改造工艺。

酸液体系研发方面，针对缝洞型油藏储层的地质特点，国内已研发应用了稠化酸、泡沫酸、胶凝酸、乳化酸、表活酸、固体酸和冻胶酸等多种比较成熟的酸液体系。这些酸液体系的主要特点集中在降低酸岩反应速率、降低酸液滤失速率、可携带支撑剂、提高耐温性、降低流动阻力、破胶效率高、残渣少等方面，为缝洞型油藏储层改造酸液体系的选择提供了有利指导。为了适应深层或超深层碳酸盐岩缝洞型油藏的酸压改造，国内外科研机构又成功研发了一系列的新型酸液体系[1]，主要包括清洁自转向酸、纳米微乳酸、无伤害合成酸和复合酸等，总体特点表现为“低伤害、低成本、低滤失、低反应速度、高溶蚀效果”，以延长酸蚀作用距离、形成高导流、低伤害的导流裂缝为目的，目前已在国内外得到广泛应用且增产效果显著，为该类油藏的增储上产提供了重要保障。

碳酸盐岩缝洞型油藏储层改造以酸压改造工艺为主，塔里木、塔河等油田也探索了水力加砂压裂技术。酸压改造以前置液酸压工艺为主，是碳酸盐岩缝洞型油藏储层改造的主要工艺。此外针对复杂碳酸盐岩缝洞型油藏的储层改造，研究形成了多级交替注入闭合酸压、分段酸压、体积酸压、高速通道压裂和复合酸压等一系列的酸压工艺技术[2-4]，这些技术在国外的Halliburton和Exson公司，国内的长庆油田、塔里木油田、大港油田、塔河油田等均获得成功应用，为碳酸盐岩缝洞型油藏的高效开发和提高采收率提供了重要的技术支撑。

在本章中，针对储层超深、高温、缝洞体发育但沟通连通性较差等储层特征，重点阐述了深穿透酸化、控缝高酸压、暂堵转向酸压和大型深穿透复合酸压等一系列储层改造新方法，并配套研发了多套高温深穿透酸压液体体系，为碳酸盐岩缝洞型油藏提高采收率提供了新的技术手段和方法。

截至 2017 年年底，仅在塔里木盆地示范区，酸压改造就实施了 593 井次，累计新增原油 659×10^4t，单井酸压改造后平均有效期超过 246d。储层改造技术已成为碳酸盐岩缝洞型油藏经济高效动用、提高采收率的核心技术之一。

7.1 高温深穿透酸液液体体系

酸液体系是决定碳酸盐岩缝洞型油藏储层改造措施效果的重要因素，缝洞型储层往往具有孔洞缝发育、地层温度高的特征，针对此类储层的改造，经过多年的研究与发展，逐步形成了耐高温胶凝酸、交联酸、变黏酸和自生酸等深穿透酸压液体体系。

7.1.1 耐高温胶凝酸

胶凝酸又称稠化酸，是将高分子化合物加入到常规酸液中增稠，使之成为溶胶状态而降低 H^+的扩散速度，从而降低酸岩反应速度，达到深穿透的目的。该酸是目前应用最广泛，体系最为成熟的酸液体系之一。

国外的 BJ（BJ Service Company）、Halliburton 公司等研究机构进行了大量的研究和应用，形成了各种适合不同条件的凝胶剂和配方体系，并进行了大量的现场应用。国内的研究机构进行了胶凝酸的研究和应用，研发的高温凝胶酸（60～120℃）已经在碳酸盐岩储层中进行了大量的应用。后依据碳酸盐岩缝洞型油藏储层改造对酸液特性的需求，进行了相应的工艺和理论研究，所研发的胶凝酸能耐温 140℃，适应性更加广泛，并在现场获得了成功应用。

胶凝酸主要由稠化剂、缓蚀剂、铁离子稳定剂及助排剂等其他酸液外加剂组成,其性能主要是由酸液稠化剂决定。目前，常用的酸液稠化剂以合成聚合物中的聚丙烯酸胺（polyacrylamide，PAM）类产品的研究和应用最多。随着应用的储层温度越来越高，研发的酸液稠化剂耐温性能不断提高，稠化剂由最初的 10%的乳剂加量，发展到 2%～2.5%粉剂加量，再到目前 0.7%～1.0%粉剂加量，聚合物的加量进一步降低，性能指标则更加优良。目前以聚丙烯酰胺类高聚物作为酸液稠化剂，有效地解决了前期乳剂胶凝酸和粉剂胶凝酸高温条件下缓速速度性能差，酸液有效作用距离较短等问题。

不同温度条件下低稠化剂浓度的胶凝酸配方如下。

（1）120～140℃普通胶凝酸配方：20%HCl+0.7%胶凝剂+2.0%高温缓蚀剂+1.0%铁离子稳定剂+1.0%助排剂＋1.0%破乳剂。

（2）140℃高温胶凝酸配方：20%HCl+1.0%胶凝剂+2.0%高温缓蚀剂+1.0%铁离子稳定剂+1.0%助排剂＋1.0%破乳剂。

1. 缓速原理

胶凝酸通过加入一种高分子聚合物（稠化剂），使酸液稠化，形成一种具有较高黏度的酸液体系。在地层温度条件下，酸液黏度越高，可有效限制酸液在动态裂缝中流动时的对流，酸液 H^+ 传质速度越小，与岩石的反应速度越小，酸液的有效作用距离就越大。

2. 体系性能

1) 胶凝剂溶解性

通过室内研究合成出了黏度较高、降解性能较好的胶凝剂，特点是在加量 0.8%的情况下，溶胀 1h 后可以将酸液的黏度提高到 45mPa·s 以上。

胶凝剂具有较好的酸溶性能，30min 基本能够完全溶解，形成均一酸液液体，无分层、沉淀，能够满足现场施工需要(图 7.1，图 7.2)。

图 7.1　胶凝酸液体系外观

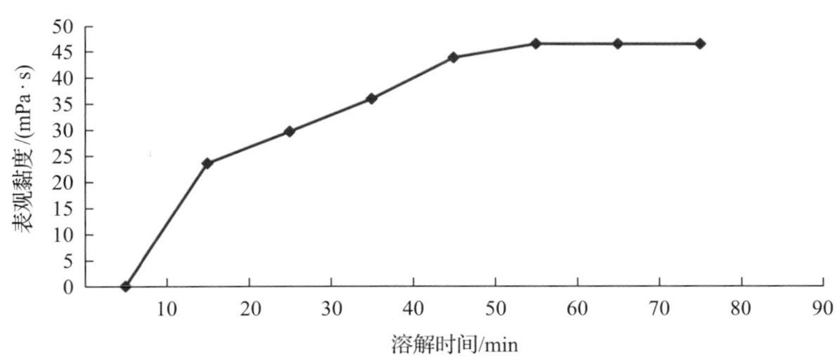

图 7.2　胶凝剂在 20%盐酸中的溶胀性能

2) 耐温耐剪切性能

在现场施工中，将 200～300m^3 的胶凝酸泵入井下大约需要 90min。在此过程中，胶凝酸液体持续受到剪切作用，进入裂缝内部时黏度可能降到较低的数值。由普通胶凝酸和高温胶凝酸的流变性测试(图 7.3)可知，耐温 140℃的胶凝酸高温性能稳定，普通胶凝酸在 120℃下剪切 90min 后，黏度保持在 20～30mPa·s，高温胶凝酸在 140℃下剪切 90min 后，黏度保持在 25mPa·s，完全满足现场施工要求。

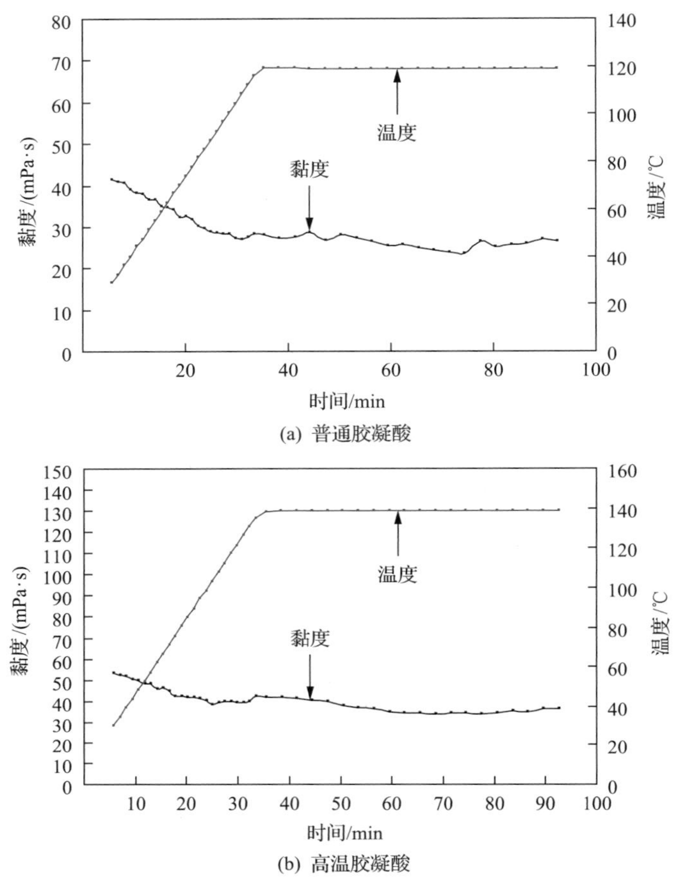

图 7.3 普通胶凝酸与高温胶凝酸的流变性测试

3) 缓速性能

进行压力为 7MPa、温度为 120～180℃条件下的胶凝酸、空白盐酸酸岩反应实验，实验结果(图 7.4)表明，高温条件下胶凝酸酸岩反应速率明显小于普通盐酸，缓速率达 80%以上，有利于降低地层中酸岩反应速率，提高酸液作用距离。

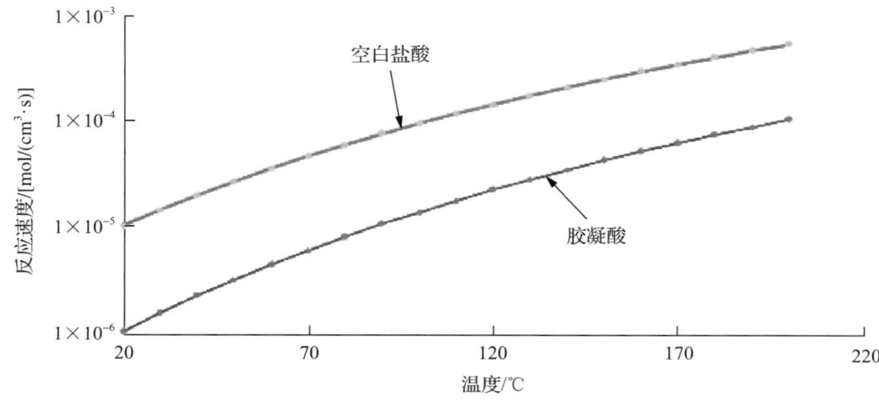

图 7.4 不同温度下酸岩反应速度评价

4) 破胶性能

测得胶凝酸体系破胶液黏度为 3mPa·s，残酸黏度≤5mPa·s，可使地层残酸顺利返排，降低对地层的伤害。

5) 缓蚀性能

很多油田储层温度高，酸液对管柱腐蚀快，酸化施工可能会对后期生产造成影响。为延缓酸液腐蚀管柱速率，研发了胶凝酸体系配套的缓蚀剂，获得了良好的室内实验评价效果。根据胶凝酸腐蚀速率实验结果(图 7.5，表 7.1)，90℃条件下胶凝酸体系腐蚀速率≤5g/(m^2·h)，达到行业标准，可进行施工应用。

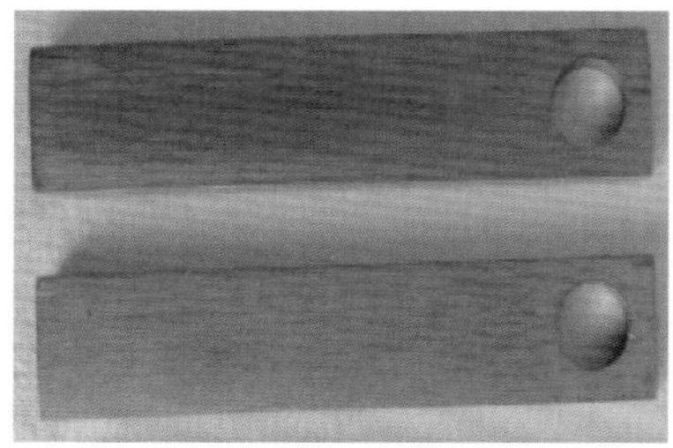

(a) 腐蚀前

(b) 腐蚀后

图 7.5 N80 钢片腐蚀前与腐蚀后的情况

表 7.1 胶凝酸 90℃动态腐蚀速率

试片编号	反应时间/h	试前质量/g	试后质量/g	腐蚀速率/[g/(m^2·h)]	平均腐蚀速率/[g/(m^2·h)]
087	4	10.7727	10.7664	1.1658	1.45
125	4	10.7538	10.7454	1.5602	

6) 配伍性能

加入缓蚀剂、铁稳剂等酸液添加剂测试酸液配伍性能(图 7.6)，24h 内胶凝酸体系无沉淀、混浊现象，配伍性能良好。

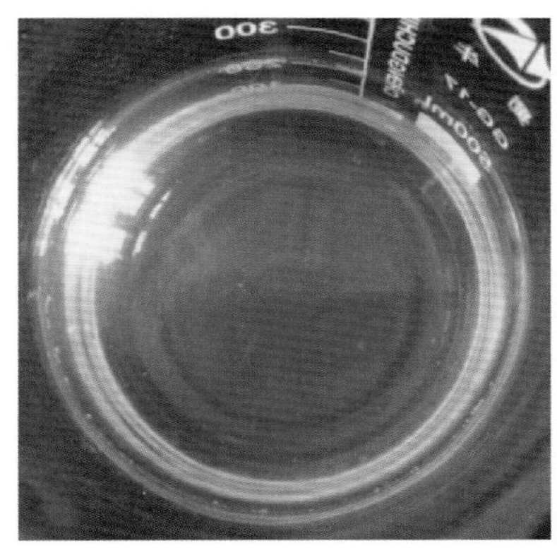

图 7.6 加入缓蚀剂、铁稳剂等酸液添加剂后的胶凝酸照片

7.1.2 交联酸

在碳酸盐岩缝洞型储层酸压改造中，胶凝酸等常规酸液体系存在滤失严重、高闭合应力下酸蚀裂缝易闭合、酸蚀裂缝导流能力降低快等难题，无法深度改造储层，酸压后产量递减快，压后增产和稳产时间比较短，影响了施工效果及有效期。而交联的酸基压裂液(交联酸)因具有黏度高、滤失低、摩阻低、易泵送、酸岩反应速度慢、造缝效率高、返排容易、流变性好、能携砂等一系列优点，可以实现酸液体系深穿透、提高酸蚀裂缝导流能力、扩大渗流面积、延长压后有效期，成为复杂碳酸盐岩缝洞型油藏储层改造的有效酸液体系[5,6]。

国外 BJ 公司早在 1999 年就开发了交联冻胶酸技术。其特点是使用了一种丙烯酰胺共聚物乳液和一种破乳剂作为酸液胶凝剂，钛盐、锆盐和铝盐作为交联剂，包裹氟盐作为破胶剂。解决了交联冻胶酸泵送困难，2004 年 BJ 公司又对该技术进行了改进，但耐温只能达到 120℃。

经过多年的探索与研究，研究形成了可应用于 120～160℃的高温交联酸体系，其配方是：20%HCl+0.8～1.0%稠化剂+1.0%交联剂+2.0%高温缓蚀剂+2%铁离子稳定剂+1.0%助排剂+0.5%破乳剂。

1. 缓速原理

交联酸主要由酸用稠化剂、酸用交联剂和其他配套的添加剂组成，聚合物稠化剂与交联剂配合使用，使液体形成三维网状分子链，从而达到酸液体系增黏的目的。该体系的黏度相当高，一般都能达到冻胶状态(图 7.7)，具有良好的降滤失、耐温、耐剪切性能，优良的携砂能力，其缓速性能优于胶凝酸体系。

图 7.7 交联酸挑挂现象

2. 交联酸性能

1) 耐温耐剪切性能

国内油田研发应用的交联酸体系交联时间在 3min 25s 左右，可有效降低交联酸体系在井筒和地面管线中的摩阻。流变性测试表明(图 7.8)，在温度 160℃、剪切速率 $170s^{-1}$ 连续剪切 30min 的条件下，交联酸体系黏度保持在 50mPa·s 以上，既能满足携砂需求，又可降低地层天然裂缝滤失，满足了现场深穿透酸压对酸液体系黏度的要求。

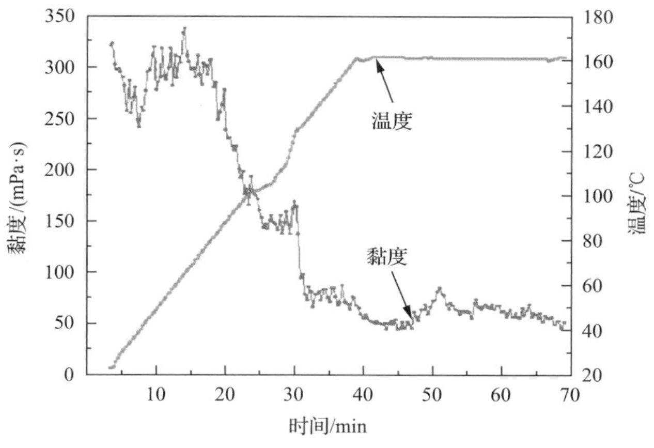

图 7.8　交联酸高温流变曲线

2) 缓速性能

通过室内实验对普通盐酸、胶凝酸和交联酸的反应速率进行对比，其对比结果见表 7.2。

表 7.2　缓速性能实验结果

酸液体系	反应速度/(mg/cm²·s)	缓速率/%
空白酸(20%HCl)	1.36	
胶凝酸	0.26	80.9
交联酸	0.082	94.0

实验的测试条件：大理石，常压，静态，实验温度 93℃，反应时间 10min。从表 7.2 可以看出，交联酸与空白酸比较，其缓速率达到 94.0%；与胶凝酸对比，交联酸的缓速率为 68.5%，所以交联酸的反应速度远远低于胶凝酸。

3) 导流能力评价

交联酸体系相对于胶凝酸体系进入裂缝后，流动空间更小，溶蚀更加集中，在裂缝中可形成酸蚀通道，有利于提高酸蚀裂缝导流能力。通过室内实验测试不同闭合应力下不同酸液体系与岩石反应后的酸蚀裂缝导流能力，实验结果见图 7.9，酸蚀裂缝形态见图 7.10。

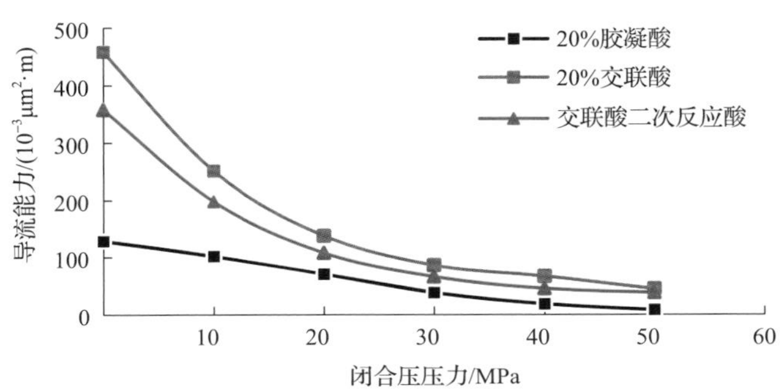

图 7.9　不同体系酸蚀导流能力曲线图

(a) 胶凝酸体系

(b) 交联酸体系

图 7.10 胶凝酸体系和交联酸体系酸蚀裂缝形态图

从图 7.10 可以看出，交联酸体系由于黏度高、滤失低、酸盐反应速度慢，更有利于酸蚀裂缝的深穿透，刻蚀裂缝形态更好，形成的裂缝导流能力更高，因此交联酸比胶凝酸更易达到深穿透改造的效果。

4) 降滤失性能

对比测试交联酸与胶凝酸滤失速率(图 7.11)，可以发现交联酸滤失速率明显小于胶凝酸滤失速率。由于交联酸黏度高，有利于在缝洞型储层中降低酸液滤失速率，提高酸液作用距离，实现深穿透目的。

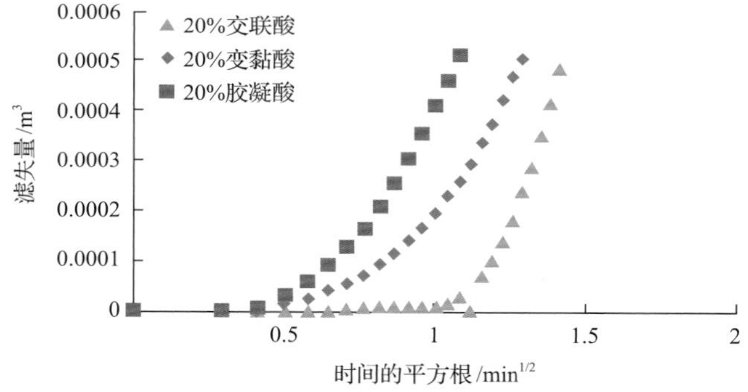

图 7.11 不同酸液类型滤失速率对比图

5) 破胶性能

交联后的酸液黏度较高，地层温度及剪切作用会导致残液黏度有所下降，但不足以使残液顺利返排，因此在交联酸体系中需加入一定量的氧化类胶囊破胶剂，使其顺利破胶水化，提高酸液返排效果。在室温和 90℃条件下，加入破胶剂的交联酸体系破胶一定时间后，$170s^{-1}$ 下测得破胶情况如表 7.3 和图 7.12 所示。

表 7.3 交联酸体系不同温度下的破胶性能实验

时间/min	温度/℃	胶囊破胶剂浓度/%	黏度/(mPa·s)	备注
240	90	1	9	胶囊未压碎
2.3	室温	1	≤20	胶囊压碎

图 7.12　交联酸体系破胶实验情况

从表 7.3 和图 7.12 可以看出，胶囊破胶剂中有效成分可使交联酸体系在短时间内发生破胶，在地层条件下施工结束后胶囊破胶剂在闭合应力下破碎，破胶剂有效成分释放，可使交联酸体系黏度下降至 9mPa·s，可完全满足施工后快速返排的要求。

6) 缓蚀性能

根据交联酸腐蚀速率的实验结果(表 7.4，图 7.13)，在 140℃、转速 60r/min、压力≥8MPa、反应时间 4h 的条件下，交联酸体系腐蚀速率≤50g/(m^2·h)，达到行业一级标准，可进行施工应用。

表 7.4　交联酸 140℃动态腐蚀速率

试片编号	反应时间/h	试后质量/g	失重/g	腐蚀速率/[g/(m^2·h)]	平均腐蚀速率/[g/(m^2·h)]
067	4	10.7643	0.2495	45.8640	46.5074
191	4	10.7202	0.2565	47.1507	

图 7.13　140℃高温腐蚀后钢片外观

7.1.3　变黏酸

部分碳酸盐岩缝洞型油藏微细裂缝发育、漏失量大，导致很难实现深穿透改造，为此研发形成了高温下具有较高黏度及降滤失效果较好的变黏酸体系。变黏酸又称滤失控制酸，国内也称高效酸，是指在酸液中加入一种合成聚合物，能在地层条件下形成交联冻胶而增加黏度，在酸液消耗为残酸后能自动破胶降黏的酸液体系。变黏酸是在胶凝酸基础上发展起来的，其特点是酸液体系既保持了胶凝酸降阻、缓速等优良性能，又能在新酸向余酸的转变过程中，增加了一个黏度升高—降低的过程，提高了酸液滤失的控制能力，可达到非牛顿流体的滤失水平，是目前最为有效的控制酸液滤失的手段，在施工过程中酸液的有效率及作用距离均有较大的改善。

1. 变黏原理

利用温度来控制酸液黏度，在常温条件下变黏酸体系中的胶凝剂单分子分散，体系黏度较低，易于泵送，酸液进入储层裂缝后吸收储层岩石的热能，体系温度升高，在活化剂的作用下，体系中的胶凝剂分子间发生链连接(二次聚合反应)，此时胶凝剂分子量增大，体系黏度升高(图 7.14)，降低酸液在裂缝面的滤失，使酸液可以推进到储层的深部，同时酸液黏度增大，控制酸液中 H^+向岩石(相界面)的传递速度，减缓酸岩反应速率，同时还降低了酸岩反应产物向酸液中的扩散速率，又反过来抑制酸岩反应的进行，可以使鲜酸推进到储层的深部，形成长的有效的酸蚀裂缝，沟通远井储层中的缝洞储集体。另外该体系中的胶凝剂在储层高温条件下，2～3h 后胶凝剂分子链发生降解反应，致使酸液黏度又开始变低，低黏度有利于残酸的返排。

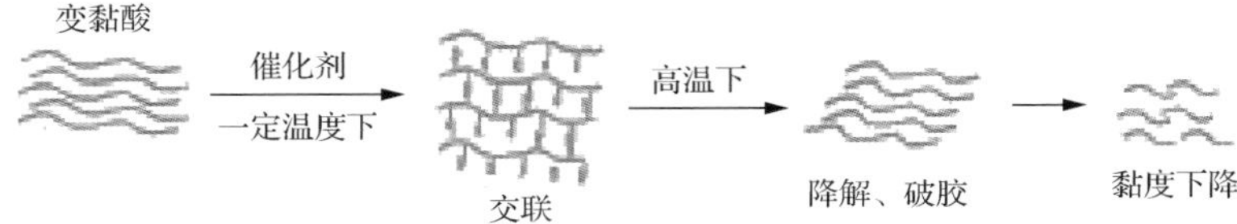

图 7.14　温控变黏酸变黏过程及原理

2. 体系性能

变黏酸体系中所使用的添加剂主要有：酸液胶凝剂、缓蚀剂、铁离子稳定剂、表面活性剂、延迟交联剂、破胶剂等，其配方为：20%HCl+0.8%变黏酸胶凝剂+2%缓蚀剂+1%铁离子稳定剂+1%破乳剂+0.5%变黏酸活化剂。

1) 耐温耐剪切性能

温控变黏酸在酸性条件下未变黏前，其黏度与胶凝酸基本相当，但在温度 75℃、反应时间 30min 后或温度大于 75℃的酸性条件下，即可产生高达 80mPa · s 以上的凝胶，从而降低鲜酸的滤失速度，增加鲜酸的有效作用距离，同时可以延缓酸岩反应速度。

从图 7.15 可以看出，变黏酸体系在低温条件下，其流变性能与胶凝酸类似,黏度较低，具有良好的可泵性和降阻性能；但在 92～140℃高温酸性条件下，酸液体系能迅速升高到 100mPa · s 以上，形成凝胶，在 140℃、170s^{-1} 条件下恒温剪切 60min 后仍能保持 60mPa · s 左右的黏度，所以在对高温孔洞裂缝发育的储层进行改造时，其优良的降滤、缓速性能是其他酸液体系所不具备的。

2) 变黏性能

常温下酸液流动性好，黏度低。放入 120℃油浴锅中静止 30min 后，酸液黏度大幅提高，呈现出伸舌效应(图 7.16)。

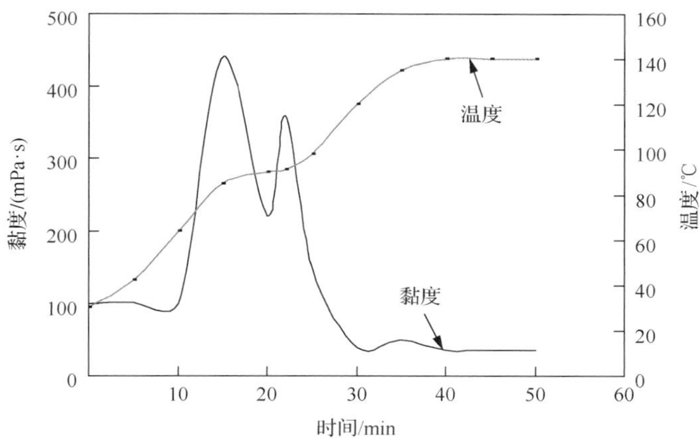

图 7.15　140℃变黏酸的黏温曲线

(a) 变黏前　　(b) 变黏后

图 7.16　变黏前后酸液对比情况

3) 降滤失性能

实验选取直径 2.5cm，长度 6cm，渗透率级差相同的 3 组人造岩心(主要成分为 80%碳酸钙和 20%石英)进行注液测试。按相同的注入速率分别注入常规酸、胶凝酸和变黏酸，并在 120℃观察注入量与压力的关系，实验结果见图 7.17。

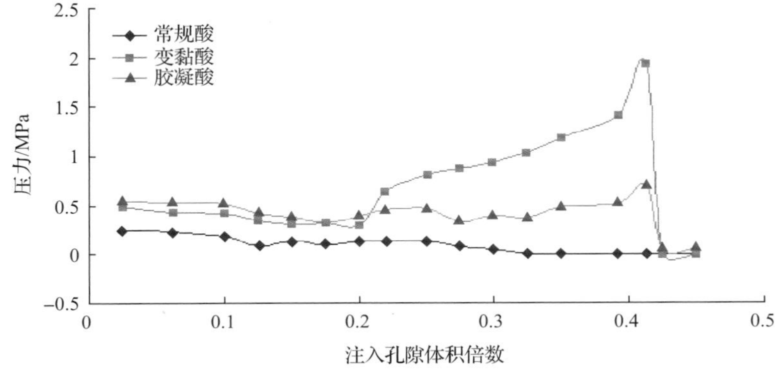

图 7.17　常规酸、胶凝酸与变黏酸的注入量与压力的关系

从注入的压力曲线看，变黏酸的终滤失系数不到初滤失系数的十分之一。对比初滤失系数，变黏酸的滤失系数较普通酸减少75%左右，比胶凝酸降滤失系数提高50%左右，其降滤失效果要明显好于胶凝酸。

4) 缓蚀性能

研发出的变黏酸缓蚀剂，在 90℃、4h 动态腐蚀的条件下，交联酸体系腐蚀速率≤5g/(m^2·h)(表7.5)，达到行业标准，可进行施工应用。

表 7.5　变黏酸 90℃动态腐蚀速率

试片编号	反应时间/h	试前质量/g	试后质量/g	腐蚀速率/[g/(m^2·h)]	平均腐蚀速率/[g/(m^2·h)]
072	4	10.7828	10.7765	1.1718	1.56
091	4	10.7540	10.7458	1.5614	

5) 配伍性能

加入缓蚀剂、铁稳剂等酸液添加剂测试酸液配伍性能(图 7.18)，24h 内酸液体系无沉淀、混浊现象，配伍性能良好。

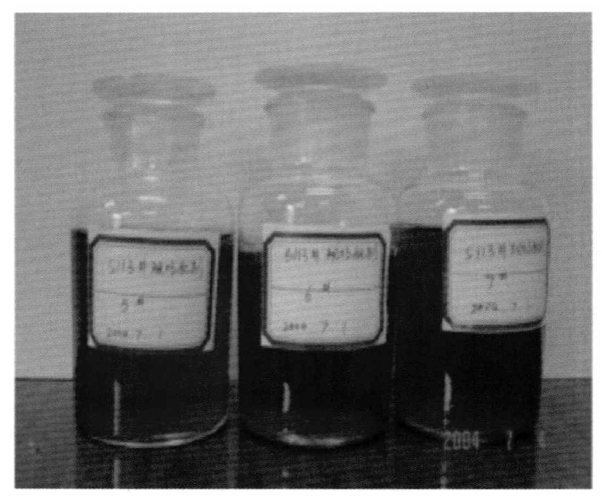

图 7.18　变黏酸液体配伍性

7.1.4　自生酸

自生酸是在改性黄原胶悬浮作用下，随着温度的升高逐渐生成盐酸的酸液。自生酸这种高温下逐渐生酸的特性，可减缓酸岩反应速率，提高裂缝中远端导流能力，最大限度地增加有效缝长。并且泵注完自生酸后，低排量下采用普通胶凝酸闭合酸化，能提高近井导流能力，达到了提高裂缝整体导流能力和深穿透改造的目的。

目前，国内外适用于碳酸盐岩储层改造用自生酸的研究和应用方面的文献很少，仅见中国石油天然气集团有限公司西南油气田分公司的刘有权等[7,8]研制出了一种在温度条件下能生成 HCl 的生酸母体，该体系由反应生酸的28%(质量分数)的(A 剂+B 剂)和18%(质量分数)的氯乙酸盐复配组成，生酸原理为：产酸初期，A 剂+B 剂反应产生 HCl 起主导作用，抑制了氯乙酸盐的水解。产酸后期，氯乙酸盐水解产生羟基氯乙酸起主导作用，延长了酸液作用距离，150℃下该自生酸释放出的有效 H^+浓度达 3.8mol/L(其中假设生成的酸密度为 $1.1g/cm^3$，折算出生成的酸液中 HCl 质量分数为 13%)，有效溶蚀率达 72%左右，对碳酸盐岩储层起到深部酸化的作用。但是该自生酸反应物中含有有机氯-氯乙酸盐，容易导致原油有机氯超标，因此该自生酸有室内实验配方但未进行现场应用。

国内近年来研发了一种 Helix 生物自生酸，该酸主要由中性的生酸有机体(有机酯类)和耐酸、耐高温的生物促酶组成，该自生酸生酸原理为：在地层高温条件下，生酸有机体经过酶的催化作用，缓慢释放有机酸，溶蚀天然碳酸岩裂缝，而促酶在催化过程中自身几乎不被消耗，可持续催化反应，该酸产酸过程缓慢，有充足的时间扩散和渗透到油气井深处乃至全面铺展到储层所有天然裂缝中。但该酸成本费用较高，存在安全隐患，并没有在现场应用。

本节所述自生酸生酸浓度能达到 18%，产品检测不含有机氯，已经在现场多井次安全施工。

1. 生酸及深穿透原理

1) 生酸机理

自生酸主要由 A 剂(多聚醛类有机物)与 B 剂(无机铵盐)两部分组成，施工时将 A 剂、B 剂按特定比例混合泵注。低温时，A 剂、B 剂混合物生酸反应慢，浓度低(＜5%)。在 70～150℃的高温条件下，A 剂能逐渐释放出醛类物质与 B 剂反应，生成具有一定浓度的盐酸和六次甲基四胺(俗称乌洛托品)。生酸化学反应式如下：

$$\underset{\text{甲醛}}{3HCHO}+3NH_4Cl \xrightarrow{70\sim150℃} 3HOCH_2NH_2+3HCl \xrightarrow{-3H_2O} NH_2CH_2NHCH_2NHCH_3+3HCl$$

$$\xrightarrow{+3HCHO} \underset{\displaystyle CH_2OH}{\overset{}{\underset{|}{N}}} — CH_2 — \underset{\displaystyle CH_2OH}{\underset{|}{N}} — CH_2 — \underset{\displaystyle CH_2OH}{\underset{|}{N}} — CH_3 + 3HCl \xrightarrow[-3H_2O]{+NH_4Cl} \underset{\text{乌洛托品}}{N_4(CH_2)_6} + 4HCl \tag{7.1}$$

2) 深穿透、提高裂缝中远端导流能力机理

前置液酸压中前期大量压裂液的注入，使近井地带(人工裂缝近端)降温作用明显。自生酸在低温下生酸浓度低，酸岩反应速度慢，酸活性损耗小。随着酸液向裂缝中远端流动，不断与地层发生热传递，在高温条件下逐渐生成较高浓度的盐酸(图 7.19)，对裂缝中远端岩石进行有效刻蚀，从而提高裂缝中远端导流能力，实现深穿透改造。

2. 体系性能

1) 生酸能力

将含有过量碳酸钙的自生酸体系放入 70～160℃油浴锅中反应，通过称量反应前后碳酸钙质量，评价不同温度、不同时间下生成盐酸浓度。

不同温度和时间条件下生酸能力的实验结果(图 7.20)表明，随着温度的升高和时间

的延长，自生酸体系生酸浓度逐渐增加。150℃、1.5h 后，室内最高生成盐酸浓度可达18%左右。

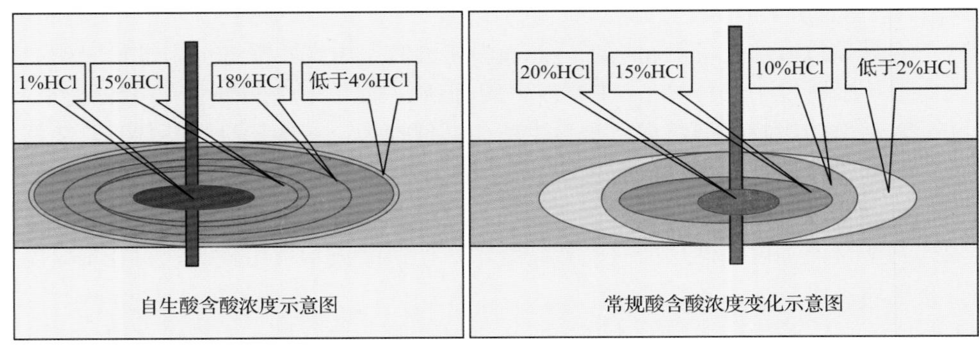

图 7.19　Fracpro PT 模拟裂缝中自生酸与常规酸液酸浓度分布对比

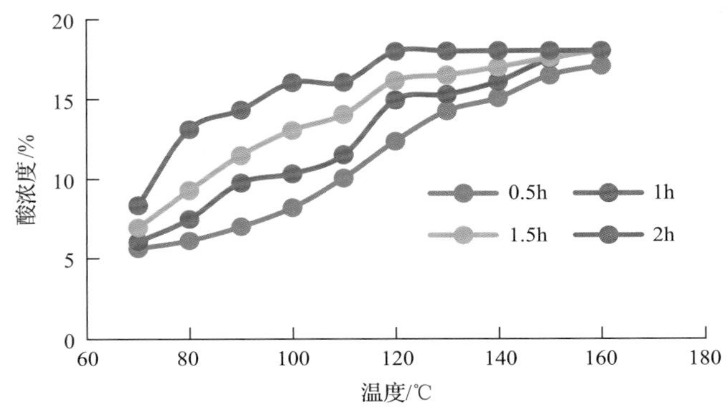

图 7.20　不同温度和时间条件下生酸能力

2）低温稳定性

在室温（25℃）条件下，通过测定不同时间下自生酸体系酸浓度来确定该酸液的低温稳定性（图 7.21）。

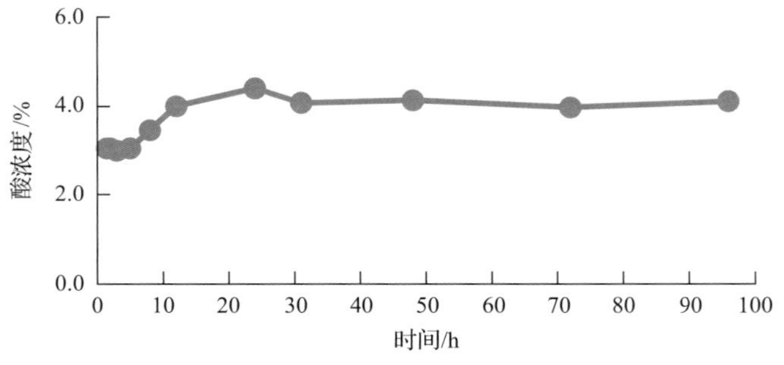

图 7.21　低温条件下生酸浓度

从图 7.21 可看出，自生酸体系在 25℃条件下，放置 1d 后最高酸浓度可达到 4.5%，

4d 后酸浓度保持在 4%。说明自生酸体系的低温稳定性较好，但 A 剂、B 剂混合后仍具有低酸浓度，因此建议施工前两种单剂分开放置，施工时再混合使用。

3) 酸蚀导流能力

在不同闭合压力条件下，采用酸蚀裂缝导流仪对几种酸液体系酸蚀导流能力进行了评价，并应用 Fracpro PT 软件模拟排量 $5m^3/min$ 时，胶凝酸和自生酸在裂缝不同部位的导流能力大小(图 7.22，图 7.23)。

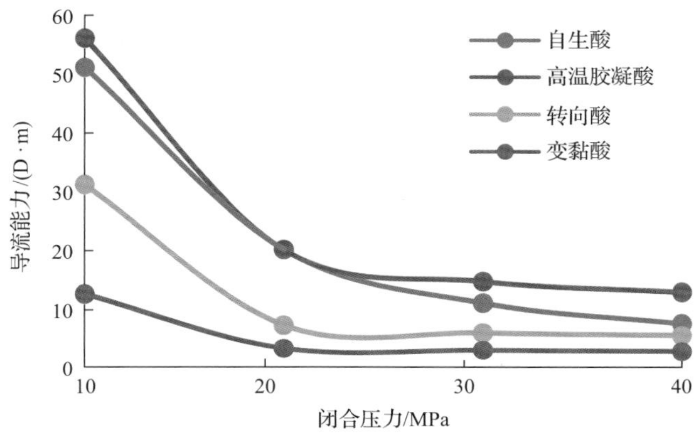

图 7.22　不同酸液导流能力随闭合压力的变化

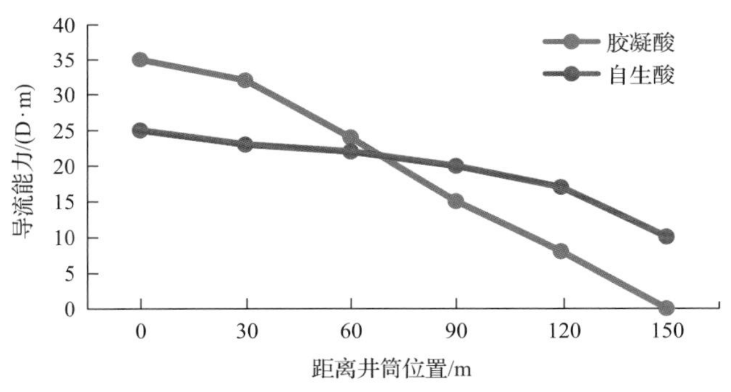

图 7.23　裂缝不同部位导流能力(40MPa)

从图 7.22、图 7.23 可以看出，自生酸近井导流能力小于胶凝酸，远井导流能力大于胶凝酸，自生酸可有效提高裂缝中远端导流能力。

4) 反应动力学参数

在压力为 7.2MPa，岩盘转速为 500r/min，岩盘直径为 2.5cm 的实验条件下，测定不同浓度各酸液体系与储层岩心反应 300s 的酸岩反应速度(表 7.6)。

从表 7.6 可以看出，反应前酸液浓度越大，反应速度越快，随着反应前酸液浓度的降低，反应速度逐渐减慢；自生酸体系在 130℃下的酸岩反应速度比胶凝酸体系在 120℃下的酸岩反应速度慢，表明自生酸体系更能有效地延长酸岩反应时间，能实现造长缝的目的。

表 7.6　自生酸与胶凝酸酸岩反应动力学实验数据

体系	实验温度/℃	实验序号	酸液浓度/(mol/L)	岩心反应面积/cm^2	反应速度/[mol/(s·cm^2)]
自生酸	130	1	2.804	5.189	3.39×10^{-6}
		2	2.227	5.311	2.94×10^{-6}
		3	1.567	5.455	2.28×10^{-6}
胶凝酸	120	1	6.019	4.988	1.39×10^{-5}
		2	3.013	5.075	9.81×10^{-6}
		3	1.621	4.980	7.35×10^{-6}

5) 室内岩心流动评价实验

表 7.7 是自生酸和其他酸对碳酸盐岩储层的岩心流动实验结果。岩心取自四川盆地高温碳酸盐岩储层，地层温度为 140～160℃，井深为 6000m 左右。可以看出，高温条件下，自生酸的酸化效果明显优于其他酸。由于自生酸的酸岩反应时间远大于 1h，H^+在高温下被逐渐释放出来，使酸液能进入储层深部，沟通远处的渗流通道，极大地提高了储层的渗透率，从而表现出良好的高温改造效果[9]。

表 7.7　自生酸和其他酸对储层的岩心流动实验结果(实验温度 150℃)

岩心	酸液体系		初始渗透率 $k_o/10^{-3}\mu m^2$	酸化改造后渗透率 $k_1/10^{-3}\mu m^2$	改造效果 $[(k_1-k_o)/k_o]$/%
LG001-23	常规酸	20%HCl+缓蚀剂等	1.219	1.405	15.2
			0.601	0.812	35.1
LG001-23	有机酸	10%甲酸+缓蚀剂等	1.226	2.697	120.0
LG001-23	高温胶凝剂	20%HCl+胶凝剂+缓蚀剂等	0.335	0.436	30.1
LG001-1			4.4538	7.6234	71%
LG001-1	转向酸	20%HCl+转向剂+缓蚀剂等	2.536	5.129	102.2
LG001-1	有机转向酸	20%HCl+6%甲酸+转向剂+缓蚀剂等	2.56	5.66	121.1
LG001-1			0.4527	2.0820	360
LG001-23	自生酸	28%(A+B)+18%氯乙酸盐Ⅰ+缓蚀剂等(释放的酸浓度相当于 12%HCl)	0.495	2.198	344.0
LG001-23			0.649	4.259	513.7

7.1.5　酸液安全环保要求

酸化、酸压施工作业过程中应密闭施工，要求 腐蚀性强、对环境和人体危害性大的液体不能刺漏和落地，注酸完成后需用顶替液将高、低压管汇及泵中残液注入井内。

施工作业后禁止乱排放施工液体，参液全部用罐车回收，运回配液站处理，确保无污染，参考石油天然气行业标准 SY6443—2000。

7.2　深穿透酸化技术

针对碳酸盐岩油藏沟通远井缝洞储集体的酸压裂缝趋于闭合、多轮次酸化效果逐渐变差的问题，采用深穿透酸化工艺来恢复近井地带的渗流能力，跟酸洗相比，深穿透酸化工艺疏通了远端通道，作用的范围要远得多，跟酸压相比工艺更简单，也更经济。

超深缝洞型碳酸盐岩油藏近井地带的储层存在裂缝发育，高闭合应力下裂缝中、远端导流能力保持率低(56.6MPa 下，导流能力仅为初始酸压裂缝的 20%)，井区动液面持续下降(＞2500m)，远端油气向井筒运移困难等问题。本节就深穿透酸化工艺的原理、酸化选井原则、供液通道通畅判断、储层污染程度分析、液体体系优选、施工方案设计等一系列关键及配套技术进行阐述。

7.2.1　深穿透酸化基本原理

深穿透酸化工艺是利用酸液在碳酸盐岩中的刻蚀穿透性能和施工参数的优化，在地层条件下最大幅度地增加酸化作用范围，使酸液作用半径穿透污染带，恢复远端裂缝的导流能力，达到深度酸化的目的(图 7.24)。

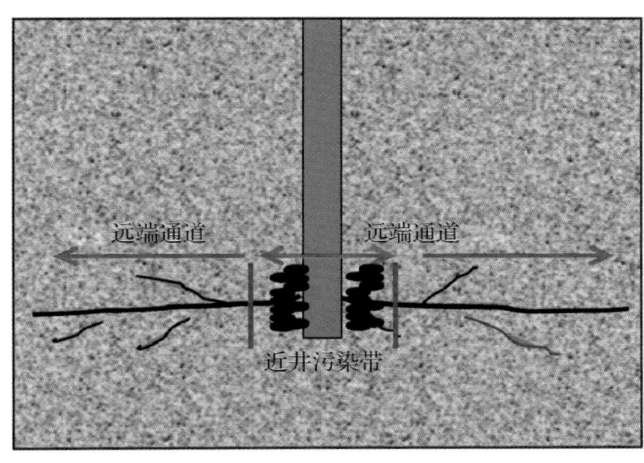

图 7.24　深度酸化理念示意图

7.2.2　深穿透酸化关键技术

在深穿透酸化工艺的实践中，逐渐研究建立了酸化选井原则，形成了供液通道通畅的判断依据，建立了储层污染程度分析模型，优选深穿透液体体系，形成了施工方案设计方法等一系列的关键及配套技术。本节统计分析数据来源于塔里木盆地塔河油田碳酸盐岩缝洞型油藏近 3 年的酸化现场实施井。

1. 建立酸化选井原则

1) 储集体发育规模与酸化效果关系分析

分析 136 口酸化井地震资料，将储集体规模大小分为规模大(强串珠、强振幅)、规模中等(中等串珠、中等振幅)及规模小(弱串珠、弱振幅)3 个等级，统计不同等级储集体规模的酸化有效期产量和酸化有效率(酸化有效率是指酸化后的产量高于作业前的产量的井数与总井数的比值)。统计结果表明(表 7.8，图 7.25)，酸化增油量及有效率与储集体规模大小存在较好的对应性，储集体规模越大，酸化有效率相对越高。

表 7.8　不同等级储集体规模酸化有效率对比表

储集体等级	酸化有效率/%
规模小	33.3
中等规模	58.7
规模大	71.7

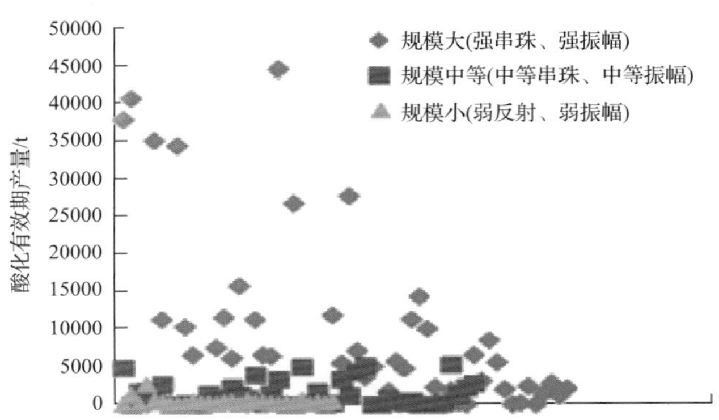

图 7.25　储集体规模与酸化效果关系图

2) 油气富集程度与酸化效果关系分析

按平均产量大小将区域油气富集程度分为 3 个等级，其中平均产量大于 20000t 为油气富集程度高，平均产量大于 10000t、小于 20000t 为油气富集程度中等，平均产量小于 10000t 为富集程度低。统计 136 口酸化井平均产量，并分析不同等级油气富集程度酸化井的有效期产量和酸化有效率，统计结果表明(表 7.9，图 7.26)，酸化增油效果及有效率与区域油气富集程度存在较好的正相关性，油气富集程度越高，平均单井增油量较大。

表 7.9　不同等级油气富集程度平均单井增油量对比表

油气富集等级	平均单井增油量/t
富集较低	321
富集中等	1465
富集较高	7513

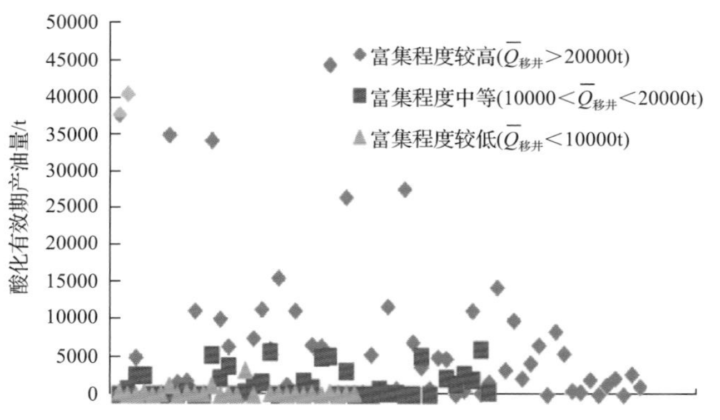

图 7.26　增油量与区域油气富集程度关系图

$\overline{Q}_{移井}$ 为邻井平均单井产量

3）前期累产与酸化效果关系分析

酸化井前期累产与酸化增油、酸化有效率的关系表明（图 7.27，图 7.28），酸化增油量与前期累产有一定的对应关系，前期累产为 10000～50000t 时，酸化有效率相对较高。

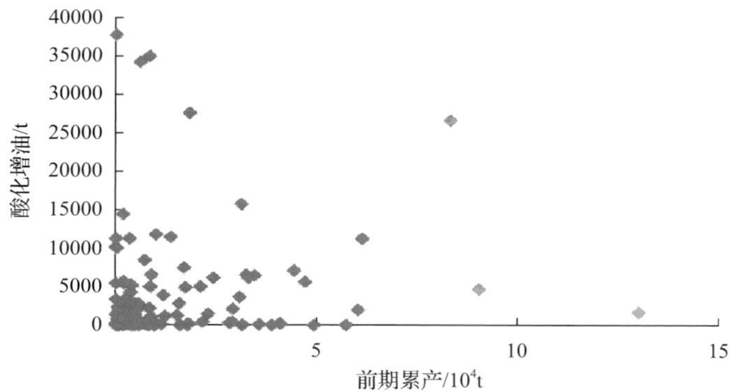

图 7.27　前期累产与酸化增油关系图

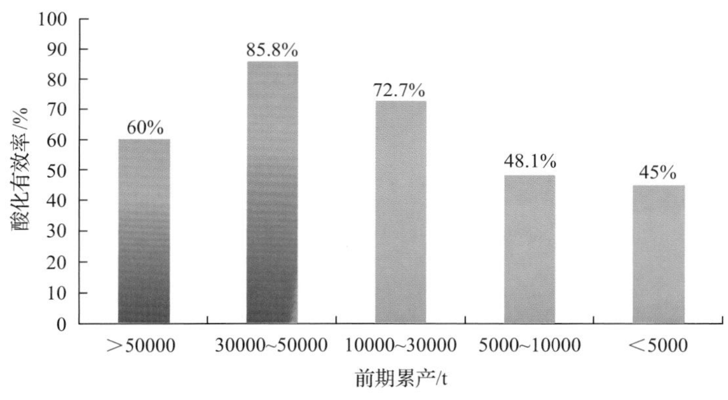

图 7.28　前期累产与酸化有效率关系图

4）地层能量与酸化效果关系分析

碳酸盐岩缝洞型油藏多采用注水方式补充地层能量，酸化后直接注水与生产后再注水的对比效果表明（表 7.10），针对地层能量弱的井，酸化后直接注水自喷天数比开井生产后再注水多 20.4d，自喷增油多 8.3t/d，有效天数长 21.5d，有效期内累产油量多 697.6t，因此，建议地层能量弱的井酸化后先注水补充能量。

表 7.10　酸化后直接注水与生产后再注水效果对比表

类别	井数	自喷天数/d	自喷增油/(t/d)	有效天数/d	有效期累产油量/t
生产后再注水	20	4.1	3.9	128	1717.5
酸化后直接注水	8	24.5	12.2	149.5	2415.1

5) 前期高含水与酸化效果关系分析

(1) 地层出水。

4 井次因地层出水导致酸化措施低效，这部分井前期地层出水，含水达 90%，这类井不建议进行以增油为目的酸化作业。

(2) 注水替油失效高含水。

酸化低效井中有 7 井次因注水替油失效、生产高含水所致，占比 12.5%。这部分酸化井前期注水替油周期连续出现高含水，注水替油失效，酸化后仍高含水，这类井不建议酸化。

6) 井筒原因与酸化效果关系分析

(1) 频繁砂埋。

10 井次因地层频繁砂埋导致供液不足，占比 17.8%，酸化措施效率低，此类井应提前处理井筒，下入打孔管防垮塌。

(2) 井筒故障。

因井筒故障导致酸化低效的井为 3 井次，占比 5.4%，主要原因是酸化前井筒故障，砂埋无法处理至井底，或酸化后形成落鱼，影响后续生产，导致酸化无效或低效。

7) 酸化选井原则

在酸化效果影响因素分析的基础上，确定了酸化选井原则。

(1) 对于储集体规模相对较大，区域油气富集程度相对较高，或前期累产液 10000～50000t 的井，建议开展供液通道判断，优化措施方案进行酸化。

(2) 供液通道不畅且注水容易的井，前期含水逐渐上升、底水突破明显的井，不建议酸化。

(3) 对于注水替油失效或井筒故障无法处理的井，不建议酸化。

2. 供液通道通畅判断

酸化的最终目的是改善供液通道，因此正确判断供液通道的通畅程度是确定酸化措施方案的重要依据。

(1) 对于吸水能力差，注水起压快，液面较高，闭合压力低的井层，判断为近井通道差，采用近井解堵酸化。

(2) 对于修井存在少量漏失，测吸水效果较好，注水初期不起压、后期快速起压，液面较低，闭合压力高的井层，判断为远井通道差，采用深度酸化。

(3) 对于修井存在大量漏失，注水不起压或压力低的井层，判断为通道较好，则不需要酸化。

3. 储层污染程度分析

1) 储层污染定性诊断

根据生产特征及井筒坍塌、砂埋、修井漏失、注水、测吸水等情况，定性判断是否存在污染。

(1)生产特征表现为供液不足，储层污染多为某次措施后突然出现。

(2)井筒未砂埋或砂埋已处理。

(3)远井通道较好，前期有较好的沟通显示，生产过程中有效闭合应力低。

(4)吸水能力表现为注水立即起压，停注后压降明显，呈一定的散点特征，或冲砂后测吸水效果一般。

2)储层污染程度定量判断

通过表皮系数及污染深度判断储层污染的程度。

(1)表皮系数计算。

钻井过程中的泥浆侵入、射孔打开得不完善、修井、酸化压裂措施等因素，使油井附近地层的渗透率发生变化，当原油从油层流入井筒时，在此区域产生一个附加压力降，集中在井筒周围的一个很薄的环状“表皮区”，这种现象称为表皮效应。由于表皮效应产生的附加压力降无因次化，得到无因次附加压力降，用来表征一口井表皮效应的性质和严重程度，称为表皮系数(污染系数)。当表皮系数大于 0 时表示地层有流动阻力或地层存在损害。当表皮系数小于 0 时表示降低了流动阻力或增加了流入面积，改善了地层渗透性。

多数井酸化前仅做测吸水，一般不进行表皮系数测定。为了推算表皮系数大小，对同时测过吸水指数与表皮系数的井进行数据拟合(图 7.29)，确定了表皮系数与吸水指数的对应关系：

$$S=-2.499\ln x+5.6657,\quad R^2=0.6309 \tag{7.2}$$

式中，S 为表皮系数；x 为吸水指数。

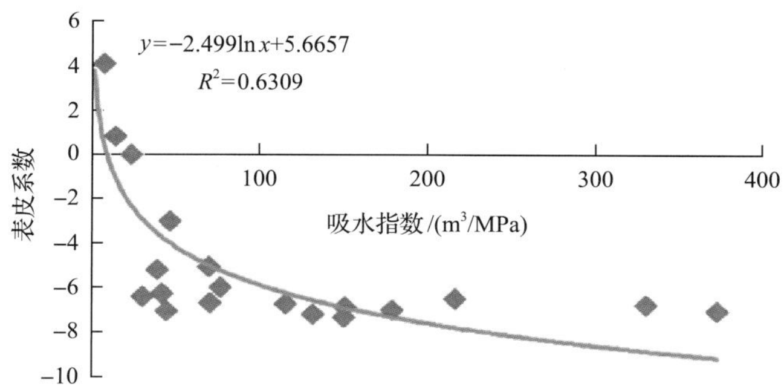

图 7.29　吸水指数与表皮系数关系图

(2)污染深度计算。

对于存在污染的井(图 7.30)，通过注水压力变化情况，可判断突破污染边界所需的注入量，进一步计算出污染深度。由图 7.31 所知，当注入流体突破污染带后，流动状态发生变化，注入压力出现拐点。污染深度计算方法如下：

$$D_{\mathrm{i}}=\sqrt{r_{\mathrm{w}}^{2}+\frac{Q}{h\pi\overline{\phi}}}-r_{\mathrm{w}} \tag{7.3}$$

式中，D_i 为污染深度，m；r_w 为井筒半径，m；Q 为突破污染带时的注入量，m^3；h 为酸化井段长度，m；$\overline{\phi}$ 为平均孔隙度，%。

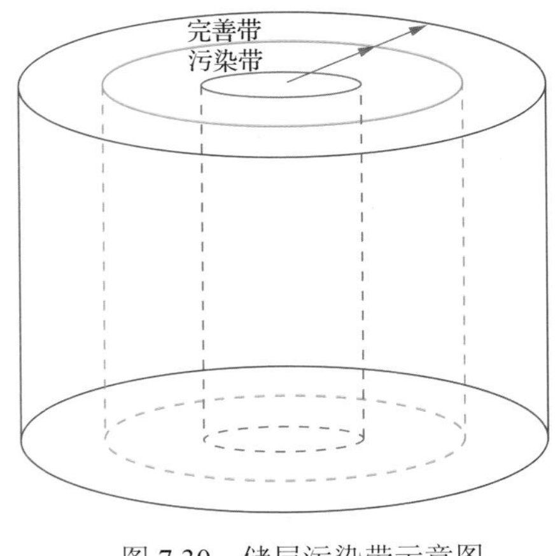

图 7.30　储层污染带示意图

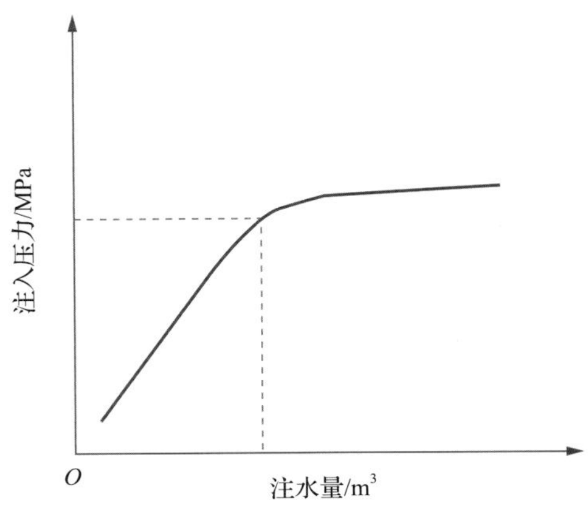

图 7.31　注水量与注入压力关系图

4. 远端导流能力判断

远端供液通道较差在生产上表现为供液不足，关井液面可恢复，在井筒较完善的情况下注水线性起压、导流能力低。具体从以下 4 个方面判断。

(1) 生产特征表现为供液不足，动液面持续下降，关井液面可恢复。

(2) 主生产液段未砂埋。

(3) 注水线性起压，且存在一定难度。

(4) 液面低，有效闭合应力高，导流能力下降快。

5. 液体体系优选

液体体系优选交联酸、自生酸作为深穿透酸液，利用其特性不同但都具有缓蚀性能好、穿透距离远的优点，对于改善储层远端通道优势显著。

交联酸在 140℃、$170s^{-1}$ 条件下剪切 90min 后黏度仍保持在 180mPa·s，具有较好的耐温、抗剪切能力，注入地层之后黏度依然保持较高，从而可以极大地降低酸液滤失，提高酸液的作用距离。其流变曲线见图 7.32。

自生酸常温下反应速度极慢(图 7.33)，具有深穿透、低溶蚀的特点，可减缓酸岩反应速率，加大酸蚀裂缝长度，实现深度改造的目的。酸液体系的反应动力学参数对比结果表明，自生酸、交联酸缓速性能均优于其他酸液体系(表 7.11)。

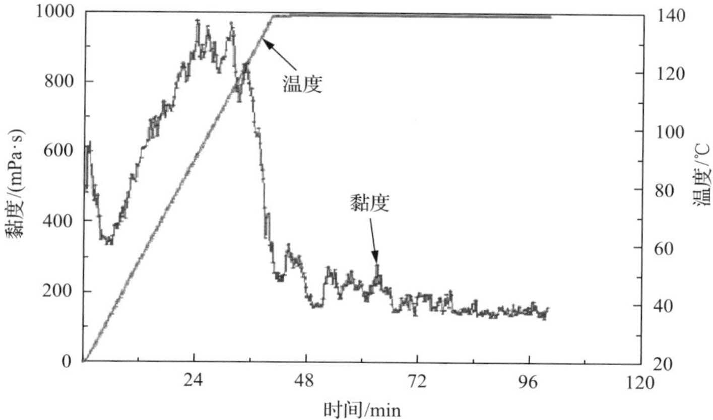

图 7.32 地面交联酸流变曲线图

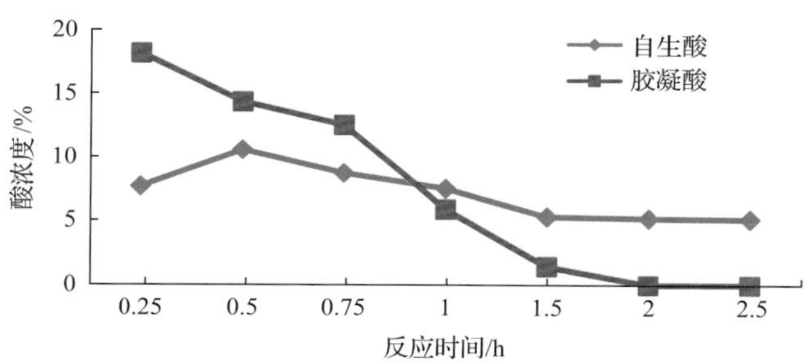

图 7.33 自生酸酸浓度随反应时间变化图

表 7.11 与其他酸液体系反应动力学参数对比表

温度/℃	酸液类型	反应动力学方程
90	普通酸	$J_{酸}=9.18\times10^{-5}C^{0.4914}$
	胶凝酸	$J_{酸}=4.11\times10^{-5}C^{0.2296}$
	变黏酸	$J_{酸}=4.36\times10^{-5}C^{0.1729}$
	交联酸	$J_{酸}=1.23\times10^{-6}C^{0.1231}$
	自生酸	$J=0.86\times10^{-6}C^{1.0013}$
120	普通酸	$J_{酸}=4.56\times10^{-4}C^{0.6269}$
	胶凝酸	$J_{酸}=1.29\times10^{-4}C^{0.2651}$
	变黏酸	$J_{酸}=4.86\times10^{-5}C^{0.1517}$
	交联酸	$J_{酸}=7.63\times10^{-6}C^{0.1192}$
	自生酸	$J_{m}=1.68\times10^{-6}C^{0.6841}$

注：$J_{酸}$为反应速率；C为酸液浓度。

在闭合应力为50MPa下，自生酸、交联酸的远端裂缝导流能力明显高于胶凝酸(图7.34)。

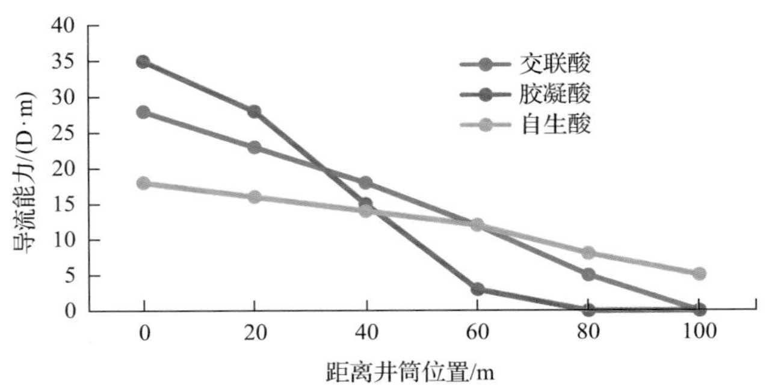

图 7.34　不同酸液裂缝不同部位的导流能力

6. 酸液规模优化

根据酸液的有效作用时间(表 7.12)、酸液的有效作用距离(表 7.13)，结合储集体距离井筒远近来优化确定酸液规模。

表 7.12　不同温度条件下不同浓度不同酸液有效作用时间

温度/℃	有效作用时间/min					
	酸液浓度为 15%		酸液浓度为 20%		酸液浓度为 25%	
	胶凝酸	交联酸	胶凝酸	交联酸	胶凝酸	交联酸
70	26.32	38.30	28.00	40.8	29.18	42.45
100	18.02	25.67	19.18	27.35	20.00	28.45
130	13.00	18.23	13.85	19.43	14.43	20.22
160	9.77	13.57	10.42	14.47	10.87	15.05

表 7.13　不同温度条件下不同浓度不同酸液有效作用距离

温度/℃	有效作用距离/m					
	酸液浓度为 15%		酸液浓度为 20%		酸液浓度为 25%	
	胶凝酸	交联酸	胶凝酸	交联酸	胶凝酸	交联酸
70	157.9	229.8	168.0	244.9	175.1	254.7
100	108.1	154.0	115.1	164.1	120.0	170.7
130	78.0	109.4	83.1	116.6	86.6	121.3
160	58.6	81.4	62.5	86.8	65.2	90.3

7. 施工方案设计

深穿透酸化工艺先采用少量的滑溜水使闭合的裂缝系统重新张开，然后注入复合深穿透酸刻蚀远端裂缝，采用大规模、大排量施工增大酸液作用距离，最后采用过顶替将活性酸挤至裂缝远端，增加有效酸蚀作用距离，大幅提高裂缝远端导流能力。

7.2.3　深穿透酸化技术的现场应用

深穿透酸化技术由中国石油西北油田分公司塔河油田研究形成并在现场成功实施，

与常规酸化相比，深穿透酸化技术使作用距离增加 36.4%，整体裂缝长期导流能力提升 115%，有效期增加 61.1%，增油能力提高了 1.27 倍。

例如，G-1 井常规完井，自喷期间压力下降快，机抽后液面下降较快，但累产较高，酸化前累计产液 48244.8t，产油 46639.7t。从生产情况及地震资料分析，本井储层为裂缝-孔洞型，且裂缝与井筒连通。作业前探底冲砂修井，累计补液 220m^3，套管未见返液，说明近井通道完好，供液不足可能是因为远井通道不畅。

该井采用自生酸深穿透酸化工艺进行改造，先用滑溜水使闭合的裂缝系统重新张开，采用 300m^3 自生酸改善远端通道，尾追 60m^3 胶凝酸处理近井通道，施工曲线见图 7.35，酸化后自喷生产，产油由 7.0t/d 提升至 56t/d（图 7.36）。

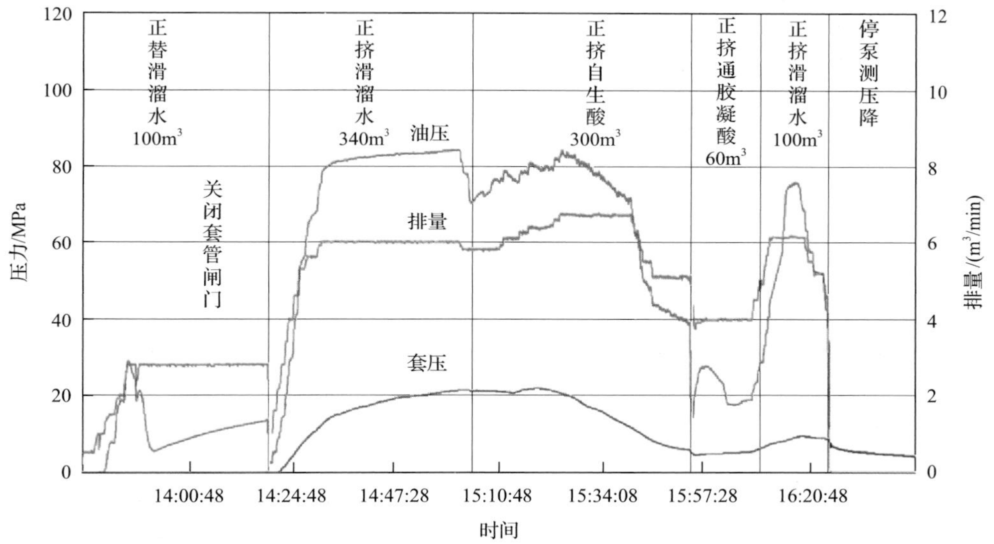

图 7.35　G-1 井深穿透酸化曲线

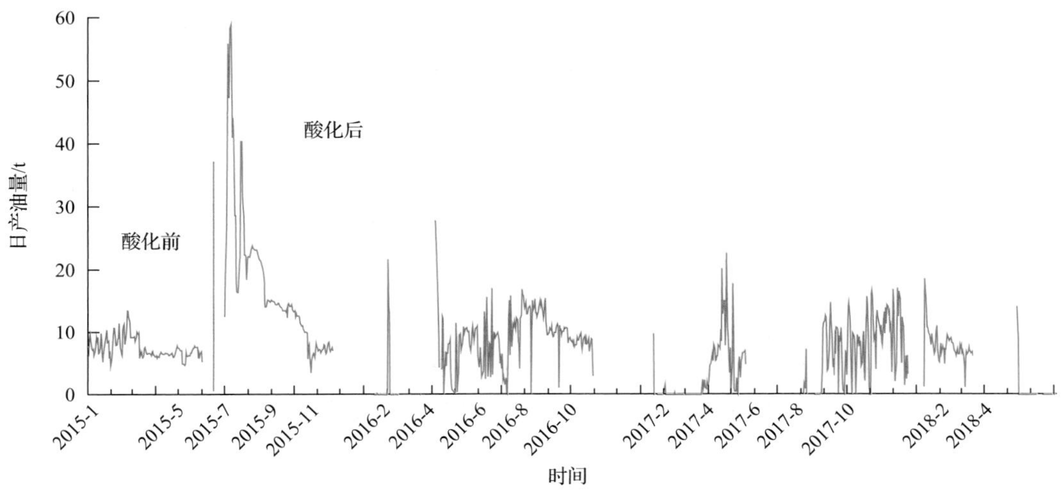

图 7.36　G-1 井深穿透酸化后生产曲线

7.3 控缝高酸压技术

生产后期很多区块油水界面抬升，对于底水上升造成水淹的油井，周围被底水封挡无法直接采出的剩余油，酸压改造层段与前期产水层位间距也越来越近。加之储层纵向上应力差异小，高角度裂缝发育，酸压改造时缝高容易失去控制，极易沟通底部水层，导致上返酸压效果差，压后高含水[10]。通过多年的研究，在流体黏度优化、施工排量优化、施工规模优化的基础上，研究形成了多级沉砂控缝高的施工参数控制方法，以及覆膜砂控缝高阻水的配套工艺，通过评价认为该技术能够实现避水厚度在40m以上的储层酸压，能控制裂缝向下过度延伸，同时控制和减少底水上升速度。该技术实现了底水发育区储层的有效动用，增油效果明显。

本节就碳酸盐岩缝洞型油藏控缝高酸压基本原理、地应力分布特征、缝高扩展规律、控缝高酸压工艺参数优化、多级沉砂控缝高酸压工艺及参数优化、覆膜砂控缝阻水酸压技术进行了阐述。

7.3.1 控缝高酸压基本原理

控缝高酸压技术的主要原理是通过控制酸压施工中各项参数或人为加入隔层材料，降低酸压施工中人工裂缝在高度方向上的延伸距离，从而达到控缝高的目的(图7.37，图7.38)[11,12]。控缝高酸压技术适用于下部含有水层的薄层储层。

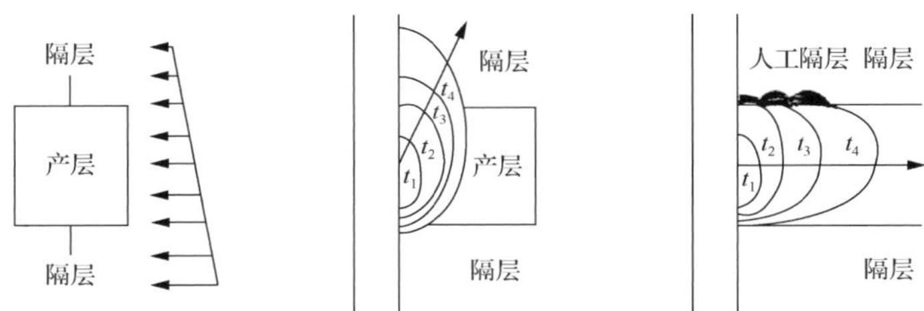

图7.37 上浮剂形成人工隔层示意图

t_1～t_4为不同时间节点

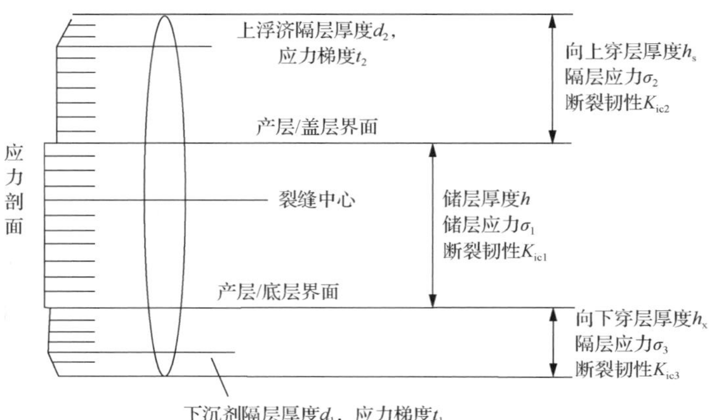

图7.38 人工隔层控缝高原理图

7.3.2　控缝高酸压关键技术

控缝高酸压施工中人工裂缝延伸高度与地应力条件、岩石力学参数、施工参数和隔层材料性质有关。为了实现有效控制裂缝缝高延伸，必须对相关参数的影响规律进行研究。

1. 地应力分布特征研究

地应力决定酸压裂缝的形态特征和裂缝走向，也直接影响裂缝高度。影响裂缝垂向延伸的主要因素是产层和遮挡层的水平最小地应力差(假设裂缝沿水平最大地应力方向扩展)，随着地层应力差值的减小，裂缝高度呈加速变化的趋势(图 7.39)。当产层很薄或遮挡层应力较弱时，抑制裂缝延伸的闭合压力小，裂缝张开净压力增大，使裂缝垂向延伸趋势加剧而进入遮挡层。

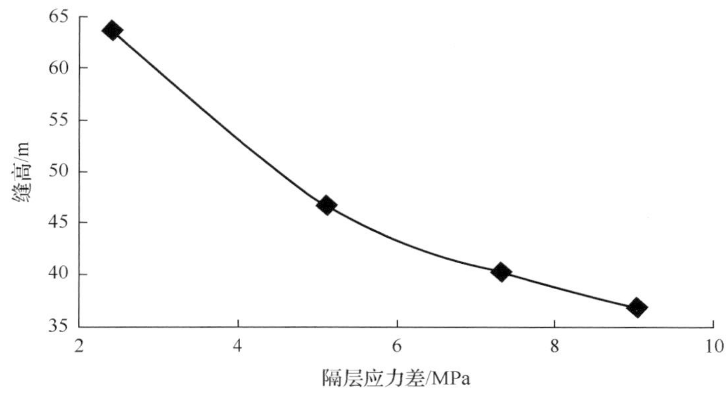

图 7.39　地层应力差对裂缝高度影响图

1) 地应力平面分布特征

地应力受构造因素的影响，水平分布具有一定的差异性，同一构造单元的地应力比较接近，不同构造单元的地应力相差较大。根据某油田岩心应力测试实验，水平最小地应力梯度为 0.0129～0.0181MPa/m，水平最大地应力梯度为 0.0163～0.0228MPa/m。

不同区块破裂压力梯度见图 7.40，可以看出 10 区、12 区地层破裂压力梯度高(0.0175～0.022MPa/m)，2 区、4 区、11 区地层破裂压力梯度低(0.0126～0.017MPa/m)。

平面地应力分布具有同一区块和构造单元的地应力比较接近，不同构造单元的地应力分布差异较大的特征。

2) 地应力纵向分布特征

碳酸盐岩成分单一，酸溶蚀率大于 97%。在垂向分布模式上，储层在纵向上呈现两种分布模式，即无隔层和有隔层。总体来说，储层水平最小地应力随深度的增加而增加(图 7.41～图 7.43)。纵向层间水平最小地应力差较大的储层，通过排量优化、降低压裂液黏度等方法可以在一定程度上控制裂缝高度。对于应力差较小的井，需要采取人工方式形成隔层应力差，可在一定程度上实现控缝高的目的。

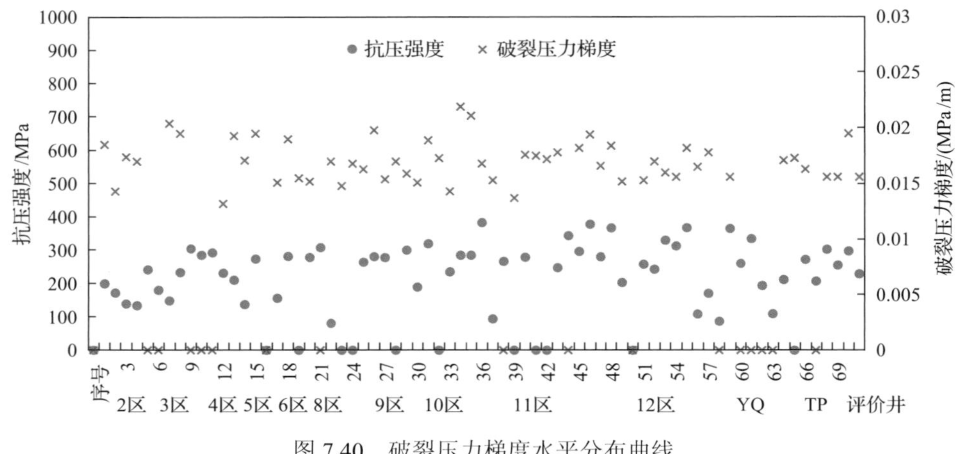

图 7.40 破裂压力梯度水平分布曲线

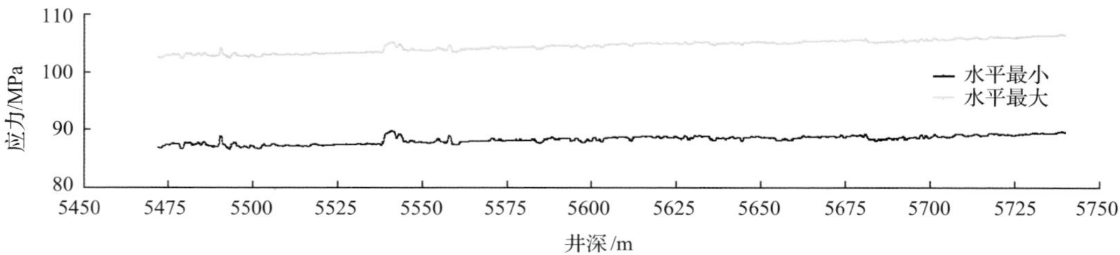

图 7.41 G-2 井纵向应力分布

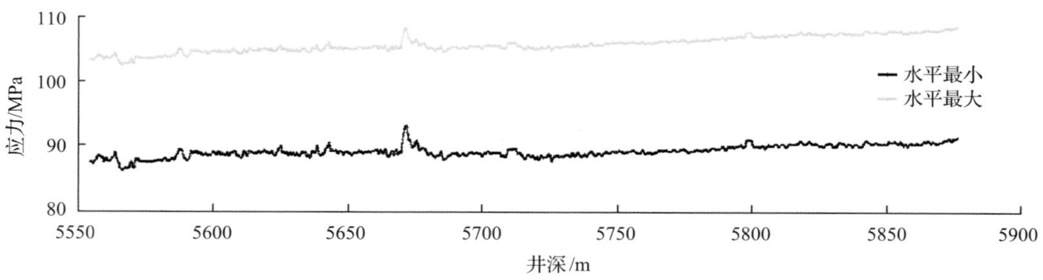

图 7.42 G-3 井纵向应力分布

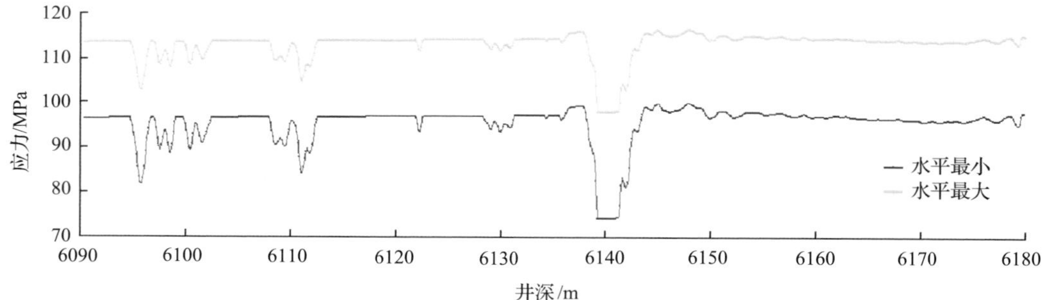

图 7.43 G-4 井纵向应力分布

3) 地应力方向性分布特征

碳酸盐岩缝洞型油藏储层地应力方向分布具有显著的规律性，以塔里木盆地某油田为例，水平最大地应力方位主要在 30°～60°，即北东～南西向，少数 100°～180°的异常水平最大地应力方位主要受断裂和诱导缝的影响(图 7.44)，如 G-5 井受北偏西断裂影响，水平最大地应力方位是 120°。

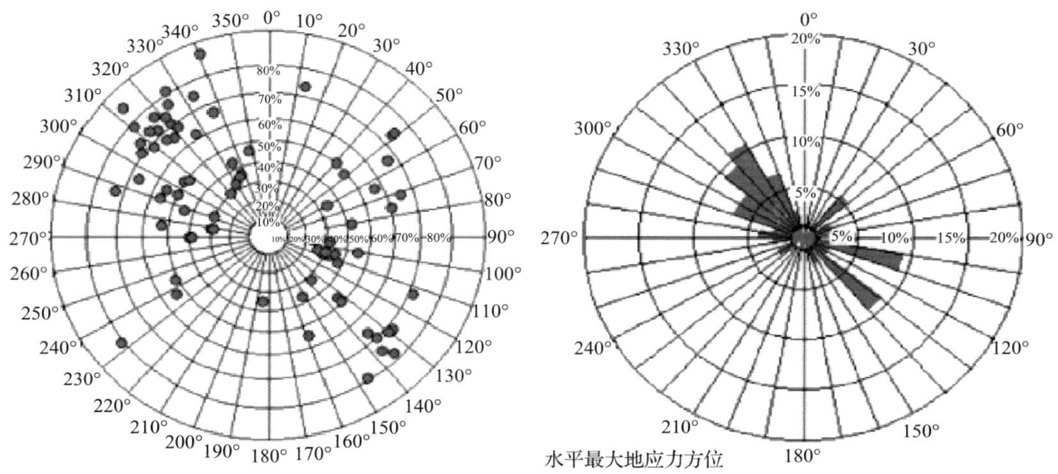

图 7.44　井眼垮塌和长轴方位

某油田按区块作水平最大地应力方位分布图(图 7.45)，从图 7.45 可以看出，1 区～9 区的水平最大地应力方位一致，位于 20°～70°；10 区、11 区、12 区、TP 区的部分井水平最大地应力方向显示异常，表明这些区块断层发育。

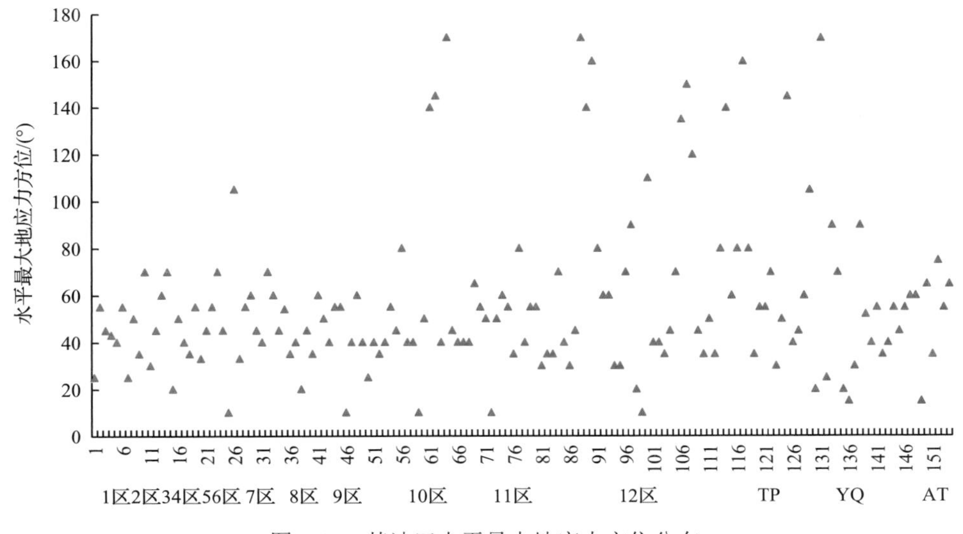

图 7.45　某油田水平最大地应力方位分布

地应力具有明显的方向性，受断层影响，部分井的局部水平最大地应力方位与远场区域的水平最大地应力方位不一致。

2. 缝高扩展规律研究

1) 裂缝高度扩展实验

使用两个半块岩样以分部改变所施加围压。上覆压力为 20.7MPa，施加围压 0MPa、1.72MPa、3.45MPa 和 6.89MPa。压裂液使用染色水，注入速度 0.5mL/s。实验结果如图 7.46 所示，展示了在下半部不同水平应力差作用下裂缝的延伸状况。裂缝向下扩展量与层间应力差负相关，应力差越大，进入高应力层越困难。应力差越小，进入高应力层越容易。控制裂缝高度延伸的原地应力变化约 2～3MPa。

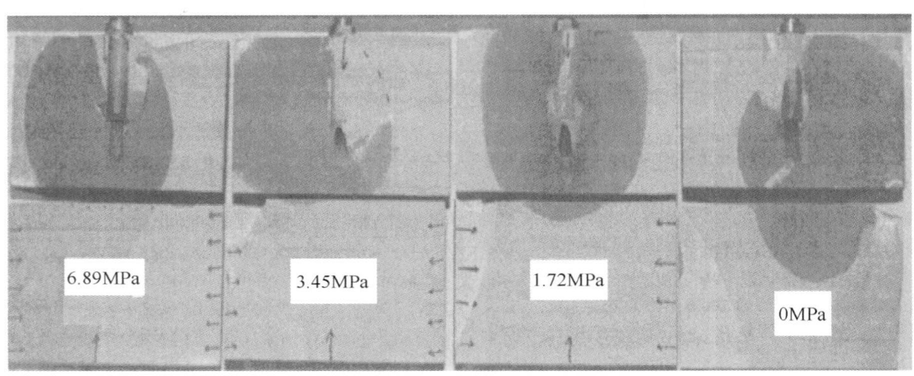

图 7.46 四种围压(应力差)对岩样裂缝延伸的影响

2) 水力裂缝高度与岩层面穿越与滑移判别

建立考虑岩层界面内聚力与内摩擦角(摩擦系数)抗张强度影响下的裂缝穿越判据：

$$\lambda=\frac{c_{\mathrm{o}}/\mu+\sigma_y'}{T_{\mathrm{o}}+\sigma_x'}>\lambda_{\mathrm{cr}}=\frac{1+\mu}{3\mu} \tag{7.4}$$

式中，λ 为临界应力比；λ_{cr} 为临界穿越应力比；c_{o} 为岩石内聚力，MPa；T_{o} 为界面两侧材料的抗张强度，MPa；μ 为岩石界面的摩擦系数(0.1～1)；σ_x'、σ_y' 分别为裂缝尖端有效应力和远场有效应力，MPa。$\lambda>\lambda_{\mathrm{cr}}$，水力裂缝将穿越岩层界面；$\lambda<\lambda_{\mathrm{cr}}$，水力裂缝将在界面滑移。

取岩石内聚力 c_{o}=17.93MPa，内摩擦角 ϕ=38.4°，抗张强度 T_{o}=10MPa。判别水力裂缝穿越与滑移的临界应力比曲线见图 7.47。取油田实际 6 口井的地应力场计算，临界穿越应力比与应力比见图 7.48。由图 7.48 可见，水力裂缝在基质岩层中为穿越行为，即水力裂缝很容易穿过岩层界面，导致裂缝高度增长而失去控制。

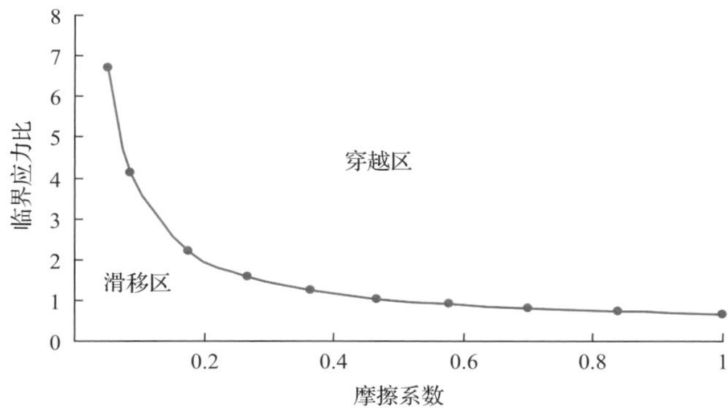

图 7.47　裂缝穿越与滑移判别曲线

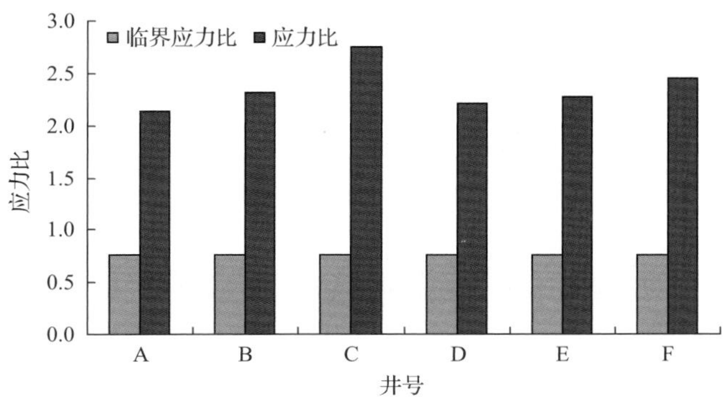

图 7.48　裂缝延伸判别结果

3) 裂缝高度延伸模拟与控制图版

应用线弹性断裂力学理论计算作用于裂缝壁面上的应力在裂缝上下两端产生的应力强度因子。基于张开型裂缝延伸准则模拟计算裂缝延伸控制图版(图 7.49)。由图 7.49 可知，隔层/储层地应力差越大，裂缝进入隔层深度有限，有利于控制裂缝高度。

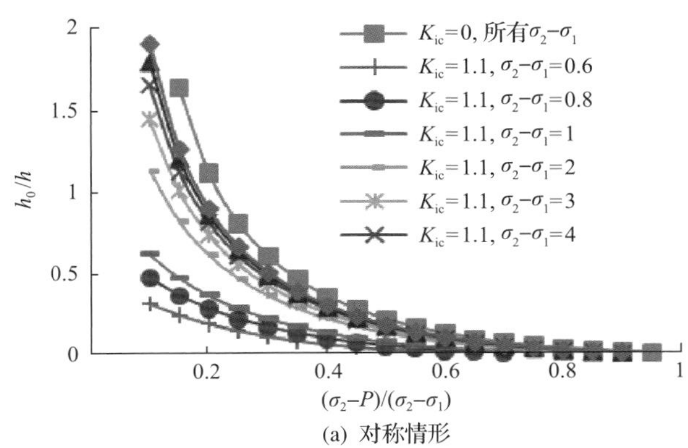

(a) 对称情形

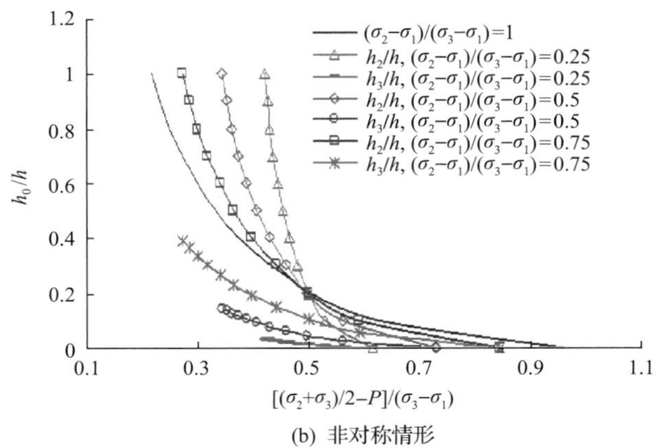

(b) 非对称情形

图 7.49 对称情形下裂缝穿透盖层和底层的高度增长曲线

$k_{\rm ic}$ 为岩石断裂韧性；$\sigma_2-\sigma_1$ 为隔层与储层水平最小主应力差；P 为压裂施工裂缝单元中的流体压力；σ_1、σ_2 分别为对称应力分布模式下的目标层和遮挡层的水平最小主应力；h_0、h 分别为对目标层厚度和进入遮挡层的距离；h_2、h_3 分别为进入盖层和底层的裂缝距离；σ_1、σ_2、σ_3 分别为对目标层、盖层和底层的水平最小主应力

4) 三维人工裂缝延伸高度的控制因素研究

(1) 裂缝三维延伸模拟模型。

采用弹性力学和断裂力学、流体力学、物质平衡原理，建立裂缝延伸控制模型，即

$$\begin{cases}\text{连续性方程：} -\dfrac{\partial q(x,t)}{\partial x}=\dfrac{2h(x,t)C_{\rm t}}{\sqrt{t-\tau(x,t)}}+\dfrac{\partial A(x,t)}{\partial t} \\ \text{降压方程：}\dfrac{\partial P(x,t)}{\partial x}=-2^{n+1}\left[\dfrac{(2n+1)q(x,t)}{n\varphi(n)h(x,t)}\right]^n\dfrac{k}{w(x,0,t)^{2n+1}} \\ \text{裂缝宽度方程：} W(x,z,t)=f\left[P(x,t),h(x,t)\right] \\ \text{裂缝高度方程：}\dfrac{\partial P(z)}{\partial x}=f\left[h(x,t)\right]\end{cases} \tag{7.5}$$

式中，$q(x,t)$ 为 t 时刻时距裂缝中心长度 x 处的压裂液体积流量，$\rm m^3/min$；$A(x,t)$ 为 t 时刻时距裂缝中心长度 x 处的裂缝横截面面积，$\rm m^2$；$h(x,t)$ 为 t 时刻时距裂缝中心长度 x 处的裂缝高度，m；$W(x,z,t)$ 为 t 时刻距裂缝中心长度 x 处的横截面上纵向上 z 处的裂缝宽度，m；t 为施工泵注时间，min；$C_{\rm t}$ 为压裂液的综合滤失系数，$\rm m/min^{\frac{1}{2}}$；$\tau(x,t)$ 为 t 时刻时压裂液到达距裂缝中心长度 x 处所需时间，min；$P(x,t)$ 为 t 时刻时距裂缝中心长度 x 处的流体压力，MPa；n 为幂律压裂液的流态指数，无因次；k 为幂律压裂液的稠度系数，$\rm Pa\cdot s^n$；$w(x,0,t)$ 为 t 时刻距裂缝中心长度 x 处的裂缝中心宽度，m；$\varphi(n)$ 为管道形状因子，是关于幂律压裂液流态指数 n 的函数，其中，$\varphi(n)=\int_{-0.5}^{0.5}\left[\dfrac{w(x,z,t)}{w(x,0,t)}\right]^{2n+1/n}{\rm d}\left(\dfrac{z}{h(x,t)}\right)$。

(2) 裂缝高度延伸主控因素分析。

为了分析裂缝三维延伸高度主控因素，计算获得如表 7.14 所示的计算参数因素与水平。

表 7.14　影响裂缝延伸数学模拟的因素和水平表

因素	剪切模量 G/GPa	断裂韧性 K_c/(MPa·m$^{1/2}$)	应力差 $\Delta\sigma$/MPa	注液时间 t/min	注入排量 Q/(m^3/min)	流态指数 n(无量纲)	稠度系数 k/(Pa·s^2)	滤失系数 C/(m/min$^{1/2}$)
水平 1	20	1.9	8	50	6.0	0.8	2.0	0.001
水平 2	15	1.2	5	35	4.5	0.55	1.25	0.0005
水平 3		0.8	3	20	3.0	0.4	0.5	0.0002
极差	0.03	1.17	11.64	3.4	6.66	5.16	7.18	7.97
重要性排序	8	7	1	6	4	5	3	2

根据数值实验结果，采用正交试验的极差分析确定影响酸化压裂裂缝高度的主控因素依次是：地层应力差、压裂液滤失系数、压裂液稠度系数、施工排量、流态指数、注液时间、岩石断裂韧性和剪切模量。

3. 控缝高酸压工艺参数优化

在地应力分布特征研究和缝高扩展规律研究的基础上，选取施工排量、施工液量和压裂液黏度进行数值计算，优化控缝高酸压工艺的施工参数。

1) 压裂液黏度优化

对于高角度裂缝发育、底水发育储层，为了避免裂缝向下过度延伸沟通水层，优选黏度较低的压裂液体系。模拟结果数据显示(图 7.50，图 7.51)，低黏度液体有着更好的控缝高效果，当压裂液黏度小于 200mPa·s 时缝高控制在 40m 以内[13]。

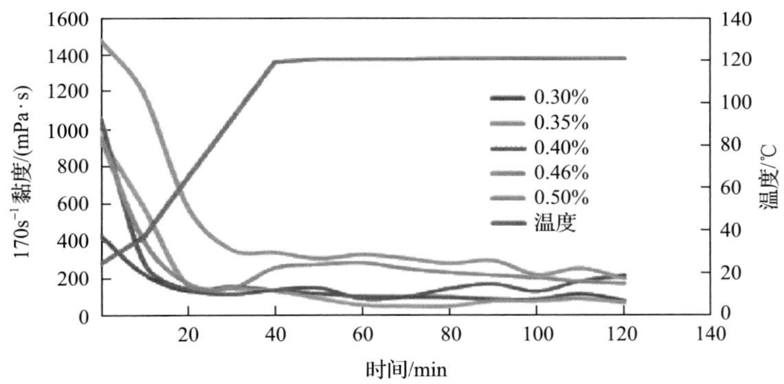

图 7.50　不同压裂液配方(瓜尔胶的质量含量)流变性能图

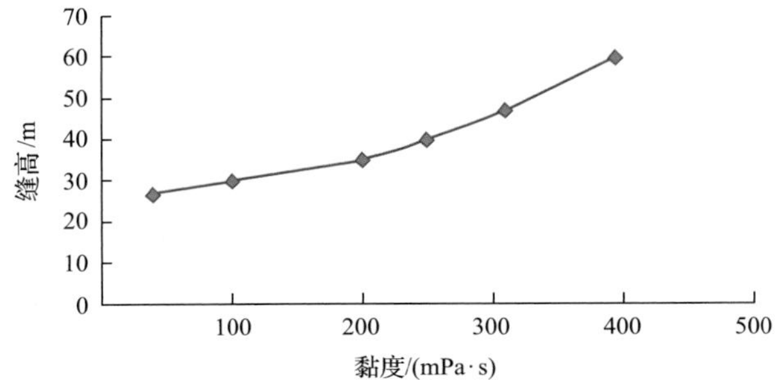

图 7.51　缝高与压裂液黏度的关系图

2) 施工排量优化

酸压井应用控缝高技术改造时，注前置液阶段排量为 4.5～5.0m³/min。根据现场施工数据拟合得出，以低排量起裂、阶梯式排量增加能有效促进裂缝长度延伸，控制裂缝高度。模拟结果(图 7.52)表明，前置液排量为 4.5～5.0m³/min 时，缝高控制在 40m 以内。由此可见低排量有利于控制缝高。施工时可结合实际对缝高的控制需求，初步选定合适的施工排量[13]。

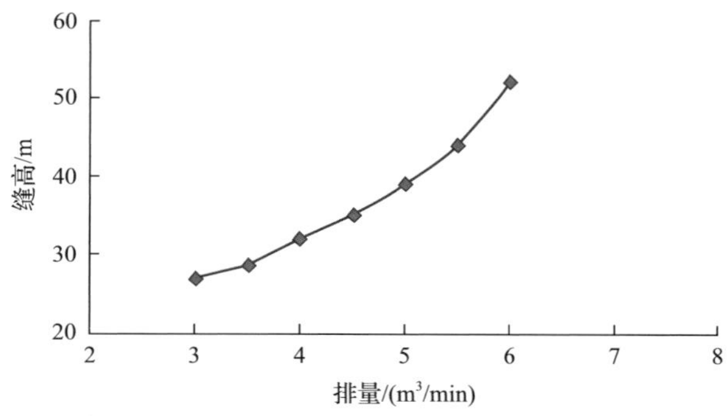

图 7.52　缝高与前置液排量的关系图

3) 施工规模优化

降低施工规模、减小压裂液比例可减少造缝时间，进而达到控制缝高的目的。如图 7.53 所示，随着施工规模的增大，裂缝高度也随之增大，施工规模大于 700m³ 后缝高增长幅度变缓。现场施工时降低施工规模以及减小压裂液比例，可减少造缝时间进而达到控制缝高的目的。

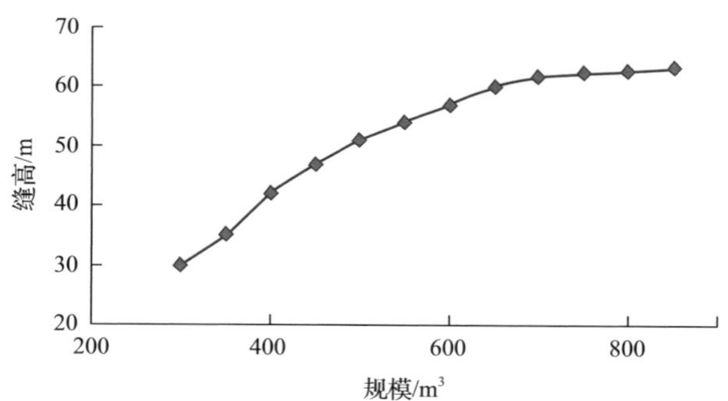

图 7.53　缝高与酸压施工规模的关系图

4. 多级沉砂控缝高酸压工艺及参数优化

多级停泵沉砂技术主要通过携带液携带陶粒等下沉剂携入人工裂缝，在重力作用下沉淀于裂缝的底部，在裂缝的底部形成一个低渗透或不渗透的人工隔层，从而实现了改变岩石的力学状态及压裂液的流动路径，达到控制裂缝高度的目的。施工时在正式压裂前采用低黏度滑溜水造缝，后期采用滑溜水携带陶粒或不同粒径陶粒组合进入地层后停泵，促使陶粒沉降在缝口附近形成人工隔层，使每一级支撑剂提前遮挡后段，形成高强度人工隔层，改变应力状态，达到有效控制下缝高延伸、防止沟通下部水体的目的（图 7.54）。

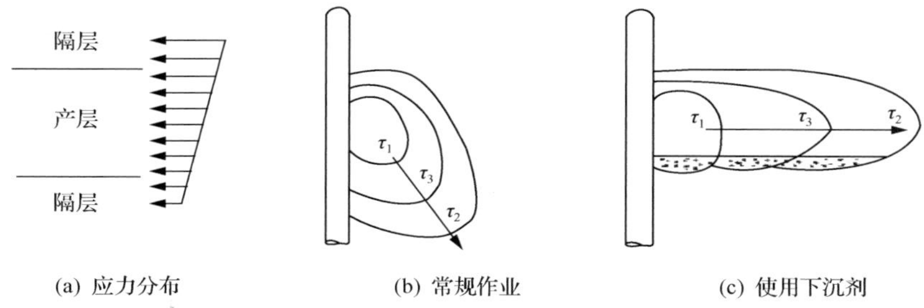

图 7.54　沉降型控缝高剂应力隔挡示意图

1) 人工隔层控制裂缝高度模拟

人工隔层控缝高工艺主要通过下沉剂形成隔挡高应力层，控制裂缝向下延伸，下沉剂有粉状降滤下沉剂和细粒径陶粒等。

(1) 人工隔层酸化压裂裂缝纵向应力（净压力）剖面。

根据通用的下沉剂使用的情况建立相应的数学模型。当裂缝中心在产层内部时，应力分布如图 7.55 所示。

$$P(z)\begin{cases} P_{\mathrm{f}} - S + g_{\mathrm{s}}z - g_{\mathrm{p}}z - g_{\mathrm{v}}z - R_1 d_1 \,|_{(h/2-d_1)\leqslant z\leqslant h/2} \\ P_{\mathrm{f}} - S + g_{\mathrm{s}}z - g_{\mathrm{p}}z - g_{\mathrm{v}}z \,|_{0\leqslant z\leqslant (h/2-d_1)} \\ P_{\mathrm{f}} - S + g_{\mathrm{s}}z - g_{\mathrm{p}}z + g_{\mathrm{v}}z \,|_{-(h/2-d_2)\leqslant z\leqslant 0} \\ P_{\mathrm{f}} - S + g_{\mathrm{s}}z - g_{\mathrm{p}}z + g_{\mathrm{v}}z - R_2 d_2 \,|_{-h/2\leqslant z\leqslant -(h/2-d_2)} \end{cases}$$

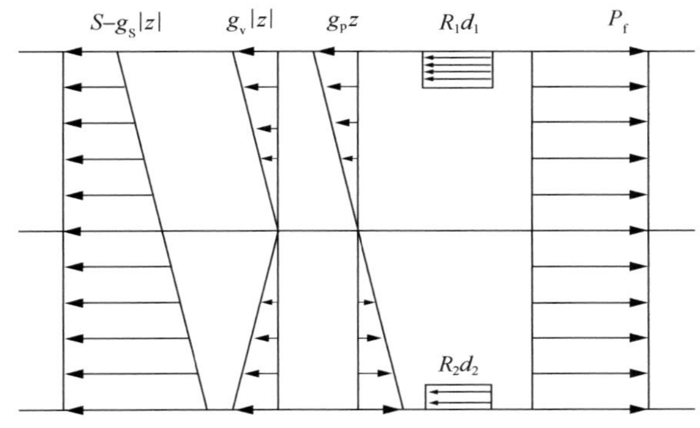

图 7.55　人工隔层酸化压裂裂缝净压力剖面分布图

R 为人工隔层强度

⑵ 人工隔层对裂缝高度影响模拟与分析。

通过模拟计算分析储层厚度(25m、50m)，隔层/储层水平最小主应力差(1MPa、3MPa)，隔层强度(0.5MPa/m、1.0MPa/m、1.5MPa/m)，以及和隔层厚度(0.5m、1.5m、2.5m)等因素对水力裂缝高度延伸的影响。部分模拟结果见图 7.56。

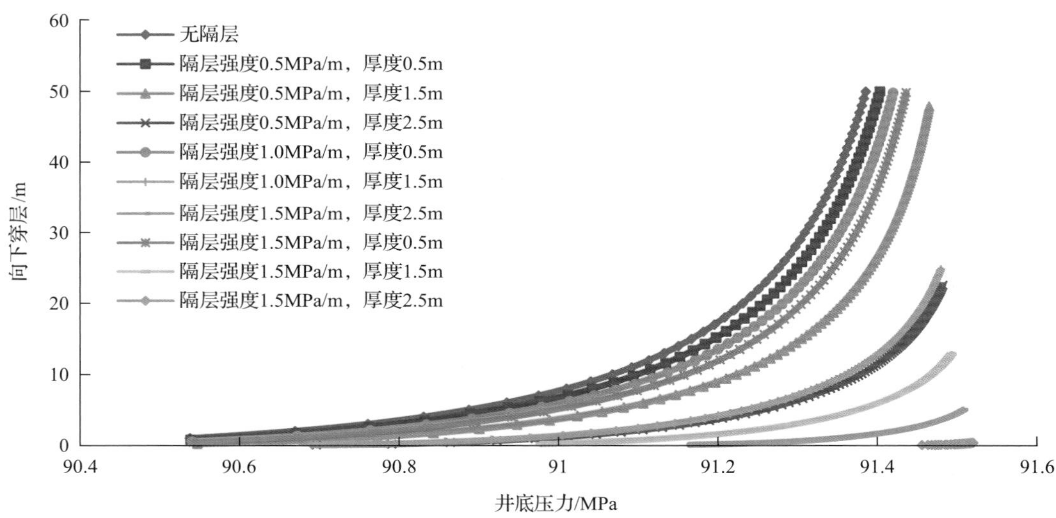

(a) 人工隔层对裂缝高度延伸的影响(储层厚25m，隔/储层最小水平主应力差1.5MPa)

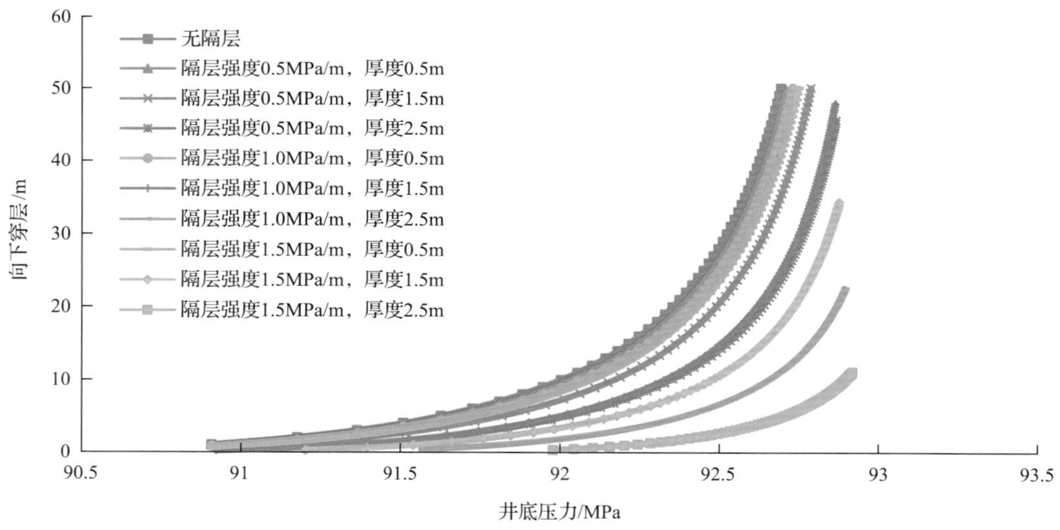

(b) 人工隔层对裂缝高度延伸的影响(储层厚50m，隔/储层最小水平主应力差3MPa)

图 7.56　人工隔层对裂缝高度延伸的影响

模拟计算结果表明：人工隔层强度和厚度共同决定了人工隔层控制裂缝高度延伸的效果。该效果还与储层条件(隔/储层最小水平主应力差、储层厚度)有关。

2) 人工隔层酸压裂缝三维延伸模拟

(1) 人工隔层控制裂缝高度数学模型。

考虑形成人工隔层酸化压裂时，其连续性方程(物质平衡方程)压降方程和裂缝张开宽度控制方程依然适用，表征方程如下。

连续性方程：

$$-\frac{\mathrm{d}q(x,t)}{\mathrm{d}x}=\lambda(x,t)+\frac{\mathrm{d}A(x,t)}{\mathrm{d}t}\lambda(x,t)=\frac{2h_{\mathrm{a}}C}{\sqrt{t-\tau(x)}} \tag{7.6}$$

式中，$q(x,t)$ 为 t 时刻时距裂缝中心长度 x 处的压裂液体积流量；$A(x,t)$ 为 t 时刻时距裂缝中心长度 x 处的裂缝横截面面积；$\lambda(x,t)$ 为单位长度的滤失量；$\tau(x)$ 为压裂液到达裂缝中心长度 x 处所需时间，s。

压降方程：

$$\frac{\mathrm{d}P}{\mathrm{d}x}=-\frac{32k}{3\pi}\left(\frac{2n+1}{n}\right)^n\frac{q^n}{h^n w^{2n+1}} \tag{7.7}$$

裂缝宽度方程：

$$w(\eta)=\frac{2(1-v)P(z)h_{\mathrm{f}}}{G}\sqrt{1-\eta^2} \tag{7.8}$$

式中，k 为稠度系数；h_{f} 为水力裂缝高度，m；z 为积分变量。

但裂缝高度控制方程因人工隔层而有所变化，即

$$K_{\mathrm{c}}=\frac{1}{\sqrt{\pi l}}\left[\int_{-l}^{-H_{\mathrm{f}}}(P_{\mathrm{f}}-S_2)\sqrt{\frac{l+z}{l-z}}\mathrm{d}z+\int_{-H_{\mathrm{f}}}^{H_{\mathrm{f}}}(P_{\mathrm{f}}-S_1)\sqrt{\frac{l+z}{l-z}}\mathrm{d}z+\int_{H_{\mathrm{f}}}^{l}(P_{\mathrm{f}}-S_2)\sqrt{\frac{l+z}{l-z}}\mathrm{d}z\right] \tag{7.9}$$

式中，h_{a} 为滤失高度，m；C 为综合滤失系数；H_{f} 为产层半厚度，m；K_{c} 为岩石断裂韧性值，$\mathrm{MPa}\cdot\mathrm{m}^{\frac{1}{2}}$；$q$ 为缝中流体流量，$\mathrm{m}^3/\mathrm{min}$；$P_{\mathrm{f}}$ 为缝中流体压力，MPa；G 为岩石剪切模量，MPa；v 为岩石泊松比，无量纲；S_1、S_2 分别为储层和隔层水平最小主应力，MPa；l 为裂缝半高。

(2) 模拟结果与分析。

以塔里木盆地某油田数据，考虑 3 种方案模拟酸压裂缝延伸形态过程，计算参数和计算结果见表 7.15、图 7.57。

表 7.15　不同方案下的裂缝几何尺寸对比

对比方案	携带液		停泵时间/min	前置液		酸液		动态裂缝几何尺寸		
	体积/m^3	排量/(m^3/min)		体积/m^3	排量/(m^3/min)	体积/m^3	排量/(m^3/min)	h_{fmax}/m	w_{avg}/mm	l_{f}/m
方案 1				200	5	250	6	80.24	7.63	186.3
方案 2	50	3.0	0.0	200	5	250	6	75.74	7.42	196.7
方案 3	50	3.0	30	200	5	250	6	66.19	6.92	208.1

注：h_{fmax} 为裂缝最大高度；w_{avg} 为裂缝平均宽度；l_{f} 为裂缝长度。

从表 7.15 可以看出，在不加沉降剂的情况下，裂缝最大高度为 80.24m(方案 1)，在加入沉降剂的情况下，携带液泵入结束后，如果不停泵，裂缝高度为 75.74m(方案 2)，比方案 1 的裂缝高度降低了 4.5m，在加入沉降剂的情况下，携带液泵入结束后，如果停泵 30min，裂缝高度为 66.19m(方案 3)，比方案 1 的裂缝高度降低了 14.05m，比方案 2 裂缝高度降低了 9.55m。

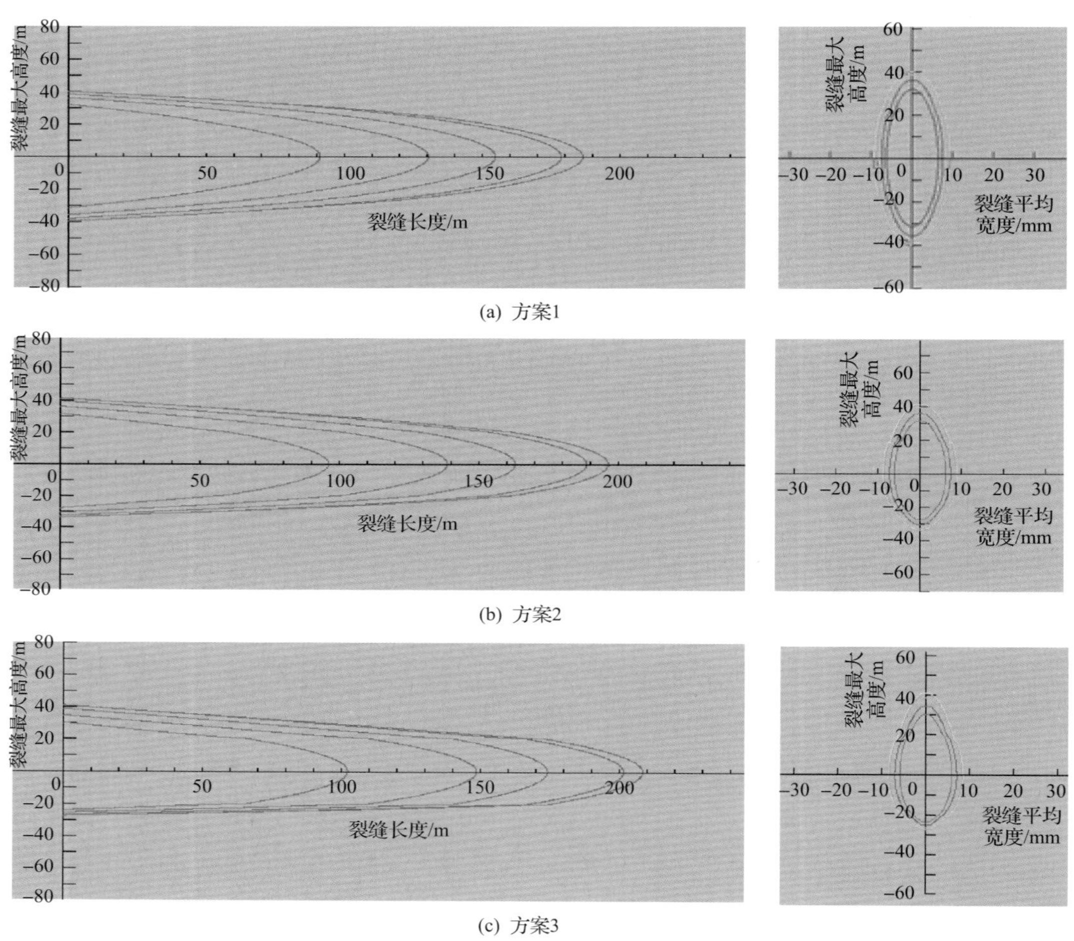

图 7.57　酸化压裂裂缝动态尺寸分布图

因此，加入沉降剂对裂缝高度的限制有一定的作用，但不很明显，如果有足够的停泵时间，让携带液中的沉降剂最大限度地沉降，效果将更加明显。

3) 多级沉砂控缝高酸压工艺参数优化

(1) 下沉剂优选。

采用 100 目粉陶作为降滤失下沉剂，配套多级沉砂控缝高的同时还能减小裂缝张开压力，其原理为井壁上的初张、重张破裂压力不仅与井壁的应力集中有关，而且和裂缝延伸有关。在较大排量下，不同次循环的重张压力不是稳定在一个固定的水平上，而是随着循环次数的增加而减小，导致裂缝张开压力的减小(图 7.58)。所以，多级沉砂工艺有利于形成隔层，阻挡施工液体向底部延伸，有利于控制裂缝高度(图 7.59)。

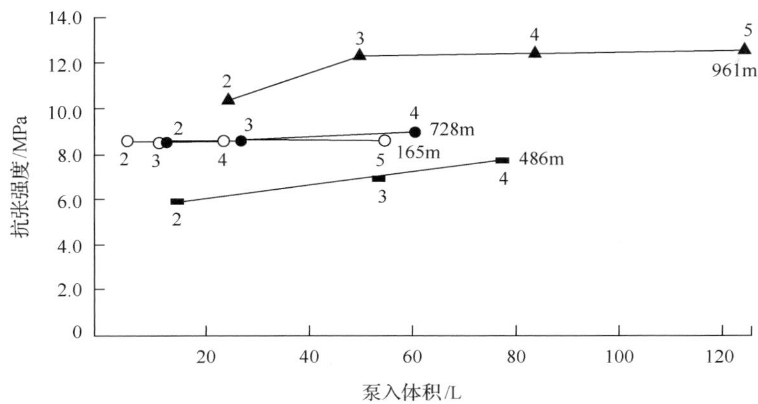

图 7.58　表观抗张强度随循环次数(2～5)的变化

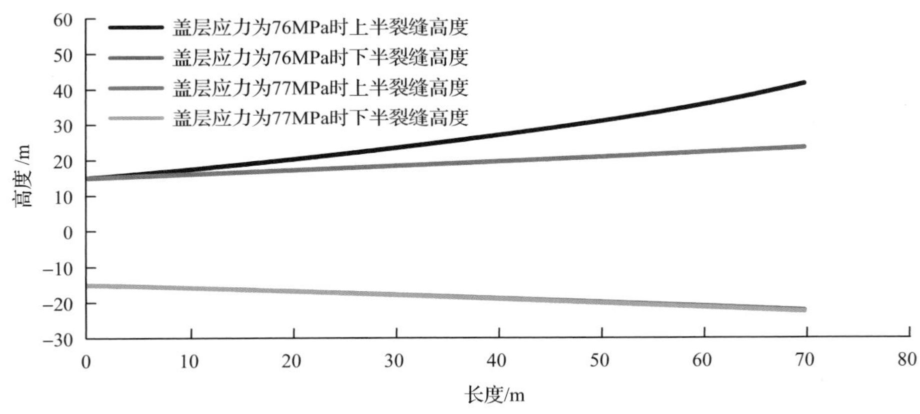

图 7.59　不同盖层应力条件下的上/下半裂缝高度

(2)加砂量优化。

加砂量会影响人工隔层的铺设厚度，从而影响人工隔层与产层之间的应力差。加砂浓度过低，形成的人工隔层过薄，不能有效阻挡裂缝向下延伸；加砂量过大，容易造成砂堵，导致施工无法继续进行。针对同一单井，固定施工规模、排量等参数，仅改变加砂量，利用软件模拟不同加砂量对裂缝参数的影响。软件模拟结果如表 7.16 显示，控缝高效果与加砂量呈正相关，当加砂量超过 14t 后，缝高减小幅度变小，推荐加砂量为 8～14t。

表 7.16　不同加砂量裂缝高度模拟结果表

前置液		携砂液		后置液	酸液		动态裂缝尺寸	
规模/m^3	排量/(m^3/in)	规模/m^3	加砂量/t	规模/m^3	规模/m^3	排量/(m^3/in)	最大高度/m	裂缝长度/m
100	4.0	80	8	100	240	5.5	46.2	92.4

续表

前置液		携砂液		后置液	酸液		动态裂缝尺寸	
规模/m^3	排量/(m^3/in)	规模/m^3	加砂量/t	规模/m^3	规模/m^3	排量/(m^3/in)	最大高度/m	裂缝长度/m
100	4.0	100	10	80	240	5.5	43.8	94.1
		120	12	60			41.1	95.9
		140	14	40			39.9	96.7
		160	16	20			39.2	97.2

(3) 停泵时间优化。

停泵后砂粒在重力的作用下下沉到裂缝底部，停泵的时间应让尽可能多的砂粒沉降，形成强度更高的隔层。裂缝闭合后，砂粒不在沉降，所以停泵时间可以按裂缝闭合时间来确定。裂缝闭合时间大致为 12～16min，现场施工时可根据压降曲线进行判断，压降曲线走平点为裂缝闭合点，即合理停泵时间。

(4) 加砂级数优化。

在前置液体积 150m^3，携带液体积 50m^3，酸液体积 200m^3 时，对加沉降剂而不停泵、加沉降剂后停泵一次沉砂及加沉降剂后停泵两次沉砂 3 种方法进行了模拟计算。模拟结果表明(图 7.60)，在相同前置液排量下，一次停泵沉砂后形成人工隔层，增强储-隔应力差，可控制裂缝向下延伸。两次停泵沉砂与一次停泵沉砂相比控缝高作用减弱，但对下半缝高仍有一定的控制作用。

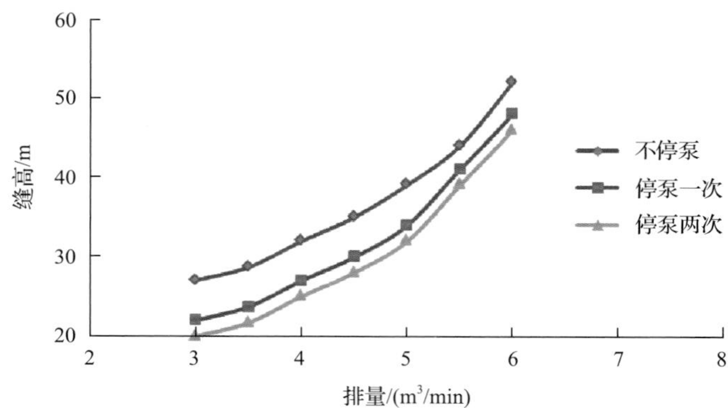

图 7.60 停泵沉砂对缝高的影响图

5. *覆膜砂控缝阻水酸压技术*

控缝阻水酸压技术主要采用具有阻水渗油作用的覆膜砂作为支撑陶粒。覆膜砂是新型高分子树脂材料在石英砂外层覆加一层 10～12μm 油润湿性的膜而成。酸压作业中，当覆膜砂进入裂缝后，在地层温度作用下，砂粒表面融胀固结在一起形成一层过滤层，由于其亲油疏水的性质形成对水的阻力，有利于油通过；同时迫使水驱方向改变、向层内低渗透驱动，增加了产油量并降低采出液的含水率。

1) 覆膜砂导流能力实验评价

采用导流能力测试仪，在液体含 2%KCl(质量分数)、温度为 90℃、铺置浓度为 $10kg/m^2$ 的条件下对覆膜砂与陶粒导流能力进行了对比(图 7.61)。加压初期两种支撑剂任高闭合压力下发生变形，导流能力均快速下降。随着加载时间的增加，覆膜砂因外面具有覆膜层，高压下颗粒破碎后仍具有较高的导流能力，有效克服了常规陶粒破碎后承压能力下降导致导流能力快速下降的难题。

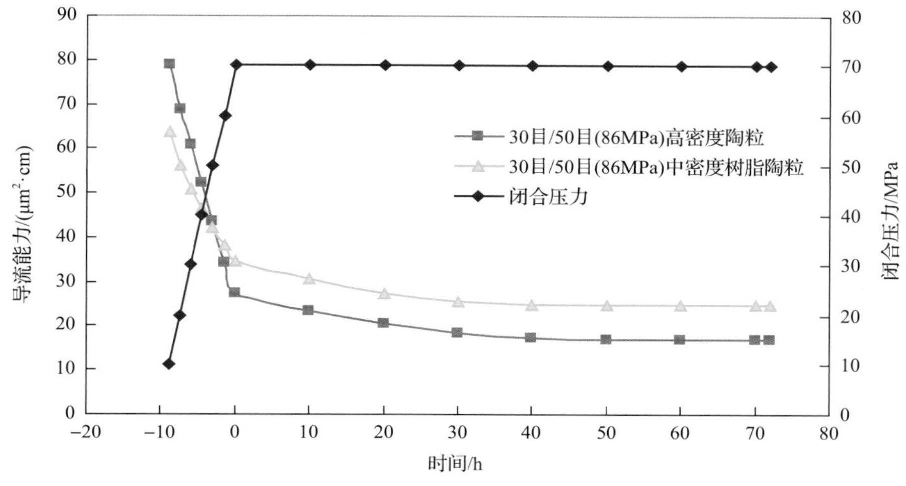

图 7.61　覆膜砂与常规陶粒导流能力评价图

2) 阻水能力评价实验评价

覆膜砂利用“蛋壳原理”，通过降低油的界面张力，增加水的界面张力，实现透油阻水的目的。室内评价实验结果表明(图 7.62)，与陶粒相比，覆膜砂相同时间内出水量仅为陶粒的 4.2%，覆膜砂较普通陶粒具有更好的油相渗透性及导流能力。覆膜砂对水的渗透率约为对油的渗透率的 1/3，对水的流动阻力约为油的 3 倍(图 7.63)，具有较好的阻水渗油效果。

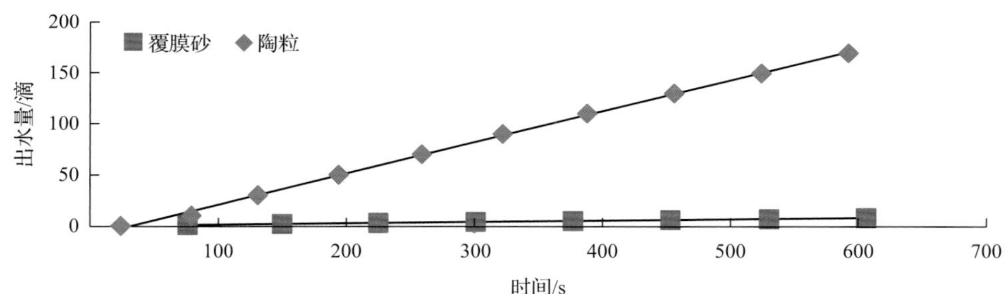

图 7.62　覆膜砂、陶粒阻水效果对比图

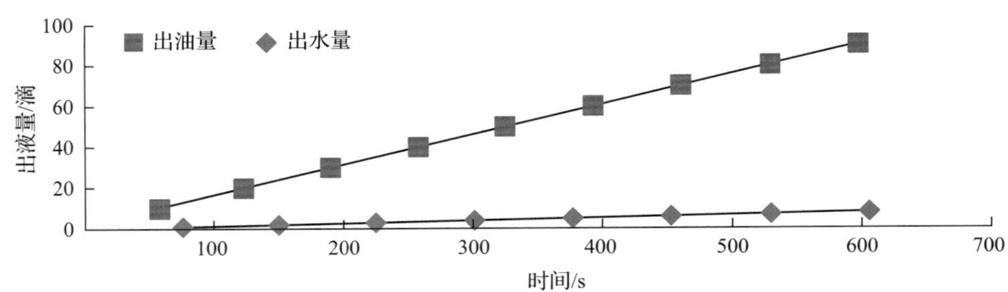

图 7.63 覆膜砂阻水亲油效果图

3) 抗酸性实验评价

将覆膜砂分别置于土酸和醋酸中浸泡，计算覆膜砂的溶解度并与普通陶粒进行对比，以此评价覆膜砂的耐酸性能(图 7.64)。在 130℃土酸环境下浸泡 24h 后，覆膜砂的酸溶解度为 14.6%，陶粒的酸溶解度可达 52.1%。而在醋酸条件下浸泡 72h 后，覆膜砂的溶解度为 1.3%，陶粒的溶解度为 4.3%，在两种环境下覆膜砂的耐酸能力均优于普通陶粒，适合储层酸压改造的需要。

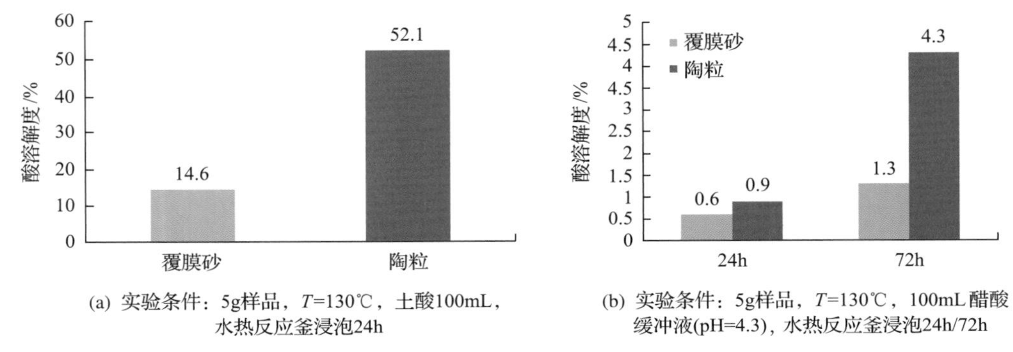

图 7.64 覆膜砂与陶粒耐酸性能对比图

7.3.3 控缝高酸压技术现场应用

控缝高酸压技术主要由中国石油西北油田分公司塔河油田研究并在现场成功应用，能实现避水高度 40m 以上缝高的控制，现场推广实施 149 井次，酸压建产率 57.1%，同比提高 7.1 个百分点，增油约 68.35×10^4t，如 G-6 井采用单级停泵沉砂技术酸压改造，压后无水生产 444d，累计新增原油 2.44×10^4t。

G-6 井正式压裂前采用低黏度滑溜水造缝，控制裂缝规模，滑溜水携带陶粒(100 目粉陶)进入地层后停泵，促使陶粒沉降在缝口附近形成人工隔层，有效控制裂缝高度过度延伸，施工曲线见图 7.65。停泵后沉砂导致泵压上升，在相同排量下，正挤压裂液阶段比正挤滑溜水阶段泵压高出 5MPa 左右。

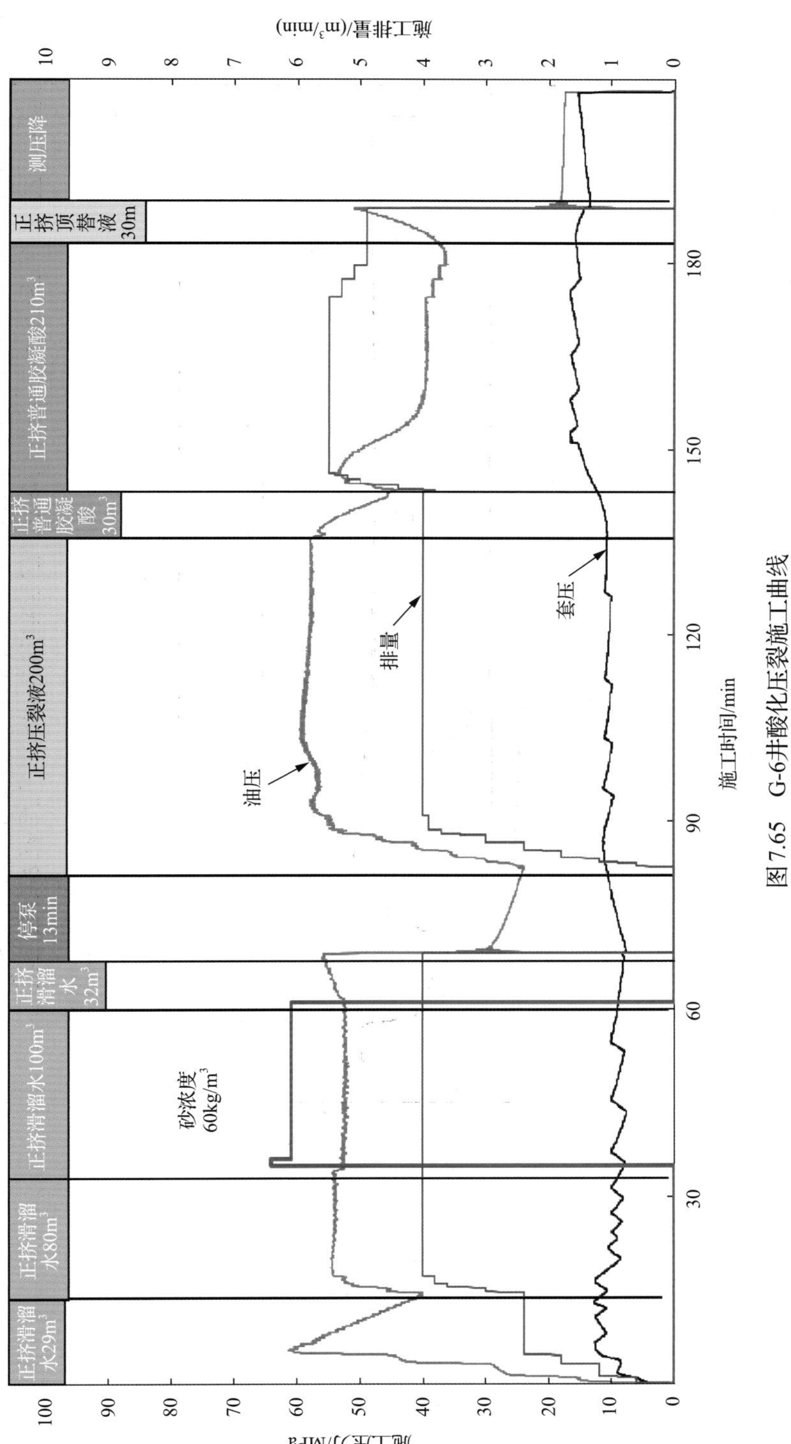

图 7.65　G-6井酸化压裂施工曲线

施工井段为5527.85~5598.00m；施工层位为O_2yj

G-6 井压后日产油 53.1t，生产测井（图 7.66）表明 5562.0～5573.5m 为主产液段，酸压裂缝高度为 11.5m，均在设计施工井段之内。

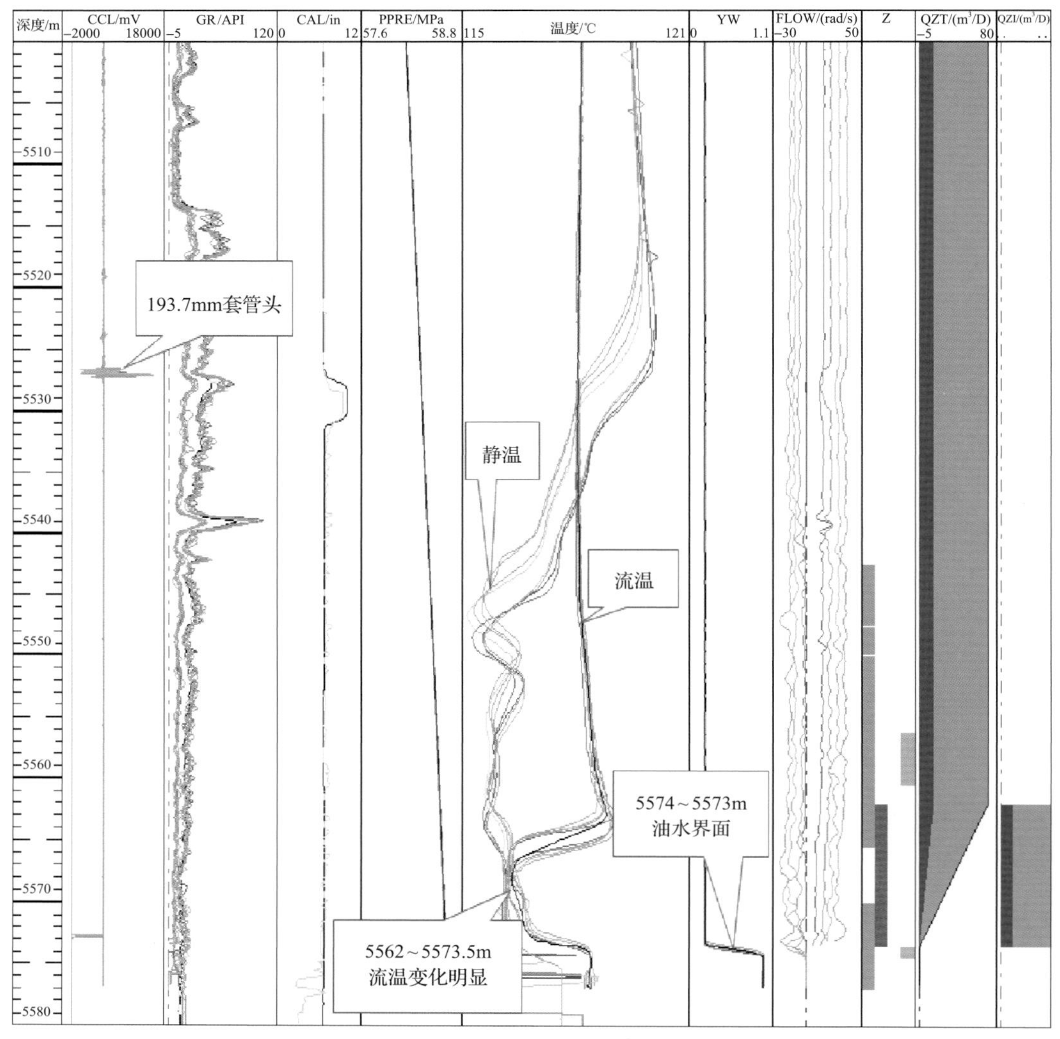

图 7.66　G-6 井压后生产测井曲线

7.4　暂堵转向酸压技术

碳酸盐岩缝洞型油藏的缝洞受构造和断裂控制，储层非均质性极强，针对非主应力方向储集体、断裂等高导流通道附近低发育孔缝中的剩余油，以及已开采缝洞相邻的未井控的低连通缝洞中的剩余油，笼统酸压往往只能形成一条主应力方向上的裂缝，储层其他方位上的储集体动用程度低或无法进行沟通。采用暂堵转向酸压技术不仅解决了储层空间上储集体连通差的问题，还可以实现对长裸眼井段的均匀改造。

本节就碳酸盐岩缝洞型油藏暂堵转向酸压基本原理、暂堵转向裂缝起裂延伸室内实验、暂堵转向基础理论、裂缝转向地质条件、裂缝转向工程条件、暂堵剂体系的优选、暂堵转向酸压选井原则及设计方法等进行了阐述。

7.4.1 暂堵转向酸压基本原理

暂堵转向酸压技术的机理是在施工过程中实时地向地层中加入暂堵剂，根据流体向阻力最小方向流动的原则，暂堵剂首先进入地层中已张开的裂缝，形成架桥或充填堵塞，阻止后续液体的继续进入，同时产生一定的附加压差，当此附加压差与已张开裂缝的延伸压力之和高于未张开缝或基质的破裂压力时，则裂缝转向，从新的地方起裂，增大了沟通新储集体的概率，同时有利于沟通非最大主应力方向上的储集体。

7.4.2 暂堵转向酸压关键技术

1. 暂堵转向裂缝起裂延伸实验研究

通过室内实验明确不同储层条件、暂堵剂类型、工程参数条件下暂堵压裂的可行性，探索暂堵裂缝起裂、转向及延伸的规律，为理论模型的建立提供基础参数及暂堵转向工艺方案的设计提供思路。

将采出的大块碳酸盐岩露头沿着层理和垂直于层理方向切割成尺寸 30cm×30cm×30cm 的立方体。然后钻取一个直径 2cm、长度约 17.5cm 的井眼用于放置井筒(钢管)，模拟井眼。所有钢管采用统一的尺寸：外径 2cm、内径 1cm、长度 12.5cm。应用高强度环氧树脂胶水黏结钢管和井壁，在井底部预留了 5cm 的裸眼段，在高压液体作用下裂缝将在裸眼段位置发生起裂。进行射孔压裂模拟时，利用特制的割缝钻头在裸眼段不同位置进行割缝(缝深 0.5cm，缝宽 0.1cm)，模拟射孔簇数与射孔簇间距对裂缝起裂扩展的影响。

1) 直井缝口暂堵裂缝延伸规律

三轴压力：x 轴为 15MPa，y 轴为 14MPa，z 轴为 1MPa。裸眼段长 5cm，井筒长 12.5cm。暂堵剂类型及用量：0.6%可降解纤维(<1mm)。压裂液用量及配方：纯压裂液 1500mL，配方为 0.4%稠化剂+0.1%交联剂；纤维压裂液 1500mL，配方为 0.4%稠化剂+0.1%交联剂(质量分数)。泵注方式：先注 1000mL 纯压裂液，后注 1000mL 纤维压裂液。排量为 50mL/min。

实验结果表明(图 7.67)，压力具有较大幅度波动，前期纯压裂液注入阶段岩石迅速破裂。纤维压裂液注入阶段前期压力逐渐上升，后期则不断波动，且波动幅度逐渐增大。前期压力波动幅度较小是由于纤维短暂堵在缝口后又被冲离，后期压力波动幅度变大是由于纤维达到了井口暂堵的效果，压开了一条新的裂缝。二次压裂注入的纤维压裂液中的纤维沉积在井底缝口处，有效地封堵了一次压裂形成的裂缝，从而使二次压裂形成的裂缝在井口处发生转向，与一次压裂形成裂缝几乎垂直(图 7.68)。

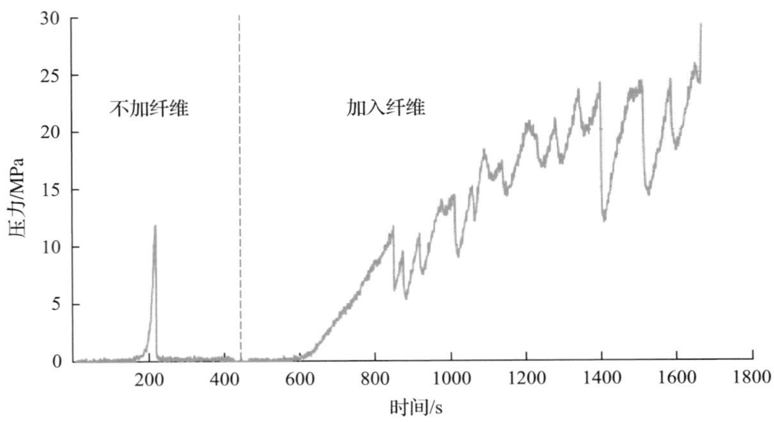

图 7.67　直井缝口暂堵压力时间曲线

图 7.68　直井缝口暂堵压后岩样

σ_H 为最大水平主应力；σ_h 为最小水平主应力

2) 直井缝内暂堵裂缝延伸规律

三轴压力：x 轴为 15MPa，y 轴为 13MPa，z 轴为 5MPa。裸眼段长 5cm，井筒长 15cm。暂堵剂类型及用量：0.7%可降解纤维(<1mm)。压裂液用量及配方：纯压裂液 1500mL，配方为 0.4%稠化剂+0.4%交联剂；纤维压裂液 1500mL，配方为 0.4%稠化剂+0.4%交联剂。泵注方式：先注 1000mL 纯压裂液，后注 1000mL 纤维压裂液。排量为 50mL/min。

实验结果表明(图 7.69)，纯压裂液注入阶段有一个短暂憋压的过程，岩石破裂压力明显。纤维压裂液注入阶段压力波动明显，纤维较短，裸眼井段较长，纤维顺利进入裂缝内，纤维浓度较高，井筒内堆积纤维较多，导致压力上升较快，纤维在缝内有效地达到了暂堵的效果，裂缝发生转向，形态复杂(图 7.70)。

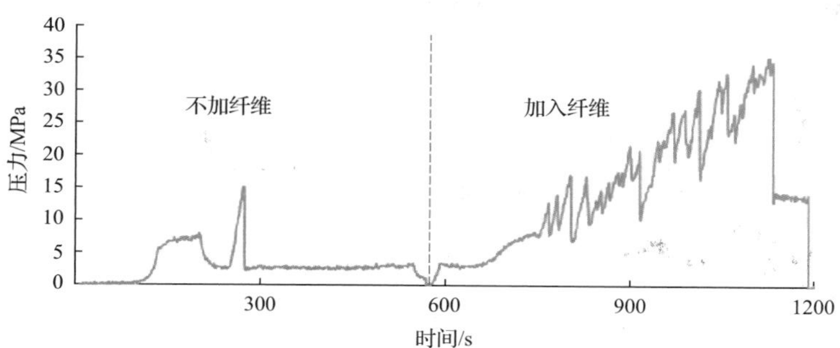

图 7.69　直井缝内暂堵压力时间曲线

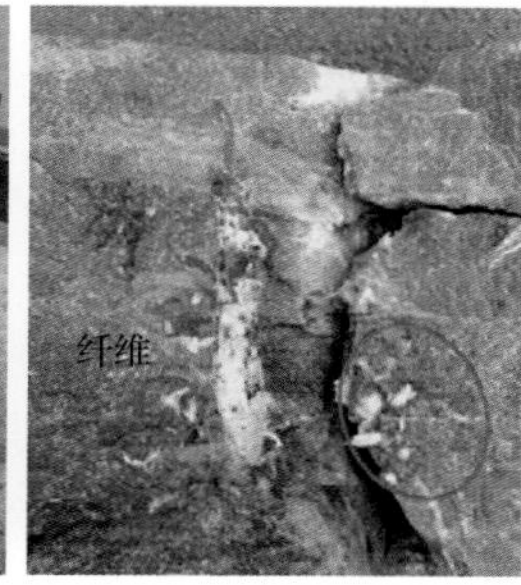

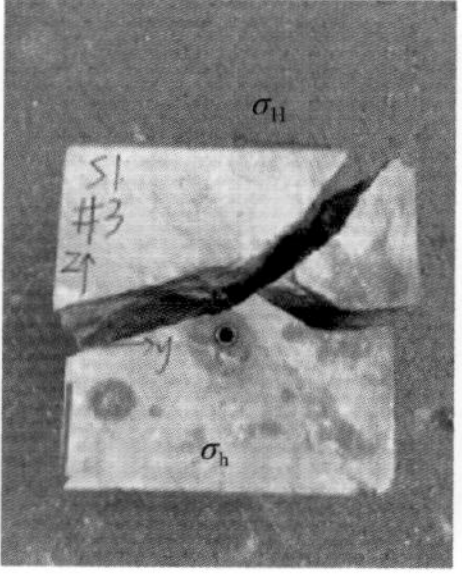

图 7.70　直井缝内暂堵压后岩样

3) 水平井暂堵裂缝延伸规律

三轴压力：x 轴为 10MPa(S1-S6)，y 轴为 27MPa(S3-S4)，z 轴为 30MPa(S2-S5)，S5 为底。裸眼段长 10cm。暂堵剂用量及类型：质量分数为 1.0%，长度为 3～4mm 可降解纤维。泵注方式：先泵注 1000mL 纯压裂液，接着泵注 200mL 纤维压裂液，再泵注 1000mL 纯压裂液驱替。排量为 50mL/min。

实验结果表明(图 7.71)，前期纯压裂液注入阶段压力迅速增加，到达岩石破裂压力后又迅速回落并保持平稳。纤维压裂液注入阶段，纤维陆续封堵在已形成的裂缝缝口处，压力逐渐上升。后期注入纯压裂液阶段，井底压力不断上升并最终保持平稳，有小幅波动，没有明显的破裂压力。压后岩样如图 7.72 所示，一次裂缝在近似垂直于最小主应力方向形成，后续注入纤维在其缝口处形成暂堵，在纤维暂堵的地方重新开裂形成二次裂缝，二次裂缝有沿着最大主应力方向延伸的趋势。

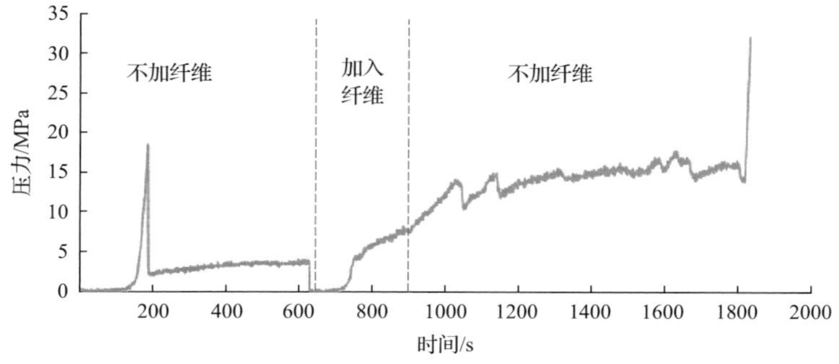

图 7.71　水平井暂堵压力时间曲线

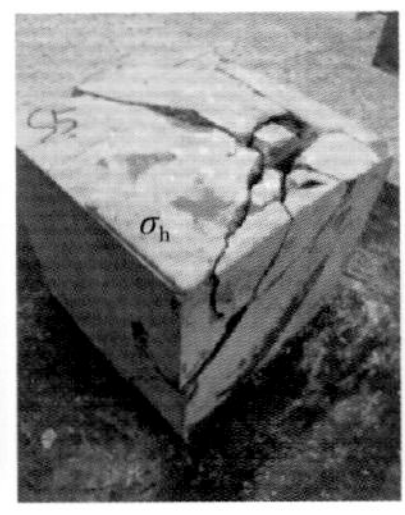

图 7.72　水平井暂堵压后岩样

2. 暂堵转向基础理论研究

从初始裂缝诱导应力场分析入手，探讨了沿缝口转向条件，并在诱导应力分析的基础上，建立转向半径模型，模拟分析不同条件下转向半径的大小，掌握其转向能力，进而为转向方案优化提供理论依据。

在转向压裂过程中首先考虑裂缝的重定向问题。裂缝诱导应力场、生产活动诱导应力场均会在原方向附加诱导应力，但数值不等。因此，最大和最小水平主应力的大小将随之发生改变，裂缝扩展方向将可能重新定向。但远离人工裂缝，诱导应力迅速降低，地应力逐渐趋于原应力场。因而，在人工裂缝附近存在一个应力重定向区，裂缝扩展方位在该区域内可能发生改变，离开该区域，裂缝仍沿原来的方位延伸。

1) 诱导应力模型

假设无限大储层中含有一条对称双翼的垂直裂缝(图 7.73)，水力裂缝人工诱导地应力场属于平面应变问题。定义压应力为正，拉应力为负。

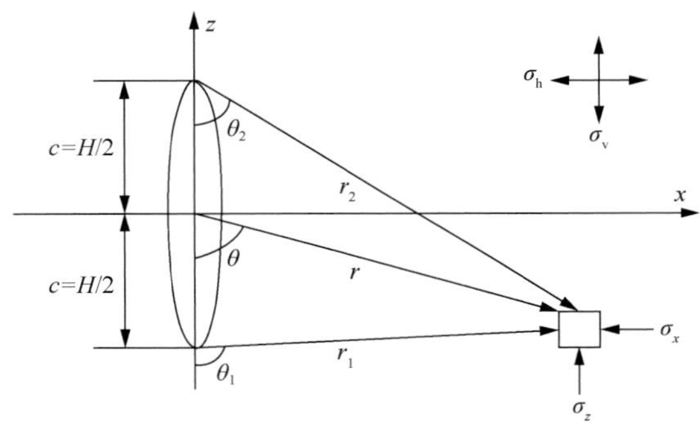

图 7.73　人工裂缝剖面示意图

c 为半缝高，$c=H/2$，其中，H 为裂缝高度，m；σ_x，σ_z 分别为 x 轴和 z 轴的诱导压力，MPa；σ_v 为上覆压力；θ 为诱导应力点与裂缝中端夹角；θ_1 为诱导应力点与裂缝上端夹角；θ_2 为诱导应力点与裂缝下端夹角

根据 Sneddon 半无限裂缝模型，给出诱导应力计算公式：

$$\sigma_x = P\frac{rc^2}{\sqrt[2]{(r_1r_2)^3}}\sin\alpha\sin\frac{3}{2}(\theta_1+\theta_2)+P\left[\frac{r}{r_1r_2}\cos\left(\theta-\frac{\theta_1+\theta_2}{2}\right)-1\right] \tag{7.10}$$

$$\sigma_z = -P\frac{rc^2}{\sqrt[2]{(r_1 r_2)^3}}\sin\theta\sin\frac{3}{2}(\theta_1+\theta_2)+P\left[\frac{r}{r_1 r_2}\cos\left(\theta-\frac{\theta_1+\theta_2}{2}\right)-1\right] \tag{7.11}$$

$$\sigma_y = 2\nu P\left[\frac{r}{r_1 r_2}\cos\left(\theta-\frac{\theta_1+\theta_2}{2}\right)-1\right] \tag{7.12}$$

式中，P 为裂缝内净压力，MPa；σ_z 为 z 轴的诱导应力，MPa。

式(7.10)～式(7.12)中各几何参数存在如下关系：

$$\begin{cases} r = \sqrt{x^2+z^2} \\ r_1 = \sqrt{x^2+(z+c)^2} \\ r_2 = \sqrt{x^2+(z-c)^2} \\ \theta = \tan^{-1}\left(\dfrac{x}{z}\right) \\ \theta_1 = \tan^{-1}\left(\dfrac{x}{-c-z}\right) \\ \theta_2 = \tan^{-1}\left(\dfrac{x}{c-z}\right) \end{cases} \tag{7.13}$$

考虑诱导应力影响后，x 轴方向合力为 $\sigma_h+\sigma_x$，z 轴方向合力为 $\sigma_v+\sigma_z$，y 轴方向合力为 $\sigma_H+\sigma_y$。当 $\sigma_h+\sigma_x>\sigma_H+\sigma_y$，即 $\sigma_x-\sigma_y>\sigma_H+\sigma_h$，水平诱导应力差大于水平应力差时，最小水平主应力变为 $\sigma_H+\sigma_y$，发生转向。

2) 转向半径模型

经典压裂理论中，水力裂缝沿着垂直于最小水平主应力方向延伸。考虑初始裂缝诱导应力的影响，当初始最小水平主应力与该方向产生的诱导应力的合力刚刚大于初始最大水平主应力与该方向产生的诱导应力的合力时，裂缝开始转向。诱导应力对最大和最小水平主应力的影响如表 7.17 所示。

表 7.17　不同状态下的最大和最小水平主应力

应力状态	最小水平主应力	最大水平主应力
初始	σ_h	σ_H
转向	$\sigma_H+\sigma_y$	$\sigma_h+\sigma_x$
转向缝刚好停止延伸	$\sigma_H+\sigma_y>\sigma_h+\sigma_x$	
沿初始延伸方向延伸	σ_h	σ_H

根据诱导应力模型公式可得到水平诱导应力差，进而可计算裂缝的转向半径。水平方向诱导应力差公式为

$$\Delta\sigma=\sigma_x-\sigma_y=P\frac{rc^2}{\sqrt[2]{(r_1r_2)^3}}\sin\alpha\sin\frac{3}{2}(\theta_1+\theta_2)+(1-2\nu)P\left[\frac{r}{r_1r_2}\cos\left(\theta-\frac{\theta_1+\theta_2}{2}\right)-1\right] \tag{7.14}$$

转向缝刚好停止延伸，即初始水平应力差等于水平诱导应力差（$\sigma_H-\sigma_h=\Delta\sigma$）时，可计算得到$x(y=0)$的值，该值即为转向半径。基于上述诱导应力及转向半径模型，模拟不同地质力学参数及施工参数下的转向半径变化，进而分析不同条件下的转向能力。

3. 裂缝转向地质条件研究

1）水平主应力差对裂缝转向的影响

裂缝起裂方向在一定程度上影响裂缝走向，近井筒区域可以通过爆燃压裂、定向射孔、定向喷射等工艺定点、定向实现预置裂缝，从而影响裂缝的延伸规律（图 7.74～图 7.77）。图 7.74 显示了水平主应力差对裂缝转向的影响，当应力差较小时（5MPa），转向过程较为明显，但转向距离也就几米范围内。当应力差较高时（高于 10MPa），转向过程不明显，当应力差达到 15MPa 时，没有转向过程，在预置裂缝尖端，裂缝直接向最大水平主应力方向延伸。目标储层水平主应力差较大，高于 15MPa，从这个角度讲，地质条件不利于裂缝转向。

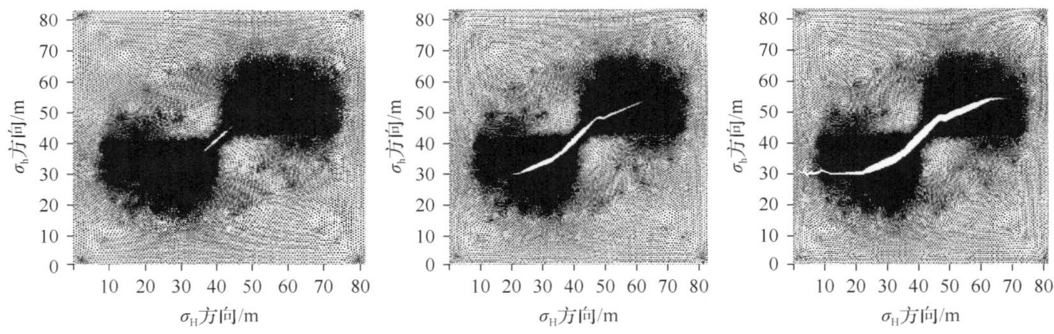

图 7.74　水平主应力差 5MPa 对裂缝转向的影响

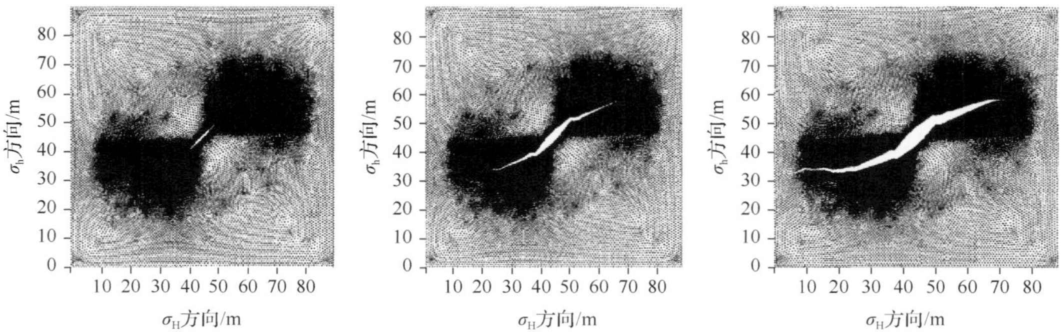

图 7.75　水平主应力差 10MPa 对裂缝转向的影响

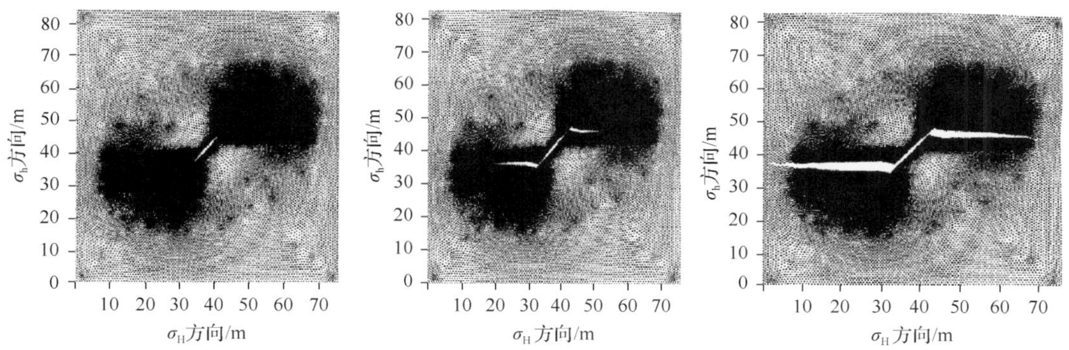

图 7.76　水平主应力差 15MPa 对裂缝转向的影响

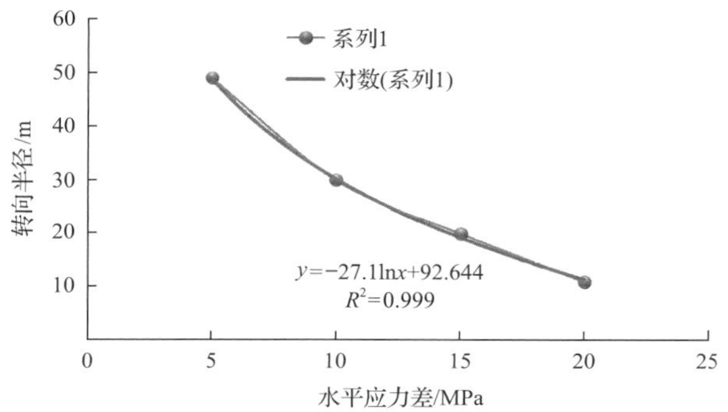

图 7.77　不同水平应力差与转向半径关系(净压力为 30MPa)

2) 起裂方位对裂缝转向的影响

图 7.78 显示了水平主应力差 5MPa 时，不同角度预置裂缝下的裂缝延伸情况。5MPa 应力差下，裂缝有明显转向过程，但转向距离都较小，在几米范围内。预置裂缝角度对转向有一定的影响，角度越大，转向过程越明显，转向距离越大。

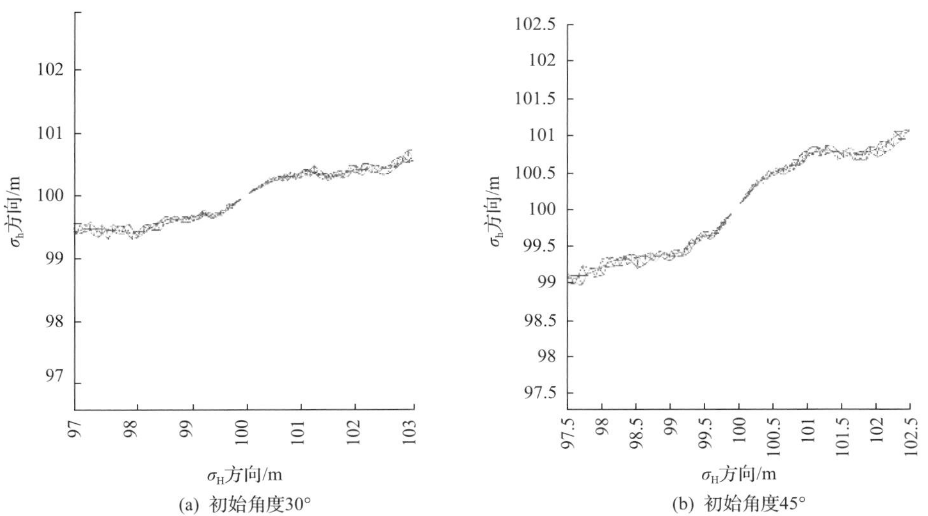

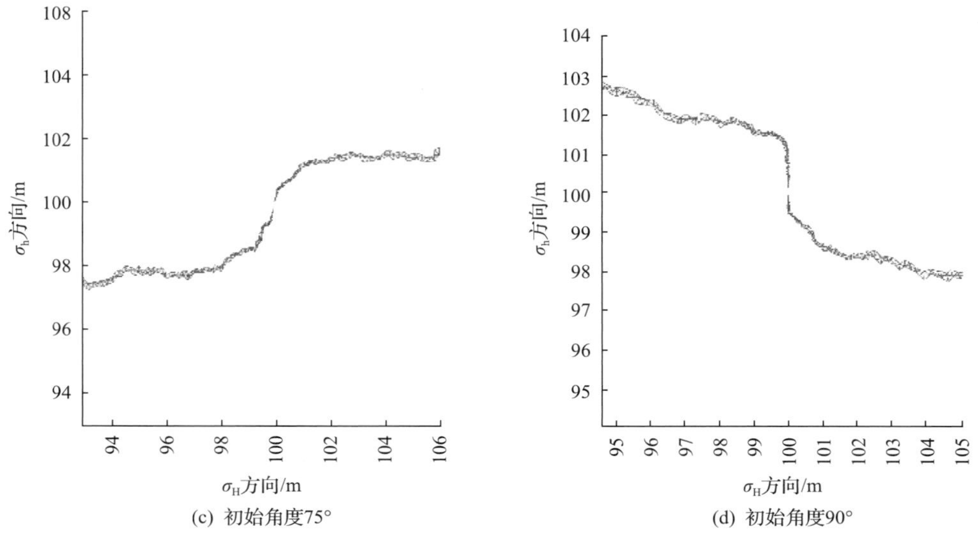

(c) 初始角度75°　　(d) 初始角度90°

图 7.78　水平主应力差 5MPa 时不同角度预置裂缝下的裂缝延伸情况

图 7.79 显示了水平主应力差 10MPa 时，不同角度预置裂缝下的裂缝延伸情况，由于应力差较大，转向过程不明显，裂缝在很短距离转向最大水平主应力方向延伸。

井筒预处理条件下，预置裂缝与最大水平主应力方向有一定夹角时，裂缝沿预置裂缝方向延伸，然后逐渐转回到最大水平主应力方向延伸，转向距离大小与水平主应力差、预置裂缝角度有关。水平主应力差对裂缝转向的影响很大，主应力差约 5MPa 是过渡区域，高于该值，裂缝在较短距离(几米)转回到最大水平主应力方向延伸。预置裂缝角度与最大水平主应力夹角影响裂缝转向，角度越大，转向越明显。

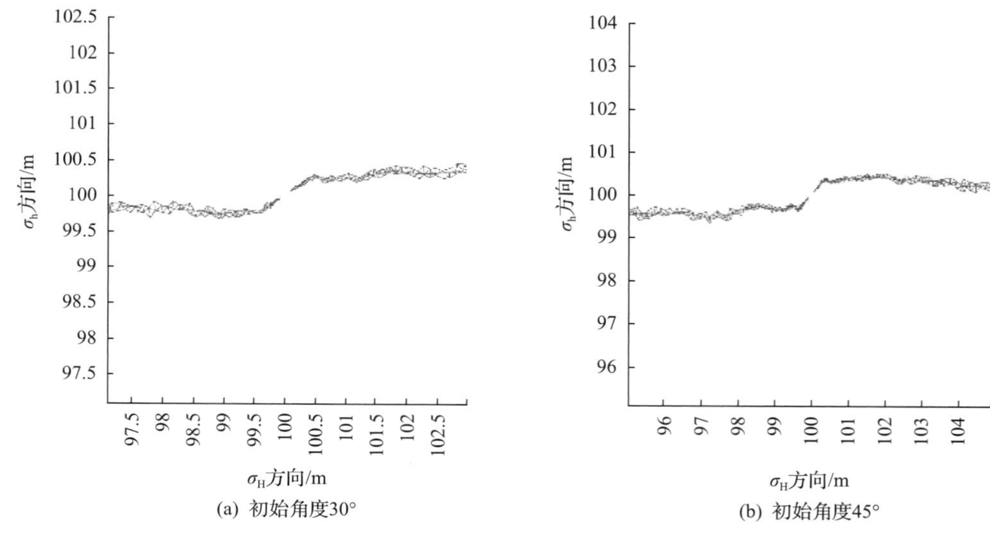

(a) 初始角度30°　　(b) 初始角度45°

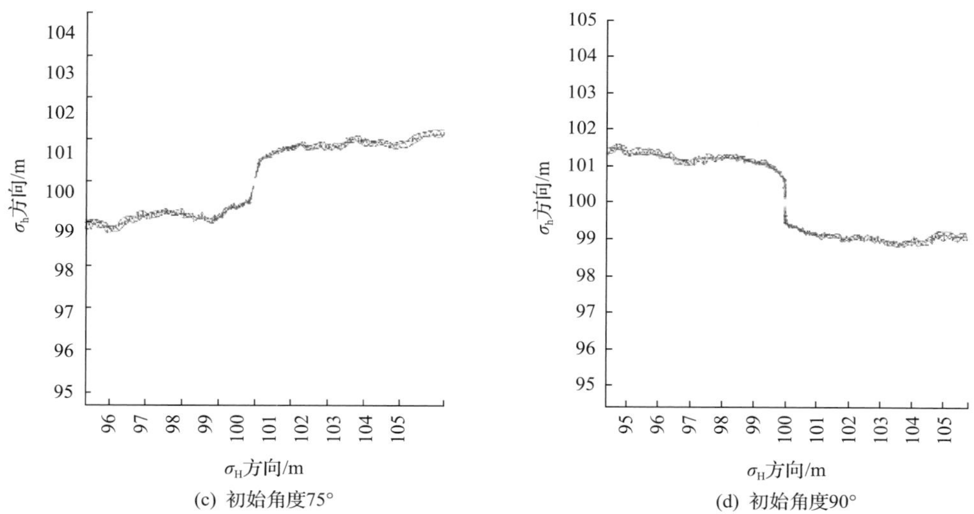

(c) 初始角度75°　(d) 初始角度90°

图 7.79　水平主应力差 10MPa 时不同角度预置裂缝下的裂缝延伸情况

4. 裂缝转向工程条件研究

不同施工参数(压裂液黏度、施工排量及初始缝长)对转向半径影响的模拟结果如图 7.80～图 7.82 所示。在水平应力差及裂缝净压力一定的情况下，提高压裂液黏度、施工排量均能增大转向半径。因此，在实际施工时应针对储集体偏离主应力方向的位置优化相应的施工参数，初始缝越长，诱导应力越大，转向半径越大，但缝长超过 100m 后，转向半径增幅不明显。

基于诱导应力及转向半径模型，模拟不同地质力学参数及施工参数时转向半径的变化，进而分析不同条件下转向能力。在净压力一定的条件下，水平主应力差增大，转向半径减小；在水平应力差一定的条件下，缝内净压力越大，转向半径越大。在水平应力差 20MPa，净压力 30MPa 的条件下，转向半径能达 10m；提高压裂液黏度、施工排量均能增大转向半径；初始缝越长，诱导应力越大，转向半径越大，但缝长超过 100m 后，转向半径增幅不明显。

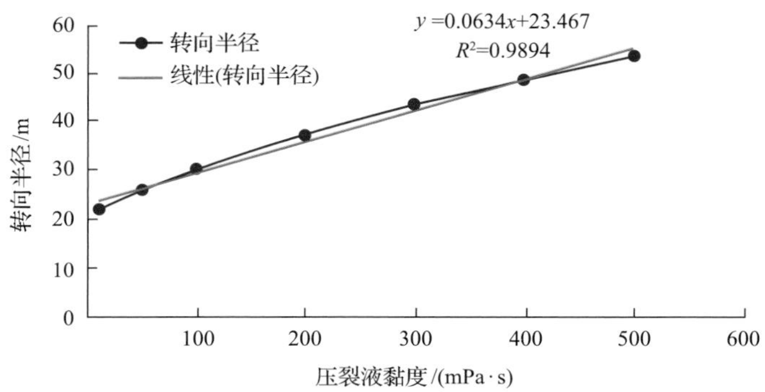

图 7.80　压裂液黏度与转向半径关系

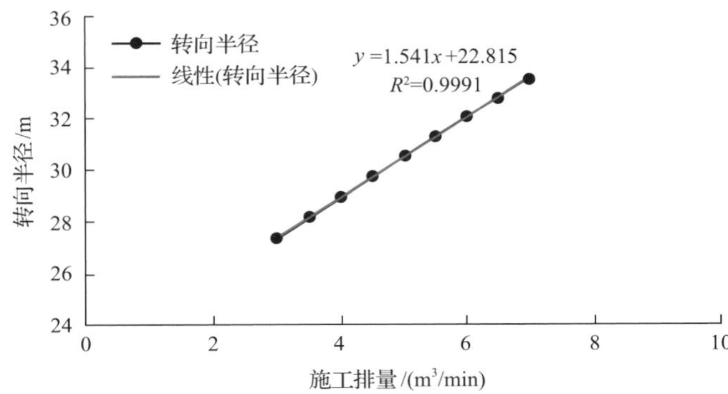

图 7.81　施工排量与转向半径关系

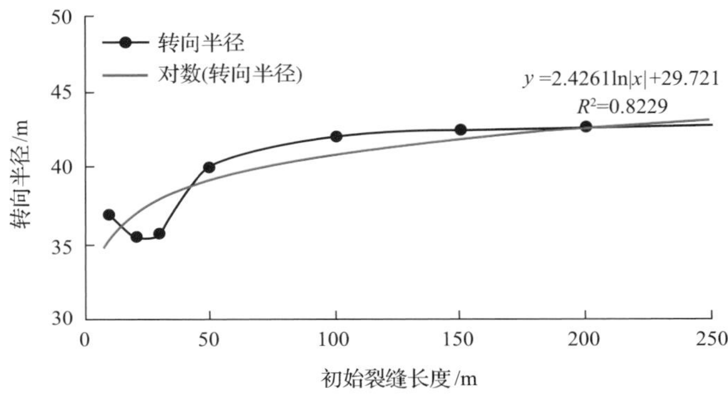

图 7.82　初始裂缝长度与转向半径关系

5. 暂堵剂体系优选

暂堵剂是伴随暂堵转向施工工艺中注入井筒或地层的材料，用于封堵流体通道，暂时降低地层渗透性或暂时封堵高渗透层的物质。目前油田常用的暂堵剂体系根据可溶性和作用原理不同可以分为酸溶性暂堵剂、油溶性暂堵剂、水溶性暂堵剂和单向压力暂堵剂。暂堵剂的选择应考虑具有较强的封堵性同时又对地层污染较小。

根据储层暂堵转向酸压的工艺需求，暂堵转向酸压要求暂堵材料性能指标如下：耐温性能好(耐温≥140℃)；悬浮性能好，方便现场加入；酸压 2h 后的溶解率＜30%，实现持续暂堵效果；封堵性能好(暂堵压力≥15MPa)；最终可完全降解(降解残渣率＜5%)。

经过多年探索与研究，已成功研发了绒囊暂堵剂、可降解颗粒+纤维暂堵组合材料和膨胀型颗粒暂堵剂 3 种暂堵剂体系。

1) 绒囊暂堵剂

绒囊暂堵剂依靠气囊的变形膨胀和绒毛的相互缠绕实现暂堵(图 7.83)。暂堵剂耐温≥140℃(剪切 60min 后黏度＞100mPa·s)(图 7.84)，暂堵压力≥20MPa(图 7.85)，适用于 2mm 以内的缝宽暂堵，在高剪切速率下黏度低，易于泵注，在低剪切速率下黏度高，易于堆积暂堵。

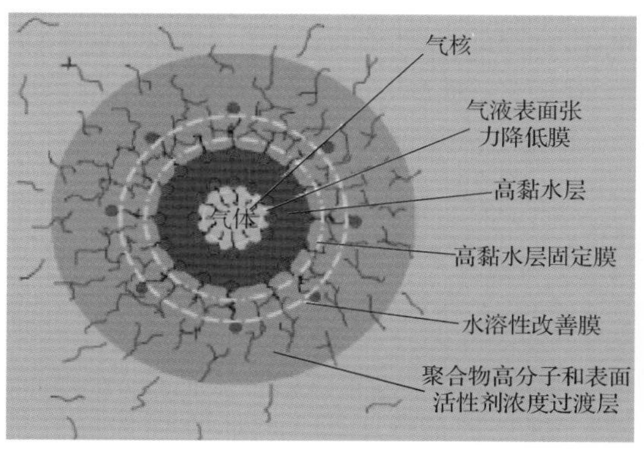

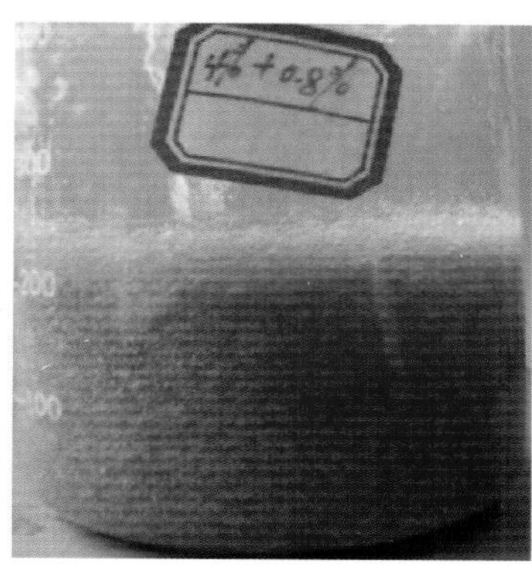

图 7.83　绒囊暂堵剂内部结构图及优化后的实物图

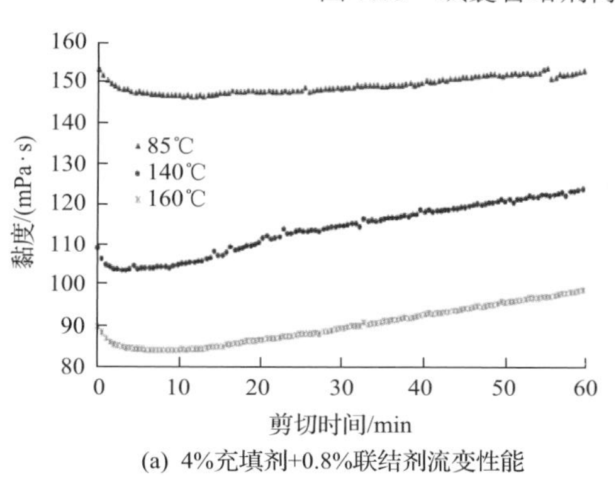

(a) 4%充填剂+0.8%联结剂流变性能

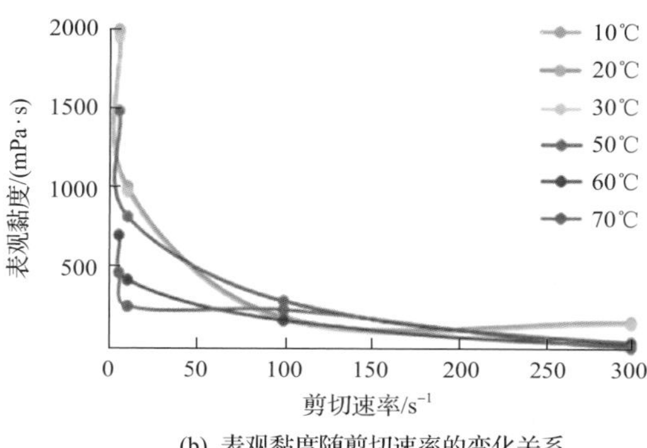

(b) 表观黏度随剪切速率的变化关系

图 7.84　绒囊暂堵剂 140℃高温流变曲线及表观黏度随剪切速率变化曲线图

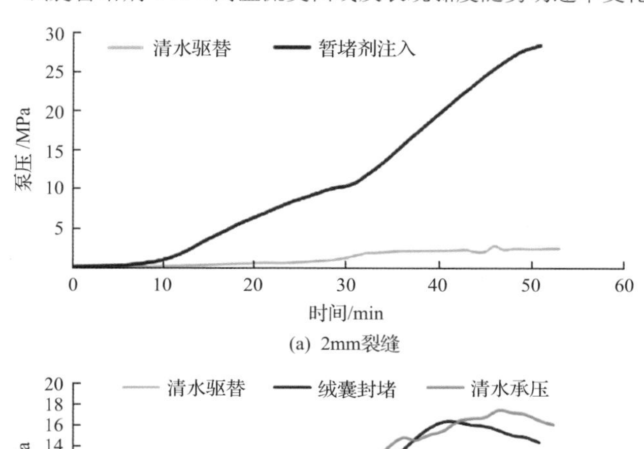

(a) 2mm裂缝

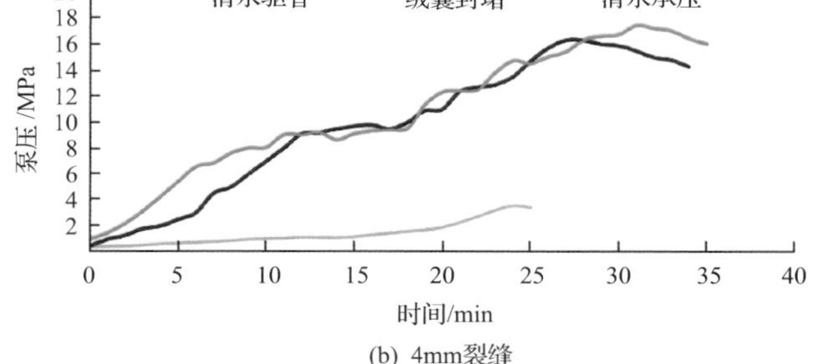

(b) 4mm裂缝

图 7.85　绒囊暂堵剂 2mm、4mm 缝宽压力曲线图

2) 可降解颗粒+纤维暂堵组合材料

可降解颗粒+纤维暂堵组合通过在裂缝中运移、架桥、填充等作用形成封堵层(图 7.86)，封堵强度大，效果较好。该套暂堵剂耐温 140℃，酸压 2h 后溶解率＜17%(图 7.87)，暂堵强度达 15MPa(图 7.88)，降解残渣率＜5%，适用于 2～4mm 缝宽暂堵，能保证酸压过程中能实现持续暂堵，酸压后 100%降解，不伤害储层。

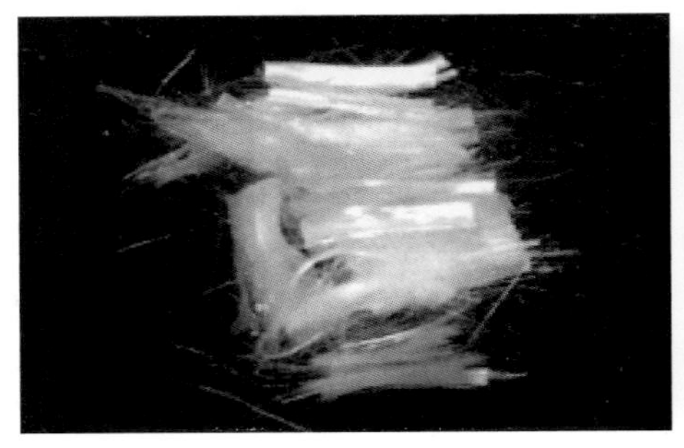
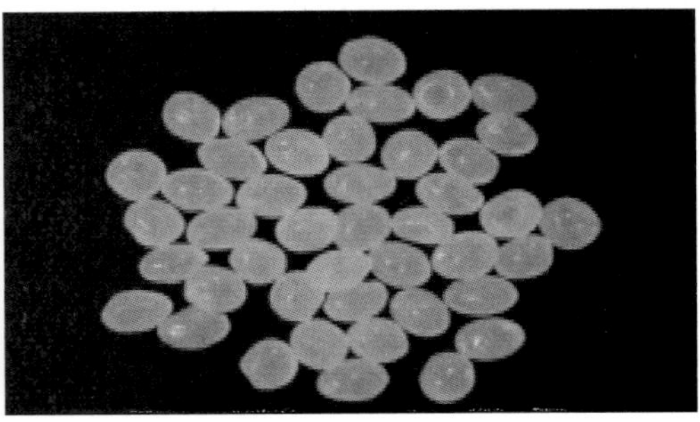

图 7.86 可降解纤维及颗粒实物图

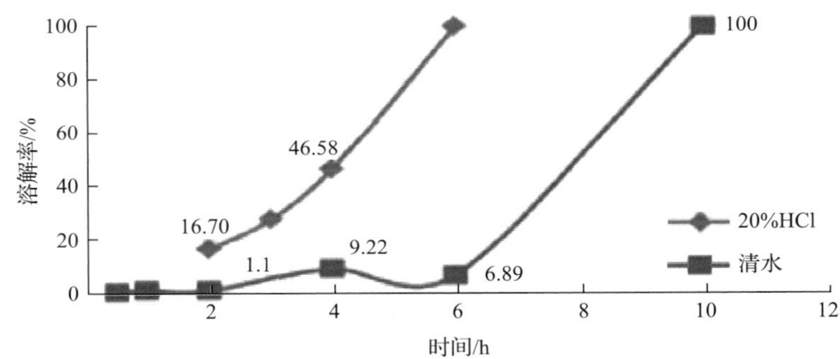

图 7.87 暂堵剂耐温 140℃降解性能评价

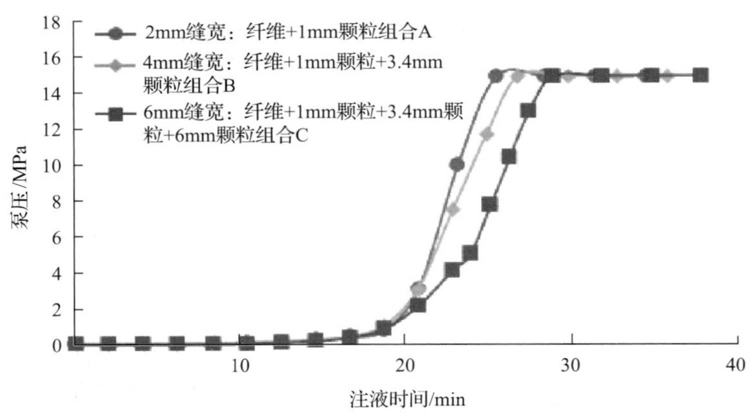

图 7.88 不同暂堵材料组合暂堵 2mm、4mm、6mm 缝宽压力曲线图

3）膨胀型暂堵颗粒

膨胀型暂堵颗粒依靠自身颗粒体积膨胀架桥变形封堵在裂缝中形成封堵层。该套暂堵剂耐温≥140℃，暂堵压力≥15MPa，能膨胀 3～5 倍（图 7.89），可实现小颗粒注入大颗粒封堵，适用于 4mm 以上的缝宽暂堵。

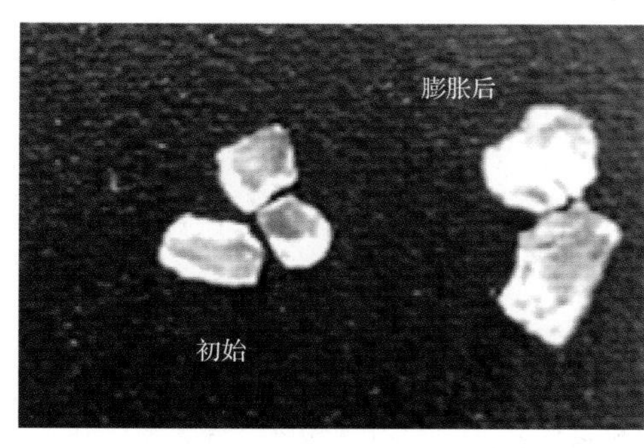

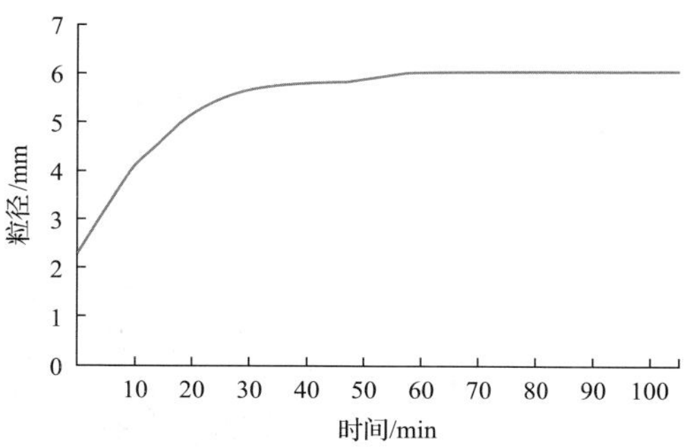

图 7.89　膨胀型暂堵颗粒膨胀前后对比及膨胀倍数性能评价

6. 暂堵转向酸压选井原则及设计方法

1）暂堵转向酸压选井原则

暂堵转向酸压选井原则如下：①选择岩溶甜点区、断溶破碎体区的井；②全井段储集体大于 1 个；③井眼轨迹与最大主应力方向夹角 60°～90°，利于裂缝延伸沟通储集体；④储集体之间应力差小于暂堵剂的暂堵压力；⑤目标井段钻进过程无放空、无严重漏失。

2）暂堵分段酸压设计方法

(1)缝宽预测方法。

为了实现良好的暂堵转向效果，必须先预测裂缝宽度，再结合前期实验选取针对不同裂缝宽度的最优暂堵剂组合，达到最好的暂堵效果。

假设地层微电阻率扫描成像（formation microscanner image，FMI）探测范围内地层的电阻率为 R_{xo}，在井壁上有一宽度为 W 的裂缝，裂缝被电阻率为 R_m 的钻井液充填，并假设 $R_m \ll R_{xo}$。当 FMI 的测量电极靠近裂缝时，裂缝内的钻井液的异常低电阻将引起 FMI 测量电极电流的增大，电流增大的现象将继续增加，直至该测量电极远离这一裂缝而不受其低电阻异常的影响（图 7.90）。

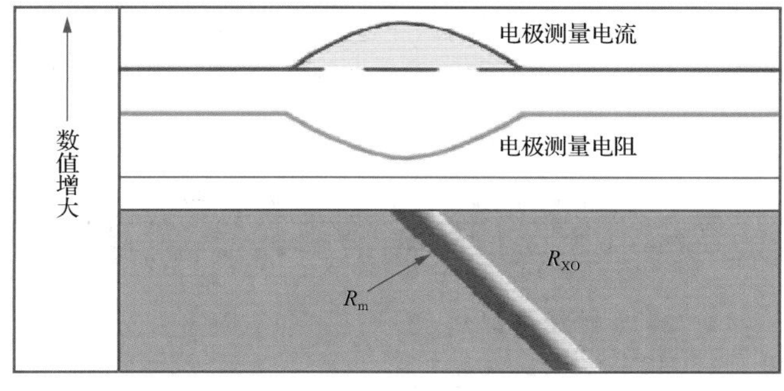

图 7.90　裂缝宽度计算示意图

因此，一个仅为 0.1mm 宽的裂缝在 FMI 测井图像上的宽度可能显示为实际宽度的好几倍甚至几十倍，用尺寸远大于裂缝宽度的 FMI 测量电极直接深测裂缝的宽度是不可能的。

根据 Luthi 和 Souhaite 的研究成果[14]，得到如下关系式：

$$W = CAR_{\mathrm{m}}^{b} R_{\mathrm{xo}}^{1-b} \tag{7.15}$$

式中，W 为裂缝宽度，mm；C，b 为常数；R_{m} 为泥浆电阻率，Ω；R_{xo} 为电极探测范围内地层的电阻率，Ω；A 为裂缝引起的电流增加值，计算公式为

$$A = \frac{1}{V_{\mathrm{e}}} \int_{h_0}^{h_{\mathrm{n}}} \left[I_{\mathrm{b}}(h) - I_{\mathrm{bm}} \right] \mathrm{d}h \tag{7.16}$$

式中，V_{e} 为测量电极与上部回流电极之间的电位差，V；$I_{\mathrm{b}}(h)$ 为深度 h 处电极的电流值，μA；I_{bm} 为天然裂缝处的电流测量值，μA；h_0 为裂缝对电极测量值开始有影响的深度，m；h_{n} 为裂缝对电极测量值影响结束的深度，m。

综合应用式(7.15)和式(7.16)，采用加权水动力公式可求得裂缝平均宽度为

$$W_{\mathrm{a}} = \left[\sum_{i=1}^{n} L_i W_i^3 \left(\sum_{i=1}^{n} L_i \right)^{-1} \right]^{\frac{1}{2}} \tag{7.17}$$

式中，W_{a} 为裂缝的平均宽度，mm；W_i 为 FMI 图像上某一裂缝的第 i 段的宽度，mm；L_i 为 FMI 图像上某一裂缝的第 i 段的长度，mm。

式(7.17)考虑了裂缝尺寸对流体流动特性的影响，在一定程度上代表了裂缝的渗透能力，是一个较有意义的指标。

(2)加注工艺。

暂堵转向酸压技术中暂堵剂配套的加注工艺和携带液的稳定性是施工成功的重要保证。目前国内外暂堵剂加注工艺已经形成了手工加注、纤维泵加注、鼓风机加注 3 种加注工艺，3 种加注工艺特点见表 7.18，3 种加注工艺基本满足现场加注需求。

表 7.18　3 种加注方式优缺点对比

加注方式	加注能力/(kg/min)	优点	缺点
手工加入	0～20	加入灵活	不均匀
纤维泵	0～50	加入均匀	涡轮易卡死
鼓风机	0～40	工艺可靠，成功率高	速度快，不能及时融入

在加注纤维过程中常规加注方式存在纤维团漂浮及冒顶等问题(图 7.91)，因而研发了吸喷枪装置(图 7.92)，利用清水携带作用实现纤维及 1mm 颗粒均匀携入混砂车，加注能力 20kg/min，可避免以上问题，并能加注均匀。

图 7.91　纤维团漂浮及冒顶现象

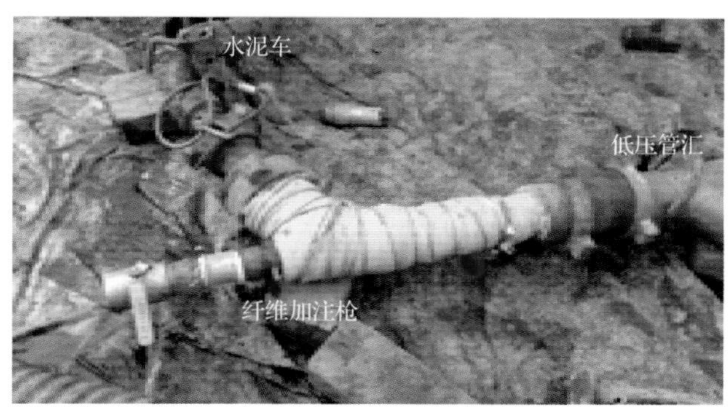

图 7.92　现场纤维加注枪

(3)暂堵剂携带液。

针对纤维在压裂液中分散性较差，现场施工时纤维不能均匀加入的问题，开展黏弹性携带液携带实验研究。纤维和颗粒分散性及悬浮性实验结果表明：在 0.2%、0.3%滑溜水中分散性良好，纤维携带性稍差，颗粒悬浮性差；在 5%黏弹剂溶液中分散性及悬浮性等均较好(图 7.93)。

图 7.93　3 种携带液沉降对比图

考虑实际施工时主暂堵段塞均为纤维+颗粒混合，但颗粒在 0.2%、0.3%滑溜水中基本不能悬浮，低排量施工时，颗粒会沉降在井筒，而 5%黏弹剂溶液对纤维和颗粒的分散性及悬浮性均较好。

实验优选出5%黏弹剂溶液携带纤维，实际施工应用中先采用2%黏弹剂混合纤维，再通过交联剂泵入3%黏弹剂，实验表明，该携带液携带能力强、悬浮性好(图7.94，表7.19)。

图7.94　5%黏弹剂溶液携带纤维

表7.19　携带液参数特征

外观	pH	黏度/(mPa·s)	5%黏弹剂溶液黏度/(mPa·s)
无色至红棕色液体	≤7	≥60	≥130

根据实验研究结果，对现场施工建议为：先配置2%黏弹剂溶液，剩余3%黏弹剂采用在打交联剂的时候在混砂车注入。

7.4.3　暂堵转向酸压技术现场应用

2014年中国石油西南油气田在四川盆地龙王庙组气藏改造时采用纤维和可溶性暂堵，提高了该气藏的开发质量与效益。纤维暂堵转向酸压技术已在沙特、美国、伊拉克、俄罗斯等国家，以及我国新疆、四川等地的碳酸盐岩裂缝型储层进行了先导性试验，并取得了较好的应用效用。

川东地区目前共有7口井采用了可降解纤维+转向酸压工艺技术，其中大斜度井4井次，水平井3井次，经酸化改造后共有6井次获得高产工业气流，累计增加井口天然气产能$376.7\times10^4m^3/d$，平均每米储层产能$4442m^3/d$。表明采用可降解纤维+转向酸布酸工艺技术在大斜度井、水平井酸化改造中具有显著的优势。

2014年开始，暂堵转向酸压技术在中国石化西北油田分公司塔河油田碳酸盐岩缝洞型油藏现场应用15井次，工艺成功率达89%，单井增油$0.54\times10^4t/a$，累计新增原油18.3×10^4t。

G-7井前期5561～5680m(全井段)进行酸压，酸压规模$690m^3$(其中滑溜水$330m^3$+地面交联酸$260m^3$+胶凝酸$100m^3$)，最高泵压67.6MPa，压后日产油4.5t，不含水，后油压、套压快速下降，转机抽阶段产液1246t，产油180t，酸压效果差。后采用高黏度压裂液，同时配套使用纤维降滤失剂，在注压裂液过程中采用可降解纤维暂堵前期生产主裂缝体系，转向至有利储集体，进行重复酸压，施工曲线见图7.95。压后初期日产14.5t，累计新增液量8054.8t，新增原油2669t。

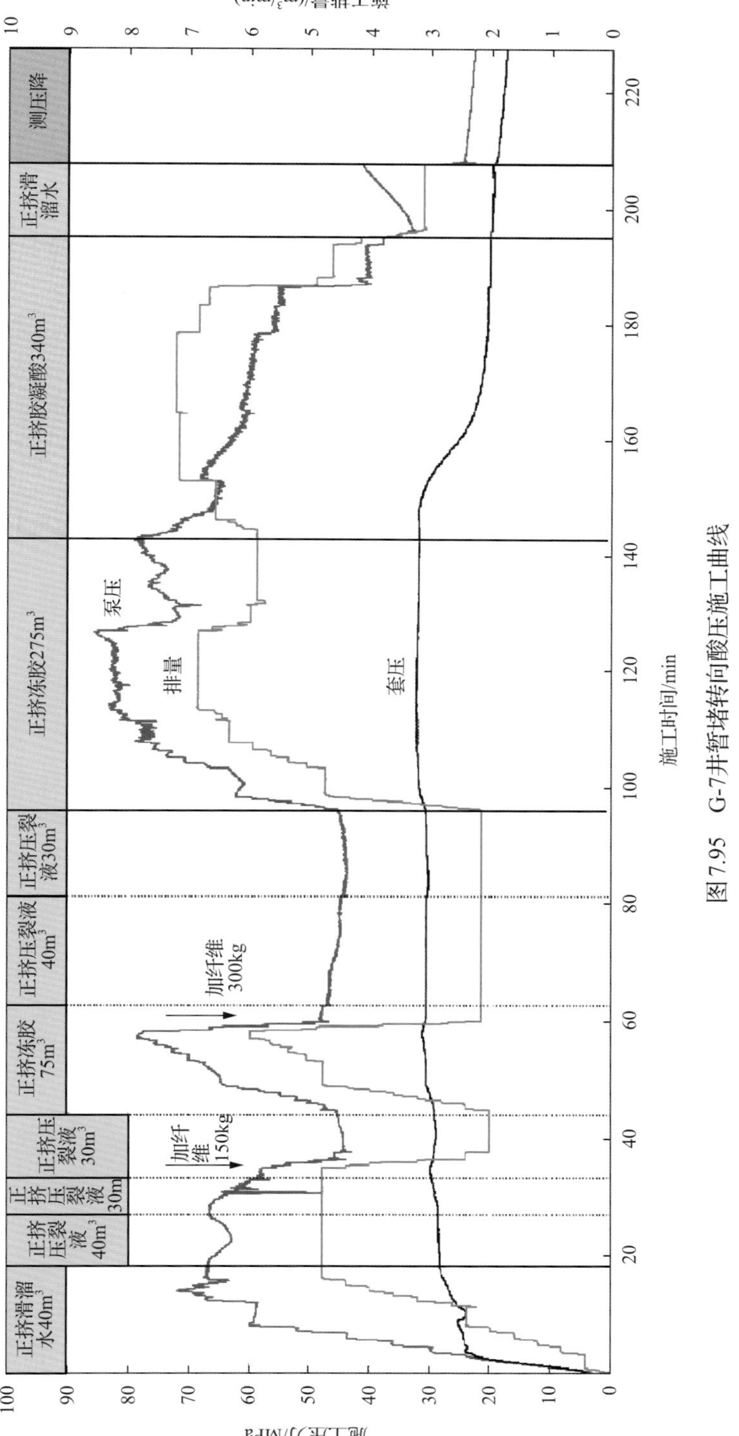

图 7.95　G-7井暂堵转向酸压施工曲线

施工井段为5561.30~5620.00m；施工层位为$O_{1-2}y$

酸压过程中，首次注入纤维 150kg 后，套压很快由 28.5MPa 上涨到 30.5MPa，表明纤维将微裂缝口堵住。第二次注入纤维 300kg 后大约 30min，套压上涨到 31.9MPa，较初期的 28.5MPa 上涨了 3.4MPa，纤维进入裂缝后，在缝内起到了暂堵的作用，迫使裂缝转向。转向后的裂缝持续延伸。注酸期间，泵压有一个明显下降，由 31.8MPa 下降至 20.5MPa，压力降幅大，表明沟通了新储集体。

7.5 大型深穿透复合酸压技术

在碳酸盐岩缝洞型油藏中近井地带裂缝欠发育，存在远离主断裂的储集体，在最大水平主应力方向上远端还可能存在一个或多个储集体。要沟通这些储集体需要酸压造长缝，在造长缝的过程中存在酸岩反应速度快、酸液滤失严重导致的有效酸蚀缝长短、裂缝远端导流能力低的难题。针对这些难题开展的大型深穿透复合酸压技术突破了原有酸压裂缝作用范围，提高了部分低产低效井产能，也使未建产井获得了产能，实现了提高采收率和开发难动用储量的目的。

本节就碳酸盐岩缝洞型油藏大型深穿透复合酸压基本原理、酸压选井原则、降滤失工艺优选、酸压技术方案设计、施工参数优化等关键技术进行阐述。

7.5.1 大型深穿透复合酸压基本原理

缝洞型油藏的主要储集空间为溶蚀的洞、缝，酸压可以使缝洞储集体与井眼之间建立有效的渗流通道，大型深穿透复合酸压由于造缝长度长，能够使更多、更远的洞、缝与井眼连通，因此能够获得更好的产能。通过压前充分注水、滑溜水携砂及酸压过顶替，以及配套降滤失等工艺，研究优化施工规模、施工参数、注入工艺等技术，实现沟通 140m 以外的有利储集体。

7.5.2 大型深穿透复合酸压关键技术

1. 大型深穿透复合酸压选井原则确定

总结大型深穿透复合酸压实施井的增油效果，增油效果明显的井具有以下特征。

1) 油气富集相对程度较好

大型复合酸压井所处部位的分析结果表明，增产效果较好的井都位于油气富集的有利位置。这些部位断裂及储层发育，油气成藏条件好，周围邻井产能相对较高。油气富集程度高部位的油井进行大型复合酸压改造增产效果更加明显。

2) 具有明显的地震反射特征

大型复合酸压井地震属性特征的分析结果表明，增产效果较好的井地震属性特征较好，即振幅变化率相对较高、串珠状反射明显且反射体规模相对较大。地震反射特征越好，说明储集体越发育，油井具有较好的储集空间。

3) 生产动态上表现为供液不足，产能低，不含水，注水困难

缝洞型油藏多发育 60°～70°高角度裂缝，加之大规模液量，极易与底水沟通，因此要避免因大规模酸压与底水沟通而影响酸压效果，优选区域上水体不活跃，生产动态上表现为液面恢复慢、供液不足、注水困难、不含水或低含水井实施。

2. 大型深穿透复合酸压降滤失工艺优选

1) 粉陶降滤失工艺技术

(1) 粉陶降滤失机理。

粉陶对滤失的影响：不加粉陶时，当酸液突破岩心后，压差在很短的时间降到较低值。加粉陶后，粉陶随酸液易进入裂缝或蚓孔，起到暂堵作用，驱替压差 3MPa 可保持约 40min，远远长于无降滤失剂的情形，表明粉陶能有效地降低天然裂缝滤失(图 7.96)。

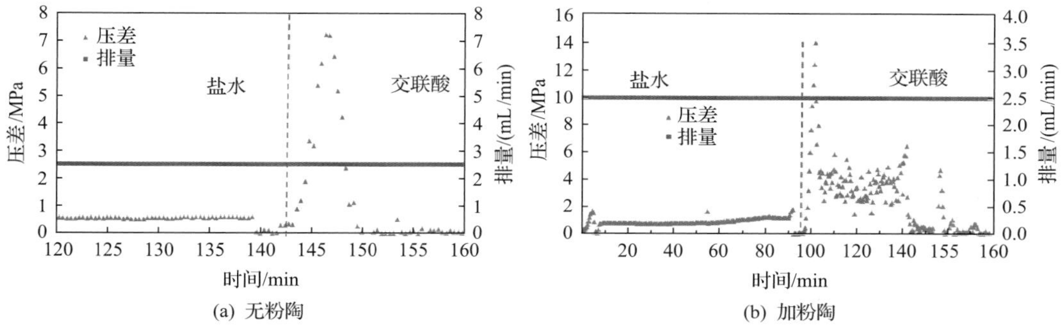

图 7.96　驱替过程中压差变化

粉陶对导流能力的贡献：在较高的闭合应力下，不加粉陶时的裂缝导流能力很低，加粉陶后导流能力是不加粉陶时的 8 倍左右，说明粉陶对天然裂缝导流能力贡献明显，有利于改善主裂缝两侧有利储集体的渗流状态(图 7.97)。

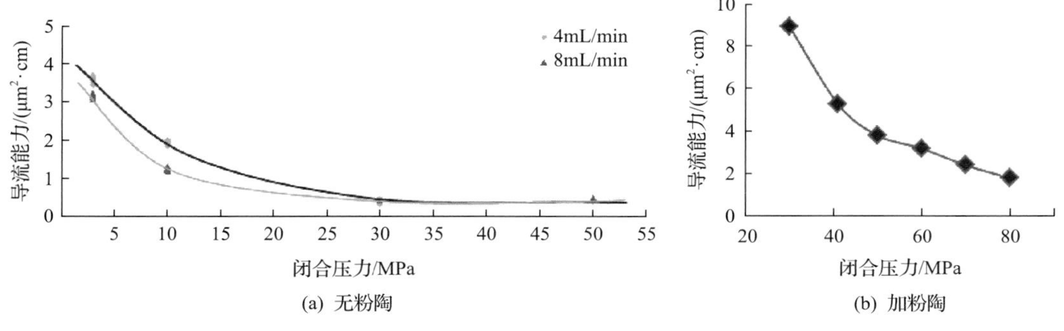

图 7.97　无粉陶和加粉陶后裂缝导流能力对比图

(2) 粒径组合。

碳酸盐岩储层裂缝发育，缝宽一般在几毫米不等，小型压裂测试分析表明，近井筒

摩阻为 2.95～12.3MPa，平均为 6.58MPa，说明缝宽窄，裂缝弯曲严重，对砂粒径较敏感。支撑剂粒径组合实验表明，100 目与 20 目/40 目陶粒组合下裂缝渗透率与只用 100 目陶粒较接近(图 7.98)。鉴于近井筒摩阻较高，分析认为应采用 100 目陶粒。

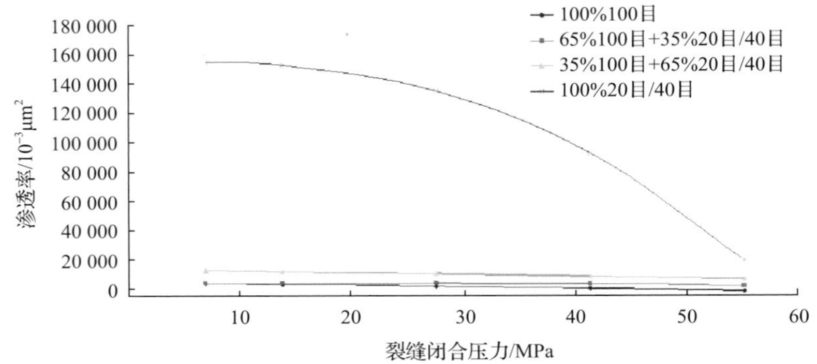

图 7.98　100 目砂、20 目/40 目砂及混合物的渗透率测试情况

(3)陶粒加入程序的确定。

陶粒段塞砂比一般在 10%左右，应按从小到大的程序进行。如果一开始就采用较大的砂比，则会产生图 7.99 最下面的情况，裂缝全部在缝口附近堵死。如果采用常规的加入低砂比的陶粒进行全程充填，则会产生图 7.99 中最上面的情况，此时仍存在多裂缝的同时延伸，影响主裂缝的扩展。理想的工艺过程是一开始采用低砂比，先封堵较窄的裂缝，随着压裂的进行，各缝宽逐渐增加，适当增加砂比，如图 7.99 中间的情况。

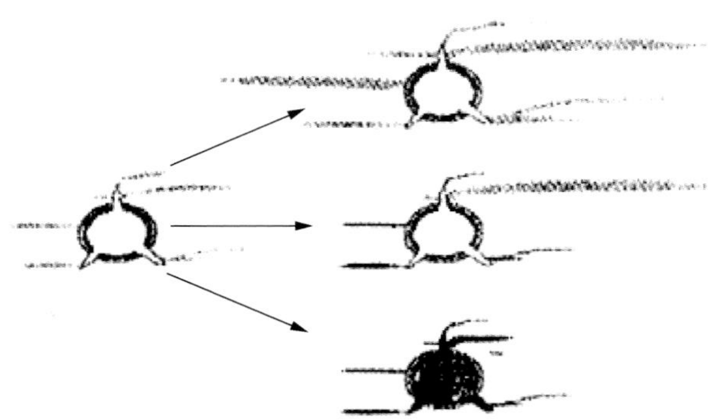

图 7.99　支撑剂段塞对多裂缝的堵塞

2)油溶性暂堵剂降滤

加油溶性树脂后，油溶性树脂在高压下被压缩成液体几乎无法穿过的致密固体，因而实验中驱替压差不断升高，无法继续进行实验(图 7.100)。压差持续上升至 20MPa 以上，无下降趋势(图 7.101)。实验室测量油溶性树脂对滤失系数的影响如表 7.20 所示，油溶性树脂的暂堵效果非常明显。实验温度高于 90℃后，油溶性树脂融化，丧失暂堵能力。

图 7.100　实验前后油溶性树脂形状

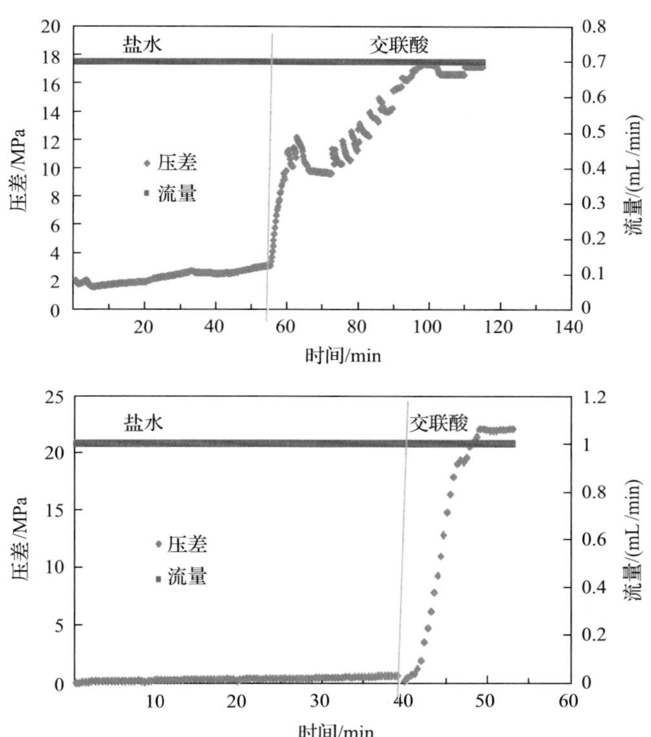

图 7.101　加油溶性树脂后驱替压差变化

表 7.20　实验测量油溶性树脂降滤失效果

浓度	初滤失量/m^3	滤失系数/($m/min^{1/2}$)	滤失速度/(m/min)
(未加降滤失剂静态)	5.27×10^{-3}	1.24×10^{-5}	2.07×10^{-6}
(未加降滤失剂动态)	4.44×10^{-3}	1.11×10^{-5}	1.85×10^{-6}
1%(静态)	3.49×10^{-3}	2.14×10^{-5}	3.57×10^{-7}
1%(动态)	2.89×10^{-3}	2.44×10^{-5}	4.01×10^{-7}
3%(静态)	1.58×10^{-3}	1.94×10^{-5}	3.23×10^{-7}
3%(动态)	1.53×10^{-3}	1.65×10^{-5}	2.75×10^{-7}
5%(静态)	1.28×10^{-3}	1.12×10^{-5}	2.03×10^{-7}
5%(动态)	1.45×10^{-3}	1.65×10^{-5}	2.75×10^{-7}

3）可降解纤维降滤失

可降解纤维降滤失机理：利用直径 15μm 左右(低于一般的微裂缝宽和蚓孔直径)，长度 6mm 的纤维(远大于微裂缝宽和蚓孔直径)，随酸压工作液进入微裂缝或蚓孔，它在壁面的粗糙部位易于卷曲，从而起到降滤失暂堵转向的作用。后期随着时间的增加和温度的提高，可降解纤维转化为易溶于水的小分子。相比常规的堵漏剂存在堵漏速度慢、不易解堵、生产成本高、配制复杂、污染环境等缺陷，暂堵纤维不会对降滤失段造成伤害，并且还具有一定的溶蚀作用。

实验结果表明，纤维能有效降低天然裂缝滤失，压差在 16MPa 大约可以维持 60min(图 7.102)。

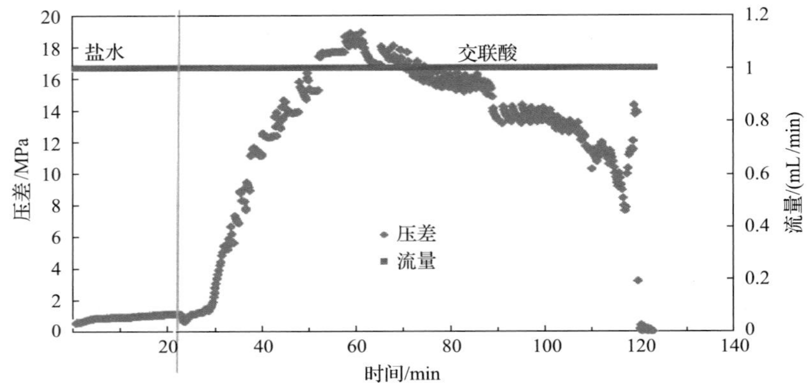

图 7.102 加纤维后驱替过程中压差变化

当纤维加量为 1%时，实验测量了 11min，从岩心酸化后的图片判断，酸化中形成了分支较少的主蚓孔，在很短的时间内蚓孔就突破了岩心(图 7.103)。当纤维加量为 1.5%时，第 56min 才开始出现滤液，并且出液量较小，当实验进行到第 79min 时，出现滤失突变的拐点，滤液突然增大，此处应是酸蚀蚓孔突破岩心，酸化后的图片表明酸化中形成了较粗的主蚓孔(图 7.104)；当纤维加量为 2%时，酸化中酸液滤失较少，且增长较慢(图 7.105)。酸化后的岩心照片显示酸化中出现了锥形孔道，因为滤失较小，滤失速度小于蚓孔扩展的临界速度，所以没有形成蚓孔。考虑施工安全，建议纤维浓度为 1%～1.5%。

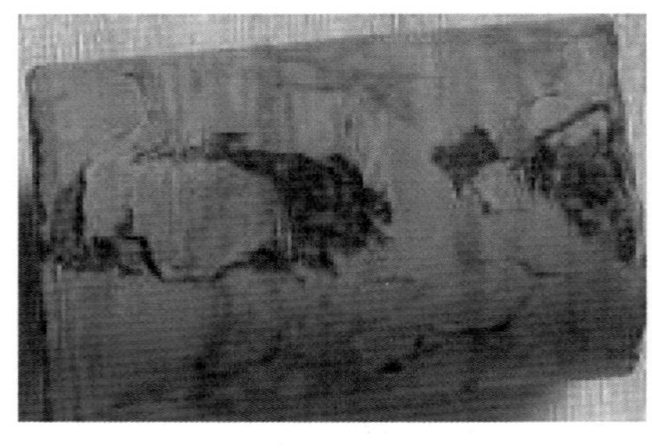

(a) 酸化前

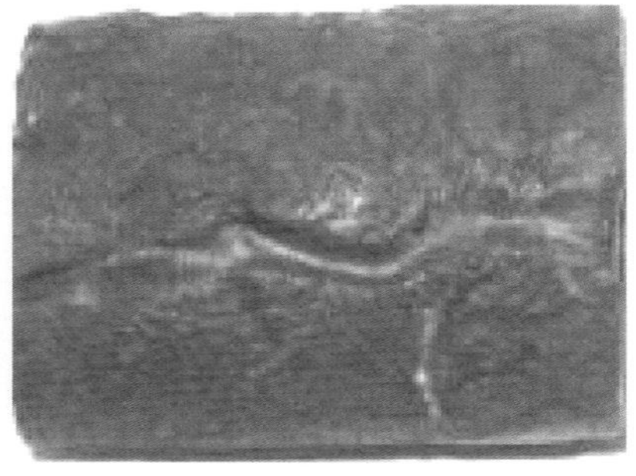

(b) 酸化后

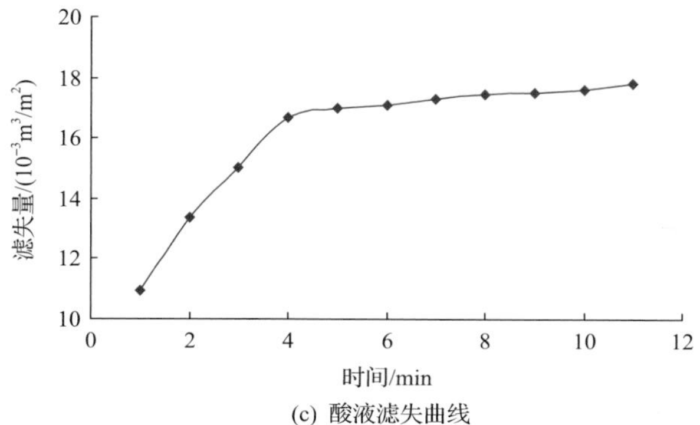

(c) 酸液滤失曲线

图 7.103　加 1%纤维酸化前后的图版酸液滤失曲线

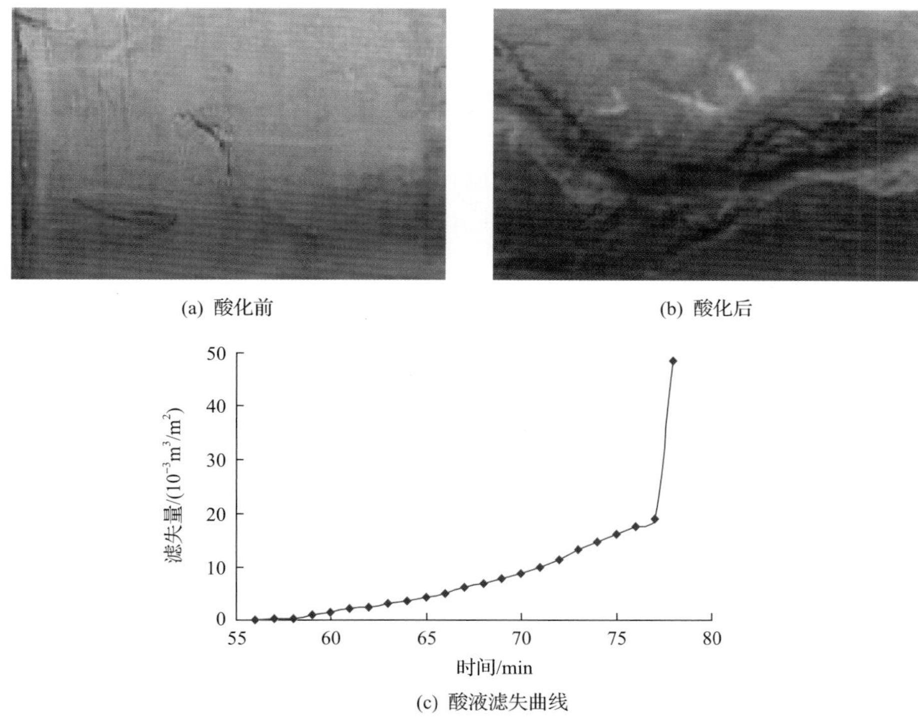

(a) 酸化前　　(b) 酸化后

(c) 酸液滤失曲线

图 7.104　加 1.5%纤维酸化前后的图版酸液滤失曲线

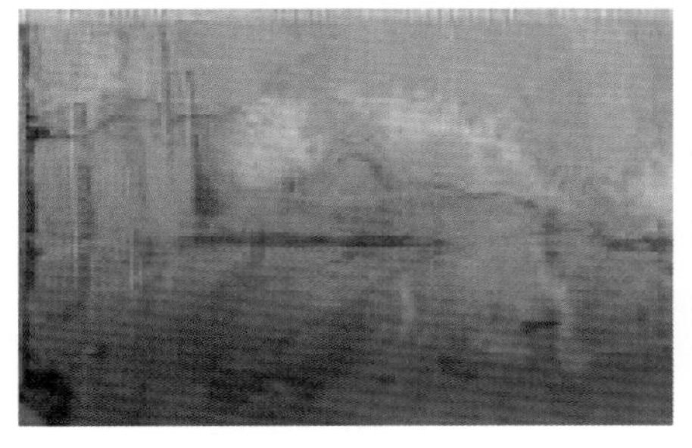

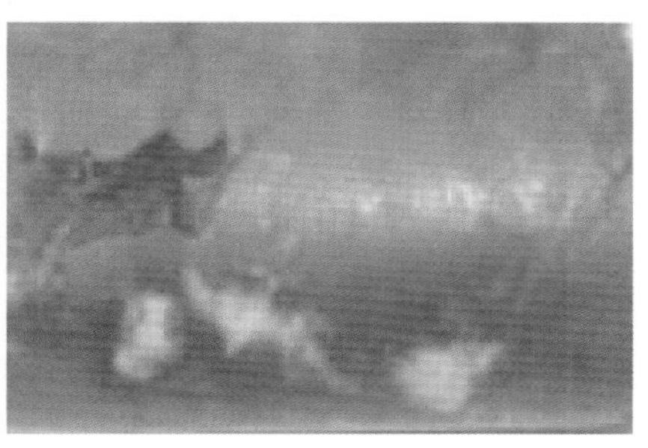

(a) 酸化前　　(b) 酸化后

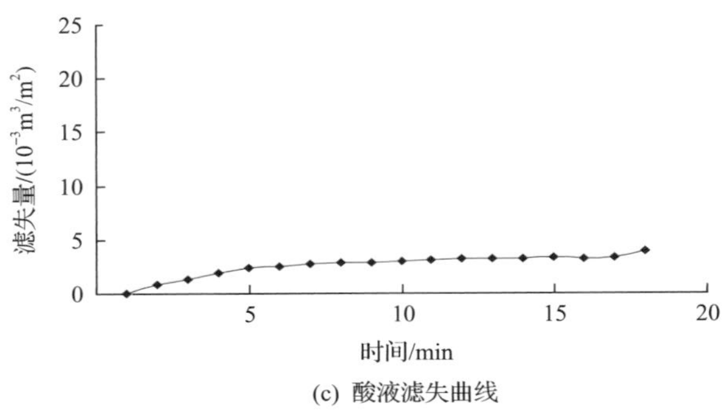

(c) 酸液滤失曲线

图 7.105　加 2%纤维酸化前后的图版及酸液滤失曲线

4) 降滤失剂适应性评价

实验及现场试验表明，3 种暂堵剂降滤失效果较好，可操作性较好，但碳酸盐岩储层物性差别较大，存在裂缝较发育的Ⅱ类储层，也存在储层不太发育的Ⅲ类储层，对降滤失剂的要求也各异，每种降滤失剂有其适应性。

(1) 陶粒适用于Ⅱ、Ⅲ类储层，对于裂缝较发育的Ⅱ类储层，陶粒用量相应增加。陶粒还适用于近井地带裂缝弯曲、多裂缝、近井摩阻较大的井，陶粒段塞利于打磨裂缝表面，降低近井摩阻。

(2) 纤维悬浮性能好，易于随流体进入天然裂缝，纤维长度较长，进入裂缝后易卷曲或缠绕，桥塞或堵塞天然裂缝，从而降低酸液滤失。可降解纤维适于裂缝较发育的Ⅱ类地层。

(3) 油溶性树脂适合储层不发育的Ⅲ类储层，以及地层温度较低的储层。

3. 大型深穿透复合酸压技术方案设计[15,16]

部分井开采一段时间后，地层能量出现亏空，地层压力降低(图 7.106)。较低的地层压力使酸压中液体滤失严重，限制了裂缝扩展和活性酸作用距离。前期注入大量滑溜水

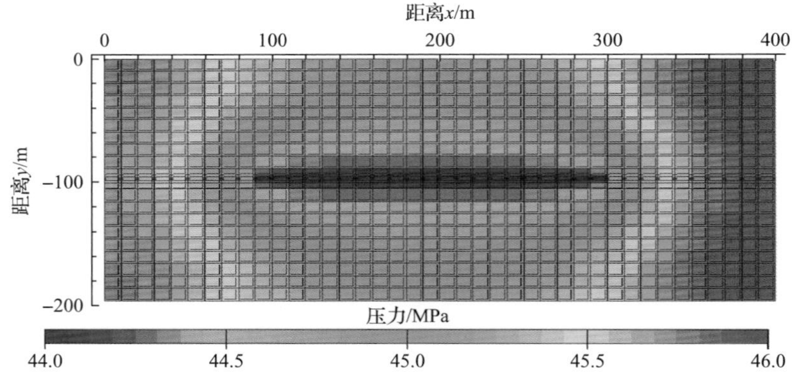

图 7.106　前期开采对地层压力的影响

可以补充地层亏空，提高人工裂缝附近的地层压力，减小裂缝内外压差，当注入酸液时，尽管酸岩反应增加了孔隙度、降低了渗流阻力，酸液滤失因人工裂缝内外压差降低而减小，因而滑溜水注入能降低酸液滤失，实现酸液深穿透。

随着滑溜水的注入，人工裂缝中压力升高并超过裂缝延伸压力，裂缝向前延伸。30～70MPa 地层压力条件下，井底压力随着滑溜水注入量的增加而升高。在相同地层压力级别情况下，对于长度为 100m 与 200m 的人工半缝长，随着人工裂缝延伸变长，井底压力升到同样水平时所需的滑溜水的注入量变大。不同地层压力级别情况下，地层压力越低，所需的滑溜水的注入量越大(图 7.107)。

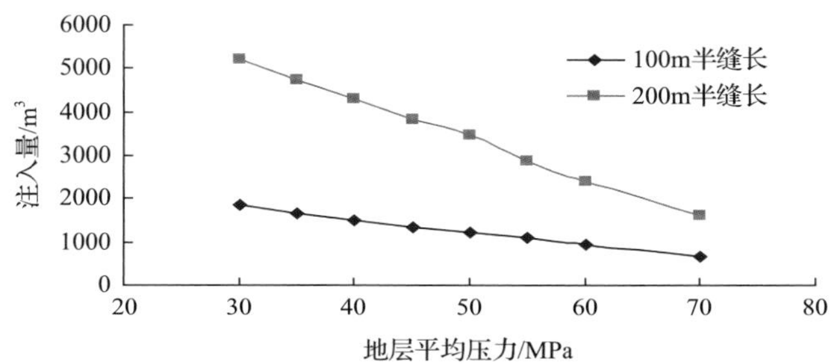

图 7.107　地层压力与注入量的关系(目标井底压力 110MPa)

酸液泵注结束时，由于长时间注入压裂液和酸液，裂缝壁面特别是近井地带裂缝处温度降低(图 7.108)，将会限制酸液的活性和反应速度。用过量的顶替液将井筒及近井裂缝里低温度、高浓度的酸液顶入裂缝远端，有助于增加酸蚀缝长。

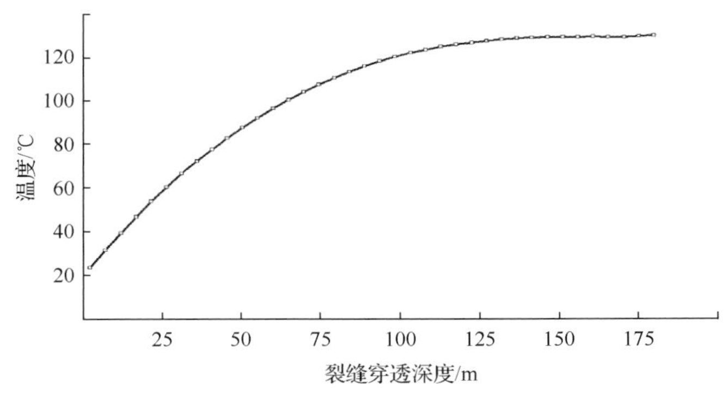

图 7.108　裂缝中温度场分布规律

4. 大型深穿透复合酸压施工参数优化

1) 酸液优选

大型深穿透复合酸压的目的是沟通远端的储集体，要求酸液具有高缓速、低滤失的特点，优选交联酸、变黏酸作为主体酸刻蚀酸压裂缝，考虑酸压成本，后期采用胶凝酸刻蚀近井裂缝。

2）前置液滑溜水黏度优化

测井解释数据表明，储层与隔层应力差一般小于 2MPa，酸压控制裂缝高度难度较大。在裂缝高度可控的因素里，优化前置液黏度成为酸压施工中控制缝高延长的易操作性因素。在前置液黏度为 12mPa·s、100mPa·s 和 200mPa·s 的条件下，随着前置液黏度的增加，相应裂缝长度和高度增大，特别在规模较大时，缝高增长明显。在相同酸液注入的条件下，缝高过大将降低酸液作用距离（表 7.21），因此，选取前置液黏度应从控缝高、注入规模和需要实现的有效酸蚀长度方面综合考虑。

表 7.21　前置液黏度与裂缝尺寸、注入量关系

注入量/m^3	前置液黏度 12mPa·s		前置液黏度 100mPa·s		前置液黏度 200mPa·s	
	缝长/m	缝高/m	缝长/m	缝高/m	缝长/m	缝高/m
300	76.2	50	88.9	50.2	98.9	50.5
500	99.6	50.4	114.1	51.8	123.8	54.8
1000	134.8	54.2	147.7	62	161.2	67.2
1500	157.7	61.3	173.2	72.1	189.8	78.2
2000	175.5	66.5	194.5	81.2	213	89.4

3）滑溜水用量优化

油藏压力不同时，滑溜水注入量对酸液滤失量的影响规律不同。为此，模拟不同地层压力下滑溜水注入量与酸液滤失量间的规律。图 7.109 是施工排量 7m^3/min 下，油藏压力为 50MPa、65MPa 时酸液滤失量随滑溜水注入时间的变化。当滑溜水注入时间较短时，酸液滤失量随滑溜水注入时间的增加而快速降低，注入一定时间后，降低幅度明显减缓。两种地层压力下，注入活性水 240min、150min 左右时，酸液滤失出现拐点，对应的优化滑溜水注入量分别是 1700m^3、1000m^3 左右。

4）酸液黏度优化

提高酸液黏度，有利于降低酸液滤失量。结合酸液流动反应模型，模拟不同酸液黏度对滤失的影响。先模拟酸液滤失降低曲线出现拐点时对应的滑溜水注入时间，即优化注入时间，确定滑溜水注入 3.5h，后面注入 2h 酸液。不同黏度 20mPa·s、50mPa·s、80mPa·s、150mPa·s、300mPa·s 酸液滤失 2h 时对应的酸液滤失量分别为 0.024m^3/m^2、0.016m^3/m^2、0.014m^3/m^2、0.01m^3/m^2（图 7.110）。黏度为 80mPa·s 酸液比 20mPa·s 酸液滤失量少 1 倍多。因此，保持酸液在地层中的高黏度对降滤失非常重要。增加酸液黏度能增加有效酸蚀缝长。酸液黏度高于 50mPa·s 时，酸蚀缝长随酸液黏度的增加而增涨趋缓（图 7.111）。

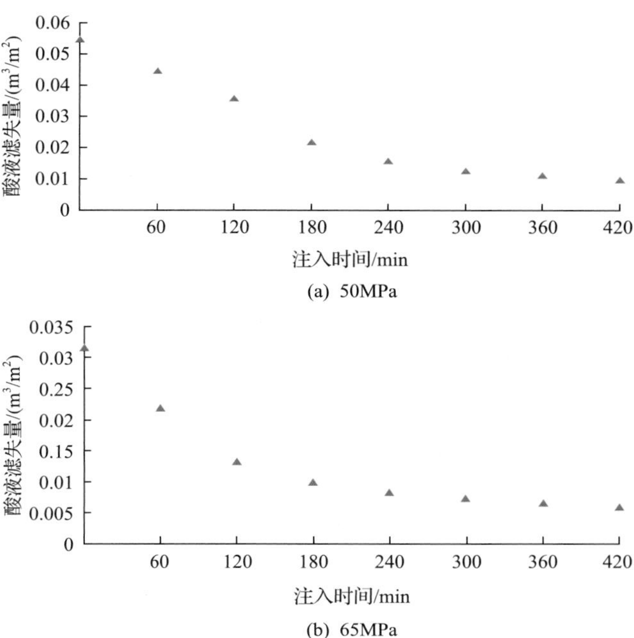

图 7.109　酸液滤失量随滑溜水时间的变化规律

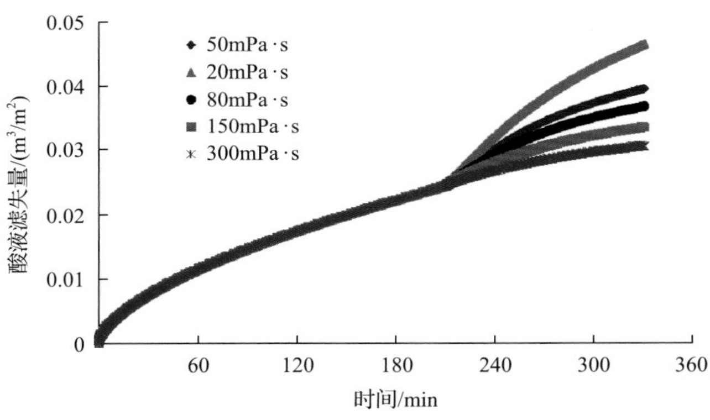

图 7.110　酸液黏度对滤失的影响

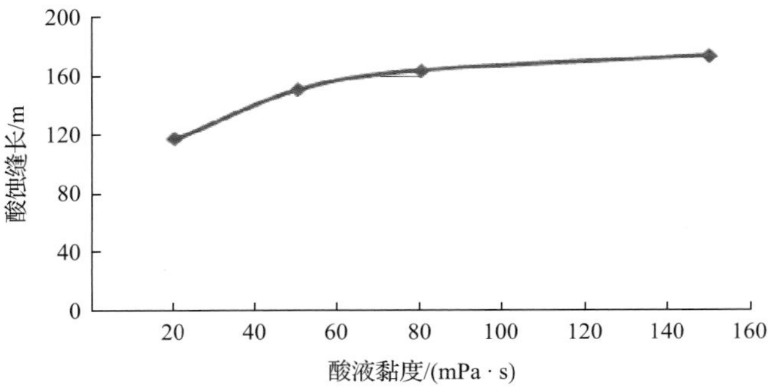

图 7.111　酸液黏度对酸蚀缝长的影响

5）酸液排量优化

排量决定酸液在裂缝中的流速，增加排量，酸液还来不及反应就被推入裂缝深部，从而降低总体反应速度，增加酸液有效作用距离。排量较低时，大部分酸液消耗在井底附近，酸蚀裂缝较短，近井地带裂缝导流能力较强。增加排量，有效酸蚀缝长增加，远井裂缝导流能力有所提高，即变为长窄缝。当排量大于 7m^3/min 后，酸蚀缝长增加相对减缓（图 7.112）。排量过高时，对施工设备、井口及管柱管线要求较高。在模拟使用的参数条件下，排量为 7～9m^3/min 时较合适。

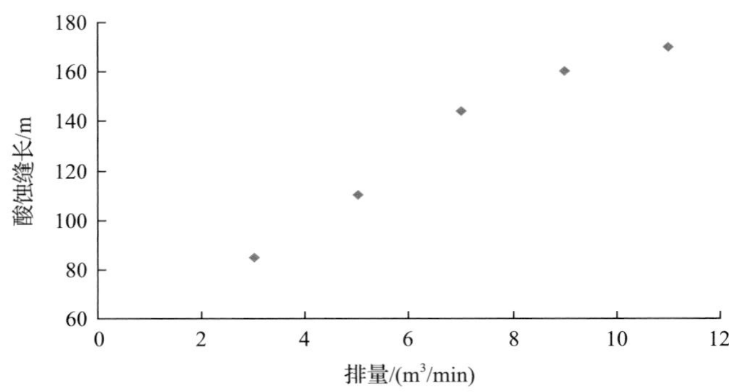

图 7.112　有效酸蚀缝长随排量变化

6）酸液用量优化

有效酸蚀缝长与酸注入量有关，注入量越大，酸作用距离越远。由于酸岩反应和滤失作用，酸蚀缝长不会随注酸量的增大而无限增加。当注酸量较高时，酸蚀缝长的增长会随注酸量的增大而逐渐减缓，因此酸液规模存在一合理值或范围。不同注酸量下有效酸蚀缝长模拟试验表明，注酸量大于 700m^3 后，酸蚀缝长增长变缓，增加一倍酸液用量，酸蚀缝长仅增加 10m 左右（图 7.113）。在模拟的使用条件下，酸液用量应根据实际需求优化，但不超过 700m^3。

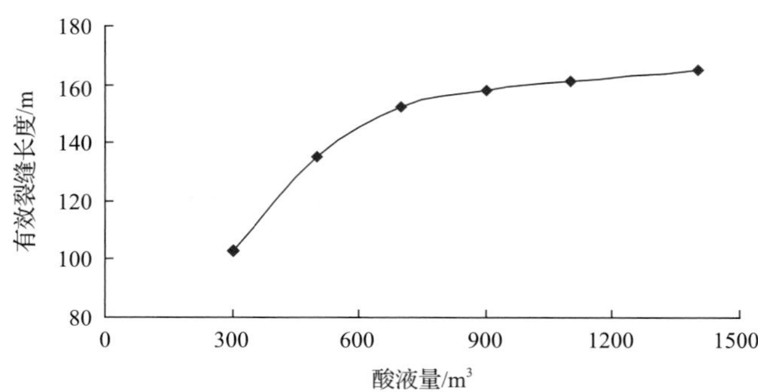

图 7.113　有效酸蚀缝长随注酸量变化

7) 顶替液量优化

分别模拟不同顶替液量下的酸蚀缝长，研究顶替液量对酸蚀缝长的影响(图 7.114)，顶替液为 0 时表示仅注入前置液和酸液，其对应的酸蚀缝长 142m。随着顶替液量的增加，有效酸蚀缝长增加，刚开始酸蚀缝长增加较快，随后增加缓慢，顶替到 200m^3 时，酸蚀缝长基本不增加了。随着顶替液量的增加，因为滤失和反应消耗的酸液量增加，裂缝中酸浓度逐渐降低，且裂缝中高浓度酸液区域逐渐远离井底。当顶替液量大于 300m^3 时，所有酸液失去活性。模拟结果表明，过顶替增加有效酸蚀缝长有限，最多增加酸蚀缝长 10m 左右。合适的顶替液量应为酸液失去活性时的用量，在模拟使用的参数条件下，最佳顶替液量为 200～300m^3。

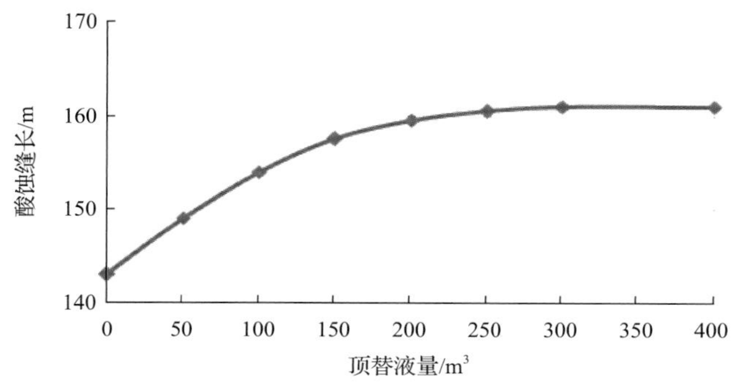

图 7.114 有效酸蚀缝长随顶替液量变化

7.5.3 大型深穿透复合酸压技术现场应用

大型深穿透复合酸压技术主要在塔里木盆地研究并获得成功应用，现场应用 360 井次，措施有效率为 82.5%，累计增油 391.6×10^{4}t。实现了最大水平主应力方向上远处存在一个或多个储集体的低产低效井的有效改造。如 G-8 井采用大型深穿透复合酸压工艺(图 7.115)，2156m^3 规模重复酸压改造，让该井重新获得高产。

G-8 井靠近断层，断裂较发育，初期对 6283.00～6400.00m 井段采用常规酸压施工，挤入总液量 1320m^3(其中冻胶 200m^3，滑溜水 700m^3，高温胶凝酸 400m^3)，施工中加入了 100 目粉陶 24t 降滤，压后几乎无产量。后采用大型深穿透复合酸压工艺重复改造，施工采用 1356m^3 滑溜水+300m^3 变黏酸+200m^3 胶凝酸压施工，酸压过程中加入 32.1t 100 目的粉陶降低近井滤失，并尽可能地提高施工排量，最高提到 8m^3/min，提高人工裂缝长度，同时施工后期采用 300m^3 滑溜水进行过顶替，尽可能地将酸液顶入人工裂缝远端，提高远井地带裂缝导流能力，压后取得较好的效果，初期日产 58.8t，该井已经累计新增原油 40443.1t(图 7.115，图 7.116)。

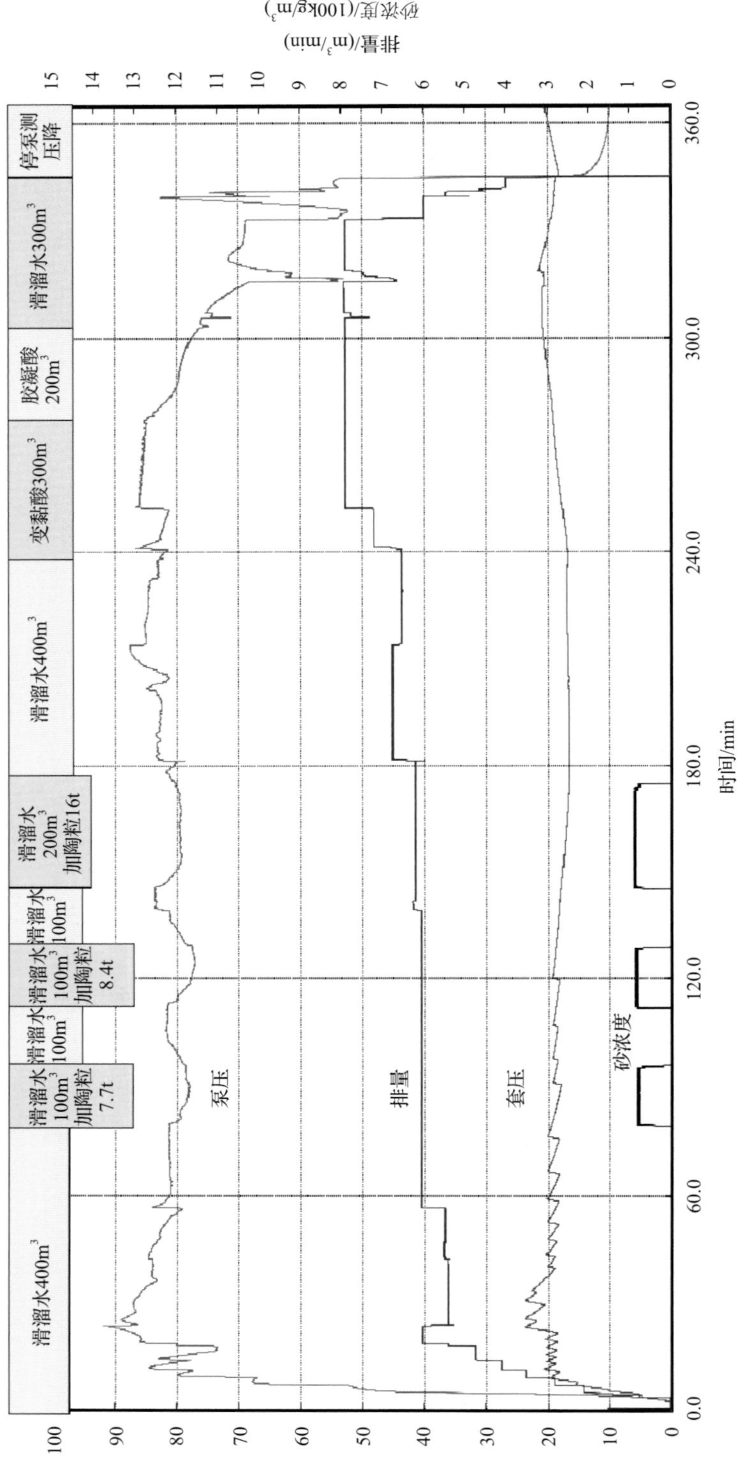

图7.115　G-8井重复酸化压裂施工曲线/min

施工井段为6283.00～6350.00m；施工层位为O_2yj

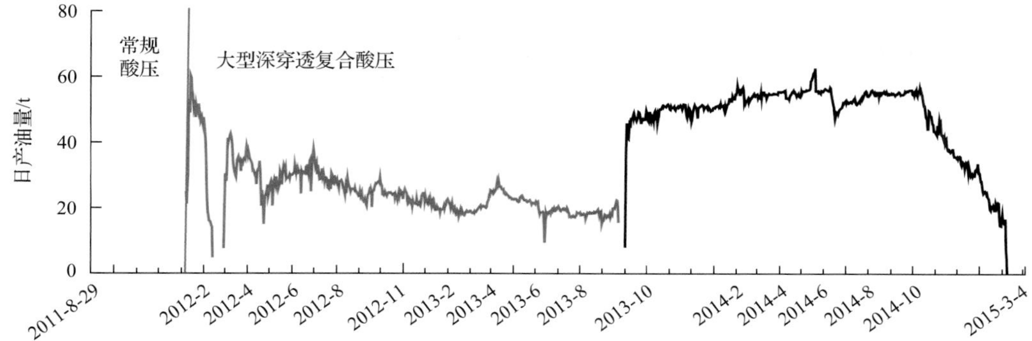

图 7.116　G-8 井重复酸压井产油量曲线

参考文献

[1] 李丹, 伊向艺, 王彦龙, 等. 深层碳酸盐岩储层新型酸压液体体系研究现状. 石油化工应用, 2017, 36(7): 1-5.

[2] 王明元. 高温碳酸盐岩储层深穿透酸压工艺研究. 成都: 西南石油大学硕士学位论文, 2016.

[3] 李小刚, 雷腾蛟, 杨兆中, 等. 酸压工艺进展及展望. 油气井测试, 2014, 23(5): 43-47+77.

[4] 闫钰. 酸化增产技术研究新进展综述. 中小企业管理与科技(下旬刊), 2018(3): 190-191.

[5] 伊向艺, 卢渊, 李沁, 等. 碳酸盐岩储层交联酸携砂酸压改造新技术. 中国科技论文在线, 2010, 837-839.

[6] 车明光, 王永辉, 袁学芳, 等. 交联酸加砂压裂技术的研究和应用. 石油与天然气化工, 2014, 43(4): 413-416.

[7] 刘友权, 王琳, 熊颖, 等. 高温碳酸盐岩自生酸酸液体系研究. 石油与天然气化工, 2011, 40(4): 367-310.

[8] 刘友权, 张燕, 王道成, 等.用于碳酸盐岩储层的自生酸体系. 石油科技论坛(增刊), 2015, 5(11): 165-167.

[9] 王宝峰, 蒋卫东, 胡恩安, 等. 塔里木和田河气田酸化酸压工艺技术研究. 天然气工业, 2001, 21(1): 79-83.

[10] 鄢宇杰, 汪淑敏, 罗攀登, 等. 塔河油田碳酸盐岩油藏控缝高酸压选井原则. 大庆石油地质与开发, 2016, 35(6): 89-92.

[11] 王泽东. 控制水力裂缝高度延伸技术研究. 成都: 西南石油大学硕士学位论文, 2014.

[12] 胡永全, 赵金洲. 人工隔层性质对控缝高压裂效果的影响研究. 钻采工艺, 2008, 31(1): 68-70+154.

[13] 王雷. 碳酸盐岩小跨度控缝高酸压技术新进展. 钻采工艺, 2015, 38(4): 47-50+8.

[14] Luthi S M, Souhaitet P. Fracture apertures from electrical borehole scans. Geophysics, 1990, 55(7): 821-833.

[15] Al-Dahlan M N, Al-Obied M A, Marshad K M, et al. Evaluation of synthetic acid for wells stimulation in carbonate Formations. SPE Middle East Unconventional Resources Conference and Exhibition, Muscat, 2015.

[16] 荣元帅, 何新明, 李新华, 等. 塔河油田碳酸盐岩缝洞型油藏大型复合酸压选井优化论证. 石油钻采工艺, 2011, 33(4): 84-87.

第 8 章　碳酸盐岩缝洞型油藏超深侧钻技术

据不完全统计，国外碳酸盐岩油藏主要为孔隙型和裂缝-孔隙型油藏，分布于中东科威特、沙特阿拉伯、阿联酋、伊朗，北美、欧洲北部等地区[1-8]，往往以钻多分支水平井来提高产量和采收率。国内碳酸盐岩油藏主要分布于塔里木盆地、四川盆地等地区[9-13]，代表性油田为位于塔里木盆地的塔河油田、塔里木油田，位于四川盆地的普光气田、元坝气田和安岳气田。四川盆地碳酸盐岩油藏为裂缝-孔隙型油藏，主要采用水平井来提高单井控制面积，从而实现少井高产。目前四川盆地各气田处于开发早期，主要以水平井为主。塔里木盆地作为我国典型的碳酸盐岩缝洞型油藏发育地区，储集体以缝洞为主，在三维空间上分布复杂、横向变化大、非均质性极强，因此在油田开发前期，主要以钻直井沟通单一缝洞为主要开发方式[14]。

由于碳酸盐岩缝洞型油藏储集体非均质性强，且酸压工艺沟通的距离有限（≤150m），井周一定范围内的储集体得不到有效沟通，造成储量得不到充分动用；若对井周剩余的储集体也采用直井进行开发，由于储层埋藏深(5500～7500m)，钻井周期长，投资成本高；而利用长期停产无潜力井、低产低效井进行侧钻，通过侧钻井眼的定向延伸，可实现与井周储集体的有效沟通，从而提高储量的动用程度[14]。

由于直井的油层套管往往下至储集体顶部，若采用裸眼侧钻，造斜段的垂深增量有限(40～80m)，造成裸眼侧钻时井眼曲率较高(20°～40°/30m)，由此带来轨迹控制难度大、位移延伸困难等一系列难题。自“十五”以来，针对上述难题，通过优化井眼轨迹设计及配套钻具组合、优选钻井液体系，创新形成了超深中短半径水平井侧钻技术，侧钻成本仅为直井的 50%～60%。截至 2017 年年底，超深中短半径水平井侧钻技术已在碳酸盐岩缝洞型油藏中推广应用 900 口井，创造了井深大于 5400m 时最大井眼曲率 50°/30m、最大井斜角 101.8°的国内中短半径侧钻水平井记录，新增可采储量 4100×10^4t，累增油 1200×10^4t。

自“十一五”以来，部分井经过多年的开发后底水抬升，采用中短半径水平井技术侧钻会导致部分井段在抬升的水层中穿行，造成井眼提前水淹，降低了单井产量。为了避免侧钻井眼提前水淹，有必要上提侧钻点，使侧钻井眼避开抬升水体。当侧钻点上提到产层之上的泥岩段时，由于泥岩易垮塌，钻完井时易造成卡钻事故，采油时堵塞油气流动通道且无法处理，因此侧钻井眼在穿泥岩进入产层之前，需要对泥岩地层进行机械封固。“十二五”期间，针对需避水的侧钻井，通过攻关定向随钻扩孔工艺及超深小井眼窄间隙固井工艺，研发强抑制聚胺钻井液体系，配套 120.65mm 小井眼定向钻井工艺，形成了封隔复杂地层的侧钻水平井技术，侧钻成本仅为直井的 60%～70%。截至 2017 年年底，封隔复杂地层侧钻水平井技术已应用 50 口井，其中在我国首次研发并应用定向随钻扩孔技术，创造了定向随钻扩孔最深 7349m 的世界新纪录，新增可采储量 200×10^4t，累增油 20×10^4t。

超深中短半径侧钻水平井技术和封隔复杂地层侧钻水平井技术的形成，实现了碳酸盐岩缝洞型油藏 177.8mm 套管直下的三级结构井、177.8mm 套管悬挂的四级结构井的侧钻技术配套，形成了“一井多侧”的侧钻井技术，填补了国内碳酸盐岩缝洞型油藏超深井侧钻的技术空白。

8.1　超深中短半径侧钻技术

碳酸盐岩缝洞型油藏通过老井侧钻可以有效地沟通井周未动用储集体，降低钻井投资成本；若老井井底水层未抬升，可以采用裸眼侧钻和套管开窗侧钻的方式进行中短半径侧钻技术，目前超深中短半径侧钻水平井技术已成为实现油藏高效开发的重要工程技术手段。

8.1.1　侧钻方式

碳酸盐岩缝洞型油藏侧钻井按侧钻方式主要可分为套管鞋下裸眼侧钻(图 8.1)、套管开窗侧钻两大类，目前主要采用斜向器开窗侧钻[14](图 8.2)。

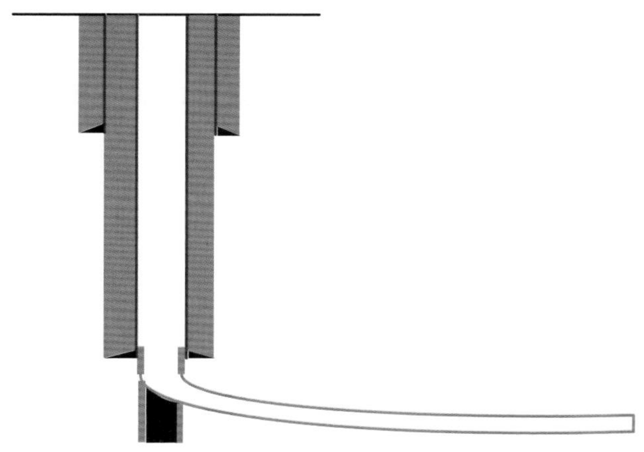

图 8.1　裸眼侧钻

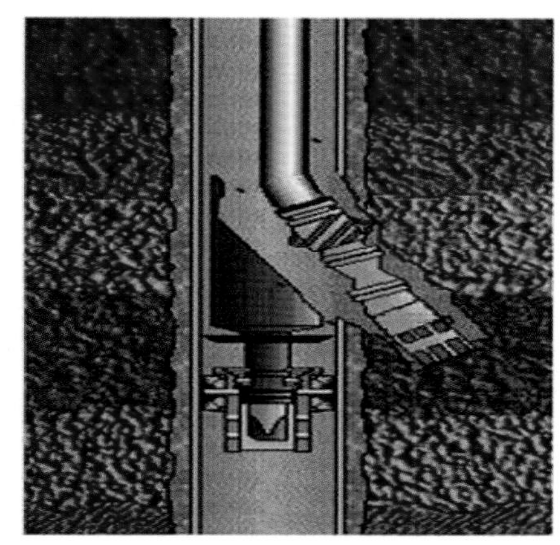

图 8.2　斜向器套管开窗

碳酸盐岩缝洞型油藏老井主要采用卡瓦锚定式斜向器进行套管开窗侧钻，卡瓦锚定式斜向器结构紧凑，施工时操作方便，但由于碳酸盐岩缝洞型油藏井超深(5500～7500m)、套管钢级高(P110 以上)、壁厚(11.51～12.65mm)，卡瓦锚定式斜向器存在座挂不牢、铣锥易磨损、开窗周期长等难题，针对上述难题，对斜向器开窗工具进行了改进。

(1)提高斜向器斜面硬度，采用双角度斜面设计，利于快速开窗。

提高斜向器斜面硬度至 P110(HRC55-58，洛氏硬度)，降低开窗铣锥对斜向器斜面的损伤；斜向器斜面采用双角度复合斜面设计(图 8.3)，即上斜面 3.5°，下斜面 4°；在 3.5°和 4°斜面本体上堆焊细粒硬质合金粉末形成硬质复合斜面，并将堆焊表面打磨光滑；在 4°的硬质复合斜面的正下方设置 120°的扇形硬质合金柱面，增加斜向器抗磨能力；斜向器斜面有效长度大于套管开窗下窗口长度，防止铣锥在切削套管的过程中损伤卡瓦牙使坐封器松动而落井。

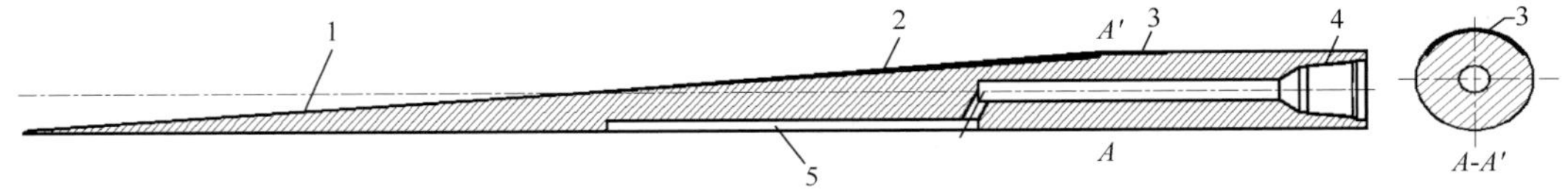

图 8.3　斜向器斜面结构

1.3.5°的斜面本体；2.4°的硬质合金粉末复合斜面；3.120°的扇形硬质合金柱面；4.连接螺纹；5.连接槽

(2) 坐封器采用三级液缸联动加压，双卡坐封，提高坐封力，防止坐封器滑移。

坐封器全液压驱动、三缸联动加压、双卡瓦坐封，能承受较大的轴向载荷和周向载荷，确保侧钻井整个施工过程中坐封稳定可靠，防止滑移。坐封器结构如图 8.4 所示。

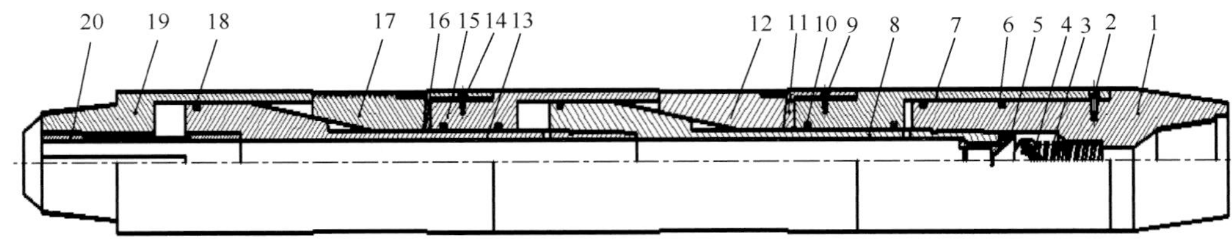

图 8.4　坐封器结构图

1.缸体接头；2.剪钉；3.弹簧；4.钢球；5.限球套；6,10,18.O 形密封圈；7.下缸体；8.下活塞；9.第二防松螺钉；11.下卡瓦座；12.下卡瓦；13.上活塞；14.第一防松螺钉；15.中缸体；16.上卡瓦座；17.上卡瓦；19.上缸体；20.限位马牙

(3) 设计新型复式开窗铣锥，具有强侧切开窗能力。

铣锥头部采用双锥型曲面轮廓，在窗口处有较强的侧切力；两种异型复合超硬材质的牙齿采用等磨损和等切削相结合的原则分布于铣锥表面(图 8.5)，具有机械加工难度小、成本低、开窗周期短等优势[14]。

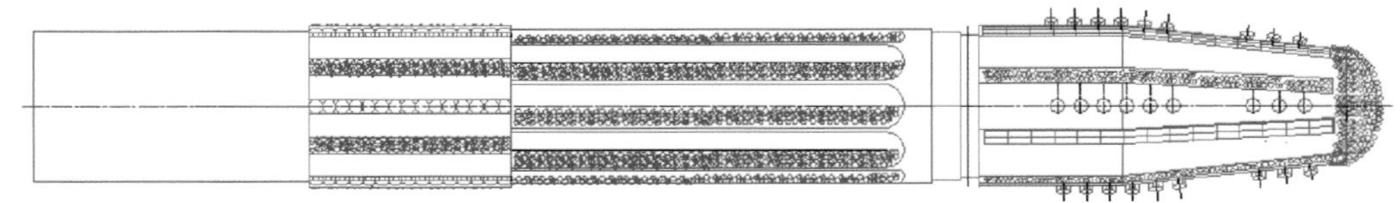

图 8.5　复式铣锥

斜向器开窗具有作业时间短、工序简单、磨铣套管少、对钻井液性能依赖程度低等优点，是碳酸盐岩缝洞型油藏深井的主要开窗侧钻方式，目前主要应用于深部地层 Φ177.8mm 和 Φ193.7mm 套管开窗侧钻。

8.1.2　超深中短半径水平井侧钻难点

对于无避水要求的侧钻井，往往从老井油层套管鞋下的裸眼井段进行侧钻。受侧钻靶点与侧钻点之间的垂深增量限制，一般要求在 80m 的垂直井段内完成造斜。若不能满足裸眼侧钻条件，往往需上提侧钻点至奥陶系风化壳上部稳定地层进行套管斜向器开窗侧钻。受碳酸盐岩缝洞型油藏埋藏深度、地层温度和老井井眼尺寸的限制，裸眼和斜向器开窗侧钻主要难点如下[14]。

(1) 造斜井段短，井眼曲率高，轨迹测量数据滞后，轨迹控制难度大。

(2) 井眼曲率变化大，钻具在井眼中受弯曲应力影响易发生脱扣、折断等事故。

(3) 井深、井眼曲率高导致定向段摩阻大、易托压，难以有效持续地钻进，水平位移延伸难度大。

(4) 88.9mm 小尺寸钻具柔性大，采用滑动方式钻进时，由于摩阻大，易发生钻柱“自锁”；采用复合钻进时，处于高曲率井段的钻柱受到较高的弯曲应力影响，易发生疲劳破坏。

(5) 受井深（斜深 5700～8500m）、井眼尺寸（149.2mm）和钻具水眼尺寸限制，水力排量小、泵压高，井眼清洁难度大。

8.1.3　井眼轨迹优化设计

侧钻水平井轨迹设计是在已知井身和井底靶点参数（井深、井斜、方位、位移、垂深）的情况下，设计出合理轨迹参数，保证设计出的轨迹既能满足地质目标的要求，又满足施工工艺技术的要求。

1. 井眼轨迹设计思路

结合碳酸盐岩缝洞型油藏深井侧钻实钻情况，主要从以下 3 个方面进行井眼轨迹优化设计。

(1) 有利于井眼轨迹控制：若侧钻点的闭合方位与靶点的闭合方位有较大偏差，为了降低造斜井段的钻井难度，侧钻后应尽早将实钻方位调整到水平段中靶方位。

(2) 轨迹应尽可能简单，有利于提高机械钻速：适当提高稳斜段和水平段长度，通过调整滑动钻进和复合钻井的比例，减少起下钻次数，提高机械钻速。

(3) 有利于降低摩阻和扭矩：在满足有效钻遇储层的情况下，尽可能采用较低的井眼曲率；设计水平段稳斜角小于 90°，有利于降低摩阻、水平段位移的有效延伸和后期完井作业。

2. 井眼轨迹设计方法

由于侧钻点和靶点不在同一个铅垂面内，已有的二维平面设计方法已不能满足侧钻水平井待钻轨迹设计的需要。由于侧钻点位置及老井的初始井斜、方位对侧钻水平井起始造斜段的影响，采用考虑三维空间位置和方向约束的斜面法设计方法[15]。首先建立空间斜平面坐标系，即一个整体坐标系 $O\text{-}XYZ$（图 8.6），一个局部坐标系 $A\text{-}\xi\eta\zeta$（图 8.7），另一个局部坐标系 $C\text{-}\xi\eta\zeta$（图 8.8），空间斜平面圆弧轨迹设计数学模型如图 8.6 所示，通常这两个空间圆弧不在同一个斜平面内，如果在同一平面就简化为常规二维轨迹设计模型。

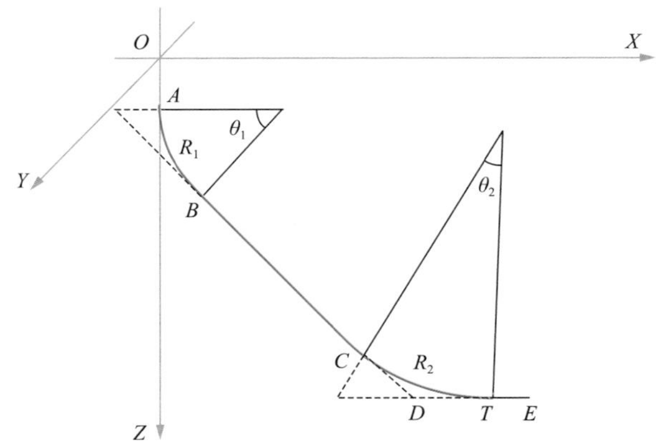

图 8.6 空间斜平面法三维轨道设计几何模型

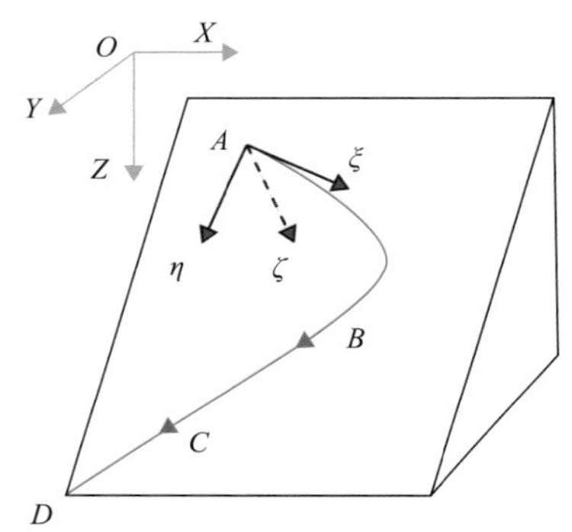

图 8.7 局部坐标系 $A\text{-}\xi\eta\zeta$ 示意图

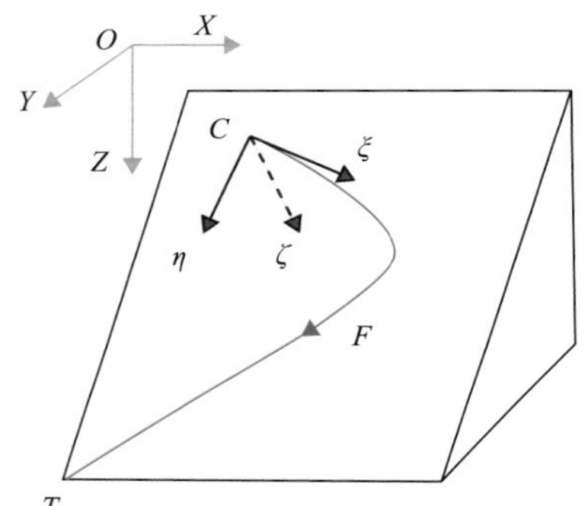

图 8.8 局部坐标系 $C\text{-}\xi\eta\zeta$ 示意图

在坐标系中，整体坐标系 $O\text{-}XYZ$ 以井口为原点 O，X 为北坐标，Y 为东坐标，Z 为垂深；局部坐标系 $A\text{-}\xi\eta\zeta$ 是以起始造斜点 A 为原点的右手法则直角坐标系，其中，井眼切线方向为 ξ 轴的方向，η 轴与 ξ 轴垂直，ζ 轴垂直于斜平面。局部斜平面坐标系 $C\text{-}\xi\eta\zeta$ 与 $A\text{-}\xi\eta\zeta$ 局部坐标系基本相同，不同之处在于 $C\text{-}\xi\eta\zeta$ 坐标系的原点为 C 点。

在模型中，由于终点坐标、井斜角和方位角 $(X_T, Y_T, Z_T, \alpha_T, \Phi_T)$ 及最后的稳斜段长度 (ΔL_t) 预先给定，故根据给定的井眼方位，过 T 点可以作出井眼轨迹的切线。在井眼的反向延长线上，取初值长度 u_0 确定出 D 点的位置，进而确定 D 点坐标：

$$\begin{cases} X_D = X_T - (\Delta L_t + u_0)\sin\alpha_T\cos\Phi_T \\ Y_D = Y_T - (\Delta L_t + u_0)\sin\alpha_T\sin\Phi_T \\ Z_D = Z_T - (\Delta L_t + u_0)\cos\Phi_T \end{cases} \tag{8.1}$$

式中，X_D、Y_D、Z_D 分别为 D 点在坐标系 $O\text{-}XYZ$ 下沿 X、Y、Z 方向的坐标值；X_T、Y_T、Z_T 分别为 T 点在坐标系 $O\text{-}XYZ$ 下沿 X、Y、Z 方向的坐标值；α_T 为终点 T 点的井斜角，(°)；Φ_T 为终点 T 点的方位角，(°)。

得到 D 点坐标之后，起始点 A 的井眼切线与 D 点构成一个三维空间斜平面，即坐标

系 A-$\xi\eta\zeta$ 的坐标面(图 8.7)。

在局部坐标系 A-$\xi\eta\zeta$ 中，假设 ξ 坐标轴上的单位坐标矢量为 $\boldsymbol{a}$，η 坐标轴上的单位坐标矢量为 $\boldsymbol{b}$，ζ 坐标轴上的单位坐标矢量为 $\boldsymbol{c}$。由空间解析几何关系可知，矢量 $\boldsymbol{a}$ 可由式(8.2)来确定。

$$\begin{cases} a_X = \sin\alpha_A \cos\Phi_A \\ a_Y = \sin\alpha_A \sin\Phi_A \\ a_Z = \cos\alpha_A \end{cases} \tag{8.2}$$

A 点到 D 点的单位矢量 $\boldsymbol{d}$ 可以由式(8.3)表示：

$$\begin{cases} d_X = (X_D - X_A)/d \\ d_Y = (Y_D - Y_A)/d \\ d_Z = (Z_D - Z_A)/d \end{cases} \tag{8.3}$$

式中，$d = \sqrt{(X_D - X_A)^2 + (Y_D - Y_A)^2 + (Z_D - Z_A)^2}$。

因为 $\boldsymbol{c} = \boldsymbol{a} \times \boldsymbol{d}$，所以可知 $\boldsymbol{c}$ 的方向余弦为

$$\begin{cases} c_X = (a_Y d_Z - d_Y a_Z)/c \\ c_Y = (a_Z d_X - d_Z a_X)/c \\ c_Z = (a_X d_Y - d_X a_Y)/c \end{cases} \tag{8.4}$$

式中，$c = \sqrt{(a_Y d_Z - d_Y a_Z)^2 + (a_Z d_X - d_Z a_X)^2 + (a_X d_Y - d_X a_Y)^2}$。

又因为 $\boldsymbol{a}$、$\boldsymbol{b}$、$\boldsymbol{c}$ 均为单位矢量，且 $\boldsymbol{b} = \boldsymbol{c} \times \boldsymbol{a}$，$\boldsymbol{a} \perp \boldsymbol{b}$，所以可知 $\boldsymbol{b}$ 的方向余弦为

$$\begin{cases} b_X = c_Y a_Z - a_Y c_Z \\ b_Y = a_X c_Z - a_Z c_X \\ b_Z = c_X a_Y - a_X c_Y \end{cases} \tag{8.5}$$

因此，根据坐标系的转换关系，可以得到 D 点从整体坐标系 O-XYZ 到局部坐标系 A-$\xi\eta\zeta$ 的坐标转换公式：

$$\begin{bmatrix} \xi_D \\ \eta_D \\ \zeta_D \end{bmatrix} = \begin{bmatrix} a_X & a_Y & a_Z \\ b_X & b_Y & b_Z \\ c_X & c_Y & c_Z \end{bmatrix} \begin{bmatrix} X_D - X_A \\ Y_D - Y_A \\ Z_D - Z_A \end{bmatrix} \tag{8.6}$$

在斜平面上设计井眼轨道时，可将三维问题转化成二维问题，从而由式(8.6)可得 D 点在局部坐标系 A-$\xi\eta\zeta$ 中的坐标。

根据图 8.9 所示的几何关系，可得

$$\xi_D = R_1 \tan\frac{\theta_1}{2} + \frac{\eta_D}{\tan\theta_1} \tag{8.7}$$

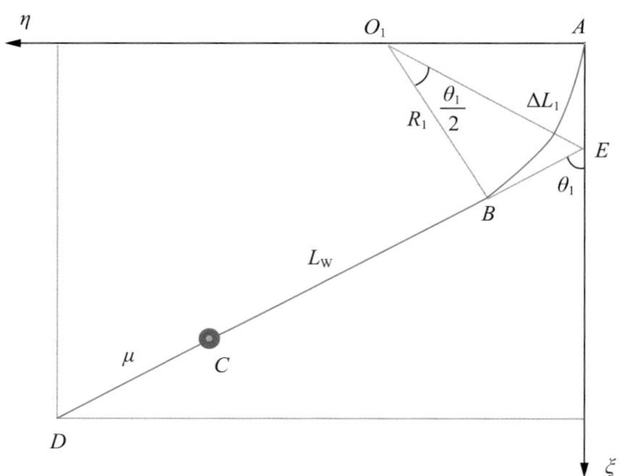

图 8.9 空间斜平面 $\eta A\xi$ 内轨迹曲线示意图

由式(8.7)可得

$$\tan\frac{\theta_1}{2}=\begin{cases}\dfrac{\xi_D-\sqrt{\xi_D^2+\eta_D^2-2R_1\eta_D}}{2R_1-\eta_D}, & \eta_D\neq 2R_1\\ \dfrac{\eta_D}{2\xi_D}, \quad \eta_D=2R_1\end{cases} \tag{8.8}$$

式(8.8)需满足 $\xi_D^2+\eta_D^2-2R_1\eta_D\geqslant 0$ 才成立；若 $\xi_D^2+\eta_D^2-2R_1\eta_D\leqslant 0$，则该轨迹不存在。进而得到与上下两段圆弧均相切的稳斜段的井斜角 α_w 和方位角 Φ_w：

$$\cos\alpha_w=\cos\theta_1 a_z+\cos\theta_1 b_z \tag{8.9}$$

$$\tan\Phi_w=\frac{a_Y+b_Y\tan\theta_1}{a_X+b_X\tan\theta_1} \tag{8.10}$$

由于 C 点在稳斜段上，它的井斜角和方位角分别就是 α_w 和 Φ_w。

建立第二局部空间斜平面坐标系 C-$\xi\eta\zeta$，第二斜平面内的轨迹曲线如图 8.10 所示。

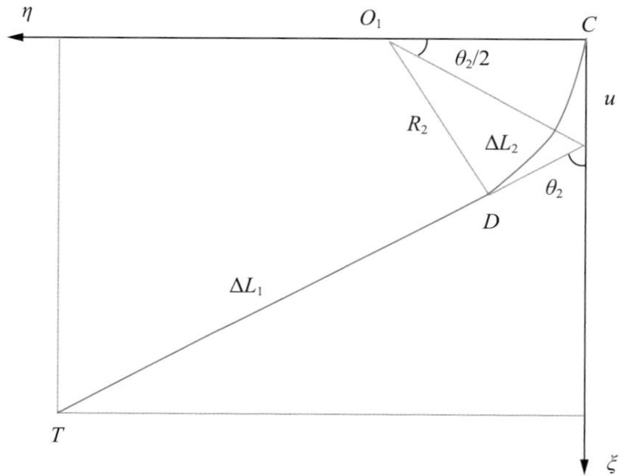

图 8.10 第二空间斜平面 $\eta C\xi$ 内轨迹曲线示意图

由最小曲率法计算狗腿角的公式可得

$$\cos\theta_2 = \cos\alpha_{\mathrm{w}}\cos\alpha_{\mathrm{T}} + \sin\alpha_{\mathrm{w}}\sin\alpha_{\mathrm{T}}\cos(\Phi_{\mathrm{T}} - \Phi_{\mathrm{w}}) \tag{8.11}$$

由式(8.11)计算得到θ_2后，即可根据图 8.10 中所示在第二个局部坐标系中根据几何关系得出第二圆弧段新的切线长度：

$$u = R_2 \tan\frac{\theta_2}{2} \tag{8.12}$$

上述方法需要先根据 u_0 确定 D 点位置，这种方法是一个迭代求解过程，对于预先给定的计算精度 ε，若满足$|u-u_0|<\varepsilon$，则迭代计算结束；否则令 $u=u_0$，重复上述计算，直到满足精度要求为止。迭代计算完成后，可以根据第二圆弧段的新切线长度求出第一圆弧段长度 ΔL_1 和稳斜段长度 ΔL_{w}：

$$\Delta L_1 = \theta_1 R_1 \tag{8.13}$$

$$\Delta L_{\mathrm{w}} = \sqrt{\xi_{\mathrm{D}}^2 + \eta_{\mathrm{D}}^2 - 2R_1\eta_{\mathrm{D}}} - u \tag{8.14}$$

再根据图 8.10 中所示几何关系可以计算出第二圆弧段长度 ΔL_2：

$$\Delta L_2 = \theta_2 R_2 \tag{8.15}$$

式中，θ 为圆弧圆心角度数，rad；R 为圆弧半径，m；α、Φ 分别为井斜角和方位角，(°)；ξ_{D}、η_{D} 分别是 D 点在局部坐标系 A-$\xi\eta\zeta$ 下沿着 ξ、η 方向的坐标值。

3. 侧钻水平井轨迹设计

受碳酸盐岩缝洞型油藏特征和老井条件限制，为满足中短半径水平井高井眼曲率的要求，井眼轨迹采用连续增斜的“直—增—平”单圆弧轨迹和“直—增—稳—增—平”双增轨迹设计。

1) 裸眼侧钻水平井轨迹设计

碳酸盐岩缝洞型油藏奥陶系风化壳以下约 80m 垂深内地层是主要油气发育层段，因此侧钻水平井靶区的设计垂深均在风化壳以下 80m 左右，而老井的油层套管均下至奥陶系风化壳顶界位置，限制了裸眼侧钻造斜点位置的上移。由于随钻测量工具(measurement while drilling，MWD)工作时易受套管磁干扰，因此造斜点必须选在套管鞋下 10～15m 的位置，故造斜段的垂深增量往往要控制在 65m 以内，通常井眼曲率在 20°/30m～40°/30m。轨迹设计实例见表 8.1。

表 8.1　H-1CH 侧钻中短半径水平井井身轨迹设计数据

井深/m	井斜/(°)	方位/(°)	垂深/m	N 坐标/m	E 坐标/m	视平移/m	闭合方位/(°)	闭合距/m	井眼曲率/[(°)/30m]	靶点
5518.00	1.01	149.60	5517.66	−21.33	29.09	−1.46	126.25	36.07	0.00	
5522.39	3.00	225.62	5522.04	−21.45	29.03	−1.33	126.46	36.09	20.00	
5613.65	90.00	225.62	5579.00	−63.43	−13.87	58.24	192.33	64.93	28.60	
5847.50	90.00	225.62	5579.00	−226.99	−180.99	290.32	218.57	290.32	0.00	*B*

2) 套管开窗侧钻井轨迹设计

碳酸盐岩缝洞型油藏部分老井因不能满足裸眼侧钻的条件，故上提侧钻点进行斜向器开窗侧钻。开窗侧钻点选择在奥陶系储层上部固井质量好、井壁稳定性好的地方，开窗后为了避免 MWD 受到磁干扰，先设计 10～15m 的盲打段，采用“直—增—稳—增—平“双增轨迹，第一增斜段采用高井眼曲率快速增斜至较大的井斜角，再稳斜钻井，第二段采用低井眼曲率钻至水平段，采用双增轨迹设计可以减小摩阻和扭矩，提高机械钻钻速。轨迹设计实例见表 8.2。

表 8.2　H-2CH 侧钻中短半径水平井井身轨迹设计数据

井深/m	井斜/(°)	方位/(°)	垂深/m	N 坐标/m	E 坐标/m	视平移/m	闭合方位/(°)	闭合距/m	井眼曲率/[(°)/30m]	靶点
6498.00	0.14	157.48	6472.79	–145.90	70.44	152.01	154.23	162.02	0.00	
6510.31	3.00	184.05	6485.10	–146.24	70.43	152.35	154.29	162.31	7.00	
6618.31	75.00	184.05	6563.62	–209.66	65.93	215.04	162.54	219.79	20.00	
6806.89	75.00	184.05	6612.43	–391.36	53.06	394.65	172.28	394.94	0.00	
6845.89	88.00	184.05	6618.18	–429.75	50.34	432.60	173.32	432.69	10.00	
6898.12	88.00	184.05	6620.00	–481.82	46.65	484.07	174.47	484.07	0.00	*B*

8.1.4　侧钻水平井钻柱优化设计

钻柱设计是否合理是定向钻井能否成功的关键技术之一。对于超深中短半径侧钻水平井，钻柱结构不仅要满足强度要求，而且要在降低摩阻扭矩的同时，尽量降低水力沿程压耗。由于碳酸盐岩缝洞型油藏中短半径侧钻水平井超深，钻柱下部使用小尺寸钻杆时可能因摩阻、扭矩过大出现钻柱脱扣、扭断等井下复杂情况，严重影响钻进效率，因此钻柱优化设计的重点是在满足钻柱强度要求的情况下，尽可能地减小钻柱的摩阻和扭矩，同时最大限度地降低水力循环压耗。

1. 钻柱三维摩阻扭矩分析模型的建立

1) 基本假设条件

(1) 钻柱与井壁连续接触，钻柱轴线与井眼轴线一致。
(2) 井壁为刚性。
(3) 钻柱单元体所受的重力、摩阻力均匀分布。
(4) 计算单元体为空间斜平面上的一段圆弧。

2) 摩阻、扭矩模型的建立与求解

在井眼轴线坐标系上任取一弧长为 ds 的微元体 AB，对其进行受力分析，以 A 点为始点，其轴线坐标为 s，B 点为终点，其轴线坐标为 s+ds，单元体的受力如图 8.11 所示[16]。

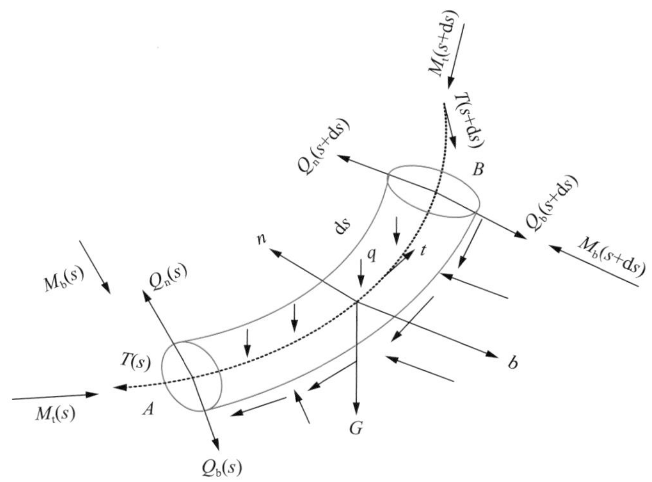

图 8.11 微元段钻柱受力分析

Q_n、Q_b 为曲线坐标 s 处的主法线和副法线方向的剪切力，N

由图 8.11 可知，在考虑钻柱刚度的情况下，微元段管柱受到重力 G、剪切力 Q、扭矩 M_t、轴向力 T、弯矩 M_b、管柱与井壁的摩擦力 F_μ 等外力的影响。侧钻水平井采用全刚度钻柱摩阻、扭矩计算模型：

$$\begin{cases}\dfrac{dT}{ds}+K\dfrac{dM_b}{ds}\pm\mu_a N-q_m K_f\cos\alpha=0\\ \dfrac{dM_t}{ds}=\mu_t RN\\ -\dfrac{d^2M_b}{ds^2}+KT+\tau(\tau M_b+KM_t)+N_n-q_m K_f\cos\dfrac{K_a}{K}=0\\ -\dfrac{d(KM_b+\tau M_t)}{ds}-\tau\dfrac{dM_b}{ds}+N_b-q_m K_f\sin^2\alpha\dfrac{K_\phi}{K}=0\\ N^2=N_n^2+N_b^2\end{cases} \tag{8.16}$$

式中，

$$\begin{cases}K=\left|\dfrac{d^2\gamma}{ds^2}\right|=\sqrt{K_a^2+K_\phi^2\sin^2\alpha}\\ K_a=\dfrac{d\alpha}{ds}\\ K_\phi=\dfrac{d\phi}{ds}\\ K_f=1-\dfrac{\gamma_m}{\gamma_s}\end{cases}$$

dT 为管柱微元段上轴向力增量，N；T 为微元段上的轴向力，N；ds 为管柱微元段上长度增量，m；R 为钻柱半径，m；α 为井斜角，(°)；K_f 为浮力系数，无量纲；q_m 为单位钻柱长度重量，N/m；τ 为井眼挠率，rad/m；K_a 为井斜变化率，rad/m；K_ϕ 为井斜变化率，rad/m；K 为井眼曲率，(°)/m；N 为正压力，N；M_b 为管柱微段上的弯矩，N·m；M_t 钻柱所受扭矩，N·m；N_n、N_b 为主法线和副法线方向的均布接触力，N/m；μ 为摩阻系数，μ 在钻柱外半径上提管柱时取"+"，下放管柱取"–"号；μ_a 为滑动摩擦系数，无因次；μ_t 为滚动摩擦系数，无因次；γ_m、γ_s 分别为钻井液密度和钢的密度，g/cm³。应用到具体工况时有如下表达式。

起下钻大钩载荷：

$$T = \int_0^s q_m K_f \cos\alpha \mathrm{d}s \pm \mu_a \int_0^s |N| \mathrm{d}s \tag{8.17}$$

空转大钩载荷与扭矩：

$$\begin{cases} T = \int_0^s q_m K_f \cos\alpha \mathrm{d}s \\ M_t = \mu_t R \int_0^s |N| \mathrm{d}s \end{cases} \tag{8.18}$$

转盘钻进大钩载荷与扭矩：

$$\begin{cases} T = \int_0^s q_m K_f \cos\alpha \mathrm{d}s - \mu_a \int_0^s |N| \mathrm{d}s + \mathrm{WOB} \\ M_t = \mu_t R \int_0^s |N| \mathrm{d}s \end{cases} \tag{8.19}$$

滑动钻进大钩载荷与扭矩：

$$\begin{cases} T = \int_0^s q_m K_f \cos\alpha \mathrm{d}s - \mu_a \int_0^s |N| \mathrm{d}s - F_u - F_Y + \mathrm{WOB} \\ M_t = 0 \end{cases} \tag{8.20}$$

式中，WOB 为钻头钻压，N；F_Y 为钻柱垂向接触力，N；F_u 为钻柱所受摩擦力，N。

3) 钻柱屈曲分析

在钻进过程中，钻柱本身的重力使管柱与井壁摩擦，使钻柱在受压时发生屈曲。钻柱屈曲后，由于井壁的限制，在一定程度上还将保持钻柱的稳定性，当轴向压缩载荷达到钻柱的屈服极限时，钻柱将破坏。

(1) 垂直井段的临界载荷计算。

不考虑自身重量时，垂直钻柱的临界弯曲载荷可以按式(8.21)、式(8.22)取值[17]。

正弦屈曲载荷：

$$F_{cr} = \frac{\pi^2 EI}{p^2} \tag{8.21}$$

螺旋屈曲载荷：

$$F_{\mathrm{hel}}=\frac{8\pi^2 EI}{p^2} \tag{8.22}$$

考虑钻柱重量后正弦弯曲临界载荷为[18]

$$F_{\mathrm{cr}}=\left(\frac{27\pi^2 EIq}{16}\right)^{\frac{1}{3}}\approx 2.55(EIq^2)^{\frac{1}{3}} \tag{8.23}$$

Wu 和 Juvkam[19]给出了具有足够的精确度的钻柱螺旋屈曲临界载荷公式：

$$F_{\mathrm{hel}}=5.55(EIq^2)^{\frac{1}{3}} \tag{8.24}$$

式(8.21)～式(8.24)中，E 为杨氏弹性模量，Pa；I 钻柱惯性矩，m^4；q 为钻柱在钻井液中线重，N/m；p 钻具屈曲时螺距，m。

(2)斜直井段临界屈曲载荷计算。

对于斜直井段，考虑井斜角 α 后，轴向压缩载荷是沿 x 轴变化的量，如果认为轴向压缩载荷为常量，近似地可以得到正弦临界屈曲载荷：

$$F_{\mathrm{cr}}=2\left(\frac{EIq\sin\alpha}{r}\right)^{0.5} \tag{8.25}$$

式中，r 为钻柱中心与井眼中心之间的距离，m。

对于螺旋屈曲的临界载荷：

$$F_{\mathrm{hel}}=\sqrt{2}F_{\mathrm{cr}}=2\sqrt{2}\left(\frac{EIq\sin\alpha}{r}\right)^{0.5} \tag{8.26}$$

(3)弯曲井段临界载荷计算。

在弯曲井眼中发生正弦或螺旋弯曲时，假设计算单元段的两端为铰支，并且不记单元段的重量，井眼的曲率半径为 R，预测正弦或螺旋临界载荷为

$$F_{\mathrm{cr}}=\frac{2EI}{rR}\left(1+\left(1+\frac{q\sin\bar{\alpha}rR^2}{2EI}\right)^{0.5}\right) \tag{8.27}$$

$$F_{\mathrm{hel}}=\frac{4EI}{rR}\left(1+\left(1+\frac{q\sin\bar{\alpha}rR^2}{2EI}\right)^{0.5}\right) \tag{8.28}$$

式中，$\bar{\alpha}$ 为平均井斜角，(°)。

(4)水平井段临界屈曲载荷计算。

通过弹性力学理论可以推导出水平井段的正弦屈曲载荷：

$$F_{\text{cr}} = 2\left(\frac{EIq}{r}\right)^{0.5} \tag{8.29}$$

在钻柱发生正弦屈曲后，如果增大轴向压缩载荷，钻柱将发生螺旋屈曲。对于螺旋屈曲：

$$F_{\text{hel}} = 2\sqrt{2}\left(\frac{EIq}{r}\right)^{0.5} \tag{8.30}$$

(5) 屈曲井段摩阻分析。

①钻柱与井壁的附加接触压力

正弦屈曲和螺旋屈曲时的附加接触压力分别按式(8.31)，式(8.32)取值。

正弦屈曲时附加接触压力：

$$\overline{\omega}_{\text{n}} = \frac{rF^2}{8EI} \tag{8.31}$$

螺旋屈曲时附加接触压力：

$$\overline{\omega}_{\text{n}} = \frac{rF^2}{4EI} \tag{8.32}$$

对于倾斜井段，杆柱发生正弦屈曲时：

$$\overline{\omega}_{\text{n}} = 0.5\beta^2\overline{\omega}_{\text{e}}\sin\alpha \tag{8.33}$$

杆柱发生螺旋屈曲时：

$$\overline{\omega}_{\text{n}} = 2\beta^2\overline{\omega}_{\text{e}}\sin\alpha \tag{8.34}$$

式(8.31)～式(8.34)中，F 为钻具所受轴向力，N；β 为反应钻柱屈曲形态的系数；$\overline{\omega}_{\text{n}}$ 为钻柱与井壁的附加接触压力，N；$\overline{\omega}_{\text{e}}$ 为钻柱所受重力，N。若取 β=1，发生正弦屈曲时附加接触压力为重力分量的 0.5 倍，而发生螺旋屈曲时，附加接触压力为重力分量的 2 倍。

②钻柱屈曲影响下摩阻模型的修正

摩阻和扭矩的求解实际上是侧向压力合力的求解，只要求得侧向压力合力，由摩擦力公式和扭矩计算公式可求得单元杆柱的摩擦力和扭矩。钻柱屈曲时，侧向合力应该叠加附加接触压力的影响：

$$N = \overline{\omega}_{\text{n}} + N_0 \tag{8.35}$$

式中，N 为钻柱单位长度上的侧向力，N；N_0 为不考虑钻柱屈曲时钻柱与井壁的接触力，N；$\overline{\omega}_{\text{n}}$ 为钻柱屈曲时的附加接触压力，N。

③摩阻的取值

钻柱的运动可以分为轴向运动和周向运动，根据两种运动速度的大小比例可以将总的摩阻沿轴向和周向进行分解，分解后的摩阻力可以简单地表示为

$$
\begin{cases}
F_{\mathrm{a}} = N\dfrac{\mu V_{\mathrm{a}}}{\sqrt{V_{\mathrm{a}}^2 + V_{\mathrm{t}}^2}} \\
F_{\mathrm{t}} = N\dfrac{\mu V_{\mathrm{t}}}{\sqrt{V_{\mathrm{a}}^2 + V_{\mathrm{t}}^2}}
\end{cases}
\tag{8.36}
$$

式中，N 为钻柱单位长度上的侧向力，N；V_{a} 为钻柱的轴向速度，m/s；V_{t} 为钻柱的周向速度，m/s，$V_{\mathrm{t}} = \dfrac{D_i n\pi}{1000\times 60}$，其中，$D_i$ 为钻柱直径，m；n 为转速，r/min；F_{a} 为钻柱单位长度上轴向摩阻力，N；F_{t} 钻柱单位长度上周向摩阻力，N；μ 井眼摩阻系数，无量纲。

影响摩阻的因素包括岩石性质、泥饼质量、压差及接触面积。水平井往往都具有长裸眼段，建立裸眼中的分段摩阻系数可以改进摩阻和扭矩计算精度。

2. 侧钻井钻柱摩阻扭矩分析

H-3CH 侧钻水平井在 Φ177.8mm 油层套管内采用斜向器开窗侧钻，侧钻点深度 5452m，轨道设计为“直—增—平”单圆弧轨迹，井眼曲率为 24°/30m。

造斜段钻具组合：Φ149.2mm 钻头+Φ120mm(3°)弯外壳螺杆+Φ120mmMWD 无磁钻铤+无磁承压钻杆＋Φ88.9mm 钻杆×24 根＋Φ89mm 加重钻杆×24 根＋Φ88.9mm 钻杆。

水平段钻具组合：Φ149.2mmPDC 钻头＋Φ120mm 弯外壳螺杆(1.25°)×5.42m＋Φ120mm MWD 无磁钻铤×2.37m＋Φ120mm 无磁承压钻杆×8.76m＋Φ89mm 斜坡钻杆×74.84m＋Φ89mm 加重钻杆×87.6m＋Φ89mm 钻杆。

计算参数：钻井液密度为 1.18g/cm³，扭矩为 2.5kN.m，钻压为 40kN，转速为 120r/min，起钻、下钻、倒划眼管柱运动速度为 0.17m/s，钻进 0.01m/s，裸眼摩擦系数为 0.35，套管摩擦系数为 0.25。

图 8.12 和图 8.13 是 H-3CH 侧钻中短半径水平井不同工况下井口大钩载荷和扭矩随深度的变化，计算结果表明，在施工过程中即使采用滑动钻进调整井眼轨迹，井口也有足够的载荷克服摩阻，不会导致“拖压”现象，且扭矩均较小。

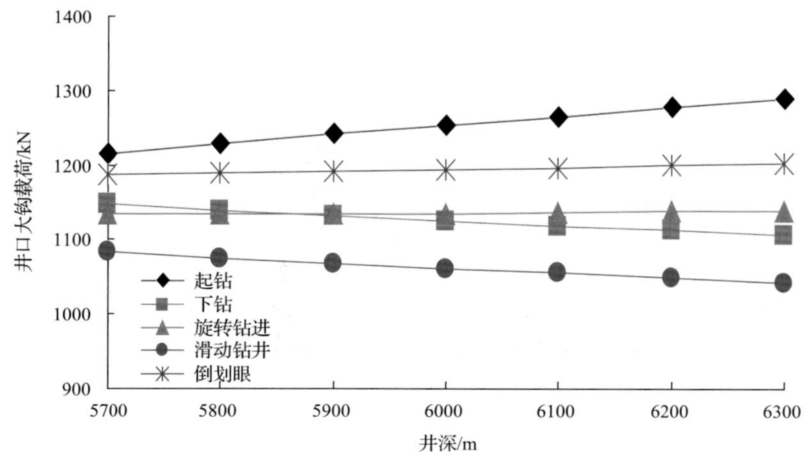

图 8.12　不同工况下大钩载荷随井深变化图

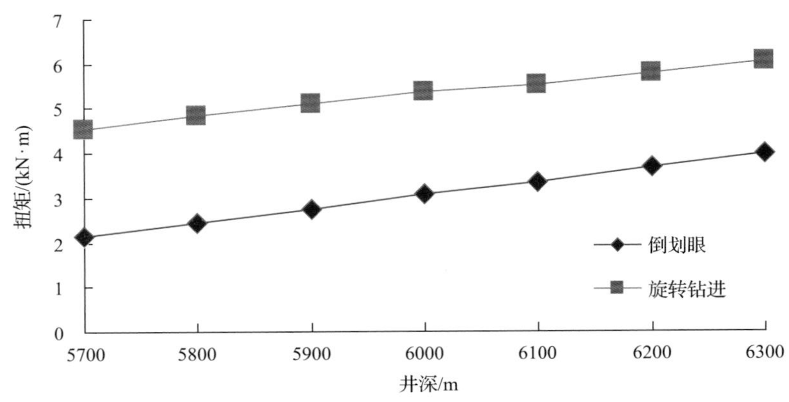

图 8.13　不同工况下扭矩随井深变化图

3. 实钻中采取的主要技术对策

为了降低钻具疲劳破坏，减少钻具事故的发生，实钻中需加强钻具使用管理。

(1) 施工中，每钻进 1～2 趟钻倒换弯曲井段的钻柱位置，避免钻柱长时间受交变应力作用，发生疲劳破坏。

(2) 造斜段和水平段全部使用斜坡钻杆，加重钻杆放在直井段，减小钻柱摩阻，增加钻柱的抗压失稳能力。

8.1.5　中短半径水平井轨迹控制技术

侧钻中短半径水平井井眼曲率较高，但 MWD 传感器与钻头间存在一定的距离，导致测量参数滞后，轨道控制回旋余地较小。如果井眼曲率预测存在偏差或工艺措施考虑不周，会使轨迹控制陷入被动，最终甚至填井，因此中短半径水平井井眼轨迹控制在施工作业中应根据定向钻井理论、轨迹预测技术和同区块施工经验共同决策、全面规划，最终确定科学的钻具组合、钻进参数和合理的钻井措施。

1. 影响井眼轨迹控制因素分析

中短半径水平井具有曲率半径小、井眼曲率高的特点，侧钻时要求钻具组合必须具有：①较高的造斜能力；②通过中短曲率半径井段的能力；③一定的导向性。在选择造斜钻具时，必须预测和控制其井眼曲率。预测和控制井眼曲率首先要分析造斜机理及其影响因素，建立井眼曲率的计算分析模型，并根据实钻资料进行检验和修正，影响井眼曲率的因素有以下几个方面。

(1) 钻具组合的类型与结构参数[螺杆尺寸、结构弯角大小、位置、个数，底部钻具组合(bottom hole assembly，BHA)尺寸等]。

(2) 井眼几何参数(井眼尺寸、井斜角和方位角、井眼曲率等)。

(3) 钻井工艺参数(钻压等)。

(4) 地层特性参数(地层倾角和走向、岩石各向异性指数、岩石强度等)。

(5) 钻头类型和特性参数(钻头分类及其结构、钻头尺寸、钻头侧向切削能力等)。

在上述因素中，地层特性和井身几何参数不可改变，其余三类因素可控。碳酸盐岩缝洞型油藏超深中短半径水平井在造斜钻进过程中普遍采用高井眼曲率的弯壳体螺杆钻具；由于螺杆结构原因，钻头所受侧向力往往比长半径水平井钻井大得多，超深中短半径水平井侧钻时，弯外壳螺杆造斜能力基本上决定了井眼曲率。

2. 弯外壳螺杆钻具造斜能力分析

对于螺杆钻具组合，螺杆钻具的抗弯刚度和其上所加钻具的抗弯刚度一般不相等，因此，螺杆钻具组合是一个变刚度问题[20]；同时由于螺杆钻具存在结构弯角，可根据弯矩相等将其等效为有一等效集中载荷作用在结构弯角来进行处理。

1) 均布载荷和弯矩同时作用下的力学模型

图 8.14 是均布载荷和弯矩同时作用下的力学模型示意图。

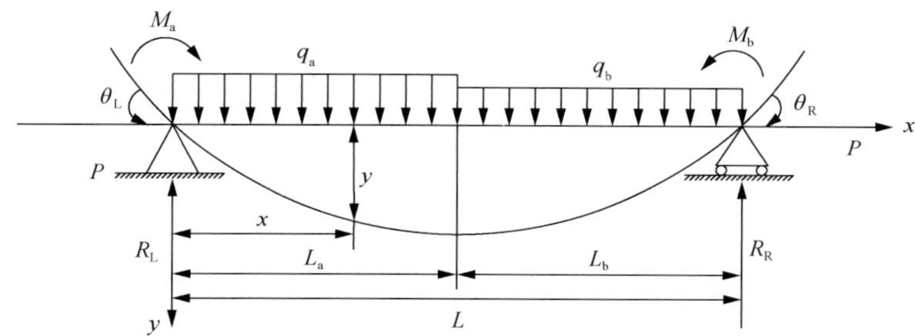

图 8.14　轴向载荷与横向均布载荷及弯矩联合作用情况

θ^L 为梁左端转角，rad；θ^R 为梁右端转角，rad；P 为梁柱两端轴向力，N；M_a 为梁柱左端弯矩，N·m；M_b 为梁柱右端弯矩，N·m；R_L 为梁柱左支点支反力，N；R_R 为梁柱右支点支反力，N；L 梁柱长度，N；q_a 为螺杆线重量，N/m；q_b 为钻具线重量，N/m；L_a 为螺杆长度，m；L_b 为钻具长度，m

梁柱端部转角的计算公式如下：

$$\theta_L = A_a^L M_a + A_b^L M_b + A_c^L \tag{8.37}$$

$$\theta_R = A_a^R M_a + A_b^R M_b + A_c^R \tag{8.38}$$

式中，

$$A_a^L = \frac{1}{P}\left[\frac{K_a}{C_\Delta}(K_a \sin K_a L_a \sin K_b L_b - K_b \cos K_b L_b \cos K_a L_a) + \frac{1}{L}\right]$$

$$A_b^L = A_a^R = \frac{1}{P}\left(\frac{K_a K_b}{C_\Delta} - \frac{1}{L}\right)$$

$$A_c^L = \frac{K_a K_b}{P^2 C_\Delta}\left[EI_a q_a (1-\cos K_a L_a)\cos K_b L_b + EI_b q_b (1-\cos K_b L_b)\right] + \frac{K_a^2}{P^2 C_\Delta} EI_a q_a \sin K_a L_a \sin K_b L_b - \frac{q_a L_a^2 + 2q_a L_a L_b + q_b L_b^2}{2PL}$$

$$A_{\mathrm{b}}^{\mathrm{R}}=\frac{1}{P}\left[\frac{K_{\mathrm{b}}}{\mathrm{C}_{\Delta}}(K_{\mathrm{b}}\sin K_{\mathrm{b}}L_{\mathrm{b}}\sin K_{\mathrm{a}}L_{\mathrm{a}}-K_{\mathrm{a}}\cos K_{\mathrm{a}}L_{\mathrm{a}}\cos K_{\mathrm{b}}L_{\mathrm{b}})+\frac{1}{L}\right]$$

$$A_{\mathrm{c}}^{\mathrm{R}}=\frac{K_{\mathrm{a}}K_{\mathrm{b}}}{P^{2}C_{\Delta}}\left[EI_{\mathrm{b}}q_{\mathrm{b}}(1-\cos K_{\mathrm{b}}L_{\mathrm{b}})\cos K_{\mathrm{a}}L_{\mathrm{a}}+EI_{\mathrm{a}}q_{\mathrm{a}}(1-\cos K_{\mathrm{a}}L_{\mathrm{a}})\right]+\frac{K_{\mathrm{b}}^{2}}{P^{2}C_{\Delta}}EI_{\mathrm{b}}q_{\mathrm{b}}\sin K_{\mathrm{b}}L_{\mathrm{b}}\sin K_{\mathrm{a}}L_{\mathrm{a}}-\frac{q_{\mathrm{a}}L_{\mathrm{a}}^{2}+2q_{\mathrm{b}}L_{\mathrm{a}}L_{\mathrm{b}}+q_{\mathrm{b}}L_{\mathrm{b}}^{2}}{2PL}$$

$$C_{\Delta}=K_{\mathrm{a}}\cos K_{\mathrm{a}}L_{\mathrm{a}}\sin K_{\mathrm{b}}L_{\mathrm{b}}+K_{\mathrm{b}}\cos K_{\mathrm{b}}L_{\mathrm{b}}\sin K_{\mathrm{a}}L_{\mathrm{a}}$$

其中，I_{a} 为螺杆惯性矩，m^4；I_{b} 为钻具惯性矩，m^4；K_{a} 为螺杆处井眼曲率，(°)/m；K_{b} 为钻杆处井眼曲率，(°)/m。

2) 集中载荷作用下的力学模型

梁柱单元存在集中载荷，同样会在单元两个支点处产生转角(图 8.15)，离左边端点距离为 L_{c} 处存在一个集中力 Q，则 Q 在梁柱左右两端产生的转角为

$$\theta_{\mathrm{L}}=\frac{Q}{P}\left[\sin K_{\mathrm{a}}L_{\mathrm{c}}\tan K_{\mathrm{a}}L_{\mathrm{a}}+\cos K_{\mathrm{a}}L_{\mathrm{c}}\frac{K_{\mathrm{b}}\sin K_{\mathrm{a}}L_{\mathrm{c}}}{\cos^{2}K_{\mathrm{a}}L_{\mathrm{a}}(K_{\mathrm{a}}\tan K_{\mathrm{b}}L_{\mathrm{b}}+K_{\mathrm{b}}\tan K_{\mathrm{a}}L_{\mathrm{a}})}+\frac{L_{\mathrm{c}}}{L}-1\right] \tag{8.39}$$

$$\theta_{\mathrm{R}}=\frac{Q}{P}\left[\frac{K_{\mathrm{b}}\sin K_{\mathrm{a}}L_{\mathrm{c}}}{\cos K_{\mathrm{a}}L_{\mathrm{a}}\cos K_{\mathrm{b}}L_{\mathrm{a}}\cos K_{\mathrm{b}}L(1+\tan K_{\mathrm{b}}L\tan K_{\mathrm{b}}L_{\mathrm{a}})(K_{\mathrm{a}}\tan K_{\mathrm{b}}L_{\mathrm{b}}+K_{\mathrm{b}}\tan K_{\mathrm{a}}L_{\mathrm{a}})}-\frac{L_{\mathrm{c}}}{L}\right] \tag{8.40}$$

式中，Q 为梁柱单元集中力，N。

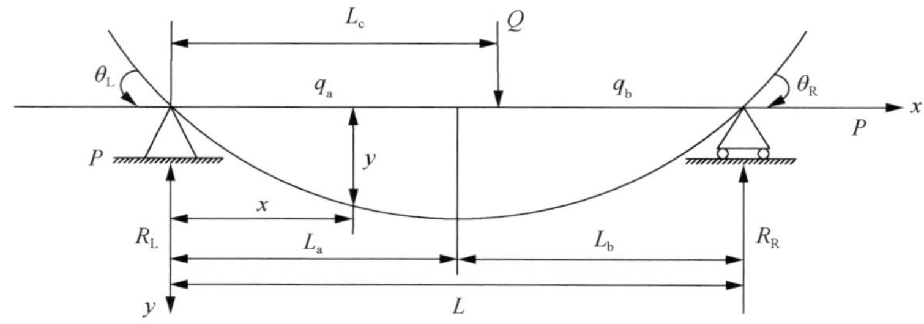

图 8.15　轴向载荷与集中载荷联合作用情况

L_{c} 为集中力 Q 作用在梁柱单元上的位置距离梁左端点的距离，m

3) 初始结构弯角的等效处理

对于结构上存在初始结构弯角的处理，可用一当量横向集中载荷 Q_{d} 作用在弯曲点处的直梁柱代替弯角对曲梁柱变形的影响。在造斜螺杆钻具中，一跨内可存在多个结构弯角(图 8.16)。

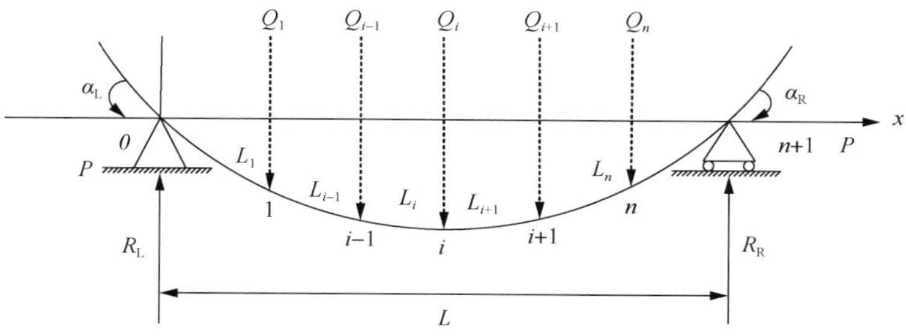

图 8.16　初始弯角的等效处理

根据静力平衡关系可求得支座两端的支反力为

$$R_{\mathrm{L}}=\frac{1}{L}\sum_{i=1}^{n}Q_i\sum_{j=i+1}^{n+1}L_i \tag{8.41}$$

$$R_{\mathrm{R}}=\frac{1}{L}\sum_{i=1}^{n}Q_i\sum_{j=1}^{n+1}L_j \tag{8.42}$$

由于结构弯角一般小于 3°，故有以下关系：

$$\alpha_{\mathrm{L}}=\frac{1}{L}\sum_{i=1}^{n}\gamma_i\sum_{j=i+1}^{n+1}L_i \tag{8.43}$$

$$\alpha_{\mathrm{R}}=\frac{1}{L}\sum_{i=1}^{n}\gamma_i\sum_{j=1}^{n+1}L_j \tag{8.44}$$

由等效集中力在弯角 i 处所引起的弯矩为

$$M_i^{\mathrm{Q}}=R_{\mathrm{L}}\sum_{j=1}^{n}L_j-\sum_{j=1}^{i-1}Q_j\sum_{k=j+1}^{n}L_k=\frac{1}{L}\sum_{i=1}^{n+1}L_j\sum_{k=1}^{i}L_j-\sum_{j=1}^{i-1}Q_j\sum_{k=j+1}^{n}L_k \tag{8.45}$$

由轴向力在弯角 i 处所引起的弯矩为

$$\begin{aligned}M_i^{\mathrm{P}}&=P(\alpha^{\mathrm{L}}\sum_{j=1}^{i}L_j-\sum_{j=1}^{i-1}\gamma_j\sum_{k=j+1}^{i}L_k)\\&=P\left(\frac{1}{L}\sum_{i=1}^{n}\gamma_j\sum_{j=i+1}^{n+1}L_j\sum_{j=1}^{i}L_j-\sum_{j=1}^{i-1}\gamma_j\sum_{k=j+1}^{n}L_k\right)\end{aligned} \tag{8.46}$$

根据弯矩等效有

$$M_i^{\mathrm{Q}}=M_i^{\mathrm{P}} \tag{8.47}$$

由此解得

$$Q_i=P\gamma_i \tag{8.48}$$

式中，γ_i 为螺杆结构弯角，(°)。

由此可得出，无论是何种结构形式的跨内结构弯角，其附加的等效集中载荷都等于该跨的轴向力乘以所对应的结构弯角。对于一跨内为变界面梁柱的情况同样成立。

4)纵横弯曲连续梁理论中的连续条件

对 N 跨连续梁中的第 i 支座，其左右两端转角的绝对值必然是相等的，即

$$\theta_i^{\mathrm{R}} = -\theta_{i+1}^{\mathrm{L}} \tag{8.49}$$

式中，$\theta_{i+1}^{\mathrm{L}}$ 为第 $i+1$ 跨梁柱的左端转角，rad；θ_i^{R} 为第 i 跨梁柱的右端转角，rad。

5)三弯矩方程组

对于单弯螺杆钻具组合，根据纵横弯曲原理[20]，三弯矩方程为

$$\begin{cases} \mathrm{M}_{i-1}\dfrac{L_i Z(u_i)}{6EI_i} + M_i\left[\dfrac{L_i Y(u_i)}{3EI_i} + \dfrac{L_{i+1}Y(u_{i+1})}{3EI_{i+1}}\right] + M_{i+1}\dfrac{L_{i+1}Z(u_{i+1})}{6EI_{i+1}} = \\ \dfrac{K}{2}(L_i + L_{i+1}) - \left[\dfrac{(P_i K + q_i)L_i^3 X(u_i)}{24EI_i} + \dfrac{(P_{i+1}K + q_{i+1})L_{i+1}^3 X(u_{i+1})}{24EI_{i+1}}\right](i = 1 \sim n) \\ \dfrac{(P_{n+1}K + q_{n+1})L_{n+1}^3 X(u_{n+1})}{24EI_{n+1}} + \dfrac{M_{n+1}L_{n+1}Y(u_{n+1})}{3EI_{n+1}} + \dfrac{M_n L_{n+1}Z(u_{n+1})}{6EI_{n+1}} = \dfrac{1}{2}KL_{n+1} \end{cases} \tag{8.50}$$

按变形条件可求得 $M_{n+1} = EI_{n+1}K$，而钻头处的弯矩 $M_0=0$。

6)钻头侧向力和钻头倾角的计算

根据三弯矩方程，在计算出钻头之上第 1 个约束点处的弯矩 M_1 后，即可计算钻头侧向力和钻头倾角：

$$P_{\mathrm{a}} = -\frac{1}{L_1}\left[-P_0 e_1 + \frac{q_1 L_1^2}{2} - M_0 + M_1\right] \tag{8.51}$$

$$A_{\mathrm{t}} = \frac{M_0 L_1}{3EI_1}Y(u) + \frac{M_0 L_1}{6EI_1}Z(u) + \frac{q_1 L_1^3}{24EI_1}X(u) + \frac{e_1 - e_0}{L_1} \tag{8.52}$$

图 8.12 及式(8.46)～式(8.52)中，K 为井眼曲率，(°)/m，通常情况下，$K_{\mathrm{a}}=K_{\mathrm{b}}=K$；$E$ 为钢材弹性模量，Pa；$X(u)$、$Y(u)$、$Z(u)$ 为与轴向力有关的放大系数，无因次量；P_0 为钻压，N；M_0 为钻头扭矩，N·m；M_1 为第一跨梁右端弯矩，N·m；L_1 为第一跨梁长度，m；I_1 为第一跨梁截面惯性矩，m^4；e_0 为钻头与井眼之间间隙，m，一般 $e_0=0$；e_1 为第一跨梁右端支座处稳定器间隙，m。

3. 造斜能力预测

下部钻具组合的侧向力为零时所对应的井眼曲率值，即为该螺杆钻具在给定井眼形状和钻井参数情况下所能达到的最大井眼曲率。采用极限曲率法，即改变井眼曲率来计算钻头侧向力，通过迭代法可求出满足钻头侧向力为 0 的井眼曲率，该曲率就是该弯外壳螺杆钻具所能达到的最大井眼曲率。

弯外壳螺杆钻具的理论特性，主要包括结构参数(如弯角的大小和位置、下稳定器的位置和直径、上稳定器位置和直径、钻具刚度等)、井眼几何参数(井斜角、井眼曲率等)和工艺参数(如钻压)对钻头侧向力和钻头倾角的影响。单弯外壳螺杆钻具力学分析基本参数如下：钻头直径 Φ149.2mm；螺杆外径 Φ120mm；螺杆弯角 2.5°；钻头至弯角距离为 1.1m；弯角到螺杆顶端距离为 6.9m；钻杆外径 Φ88.9mm；钻杆内径 Φ70.2mm；工具面角为 0°；井斜角为 5°；钻压为 20kN；钻井液密度为 1.2g/cm^3。

1) 结构弯角

图 8.17 是单弯螺杆钻具结构弯角对井眼曲率的影响，由图 8.17 可知，随着弯角的增加，井眼曲率明显增加。提高螺杆钻具的结构弯角可以最有效地提高造斜工具的造斜能力。

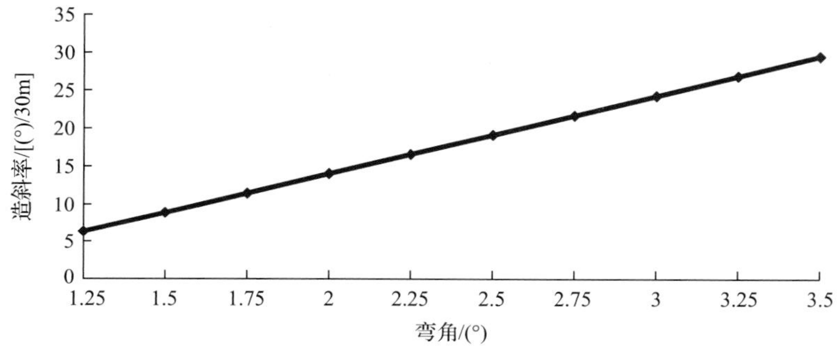

图 8.17　结构弯角对单弯螺杆钻具井眼曲率的影响

2) 井斜角

图 8.18 是井斜角对单弯螺杆钻具井眼曲率的影响。由图 8.18 可知，井斜角对单弯螺杆钻具井眼曲率的影响不明显，主要原因是钻具重量较小，对弯外壳螺杆钻具井眼曲率的影响非常有限。

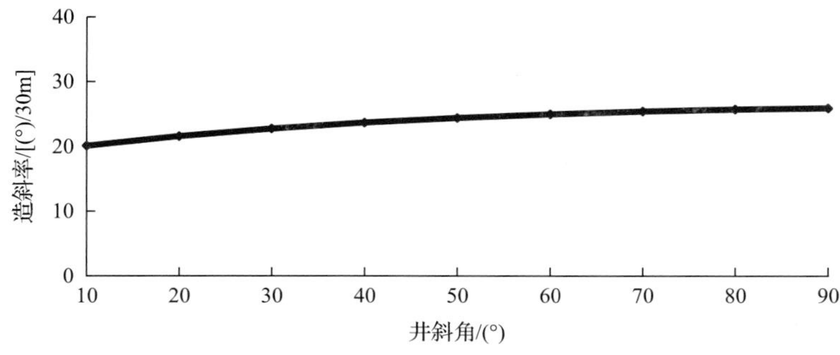

图 8.18　井斜角对单弯螺杆钻具井眼曲率的影响

3) 钻压

图 8.19 是钻压对单弯螺杆钻具井眼曲率的影响。由图 8.19 可知，随着钻压的增加，单弯螺杆钻具井眼曲率明显增加，说明钻压是影响小尺寸单弯螺杆井眼曲率的重要因素，现场可以通过调整钻压来调整单弯螺杆井眼曲率。

4. 螺杆井眼曲率效果统计

碳酸盐岩缝洞型油藏中短半径侧钻井钻具实际井眼曲率统计见表 8.3。Φ149.2mm 井眼定向钻井时，碳酸盐岩缝洞型油藏老井侧钻时实钻使用的螺杆弯角一般在 1.25°～3.25°，井眼曲率通常为 1°/30m～37°/30m，完全满足中短半径水平井轨迹控制的需要，也表明预测井眼曲率与实钻井眼曲率较为吻合。

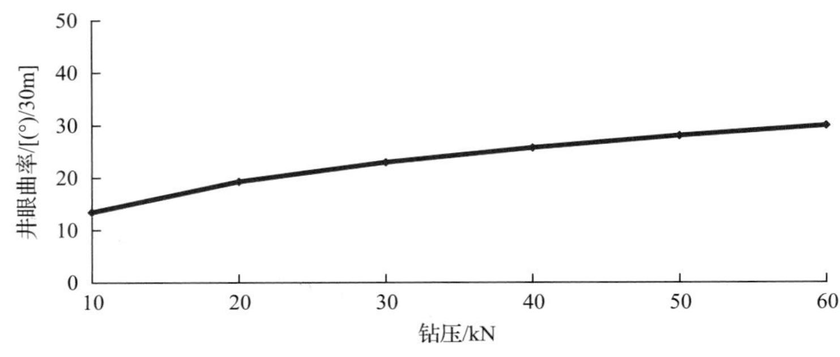

图 8.19　钻压对单弯螺杆钻具井眼曲率的影响

表 8.3　已完钻侧钻水平井实际井眼曲率统计表

螺杆规格	井眼曲率/[(°)/30m]
Φ120mm 单弯螺杆×3.5°	32～40.9
Φ120mm 单弯螺杆×3.25°	32.74～36.8
Φ120mm 单弯螺杆×3°	22～29
Φ120mm 单弯螺杆×2.5°	23～30
Φ120mm 单弯螺杆×1.5°	0.7～6.16
Φ120mm 单弯螺杆×1.25°	0.8～7.8

碳酸盐岩缝洞型油藏侧钻中短半径水平井的实践证明，极限曲率法抓住了影响井眼曲率的主要因素，预测结果与实钻情况符合程度较好，是一种较准确的预测方法。

8.1.6　钻井液配套技术

聚磺混油钻井液体系具有良好的润滑性及抗温性，体系维护处理费用低，因而被广泛用于定向井施工。超深中短半径侧钻水平井主要钻遇奥陶系灰岩地层，井壁稳定性好，配套钻井液关键性能为润滑性及抗温性(表 8.4)。针对上述情况，综合考虑成本等因素，非泥岩段侧钻设计了聚磺混油钻井液体系。

表 8.4　聚磺混油钻井液体系性能表

密度/(g/cm^3)	漏斗黏度/s	塑性黏度/(mPa·s)	动切力/Pa	静切力(静止10s/10min)/Pa	API 失水/泥饼厚度/(mL/mm)	HTHP 失水/泥饼厚度/(mL/mm)	pH	固相含量/%	含砂量/%	泥饼黏滞系数
1.12～1.17	40～60	10～25	5～10	2～5/3～10	≤5/≤1	≤10/≤1.5	≥10	≤8	≤0.1	≤0.06

体系配方：3%～4%膨润土+0.1%～0.2%烧碱+0.1%～0.2%纯碱+0.2%～0.3%金属离子

聚合物+0.2%～0.5%抗温增黏降滤失剂+2%～3%磺化酚醛树脂+2%～3%褐煤树脂+6%～8%原油+0.3%～0.5%乳化剂。

体系现场维护处理措施如下。

(1)开窗侧钻过程中，根据振动筛上铁屑的返出情况，及时调整钻井液性能，适时补充大分子聚合物，以提高钻井液黏切，满足悬浮、携带铁屑要求，必要时加入携砂剂。

(2)钻进过程中，及时补充原油和乳化剂，确保在钻进过程中钻井液黏滞系数≤0.06。

(3)储层段钻井液使用石灰石粉加重，保护储层。

现场应用效果：截至 2017 年年底，超过 800 口超深中短半径侧钻水平井配套使用聚磺混油钻井液体系，实践表明，该体系完全满足侧钻施工需求。

8.1.7　侧钻案例

H-4 井储层为碳酸盐岩缝洞型油藏，埋藏深(垂深＞6900m)、井底压力大(＞75MPa)、温度高(＞150℃)。由于完井测试时储层为“干层”，决定采用中短半径侧钻水平井技术侧钻井周缝洞体，减少钻井成本、提质增效。设计 H-4CH 井侧钻靶点方位 213.82°，水平位移 961.19m，因满足裸眼侧钻条件，采用“直—增—平”三段制轨道，最大井眼曲率为 23.48°。

H-4 井为 Φ177.8mm 套管悬挂的四级井身结构，H-4CH 井侧钻施工时，钻具组合可以采用 Φ127mm+Φ88.9mm 或 Φ139.7mm+Φ127mm+Φ88.9mm 的复合钻具。根据理论计算，采用 Φ127mm+Φ88.9mm 钻具组合起钻时井口最大拉力为 2100kN，127mm S135 钢级钻杆拉力系数 1.36＜1.5；Φ139.7mm+Φ127mm+Φ88.9mm 钻具组合起钻时井口最大拉力为 2244kN，拉力系数 1.60＞1.5，满足钻具强度要求。

长裸眼井段采用 Φ88.9mm 钻杆时钻杆尺寸小、强度低，侧钻加压时可能导致钻具托压，井眼水平位移延伸困难，因此钻具组合优化为：Φ149.2mm 钻头+Φ120mm 螺杆+浮阀+Φ120mm 无磁钻铤+Φ120mm 无磁悬挂短节+Φ101.6mm 钻杆+Φ101.6mm 加重螺杆×405m+旁通阀+Φ101.6mm 钻杆+Φ139.7mm 钻杆，起钻时井口最大拉力为 2361.9kN，拉力系数 1.52＞1.5；水平段泵压 21MPa 时，排量 14L/s，满足携岩要求。

采用聚磺混油钻井液体系，密度为 1.14g/cm^3，通过调整钻井液性能，保持良好的悬浮性和携岩能力；原油加量≥8%以降低摩阻，减少钻具托压现象。进入水平井段后，视井眼净化状况，必要时打入一定量的钻井液稠塞清除井底岩屑。因井底静止温度≥150℃，采用耐温 175℃的 2.75°、2°单弯螺杆和 MWD。

钻进参数：钻压 20～40kN，转速 30r/min+螺杆，水力排量为 12～15L/s，泵压为 15～22MPa。

通过以上措施，H-4CH 井顺利完钻，实际完钻井深为 7854.63m(斜深)/7066.41m(垂深)，钻井周期为 25.71d，全井总进尺为 867.63m，平均机械钻速为 3.25m/h，最大井眼曲率为 21.07°/30m，平均井眼曲率 20.94°/30m；水平段长为 749.63m，水平位移为 819.71m。

8.2　封隔复杂地层侧钻井技术

随着油藏开发的深入，部分井的井筒底水逐渐抬升，中短半径侧钻井不能满足地层避水的要求，上提侧钻点后 Φ177.8mm 套管开窗侧钻钻遇大段泥岩和含水地层，导致井壁坍塌，影响钻完井管柱的安全下入和后期采油。因此在“十二五”期间，以机械封隔复杂地层为核心，攻关超深小井眼定向随钻扩技术、研发 Φ139.7mm 非标特殊直连扣套管，研究小井眼窄间隙固井技术，配套 Φ120.65mm 超深小井眼定向钻井技术，创新形成了封隔复杂地层侧钻井技术，实现了 Φ177.8mm 套管开窗侧钻井的“一井多侧”，提高了储层的动用程度。

8.2.1 封隔复杂地层侧钻方案

1. 侧钻背景

碳酸盐岩缝洞型油藏在 2012 年之前主要以 Φ177.8mm 套管直下的三级井身结构和 Φ177.8mm 套管悬挂的四级井身结构直井为主要开发方式，随着油藏开发的逐渐深入，老井的井筒底水抬升，采用中短半径水平井侧钻会导致部分井段在抬升水层中穿行，造成井眼提前水淹，降低单井产量。为了避免侧钻井眼提前水淹，有必要将侧钻点往上提至巴楚组、东河塘组、桑塔木组及卡拉沙依组等地层时(表 8.5)，井眼轨迹方可满足避水的要求，但侧钻时面临钻遇大段不稳定泥岩、两套地层压力系统及上部地层高压水层发育等难题，给侧钻带来极大的技术挑战，如泥岩坍塌易导致钻完井时出现卡管柱、埋管柱等复杂工况，高压水层易导致采油过程中出现水淹等，从而制约了中短半径侧钻水平井的应用。2007～2009 年在石炭系巴楚组、奥陶系桑塔木组 177.8mm 套管开窗侧钻井中，有 9 口井在钻完井过程中因井壁坍塌发生卡、埋钻具等事故。如 H-5CH 井在石炭系巴楚组阻卡严重，发生多次卡钻具事故，被迫回填原侧钻井眼进行二次侧钻；H-6CX 井在桑塔木组泥岩段掉块导致频繁阻卡；H-7CH2 井和 H-8CH 井在石炭系井壁严重坍塌，酸压完井时管柱卡死[21]。

表 8.5　碳酸盐岩缝洞型油藏不同区块油藏埋深和上覆地层发育状况表

区域	油藏埋深/m	上覆地层
2 区、3 区、4 区、5 区、6 区、7 区	5400～5650	卡拉沙依、巴楚组、东河塘
8 区、10 区、11 区	5750～6200	东河塘、桑塔木组、良里塔格组、恰尔巴克组
12 区	6000～6700	东河塘、桑塔木组、良里塔格组、恰尔巴克组
托甫台	6150～6900	东河塘、塔塔埃尔塔格组、柯坪塔格组、桑塔木组、良里塔格组、恰尔巴克组

2010 年以来，对 425 口关停和低产低效老井进行了侧钻潜力排查，共有 190 口老井井周存在未动用储集体，极具侧钻潜力，其中需要避水的侧钻井有 150 余口。随着开发的不断深入，需避水的侧钻井将会不断增加。

2. 侧钻方案

避水上提侧钻点后，Φ177.8mm 套管开窗侧钻需要解决侧钻井安全长效生产的难题，只能考虑对泥岩和水层实施机械“封隔”。实施机械“封隔”时，需要考虑以下几个因素。

(1)封隔复杂地层的套管内径应尽可能大，为下开次钻井、完井和采油创造条件。

(2)套管能够在 Φ177.8mm 套管内安全下入，且套管与侧钻井眼之间的间隙能够满足固井质量要求。

(3)套管强度能够满足采油深抽和封隔高压水层的需求。

对国内外现有的 Φ127mm 直连扣套管、Φ142.88mm 直连扣套管、Φ139.7mm 常规套管、Φ139.7mm 小接箍套管和 Φ139.7mm 膨胀套管 5 种套管进行调研后，套管性能参数及存在问题见表 8.6。

表 8.6　侧钻井眼可选择的套管尺寸

套管尺寸/mm	接箍外径/mm	壁厚/mm	通径/mm	接箍或本体与井眼间隙/mm	存在的难点
127	141.3	9.17	105.44	3.95	内通径小，下开次井眼小，定向钻井难度大
142.88	142.88(直连扣)	12.13	115.44	3.16	套管连接效率低，斜井段下入存在脱扣的风险 套管本体与侧钻井眼间隙小，固井质量难以保证
139.7	150	7.72	124.26		接箍外径大，177.8mm 套管内下入风险大，侧钻井眼无法下入
139.7	153.7	9.17	118		177.8mm 套管内无法下入
139.7(膨胀管)	144	7.72	131.1	17(扩孔)	可以下入，但侧钻井眼需扩孔；抗外挤强度低，不能同时满足采油深抽和封隔水层的要求；施工工艺复杂，费用高

由表 8.6 可知，国内外没有能满足 Φ177.8mm 套管开窗侧钻后安全下入、下开次长位移定向钻井、封隔水层及采油深抽需求的现成产品管材，需研发满足要求的新型套管；国内现有的 Φ139.7mm 小接箍套管能够满足下开次钻进、封隔水层和采油深抽(深抽深度＞3000m)的要求(表 8.7)，但因接箍外径过大，无法安全下入。综合考虑新型套管的研发难度、周期与费用，决定对现有的 Φ139.7mm 非标小接箍套管进行优化设计。

表 8.7　Φ139.7mm 小接箍套管性能

外径/mm	壁厚/mm	钢级	扣型	内径/mm	通径/mm	接头外径/mm	每米重量/(kg/m)	抗外挤/MPa	抗内压/MPa	管体屈服强度/kN	接头连接强度/kN
139.7	7.72	TP140V	TP-G2	124.26	121.08	150	25.5	78	93	3090	2626

Φ139.7mm 小接箍套管通常用于碳酸盐岩缝洞型油藏。Φ193.7mm 套管开窗侧钻封隔复杂地层时，一开井眼尺寸为 Φ165.1mm，套管与环空单边间隙为 Φ12.7mm，固井时可以保证固井质量。Φ177.8mm 套管开窗侧钻采用 Φ139.7mm 非标套管封隔复杂地层时，鉴于环空间隙与小井眼的固井质量[22,23]，侧钻井眼尺寸必须≥Φ165mm，因此侧钻一开井眼需要实施扩孔，将井眼尺寸从 Φ149.2mm 扩大至 Φ165mm 以上[24-26]，下入 Φ139.7mm 新型套管后固井封隔复杂地层，二开采用 Φ120.65mm 小井眼定向钻进至设计井深的方案(图 8.20)。

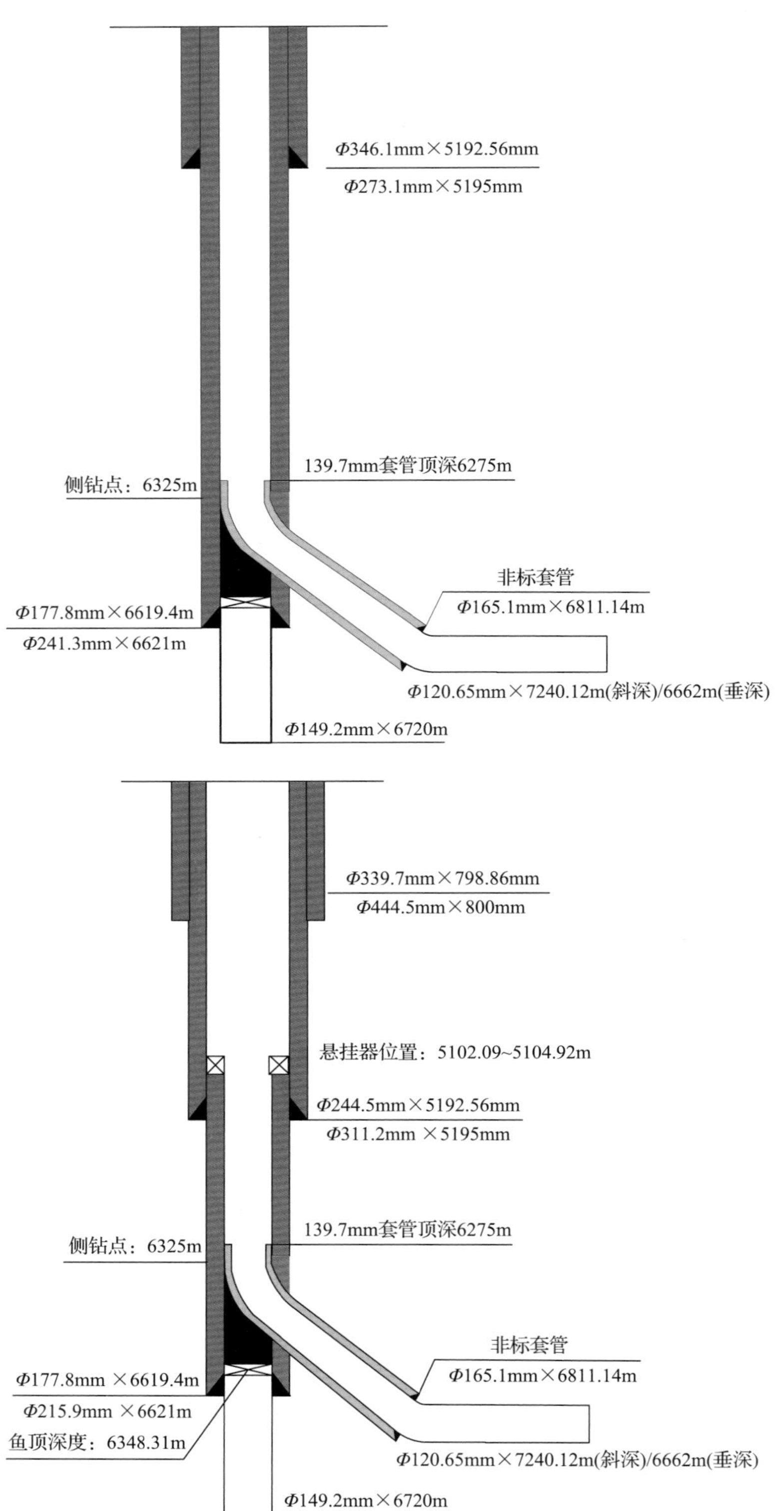

图 8.20　封隔复杂地层侧钻示意图

3. 侧钻难点

扩孔后采用 139.7mm 非标套管固井封隔复杂地层侧钻时，受地层、扩孔工艺、井壁稳定、小井眼窄间隙固井及 Φ120.65mm 小井眼定向钻进的限制，侧钻的主要难点如下。

(1) 钻后扩孔方式效率低、周期长；定向随钻扩孔井眼轨迹控制难度大、对螺杆性能要求高、水力循环压耗大[27]。

(2) 扩孔段需穿大段泥岩，泥岩井壁不稳定，易坍塌。

(3) Φ139.7mm 非标套管与扩孔后井眼间隙小(≤12.7mm)，固井质量难以保证。

(4) Φ120.65mm 井眼定向钻进时，由于井眼小、曲率高，轨迹控制难度大。

(5) Φ120.65mm 井眼内钻进时，小尺寸钻具柔性大，采用滑动方式钻进时，由于摩阻大，易发生钻柱“自锁”；采用复合钻进时，处于高曲率井段的钻柱，受到较高的弯曲应力影响，易发生疲劳破坏。

(6) Φ120.65mm 井眼受井深、井眼尺寸和钻具限制，井眼清洁难度大，水平段位移延伸困难。

8.2.2 随钻扩孔钻柱动力学研究与钻柱优化

1. 扩孔工具

扩孔工具是影响扩孔钻柱动力学的重要因素，对于小尺寸井眼扩孔工具，一般分为钻后扩孔和随钻扩孔两大类。

1) 钻后扩孔工具

中国石油化工股份有限公司胜利油田分公司钻井工艺研究院(简称胜利油田钻井院)研制的 YK152-178 钻后扩孔器和新疆帝陛艾斯钻头工具有限公司的 UR600 型液压水力钻后扩孔器均适合 Φ177.8mm 套管开窗侧钻后扩孔，最大扩孔直径可达 177.8mm。2010 年 H-9CH 井侧钻完钻后对泥岩段(5567.45～6015m)进行了钻后扩孔试验，设计需将 Φ149.2mm 井眼扩大至 Φ177.8mm，实际共下入以上两种扩孔工具，共耗时 29d。第一次下入胜利油田钻井院的 YK152-178 型液压水力扩孔器，扩孔井段 5567.45～5679.22m，总进尺 111.77m，井斜达到 13°时，扩孔用时 13d，发生扩孔器刀翼落井事故；第二次改用新疆帝陛艾斯钻头工具有限公司(DBS)公司的 UR600 扩孔工具扩孔至井深 5967m，扩孔井段 5679.22～5967m，总进尺 287.78m，井斜 32°，扩孔段井眼曲率为 2.32°/30m，扩孔用时 16d，发生泥浆泵频繁憋停事故，未扩孔至预定井深 6015m。

2) 随钻扩孔工具

为克服钻后扩孔带来的扩孔速度慢、扩孔率达不到设计要求的难题，选择偏心扩孔钻头进行扩孔。采用国民油井华高公司的偏心扩孔钻头定向随钻扩孔时，最大井眼曲率可达 10°/30m。

国民油井华高公司的 Φ146mm×Φ165.1mm CSDR5211S-B2 双心随钻扩孔钻头，其刀翼与其扩出的井眼在周向上接触范围大于 180°，限制了其向对称面的移动；预扩孔段的存在减少了主扩孔段的破岩任务，保证了钻头的稳定性，该双心钻头被广泛应用于扩孔作业或定向扩孔作业中。Φ146mm×Φ165.1mm CSDR5211S-B2 双心钻头如图 8.21 所示。

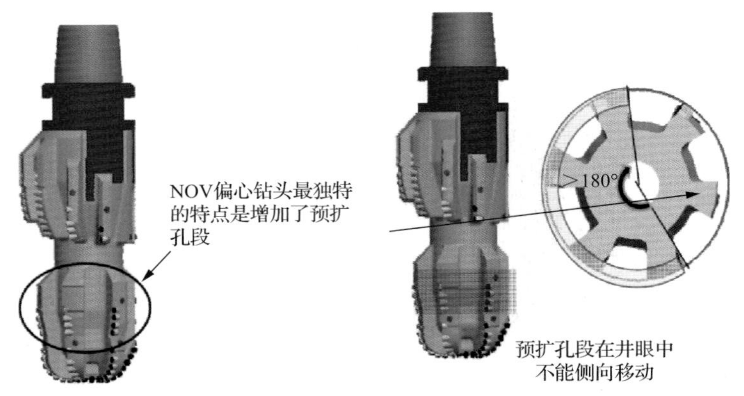

图 8.21　Φ146mm×Φ165.1mm CSDR5211S-B2 双心钻头

3) 扩孔工具选择

钻后扩孔器：国内扩孔器均为钻后扩孔器，主要应用于直井中，定向井中扩孔难度大。

随钻扩孔钻头：主要应用于国外，国内尚无用于定向的专用扩孔钻头。

碳酸盐岩缝洞型油藏侧钻实践证明，采用现有的钻后扩孔工具实现钻后定向扩孔的难度较大，而采用随钻扩孔钻头费用较高。结合 H-9CH 井钻后扩孔试验情况，鉴于国内钻后扩孔工具只能扩到井斜角 30°，且扩孔效率低，故障多的问题，决定采用偏心随钻扩孔钻头进行定向随钻扩孔试验。

2. 定向随钻扩孔钻柱动力学理论研究

1) 钻柱有限元力学分析

(1) 基本假设。

钻柱的几何结构主要是环状轴对称结构，其环形大小可以任意变化，属于转子动力学研究的范畴。转子的有限元模型通常要考虑转动惯量、陀螺力矩、轴向载荷、内外摩阻及剪切变形等因素，对于钻柱这类低速转动体，在做理论分析前需要作一些基本假设：①钻柱组合为一空间弹性梁，在每个单元内，钻柱的几何特性和材料特性保持不变，但不同单元具有不同的材料特性和截面特性；②井壁为刚性，井眼为圆形，钻柱与圆形井眼之间有环形间隙存在，钻头处间隙为零；③钻头位于井眼中心；④对于机构性钻具，不考虑钻柱螺纹连接处及局部孔、槽的刚度时，可以根据其结构计算出等效刚度和质量；⑤钻柱与井壁间的摩擦为库仑滑动摩擦。

(2) 单元节点位移与节点载荷。

选取 6 个自由度管单元作为基本研究对象[28-30]，任取一单元，以其中心线为 z 轴，Ox，Oy 分别与截面主惯性轴重合，如图 8.22 所示。

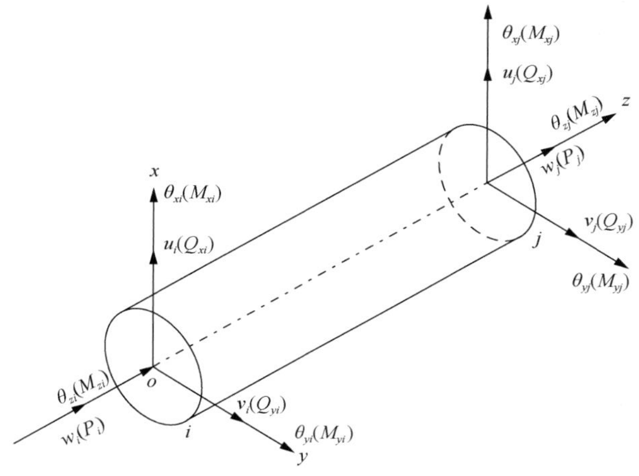

图 8.22　单元受力与变形

在每个节点上取 3 个移动位移和 3 个转动位移，共 6 个自由度：①节点轴向位移，包括沿 x 方向的位移 u_i、u_j，沿 y 方向的位移 v_i、v_j，沿 z 轴的位移 w_i、w_j；②绕 x 轴的扭转角 θ_{xi}、θ_{xj}，绕 y 轴的扭转角 θ_{yi}、θ_{yj}，绕 z 轴的扭转角 θ_{zi}、θ_{zj}；③引起节点位移的相应的节点载荷，包括沿 z 轴的轴向力 P_i、P_j，沿 x 轴的横向剪切力 Q_{xi}、Q_{xj}，沿 y 轴的横向剪切力 Q_{yi}、Q_{yj}，xy 平面内的弯矩 M_{li}、M_{lj}，xz 平面内的弯矩 M_{yi}、M_{yj}，yz 平面内的弯矩 M_{xi}、M_{xj}。

在有限元分析中，通常把节点位移作为基本未知量，即每个单元在任一瞬间的位置用该单元所含节点位移来表示，因此系统内各节点的位移就组成了广义坐标。

对于梁单元(图 8.22)，任一梁单元在某一时刻的节点位移向量为

$$\boldsymbol{\delta}_{\mathrm{e}}=(u_i,\theta_{yi},u_j,\theta_{yj},v_i,-\theta_{xi},v_j,-\theta_{xj},w_i,w_j,\theta_{zi},\theta_{zj})^{\mathrm{T}} \tag{8.53}$$

相应的广义节点力为

$$\boldsymbol{R}_{\mathrm{e}}=(Q_{xi},M_{yi},Q_{xj},M_{yj},Q_{yi},M_{yi},Q_{yj},M_{yj},P_i,P_j,M_{zi},M_{zj})^{\mathrm{T}} \tag{8.54}$$

将式(8.53)对时间求导得广义速度向量：

$$\dot{\boldsymbol{\delta}}_{\mathrm{e}}=(\dot{u}_i,\dot{\theta}_{yi},\dot{u}_j,\dot{\theta}_{yj},\dot{v}_i,-\dot{\theta}_{xi},\dot{v}_j,-\dot{\theta}_{xj},\dot{w}_i,\dot{w}_j,\dot{\theta}_{zi},\dot{\theta}_{zj})^{\mathrm{T}} \tag{8.55}$$

将式(8.55)对时间求导得到广义加速度向量：

$$\ddot{\boldsymbol{\delta}}_{\mathrm{e}}=(\ddot{u}_i,\ddot{\theta}_{yi},\ddot{u}_j,\ddot{\theta}_{yj},\ddot{v}_i,-\ddot{\theta}_{xi},\ddot{v}_j,-\ddot{\theta}_{xj},\ddot{w}_i,\ddot{w}_j,\ddot{\theta}_{zi},\ddot{\theta}_{zj})^{\mathrm{T}} \tag{8.56}$$

为了推导方便，将式(8.53)的广义位移分成以下 4 个部分：

$$\begin{cases}\boldsymbol{u}_1=(u_i,\theta_{yi},u_j,\theta_{yj})^{\mathrm{T}}\\ \boldsymbol{u}_2=(v_i,-\theta_{xi},v_j,-\theta_{xj})^{\mathrm{T}}\\ \boldsymbol{u}_3=(w_i,w_j)^{\mathrm{T}}\\ \boldsymbol{u}_4=(\theta_{zi},\theta_{zj})^{\mathrm{T}}\end{cases} \tag{8.57}$$

单元内任意截面的位移可以通过节点位移表示：

$$\begin{cases} u(z,t)=N_u\boldsymbol{u}_1=N\boldsymbol{u}_1 \\ v(z,t)=N_v\boldsymbol{u}_2=N\boldsymbol{u}_2 \\ w(z,t)=N_w\boldsymbol{u}_3=N_1\boldsymbol{u}_3 \\ \theta(z,t)=N_\theta\boldsymbol{u}_4=N_1\boldsymbol{u}_4 \end{cases} \tag{8.58}$$

式中，N_u、N_v、N_w、N_θ 为反应节点位移和截面位移关系的形函数；N、N_1 为位移的插值函数，即形函数。

(3) 单元运动方程。

①单元的总能量。

单元的总能量包含动能和势能两部分。在钻柱上，任取一微元段 dz，用 m、J_d、J_p 分别表示微元段上单位长度的质量、直径转动惯量、极转动惯量，则微元段的动能可表达为

$$\begin{aligned} \mathrm{d}T_\mathrm{e}=&\frac{1}{2}m\dot{u}^2\mathrm{d}z+\frac{1}{2}m\dot{v}^2\mathrm{d}z+\frac{1}{2}m\dot{w}^2\mathrm{d}z+\frac{1}{2}J_\mathrm{d}\dot{\theta}_y{}^2\mathrm{d}z+\frac{1}{2}J_\mathrm{d}(-\dot{\theta}_x)^2\mathrm{d}z \\ &+\Omega J_\mathrm{p}\dot{\theta}_y(-\theta_x)\mathrm{d}z+\frac{1}{2}J_\mathrm{p}(\theta_z)^2\mathrm{d}z+\frac{1}{2}J_\mathrm{p}\Omega^2\mathrm{d}z \end{aligned} \tag{8.59}$$

式中，Ω 为钻柱转速，rad/s。

将式(8.58)求导代入式(8.59)并沿单元长度积分，得单元动能为[28]

$$\begin{aligned} T_\mathrm{e}=&\frac{1}{2}\dot{\boldsymbol{u}}_1{}^\mathrm{T}\left[\int_0^l mN_u{}^\mathrm{T}N_u\mathrm{d}z+\int_0^l J_\mathrm{d}N_{u'}{}^\mathrm{T}N_{u'}\mathrm{d}z\right]\cdot\dot{\boldsymbol{u}}_1 \\ &+\frac{1}{2}\dot{\boldsymbol{u}}_2{}^\mathrm{T}\left[\int_0^l mN_v{}^\mathrm{T}N_v\,\mathrm{d}z+\int_0^l J_\mathrm{d}N_{v'}{}^\mathrm{T}N_{v'}\,\mathrm{d}z\right]\cdot\dot{\boldsymbol{u}}_2 \\ &+\frac{1}{2}\dot{\boldsymbol{u}}_3{}^\mathrm{T}\left[\int_0^l mN_w{}^\mathrm{T}N_w\,\mathrm{d}z\right]\dot{\boldsymbol{u}}_3+\frac{1}{2}\dot{\boldsymbol{u}}_4{}^\mathrm{T}\left[\int_0^l J_\mathrm{p}N_\theta{}^\mathrm{T}N_\theta\,\mathrm{d}z\right]\cdot\dot{\boldsymbol{u}}_4 \\ &+\frac{1}{2}\dot{\boldsymbol{u}}_1\left[\int_0^l 2J_\mathrm{p}\Omega N_{u'}{}^\mathrm{T}N_{u'}\mathrm{d}z\right]\cdot\boldsymbol{u}_2+\frac{1}{2}J_\mathrm{p}L\Omega^2 \end{aligned} \tag{8.60}$$

$$\left.\begin{aligned} &\boldsymbol{m}_\mathrm{SA}=\int_0^l mN_w{}^\mathrm{T}N_w\mathrm{d}z=\int_0^l mN_\theta{}^\mathrm{T}N_\theta\mathrm{d}z \\ &\boldsymbol{m}_\mathrm{SD}=\int_0^l mN_u{}^\mathrm{T}N_u\mathrm{d}z=\int_0^l mN_v{}^\mathrm{T}N_v\mathrm{d}z \\ &\boldsymbol{m}_\mathrm{ST}=\int_0^l J_\mathrm{p}N_\theta{}^\mathrm{T}N_\theta\mathrm{d}z \\ &\boldsymbol{m}_\mathrm{SR}=\int_0^l J_\mathrm{d}N_{u'}{}^\mathrm{T}N_{u'}\mathrm{d}z=\int_0^l J_\mathrm{d}N_{v'}{}^\mathrm{T}N_{v'}\mathrm{d}z \\ &\boldsymbol{J}_\mathrm{S}=\int_0^l J_\mathrm{p}N_{u'}{}^\mathrm{T}N_{u'}\mathrm{d}z \end{aligned}\right\} \tag{8.61}$$

式中，$\boldsymbol{m}_{\text{SA}}$ 为单元轴向移动质量矩阵；$\boldsymbol{m}_{\text{SD}}$ 为单元横向运动质量矩阵；$\boldsymbol{m}_{\text{SR}}$ 为单元转动质量矩阵；$\boldsymbol{m}_{\text{ST}}$、$\boldsymbol{J}_{\text{S}}$ 均为单元扭转质量矩阵；m 为微元段上单位长度的质量，kg/m；L 为单元长度，m。

则单元动能方程式(8.60)可改写成

$$\begin{aligned} T_{\text{e}} = &\frac{1}{2}\dot{\boldsymbol{u}}_1^{\text{T}}(\boldsymbol{m}_{\text{SD}}+\boldsymbol{m}_{\text{SR}})\dot{\boldsymbol{u}}_1+\frac{1}{2}\dot{\boldsymbol{u}}_2^{\text{T}}(\boldsymbol{m}_{\text{SD}}+\boldsymbol{m}_{\text{SR}})\dot{\boldsymbol{u}}_2+\frac{1}{2}\dot{\boldsymbol{u}}_3^{\text{T}}\boldsymbol{m}_{\text{SA}}\dot{\boldsymbol{u}}_3 \\ &+\frac{1}{2}\dot{\boldsymbol{u}}_1^{\text{T}}\boldsymbol{m}_{\text{ST}}\dot{\boldsymbol{u}}_4+\Omega\dot{\boldsymbol{u}}_1\boldsymbol{J}_{\text{S}}\boldsymbol{u}_2+\frac{1}{2}J_{\text{p}}L\Omega^2 \end{aligned} \tag{8.62}$$

微元体的弹性势能由两部分组成：弯曲、扭转变形能和轴向力势能。单元总变形能为

$$V_{\text{e}}=\frac{1}{2}\boldsymbol{u}_1^{\text{T}}\boldsymbol{K}_1\boldsymbol{u}_1+\frac{1}{2}\boldsymbol{u}_2^{\text{T}}\boldsymbol{K}_2\boldsymbol{u}_2+\frac{1}{2}\boldsymbol{u}_3^{\text{T}}\boldsymbol{K}_3\boldsymbol{u}_3+\frac{1}{2}\boldsymbol{u}_4^{\text{T}}\boldsymbol{K}_4\boldsymbol{u}_4 \tag{8.63}$$

式中，

$$\left.\begin{aligned} \boldsymbol{K}_1&=\int_0^l EAN_u''^{\text{T}}\cdot N_u''\text{d}z \\ \boldsymbol{K}_2&=\int_0^l EI_yN_v''^{\text{T}}\cdot N_v''\text{d}z \\ \boldsymbol{K}_3&=\int_0^l EI_xN_w'^{\text{T}}\cdot N_w'\text{d}z \\ \boldsymbol{K}_4&=\int_0^l GI_\rho N_\theta'^{\text{T}}\cdot N_\theta'\text{d}z \end{aligned}\right\} \tag{8.64}$$

$\boldsymbol{K}_1$、$\boldsymbol{K}_2$、$\boldsymbol{K}_3$、$\boldsymbol{K}_4$ 为单元弹性刚度矩阵。

单元轴向力势能为

$$V_{\text{P}}=\frac{1}{2}\boldsymbol{u}_2^{\text{T}}\boldsymbol{K}_{\text{a}}\boldsymbol{u}_2+\frac{1}{2}\boldsymbol{u}_3^{\text{T}}\boldsymbol{K}_{\text{a}}\boldsymbol{u}_3+\frac{1}{2}\boldsymbol{u}_4^{\text{T}}\boldsymbol{K}_{\text{e}}\boldsymbol{u}_4 \tag{8.65}$$

式中，

$$\left.\begin{aligned} \boldsymbol{K}_{\text{a}}&=-P\int_0^l N_u'^{\text{T}}\cdot N_u'\text{d}z=-P\int_0^l N_v'^{\text{T}}\cdot N_v'\text{d}z \\ \boldsymbol{K}_{\text{e}}&=-\frac{PI_{\text{e}}}{A}\int_0^l N_\theta'^{\text{T}}\cdot N_\theta'\text{d}z \end{aligned}\right\} \tag{8.66}$$

其中，P 为单元轴向力，N；L 为单元长度，m；A 为单元截面积，m^2，I_{e} 为单元截面惯性矩，m^4；$\boldsymbol{K}_{\text{a}}$、$\boldsymbol{K}_{\text{e}}$ 为几何刚度矩阵。由式(8.63)、式(8.65)即可求得单元体总势能：

$$V=V_{\text{e}}+V_{\text{P}} \tag{8.67}$$

②耗散函数。

在振动过程中任何振动都存在不同程度的衰减，系统机械能在不断地向外界散逸，这种能量的耗散在很多情况下对体系的振动产生很大的影响。钻柱振动的阻尼因素主要包括以下两种：第一个是钻井液对钻柱振动的影响。这种阻力主要发生在钻柱与钻井液接触的界面上，一般称之为外阻尼力，外阻尼力大小与绝对速度成正比。第二个是钻柱变形过程中材料的内摩擦力。

设钻柱运动过程中钻柱内部能量耗散函数为

$$\Psi=\frac{1}{2}\dot{\boldsymbol{u}}_1^{\mathrm{T}}\boldsymbol{D}_{\mathrm{e}1}\dot{\boldsymbol{u}}_1+\frac{1}{2}\dot{\boldsymbol{u}}_2^{\mathrm{T}}\boldsymbol{D}_{\mathrm{e}2}\dot{\boldsymbol{u}}_2+\frac{1}{2}\dot{\boldsymbol{u}}_3^{\mathrm{T}}\boldsymbol{D}_{\mathrm{e}3}\dot{\boldsymbol{u}}_3+\frac{1}{2}\dot{\boldsymbol{u}}_4^{\mathrm{T}}\boldsymbol{D}_{\mathrm{e}4}\dot{\boldsymbol{u}}_4 \tag{8.68}$$

式中，$\boldsymbol{D}_{\mathrm{e}1}$、$\boldsymbol{D}_{\mathrm{e}2}$、$\boldsymbol{D}_{\mathrm{e}3}$、$\boldsymbol{D}_{\mathrm{e}4}$为相应速度的外阻尼系数矩阵。

③单元运动方程的建立。

在多自由度系统中，运动必须满足拉格朗日方程：

$$\frac{\mathrm{d}}{\mathrm{d}t}\frac{\partial T}{\partial \dot{q}_J}-\frac{\partial T}{\partial q_J}+\frac{\partial V}{\partial q_J}+\frac{\partial \Psi}{\partial \dot{q}_J}=Q_J \tag{8.69}$$

将式(8.62)、式(8.67)、式(8.68)代入式(8.69)，并令

$$\boldsymbol{\delta}_{\mathrm{e}}'=(\boldsymbol{u}_1^{\mathrm{T}},\boldsymbol{u}_2^{\mathrm{T}},\boldsymbol{u}_3^{\mathrm{T}},\boldsymbol{u}_4^{\mathrm{T}}) \tag{8.70}$$

$\boldsymbol{\delta}_{\mathrm{e}}'$称为节点位移矩阵。则可得局部坐标系下的单元运动方程：

$$\boldsymbol{M}_{\mathrm{e}}'\ddot{\boldsymbol{\delta}}_{\mathrm{e}}'+\boldsymbol{D}_{\mathrm{e}}'\dot{\boldsymbol{\delta}}_{\mathrm{e}}'+\boldsymbol{K}_{\mathrm{e}}'\boldsymbol{\delta}_{\mathrm{e}}'=\boldsymbol{R}_{\mathrm{e}}' \tag{8.71}$$

式中，$\boldsymbol{M}_{\mathrm{e}}'$、$\boldsymbol{D}_{\mathrm{e}}'$、$\boldsymbol{K}_{\mathrm{e}}'$、$\boldsymbol{\delta}_{\mathrm{e}}'$、$\boldsymbol{R}_{\mathrm{e}}'$、$\ddot{\boldsymbol{\delta}}_{\mathrm{e}}$、$\dot{\boldsymbol{\delta}}_{\mathrm{e}}$分别为单元的质量矩阵、阻尼矩阵、刚度矩阵、位移矩阵、外载荷矩阵、广义加速度矩阵、广义速度矩阵。

④单元不平衡质量力。

钻柱偏心是引起钻柱横向振动的重要因素，假使单元两端的偏心坐标为(η_i,ξ_i)，(η_j,ξ_j)，且假设质量不平衡，在单元内的分布呈线性，即

$$\eta(z)=\eta_i\left(1-\frac{z}{l}\right)+\eta_j\left(\frac{z}{l}\right) \tag{8.72}$$

$$\xi(z)=\xi_i\left(1-\frac{z}{l}\right)+\xi_j\left(\frac{z}{l}\right) \tag{8.73}$$

式中，z为从节点i到单元内任意截面的距离，m；(η_i,ξ_i)、(η_j,ξ_j)为i节点和j节点截

面偏心矩坐标值，m。

按虚功等效原理，可以计算出由于不平衡力引起的外载荷：

$$\boldsymbol{Q}_1^u = \int_0^l m\Omega^2 \boldsymbol{N}^{\mathrm{T}}[\eta(z)\cos(\Omega t) - \xi(z)\sin(\Omega t)]\mathrm{d}z \tag{8.74}$$

$$\boldsymbol{Q}_2^u = \int_0^l m\Omega^2 \boldsymbol{N}^{\mathrm{T}}[\xi(z)\cos(\Omega t) + \eta(z)\sin(\Omega t)]\mathrm{d}z \tag{8.75}$$

式中，L 为单元长度，m；z 为从节点 i 到单元内任意截面的距离，m；m 为微元段上单位长度的质量，kg/m；t 为时间，s。

(4) 钻柱系统运动方程。

将各个单元运动方程按一定的规则叠加组装成钻柱结构的总体运动方程：

$$\boldsymbol{M}\ddot{\boldsymbol{\delta}} + \boldsymbol{C}\dot{\boldsymbol{\delta}} + \boldsymbol{K}\boldsymbol{\delta} = \boldsymbol{R} \tag{8.76}$$

式中，$\boldsymbol{\delta}$ 为钻柱结构的各节点广义位移矩阵；$\dot{\boldsymbol{\delta}}$ 为钻柱结构的各节点广义速度矩阵；$\ddot{\boldsymbol{\delta}}$ 为钻柱结构的各节点广义加速度矩阵；$\boldsymbol{M}$ 为钻柱结构的总体质量矩阵；$\boldsymbol{C}$ 为钻柱结构的总体阻尼矩阵；$\boldsymbol{K}$ 为钻柱结构的总刚度矩阵；$\boldsymbol{R}$ 为钻柱结构的广义外载荷矩阵。

2) 定向随钻扩孔钻柱动力学特征分析

随钻扩孔钻柱动力学研究以深井大斜度小井眼中的双中心扩孔钻头为研究对象时，需考虑井深、井眼曲率和钻具组合的影响，除了常规钻柱动力学因素外，还应考虑以下因素：①BHA 处于造斜弯曲井段内；②钻柱摩阻、扭矩的影响；③井深＞5500m。

钻柱结构整体及其关键组成部分的规格形状、功能特征及所处井眼状况决定了钻柱动力学的特征。钻柱的整体长度，BHA 的组合结构、稳定器的规格及布置，扩孔工具的安放位置，所处井眼曲率等因素都会影响钻柱的动力学特征，因此随钻扩孔钻柱动力学的研究应基于随钻扩孔钻柱结构的几何特征和所处环境，确保研究的合理性。

3. 随钻扩孔钻柱动力学特性模拟

1) 随钻振动钻柱物理模型及边界条件

随钻振动钻柱动力学模型需要考虑的钻柱几何及力学因素为：①钻柱浮重；②破岩工具承受的钻压；③钻井液产生的附加质量及阻尼；④井眼曲率造成的钻柱初弯曲；⑤钻柱质量偏心；⑥钻柱结构及尺寸等。

利用弹簧单元模拟井架和钢丝绳，质量单元模拟游动系统、水龙头、破岩工具等结构，管单元模拟钻柱，将模型划分成有限个单元进行动力学计算。

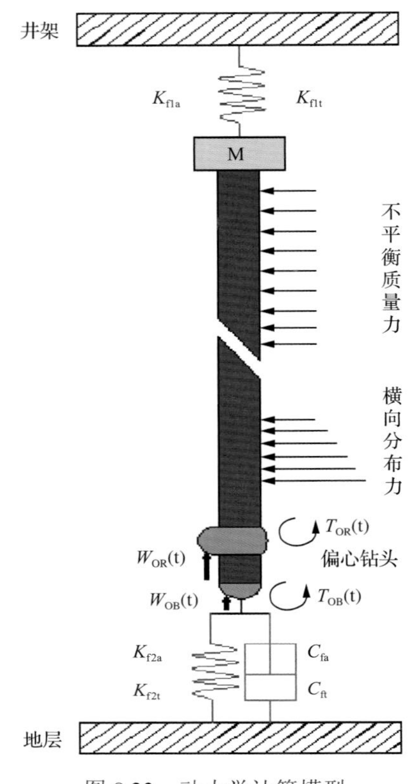

图 8.23　动力学计算模型

建立的随钻扩孔钻柱振动有限元模型如图 8.23 所示[29-32]。物理模型中 K_{f1a}、K_{f1t} 分别为井口轴向弹簧、扭转弹簧弹性系数，表征钻杆与水龙头之间的轴向及扭转作用，其中 $K_{f1a}=2.83\times10^8$N/m，$K_{f1t}=4.1\times10^6$N/(m·rad)；K_{f2a}、K_{f2t} 为地层轴向弹簧、扭转弹簧弹性系数，表征钻头与弹性地层间的轴向及扭转作用，其中 $K_{f2a}=4.43\times10^{11}$N/m、$K_{f2t}=4.1\times10^{10}$N/(m·rad)；$C_{fa}$、$C_{ft}$ 为地层弹性及扭转阻尼系数，表征钻头切削地层的能量损失，C_{fa}=2000N/(m·s)=1000、C_{ft}=1000N/(m·s)。$W_{OR}(t)$、$T_{OR}(t)$ 分别为施加在扩孔钻头上的动压载荷和动扭矩，$W_{OB}(t)$、$T_{OB}(t)$ 分别为施加在领眼钻头上的激励力与激励扭矩[29,33]。其中 $W_{OB}(t)=W_{OB_0}+A_0W_{OB_0}\sin(N_r\omega_t)$，$T_{OB}(t)=T_{OB_0}+A_0T_{OB_0}\sin(N_r\omega_t)$，$W_{OR}(t)/W_{OB}(t)=1/9$，$T_{OR}(t)/T_{OB}(t)=1/4$；$N_r$ 为领眼或扩孔钻头 PDC 切削齿辐条数，ω 为转速，rad/s，A_0 为比例系数。

(1)边界条件。

领眼及扩孔钻头处节点仅允许纵向和扭转运动(绕 y 轴)，井口处节点允许纵向及扭转运动，其余节点允许横向、纵向和扭转运动。

(2)载荷施加。

考虑钻柱受重力、浮力、钻井液附加质量力、不平衡质量力(质量偏心力)、横向分布力(造斜点以下钻柱)及轴向力共同作用，扩孔钻头处施加动压载荷 $W_{OR}(t)$ 和动扭矩 $T_{OR}(t)$。

(3)钻柱初弯曲处理。

弯曲井段中钻柱将产生一定的初弯曲。为了便于建模，可将钻柱初弯曲做等效处理，将弯曲井段各节点所受重力等价为横向分布力和纵向分布力。若钻柱端部受轴向集中力影响，可利用等效均布载荷将轴向集中力对钻柱的影响转变为各节点的横向分布力，要求等效载荷所产生弯矩与初弯曲弯矩相同。

2)随钻扩孔钻柱动力学模拟基本参数设置

(1)井眼状况。

扩孔后井眼尺寸 Φ170mm，环空间隙为 49.35mm，造斜点深度为 5695m，扩孔井段 5695～5825m，井眼曲率 5°/30m，扩孔终点井斜角 10°。

(2)钻柱结构。

双中心钻头+Φ120mm 可调式单弯螺杆+单流阀+Φ120mm 无磁承压钻杆 1 根+Φ120mm

MWD 短节+Φ88.9mm 无磁承压钻杆×1 根+Φ88.9mm 钻杆×30 根+Φ88.9mm 加重钻杆×15 根+Φ88.9mm 钻杆。

(3) 偏心钻头。

连接部分长度为 0.43m，领眼钻头长度为 0.026m，扩孔部分长度为 0.039m，领眼钻头刀翼数量为 5 个，全尺寸扩孔刀翼数量为 2 个，半尺寸扩孔刀翼数量为 3 个，钻头体材料为钢，总体长度 0.655m，钻压分配比为 $W_{OR}(t)/W_{OB}(t)=1/9$，扭矩分配比为 $T_{OR}(t)/T_{OB}(t)=1/4$。

(4) 钻井参数。

钻压为 60kN，转速为 60r/min，扭矩为 2.5kN·m。

3) 转速影响模拟分析

通过改变转速，分析转速对钻柱运动轨迹、扭转角速度、井口处等效应力的影响[31]，模拟结果见图 8.24～图 8.26。

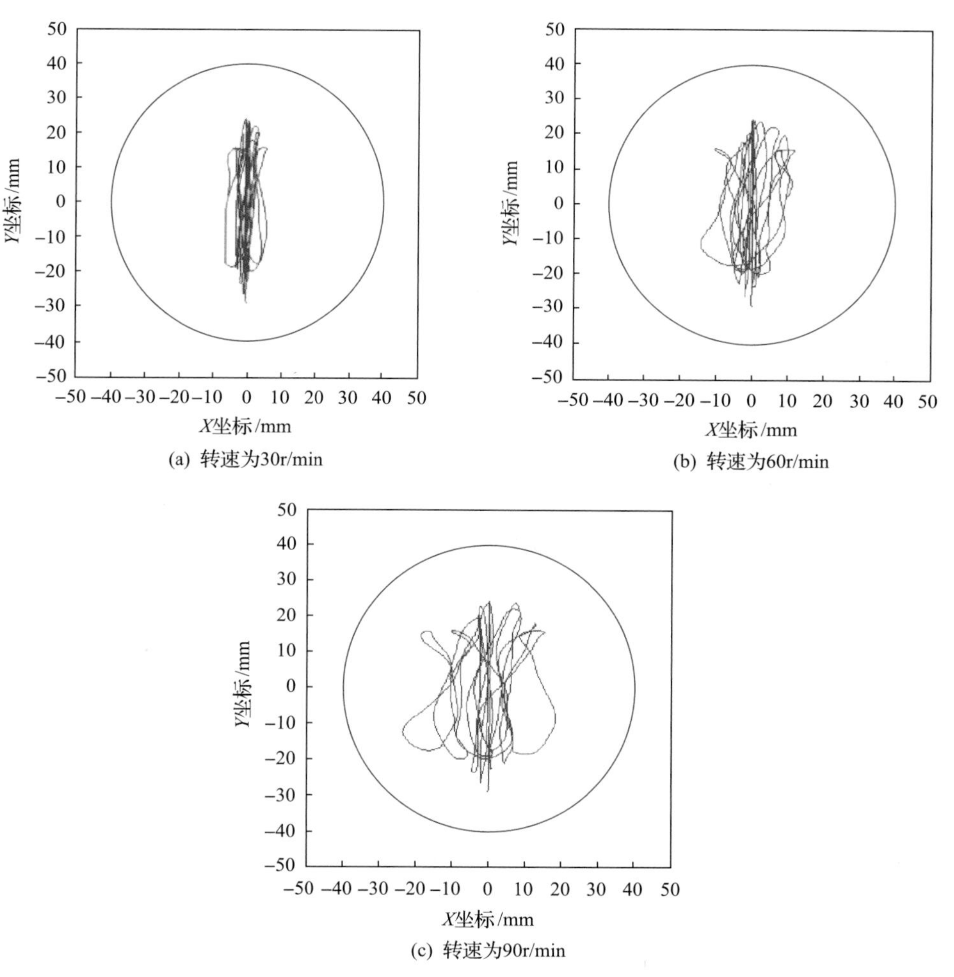

(a) 转速为30r/min

(b) 转速为60r/min

(c) 转速为90r/min

图 8.24 转速为 30r/min、60r/min、90r/min 条件下距井底 30m 时钻具运动轨迹

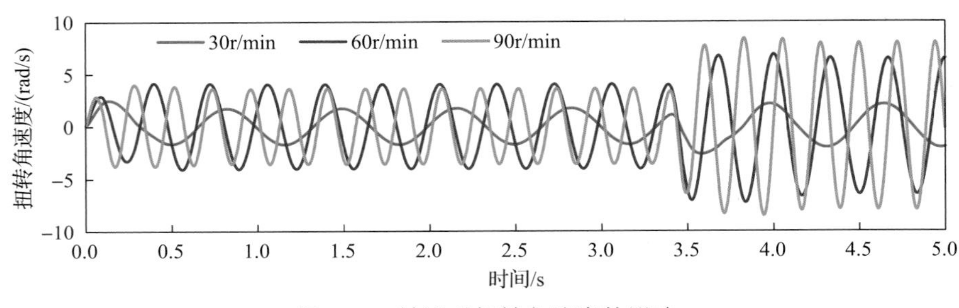

图 8.25　转速对扭转角速度的影响

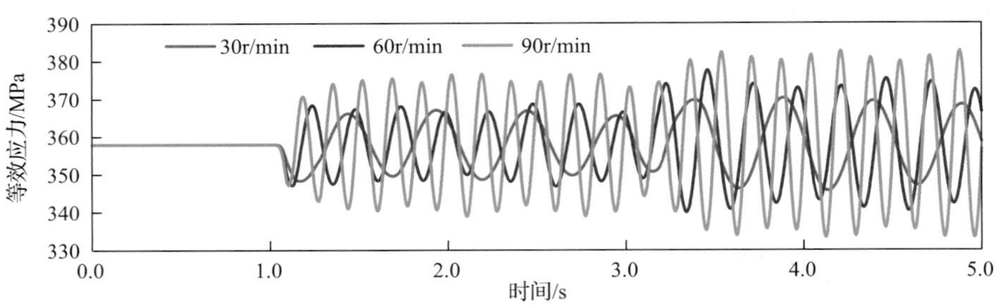

图 8.26　转速对井口处钻杆等效应力的影响

(1) 对钻柱运动轨迹的影响。

30r/min、60r/min 和 90r/min 转速条件下距井底 30m 处的钻具运动轨迹见图 8.24，可见转速越高，钻具横向位移越大，从而导致振动越剧烈。转速主要影响井下 BHA 水平方向的横向运动。但转速对钻柱高低边方向位移影响较小，主要原因是转速影响质量偏心引起的不平衡力，转速越高，不平衡力越大，导致垂直于高低边方向的横向位移越大。

(2) 对扭转角速度的影响。

转速对螺杆处扭转角速度的影响见图 8.25 可知转速增大，扭转角速度波动均值增大；波动幅度增加，频率也逐渐增加。

(3) 对井口处等效应力的影响。

转速对井口处等效应力影响见图 8.26 可知钻杆等效应力波动幅度随转速的增加而增加，转速越高，等效应力波动频率越高，钻柱承受波动载荷越大，越易出现疲劳损坏。

4) 钻压影响模拟分析

通过改变钻压，分析钻压对钻柱的运动轨迹、扭转角速度、井口处等效应力的影响[29]，模拟结果见图 8.27～图 8.29。

(1) 对钻具运动轨迹的影响。

不同钻压下距井底 7.5m 处的钻具运动轨迹见图 8.27 可知钻压增大，钻具平衡位置逐渐趋向于井眼低边，相同位置处的钻杆运动轨迹愈趋于复杂，钻具的纵向、横向位移均增大，纵向(高低边)变化尤为显著，如在 90kN 钻压下，距井底 7.5m 处的钻具横向位移明显增加。

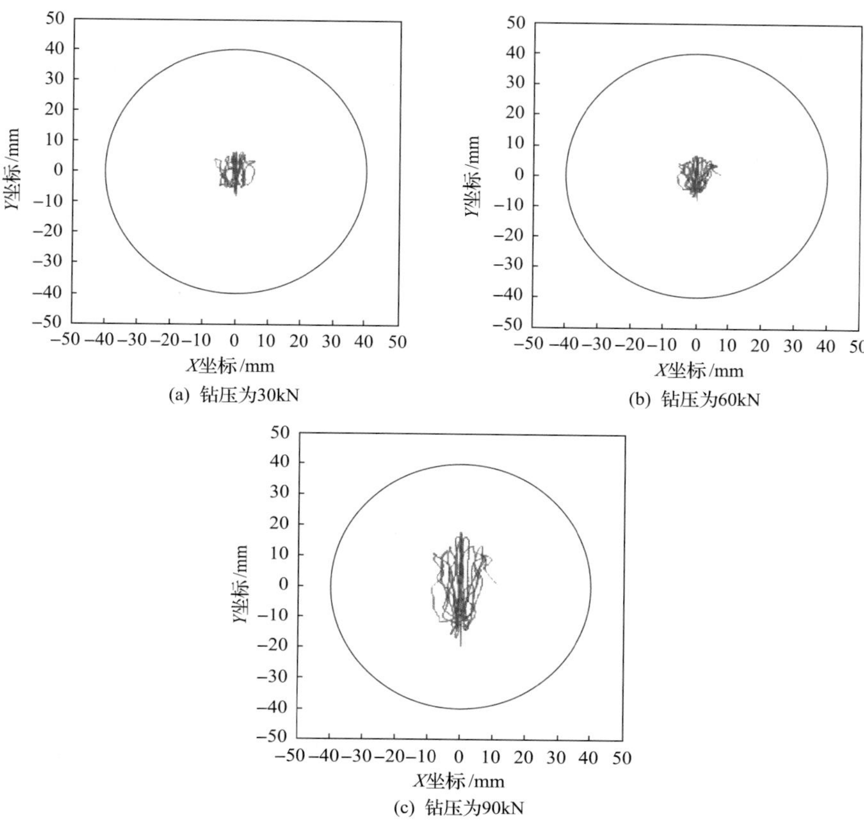

图 8.27　钻压 30kN、60kN、90kN 条件下距井底 7.5m 处钻具运动轨迹

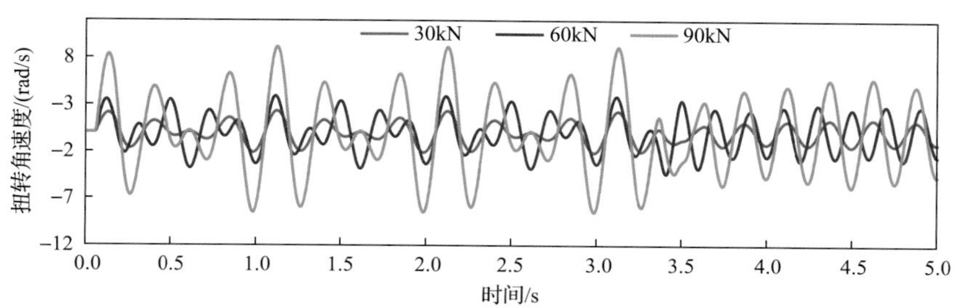

图 8.28　钻压对近钻头钻杆扭转角速度的影响

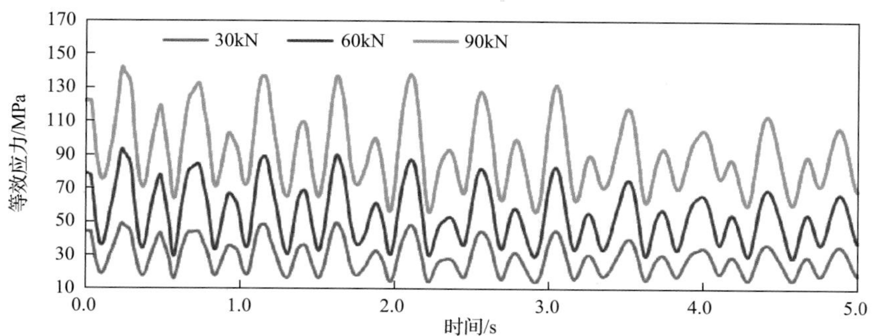

图 8.29　钻压对井底承压钻杆处等效应力的影响

(2) 对扭转角速度的影响。

钻压对扭转角速度的影响见图 8.28，可知扭转角速度振幅与频率随钻压的增大而增大，90kN 钻压下的扭转角速度比 30kN、60kN 钻压情况下明显增大，钻柱振动加剧，大钻压情况下易引起钻柱疲劳破坏。

(3) 对钻杆等效应力的影响。

钻压对井底承压钻杆处等效应力的影响见图 8.29，可知等效应力值均随钻压的增加而增大，钻压越大，钻杆越易受疲劳破坏。

5) BHA 结构影响模拟分析

对 3 组不同 BHA 结构进行动力学模拟，改变两段加重钻杆之间的近钻头处普通钻杆的数目，A 组合没有近钻头常规钻杆，B 组合有 10 根近钻头常规钻杆，C 组合近钻头常规钻杆有 30 根，通过改变下部钻具结构分析对钻柱动力学特性的影响[30]。

A 组合：双中心钻头+Φ120mm 可调式单弯螺杆+单流阀+Φ120mm 无磁承压钻杆×1 根+Φ120mmMWD 短节+Φ88.9mm 无磁承压钻杆×1 根+Φ88.9mm 加重钻杆×15 根+Φ88.9mm 钻杆。

B 组合：定向扩孔钻头+Φ120mm 可调式单弯螺杆+单流阀+Φ120mm 无磁承压钻杆×1 根+Φ120mmMWD 短节+Φ88.9mm 无磁承压钻杆×1 根+Φ88.9mm 钻杆×10 根+Φ88.9mm 加重钻杆×15 根+Φ88.9mm 钻杆。

C 组合：定向扩孔钻头+Φ120mm 可调式单弯螺杆+单流阀+Φ120mm 无磁承压钻杆×1 根+Φ120mmMWD 短节+Φ88.9mm 无磁承压钻杆×1 根+Φ88.9mm 钻杆×30 根+Φ88.9mm 加重钻杆×15 根+Φ88.9mm 钻杆。

(1) BHA 结构对扭转角速度的影响。

BHA 对扭转角速度的影响见图 8.30。由图 8.30 可知，随着下部钻具组合中两段承压钻杆间的常规钻杆的数量的增加，承压钻杆处的扭转角速度略有增加，影响不大。

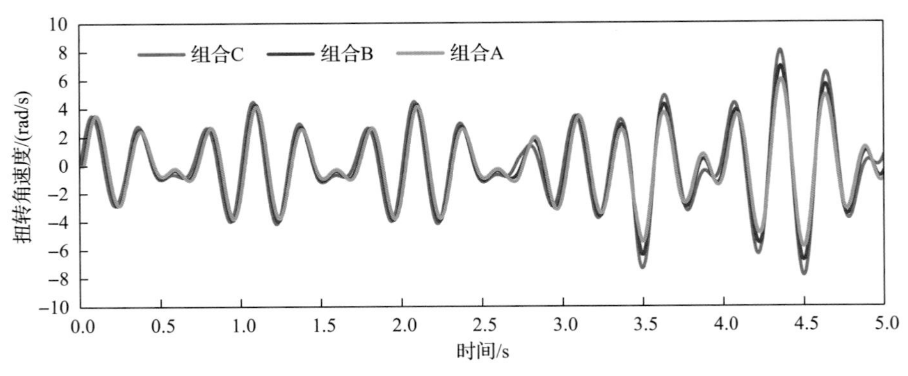

图 8.30　BHA 组合对扭转角速度的影响

(2) BHA 组合对钻柱等效应力的影响。

图 8.31 是不同 BHA 组合对承压钻杆处钻柱等效应力随时间的变化趋势。由图 8.31 可知，近钻头钻杆数目越多，该处钻杆的等效应力波动幅值略有增加，影响不明显。

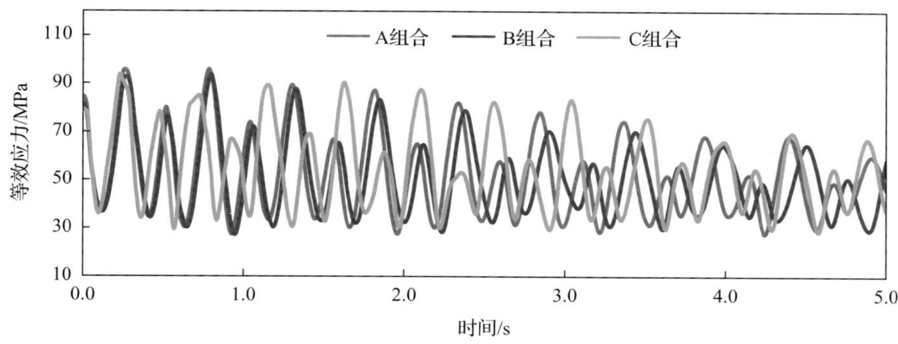

图 8.31 BHA 组合对承压钻杆处等效应力的影响

4. 随钻扩孔钻柱钻柱结构与钻进参数推荐

综合随钻扩孔钻柱转速、钻压、钻具组合的动态钻井力学分析及实际定向钻井钻具组合，推荐随钻扩孔钻具结构为：双中心随钻扩孔钻头+Φ120mm 单弯螺杆+Φ120mm 无磁钻铤×1 根+Φ120mmMWD 短节+Φ88.9mm 无磁承压钻杆×1 根+Φ88.9mm 钻杆(drill pipe，DP)+Φ88.9mm 加重钻杆(heavy weight drill pipe，HWDP)×30 根+Φ88.9mmDP。

因钻进时钻头之上 30m 处振动较大，推荐采用 1～2 根承压钻杆，保证随钻扩孔作业平稳进行。推荐钻压 20～40kN，转盘转速 30～60r/min，钻头转速 210～270r/min。

5. H-10CH2 井定向随钻扩孔现场试验

1) 扩孔钻具组合

钻具组合为：Φ149.2mm×Φ165.1mm 定向扩孔钻头+Φ120mm 单弯螺杆+单流阀+Φ120mm 无磁承压钻杆×1 根+Φ120mmMWD 短节+Φ88.9mm 无磁承压钻杆×1 根+Φ88.9mm 钻杆×30 根+Φ88.9mm 加重钻杆×15 根+Φ88.9mm 钻杆。

2) 扩孔参数

(1) 桑塔木组。

进尺 92m(5712～5804m)，井斜角为 4°～29.5°，方位角为 217°～237°。钻井参数：钻压为 25kN，排量为 12L/s、钻时为 50min/m，钻井液密度为 1.22g/cm^3。

(2) 良里塔格组。

进尺 58m(5804～5862m)，井斜角为 28.7°～38.5°，方位角为 224°～219°。钻井参数：钻压为 22.9kN，排量为 12.4L/s、钻时为 41min/m，钻井液密度为 1.22g/cm^3。

3) 扩孔效果

H-10CH2 井 Φ177.8mm 套管开窗侧钻后先采用牙轮钻头配合 3°单弯螺杆造斜钻进(井段 5695～5712m)，井眼曲率较高，局部井段高达 20°/30m～30°/30m，先采用牙轮钻头造斜至井斜角 13.9°后，再采用 1.5°弯外壳螺杆带双中心钻头的随钻扩孔钻具组合，从 5712m 造斜并随钻扩孔钻至 5862m。扩孔井段 5712～5862m，扩孔进尺 150m，有效钻时 116h，机械钻速为 1.29m/h，扩孔井段平均井径为 176mm，平均井眼扩大率为 18%，最大井径为 221.7mm，最小井径为 163.8mm。通过对扩孔井径分析，小于 Φ168mm 井径比例为 7.8%，Φ168mm～Φ172mm 井径比例在桑塔木组为 16.7%，在良里塔格组为 57.2%，大于 Φ172mm 井径比例在桑塔木组为 75.5%，在良里塔格组为 34.5%。

H-10CH2 井定向随钻扩孔试验表明，采用推荐的钻具组合、转速及钻压，可以保证定向随钻扩孔作业的顺利进行。

8.2.3 随钻扩孔井段轨迹优化与控制技术

1. 随钻扩孔井段螺杆钻具造斜能力分析

对于利用双中心钻头和单弯外壳螺杆的随钻扩孔钻具组合，需要分析其造斜能力受井斜角、钻压和扩孔后井径的影响程度，采用的力学分析模型与第 8 章 8.1.5 节中弯外壳螺杆钻具井眼曲率分析一致，但需在计算过程中考虑使用双中心钻头时的井眼扩大率，即随钻扩孔后在螺杆扶正器处的井眼环空间隙会增加，类似于常规单弯螺杆力学分析中井眼扩大的情况。

在某口井 Φ177.8mm 套管开窗后使用的扩孔钻具组合为：Φ120.65mm×Φ165.1mm 双中心扩孔钻头+Φ120mm 单弯螺杆（1.5°）×7.95m+120mm 无磁钻铤×9.37m+120mm MWD 短节+Φ88.9mm 无磁承压钻杆×9.42m+Φ88.9mmDP×144.70m+Φ88.9mm HWDP×278.16m+Φ88.9mmDP。

螺杆钻具井眼曲率预测的输入参数为钻压 30kN、井斜角 40°、工具面角 0°、螺杆结构弯角 1.5°、扩孔后井眼直径 Φ170mm、钻井液密度 1.2g/cm^3。图 8.32～图 8.35 分别是在保持基本输入参数不变的前提下，改变结构弯角、井斜角、钻压和井眼直径后弯外壳螺杆钻具的井眼曲率的变化趋势。

图 8.32 的计算结果表明，随着结构弯角的增大，造斜极限曲率不断增加。从图 8.33 可以看出，开始造斜时，井由于斜角较小，1.5°单弯螺杆极限井眼曲率在 6°/30m～8°/30m；当井斜角超过 20°后，预测的井眼曲率在 8°/30m～10°/30m。由图 8.34 可知，钻压对螺杆钻具极限井眼曲率的影响较大，增大钻压有利于提高井眼曲率。图 8.35 的计算结果表明，扩孔钻具的井眼直径对单弯外壳螺杆钻具的极限井眼曲率影响较大，如果井眼直径大于 180mm，造斜钻具的极限井眼曲率可能低于 6°/30m，因此采用 1.5°的单弯螺杆定向随钻扩孔时，推荐定向随钻扩孔段井眼曲率≤8°/30m。

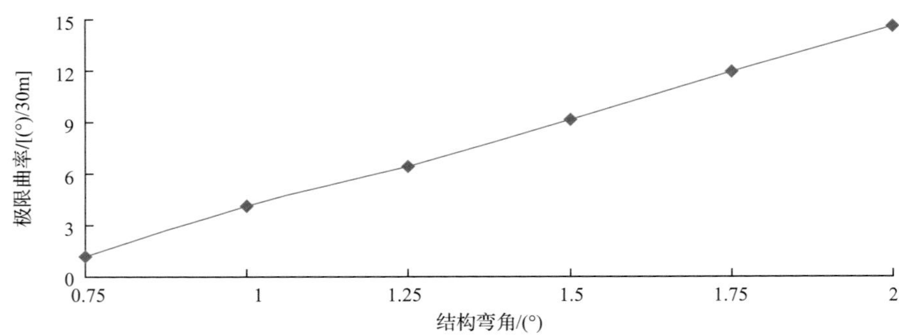

图 8.32　Φ120mm 螺杆造斜极限曲率随结构弯角的变化趋势

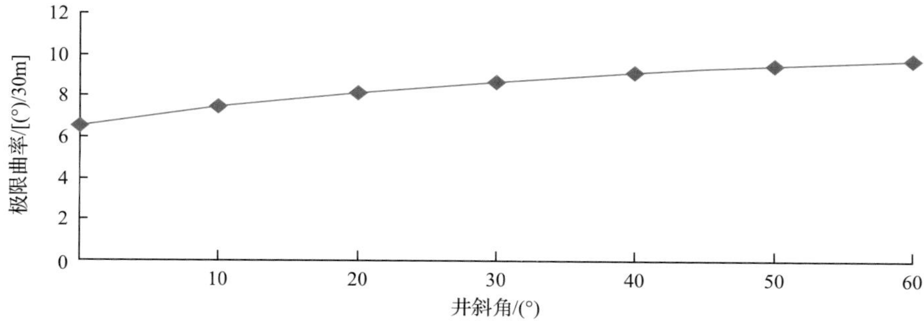

图 8.33　Φ120mm 螺杆（1.5°）造斜极限曲率随井斜角的变化趋势

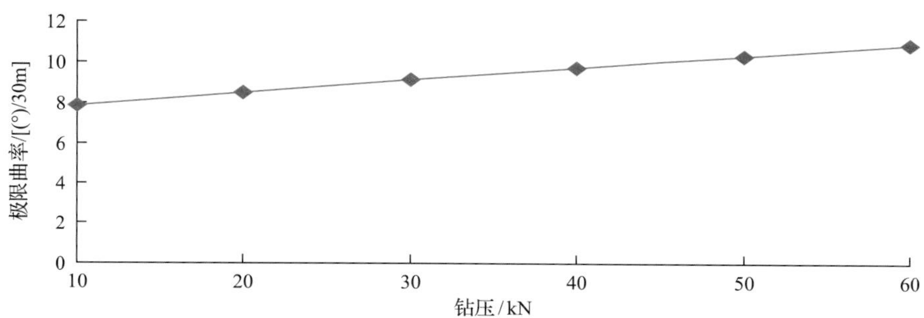

图 8.34　Φ120mm 螺杆（1.5°）造斜极限曲率随钻压的变化趋势

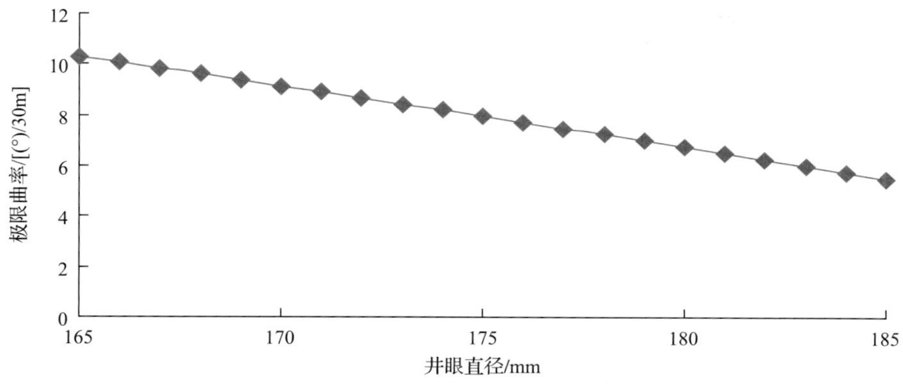

图 8.35　Φ120mm 螺杆（1.5°）造斜极限曲率随井眼直径的变化趋势

2. 封隔复杂地层的侧钻井井眼轨迹优化技术

鉴于 Φ177.8mm 套管开窗侧钻井侧钻点处存在一定的井斜和位移，采用定向随钻扩孔时井眼曲率不能大于 8°/30m，为了避免在造斜侧钻过程中井眼曲率过大，需进行轨迹优化。通过建立考虑侧钻点位移和入靶点约束的侧钻水平井轨迹设计模型及钻柱摩阻、扭矩预测模型，可以优化双增轨迹的设计参数，满足地质避水和定向随钻扩孔的需要。

1) 深井侧钻水平井靶区描述

鉴于定向随钻扩孔段和二开 Φ120.65mm 小井眼处井眼曲率不同，且井眼轨迹进入储集体顶部前必须中完，且需下入 Φ139.7mm 套管固井封隔复杂地层，因此井眼轨迹设计为“直—增—稳—增—平”五段制，一开中完深度必须在两段圆弧间的稳斜井段。

根据对碳酸盐岩缝洞型油藏构造产层的描述，设定产层垂深中值为 6330m，产层顶部垂深与靶点垂深相差 30m，因此产层顶部垂深为 6300m，靶区井斜角为 90°，避水距离为 150～200m，*B* 点水平位移为 600m，当避水距离为 150m 时，设下部井段井眼曲率 K_2 分别为 15°/30m、20°/30m 和 25°/30m，则 *A* 点水平位移分别为 206.74m、215.2m 和 227.25m。当避水距离为 200m 时，设下部井段井眼曲率 K_2 分别为 15°/30m、20°/30m 和 25°/30m，则 *A* 点水平位移分别为 277.25m、265.2m 和 256.74m。鉴于靶前位移受避水距离的约束，*A* 点水平位移一旦确定，*B* 点之前的水平段长度并不影响侧钻水平井的轨迹形状，只是水平井段延伸的长度略有差异。

2) “双增稳”型轨迹设计分析

碳酸盐岩缝洞型油藏侧钻水平井“双增稳”型轨迹见图 8.36。

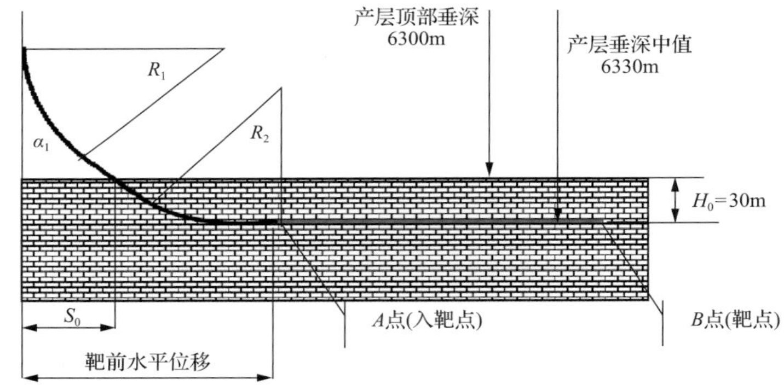

图 8.36　满足避水要求的双增稳侧钻井轨迹设计

由于“双增稳”型轨迹中上部井段井眼曲率 K_1 和下部井段井眼曲率 K_2 可以优化，满足一开中完的要求且避水距离分别为 150m 和 200m 的侧钻水平井轨迹可选方案见表 8.8、表 8.9。

表 8.8　侧钻水平井双增稳轨迹可选方案(靶前位移 215.2m，避水距离 150m)

序号	造斜点深度/m	上部井段井眼曲率/[(°)/30m]	下部井段井眼曲率/[(°)/30m]	避水点井深/避水点水平位移/m	造斜点与避水点垂距/m	避水点井斜角/(°)	泥岩段井段长/m	总井深/m
1	6030	6	20	6349.64/150.00	270	44.31	319.64	6808.27
2	6040	7	20	6349.22/150.00	260	42.22	309.22	6808.13
3	6050	8	20	6350.00/150.0	250	41.73	300.00	6808.74
4	6060	9	20	6351.00/150.0	240	41.95	291.00	6809.78
5	6080	10	20	6355.40/150.00	220	45.22	275.40	6813.93
6	6080	8	15	6350.00/137.90	220	47.92	270.00	6819.66
7	6050	8	20	6350.00/150.0	250	41.73	300.00	6808.74
8	6030	8	25	6350.35/158.10	270	39.27	320.35	6802.18

表 8.9　侧钻水平井“双增稳”轨迹可选方案(靶前位移 265.2m，避水距离 200m)

序号	造斜点深度/m	上部井段井眼曲率/[(°)/30m]	下部井段井眼曲率/[(°)/30m]	避水点井深/避水点水平位移/m	造斜点与避水点垂距/m	避水点井斜角/(°)	泥岩段井段长/m	总井深/m
1	5960	6	20	6364.85/200.00	340	40.47	404.85	6773.72
2	5980	7	20	6367.31/200.00	320	41.33	387.31	6776.19
3	5990	8	20	6367.93/200.00	310	41.06	377.93	6776.81
4	6015	9	20	6372.79/199.78	285	41.23	357.79	6777.84
5	6030	10	20	6375.49/199.5	270	40.89	345.49	6784.64
6	6025	8	15	6369.06/187.7	275	55.81	344.06	6801.43

从表 8.8 及表 8.9 可以看出，设计“双增稳”型水平井轨迹时，在下部井眼曲率保持 20°/30m 不变的情况下，随着上部定向随钻扩孔井段井眼曲率的增加，造斜点深度会加深，而泥岩段长度、造斜点与避水点垂距均减小。由于一开定向随钻扩孔井段井眼曲率不能太高，且一开中完后需下入 Φ139.7mm 非标套管封隔复杂地层，综合考虑定向随钻扩孔井眼曲率和 Φ139.7mm 套管的安全下入，推荐一开定向随钻扩孔段井眼曲率为 6°/30m～8°/30m。保持一开井段井眼曲率 8°/30m 不变时，增加二开造斜段的井眼曲率后，避水点井斜角减小，泥岩段井段长增加；下部井段的井眼曲率过高会导致穿泥岩段长度增加，但下部井段井眼曲率过低，会导致避水点处井斜角过大。因此，推荐下部井段井眼曲率为 20°/30m～25°/30m，但一开定向随钻扩孔造斜井段和中完井深之上稳斜井段必须位于泥岩井段内。

3) 井身轨迹方案对比及方案优选

图 8.37 和图 8.38 分别是“双增稳”型水平井轨迹不同工况下摩阻、扭矩预测结果。计算结果表明，保持二开造斜井段井眼曲率不变(20°/30m)时，增加一开定向随钻扩孔造斜段的井眼曲率对钻柱摩阻扭矩影响很小，主要原因是大斜度井段钻柱重量轻、刚度小，且上部造斜井段的井眼曲率变化不大(6°/30m～8°/30m)，小刚度钻柱在低井眼曲率井眼内，钻柱与井壁之间的接触力小，不会产生较大的摩阻及扭矩。

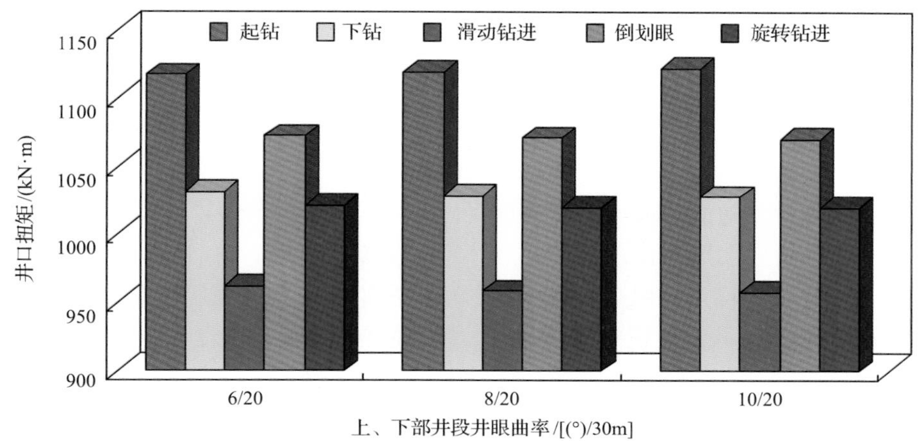

图 8.37　双增稳轨迹井眼曲率对井口大钩载荷的影响

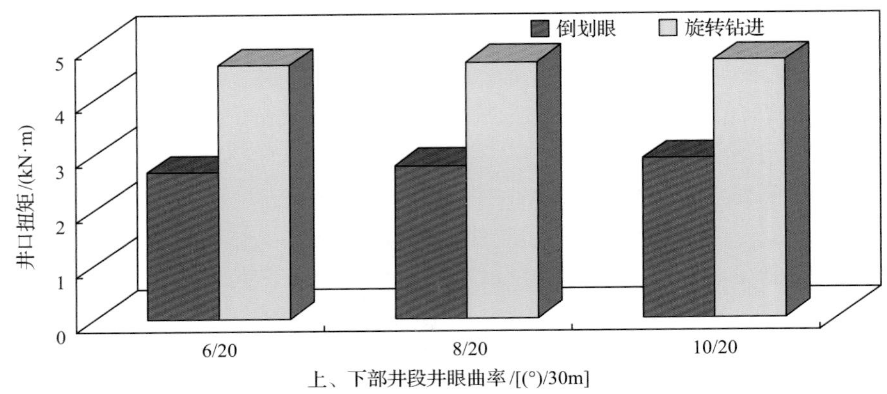

图 8.38　双增稳轨迹井眼曲率对钻柱井口扭矩的影响

综合轨迹设计数据和摩阻扭矩分析结果，双增轨迹上部造斜井段的井眼曲率设计为6°/30m～8°/30m，下部造斜井段井眼曲率设计为 20°/30m～25°/30m。

3. 随钻扩孔井段轨迹控制效果

H-11CH2 井为一口 Φ177.8mm 套管直下的三级结构井，Φ177.8mm 套管开窗侧钻后先采用牙轮钻头配合 3°单弯螺杆钻进(井段 5695～5712m)，井眼曲率较高，局部井段的井眼曲率可达 20°/30m～30°/30m；随后采用 1.5°弯外壳螺杆和双中心钻头的随钻扩孔钻具组合，从 5712m 造斜并随钻扩孔钻至 5770m，井斜角从 13.9°增加到 30°，井眼曲率稳定在 6.5°/30m 左右。在 5770～5805m，井眼曲率降至 2°/30m，井斜角大于 30°以后，井眼曲率稳定在 7.5°/30m～8.5°/30m。

钻压为 20～40kN，井斜角≤20°时，理论计算井眼曲率为 6°/30m～8°/30m；井斜角＞20°时，理论井眼曲率为 8°/30m～10°/30m，鉴于预测出的井眼曲率是极限井眼曲率，加之井眼扩大因素的影响，通过理论计算出的双中心钻头和单弯外壳螺杆钻具组合的井眼曲率满足随钻扩孔轨迹控制的要求。

8.2.4　扩孔段钻井液体系

碳酸盐岩缝洞型油藏封隔复杂地层侧钻井—开井眼钻进时，部分井侧钻时需钻遇石炭系巴楚组或奥陶系桑塔木组泥岩地层。巴楚组以褐灰色泥岩为主，桑塔木组地层以泥岩为主夹薄层灰岩，在以上泥岩段侧钻过程中起下钻遇阻、卡钻、断钻具等复杂情况频发，甚至无法完井，造成了极大的经济损失。

国外泥岩钻进时主要采用油基钻井液体系解决泥岩坍塌问题，该体系具有抗温性好、抑制泥岩水化性强等特点，但存在成本高、环境污染和安全隐患等问题。国内研发的甲基葡萄糖甙(MEG)钻井液、正电胶钻井液、聚合醇钻井液、甲酸盐钻井液等强抑制钻井液体系，均对泥岩具有较强的抑制性，但这几种钻井液体系抑制剂加量大、成本高、抗盐能力差，均不适用于在碳酸盐岩缝洞型油藏侧钻井中推广应用。

为了解决泥岩段定向钻进的难题，通过攻关研发出强抑制聚胺防塌钻井液体系。实验结果表明，该体系页岩回收率达 90.33%(聚磺混油体系页岩回收率 75%)，最大膨胀率

5.05%，抗温 170℃，封堵效果好，降低了钻井液的滤失量，减少了储层污染。目前该体系已在碳酸盐岩缝洞型油藏封隔复杂地层侧钻井中推广应用，解决了泥岩段定向过程中的阻卡问题。

强抑制聚胺防塌钻井液体系配方：2.5%～4.5%膨润土浆+0.3%～0.5%聚胺+0.2%～0.4%金属离子聚合物+2.0%～5.0%褐煤树脂+2.0%～5.0%磺化酚醛树脂+1.0%～3.0%高软化点阳离子乳化沥青+0.5%～3.0%高效润滑剂+0.2%～1.0%乳化剂+2.0%～8.0%原油+1.0%～3.0%超细碳酸钙。

强抑制聚胺防塌钻井液体系性能见表 8.10。体系维护处理措施如下。

表 8.10 强抑制聚胺防塌钻井液体系性能

密度/(g/cm³)	漏斗黏度/s	塑性黏度/(mPa·s)	动切力/Pa	静切力(10s/10min)/Pa	API 失水/泥饼厚度/(mL/mm)	HTHP 失水/泥饼厚度/(mL/mm)	pH	固相含量/%	含砂量/%	泥饼黏滞系数
1.28～1.32	40～60	10～25	5～10	2～5/3～10	≤4/≤0.5	≤10/≤1	≥10	≤12	≤0.1	≤0.06

(1) 向井浆中加入 10～20kg/m³ 超细碳酸钙+5～10kg/m³ 单向压力屏蔽剂，提高钻井液的封堵防塌性能。

(2) 调整好钻井液性能后，一次性混入原油，确保井浆中原油的有效含量＞50kg/m³，随井深的增加逐渐将原油含量提高至设计上限，加入乳化剂使其充分乳化，确保钻井液具有良好的润滑性能。

(3) 钻进过程中，保持适当的钻井液黏切，控制钻井液的流性指数为 0.3～0.5，提高悬浮携岩性能，减少钻屑重复破碎的程度。

(4) 泥岩地层定向钻井时必须增强钻井液的抑制性能，井浆中至少加入 5～10kg/m³ 聚胺，保证抑制剂及沥青类防塌剂加量，严格控制钻井液常温中压(APL) 失水≤4mL，高温高压(HTHP) 失水≤10mL，减少钻井液滤液进入地层，保证井眼稳定。

现场应用效果：截至 2017 年年底，强抑制钻井液体系已应用于 40 口封隔复杂地层侧钻井，钻井时返出岩屑较完整，掉块较少，泥岩段井径扩大率由原来的 20%～40%降至 3.0%～9.5%，防塌效果明显。

8.2.5 定向随钻扩孔钻头优化与改进

2014 年之前，在碳酸盐岩缝洞型油藏封隔复杂地层侧钻试验井 H-12CH2 井、H-13CH 井及 H-14CH2 井中，对国民油井的 CSDR5211S-B2 定向随钻扩孔钻头进行试验[24-25,27]。试验结果表明，进口随钻扩孔钻头存在扩孔效率低、机械钻速慢，在含砾石层段扩孔事故多、费用高的问题。通过对定向随钻扩孔钻头破岩机理的研究和钻头性能参数的分析，与国内钻头厂家联合攻关，研发出 CK306 系列国产新型定向随钻扩孔钻头，并成功应用于含砾地层扩孔作业，在保证井眼扩大率的同时，取得了较高的机械钻速。

新型定向随钻扩孔钻头采用二级扩孔结构设计(图 8.39)，考虑定向随钻扩孔钻头通径为 Φ149.2mm，扩孔后井眼直径不小于 Φ170mm，同时借鉴成熟的 Φ120.65mm PDC 钻头产品，计算可得扩孔钻头领眼段直径为 121.5mm，一级扩孔段直径为 133.04mm，二级扩孔段直径为 173.04mm；同时，钻头冠部形状越平(图 8.40)，其导向能力越好；并且钻头的保径长度与钻头的侧向切削能力相关，保径越短，侧向切削能力越强，因此领眼段冠部采用平冠顶，单圆弧结构。

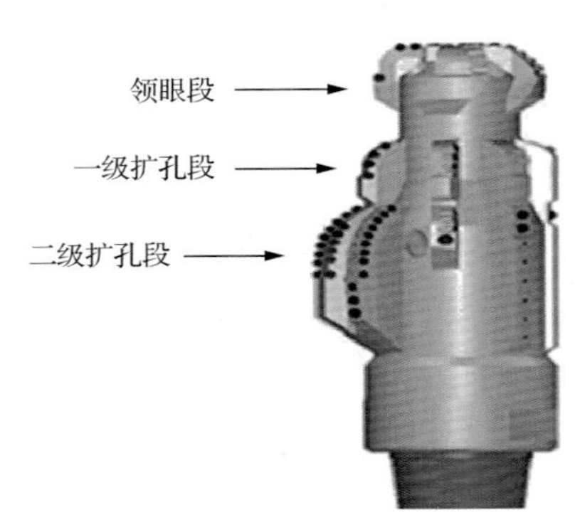

图 8.39 二级扩孔结构

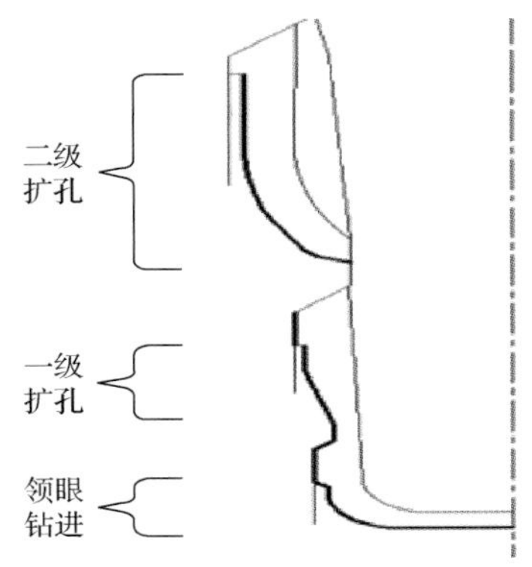

图 8.40 二级扩孔钻头冠部曲线

对国产新型定向随钻扩孔钻头进行现场试验(表 8.11)，结果表明国产定向随钻扩孔钻头基本可以满足井径要求，但根据钻头在 H-15CH 井、H-16CH 井、H-17CH 井和 H-18CH 井的试验情况分析，钻头对砾石层段较敏感，表现为钻头领眼段磨损严重、寿命短、扩孔周期较长；对水敏性泥岩地层，领眼段钻头易泥包；总体上钻头与地层不匹配，寿命短、扩孔效率低、扩孔周期长。图 8.41 是试验的国产扩孔钻头磨损情况，试验结果表明需对国产定向随钻扩孔钻头作进一步优化设计，提高定向随钻扩孔效率与寿命。

表 8.11 国产定向随钻扩孔钻头试验情况

井名	扩孔井段/m	段长/m	含砾层/m	趟数	机械钻速/(m/h)	随钻扩孔工艺
H-15CH	5583.33～5884	301		7	1.03	CK306B+井口螺杆/国产
H-16CH	5167.47～5474	307		2	1.3	CK306B+进口螺杆
H-17CH	5620～5966	346	115	7	0.86	PSDF5311S-1/CK306B+井口螺杆
H-18CH	5650～6066	416	128	6	0.96	CK306B+进口螺杆

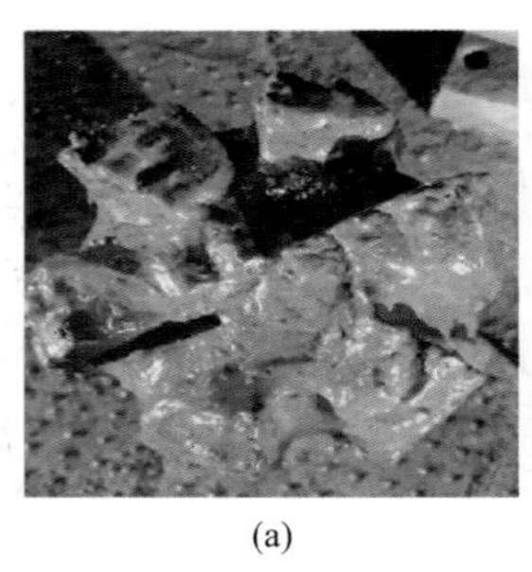
(a)

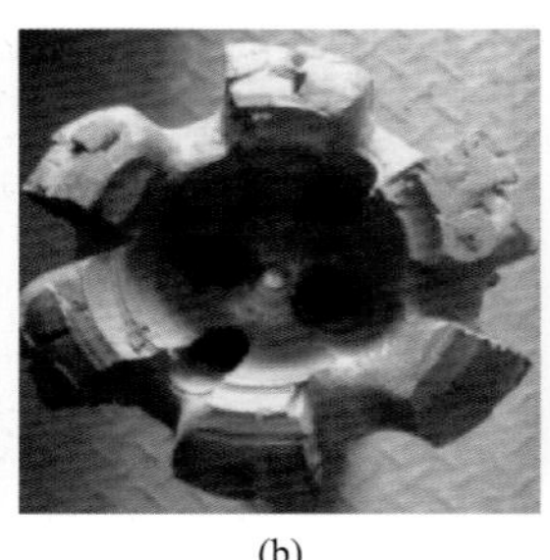
(b)

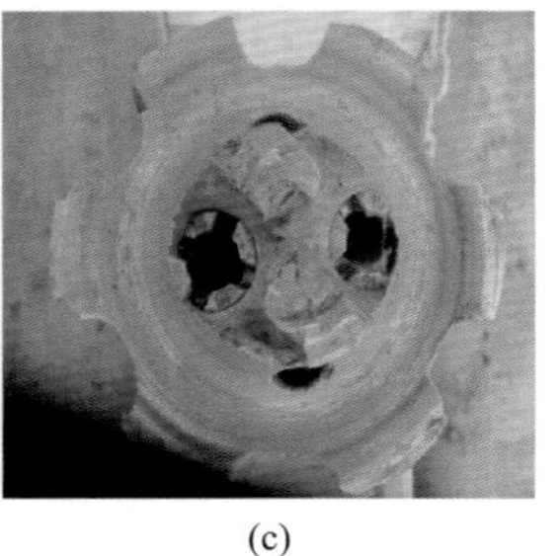
(c)

图 8.41 钻头泥包(a)、掏心磨损(b)和环切磨损(c)

1. 扩孔钻头优化与改进

1) 地层特性分析

针对定向随钻扩孔钻头在含砾地层钻进时严重磨损和在泥岩地层易泥包的问题，需要重新认识含砾地层和泥岩地层的岩石特性。通过已钻井测井数据和实钻参数进行岩石力学性能分析，碳酸盐岩缝洞型油藏上部石炭系卡拉沙依组、巴楚组的地层岩石特性从整体趋势看，巴楚组含砾地层岩石抗压强度接近 120MPa，抗剪强度 11MPa 左右，内摩擦角＞40°，泥质含量为 20%～40%，PDC 钻头可钻性在 6～7 级，属于中硬、研磨性较强的地层；桑塔木组灰质泥岩地层均质性较好，且不含砾，地层可钻性较好。

2) 随钻扩孔 PDC 钻头优化改进

(1) 水力结构优化设计与结构改进。

①喷嘴改进。

定向随钻扩孔钻头领眼段易泥包，主要原因是领眼段和扩孔段钻头处水力流量分配不合理，领眼段水力流量较小，因此需要对钻头的水力结构进行改进。原领眼钻头采用 4 个喷嘴的设计，其中 2 个死喷嘴，2 个活喷嘴，喷嘴直径均为 12.7mm，现场应用时出现严重的泥包现象。新方案设计将领眼段喷嘴增加至 6 个，并全部使用死喷嘴，其中 4 个喷嘴直径增加到 15mm，2 个喷嘴直径减小为 11mm。新方案领眼段水力结构设计如图 8.42 所示，其中箭头处为新增喷嘴。

为了进一步提高领眼段的水力能量，将扩孔段的 3 个死喷嘴的直径从 12.7mm 减小为 10mm。减小死喷嘴直径可以使领眼钻头得到充分的清洗和冷却，同时使 3 个喷嘴交错布置，喷嘴与对应刀翼上切削齿的刮切线速度方向垂直，提高了水力能量的利用效率，又减轻了喷嘴对切削齿的冲蚀。随钻扩孔 PDC 钻头扩孔段喷嘴布置如图 8.43 所示。

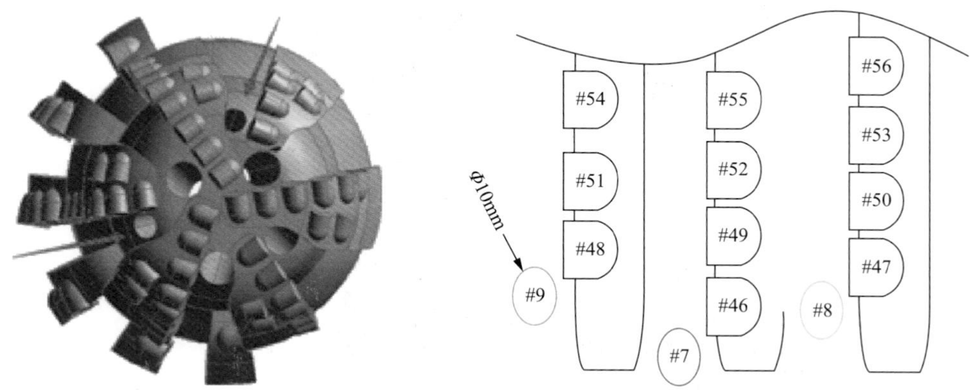

图 8.42　新方案领眼段新增喷嘴位置示意图

图 8.43　随钻扩孔钻头扩孔段喷嘴布置示意图
#7，#8，#9 为喷嘴编号；#46～#56 为 PDC 齿编号

②流道改进。

将领眼段钻头流道深度由 10mm 增加至 22.5mm（图 8.44），通过增加流道深度可以将流道容屑空间提高一倍以上，进一步降低了岩屑 Laplace 压力差，从而减小岩屑对刀翼

表面的黏附能力，预防泥包现象的发生。

(a) 原方案

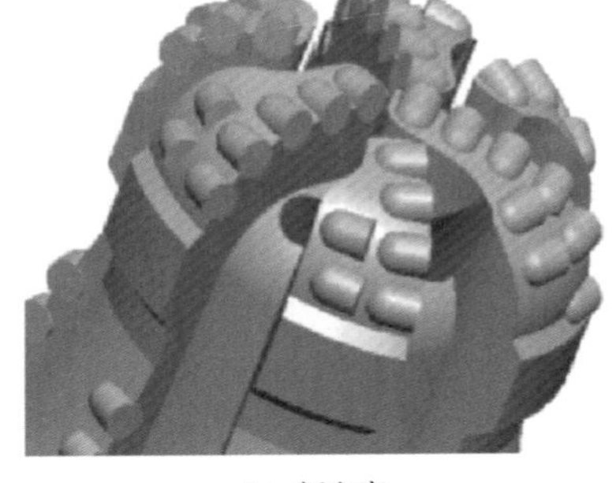

(b) 新方案

图 8.44　随钻扩孔 PDC 钻头流道深度对比

③钻头流场分析对比。

图 8.45 是领眼钻头流场整体流线分布，可以看出，在改进后的新方案中 4 号刀翼和 6 号刀翼处新增加了两个直径为 10mm 的喷嘴。原方案中 4 号、6 号两个短刀翼对应流道的流线分布较少，分配流量较低；而在 4 号和 6 号流道增设喷嘴后，流量分配较为均衡。因此，在改进型随钻扩孔 PDC 钻头中，水力结构的设计优势较明显。

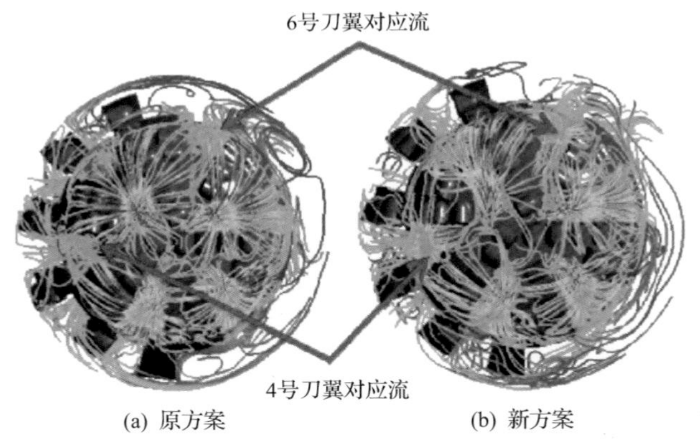

(a) 原方案　　(b) 新方案

图 8.45　钻头流场流线分析

④井底流速及压力分析。

图 8.46 是随钻扩孔钻头新、旧两种方案井底压力场分布，可以看出新方案的井底压力分布比旧方案均匀，旧方案中存在明显的低压区。新方案的井底流速分布更有利于岩屑的运移及井底流场的清洗。

图 8.47 是随钻扩孔钻头新、旧两种方案井底速度场分布。针对原方案中 4 号及 6 号刀翼表面流速较低的情况，采用在对应流道处增加喷嘴的方式，可以看出在新方案中 4 号及 6 号刀翼表面流速有显著的提高，并且其他刀翼仍具有较高的表面流速，能够保证切削齿的清洗及冷却作用。

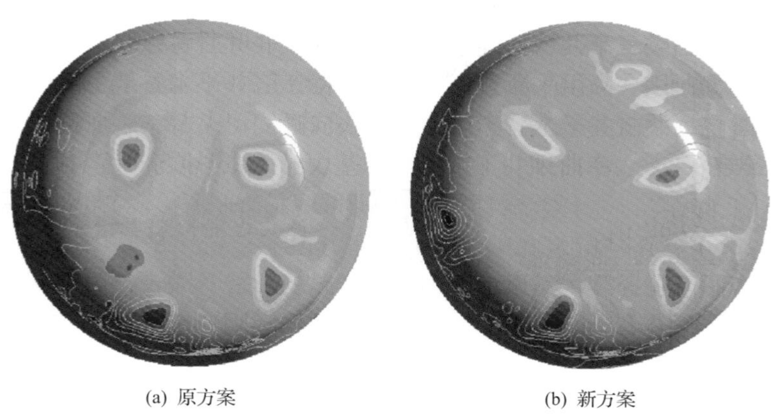

图 8.46　井底压力云图对比图

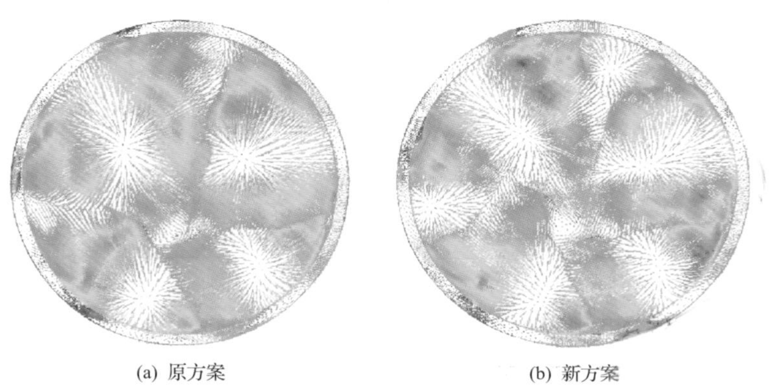

图 8.47　井底流速矢量图对比图

(2) PDC 钻头切削结构改进。

①串行布齿结构设计。

扩孔钻头的领眼段切削结构，特别是心部区域，若使用较主切削齿尺寸更大的切削齿作为串行二级齿，可以避免心部区域出现早期失效，从而有效地提高领眼钻头寿命(图 8.48)。

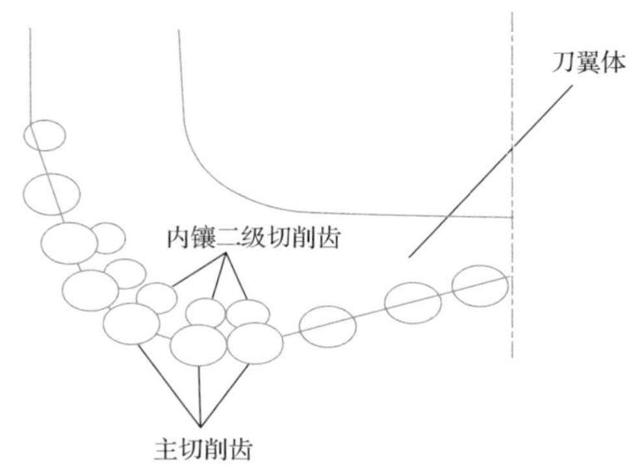

图 8.48　PDC 钻头串行(内镶)二级齿设计对比

通过串行布齿结构设计，钻头的领眼段从心部到外肩部，PDC 复合片的布齿密度显著增加。尤其是钻头的外肩部容易形成环槽的区域，PDC 复合片布齿密度增加 2 倍以上，有效提高了钻头的使用寿命。

②使用微凸冠部曲线结构。

造斜段钻井经常使随钻扩孔钻头领眼段保径部分的切削齿因过渡磨损而失效，其主要原因是常规 PDC 钻头的冠部形状在钻头造斜运动状态下，不能与井底全面接触，冠顶区域分担了过多的钻压，从而导致冠顶及保径区域的切削齿先期失效，进而导致整只钻头使用寿命的终结。为了保证领眼钻头冠部与井底有良好的接触，将“平底型冠部”改进为“微凸型冠部”，如图 8.49 和图 8.50 所示。

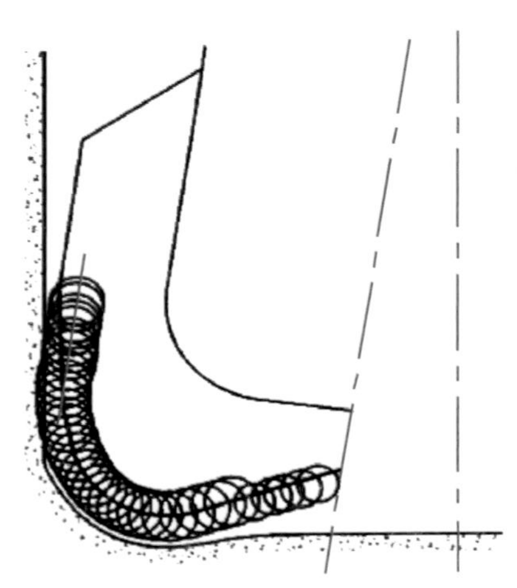

图 8.49　造斜钻井钻头冠部形状

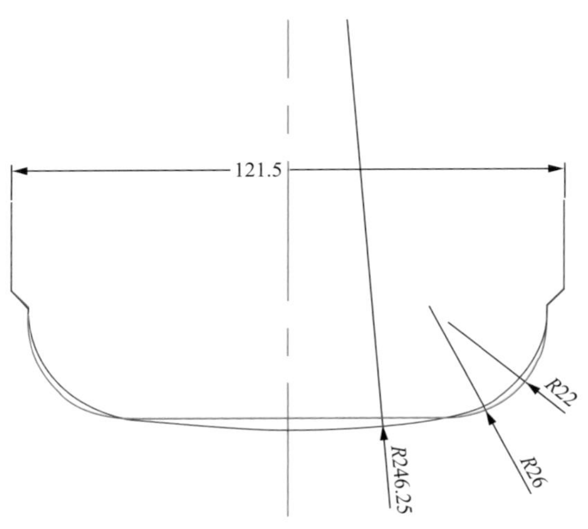

图 8.50　平底型与微凸型冠部形状(单位：mm)

③提高主切削齿布齿密度。

由于随钻扩孔 PDC 钻头心部磨损严重，因此改进设计时需采用提高领眼钻头的心部切削齿数量的方式提高钻头的使用寿命：一是将原有的 2 个主刀翼设计改为 3 个主刀翼，通过增加主刀翼数从而增加中心齿数，提高领眼钻头心部寿命(图 8.51)；二是采用如图 8.52 所示的心部加密的布齿方案增加领眼钻头心部寿命。

④自平衡设计。

随钻扩孔钻头易磨损的一个重要原因在于地层对钻头扩孔段产生了一个很大的扩孔横向力。原随钻扩孔钻头运用力平衡思想设计后，横向不平衡力控制在 10%～15%。为了进一步减小或抵消扩孔段的横向力，需要对领眼钻头进行力平衡设计，使随钻扩孔钻头处于切削力平衡状态。扩孔钻头横向不平衡力如图 8.53 所示。

在对扩孔钻头进行切削力平衡设计时，可以从以下 4 个方面考虑：改变刀翼间夹角；调整切削齿出露高度；调整切削齿的定位半径；优化切削齿结构角度。

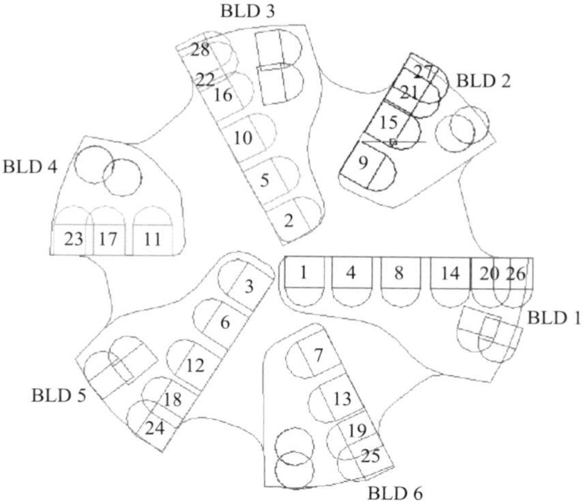

图 8.51　三个主刀翼周向布齿设计

BLD.刀翼

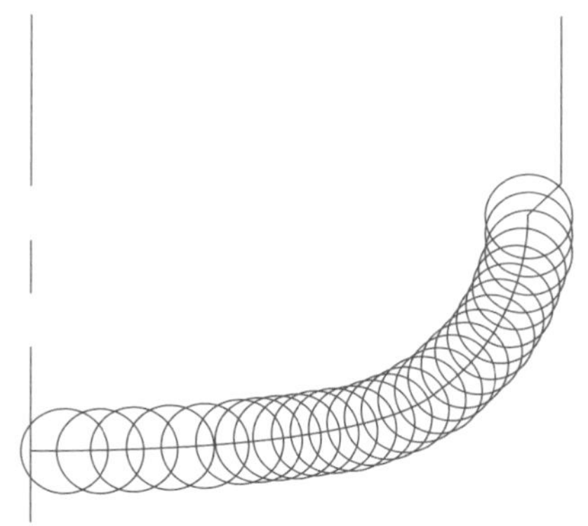

图 8.52　增加径向布齿设计

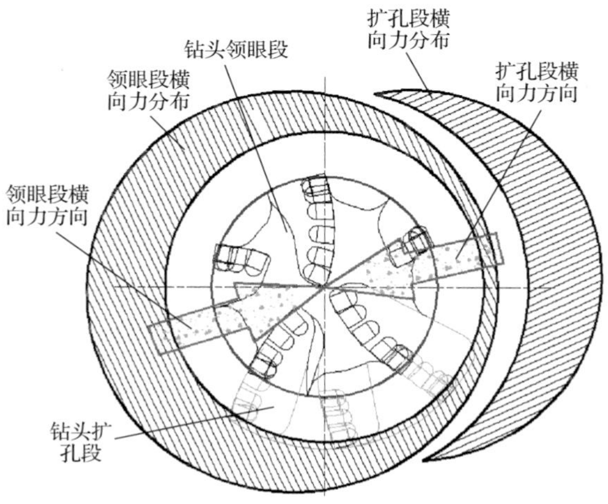

图 8.53　扩孔钻头横向不平衡力示意图

经过仿真分析，调整后的钻头横向力大幅降低，计算的钻头轴向力均值为 57.68kN，横向力均值为 3.50kN，横向不平衡力系数降到了 0.07 以内，基本达到了钻头总体切削平衡状态(常规 PDC 钻头该系数一般在 0.05 以内)。同时，新型随钻扩孔钻头的切削齿受力情况也得到改善，不仅心部和过渡区域的切削齿受力有所降低，而且切削齿受力更均衡，载荷突变减少，有利于提高钻头稳定性。

⑤复合切削结构设计。

在对新型固定式随钻扩孔 PDC 钻头进行结构改进时，在钻头外锥、冠顶等易失效区域设置复合切削齿，如图 8.54 和图 8.55 所示。复合切削结构一方面限制了主切削齿的吃入深度，防止主切削齿切削载荷过大，在钻遇不均质地层时降低因冲击载荷造成的复合片异常失效，进而增强领眼结构在砾石层钻进的寿命，另一方面也具有一定的辅助破岩效果。复合切削结构主要针对碳酸盐岩缝洞型油藏上部含砾石层的不均质地层，对于降低钻头切削结构的异常失效具有较好效果。

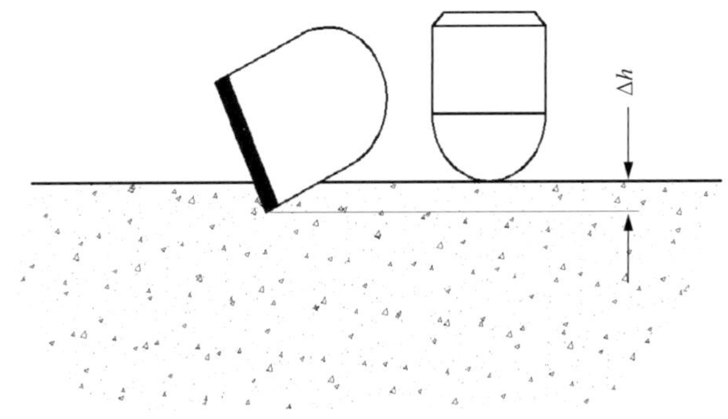

图 8.54　钻头复合切削结构工作原理

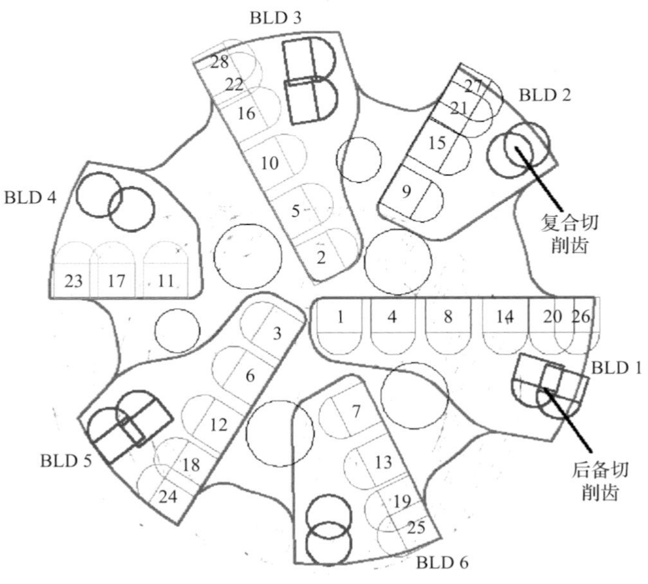

图 8.55　钻头复合切削结构改进

2. 新型定向随钻扩孔钻头应用效果

对定向随钻扩孔钻头进行优化改进，采用新型定向随钻扩孔钻头+Φ120mm 1.75°/1.5°国产单弯螺杆+Φ120mm 无磁悬挂+Φ88.9mm 无磁承压×1 根+Φ88.9mm 钻杆+Φ88.9mm HWDP×45 根+Φ101.6mm 非标钻杆的钻柱组合，在钻压为 20～40kN，排量为 11～12L/s，泵压为 18～23MPa 的钻进参数下，2014～2017 年在碳酸盐岩缝洞型油藏 H-19CH2 井、H-20CH 井、H-21CH 井及 H-22CH2 井等 35 口井进行定向随钻扩孔钻头推广应用(表 8.12)，从表 8.12 可以看出，定向随钻扩孔机械钻速提高了 80%～90%。

表 8.12　优化后(2014.8～2017.12)定向随钻扩孔钻头应用情况

井名	扩孔井段/m	段长/m	含砾层/m	趟数	机械钻速/(m/h)	平均井径/mm	井径扩大率/%	随钻扩孔工艺
H-19CH2	5542-5870.5	328.5	108	3	1.56	183	22.7	MB1363GU +国产螺杆
H-20CH	5925-6155	230		2	2.46	172	15.4	GP1186B/M434+国产螺杆
H-21CH	6102-6611	509		2	2.26	173	16.1	MB1363GU +国产螺杆
H-22CH2	5967-6405	493.61		2	2.38	183	22.8	MB1363GU +国产螺杆

8.2.6　Φ120.65mm 小井眼定向钻井工艺

1. 小井眼螺杆钻具造斜能力分析

Φ120.65mm 井眼可选螺杆主要有 Φ95mm 和 Φ105mm 的单弯外壳螺杆，对上述两种螺杆的造斜能力可以采用本章第 8.1 节中弯外壳螺杆力学模型进行分析，根据 Φ95mm 和 Φ105mm 弯外壳螺杆规格参数，取钻头至螺杆肘点距离 1.1m，螺杆长度 4.21m。弯外壳螺杆井眼曲率预测的基本输入参数为钻压 30kN、井斜角 30°、工具面角 0°、结构弯角 1.5°、钻井液密度 1.17g/cm^3。

在保持基本输入参数不变的前提下，通过改变结构弯角、井斜角、钻压和井眼直径，计算弯外壳螺杆钻具的井眼曲率，弯外壳螺杆钻具井眼曲率变化趋势见图 8.56～图 8.59。

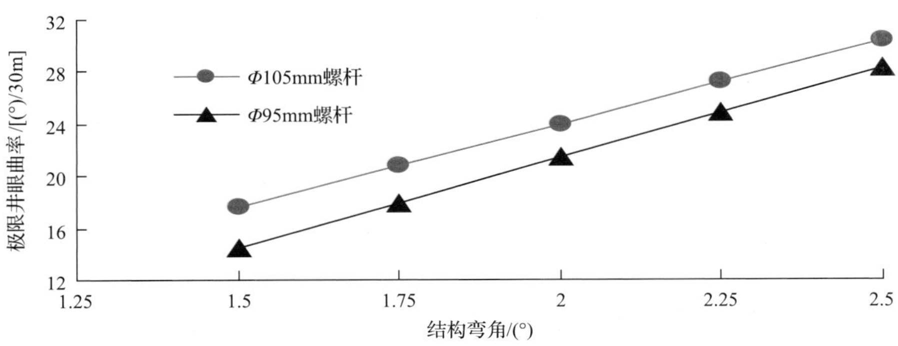

图 8.56　螺杆井眼曲率随结构弯角度数变化

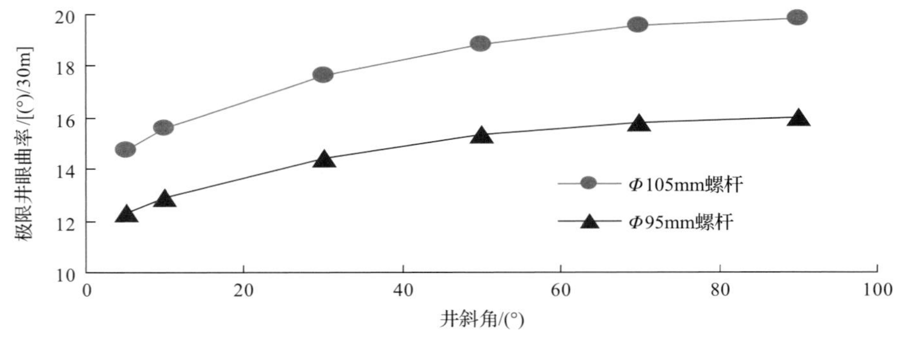

图 8.57　螺杆井眼曲率随井斜角变化

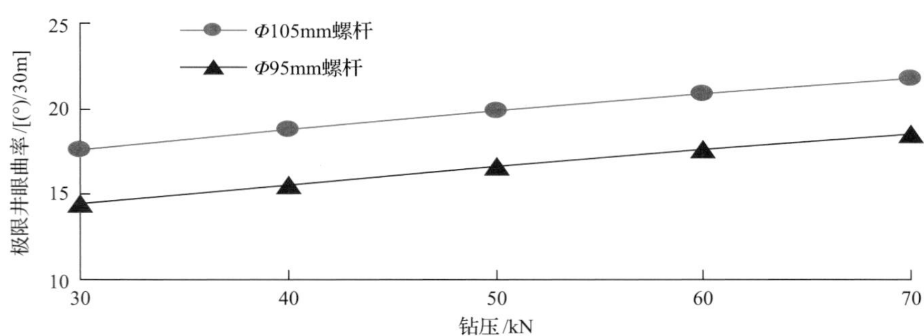

图 8.58　螺杆井眼曲率随钻压变化

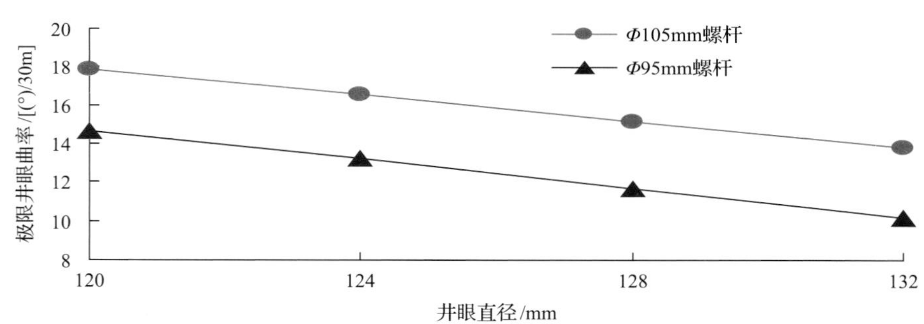

图 8.59　螺杆井眼曲率随井眼直径变化

(1)螺杆结构弯角。

图 8.56 是结构弯角对螺杆钻具井眼曲率的影响。由图 8.56 可知，随着结构弯角的增大，弯外壳螺杆井眼曲率显著增加，说明提高弯外壳螺杆钻具的结构弯角是提高造斜工具造斜能力的最有效的途径。对于 Φ120.65mm 井眼，在弯外壳螺杆结构弯角相同的情况下，螺杆直径越大，其造斜能力越强。

(2)井斜角。

图 8.57 是井斜角对螺杆井眼曲率的影响。由图 8.57 可知，随着井斜角的增大，弯外壳螺杆钻具的井眼曲率也随之增加，但增加幅度不大，井斜角对弯外壳螺杆钻具井眼曲率的影响不明显；其中井斜角为 5°～30°时，弯外壳螺杆的井眼曲率随着井斜角的增大而增加较快，井斜角＞30°后，弯外壳螺杆的井眼曲率增加变缓。

(3) 钻压。

图 8.58 是钻压对螺杆井眼曲率的影响，由图 8.58 可知，随着钻压的增大，弯外壳螺杆钻具的井眼曲率随之增加，钻压对弯外壳螺杆井眼曲率影响较大，所以在现场可以通过调整钻压来调整弯外壳螺杆钻具的井眼曲率。

(4) 井眼直径。

图 8.59 是井眼扩大对螺杆井眼曲率的影响，由图 8.59 可知，随着井眼直径的增加，弯外壳螺杆钻具的井眼曲率随着减小，井眼直径对弯外壳螺杆钻具的影响较大。

由以上分析可知，*Φ*95mm 螺杆和 *Φ*105mm 螺杆均可满足 *Φ*120.65mm 井眼定向钻进的井眼曲率要求，但 *Φ*105mm 螺杆与井眼间隙过小，推荐 *Φ*120.65mm 井眼定向钻进采用 *Φ*95mm 螺杆。

*Φ*120.65mm 井眼定向钻进时，20°/30m～25°/30m 的井眼曲率可以采用 2°～2.25°的 *Φ*95mm 单弯螺杆钻具，推荐钻井参数：钻压 40～60kN，复合钻进时转盘转速为 40～50r/min。

2. 小井眼轨迹控制效果

H-23CH 井设计一开定向随钻扩孔至 6155m 中完，下入 139.7mm 非标直连扣套管固井。因中完井深处于稳斜井段，设计井眼轨迹中，6155～6222m 为二开稳斜段，井斜角 61°；6222～6248m 为造斜段，井眼曲率 20°/30m；水平段为 6248～6270m。实钻时稳斜段采用 1.75°单弯螺杆复合钻进，井眼曲率 3.7°/30m 左右；造斜段采用 2.5°单弯螺杆滑动钻进，井斜角从 67°增加至 87°，最大井眼曲率 23°/30m，井眼曲率稳定在 22°/30m。

定向时主要采用聚磺混油钻井液体系，钻井液密度为 1.15～1.17g/cm^3，钻压为 20～40kN，井斜较大时，理论井眼曲率为 25°/30m～28°/30m，鉴于预测曲率是极限曲率，加之井眼扩大因素的影响，通过理论预测的 95mm 单弯外壳螺杆井眼曲率预测结果满足随钻扩孔轨迹控制的要求。

3. 井眼定向钻井技术配套

1) 动力钻具配套

国内 *Φ*118mm 井眼配套动力钻具为 *Φ*95mm 螺杆，因此 *Φ*120.65mm 井眼同样可以使用 *Φ*95mm 螺杆，螺杆与井眼间单边间隙为 12.83mm，能够有效降低钻进复杂风险。在现有循环系统压力级别下，需要有较高的水力排量来提升破岩效率。国内 95mm 螺杆扭矩一般为 700～1200N·m，螺杆转速 90～240r/min；立林(5LZ95×7)、德州(7LZ95×7)生产的 95mm 螺杆能够满足定向钻进需求。

2) MWD 仪器的配套

*Φ*149.2mm 井眼通常使用常规 350 型 MWD 仪器，配套使用的无磁悬挂短节及无磁钻铤外径为 121mm，因此无法在 120.65mm 井眼使用，必须重新选择与外径更小的无磁悬挂短节相配套的 MWD 仪器[24,25]。根据碳酸盐岩缝洞型油藏侧钻井井底条件，120.65mm 井眼配套定向仪器时须满足以下条件。

(1)MWD 无磁悬挂短节外径不能大于 105mm。

(2)奥陶系侧钻井目的层垂深为 5500～7500m，地温梯度多为 2℃/100m 左右，井底静温为 120～160℃，所选 MWD 仪器的抗温须≥150℃。

(3)取 6500m 平均垂深，取钻井液密度 1.3g/cm^3，井底静压力 82.8MPa，附加起下钻激动压力 3MPa，考虑极端条件，安全系数取 1.5 计算，所选 MWD 仪器的抗压值须>130MPa。

Schlumberger 公司的 SLIMPULSEG5、GE(General Electric)公司的 GE-MWD 和 APS 公司的 SureShot 均能使用 Φ105mm 及更小尺寸无磁钻铤及悬挂短节，工作温度、耐压能力、工作排量均能够满足 Φ120.65mm 定向钻进的要求。

3)钻具配套

由于一开中完时已下入 139.7mm 非标套管,套管通径为 121.08mm,因此 Φ120.65mm 小井眼定向钻井时，常规 Φ88.9mm 钻杆因接箍外径限制无法通过 Φ139.7mm 非标套管。通过改进常规 Φ88.9mm 钻杆外径，将接头外径从 Φ127mm 优化为 Φ108mm[24,25]，改进后的钻杆性能见表 8.13。

表 8.13　Φ88.9mm 常规钻杆与小接箍钻杆性能对比表

钻杆	钢级	本体尺寸/mm	壁厚/mm	接头外径/mm	接头内径/mm	管体内径/mm	抗拉/kN	抗内压/MPa	抗扭/(N·m)
API	S135	88.9	9.35	127	54	70.2	2175	118.2	34500
小接箍	S135	88.9	9.35	108	41.3	70.2	2175	164.1	45300

120.65mm 小井眼定向钻具组合：Φ120.65mm 钻头+Φ95mm 单弯螺杆+Φ105mm 无磁钻铤×1 根+Φ105mmMWD 短节+Φ88.9mm 无磁钻铤×1 根+Φ88.9mmDP(接箍外径 Φ108mm)+Φ88.9mmHWDP×45 根+Φ101.6mmDP/Φ127mmDP。

三级井身结构井直井段钻杆选用 Φ101.6mm 非标钻杆(接箍外径 Φ127mm)，四级井身结构井直井段则选用常规 Φ88.9mm 和 Φ127mm 钻杆。

Φ120.65mm 小井眼定向钻井在 Φ139.7mm 套管内采用 Φ88.9mm 非标钻杆时，推荐水力排量 8～12L/s，可以满足定向钻井和携岩要求。

4)钻头选型

二开 Φ139.7mm 非标套管内固井后扫塞钻进时，若采用 Φ120.65mm 单牙轮钻头，易发生掉牙轮事故。随着 PDC 钻头的不断改进，在较低的钻压和转速时，为了减少钻井事故的发生、节约钻井周期，可以采用 PDC 钻头扫除套管内水泥塞和套管附件。

Φ120.65mm 钻头所钻地层为奥陶系灰岩地层，地层岩性均一，抗压强度为 103.8～211.9MPa，抗剪强度为 20～44MPa，可钻性极值为 6.3～7.8，碳酸盐岩缝洞型油藏奥陶系地层的可钻性极值和抗压强度见表 8.14。

表 8.14　塔河主体区块奥陶系地层特性

组	代号	可钻性级值			抗压强度/MPa		
		最大	最小	平均	最大	最小	平均
奥陶系	O	7.8	5.5	6.3	211.9	103.8	151.2

根据定向 PDC 钻头的结构特征，结合地层可钻性极值，Φ120.65mm 井眼定向钻井优选 M0864PDC 钻头(尺寸 Φ120.65mm)，该钻头具有以下特性：刀翼数量 6 个；切削齿尺寸 13mm/8mm；喷嘴数量 4 个，喷嘴尺寸 Φ14.3mm；保径长度为 38.1mm；轨迹类型为长抛物线；力平衡设计中使不平衡力小于 1%；推荐转速为 60～180r/min；推荐钻压为 10～50kN；推荐排量为 10～18L/s。

4. 小井眼偏心环空流体力学模型

1) 偏心螺旋流理论模型的建立

超深井小井眼钻井与常规井眼大尺寸井眼钻井相比，具有以下特点：井眼及环空间隙小，环空间隙大小、钻柱旋转和钻柱偏心等因素对井筒压降和流速分布的影响较大。常规钻井中所采用的流体力学计算模型及相关的工艺技术已不再适用于超深小井眼钻井的设计和施工，因此，深井小井眼水力参数设计的关键在于准确建立钻井液在钻柱内流道和环空中流动的压降和流速分布模型[33-35]。图 8.60 和图 8.61 分别为井眼环空流道和钻柱内流道的截面示意图，环空的内、外半径分别为 R_i 和 R_o，钻柱内流道的内径为 R_d。钻柱以角速度 Ω 旋转，井壁或套管壁静止，钻柱和环空间的偏心距为 e。

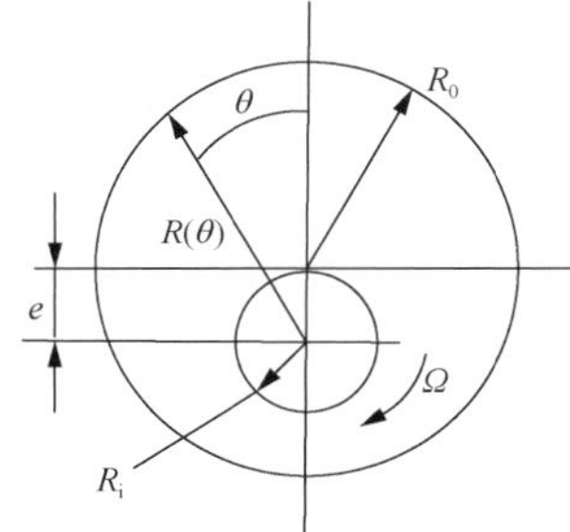

图 8.60　偏心环空过流断面

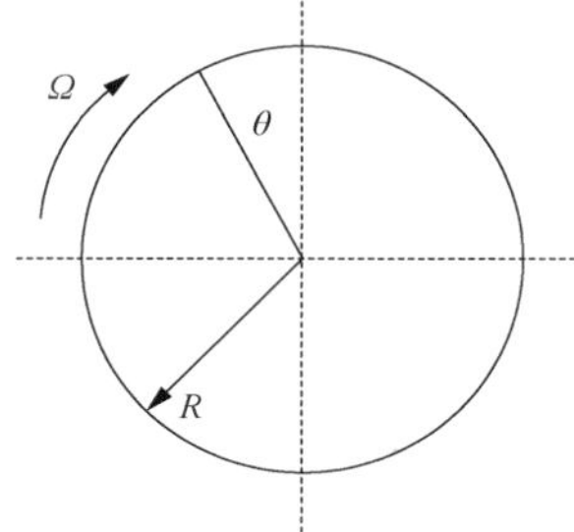

图 8.61　管内流道几何特性

(1) 环空速度分布模型。

以流体做层流流动时的连续方程、运动方程和 H-B(Herschel-Bulkley) 流体本构方程为基础，可以推导出极坐标系下环空中任意点 $(r,\ \theta)$ 处钻井液流动的轴向速度 $u(r)$ 和周向角速度 $\omega(r)$ 的计算模型：

$$u(r)=\begin{cases}\displaystyle\int_{R_i}^{r}\frac{1}{\eta}\left(\frac{P_z r}{2}+\frac{C}{r}\right)\mathrm{d}r, & R_i\leqslant r\leqslant r_{pi}\\ \displaystyle\int_{R_o}^{r}\frac{1}{\eta}\left(\frac{P_z r}{2}+\frac{C}{r}\right)\mathrm{d}r, & r_{po}\leqslant r\leqslant R_o\\ \displaystyle\int_{R_i}^{r_{pi}}\frac{1}{\eta}\left(\frac{P_z r}{2}+\frac{C}{r}\right)\mathrm{d}r, & r_{pi}\leqslant r\leqslant r_{po}\end{cases} \tag{8.77}$$

$$
\omega(r)=\begin{cases}\displaystyle\int_{R_i}^{r}\frac{1}{\eta}\left(-\frac{1}{3}\rho g\sin\alpha\sin\theta+\frac{B}{r^3}\right)\mathrm{d}r+\Omega, & R_i\leqslant r\leqslant r_{pi}\\ \displaystyle\int_{R_0}^{r}\frac{1}{\eta}\left(-\frac{1}{3}\rho g\sin\alpha\sin\theta+\frac{B}{r^3}\right)\mathrm{d}r, & r_{po}\leqslant r\leqslant R_i\\ \displaystyle\int_{R_i}^{r_{pi}}\frac{1}{\eta}\left(-\frac{1}{3}\rho g\sin\alpha\sin\theta+\frac{B}{r^3}\right)\mathrm{d}r, & r_{pi}\leqslant r\leqslant r_{po}\end{cases}\tag{8.78}
$$

式(8.77)和式(8.78)中，$u(r)$为轴向速度，m/s；$\omega(r)$为周向角速度，rad/s；r为偏心环空任一点到井眼中心的距离，m；η为偏心环空任一点处钻井液的等效黏度，mPa·s；R_i为环空内半径，m；R_o为环空外半径，m；r_{pi}为钻柱内半径大于R_i的任一点的半径，m；r_{po}为环空截面内任一点的半径，m；P_z为环空压力梯度，Pa/m；B、C为积分常数；ρ为钻井液密度，kg/m^3；α为井斜角，(°)；θ为周向角，(°)；Ω为钻柱转动角速度，rad/s。

轴向速度$u(r)$计算模型的边界条件：环空内壁$u(R_i)=0$，环空外壁$u(R_o)=0$；周向角速度$\omega(r)$计算模型的边界条件：环空内壁$\omega(R_i)=0$，环空外壁$\omega(R_o)=0$

(2)环空视黏度分布。

根据H-B流体本构方程及环空内轴向速度和轴向速度分布，即可计算出环空任意一点处的视黏度$\eta(r)$：

$$
\eta(r)=\frac{K^{\frac{1}{n}}\left[\left(\frac{1}{3}G_\theta r+\frac{B}{r^2}\right)^2+\left(\frac{1}{2}P_z r+\frac{C}{r}\right)^2\right]^{\frac{1}{2}}}{\left\{\left[\left(\frac{1}{3}G_\theta r+\frac{B}{r^2}\right)^2+\left(\frac{1}{2}P_z r+\frac{C}{r}\right)^2\right]^{\frac{1}{2}}-\tau_0\right\}^{\frac{1}{n}}}\tag{8.79}
$$

式中，K为H-B流变模型中的稠度系数，Pa·s^n；n为流型指数，无量纲；τ_0为H-B流变模型中的动切力，Pa；$G_\theta=-\rho g\sin\alpha\sin\theta$。

(3)环空压力梯度计算模型。

根据流量的定义，通过在整个环空过流断面上积分，可推导出井眼环空内流量与压力梯度的关系[35]，解得压力梯度P_z：

$$
P_z=\frac{Q}{\int_0^{\pi}(b_1+b_2+b_3)\mathrm{d}\theta}\tag{8.80}
$$

式中，

$$
b_1=\int_{R_i}^{r_{pi}(\theta)}\frac{r^2{}_{pi}(\theta)-r^2}{\eta(r,\theta)}\left(\frac{r}{2}+\frac{C(\theta)}{P_z r}\right)\mathrm{d}r\tag{8.81}
$$

$$b_2 = \int_{R(\theta)}^{r_{po}(\theta)} \frac{r^2{}_{po}(\theta) - r^2}{\eta(r,\theta)} \left(\frac{r}{2} + \frac{C(\theta)}{P_z r} \right) dr \tag{8.82}$$

$$b_3 = \int_{R_i}^{r_{pi}(\theta)} \frac{r^2{}_{po}(\theta) - r^2{}_{pi}(\theta)}{\eta(r,\theta)} \left(\frac{r}{2} + \frac{C(\theta)}{P_z r} \right) dr \tag{8.83}$$

式中，Q 为钻井液排量，m^3/s，其他参数物理意义同前。

式(8.80)即为井眼偏心环空中 H-B 流体层流螺旋流的压力梯度计算模型。

2) 接头对环空压降影响的理论分析

在小井眼钻井时，由于环空过流面积很小，钻杆接头处雷诺数很大，因此接头对环空压耗的影响成为准确预测小井眼环空压耗的关键。为了研究接头对环空的水力参数的影响，建立如图 8.62 所示的模型[36]，该模型的假设条件为：不考虑温度的影响；钻杆为水平放置；假设钻井液流体为不可压缩流体；充分考虑接头造成环空流道面积缩小造成的压力损失。

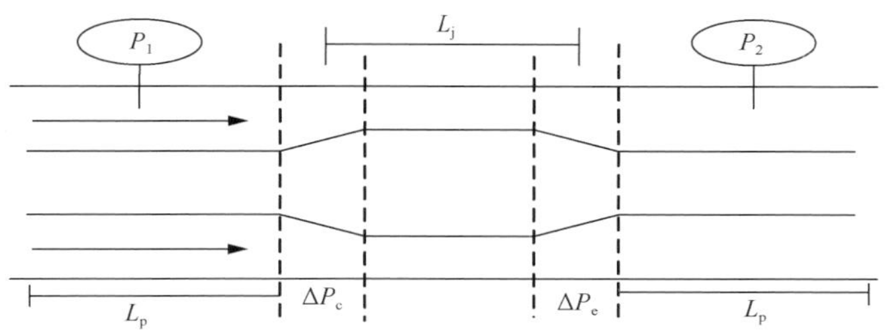

图 8.62　考虑钻杆接头影响的环空压耗模型

ΔP_c、ΔP_e 分别为钻杆接头两个台肩处的压耗，MPa；L_j 为接头长度，m；L_p 为钻杆本体长度，m

ΔP 是从 P_1 点到 P_2 点的总压降，接头压降包括 3 个部分：①由于环空流道面积突然变小，环空流速突然增大所造成的压力损失，引入接头缩小造成的压力损失系数 K_c；②由于环空流道面积突然增大，环空流速突然减小所造成的压力损失，引入接头扩大造成的压力损失系数 K_e；③钻井液在环空流动的沿程压力损失(包括接头环空流道和钻杆环空流道)，用 ΔP_f 表示。

接头压降计算理论模型如式(8.84)所示：

$$\Delta P = \frac{\rho}{2g_c} V_j^2 \left[K_c + K_e \left(\frac{A_j}{A_p} \right) \right] + \Delta P_f \tag{8.84}$$

式中，ΔP 为接头前后的总压降，Pa；ΔP_f 为不考虑接头处的环空面积突然缩小造成的沿程压力损失，Pa；ρ 为钻井液流体密度，kg/m^3；g_c 为转换因子，在公制单位下，g_c=1；V_j 为接头处的环空流速，m/s；K_e 为引入接头扩大造成的压力损失系数；K_c 为引入接头缩小造成的压力损失系数；A_j 为接头处的环空流道面积，m^2；A_p 为钻杆处的环空流道面积，m^2。

对于方形台肩接头，K_e、K_c计算公式为

$$K_c = K_e = \left(1 - \frac{A_j}{A_p}\right)^2 \tag{8.85}$$

对于锥形台肩接头，K_e、K_c计算公式为

$$K_c = 0.5\sqrt{\sin\frac{\theta}{2}(1 - D_i^{\,2})} \tag{8.86}$$

$$K_e = \left(1 - \frac{A_j}{A_p}\right)^2 \tag{8.87}$$

式中，θ 为发散(收敛)角，$45° \leqslant \theta \leqslant 180°$；$D_i$ 为接头环空流道和钻杆环空流道的直径比率。

不考虑接头处的环空流道面积突然缩小的沿程压力损失计算公式为

$$\Delta P_f = \Delta P_j + \Delta P_p = \frac{4\tau_{w,j}L_j}{D_{hyd,j}} + \frac{4\tau_{w,p}L_p}{D_{hyd,p}} \tag{8.88}$$

式中，ΔP_p 为钻杆区的沿程压力损失，Pa；$\tau_{w,j}$ 为接头处的壁面剪应力，Pa；$\tau_{w,p}$ 为钻杆处的壁面剪应力，Pa；$D_{hyd,j}$ 为钻杆接头与井眼或套管内径环空间隙，$D_{hyd,j}=D-D_j$，其中，D 为井眼直径或套管内径，m；D_j 为接头直径，m；$D_{hyd,p}$ 为钻杆本体与井眼或套管内径环空间隙，$D_{hyd,p}=D-D_p$，其中，D_p 为钻杆本体直径，m。

5. 小井眼水平井水平段延伸长度分析

1)延伸长度制约因素分析

(1)钻柱强度。

钻具各截面的工作应力必须小于材料的许用应力，确保钻具不发生断裂破坏。在钻井作业时，钻柱传递钻压与扭矩，必须保证钻柱的安全，因此钻柱的任一截面都要满足强度要求。公式如下：

$$\sigma_i \leqslant [\sigma] / S \tag{8.89}$$

式中，σ_i 为钻柱任一截面的应力；σ 钻柱材料的许用应力；S 为钻柱的安全系数。

(2)额定泵压。

水平段钻进过程中，钻井液从钻柱内流入，经过钻头、套管鞋，再从环空返出。影响水平井水平段延伸能力的主要因素有地层因素、泵压能力及各种管线的承压能力等。水平段延伸越长，循环压耗越大。在实际钻井过程中循环压耗受到额定泵压和其他管线允许承压值限定，存在一个极限值，该极限值对应井深即为允许最大水力总压耗限制下的水平段长度延伸极限[35-39]。依据钻井水力学原理，水平井水平段水力延伸极限计算模型为

$$\Delta P_s = \Delta P_b + \Delta P_g + \Delta P_m + \sum_{i=1}^{n}\left(\frac{dP_{pi}}{dL_i}L_i\right) + \sum_{i=1}^{n}\left(\frac{dP_{ai}}{dL_i}L_i\right) \tag{8.90}$$

式中：ΔP_s为循环压耗，Pa；ΔP_b为钻头压耗，Pa；ΔP_g为地面管汇压耗，Pa；ΔP_m为井下动力钻具压耗，Pa；L_i为第 i 段井筒长度，m；$\frac{dP_{pi}}{dL_i}$为第 i 段井筒钻柱内压耗梯度，Pa/m；$\frac{dP_{ai}}{dL_i}$为第 i 段井筒钻环空压耗梯度，Pa/m。

钻井泵具有额定泵压，水平井总循环压耗必须小于额定泵压，这就决定了水平井不能无限制延伸，即

$$P_{额} \geqslant \Delta P_b + \Delta P_g + \Delta P_m + \sum_{i=1}^{n}\left(\frac{dP_{pi}}{dL_i}L_i\right) + \sum_{i=1}^{n}\left(\frac{dP_{ai}}{dL_i}L_i\right) \tag{8.91}$$

式中，P 为额定泵压，Pa。

从而可以得到泵压制约下的最大延伸长度：

$$L_{max\,2} = \sum_{i=1}^{n} L_i \tag{8.92}$$

式中，L_{max2}为额定泵压制约下的最大延伸长度，m。

式(8.89)和式(8.91)对影响水平井水平段延伸能力的钻具抗拉强度和水力因素进行了分析，水平段的延伸能力同时还受到水平段屈曲状态、井眼环空水力携岩及井底地层的破裂压力等因素影响。由于 Φ120.65mm 小井眼采用 Φ88.9mm 非标钻杆，小井眼环空携岩完全满足要求；奥陶系地层破裂压力较大，同样不予考虑。因此根据钻井液流体力学、钻具受力和钻具屈曲理论，分别对水平井总循环压耗、水平段钻具受力状态及钻具井口受力进行计算，并对其进行综合考虑，进而求出水平段位移延伸极限长度值。

2) 延伸能力预测

H-24CH2 井原井为 Φ177.8mm 套管直下的三级井身结构，侧钻时需考虑到地质避水要求，该井采用 Φ177.8mm 套管斜向器开窗侧钻方式，侧钻点井深 5495m。

(1) 开窗成功后，一开使用 Φ149.2mm 牙轮钻头侧钻，增斜至 10°井斜后使用 149.2mm×173.04mm×120.65mm 随钻偏心扩孔钻头进行钻进作业，要求进入鹰山组顶面 2m(斜深)结束一开，即一开井深 5901.78m。扩孔井段井眼尺寸最低应不小于 Φ165.1mm，井眼完成后，下入 Φ139.7mm 非标特殊直连扣套管固井，下入深度 5445～5900m。

(2) 二开采用 Φ120.65mm 钻头钻至完钻井深 6043.98m，裸眼完井。该井设计侧钻二开井身结构。

采用优化后的实钻钻具组合进行位移延伸能力分析。钻井液密度为 1.17g/cm^3，塑性黏度为 20mPa·s，动切力 10Pa，钻头水眼 Φ14.3mm×6+Φ10mm×3，计算时考虑螺杆和 MWD 的压降。H-24CH2 井不同井深(水平位移)处水力参数及井口处钻具安全系数见表 8.15。

表 8.15　不同井深(水平位移)处立管压力及井口处钻具安全系数

钻具组合	井深/m	位移/m	排量/(L/s)	立压/MPa	钻具屈曲状态	钻具抗拉系数	岩屑床厚度/mm
Φ120.65mm 钻头+95mm 单弯螺杆+105mm 无磁钻铤×1 根+105mm MWD 短节+105mm 无磁钻铤×1 根+88.9mmDP(接箍外径 108mm)+88.9mmHWDP×45 根+101.6mm DP(接箍外径 127mm)	6043.98	369.97	11.3	24.0		1.53	0
	6274	600	10	24.0		1.51	0
	6574	900	8.7	24.10	正弦	1.49	0
	6874	1200	8	24.20	螺旋	1.46	0

采用常规定向钻井钻具组合时，当钻至井深 6574m 时，水平位移为 900m，井口钻具抗拉系数为 1.49，钻具强度满足要求。但摩阻为 171kN，采用滑动钻进时钻具易发生正弦屈曲，位移延伸困难。

H-24CH2 井水平位移钻至 369.97m 时，排量为 11.7L/s，泵压为 24MPa；水平位移延伸至 900m 时，排量为 8.7L/s，泵压为 24MPa。

根据分析，二开 Φ120.65mm 小井眼定向钻井影响水平段位移延伸的关键是钻具的受力状态、施工泵压和井眼清洁等因素，综合考虑碳酸盐岩缝洞型油藏钻井时的机泵条件及井下施工安全条件，推荐 Φ120.65mm 小井眼水平位移延伸能力不超过 900m。

H-25CH 井二开采用 Φ120.65mm 井眼定向钻进时，实钻水平位移最长达 811m。

8.3　封隔复杂地层侧钻固井配套技术

Φ177.8mm 套管开窗侧钻封隔泥岩和含水地层时，由于没有现成的满足要求的管材，通过研发 Φ139.7mm 非标特殊直连扣套管，配套膨胀悬挂器等固井工具与附件，攻关小井眼窄间隙固井技术，创新形成了超深小井眼窄间隙固井技术，实现了小井眼窄间隙固井技术的突破，为 Φ177.8mm 套管开窗封隔复杂地层侧钻技术提供了有力的保障。

8.3.1　套管配套

1. 套管设计要求

为了有效封隔 Φ177.8mm 套管开窗侧钻钻遇的泥岩和高压水层，满足采油深抽及各种措施作业等要求，Φ139.7mm 非标直连扣套管设计要求如下。

(1)满足封隔水层和采油深抽作业。抗外挤强度需同时满足封隔石炭系高压水层和采油深抽 3000m 的要求，因此套管抗外挤强度＞56.3MPa，综合考虑封隔高压水层和采油深抽要求，套管钢级设计为 P140V。

(2)满足固井间隙和二开小井眼定向钻井配套。现有的 Φ139.7mm×7.72mm 套管在 Φ165.1mm 井眼下与地层间隙为 12.7mm，满足固井环空最小间隙要求，其通径满足二开次小井眼定向钻进需求。

(3)提高套管连接端强度，确保安全下入。现有 Φ139.7mm 小接箍套管外径 Φ150mm，受 Φ177.8mm 套管通径限制，难以下入。为了提高套管下入安全性和可靠性，将 Φ139.7mm 套管接头端设计为直连扣连接，采用镦粗工艺加厚，接头外径镦粗至 Φ143.5mm，保证接头具有足够的连接强度。该接头为整体式螺纹接头，连接强度与常规套管接箍相当，同时在外压挤毁、内压屈服强度上与管体一致，接头外径较常规套管减小了 10.2mm，解决了安全下入的间隙问题。

(4) 确保弯曲井眼下的有效连接和密封性。为了提高弯曲井眼下连接效率，扣型设计为负角度直连型，螺纹部分在承载面采用负角螺纹(–15°)，在导向面采用大角度(45°)，锥度 1∶16，齿高 0.8～0.9mm，保证螺纹接头在拉伸、弯曲、压缩等复合载荷情况下具有优良的使用性能，同时在现场施工时容易上扣。采用双重金属锥面，对锥面的过盈配合提高了螺纹的密封性，使其具有良好的密封性能和连接强度，能有效地改善应力分布，抗黏扣性能良好。

通过优化设计套管参数和优选加工工艺，研制出 CS-140V CST-ZT 型 Φ139.7mm 非标直连扣套管，套管参数见表 8.16。

表 8.16 Φ139.7mm 特殊直联扣套管(两端镦粗)优化设计

外径/mm	壁厚/mm	钢级	扣型	内径/mm	通径/mm	接头外径/mm	抗外挤/MPa	抗内压/MPa	接头连接强度/kN
139.7	7.72	CS-140V	CST-ZT	124.26	121.08	143.5	56.3	93.3	2163

2. 套管加工工艺

影响套管性能的因素主要有两个：化学成分和镦粗工艺。

1) 化学成分

CS-140V CST-ZT 型超高强度直连型套管选用 Cr-Mo 系钢，实践证明该钢种具有良好的材料稳定性和工艺加工性能。该钢种含有较高的 Cr、Mo、Mn 元素，因而淬透性好；同时 C 含量较低，保证了既可水淬又可以油淬；适量的 Mo 又使其具有良好的回火稳定性。在热处理工艺上采用淬火+回火工艺，保证了套管管体具有较高的强度。Φ139.7mm 非标直联扣套管化学成分见表 8.17。

表 8.17 化学成分要求(质量分数) (单位：%)

钢级	C		Mn		Mo		Cr		Ni	P	S	Si
	最小	最大	最小	最大	最小	最大	最小	最大	最大	最大	最大	最大
CS-140V		0.35		1.20	0.40	1.00	0.40	1.50	1.5	0.015	0.005	0.45

2) 镦粗工艺

由于镦粗加工工艺复杂，对模具、设备要求较高，通过与钢管生产厂家联合攻关，优化设计出加厚模具，优化了管端感应式加热制度，改造出镦粗润滑设备，采用一次加热、一次镦粗成型工艺后，避免了套管的变形失稳、产品表面产生横向皱折等缺陷。

镦粗工艺流程如下：上料(对齐) → 取料 → 1#加热炉加热 → 2#加热炉加热 → 1#加厚机镦粗 → 反向对齐 → 3#加热炉加热 → 4#加热炉加热 → 2#加厚机镦粗 → 成品出料(进入料筐) → 上台修磨 → 检查 → 修磨整改 → 合格品收集。生产过程如图 8.63 和图 8.64 所示。直连扣套管实物剖面如图 8.65 所示。

图 8.63　加热

图 8.64　镦粗

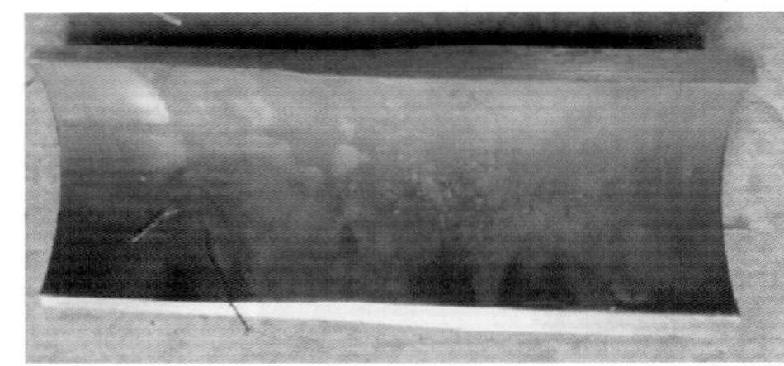

图 8.65　墩粗接头内外表面平滑，无凹坑、折皱等缺陷

3. 套管整体性能分析

模拟条件：套管下深 6000～6500m，段长 500m，管外钻井液密度 $1.30g/cm^3$，地层压力 $1.24g/cm^3$。储层压力为 $1.1g/cm^3$，储层垂深为 6600m。参照《套管柱结构与强度设计》(SY/T 5724—2008)标准。

1)抗拉计算校核

抗拉均按浮重校核，校核公式如下：

$$T_{en}=\sum_{i=1}^{n}\Delta L_i q_{si}(1-\rho_m/\rho_s) \tag{8.93}$$

式中，T_{en} 为第 n 段套管柱顶部的有效轴向力，N；ΔL_i 为第 i 段套管长度，m；q_{si} 为第 i 段套管柱在空气中的重量，N/m；ρ_m 为套管外钻井液密度，g/m^3；ρ_s 为套管钢材密度，g/m^3。

经过校核，最大拉力为 104.4kN，抗拉系数达到 20.73，满足规范要求。

2)抗外挤计算校核

碳酸盐岩缝洞型油藏开发井管外取最大地层压力当量密度计算同上。

$$P_{ce}=0.00981\rho_P h-0.00981\rho_o(h-\Delta h) \tag{8.94}$$

式中，P_{ce} 为有效外部压力，MPa；ρ_P 为套管外最大地层压力当量密度，g/cm^3；ρ_o 为储层原油密度，一般取 $0.85g/cm^3$；h 为 139.7mm 套管管鞋处垂深，m；Δh 为套管内掏空深度，m。

抗外挤按掏空 3000m 设计，管外取钻井液密度 $1.30g/cm^3$ 计算。经过校核，最大外载为 49.88MPa，抗外挤系数达到 1.12，满足《套管柱结构与强度设计》(SY/T 5724—2008)规范要求。

3）抗内压计算校核

油管带封隔器生产时，最危险工况为套管头以下油管刺漏，套管所受的内压载荷为

$$P_{\mathrm{ci}}=\frac{0.00981\rho_{\mathrm{P}}H_{\mathrm{s}}}{e^{1.1255\times10^{-4}}\rho_{\mathrm{g}}(H_{\mathrm{s-h}})}-0.00981\rho_{\mathrm{c}}\mathrm{h} \tag{8.95}$$

式中，P_{ci} 为套管内压载荷，Pa；ρ_{P} 为储层压力当量密度，g/cm^3；H_{s} 为储层垂深，m；ρ_{g} 为天然气相对密度，一般取 0.55g/cm^3；ρ_{c} 为地层水密度，取 1.07g/cm^3；h 为 139.7mm 套管悬挂点深度，m。

地层破裂压力系数取 2.0，管内油田水密度取 1.15g/cm^3，管外支撑压力取最大地层压力计算。经过校核，最大内压为 4.3MPa，抗内压系数达到 21.69，满足规范要求。

4）套管强度的有限元模型分析

CST-ZT 是外加厚的直连型特殊螺纹接头，作为套管串最薄弱和最重要的一环，需对新型外加厚直连型接头进行有限元应力分析，模拟接头在弯曲条件下的受力。套管接头所承受的外加载荷关于其中心轴线对称，在进行有限元接触分析时其力学模型可简化为轴对称问题。以优化出的非标直连扣套管为研究对象，建立的有限元模型及网格如图 8.66 所示。

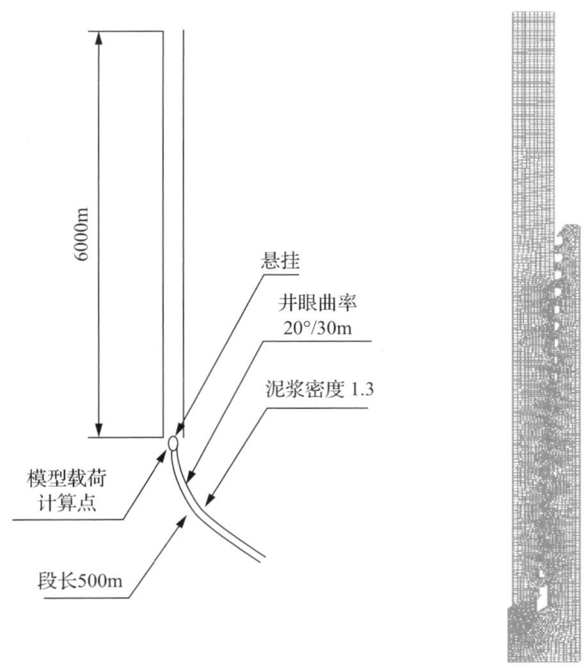

图 8.66　弯曲井眼下的套管下入模型示意图

(1)套管接箍强度分析。

利用 ANSYS 有限元方法可以对 *Φ*139.7mm 套管(接箍外径 143.5mm)接箍强度进行模拟分析，螺纹处开始发生塑性变形时应力必须满足一定的条件，即满足一定的屈服准则。套管钢材弹塑性屈服判据为 Mises 屈服准则，即材料力学中的第四强度理论。当等效应力达到简单拉伸的屈服极限时，材料开始进入塑性状态。

计算参数如下：套管规格 *Φ*139.7mm×7.72mm；接头最大外径 *Φ*143.5mm；扣型 CST-ZT；钢级 CS-140V；屈服强度为 965MPa；利用有限元方法建模分析螺纹连接部分的最大等效应力。

模型载荷计算原则如下。

弯曲载荷：按照 20°/30m 的曲率计算 500m 长度模型两端的位移，施加于模型上端。

轴向载荷：*Φ*139.7mm 套管重量为浮重，*Φ*139.7mm 套管段长按 500m 计算。

外压载荷：考虑井深 6500m 处井内液柱静压力。

计算结果分析：考虑到边界条件，一般选取模型中间截面的有效应力，直连扣套管的加载形式、约束方式及等效应力如图 8.67 所示。为了便于分析，认为最大有效应力达到屈服极限时套管就失效了。

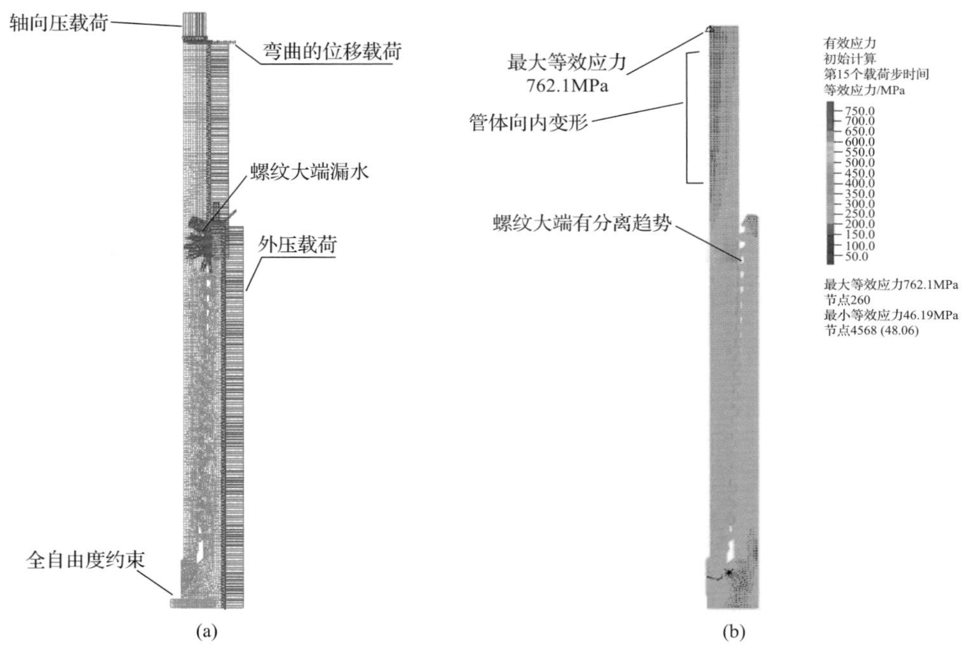

图 8.67　模型加载和约束(a)和接箍最大等效应力(b)示意图

在以上计算条件下，最大等效应力 762.1MPa，小于管体材料的屈服强度 965MPa，因此接箍是安全的。因为管体壁厚较小，在模拟弯曲载荷的位移载荷作用下，露出接箍的管体部分的内壁是高应力区域。

(2)套管本体弯曲载荷分析。

采用 ANSYS 有限元软件对该套管本体在弯曲率井眼中的抗外挤强度进行模拟计算。

套管的参数相同，直接建立三维套管有限元模型，模型长度取 10 倍的套管外径。在套管的一端加约束，另一端加弯矩来模拟井眼的弯曲，假设套管的弯曲曲率与井眼曲率相同，对套管外壁施加椭圆形的不均匀外挤力进行计算。对于细长杆，在套管的一端施加线性力来模拟套管的弯曲，所加力的大小可以由井眼曲率反算得到。

管子长度 1000mm，按照 20°/30m 的曲率计算出 1000mm 模型两端的位移为 1.455mm。共有 10031 个节点，30477 个 3D 单元。在两个端面上同时施加向 $X+$方向的位移载荷，在管子中部的 3 个节点上建立全自由度约束。直连扣套管三维网格划分及应力计算结果如图 8.68 所示。

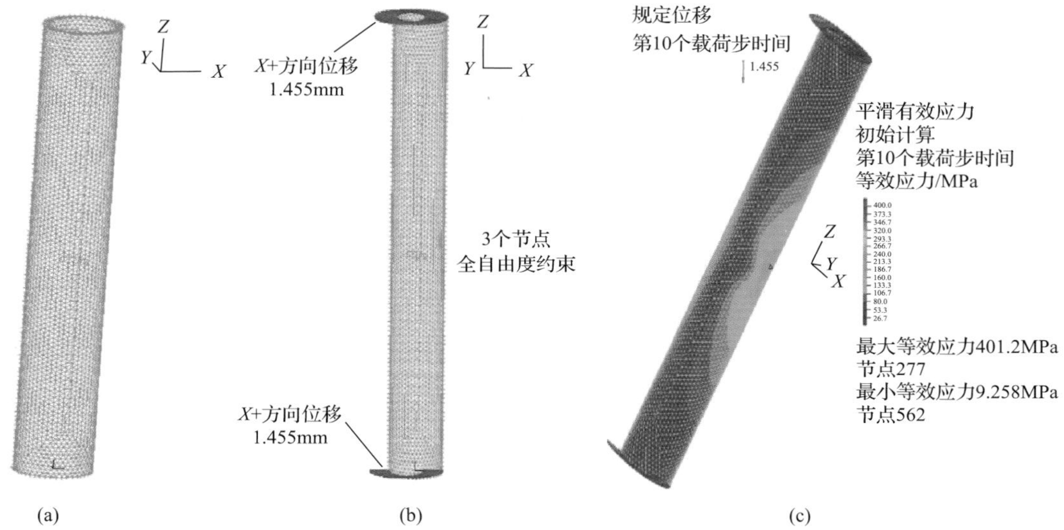

图 8.68　本体部分网格剖分(a)、套管本体约束图(b)和最大等效应力示意图(c)

从图 8.68 可以看出，最大等效应力发生在管子中部，为 401.2MPa，小于套管管材的屈服应力，套管可安全下入。

5) 套管安全下入曲率分析

依据《钻井手册(甲方)》推荐计算公式，井眼曲率半径为

$$R_{\rm o}=\frac{5730}{K} \tag{8.96}$$

式中，$R_{\rm o}$为井眼曲率半径，m；K 为井眼曲率，(°)/100m。

套管管体允许弯曲半径为

$$R=\frac{ED}{200Y{\rm p}}K_1K_2 \tag{8.97}$$

式中，R 为允许的套管弯曲半径，m；E 为钢材弹性模量，206×10^6kPa；D 为套管的外径，cm；Yp 为钢材的屈服极限，kPa；K_1 为抗弯安全系数，推荐 K_1=1.8；K_2 为螺纹连接处的安全系数，推荐 K_2=3。

利用式(8.96)、式(8.97)可计算出 Φ139.7mm 套管允许通过的井眼曲率为 21.35°/30m。

6)套管室内强度试验

在理论计算和有限元分析都满足预期设计要求后，为了进一步验证 Φ139.7mm 非标特殊直连扣套管性能，按照《套管和油管连接试验程序推荐作法》(AP RP 5C5—2003)《套管和油管规范》(API Spec 5CT—2011)标准实施室内试验，分别进行了拉伸失效试验、内压失效试验、外压失效试验及 15°/30m 弯曲条件下的通径试验。

(1)拉伸失效试验。

室温条件下进行拉伸试验，试验结果见表 8.18，结果表明管体抗拉强度≥3900kN，接箍抗拉强度平均为 3092.4kN，大于等于 2163kN 的技术要求。

表 8.18　拉伸试验结果

试样编号	失效载荷/kN	失效位置和形貌
1Z	3900.9	管体断裂失效
2Z	3076.9	外螺纹根部断裂失效
3Z	3107.9	外螺纹根部断裂失效

(2)抗内压失效试验。

在室温条件下，在管体两端焊接堵头后，水力加压测试套管抗内压，试压结果见表 8.19，结果表明套管管体抗内压失效强度约 154MPa，满足了压力≥93.3MPa 的技术要求。

表 8.19　静水及抗内压试验结果

试样编号	压力	试验压力/MPa	保载时间/s	失效位置和形貌
1T	失效	154.2		管体爆破失效
2T	失效	153		管体爆破失效
3T	失效	154.8		管体与堵头焊接处爆破失效

(3)抗外挤失效试验。

在室温条件下，将管体两端焊接堵头后，通过水力加压在管外施加围压，试压结果见表 8.20，结果表明套管抗外挤强度平均为 87.4MPa，满足了载荷≥56.3MPa 的技术要求。

表 8.20　抗外压试验结果

试样编号	失效载荷/MPa	失效位置和形貌
1Y	84.2	管体挤毁失效
2Y	89.7	管端挤毁失效
3Y	88.2	管端挤毁失效

(4)15°/30m 弯曲条件下通径试验。

利用四点弯曲加载方式，使全长 3.4m 的套管产生 15°/30m 的井眼曲率，在弯曲过程中，Φ121.08mm 通径规顺利通过。

通过试验结果表明：①Φ139.7mm 非标直连扣套管管体连接强度、抗内压和抗外挤强度均达到了设计要求。②套管在井眼曲率达 15°/30m 时，内通径满足下入要求。

8.3.2　固井工具配套

1. 膨胀悬挂器研究

由于封固泥岩井段需下入 Φ139.7mm 套管，但 Φ139.7mm 尾管与上层 Φ177.8mm 套管重叠段环空间隙小，固井质量难以保证。普通 Φ139.7mm 卡瓦悬挂器受 Φ177.8mm 套管内径及悬挂器结构限制，下入存在风险(单边间隙 1.39mm)，同时悬挂器内径过小无法满足下开次定向钻进对井眼尺寸的要求；而采用膨胀管固井作业风险大，成本高，因而此在此基础上提出了膨胀式尾管悬挂器悬挂 Φ139.7mm 非标特殊直连扣套管的技术方案。膨胀悬挂器外部设计有密封胶套，膨胀后胶套起到了密封圈的作用，在重叠段环空形成可靠密封。

膨胀悬挂器主要由悬挂外筒、膨胀锥、密封胶筒、胶塞(固井胶塞和顶替胶塞)、密封接头、固定短节、倒扣接头和喇叭口防落物装置等部件构成(图 8.69)。悬挂筒为一小段膨胀套管，优选 ERW 钢管作为膨胀悬挂筒，采用特制的热轧卷板原材料及其特殊的生产工艺。三段密封胶筒外径为 145.0～145.5mm，长度为 300mm，膨胀后外径为 156mm(自由状态)，膨胀距离 3.3m。

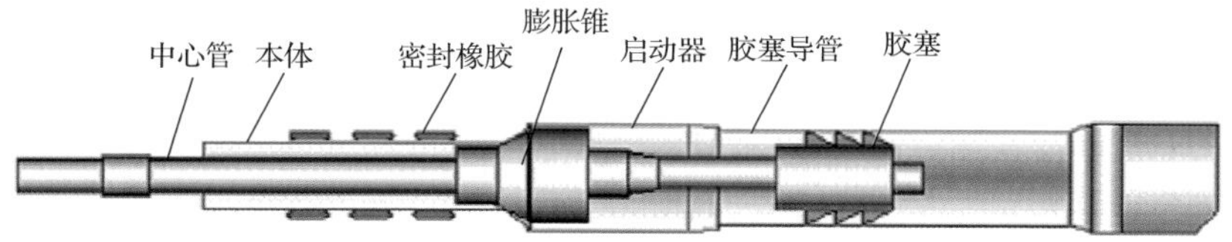

图 8.69　膨胀悬挂器结构示意图

膨胀悬挂器规格参数见表 8.21。

表 8.21　新型膨胀悬挂器技术参数

类型	外径/mm	最大外径/mm	内径/mm	壁厚/mm	胶筒直径/mm	悬挂力/t	密封压差/MPa	工具长度/m	膨胀启动压力/MPa
膨胀前	133	144	117	8	144	＞70	＞45	9	21
膨胀后	144	152.5(胶筒)	128	8	144	＞70	＞45	9	21

膨胀悬挂器通过膨胀与上层套管紧密贴合，并通过多道密封胶套实现重叠段环空的可靠密封，能够防止尾管外的水层通过悬挂器进入井筒。膨胀式悬挂器内径为 Φ128mm，下开次可采用 Φ120.65mm 井眼实施定向钻井。

2. 固井附件配套

球座、浮鞋及浮箍等固井附件配套的扣型与 Φ139.7mm 套管(接箍 Φ143.5mm，壁厚 7.72mm)一致，抗外挤强度≥套管，外径≤套管接箍，内径≥套管内径。固井附件规格参数见表 8.22。

表 8.22　固井附件参数表

附件	钢级	扣型	本体外径/mm	扫塞后内径/mm	扫塞后通径/mm	水眼通径/mm	备注
浮鞋、浮箍	CS-140V	CST-ZT	143.5	124.3	121.1	30	弹簧式；反向承压能力≥25MPa
球座	CS-140V	CST-ZT	143.5	124.3	121.1	30	

8.3.3　固井工艺配套

1. 固井工艺配套

1) 小井眼固井施工主要技术难点

Φ165.1mm 井眼下入 Φ139.7mm 套管后，环空间隙窄(仅 12.7mm)，环空压耗高，封固段短，斜井段套管居中度低，水泥浆易发生串流。

美国 Amoco 公司对窄环空压力损失研究校验得出如下压降公式：

$$\Delta P = \frac{2\rho v^2 f K_{\Delta P/L} L}{D_h - D_o} \tag{8.98}$$

式中，ΔP 为环空压力损失，kPa；f 为摩阻系数；ρ 为水泥浆密度，g/cm^3；v 为流体的平均流速，m/s；$K_{\Delta P/L}$ 为常数，通常取 1；L 为环空长度，m；D_h 为环空外径，m；D_o 为环空内径，m。

小井眼窄间隙固井存在以下难题：①环空间隙的减小会数倍地增加环空压耗；②环空压力损失与流速的平方成正比，较小的流速变化也会产生较大的环空压力损耗；③无法加扶正器，套管居中度无法保证；④施工排量受限，影响水泥浆顶替效率和固井质量；⑤水泥浆量少，易发生管鞋替空现象。

2) 工艺配套

针对井眼间隙配合和固井技术难题，需对固井施工参数、悬挂尾管施工工艺进行优化，保证小井眼的固井工艺配套技术。

(1) 施工工艺优化。

在常规井眼固井中通常采用紊流顶替以提高水泥浆顶替效率，而小井眼环空比常规井小得多，虽施工设备排量易达到水泥浆紊流顶替的要求，但施工排量的增加会急剧增加环空循环压耗，受地层承压能力的限制，很难实现无漏失紊流顶替。综合考虑地层承压能力，以及水泥浆和前置液流态，选择采用塞流顶替技术来提高顶替效率。

针对封固段短，水泥浆量少，顶替难以掌控，易发生管鞋替空现象等这些问题，设计井底 200m 水泥塞进行固井替浆，套管串组合见表 8.23。

(2) 浆柱结构设计。

浆柱结构设计原则以防漏和提高水泥浆顶替效率为主，为了提高水泥浆顶替效率，浆柱结构流变性设计原则如下。

原料气首先进入原料-产品换热器，冷却到–124℃后进入高压塔进行初步分离，该塔只有精馏段，操作压力一般为 2.4MPa。从塔顶侧线抽出一股气相物流，被冷凝器-重沸器冷凝到–168℃后，再返回塔内进行气、液分离。液相分为两部分：一部分作为回流，另一部分从塔顶侧线抽出，经换热、节流后进入低压塔顶部。低压塔在 0.24MPa 下操作，塔顶温度为–187℃，塔底温度为–157℃。经精馏后，釜液为 N_2 含量小于 3%、回收率大于 95%的液化天然气(liquefied natural gas，LNG)，被 LNG 泵升压至 2.2MPa 并换热至外输温度。塔顶出料为纯度较高的 N_2 物流，经换热回收冷量后，直接放空或利用。

2) 天然气深冷脱 N_2 工艺特点

(1) 操作弹性小。

高度热集成换热单元，各参数联系紧密，每个参数的变化都会影响装置的平稳运行和产品质量。为了适应进料组成、流量等操作条件的变化，深冷脱氮装置应具有一定的操作弹性。高压塔进料温度决定着产品气的收率和纯度，是深冷脱 N_2 操作最重要的参数之一，它主要由产品气的换热量决定。改变产品气的压力，不仅改变了其蒸发温度，还改变了原料-产品换热器的 *UA* 值(总传热系数×传热面积)，从而改变了换热量及高压塔进料温度。因此，在选择产品气压缩机时，其入口压力应允许有一定的波动范围，以适应操作条件的变化。低压塔设置中间重沸器也是提高操作弹性的重要措施。在冷凝器-重沸器中，高压塔塔顶物流首先与低压塔塔底重沸器物流换热，然后与中间重沸器的物流换热，中间重沸器物流的蒸发温度低，其换热热负荷决定了冷凝器的出口温度。故改变两个重沸器的进料流量之比，也就改变了塔的操作条件。

(2) 保冷要求高。

由于深冷脱 N_2 装置在极低的温度下操作，以防止冷量损失为目的的保冷就显得非常重要。通常采用的方法是将低温设备放在一个冷箱内，并将低压塔置于高压塔之上(可省掉两台回流泵)。在冷箱内，设备以外的空间填充膨胀珍珠岩，各塔设置的人孔均伸出冷箱外壁，以便在检查塔内件时不破坏冷箱内的保冷材料。冷箱内设备和管道之间不使用法兰连接，以防止因温度变化引起泄漏。LNG 泵为低温运转设备，需要经常检修，故将该泵放置于冷箱之外。

3) 天然气深冷脱 N_2 工艺主要技术经济指标

以 X1 站 30×10^4Nm^3/d 产品气的组分、气量为基础，经投资、消耗和技术经济评价，结果见表 9.7。

表 9.7　深冷脱 N_2 主要工程投资及成本分析

工艺装置投资/万元					电消耗/kW	处理费/(元/Nm^3)			
净化(脱酸脱水)系统	液化精馏系统	制冷系统	公用工程及辅助设施	前四项合计		设备折旧(10 年折旧)	电消耗(电价 0.5 元/kW)	人工[20 人，8 万元/(人·a)]	前三项合计
2000	7000	1800	1800	12600	4600	0.123	0.184	0.0148	0.322

表 8.23　套管串组合

管串组合	套管串结构(自下而上)
外管串	浮鞋(Φ143.5mm)+3 根套管+浮箍(Φ143.5mm)+3 根套管+浮箍(Φ143.5mm)+4 根套管+碰压塞座(Φ143.5mm)+套管串+膨胀尾管悬挂器(Φ144mm)
膨胀悬挂器内管柱	Φ128mm 膨胀锥＋Φ73mm 钻杆＋变扣(211×310)＋变扣(311×Φ101.6mm 非标钻杆母扣)+Φ101.6mm 非标钻杆

塑性黏度、动切力：水泥浆＞隔离液＞钻井液。

浆柱结构设计：先导浆+1.05g/cm^{3}冲洗液+1.45g/cm^{3}隔离液+1.88g/cm^{3}水泥浆。

为了提高固井质量，优化固井施工参数，设计隔离液和水泥浆出管鞋后降低排量，实现塞流顶替。针对封固段短，水泥浆量少，地层温度＞110℃等这些问题，设计了抗高温水泥浆体系，配方及性能见表 8.24、表 8.25。

表 8.24　水泥浆配方设计

套管程序	水泥浆配方
油层尾管	G 级水泥+35%硅粉+2.0%分散剂+10%降失水剂+1.8%缓凝剂+4.5%膨胀剂+0.1%消泡剂+44%W/S

注：W/S 为水泥浆中水的质量与水泥浆总的质量的比值。

表 8.25　水泥浆性能表

套管程序	水泥浆体系	密度/(g/cm^3)	流动度/cm	失水/mL	析水/%	稠化时间/min	抗压强度/(MPa/h)
油层尾管	抗高温	1.88	20～24	＜50	＜0.5	460～560	＞14/24

(3)固井施工模拟。

由于 D_o/D_h＞0.3，采用幂律流体窄缝近似法的雷诺数计算公式：

$$Re_{pl} = \frac{K_{Re_{pl}} \rho v^{2-n} (D_h - D_o)^n}{12^{n-1}[(2n+1)/3n]^n K} \tag{8.99}$$

式中，$K_{Re_{pl}}$ 为常数，通常取 1；n 为流性指数，无量纲；K 为稠度系数，Pa·s^n。根据流体力学相关知识，对于幂律流体，塞流的条件是雷诺数＜100。裸眼井径扩大率按 5%，根据设计的抗高温水泥浆流变参数，通过幂律流体窄缝近似法雷诺数计算公式得出水泥浆塞流顶替的临界返速为 0.39m/s，折算出塞流临界排量为 0.2m^3/min。

固井施工替浆初期采用常规排量 0.9m^3/min 顶替，水泥浆出管鞋后降排量至 0.2m^3/min，实现塞流顶替，提高水泥浆的顶替效率。

(4)水泥浆体系配套。

针对碳酸盐岩缝洞型油藏侧钻封隔水层的特点，主要从以下性能要求配置水泥浆体系：①针对水层及泥岩段的封固，水泥浆体系应严格控制失水；②为保证膨胀悬挂器膨胀作业施工安全，需合理设计水泥浆稠化时间；③为提高固井质量，在水泥浆体系中加入膨胀剂，使水泥凝结过程中产生轻度体积膨胀，达到封闭环空间隙，改善水泥环与地层和套管界面胶结质量的效果。

另外需从水泥浆稠化过渡时间、抗压强度及抗高温强度衰退等方面配置水泥浆。

水泥浆配方：G 级水泥+35%硅粉+2.0%分散剂+10%降失水剂+1.8%缓凝剂+4.5%膨胀剂+0.1%消泡剂+44%W/S。

水泥综合性能见表 8.26，水泥浆流变参数见表 8.27。

表 8.26 抗高温水泥浆性能

密度/(g/cm^3)	API 失水（110℃, 6.9MPa, 30min）/mL	游离液/%	抗压强度,（110℃, 21MPa, 24h）/MPa	稠化时间（110℃, 60MPa, 70min）/min
1.88	32	0	15.7	552

表 8.27 抗高温水泥浆流变参数

转速/(r/min)	常温时流变参数	110℃时流变参数
600	160	130
300	95	77
200	65	57
100	40	40
6	5	7
3	3	6

2. 提高固井质量措施

(1)通过通井钻具组合刚度匹配，确保套管顺利到位；依据通井钻具组合刚度匹配公式，得到通井钻具与套管的刚度匹配比值为

$$m=\frac{D_{钻}^4-d_{钻}^4}{D_{套}^4-d_{套}^4} \tag{8.100}$$

式中，$D_{钻}$ 为钻铤外径，mm；$D_{套}$ 为套管外径，mm；$d_{钻}$ 为钻铤内径，mm；$d_{套}$ 为套管内径，mm。

当 $m\geqslant1$ 时，说明钻铤的刚度大于套管刚度，套管在井下比钻铤更柔软，理论上套管能下至预定位置；当 $m<1$ 时，则需重新设计刚度更大的通井钻具组合，以保证套管的顺利下入(不考虑其他因素的影响)。

(2)引扣过程采用悬挂方式，整支套管重量由大钩承担，避免压在螺纹上引扣，推荐采用人工或低速对扣，机紧阶段采用低速(≤6r/min)紧扣。

(3)套管到位后先小排量顶通直至全井钻井液切力破坏，然后缓慢平稳提高循环排量。

(4)选用高效冲洗液，低速下易达到紊流顶替。

(5)选择高黏加重隔离液，密度介于钻井液与水泥浆之间，施工排量下呈塞流顶替，最终提高水泥浆顶替效率。

(6)水泥注入完成后，关防喷器，卸开泵入接头，投胶塞，重新连接泵入接头，打开防喷器，利用固井水泥车以压塞液将多功能钻杆胶塞顶入。钻杆替浆量剩余 2m^3 时倒固井水泥顶替，胶塞复合前压力控制在 7MPa 以下，注意压力表变化，憋掉复合胶塞，后

期采用塞流进行顶替，继续下行刮管，至球座位置碰压。

(7) 根据井眼情况，合理设计注替排量，提高水泥浆顶替效率。

(8) 采用人工、机械、泵冲三方计量，精确掌握顶替量，胶塞复合之前提前降排量，观察复合压力变化情况。

(9) 为防止水泥石在高温条件下发生强度衰退，设计加入 35%硅粉的抗高温水泥浆体系，严格控制失水、析水和稠化时间，呈“直角”稠化，$n>0.6$。

(10) 替浆到量碰压后，膨胀悬挂器，膨胀结束后在膨胀悬挂器顶部以上 2m 反循环冲洗干净多余水泥浆，起出全部钻具候凝 48h。

8.3.4　现场应用

H-26CH2 侧钻井一开实际完钻井深 5870.5m，平均井径 183.12mm，平均井径扩大率为 22.73%，该井侧钻点 5495m，封固段长 434.5m(表 8.28)。

表 8.28　H-26CH2 井井身结构数据

序号	钻头直径/mm	井深/m	套管直径/mm	下深/m	备注
1	149.2	5870.5	139.7	5869.52	悬挂器位置：5435.99m
2	120.65	5985.5	裸眼		

一开固井套管串组合：引鞋+5 根套管+浮箍+5 根套管+浮箍+8 根套管+碰压座+套管串+悬挂器。

本开次固井采用密度为 1.89g/cm^3 抗高温水泥浆体系，共注入水泥浆 8.4m^3，替浆 30.02m^3，替浆排量由 0.8m^3/min 下降至 0.2m^3/min，压力 6MPa 上升至 17MPa 碰压，回水正常，固井质量评定为良好(图 8.70)。

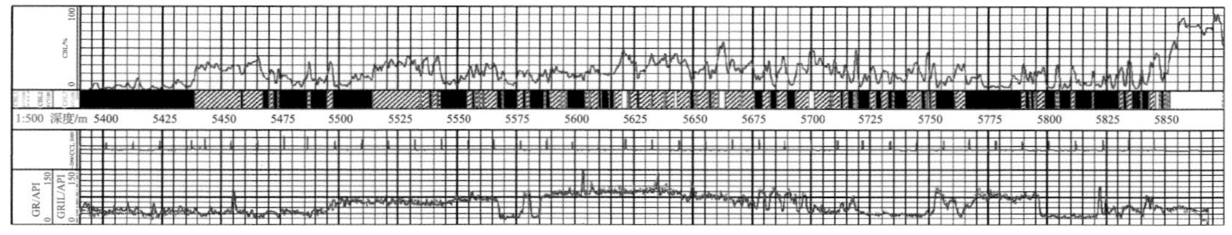

图 8.70　H-26CH2 139.7mm 套管固井质量曲线图

参 考 文 献

[1] Dang L, Peng P, Zhou G, et al. First openhole sidetrack in deep horizontal well saves time and lowers cost: A case study. Beijing, International Petroleum Technology Conference, Beijing, 2013.

[2] Grandis G D, Maliardi A, Gioia V, et al. Innovative hybrid rotary steerable system allowed drilling a 6 in. horizontal hole through a carbonate reservoir with a record dog leg severity of 13°/30m. International Petroleum Exhibition and Conference, Abu Dhabi, 2014.

[3] Dutta B, Azmi B M A, Dutta A, et al. Best practices for drilling an openhole multilateral well in the structurally complex fractured carbonate reservoir at Kuwait, Abu Dhabi, 2012.

[4] Marketz F, Noort R H J V, Baaijens M N. Expandable tubular completions for carbonate reservoirs. SPE Drilling & Completion, 2007, 22(1): 39-45.
[5] Simpson M A. Medium radius horizontal sidetrack reduces time cost and risks in deep HT gas wells. Society of Petroleum Engineers, Manama Bahrain, 2009.
[6] Al-Mumen A A, Al-Essa G A, Infra M, et al. World's first 3-7/8" multi-lateral short radius re-entry completed with ultra-slim ICD system. SPE Sandi Arabia Section Technical Symposium Proceeding, Al-knobar, 2009.
[7] Denney D. The first successful short radius re-entry well in deep gas drilling in Saudi Arabia. Journal of Petroleum Technology, 2011, 63(11): 84-87.
[8] Nasr-El-Din H A, Al-Habib N, Al-Khamis M, et al. A novel technique to acidize multilateral open hole ER horizontal wells drilled in carbonate formations SPE Middle East Oil and Gas Show and Conference, Kingdom of Bahrain. 2005.
[9] 李光泉, 刘匡晓, 郭瑞昌, 等. 元坝272H井超深水平井钻井技术. 钻采工艺, 2012, 35(6): 116-118.
[10] 易世友, 杨磊, 徐华, 等. 元坝超深水平井长水平段钻井难点及对策. 天然气工业, 2016, AI: 116-121.
[11] 陶鹏, 敬玉娟, 何龙, 等. 元坝高含硫气藏超深水平井钻井技术. 特种油气藏, 2017, 24(1): 162-165.
[12] 夏家祥, 杨昌学, 王学忠, 等. 元坝气田超深酸性气藏钻完井关键技术. 天然气工业, 2016, 36(9): 90-95.
[13] 何龙, 胡大梁. 元坝气田海相超深水平井钻井技术. 钻采工艺, 2014(5): 28-32.
[14] 窦之林. 塔河油田碳酸盐岩缝洞型油藏开发技术. 北京: 石油工业出版社, 2012.
[15] 向亮, 付建红, 杨志彬, 等. 多分支三维水平井轨迹设计. 石油钻采工艺, 2009, 31(6): 23-26.
[16] 李娟, 唐世忠, 李文娟, 等. 埕海一区大位移水平井摩阻扭矩研究与应用. 石油钻采工艺, 2009, 31(3): 21-25.
[17] Lubinski A.A study of the buckling of rotary drilling strings. Drilling and Production Practice, 1950: 178-214.
[18] 向幸运, 钻柱屈曲特性模拟及影响因素分析. 成都: 西南石油大学硕士学位论文, 2016.
[19] Wu J, Juvkam H C. Study of helical buckling of pipes in horizontal wells. SPE Production Operations Symposium-Study of Helical Buckling of pipes in Horizontal Wells, 1993, 25503(7): 867-876.
[20] 刘永辉, 付建红, 刘明国, 等. 考虑钻头与地层相互作用的侧钻水平井轨迹预测方法. 钻采工艺, 2006, 29(1): 9-12.
[21] 周伟, 耿云鹏, 石媛媛. 塔河油田超深井侧钻工艺技术探讨. 钻采工艺, 2010, 33(4): 108-111.
[22] 周伟, 于洋, 刘晓民, 等. 小间隙固井合理扩眼尺寸研究. 石油机械, 2013, 41(6): 20-23.
[23] 于洋, 郑江莉, 刘晓民, 等. 塔河油田新三级结构井侧钻工艺技术探讨. 石油实验地质, 2013, 10(35): 129-132.
[24] 刘晓民, 郑江莉, 于洋, 等. 深井侧钻井复杂泥岩封隔技术研究与应用. 石油机械, 2014, 42(8): 23-26.
[25] 陈培亮, 井恩江, 王玉多, 等. 膨胀管封隔复杂地层钻完井技术在侧钻井的应用. 石油机械, 2016, 44(9): 25-28.
[26] 吴柳根. 塔河油田小井眼侧钻井二开次钻完井优化方案. 钻采工艺, 2015, 38(3): 108-111.
[27] 白彬珍, 臧艳彬, 周伟, 等. 深井小井眼定向随钻扩孔技术研究与应用. 石油钻探技术, 2013, 41(4): 73-77.
[28] 林元华, 付建红, 卢亚锋. 下部钻柱有限元动力学仿真研究. 西南石油大学学报(自然科学版), 2008, 30(6): 85-88.
[29] 郑欣, 付建红, 周伟, 等. 大斜度小井眼随钻扩眼钻柱动力学研究. 钻采工艺, 2013, 36(4): 70-72+78+138.
[30] 张强, 付建红, 李浩然. 随钻扩眼钻柱结构优选及现场应用效果评价. 石油机械, 2016, 44(9): 23-26.
[31] 付建红, 向幸运, 孙伟佳, 等. 塔河油田同心随钻扩眼钻柱动力学研究. 科学技术与工程, 2015, 15(31): 184-187+217.
[32] 孙伟佳, 付建红, 周伟, 等. 深井随钻扩眼钻柱动力学分析及钻井参数优选. 西部探矿工程, 2015, 27(2): 20-23.
[33] 周伟, 于洋, 刘晓民, 等. 定向随钻扩孔钻压分配及优化. 石油机械, 2014, 41(2): 45-49.
[34] 钟兵, 付建红, 施太和, 等. 预测井下循环压力损失的精确水力模型. 天然气工业, 2003, 23(1): 58-61.
[35] 许超, 付建红, 张智, 等. 超深水平井摩阻扭矩分析及水力学计算. 西部探矿工程, 2012, 24(7): 65-68.
[36] 刘洋, 付建红, 杨虎. 昌吉致密油长位移水平井安全延伸长度预测. 石油机械, 2015, 43(8): 51-55.
[37] 于洋, 周伟, 张辉, 等. 超深长位移侧钻井井眼净化及泥浆泵能力分析. 石油机械, 2012, 12(29): 23-26.
[38] 刘茂森, 付建红, 白璟. 页岩气双二维水平井极限延伸能力研究. 科学技术与工程, 2016, 16(10): 29-33.
[39] 罗伟, 付建红, 宋科熊, 等. 大位移井水平井极限延伸长度预测研究. 科学技术与工程, 2013, 13(35): 10623-10627.

第 9 章　提高采收率地面配套技术

碳酸盐岩缝洞型油藏主要表现为大型洞穴储层非常发育，流体主要储集于大型的缝洞集合体中。塔里木盆地为国内外典型的碳酸盐岩缝洞型油藏，在“十二五”、“十三五”期间，该油藏大规模运用了注水二次采油和注 N_2 三次采油技术来提高采收率。作为国内外典型的碳酸盐岩缝洞型油藏，在提高采收率地面配套的过程中遇到制 N_2/注 N_2 综合成本高、伴生气 N_2 含量高、水体腐蚀性强、地面注水管网建设投资大、采出水往返输送能耗大等难题，给提高采收率地面配套带来了巨大的挑战。

针对制 N_2/注 N_2 综合成本高的问题，开展制 N_2 工艺优选、注 N_2 驱动方式优化等研究，注 N_2 成本由 1.73 元/Nm^3 降低至 0.75 元/Nm^3。针对伴生气 N_2 含量高的问题，开展了“含 N_2 天然气处理”技术研究，攻关了能够工业化应用的天然气变压吸附脱 N_2 技术，脱 N_2 运行成本为 0.17 元/Nm^3。针对采出水腐蚀性强的特点，采用以水质改性、电化学预氧化为主的水处理技术，降低了水体腐蚀性，减缓了水系统腐蚀速率。针对该油藏注水开发具有“注采交替运行、注水规模差异大、注水压力差别大、注水持续时间短”的特点，导致地面建设集中注水站和正式注水管线投资高、难度大的问题，创新提出“一管双用”技术，初步形成碳酸盐岩缝洞型油藏注水开发地面配套建设新模式。针对高含水采出液往返输送能耗高、污水无效加热及采出液处理系统超负荷运行的问题，研发了一体化预分水装置，实现油气水三相分离及水相净化，并对净化水就地回注，实现了对采出液的短流程、高效率、低成本处理。

塔里木盆地碳酸盐岩缝洞型油藏在生产实践中形成了以“低成本注 N_2、天然气脱 N_2、水质改性、一管双用、就地分水”等为核心的地面配套技术。近年来，部分技术得到了广泛的现场应用，并取得了良好的应用效果，不但为提高碳酸盐岩缝洞型油藏采收率打下了坚实的基础，同时也为该类油藏地面配套提供了良好的借鉴。

9.1　注 N_2 地面配套技术

近年来，注 N_2 提高采收率在碳酸盐岩缝洞型油藏中取得了较好的效果。以我国塔里木盆地某油田为例，截至 2017 年年底，该油田累注 N_2 $7.8\times10^8Nm^3$，新增原油 185×10^4t，注 N_2 提高采收率技术已成为油田稳产的主要开发技术之一。在注 N_2 开发过程中，地面制 N_2、注 N_2 的技术经济可行性决定了注 N_2 增油的技术经济可行性，因此必须优选合适的制 N_2、注 N_2 工艺，合理控制成本；同时随着注 N_2 规模的扩大，产出伴生气中 N_2 含量不断上升，降低了天然气热值，制约了天然气的销售，研发经济合理的含 N_2 天然气处理技术也较为急迫。面对这些问题，开展了以“制 N_2 工艺优选”、“含 N_2 天然气处理”为核心的地面工程技术研究，注 N_2 地面配套技术进一步完善，为碳酸盐岩缝洞型油藏注 N_2 提高采收率打下了坚实的基础。

9.1.1 制 N_2 工艺优选

1. N_2 纯度指标

目前 N_2 的来源均来自于空气，由于空气中含有 O_2，受目前制 N_2 工艺的限制，生产的 N_2 纯度不能达到 100%。根据目前国内制 N_2 工艺水平，采用制 N_2 纯度最高的深冷制 N_2 技术，N_2 纯度亦在 99.99%，若要进一步提高 N_2 纯度，需在后端增加纯化装置，但最高纯度也只能达到 99.999%～99.9999%，即注入 N_2 中必然会存在 O_2。根据油田近几年经验，在注水井间开、盐水扫线、伴水输送等特殊生产工况下，受溶解氧的影响，腐蚀问题十分突出，而注 N_2 所带入的氧含量远远高于溶解氧的量，其潜在的腐蚀风险极高。油田常用的除氧剂只能解决微量溶解氧的影响，由于现场制 N_2 的氧含量高，所需除氧剂量大，以除氧效果较好的亚硫酸钠为例，$1\times10^6m^3N_2$(按 2.5%氧含量(体积分数)计算)所需除氧剂达到 281t。在对国内外制 N_2 工艺分析评价的基础上，提出了经济合理的制 N_2 方案及 N_2 纯度指标。目前国内外制 N_2 工艺主要有三种：一是空分深冷分馏制 N_2；二是空气膜分离制 N_2；三是空气变压吸附制 N_2。

2. 空分深冷分馏制 N_2

空分深冷分馏制 N_2 工艺是利用 N_2(−196℃)、O_2(−183℃)的液化温度不同，在低温条件下进行精馏，实现 N_2、O_2 的有效分离。

1) 空分深冷分馏制 N_2 工艺流程

空气深冷分馏制 N_2 工艺流程如图 9.1 所示，空气首先被吸入自洁式空气过滤器，去除灰尘及其他机械杂质，经过空压机压缩后进入空气预冷系统中的空气冷却塔，在其中

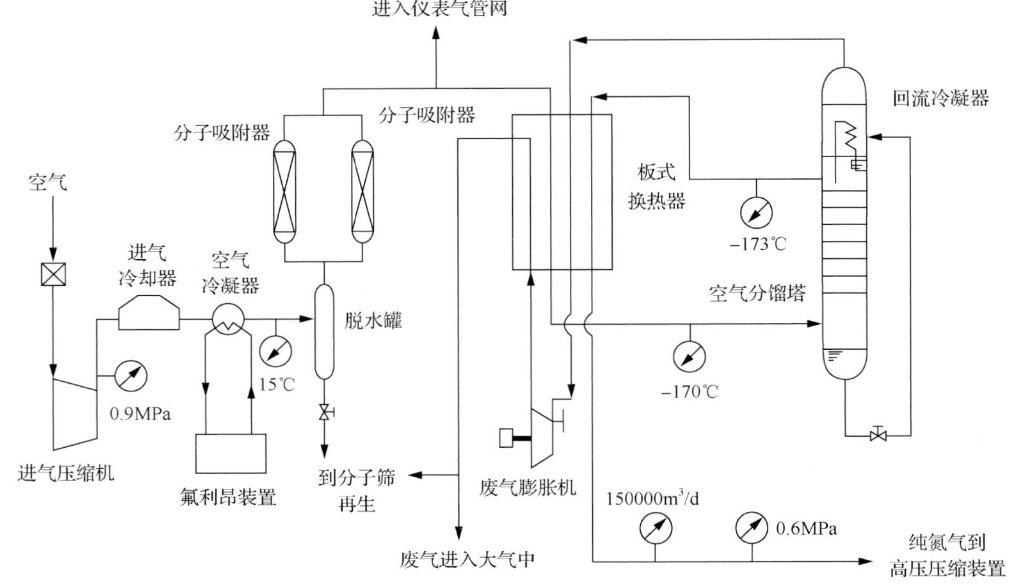

图 9.1 深冷制 N_2 流程图

被水冷却和洗涤。出空气预冷系统的空气进入空气纯化系统，吸附除去水分、CO_2 和碳氢化合物等杂质。经纯化后的洁净空气经主换热器换热后进入精馏主塔中，与塔中液体充分接触，洁净空气在上升过程中经传热传质后，N_2 的浓度逐渐增大至工艺要求的纯度，产品纯度能达到 99.99%。

2) 空分深冷分馏制 N_2 主要设备

空分深冷分馏制 N_2 主要设备见表 9.1。

表 9.1　空分深冷分馏制 N_2 主要设备表（$15\times10^4Nm^3/d$）

设备名称	数量	备注
自洁式空气过滤器/座	2	处理量 $9000Nm^3/h$
空气透平离心压缩机组/套	2	Q=$4600Nm^3/h$，P=0.46MPa，P_w=500kW
空气预冷系统/套	1	处理量 $9000Nm^3/h$，包括制冷压缩机、水冷凝器、干燥过滤器、配套的各种阀门及相关的装置附件
分子筛纯化系统/套	1	处理量 $9000Nm^3/h$，包括分子筛吸附塔、立式电加热器、立式污 N_2 放空消声器、自动切换阀门等
空气精馏系统/套	1	包括冷箱，主换热器，主冷凝蒸发器，液空液氮过冷器，上、下精馏塔，以及配套的阀门和保温
透平膨胀机组/套	1	Q=$1500Nm^3/h$，膨胀端：P_{in}/P_{out}=0.508/0.04（g）、T_{in}=136K
低压 N_2 缓冲罐/座	1	Φ1812mm×6m, L=4560mm
往复式 N_2 增压机/套	3	Q=$3200Nm^3/h$, P=2.5MPa，P_w=560kW
中压 N_2 缓冲罐/座	1	Φ1812mm×6m, L=4560mm

3. 空气膜分离制 N_2

空气膜分离制 N_2 工艺是根据 N_2 和 O_2 在膜中的溶解度和扩散系数不同进行分离的。在压差作用下，渗透率快的水蒸气、O_2 等气体先渗透过膜，成为富氧气体，而渗透率较慢的 N_2 则滞留富集，成为干燥的富 N_2 体，达到 O_2、N_2 分离的目的。每个 N_2 分离器内装有数百万根由聚合物材料做成的圆柱形空心纤维膜。这种膜制 N_2 装置在气体压力为 1.1MPa、温度 27～43℃条件下运行效果最好。空气膜分离制 N_2 的原理见图 9.2。

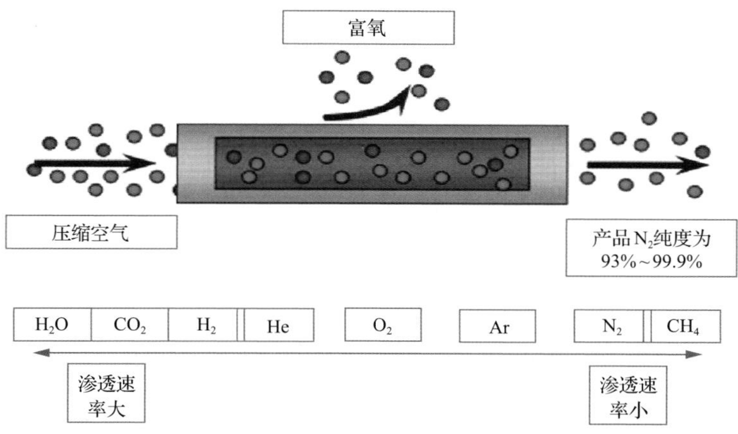

图 9.2　空气膜分离制 N_2 原理图

1) 空气膜分离制 N_2 工艺流程

空气通过压缩机进行增压，增压后的空气依次经分离器、空气缓冲罐、冷干机、过滤器，脱除压缩空气中的油、水和灰尘等杂质，然后通过电加热器将空气加热至25～43℃，进入膜分离装置制 N_2，制出的 N_2 进入缓冲罐。若采用膜分离制 N_2 注气，在生产过程中需要进行气体监测，目前国外将 O_2 含量的安全标准设为5%，当测得 O_2 含量接近此值时，应及时采取措施关井，必要时压井。原油集输采用单罐计量，产出气体放空，以防发生爆炸。

2) 空气膜分离制 N_2 工艺主要设备

膜分离制 N_2 工艺 2500Nm^3/h 的装置共分成 2 座橇块，空气压缩净化橇 1 座，尺寸10.5m×2.15m×2.25m，主要包括空压机、空气冷却器、空气稳压罐、过滤器、冷干机等主要设备及附属管线；膜分离制 N_2 橇 1 座，尺寸 10.5m×2.4m×2.6m，主要包括膜制 N_2 主体及配套设备和管线。膜分离制 N_2 工艺主要设备见表 9.2 所示。

表 9.2　空气膜分离制 N_2 工艺主要设备表(6×10^4Nm^3/d)

设备名称	数量	备注
空气压缩净化橇/座	1	空气压缩机 2 台，单台：Q=50.2Nm^3/min，$P_{排}$=1.4MPa；功率 P=350kW；配套净化装置
膜分离制 N_2 橇/座	1	制 N_2 机：Q=2500Nm^3/h，P=1.0～1.1MPa；功率 N=140kW；配套 N_2 缓冲装置

注：考虑橇块间连接管线工作量。

3) 空气膜分离制 N_2、注 N_2 存在的问题

在经济范围内膜制 N_2 纯度约 95%，5%含氧量注入井底会对井筒产生一定的腐蚀，同时存在发生爆炸的安全隐患，因此不建议采用膜分离制 N_2 工艺。

4. 空气变压吸附制 N_2

以压缩空气为原料、碳分子筛作为吸附剂，在一定压力下，利用空气中 O_2、N_2 在碳分子筛微孔中的吸附量及扩散速率的差异，达到 O_2、N_2 分离的目的。较小直径的 O_2 分子扩散较快，进入分子筛固相的量较多；较大直径的 N_2 分子扩散较慢，较少进入分子筛固相的量较少，从而实现 N_2 在气相中得到富集。变压吸附制 N_2 工艺流程见图 9.3。

1) 空气变压吸附制 N_2 工艺流程

空气首先由空气压缩机压缩至 0.8MPa，经冷却器冷却除水后进入过滤器过滤掉其中的杂质，然后进入空气缓冲罐，最后进入变压吸附塔进行 N_2、O_2 分离，分离出来的富 O_2 空气排入大气，而制出的纯度不小于 99.5%的 N_2 经缓冲罐缓冲后输至注 N_2 系统。

2) 空气变压吸附制 N_2 工艺主要设备

单井注气量为 2500m^3/h，每口井配置 2 套变压吸附装置。单套变压吸附装置由空气压缩、空气净化、变压吸附制 N_2、注气增压 4 个橇构成。空气压缩橇尺寸为 8.5m×2.2m×2.25m，主要包括 2 台空压机、配套空冷器及管线，空气净化橇尺寸为 7.0m×2.5m×2.6m，主要包括过滤器、缓冲罐、冷干机等设备及配套管线，变压吸附制 N_2 橇尺寸为 7.0m×2.4m×2.6m，主要包括变压吸附装置及配套附件。变压吸附制 N_2 工艺主要设备见表 9.3。

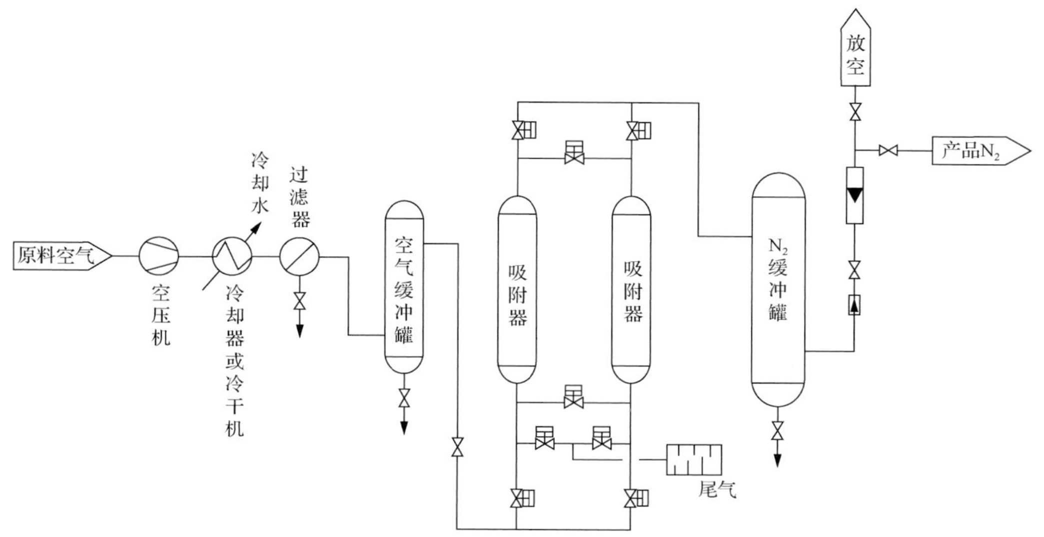

图 9.3　变压吸附制 N_2 工艺流程图

表 9.3　变压吸附制 N_2 工艺主要设备表（$6\times10^4Nm^3/d$）

设备名称	数量	备注
空气压缩橇/座	2	单座橇块：空气压缩机 2 台，单台：Q=34.5m^3/min，P=0.8MPa；功率 N=220kW
空气净化橇/座	2	单座橇块：高效除油器、冷冻式冷干机、精密过滤器、活性炭过滤器
变压吸附制 N_2 橇/座	2	单座橇块：Q=1250Nm^3/h，P≥0.6MPa 制 N_2 机；配套 N_2 缓冲装置

5. 制 N_2 工艺技术对比

空分深冷分馏制 N_2、空气膜分离制 N_2、空气变压吸附制 N_2 3 种工艺优缺点对比见表 9.4。

表 9.4　制 N_2 工艺优缺点对比表

工艺	投资	优点	缺点	产品类型
空分深冷分馏制 N_2	最高	适合固定大规模制 N_2；稳定性强；N_2 纯度最高可达 99.9999%	设备占地面积大；运行成本高；集成化难度大，不便于现场运行和维修	液 N_2/N_2
空气膜分离制 N_2	低	工艺流程简单、稳定性强；占地面积小，可移动性强；节能、运行成本低；气量调节方便；集成化高，操作方便	目前国内膜寿命为 3～5 年，且 N_2 纯度受膜质量影响很大，制 N_2 纯 95%～98.5%，纯度大于 98%后，投资比变压吸附高 15%	N_2
空气变压吸附制 N_2	中	分子筛使用寿命长；气量调节方便；集成化高，操作方便；N_2 纯度 99.5%	不适合频繁移动，容易造成分子筛破碎；橇装设备体积大；分子筛寿命受质量和操作影响大	N_2

工艺	可搬迁性	橇装化	占地面积	规模/(m^3/h)
空分深冷分馏制 N_2	不易	难度大	最大	＞4000
空气膜分离制 N_2	容易，可频繁搬迁	易橇装，体积小	最小	＜2000
空气变压吸附制 N_2	容易	易橇装、体积大	适中	＜1000

综上所述，对于 3 种制 N_2 工艺的优缺点对比后，其适应条件如下。

(1)纯度方面：深冷制 N_2 纯度最高 99.99%，变压吸附制 N_2 次之(99.5%)，膜制 N_2 最低(98%以下)。

(2)相态方面：深冷制 N_2 产品为液态+气态，变压吸附和膜制 N_2 产品均为气态。

(3)规模方面：深冷制 N_2 适应于 3000m^3/h 以上的要求，变压吸附国内单套能力为 500m^3/h，国外单套能力可达 2000m^3/h，推荐能力 1000m^3/h。

(4)投资方面：3500m^3/h 以下规模，变压吸附比深冷工艺投资低 20%～50%，N_2 纯度大于 98%以上，膜制 N_2 投资高于变压吸附 15%。

综上所述，高纯度(99.99%以上)和较大产量(3000m^3/h 以上)时，选用深冷工艺制 N_2；低纯度(98%以下)和产量较小(3000m^3/h 以下)时，选用膜制 N_2；高纯度(99%以上)和产量小(1000m^3/h 以下)时，选用变压吸附制 N_2。

6. 注气设备选择

1)压缩机选型

适用于注气的压缩机主要有往复式活塞压缩机和离心式压缩机。两种压缩机优缺点对比见表 9.5。

表 9.5　压缩机优缺点对比

类型	优点	缺点
往复式压缩机	排气压力高，适用压力范围大；排气压力稳定，几乎不受气量调节影响；可实现小气量、高压力；对材料要求低，价格相对较低；较能忍受一定的杂质与液滴	处理的气量较小，难适应现代大企业要求；结构复杂、转速低、体积庞大、重量重；可靠性低，易损件寿命可达 8000h，维修工作量大；可实现气缸无油润滑，但结构更为复杂；转速低，大型时仅 300~500r/min，一般用低速电动机直接驱动，若用工业涡轮机驱动时要通过复杂减速机构
离心式压缩机	能适应企业大型化的要求，单机处理的气体量大；结构简单制造方便、尺寸小、重量轻；运行可靠性高、维修工作量小；适应温度广(–100～350℃)；可适应任何气体	流量小制造有困难，目前工业上最小为 10m^3/min；排气压力大于 20MPa 时制造较为困难；排气压力会随流量改变而改变；因技术与加工设备等因素，价格较高；不耐杂质与液滴(＜10μg/cm^3)

通过比选，针对注 N_2 的小气量、高压力的工况条件，优选往复式压缩机。

2)注气设备驱动方式比选

注气成本决定了注气的经济可行性，注气设备驱动方式不同，注气单价也就不同，优化注气设备驱动方式不仅可以大幅降低注气成本，还可以降低能源消耗。按照驱动方式的不同，注气设备可以分为柴驱、柴电混驱、全电驱、燃气驱。

柴驱设备：空压机和增压机均为内燃机驱动，采用柴油为燃料。

柴电混驱设备：空压机采用电机驱动，增压机采用内燃机(柴油为燃料)驱动。

全电驱设备：空压机和增压机均为电机驱动。

燃气驱设备：空压机和增压机均为内燃机驱动，采用燃气为燃料。

各驱动方式下注 N_2 设备的优缺点对比见表 9.6。

表 9.6　各驱动方式注气设备优缺点对比

<table>
<tr><th colspan="2">驱动方式</th><th>驱动燃料</th><th>对电网功率要求</th><th>性能及结构特点</th><th>噪声情况</th><th>检修周期</th><th>安全性</th><th>可移动性</th><th>制 N_2、注 N_2 综合成本/(元/Nm^3)</th></tr>
<tr><td colspan="2">柴驱</td><td>柴油</td><td>无</td><td>机动灵活、适用范围广；耗能高，价格高</td><td>大</td><td></td><td>高</td><td>灵活高</td><td>1.73</td></tr>
<tr><td rowspan="2">柴电混驱</td><td>网电</td><td rowspan="2">空压机电驱匹配增压机柴驱或增压电驱匹配空压机柴驱</td><td rowspan="2">670kW/套</td><td rowspan="2">价格便宜；受电网限制小</td><td rowspan="2">较小</td><td rowspan="4">发动机的保养周期都为每250h保养一次</td><td rowspan="2">高</td><td rowspan="2">灵活性适中</td><td rowspan="2">1.17</td></tr>
<tr><td>CNG</td></tr>
<tr><td rowspan="2">全电驱</td><td>网电(含电费)</td><td>网电</td><td>960～980kW/套</td><td>受电网负荷限制大</td><td rowspan="2">小</td><td>高</td><td>灵活性适中</td><td>1.02</td></tr>
<tr><td>CNG</td><td>CNG 供发电机再供电驱</td><td>无</td><td>受电网限制小，受供电发电机的功率影响较大</td><td>较高</td><td>灵活性适中</td><td>1.48</td></tr>
<tr><td>燃气驱</td><td>燃料气</td><td>燃气驱动发动机</td><td>无</td><td>价格适中，重新设计改造设备</td><td>大</td><td></td><td>较高</td><td>灵活性适中</td><td>1.38</td></tr>
</table>

综合考虑注气单价、设备能耗、现场资源(电网和管网)利用、安全性等因素，全电驱和燃气驱的适用性更强。通过驱动方式的优化和规模效应，制 N_2、注 N_2 综合成本由 1.73 元/Nm^3 降低至 0.75 元/Nm^3。

9.1.2　含 N_2 天然气处理技术

在塔里木盆地某油田，随着注 N_2 规模的扩大，采出伴生气中 N_2 含量不断上升(图 9.4)。X1 站 $30\times10^4Nm^3/d$ 装置 N_2 含量偏高，2017 年 1～5 月平均值为 9.8%，最高达 15.69%，不能满足《天然气》(GB17820—2012)中热值应不小于 31.4MJ/m^3 的要求，严重影响了天然气的对外销售。随着注 N_2 规模的持续增大，N_2 含量逐年升高，为了确保注 N_2 提高采收率技术能够长期可持续运行，开展了天然气脱 N_2 技术研究，为远期大规模高含 N_2 天然气的处理提供了技术储备。

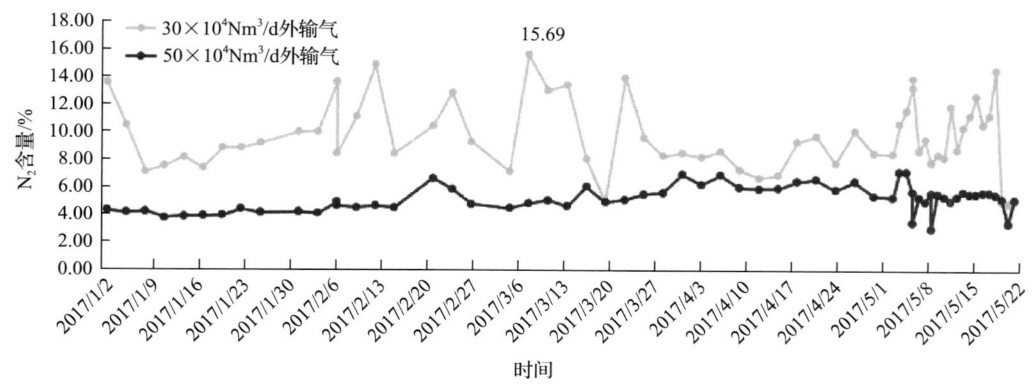

图 9.4　某油田 X1 站天然气 N_2 含量波动图

目前用于天然气脱 N_2 的工艺主要有深冷、溶剂吸收、变压吸附、膜分离等脱 N_2 技术。对多种工艺的技术特点进行分析，针对天然气含 N_2 情况，最终认为变压吸附脱 N_2

是较为可行的工业化脱 N_2 技术。

1. 天然气深冷脱 N_2 工艺技术

天然气深冷脱 N_2 工艺是利用 CH_4(–162℃)、N_2(–196℃)的液化温度不同，通过低温精馏实现气体的有效分离。脱 N_2 过程中需对天然气进行进一步的预处理，深度脱除其中的水、CO_2、H_2S 等杂质，工艺流程复杂，投资高。该工艺仅在生产 LNG 时附带脱出天然气中的 N_2，未专项用于脱 N_2。

1) 天然气深冷脱 N_2 工艺流程

深冷脱 N_2 工艺流程包括原料气预处理、深冷脱 N_2 及产品气(脱 N_2 天然气)压缩等部分。其中原料气预处理的目的是将原料气中的 H_2O、CO_2 等杂质脱除，以防在深冷温度下固化或生成水合物，造成堵塞事故；产品气压缩部分是将产品气压缩到管输或要求的压力后送出装置，两者均属常规工艺，因此重点介绍深冷脱 N_2 部分。从原料气性质、脱 N_2 目的及设备费用等因素综合考虑，深冷脱 N_2 可分为单塔、双塔和三塔流程。单塔流程简单，一次性投资低，但分离效率低，操作弹性差，一般很少采用；三塔流程仅用于原料气中重烃含量高或 N_2 含量低的场合，目前普遍采用的是双塔流程。典型双塔流程深冷脱 N_2 工艺流程如图 9.5 所示。

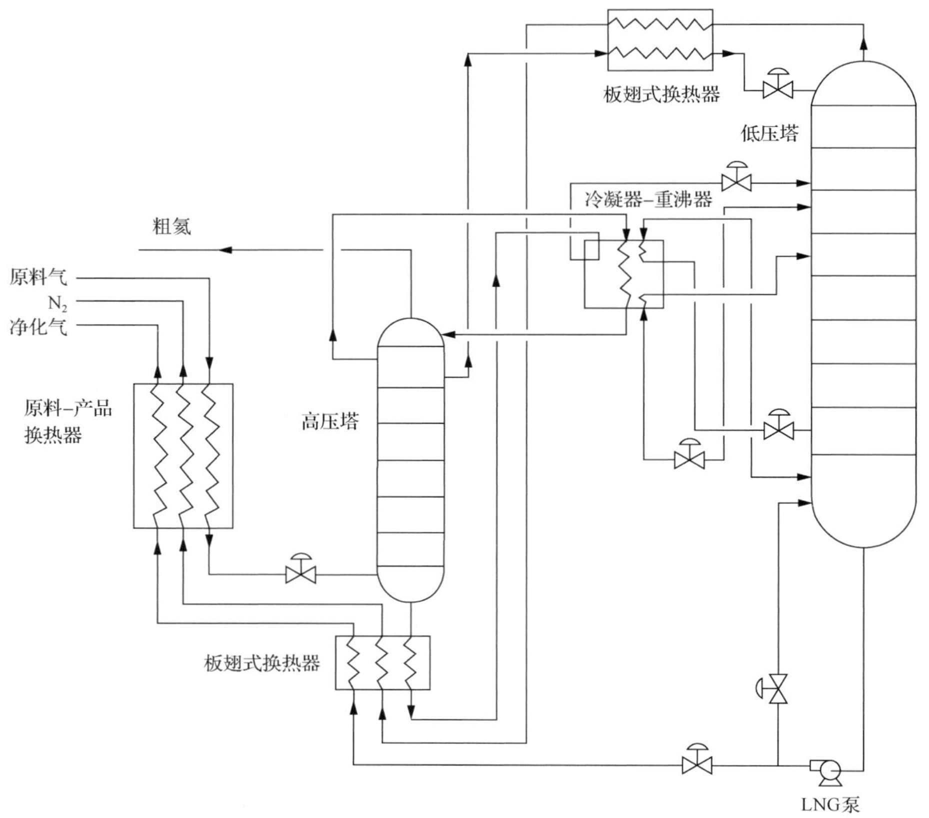

图 9.5　典型双塔流程深冷脱 N_2 工艺流程

2. 天然气溶剂吸收脱 N_2 工艺技术

溶剂吸收脱 N_2 工艺利用 CH_4 等烃类物质与 N_2 在液体溶剂中的吸收溶解度不同(烃类物质易于溶解)，实现气体有效分离。该工艺溶剂循环量大，设备尺寸大，设备较多，流程较复杂，能耗较低，目前仅在美国有工业应用。

1) 天然气溶剂吸收脱 N_2 工艺流程

溶剂吸收工艺采用吸收-闪蒸方案，即通过逐级降压并闪蒸的方法实现溶剂的再生，其工艺流程如图 9.6 所示。

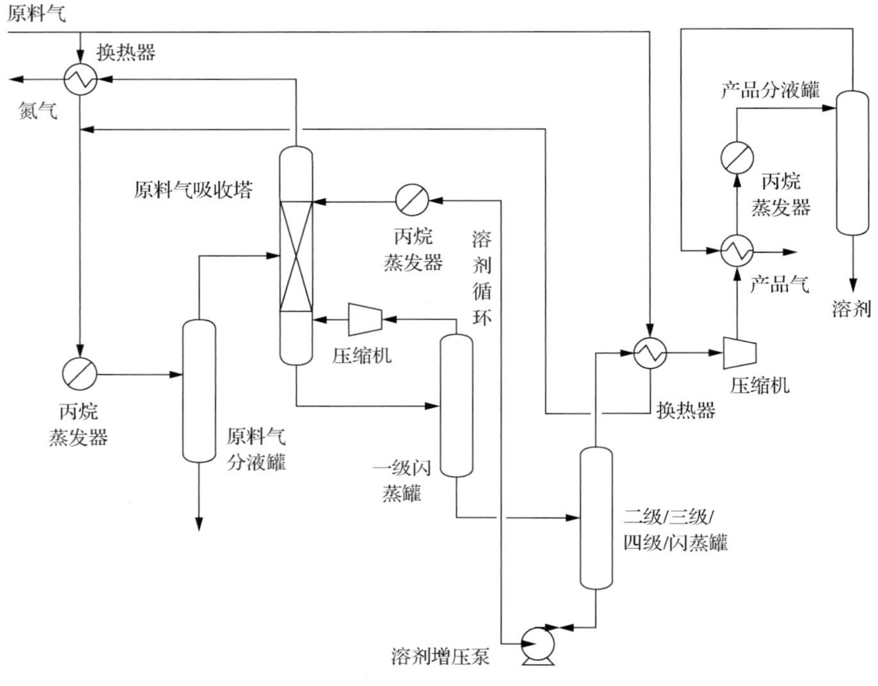

图 9.6　溶剂吸收法脱 N_2 工艺流程

原料气经丙烷制冷系统冷却到–26℃，除去少量的凝析液后进入溶剂吸收塔下部。在塔内，原料气自塔底上行，与同样被冷却到–26℃、由塔顶下行的溶剂进行多次气液接触，使 CH_4 等烃类不断被溶剂选择性吸收而由气相转移到液相。这样，当原料气离开塔顶时，就成了含 CH_4 很少的 N_2 物流。离开吸收塔塔底的富溶剂采用逐级闪蒸的方式再生，闪蒸共四级，逐级将 2.7MPa 的富溶剂闪蒸到 0.14MPa。在吸收 CH_4 的同时，溶剂中不可避免地吸收了少量 N_2 组分，为了提高天然气的脱 N_2 率和产品质量，将第一级闪蒸罐闪蒸出的 N_2 含量较高的气体压缩后再循环至吸收塔内进行二次吸收，而第二级至第四级闪蒸气经压缩、换热、丙烷制冷及分离出所携带的溶剂后，作为产品送出装置。为了充分利用各级闪蒸气所具有的不同压力级，降低设备投资和能耗，第一级至第四级闪蒸气共用一台四级压缩机进行压缩。再生的贫溶剂从第四级闪蒸罐流出，经泵升压和丙烷制冷后，返回吸收塔顶部进行循环利用。

2) 天然气溶剂吸收脱 N_2 工艺特点

(1) 溶剂吸收工艺的关键在于确定性能优良的溶剂，所选择的溶剂必须对烃类溶解度大、选择性好、沸点较高、无腐蚀性、性能稳定。

(2) 操作压力对装置影响较大。操作压力的高低直接影响溶剂对 CH_4 的吸收量，进而影响脱 N_2 效果。

(3) 与深冷脱 N_2 法比较，溶剂回收法操作条件温和，不需脱除 CO_2，大部分设备和管道的材质为碳素钢；操作弹性大，当进料条件发生变化时，可通过调节溶剂循环量等措施，使脱 N_2 率和 CH_4 回收率保持不变；开停工时间较短。但该方法溶剂循环量大，设备尺寸大，且需要丙烷制冷系统，设备较多，流程较复杂，难以回收工业用纯 CH_4。

3) 溶剂吸收脱 N_2 工艺主要技术经济指标

以 X1 站 $30\times10^4 Nm^3$ 产品气的组分、气量为基础，经投资、消耗和技术经济评价，结果见表 9.8。

表 9.8 溶剂吸收主要工程投资及成本分析

工艺装置投资/万元				电消耗/kW	处理费/(元/Nm^3)			
溶剂吸收系统	制冷系统	公用工程及辅助设施	前三项合计		设备折旧(10年折旧)	电消耗(电价0.5元/kW)	人工[10人，8万元/(人·a)]	前三项合计
6000	2000	1900	9000	2200	0.088	0.088	0.0074	0.183

3. 天然气变压吸附脱 N_2 工艺技术

天然气变压吸附脱 N_2，利用吸附剂对天然气中各组分的吸附能力随压力的不同而有差异的特性达到分离。

1) 天然气变压吸附脱 N_2 工艺流程

在除掉所携带的油、水等严重减弱分子筛等吸附剂吸附容量的液相介质后，含 N_2 天然气进入吸附床层进行分离操作，过程一般包括 3 个阶段[1-5]。

(1) 吸附。CH_4 等碳氢化合物在较高的压力下被吸附剂选择吸附，N_2 等弱吸附组分作为流出相从吸附床层的出口流出。

(2) 解吸再生。根据吸附组分的特点，选择降压、抽真空、产品冲洗和置换等方法使吸附剂解吸再生。

(3) 升压。吸附剂再生完成后，用 N_2 等弱吸附组分对吸附床层进行逐步加压，使之达到吸附压力值，完成下一次吸附的准备工作。

天然气变压吸附脱 N_2 工艺流程见图 9.7。该工艺在常温下操作，不需外部冷却和加热吸附床层，并采用高效吸附剂和废气回收技术，碳氢化合物的回收率可达 95%。处理量为 $6.5\times10^4 m^3/d$，可将含 N_2 天然气中的 N_2 含量由 30%脱至 5%。

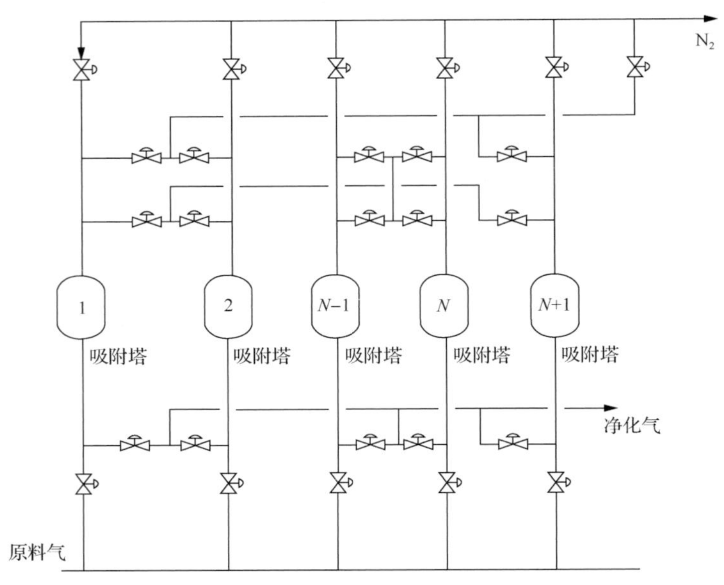

图 9.7　天然气变压吸附脱 N_2 工艺流程

2) 天然气变压吸附脱 N_2 工艺特点

(1) 一般在常温和压力不高的工况下操作，设备简单。床层再生时不需要加热源，再生容易，可以连续操作。

(2) 吸附剂的寿命长，对原料气的质量要求不高，装置操作容易，操作弹性大，在进料气组成和处理量波动时，很容易适应。

(3) 启动快，可以随时停机，易于实现无人操作。

(4) 装置运行时，阀门等频繁运作部件多，易发生故障点比较多，要求阀门、控制仪表等具有长期运行的可靠性和稳定性。

(5) CH_4 与 N_2 的吸附性能接近，现有的吸附剂的平衡选择性系数较低，造成产品气的回收率较低。

3) 天然气变压吸附脱 N_2 工艺主要技术经济指标

以 X1 站 30×10^4Nm^3/d 产品气的组分、气量为基础，经投资、消耗和技术经济评价，结果见表 9.9。

表 9.9　变压吸附主要工程投资及成本分析(参考常规工艺)

工艺装置投资/万元					电消耗/kW	处理费/(元/Nm^3)			
脱 N_2 天然气压缩系统	预处理系统	变压吸附系统	公用工程及辅助设施	前四项合计		设备折旧(10年折旧)	电消耗(电价0.5元/kW)	人工[10人，8万元/(人·a)]	前三项合计
600	400	3000	1000	5000	1800	0.049	0.072	0.0074	0.128

4. 天然气膜分离脱 N_2 工艺

天然气膜分离脱 N_2 工艺利用气体分子在膜上穿透性的差异，依托特定的选择性渗透膜，对 CH_4 有相对 N_2 较高的渗透率，实现气体的有效分离。但由于 N_2、CH_4 的渗透性差异不大，目前膜分离天然气脱 N_2 在国内尚未开展，国外也仍处于膜材料研究阶段[6]。

5. 天然气脱 N_2 工艺技术比较

深冷工艺、溶剂吸收工艺、膜分离工艺、变压吸附工艺等脱 N_2 工艺技术、经济指标的比较结果见表 9.10。

表 9.10　主要脱 N_2 工艺技术、经济指标比较

工艺种类	分离理论基础	技术难点	国外技术概况	国内技术概况	操作气量适应能力/%	适应压力变化能力
深冷工艺	低温精馏	节能	成熟	成熟	50～100	弱
溶剂吸收工艺	物理吸收	吸收溶剂选型	较成熟	尚未开展	70～100	弱
膜分离工艺	材料微孔控制	膜材料开发	尚不成熟	尚未开展	30～100	弱
变压吸附工艺	热力学平衡吸附	吸附剂选型	成熟	已开展相近研究	30～110	强(0.8～4MPa)

工艺种类	投资/万元	电耗/kW	处理成本/(元/Nm^3)	总体评价
深冷工艺	12600	4600	0.322	深冷脱 N_2 工艺具有处理量大、回收率高、N_2 脱除率高等优点，而且不存在诸如吸附剂制造、溶剂配方等专有或专利技术，但脱 N_2 成本最高，适用于以生产 LNG 为目的的工厂脱 N_2
溶剂吸收工艺	9000	2200	0.183	溶剂吸收工艺实质上为低温油吸收工艺，溶剂的操作温度一般要控制在–30℃左右，需要比较复杂的致冷系统，设备较多，流程复杂，脱 N_2 成本也较高
膜分离工艺				膜分离工艺烃回收率较高，但专利技术较多，膜材料要求高，技术尚未成熟
变压吸附工艺	5000	1800	0.128	变压吸附工艺处理费用低于其他几种脱 N_2 工艺，其中新工艺—分子门工艺处理费用最低

注：本表参数以 X1 站气体组分为基础；天然气按干气，入口压力按 3MPa，产品气进管网压力按 2.8MPa 核算。

通过表 9.10 可以看出变压吸附工艺不仅综合运行费用低，而且投资小。因此对变压吸附脱 N_2 工艺开展了深入研究。

6.变压吸附脱 N_2 用吸附剂筛选

通过对国内外天然气脱 N_2 技术的调研，认为变压吸附是最经济可行的脱 N_2 技术，变压吸附工艺已相对成熟，决定其是否经济高效的关键在于是否有合适的吸附剂。因此，根据气源特点尽可能多地收集了目前效果较好的几种吸附剂，对其进行筛选评价，以确定吸附剂的吸附性能[7]。实验过程及结果如下。

实验仪器：3H-2000PW 多站重量法蒸汽吸附仪。

实验气体：99. 99%N_2，99. 99%CH_4。

测试吸附剂：3A、4A、碳分子筛 GC1、LJ，SH。

实验方法：重量法。

实验过程：吸附剂先在 150℃下活化再生 30min，以便脱除吸附剂中的 H_2O、N_2 等杂质。温度降至 40℃后，用水浴锅维持测试腔内温度 40℃，测试气体进入测试腔，与称量位上的吸附剂充分接触，电脑自动控制吸附腔内气体压力 90kPa，并自动称量记录吸附剂重量的变化，30min 后称量结束，抽真空再生 30min，反复进行 3~5 次试验，待吸附容量稳定后，记录测试结果。

通过采用多站重量法蒸汽吸附仪对3A、4A、碳分子筛GC1、LJ、SH进行了吸附容量测试(图9.8～图9.12)，测试结果见表9.11，可以看出LJ、SH两种吸附剂的分离系数分别为2.87和2.91，远远大于1，因此LJ、SH两种吸附剂可用于工业化N_2、CH_4分离。

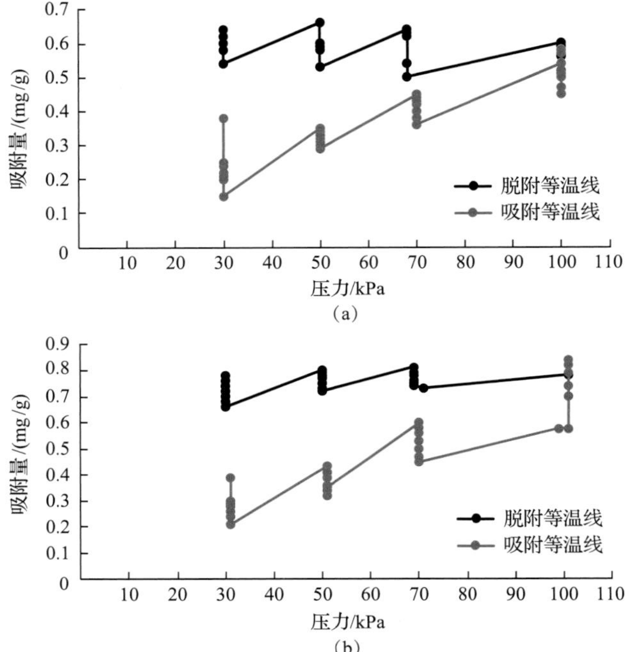

图9.8　3A分子筛CH_4(a)、N_2(b)吸附等温线

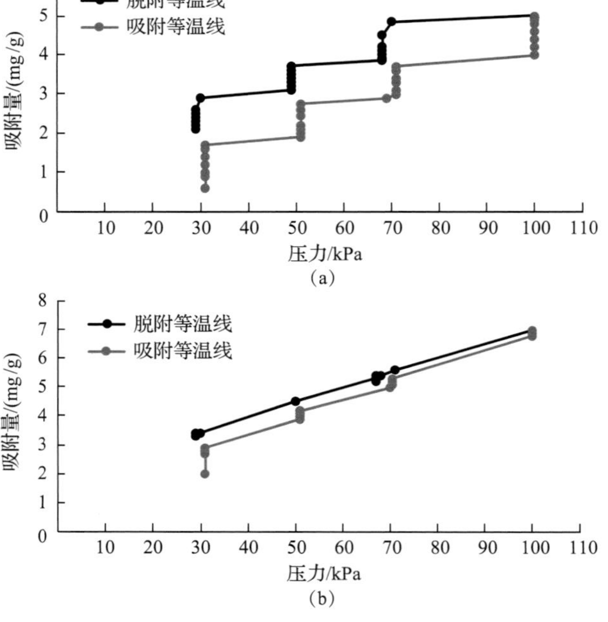

图9.9　4A分子筛CH_4(a)、N_2(b)吸附等温线

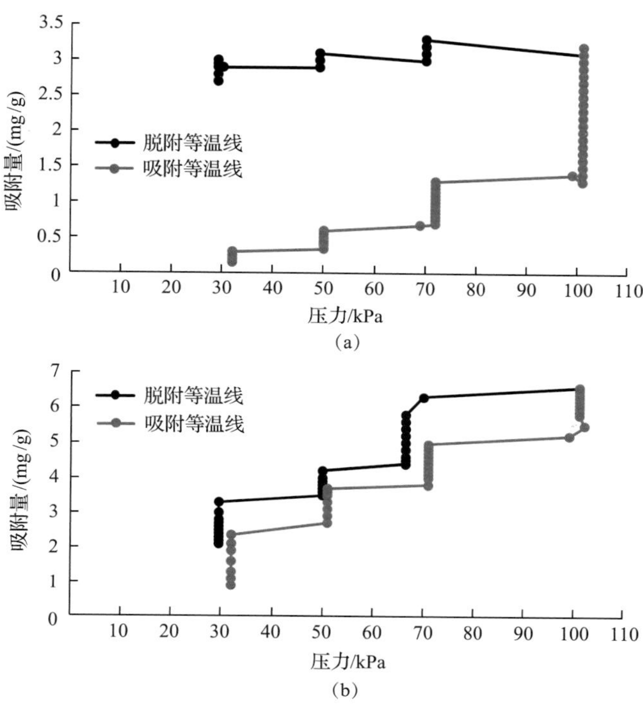

图 9.10　GC[1]-碳分子筛 CH_4(a)、N_2(b)吸附等温线

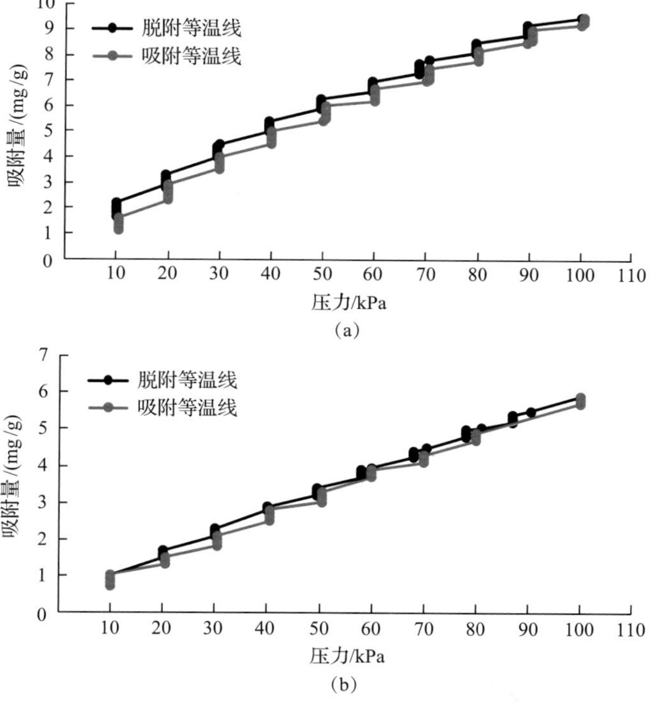

图 9.11　LJ 吸附剂 CH_4(a)、N_2(b)吸附等温线

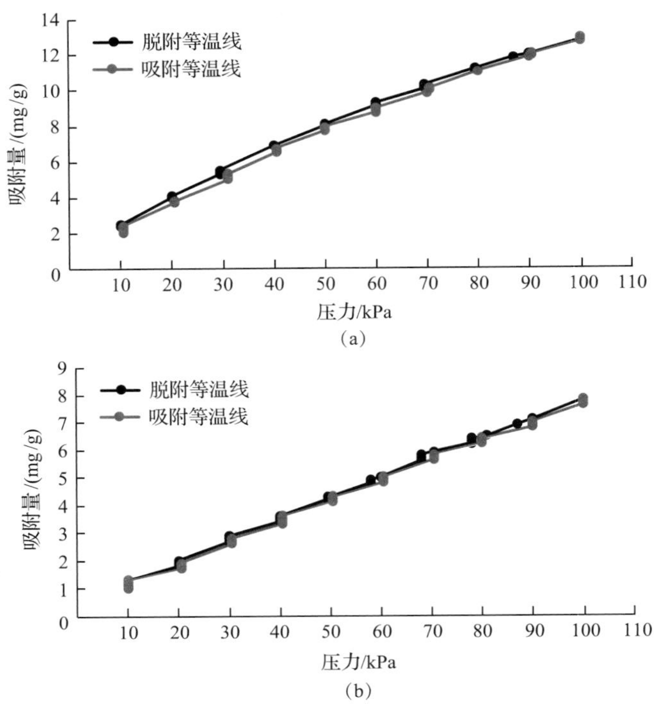

图 9.12　SH 吸附剂 CH_4(a)、N_2(b)吸附等温线

表 9.11　吸附剂吸附容量

吸附剂	N_2 吸附容量/(mg/g)	CH_4 吸附容量/(mg/g)	分离系数	结论
3A	0.787	0.602	1.34	不能将 CH_4/N_2 分离
4A	6.984	5.072	1.27	不能将 CH_4/N_2 分离
碳分子筛 GC1	6.686	2.08	1.84	不能将 CH_4/N_2 分离
LJ	5.742	9.406	2.87	可将 CH_4/N_2 分离
SH	7.625	12.675	2.91	可将 CH_4/N_2 分离

7. 变压吸附脱 N_2 模拟装置试验

1) 变压吸附脱 N_2 模拟装置

为了确认所筛选吸附剂的吸附能力，自建了一套处理气体能力为 1L/min 的变压吸附模拟装置，通过该装置对优选的两种吸附剂进行模拟试验。实验过程如下。

实验仪器：变压吸附模拟装置、GC-6800T 气相色谱仪。

实验气体：80%CH_4+20%N_2(体积分数)混合气体、40%CH_4+60%N_2(体积分数)混合气体。

测试吸附剂：LJ、SH。

实验方法：从钢瓶来的 CH_4/N_2 混合气体，经减压阀后进入变压吸附装置。经过入口转子流量计进入分离过滤器，从分离器顶部出来的气体从吸附塔的底部进入装有吸附剂的吸附塔，混合气中的 CH_4 优先被吸附，吸附能力差的 N_2 会同少量 CH_4 从吸附塔顶引出，经流量计计量后分流，一部分进入气相色谱仪，一部分到界外放空，随后该塔转入再生阶段。每台吸附塔均经过吸附、均压降、逆放、抽真空、均压升、最终升压等过程，当一台吸附塔处于吸附状态时，其他吸附塔处于再生状态的不同阶段，实现气体的连续处理。

2) 变压吸附脱 N_2 模拟装置实验结果

在6塔变压吸附脱 N_2 模拟装置上，分别进行了压力、气量、吸附剂和入口气体组成不同时的对比实验，结果如表9.12所示。

表9.12 变压吸附模拟装置测定数据

实验组号	原料气组成(CH_4含量)/%	原料气气量/(L/min)	吸附压力/MPa	高压端 CH_4 含量/%	低压端 CH_4 含量/%	CH_4 收率/%	吸附剂型号	动态吸附容量/mL/g
1	80.00	9.31	1.00	52.67	99.10	72.91	LJ	13.14
2	80.00	10.70	1.00	50.51	96.91	76.99	LJ	13.29
3	80.00	6.62	1.00	49.55	99.57	75.77	LJ	12.94
4	80.00	7.48	0.80	45.55	97.50	80.82	LJ	11.70
5	80.00	3.86	0.30	47.52	92.30	83.69	LJ	8.34
6	40.00	10.50	1.00	11.95	75.98	83.22	LJ	8.46
7	40.00	9.10	0.80	9.47	71.21	88.03	LJ	7.75
8	40.00	6.86	0.30	12.29	70.60	83.88	LJ	5.57
9	80.00	14.38	1.50	66.32	96.07	55.23	SH	23.54
10	80.00	11.73	1.50	54.87	97.45	71.89	SH	18.74
11	80.00	11.01	1.00	41.73	98.13	83.23	SH	20.37
12	80.00	10.91	0.80	50.36	96.36	77.61	SH	18.82
13	40.00	10.89	1.50	6.06	79.51	91.85	SH	11.14
14	40.00	11.39	1.50	4.42	74.21	94.59	SH	9.97
15	40.00	9.10	1.50	2.70	71.14	96.93	SH	13.06
16	40.00	10.79	1.00	5.53	78.75	92.69	SH	11.11
17	40.00	13.90	1.00	6.61	97.61	89.54	SH	18.44
18	40.00	11.44	0.80	6.49	75.81	91.61	SH	11.65
19	40.00	10.03	0.30	16.92	69.30	76.35	SH	8.51

由模拟实验数据可以得出以下结论。

(1) 入口天然气中 CH_4 含量为80%左右时，分离压力0.8MPa以上，经过6塔变压吸附脱 N_2 模拟装置分离，变压吸附模拟装置低压端(产品端)出口 CH_4 含量均大于95%，说明可以通过变压吸附模拟装置将 N_2 脱除，并获得合格商用天然气。

(2) 变压吸附模拟装置高压端出口 CH_4 含量大于40%，因此，采用一段变压吸附装

置分离时 CH_4 收率偏低，即单段变压吸附不能满足 CH_4 收率要求，需要设置第二段变压吸附装置来进一步回收 CH_4。变压吸附模拟装置入口 CH_4 含量 40%左右的气体，实验数据表明，经变压吸附模拟装置分离后，高压端放空 N_2 中 CH_4 含量可降低至 5%以下，最低可低至 3%，CH_4 收率不低于 80%。计算表明，采用两段变压吸附模拟装置工艺可将总体 CH_4 收率提高至 96%以上。

8. 高含 N_2 天然气脱 N_2 方案

以评选出的吸附剂参数为基础，针对 X1 站 $30\times10^4 Nm^3/d$ 含 N_2 天然气，进行了变压吸附脱 N_2 工艺设计。

1) 设计参数

天然气规模：$30\times10^4 Nm^3/d$（标准状态为 0℃、0.101325MPa）。

年操作时间：8000h。

天然气压力：0.4MPa。

天然气温度：常温。

原料气、产品气组分见表 9.13。

放空 N_2 中 CH_4 含量：＜5%。

CH_4 收率：≥95%。

表 9.13　变压吸附脱 N_2 原料气及产品气组分（体积分数）

组分	CH_4	C_2H_6	C_3H_8	i-C_4H_{10}	n-C_4H_{10}	CO_2	O_2	N_2
原料气	0.738774	0.041304	0.019602	0.001300	0.000800	0.014901	0.000000	0.183318
产品气	0.878317	0.049659	0.023570	0.000000	0.000000	0.017914	0.000000	0.030540

2) 工艺流程

天然气脱 N_2 的工艺流程如图 9.13 所示，原料天然气进入变温吸附（预处理）系统，将原料天然气中的重烃（C_{4+}）进行预先脱除，脱除重烃后的天然气进入第一段变压吸附（pressure swing adsorption，PSA-1）系统，脱除 N_2 后热值和 N_2 含量均合格的天然气从吸附塔底部由真空泵抽出，经压缩后外输。从 PSA-1 吸附塔顶部出来的中间气进入第二段变压吸附（PSA-2），吸附塔顶部出口 N_2 中 CH_4 含量控制在 0.5%～3%，用作 TSA（thermal swing adsorption）再生气。从 PSA-2 吸附塔底部引出的 N_2、CH_4 混合气经真空泵抽出压缩后与 TSA 来的原料气汇合后进入第一段变压吸附（PSA-1）入口，这样可提高 CH_4 收率，减少天然气脱 N_2 过程中 CH_4 的损失。

3) 投资及成本分析

对投资、消耗进行了测算，测算出 PSA 天然气脱 N_2 工艺处理的成本，见表 9.14。

研发的变压吸附天然气脱 N_2 技术运行成本为 0.17 元/Nm^3。由于目前的高含 N_2 天然气主要用于油田燃料气自用，该工艺尚未开展现场应用。为了确保今后高含 N_2 天然气的高效处理，需及时跟踪新吸附剂的开发，开展实验评价，进一步降低运行成本。

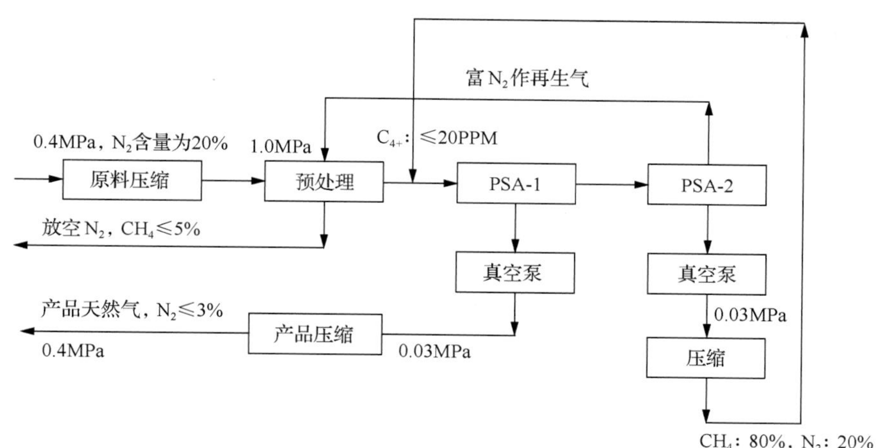

图 9.13　天然气脱 N_2 工艺流程示意图

表 9.14　天然气脱 N_2 成本分析

	单价/元	小时消耗	小时价格/(元/h)	备注
电/(kW/h)	0.47	1980.00	930.6	
预处理吸附剂/m^3	10000	0.0025	25.30	正常使用寿命 3 年，共装 $60m^3$
PSA 吸附剂/m^3	12000	0.0034	40.80	正常使用寿命 20 年，共装 $540m^3$
润滑油/kg			10.00	
折旧费			488.22	总投资按：5800 万元，15 年折旧
人工费			397.72	定员：21 人，年工资费用 15 万元/(人·年)
管理费			39.77	按人工费 10%
维修费			189.39	年维修费按总投资 3%计
合计			2121.8	
处理原料天然气成本/(元/Nm^3)			0.17	处理能力 $3\times10^5Nm^3/d$，年操作 330 天计

9.2　注水地面配套技术

碳酸盐岩缝洞型油藏采出水水质具有矿化度高、总铁离子含量高、硫离子含量高和 pH 低的特点，导致水质不稳定、腐蚀性强；同时根据缝洞型油藏注水开发的特点，大部分单井采用间歇注水开发方式，导致地面注水配套成本高。为了解决这些难题，形成了以“电化学预氧化及水质改性、一管双用、就地分水回注”等为核心的注水地面配套工艺技术，降低了注水开发综合成本，为碳酸盐岩缝洞型油藏注水提高采收率打下了坚实的基础。下面就以地面注水配套方面形成的几项特色技术进行重点介绍。

9.2.1 高矿化度弱酸性污水处理技术

1. 高矿化度弱酸性采出水特点

1) 采出水的主要特点

碳酸盐岩缝洞型油藏采出水矿化度高，高含 Cl^-，水中 Ca^{2+}、Mg^{2+}含量较高，属 $CaCl_2$ 水型，腐蚀结垢性强，主要离子含量见表 9.15。水质 pH 偏低，悬浮物、含油量、总铁、总 S^{2-}都比较高，处理后的水质除了含油量达到要求外，悬浮物、Fe^{2+}、S^{2-}较高，腐蚀速率也仍然较高，直接注入会对地层造成较大的伤害，须经过处理后才能满足水质稳定、腐蚀性低的回注要求。

表 9.15 采出水污水水质主要离子分析表

Na^++K^+/(mg/L)	Cl^-/(mg/L)	HCO_3^-/(mg/L)	Ca^{2+}/(mg/L)	Mg^{2+}/(mg/L)	SO_4^{2-}/(mg/L)	矿化度/(mg/L)	水型
86788	133397	127	10820	1397	733	233262	$CaCl_2$

2) 注入水水质对注水开发的影响

由于注水水质不能稳定达标，水体仍具有较强的腐蚀和结垢特性，长期回注会导致地层吼道堵塞、地面管网、设施及水井井筒的腐蚀与结垢，进而造成注水井吸水能力下降，注水压力升高。

(1) 地层伤害影响。

由于回注水中含有一定的悬浮物、Fe^{2+}、S^{2-}、细菌，这些物质的直径大于油藏孔喉直径就时会造成地层堵塞，导致注水井吸水能力下降、注水压力上升，需配套对注水井进行酸化解堵措施作业。水质不达标会造成注水提高采收率的综合成本增加。

(2) 注水管网腐蚀影响。

受水体腐蚀因素的影响，注水系统及地面注水系统金属管线腐蚀穿孔频繁，造成注水开发运行效率下降，并严重影响注水系统的安全平稳运行。常规重力沉降、聚结除油、机械过滤的水处理工艺只能解决了去除污水中含油和悬浮物的要求，不能从本质上解决水体腐蚀性强的问题。图 9.14 是 Y1 注水站站内金属管线腐蚀照片。

图 9.14 Y1 注水站站内金属管线腐蚀照片

(3) 注水井井筒腐蚀影响。

由于注入水为高矿化度弱酸性盐水，具有非常强的腐蚀结垢趋势。在注入过程中，温度和压力均同步上升，导致注入水腐蚀性和结垢趋势随之增强。注水井在注水过程中，井筒内的腐蚀结垢程度问题随着注入量累积会更加严重。同时，注入水水质因井筒腐蚀结垢被污染，造成注水层位的地层伤害，注水井呈现出注水压力升高、吸水指数下降的现象。

2. 水处理工艺技术需求

注水驱油、恢复和保持油层压力是提高采油速度和采收率的主要开发技术之一。污水水质处理工艺也关系到注入水与地层配伍性、油田地面管线、阀门及各部件的腐蚀情况[8-12]。针对目前碳酸盐岩缝洞型油藏采出水强腐蚀、强结垢的特性和对注入水水质的基本要求，采出水处理需满足以下两个方面的技术需求。

1) 满足碳酸盐岩缝洞型油藏注入水水质标准

依据《碳酸盐岩油藏注水水质标准》(Q/SHXB0178—2016) 中碳酸盐岩缝洞型油藏注水水质的基本要求，水质需满足下述指标要求。

(1) 注入水水质主控指标。

碳酸盐岩缝洞型油藏注水水质主控指标见表 9.16[13]。

表 9.16 碳酸盐岩缝洞型油藏注水水质主控指标

含油量/(mg/L)	悬浮固体含量/(mg/L)	粒径中值/μm
≤40.0	≤30.0	≤30.0

注：注水对象为缝洞型油藏(≥0.1mm 裂缝及缝洞)。

(2) 注入水水质辅助指标。

若水质的主控指标已达到注水要求，可以不考虑辅助性指标；若主控指标不达标，为了查明原因，可检测辅助指标。碳酸盐岩缝洞型油藏注水水质辅助指标见表 9.17[13]。

表 9.17 碳酸盐岩缝洞型油藏注水水质辅助指标

SRB 硫酸盐还原菌/(个/mL)	平均腐蚀率/(mm/a)	pH	溶解氧含量/(mg/L)
<25*	<0.076	<7	≤0.1

*参考 SY/T 5329—2012；主控指标不合格项≥1 项或辅助指标不合格项≥2 项可判定水质不合格。

2) 满足净化水合格率达标和水系统防腐的要求

(1) 水处理工艺能保障净化水水质合格率稳定达标。不合格注入水会造成地层伤害，需从源头上保障注入净化水水质稳定达标，满足碳酸岩缝洞型油藏注水水质要求；处理后净化水水质与地层配伍性好，具有理想驱油效果。通过合适的水处理工艺保证处理后的净化水水质稳定达标，有效提高原油产量和采收率。

(2) 解决弱酸性高矿化度污水带来的腐蚀问题。采用合适的水处理工艺使地层采出水偏弱酸性腐蚀环境得到抑制，降低水系统腐蚀发生频率，减少腐蚀抢维修工作量，降低注水开发综合成本。

3. 电化学预氧化水质改性技术

1) 电化学预氧化技术

预氧化技术主要利用氧化势较高的氧化剂来氧化、分解或转化水中的污染物，同时削弱污染物对常规处理工艺的不利影响，强化常规处理工艺对污染物的去除效能[14]。对于油田采出水，主要采用预氧化技术除去水中不稳定还原性离子，保障注入水水体稳定，避免不合格注入水进入地层。常规采用的预氧化技术主要有两种：化学预氧化和电化学预氧化。

化学预氧化是以化学药剂作为氧化剂，将污水中还原性物质氧化[15]。采用加注化学预氧剂（二氧化氯、氯气、次氯酸钠、过氧化氢、臭氧）对来水进行预氧化处理，该工艺技术存在下列问题：①处理质量不稳定；②达标运行成本高；③由于长期采用加药工艺，会增加水处理产生的污泥量。

电化学预氧化是利用污水中富含 Ca^{2+}、K^{+}、Na^{+}、Cl^{-}的特点，污水在电化学设备中被电离，生成新生态 O_2、$\cdot OH$ 和 Cl_2 等氧化性物质，将污水中还原性物质氧化，此时 Fe^{2+} 被氧化成 Fe^{3+}，形成絮状 $Fe(OH)_3$ 胶体。同时与污水中的悬浮物、乳化油等杂质小颗粒聚集成大颗粒，形成体积大、密度高、沉降快的絮体，从水体中完全沉降、分离出来，最终使水质得以净化达标，实现杀灭细菌、控制腐蚀、抑制结垢和水质达标的目的。

电化学预氧化设备主要电极构件由特殊材料阳极和普通金属阴极组成，通过外加直流电场，在水中产生大量的氢氧自由基等氧化剂将水中低价的物质如 Fe^{2+}、Cl^{-}等氧化成 Fe^{3+}、Cl_2 等，同时起到氧化杀菌、电气浮等作用。

电化学预氧化装置作用机理如下：

(1) 氧化作用。首先，在电化学污水处理过程中，S^{2-}的电极电位最低，最先被氧化，形成单质 S。相关的反应式和电位势如下。

阳极 $$S^{2-}-2e^{-} \longrightarrow S\downarrow \ (E_0=-0.508V)$$

阳极 $$2HS^{-}-2e^{-} \longrightarrow H_2\uparrow + S\downarrow \ (E_0=-0.478V)$$

由于 S^{2-}还原性比 Cl^{-}强，S^{2-}被氧化结束后 Cl^{-}被氧化：

阳极 $$2Cl^{-}-2e^{-} \longrightarrow Cl_2\uparrow$$

$$Cl_2+H_2O \longrightarrow HClO+HCl$$

阳极产生的 HClO 起氧化剂的作用，将 Fe^{2+}氧化成 Fe^{3+}，形成絮凝状沉淀物。

(2) 絮凝作用。污水中的 Fe^{2+}被氧化成 Fe^{3+}后，很快与水中 OH^{-}结合，生成具有强吸附能力的絮状 $Fe_x(OH)_m^{(3x-m)+}$沉淀，因而对污水中的其他杂质粒子产生絮凝作用。

(3) 气浮作用。电化学装置含油污水处理过程中，水中产生以下反应：

$$2H^{+}+2e^{-} \longrightarrow H_2\uparrow$$

生成的 H_2 能够在水中形成均匀分布的微小气泡，携带污水中的胶体微粒和油共同上浮，使其与水有效分离，实现水质净化的目的。

(4)杀菌作用。电化学装置运行过程中，污水中会产生大量的初生态氧化性物质，如 Cl_2、O_2、OH、ClO^-等，这些强氧化性物质能够分解、杀死水中的硫酸盐还原菌、腐生菌等细菌。化学预氧化和电化学预氧化这两种技术均能满足高含 Fe、高含硫的污水处理要求，能够达到稳定水质、进一步改善油田注水水质的目的，两种预氧化技术的优缺点对比见表 9.18。

表 9.18 两种预氧化技术优缺点对比表

技术分类	优点	缺点
电化学预氧化技术	不需添加杀菌剂就能够达到杀菌效果，细菌不易产生耐药性；新工艺技术，安全环保；不需添加预氧化剂、可减少 pH 值调整剂添加量；设备具有一定的气浮除油和排污泥的功能；设备具有电极板结垢自动清除	电极板材料、配制、间隙技术要求高；高矿化度水电极板易结垢；装置运行操作管理要求较高
化学预氧化技术	传统加药工艺，技术成熟，稳定可靠；对操作运行管理要求较低，易操作	氧化剂易分解，腐蚀性强，夏季温度高不易储存，存在安全隐患；污水处理药剂投加量大

从表 9.18 可知，两种技术的差别主要是氧化方式不同，后续加药基本相同，电化学预氧化技术相对化学预氧化而言具有节省污水处理药剂的特点，但对电极板材质要求高，操作运行技术含量高。电化学预氧化技术在国内外不同的油田污水处理站均有成功应用，效果较为显著，水质均达到了设计中除去来水中还原性物质的要求。电化学预氧化装置在某油田应用情况见表 9.19。

表 9.19 电化学预氧化装置在某油田应用情况表

应用地点	数量/台	总处理水量/(m^3/h)	投产年份
Y2 站	3	9000	2015
Y3 站	1	5000	2017

电化学预氧化工艺较化学预氧化工艺的运行成本具有优势。以 Y2 站运行参数(污水处理量 12000m^3/d)为基础，通过室内实验对化学预氧化和电化学预氧化水处理成本及运行成本进行对比分析。通常电化学装置运行功率为 0.06～0.20kW·h/m^3，污水处理过程中电化学预氧化电费为 0.01～0.04 元/m^3，具体计算结果见表 9.20。采用化学预氧化工艺每年需增加药剂费用 306.61 万元，而电化学预氧化工艺只需设备一次性投资 390 万元，从运行成本看电化学预氧化工艺较优。经过技术和经济综合比较分析，电化学预氧化更适合高矿化度弱酸性污水预氧化处理。

表 9.20 两种预氧化技术经济对比表

项目	药剂名称	浓度/(mg/L)	加量/(kg/d)	单价/(t/元)	药剂成本/(元/m^3)	药剂费用/(万元/a)	运行电费/(万元/a)	设备一次性投资/万元
化学预氧化	预氧化剂	20	300	4700	0.09	49.28	基本不耗电	利用已建加药装置
	杀菌剂	250	3875	13100	0.47	257.33		
电化学预氧化	不需投加预氧化剂和杀菌剂						5.5～21.9	130(3 套)

2）水质改性技术

水质改性技术是针对采出水含油及盐度高、成分复杂、不稳定的特点，通过加入水质 pH 调整剂以改变水中某些离子的浓度。该技术能促使水体形成一种在物理化学上的稳定分布，同时改变水中乳状液和悬浮颗粒表面 ζ 电位以克服静电斥力，使其容易破乳和聚集，形成更大直径液滴或颗粒，加速从水中分离。

水质改性技术将采出水水体的 pH 从 6.0 左右提高到 6.5～6.8，复合碱加量增加，污水处理运行成本相对较高。预氧化技术结合水质改性技术实现了 pH 可控（不加或者少加复合碱）条件下 Fe^{2+}的转化与去除，使污水处理过程中污泥的来源得到控制，不仅解决了水质改性技术存在的污泥量大的难题，也使污水处理综合成本显著降低。

3）现场应用效果评价

塔里木盆地某一以碳酸盐岩缝洞型油藏为主的油田已配套建设 4 座主要污水处理站，分别为 Y2 站、Y3 站、Y4 站、Y5 站，设计污水处理总规模 23000m³/d。其中 Y2 站和 Y3 站采用“电化学预氧化+水质改性”工艺，Y4 站和 Y5 站采用传统“重力沉降+压力聚结+过滤”的工艺。

由于 Y2 站污水矿化度高、腐蚀性强、铁含量高、稳定性差，且油藏采出水量增加，为了适应生产需要，于 1999 年、2009 年、2013 年对水处理系统进行升级改进，并引进“电化学预氧化+水质改性”工艺技术以提高水质、控制腐蚀。水处理流程设计处理规模 9000m^3/d，净化水水质主控指标满足含油量≤10mg/L、悬浮物固体含量≤10mg/L、悬浮物颗粒直径中值 D_{50}≤8μm 的要求。在水处理主流程后端串接“SSF 悬浮污泥床+多介质过滤”处理工艺流程，提高水质处理精度，设计处理规模 2000m^3/d，净化水水质主控指标满足含油量≤8mg/L、悬浮物固体含量≤3mg/L、D_{50}≤2μm 的要求，该项目于 2013 年 9 月投产。Y2 站污水处理系统工艺流程见图 9.15。

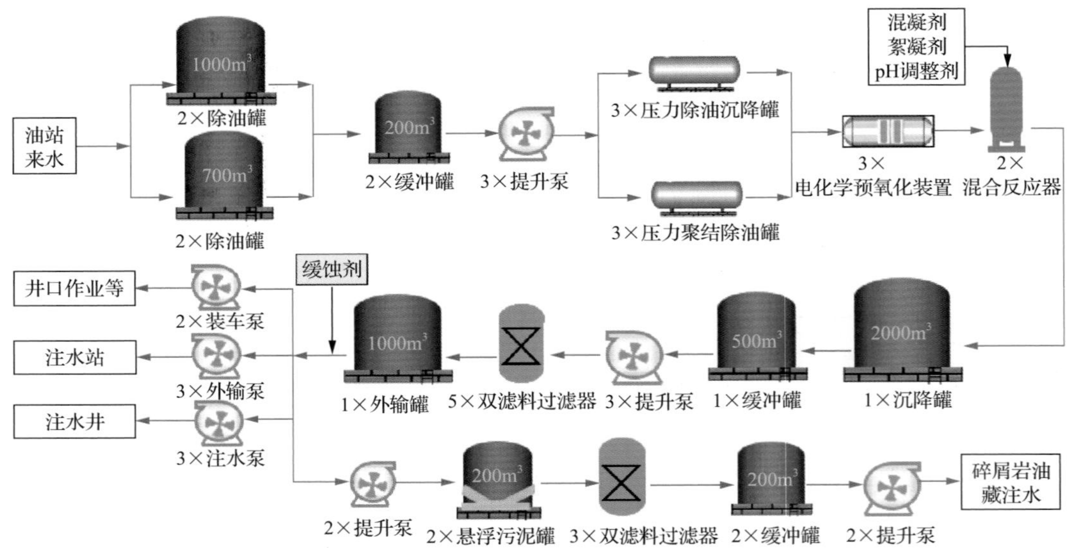

图 9.15　Y2 站污水处理系统工艺流程示意图

Y3 站污水处理系统于 2004 年建成投产，设计污水处理规模 5000m^3/d。为了提升水处理流程净化水水质和控制水体腐蚀性，于 2015 年进行“电化学预氧化+水质改性”工艺技术改造，设计规模 5000m^3/d，净化水水质主控指标满足含油量≤10mg/L、悬浮物固体含量≤10mg/L、D50≤8μm 的要求。Y3 站污水处理系统工艺流程见图 9.16。

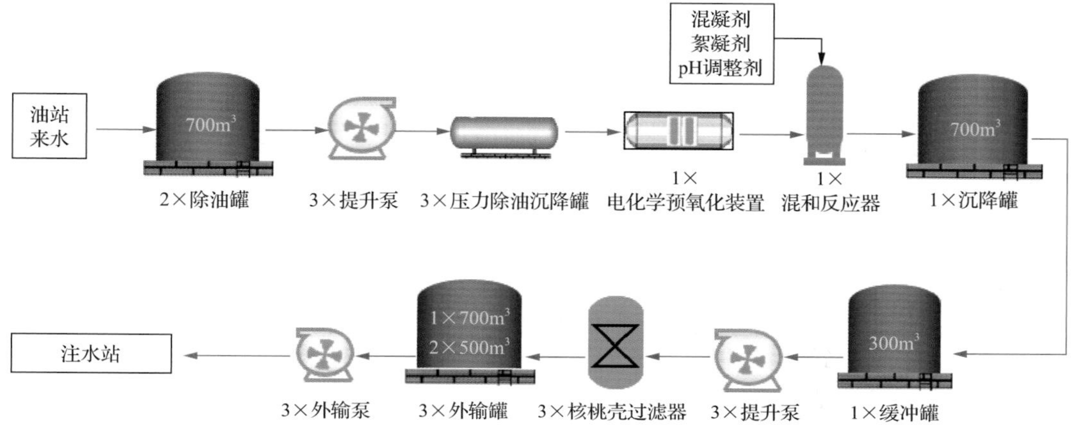

图 9.16　Y3 站污水处理系统工艺流程示意图

为了最大限度降低采出水经水质改性处理后对地层的伤害，要求处理后污水的离子组成和矿化度与地层水基本保持一致。对来水和滤后水做 6 项离子分析，分析结果见表 9.21。

表 9.21　污水水质改性前后 6 项离子分析结果

对比项目	水处理系统来水/(mg/L)	pH = 6.5 中试滤后水/(mg/L)	pH=6.8 中试滤后水/(mg/L)
Na^++K^+	70136.45	69258.37	69789.73
Ca^{2+}	11428.07	10485.55	10721.18
Mg^{2+}	928.59	1142.88	857.16
Cl^-	130859.42	128472.93	122880.68
SO_4^{2-}	200	200	200
HCO_3^-	114.92	98.50	106.71
总矿化度	213739.99	209738.97	210662.10
水型	$CaCl_2$	$CaCl_2$	$CaCl_2$

从表 9.21 的数据可知，pH 调整到 6.5 或 6.8，处理后滤后水仍为 $CaCl_2$ 水型，整体水体保持平衡，Ca^{2+}、Mg^{2+}、Cl^-、HCO_3^-、总矿化度均呈现降低趋势，结垢趋势减缓。

在 Y2 站水处理流程的管道中，采用在线挂片法对水处理流程除油罐出口(水质改性前)和电化学预氧化技术混凝沉降处理后的滤后水(水质改性后)进行平均腐蚀速率和点蚀速率监测，监测结果分别见表 9.22 和表 9.23。

表 9.22　电化学预氧化技术处理后污水的平均腐蚀速率测试结果

pH	测试结果	挂入位置				室内静态实验	
		收油罐内	电化学装置进口	滤后水(动)	滤后水(半动)	电化学装置进口	滤后水
6.5	腐蚀速率 mm/a	—	—	—	—	0.0056	0.0368
	评价结果	—	—	—	—	—	达标
7.0	腐蚀速率 mm/a	—	0.0062	0.0167	0.0194	—	—
		0.0068	0.0086	0.0130	0.0104	—	—
	评价结果	达标	达标	达标	达标	—	—
	腐蚀速率 mm/a	—	—	—	—	0.0172	0.0232
		—	0.0046	0.0141	—	—	—
		—	0.0047	0.0078	—	—	—
	评价结果	—	达标	达标	—	—	—

注：“—”指未取得监测数据。

表 9.23　电化学预氧化技术处理后污水的点蚀速率测试结果(pH=7.0)

除油罐出口的点蚀速率/(mm/a)		滤后水的点蚀速率/(mm/a)	
监测数据 1	监测数据 2	监测数据 1	监测数据 2
3.9107		1.0429	
3.6599	3.6547	0.9255	1.2245

表 9.22 中监测结果表明：来水经过电化学预氧化提高了水质 pH，腐蚀速率呈大幅度下降趋势，平均腐蚀速率≤0.076mm/a。来水监测位置腐蚀挂片的腐蚀速率比滤后水监测挂片的腐蚀速率较低，原因是来水含油较高，投入腐蚀挂片时来水中原油在钢片上涂覆了一层保护膜，隔绝了腐蚀介质与试片表面的接触，从而降低了腐蚀速率。

表 9.23 中点蚀速率监测结果表明：除油罐出口污水的点蚀速率很高，原因是挂入试片时在试片表面形成的油膜并非均匀保护膜，存在局部的薄弱点，将金属基体与腐蚀介质相接触，形成大阴极小阳极的微电池腐蚀，造成局部腐蚀的加剧。同时也间接证明了生产中管线穿孔频繁的点蚀成因。电化学预氧化处理后的滤后水其点蚀速率大幅降低，降幅达到 74%左右。电化学预氧化水质改性后，能显著降低腐蚀速率，延长管线和设备的使用周期，有力地保障了生产平稳运行。

“水质改性”技术在长期运行过程中，逐渐暴露出一些新问题：①污泥量大，难以处理，大量堆积给周边环境造成污染；②污水处理的综合费用偏高。

对“水质改性”技术所存在的上述问题进行综合分析后发现，污泥量主要受 pH 控制影响。污水处理过程中产生的污泥主要由以下几个部分组成：①油田污水本身所含的悬浮油、悬浮固体杂质；②污水中有害离子去除过程中产生的污泥；③提高 pH 所投加的复合碱中的固体不溶物形成的污泥；④由于 pH 的提高，污水中部分离子如 HCO_3^-、CO_3^{2-}、OH^-与 Ca^{2+}、Mg^{2+}等反应生成沉淀。其中，①、②部分形成的污泥量所占比例较小，是为了保证水质达标而必须产生的，无法减少，③、④部分形成的污泥在所产生的污泥总量中占有相当大的比重，这部分污泥主要受水体 pH 影响。

9.2.2　“注水–采出”一管双用技术

1. 注水开发地面配套现状

1) 注水开发特点

塔里木盆地碳酸盐岩缝洞型油藏既不同于中东地区碳酸盐岩裂缝型油藏，也不同于我国东部典型的碳酸盐岩裂缝性油藏，更不同于常规孔隙性砂岩油藏。它是经过多期构造运动和古岩溶共同作用形成的碳酸盐岩缝洞型油藏，油藏储集体以构造变形产生的构造裂缝与岩溶作用形成的孔、洞、缝为主，其中大型洞穴是最主要的储集空间，裂缝既是储集空间，也是连通通道。碳酸盐岩基质基本不具有储渗性能，储集空间形态多样、大小悬殊、分布不均，且具有很强的非均质性[16]。碳酸盐岩缝洞型油藏注水开发，一方面补充地层能量，减缓由于能量不足造成的产量递减，另一方面抑制底水锥进。在不同注水开发阶段，需采用不同的注水方式、注采参数及配套技术。注水受效前适当大排量试注验证连通性并建立注采关系，受效后至效果变差前期温和注水，后期适当提高排量周期注水，并考虑换向注水及注水调剖。需根据缝洞发育规律、致密段分布、剩余油分布和连通状况，建立立体开发的注采井网，实行双向或多向注水、分段注水、低注高采、缝注洞采等注水开发方式及配套技术。这种复杂的注水开发模式客观上对地面注水配套工程提出了更高的要求。

碳酸盐岩缝洞型油藏注水井主要分为单元注水井和注水替油井。单元注水井的注水特点是连续温和注水，注采周期长，一般为 330d，需要常年连续运行，注水量为 40～150m^3/d。注水替油的特点是周期性、大强度注水，采用大排量、短期注水后，停注一定时间再注水的模式，年注水 2～4 个周期，每周期 5～7d，年注水时间 4～20d，注水量为 150～450m^3/d。注水替油井的注水特点是周期短、强度大，必须采取合适的生产模式和工作制度，根据其注水周期和年注水天数，每天只运行适当数量的注水替油井。有必要探索新的注水开发地面配套模式，降低注水地面建设投资。

2) 注水开发地面配套现状

根据碳酸盐岩缝洞型油藏注水需求特点，目前所采用的地面注水工艺主要有 3 种：集中供水、单井增压注水和活动注水泵注水，其中以“固定管网+注水站”和“汽车拉运+活动注水泵”为主，优缺点对比见表 9.24。

(1) 集中注水。

对于注水周期较长、需要连续供水且分布较为集中的注水井，采取建设集中增压注水站，经高压管线输送至井口直接注入的方式，主要工艺流程为：联合站净化污水→低压供水管网→注水站→增压泵→注水管线→注水井。

(2) 单井增压注水。

对于注水周期较长、需要连续供水且分布较为集中的注水井，也可以采取从注水站低压供水至井口，通过注水泵增压注入的方式，主要工艺流程为：联合站净化污水→低压供水管网→注水站→低压管网→注水井口→增压泵→注入。

(3) 活动注水泵注水。

对于距离注水站较远，且不需长期注水的单井，远离供水管线的井采用车拉供水、活动注水泵的注水方式主要工艺流程为：联合站净化污水→低压供水管网→装水点→汽车拉运→注水井口→活动注水泵→注入。

表 9.24　两种注水方式优缺点对比表

注水方式	优点	缺点
固定管网+注水站	费用投入少；供水方便、快捷、稳定；管理点相对集中，便于运行管理；管网、注水站建成后后续费用投入少，受效时间长，随着注水年限的增加，效益将随之增加	一次性投入高；需要一定的建设周期
汽车拉运+活动注水泵	费用投入具有即时性，一次性投资少	运行费用高；供水可靠性较差，尤其是高强度注水时；投资效用没有延续性，2020 年以后的注水仍需大量费用；油田道路运行负荷大；车辆管理、调度量大

2. 注水开发地面配套存在问题

在生产实际中，部分偏远地区的区块和单井注水地面配套系统还不完善，为了满足注水开发生产，采用临时铺设油管至注水井井场管输注水或水车倒运的注水方式。这种注水开发地面配套模式主要存在以下问题。

(1) 注水井周期性强、注采交替频次较快。新增注水井铺设地面临时注水管线的工作量较大，进度较慢，不能满足注水井注水时效性要求。

(2) 增压点至注水井管线均为地面沿路临时油管铺设，距离长、节点多，管线运力不足。为了满足注水开发方案的需求，部分注水井要求快注快采，注水强度大，注水管线输水能力有限，不能完全保障注水量需求，仍需运水车辆倒运注水。

(3) 增压点至井口管线为低压输水管线，井口需加装注水泵、注水罐、值班点、变压器。随着注水井位的变化(一般注水井年注水周期为 4～10 轮次，每次注水时间约为 10～15d)，相应注水流程拆装拉运工程繁多，无形中增加了生产工作量，注水成本较高。

(4) 各注水缓冲增压点输水流程为开放式运行，腐蚀性较强的注入水经过曝氧后腐蚀性增强。

(5) 水车倒运方式注水存在水体曝氧环节，使水体的腐蚀性增强，注水井腐蚀环境进一步恶化。

(6) 间歇注水开发方式，具有“动-静-动”的强腐蚀特征，导致临时注水管线腐蚀穿孔频繁，给安全环境生产和注水生产时效带来不利影响。

总体来看，碳酸盐岩缝洞型油藏注水开发地面配套集中注水站和注水管线建设难度大，注水地面配套系统不完善。当前采用临时注水管线供水/水车拉运+井口增压注水模式存在较多问题。按油田开发规律预计，注水量和倒运量将进一步增大，现有碳酸盐岩缝洞型油藏注水模式的经济性面临巨大考验。

本着“经济、简单、实用”的原则，利用完备的集输管网和掺稀管网，对碳酸盐岩缝洞型油藏采用集输注水、掺稀注水、一管双用的降耗增效工艺。通过为生产集输管网配套防腐措施，实现集输与注水一管双用，大幅降低注了水管道建设与单井管道腐蚀防治的资金投入，可有效解决注水井周期性强、频次较快，注水管线拆装、拉运工作量较大，注水成本高等生产问题。

3. “注水-采出”一管双用技术

1）“注水-采出”一管双用技术可行性分析

“注水-采出”一管双用分为“注水-采油”一管双用和“注水-掺稀”一管双用两种形式。

(1)“注水-采油”一管双用技术。

油田集输管网建设一般较为完善，但由于腐蚀环境苛刻，管线采油腐蚀问题严重，注水管网配套建设和单井管道腐蚀防治的资金需求十分庞大。采取单井管道功能优化，提高配套防腐措施，实现集输与注水一管双用。

从生产周期来看，碳酸盐岩缝洞型油藏生产采油集输与注水生产，两种功能并不冲突。注水周期先于油气生产周期，主要为单井注入能量促进油田生产，当单井注水完成后，随即开展油气生产集输过程。因此，从生产周期上看，注水功能与集输功能并不冲突，具备一管双用生产周期不冲突的先决条件。

从工艺流程来看，注水流程为“输水干线→输水支线→临时注水管线→井口增压/直接高压回注”，而集输流程为“井口采出→集输管线→中间站点”，可将站内分水阀组和生产阀组切换联通，在流程工艺上也能实现集输管道用作注水集输一管双用，具备了一管双用工艺流程改造的条件。

综合来看，注水管线和集输管线的两种工艺和运行周期互不冲突，具备一管双用的技术可行性条件。

(2)“注水-掺稀”一管双用技术。

碳酸盐岩缝洞型油藏大部分原油具有高凝、高黏的特点，单井掺稀是降黏生产的主要方式之一，单井掺稀管道已形成较完整的掺稀系统。若对单井掺稀油管道进行配套防腐改造，实现掺稀和注水一管双用，也可有效降低盐水倒运和注水管网建设的投入。

从生产周期来看，稠油油藏生产掺稀生产与注水生产，但两种功能并不冲突，注水周期先于油气生产周期，主要为单井注入能量提高油藏采收率，当单井注水完成后随即利用掺稀管线注入掺稀油，保障稠油井正常生产，该过程一般与油气生产过程同步。因此，从生产周期上看，注水功能与掺稀功能并不冲突，具备一管双用生产周期不冲突的先决条件。

从工艺流程来看，注水流程为“输水干线→输水支线→临时注水管线→井口增压/直接高压回注”，而掺稀流程为“掺稀外输→掺稀管线→井口注入”，可将站内分水阀组和掺稀阀组切换联通，在流程工艺上也能实现掺稀管道用作注水掺稀一管双用，具备了一管双用工艺流程改造的条件。

综合来看，注水管线和掺稀管线的两种工艺和运行周期互不冲突，具备一管双用的技术可行性条件。

2）“注水-采出”一管双用技术应用关键

(1)一管双用工况下腐蚀性评价。

塔里木盆地碳酸盐岩缝洞型油藏产出流体具有“三高”特征，即产出气高含

CO_2(3%～6%)，高含 H_2S(0.013%～7.8%)，产出水高含 Cl^-(12×10^4～17×10^4mg/L)，苛刻的腐蚀环境导致油气田地面系统内腐蚀问题突出。因此，一管双用技术应用首先面临的就是“注水-采油”工况下管材的腐蚀问题。对在一管双用工况下介质对管材的腐蚀性开展评价，并配套优选高效防腐措施，为一管双用提供技术保障。

将挂片试样及电化学试样装入腐蚀监、检测测试系统中并做好密封。腐蚀速率计算方法是采用分析天平(感量 1mg)对试样进行称重，根据试验时间、试验前后重量变化及腐蚀表面积计算其失重腐蚀速率。平均腐蚀速率的计算方法为

$$V=\frac{365000g}{\gamma tS} \tag{9.1}$$

式中，V 为平均腐蚀速率，mm/a；g 为试样的失重，g；γ 为材料的比重，7.8g/cm^3；t 为实验时间，d；S 为试样面积，mm^2。

对腐蚀程度的评判参考 NACE 标准 RP-0775—2005 标准进行。该标准规定见表 9.25。

表 9.25　NACE 标准 RP-0775—2005 对腐蚀程度的规定

分类	均匀腐蚀速率/(mm/a)	点蚀速率/(mm/a)
轻度腐蚀	＜0.025	＜0.127
中度腐蚀	0.025～0.125	0.127～0.201
严重腐蚀	0.126～0.254	0.202～0.381
极严重腐蚀	＞0.254	＞0.381

表 9.26　注采交替工况下实验参数(水中含有 0mg/L 溶解氧)

工况	温度/℃	总压力/MPa	试验溶液	pH	水中溶解氧含量/(mg/L)
注水	60	8	模拟溶液	6.5	0
生产	65	8			
注水	60	8			0
生产	65	8			

表 9.27　注采交替工况下实验参数(水中含有 3mg/L 溶解氧)

工况	温度/℃	总压力/MPa	试验溶液	pH	水中溶解氧含量/(mg/L)
注水	60	8	模拟溶液	6.5	3
生产	65	8			
注水	60	8			3
生产	65	8			

按照表 9.26 和表 9.27 的实验参数进行模拟实验，评价注采交替工况下的腐蚀发生情况。图 9.17 为不同溶解氧浓度下“注水-生产”工况腐蚀宏观腐蚀形貌。经实验评价，在注水工况下，当水中溶解氧含量为 0mg/L 时，20G 钢平均腐蚀速率为 0.027mm/a，属于中等腐蚀程度；当水中溶解氧含量为 3mg/L 时，20G 钢平均腐蚀速率为 0.054mm/a，也属于

中等腐蚀程度，但由于强去极化剂溶解氧的存在，其平均腐蚀速率高于完全除氧时的平均腐蚀速率。在生产工况下，20G 钢的平均腐蚀速率小于 0.001mm/a，属于轻度腐蚀程度。

(a) 0mg/L溶解氧

(b) 3mg/L溶解氧

图 9.17　不同溶解氧浓度下“注水-生产”工况腐蚀宏观腐蚀形貌

(2) 一管双用工况下腐蚀控制。

控制腐蚀的方法及防腐措施主要有化学防腐(使用缓蚀剂、杀菌剂、除氧剂)、阴极保护、镀层保护、N_2化防护、非金属内衬及非金属管材等。对于腐蚀问题突出的注水系统管道，主要通过合理选材、改变环境介质的腐蚀性、采用防腐层、化学保护、电化学保护、工艺控制等措施达到抑制腐蚀发生的目的。在一管双用工况下主要从以下两个方面进行腐蚀防护评价。

①缓蚀剂腐蚀防护。

根据油田注水井回注水成分进行缓蚀剂筛选，加注缓蚀剂(浓度一般为 30～50mg/L)可以有效降低管道腐蚀速率，从而提高管道使用寿命。注水管道防腐缓蚀剂主要有氨基三亚甲基膦酸、乙二胺四亚甲基膦酸、乙二胺四甲叉膦酸等。分别围绕注水工况和集输工况，针对油田现场使用的 TA801、JH-101A 和 YTHSO3 这 3 种缓蚀剂开展优选评价。

在注水工况下采用模拟溶液，利用高温高压釜分别对 TA801、JH-101A 和 YTHSO3 这 3 种缓蚀剂(加药浓度为 $30mL/m^3$)进行评价，实验周期为 7d，工况参数见表 9.28。

表 9.28　注水工况实验参数

试验工况	温度/℃	流速/(m/s)	溶解氧/(mg/L)	溶液	压力/MPa
注水工况	60	1.5	0.1	模拟溶液	8

在集输工况下采用模拟溶液，利用高温高压釜分别对 TA801、JH-101A 和 YTHSO3 这 3 种缓蚀剂(加药浓度为 $30mL/m^3$)进行评价，实验周期为 7d，工况参数见表 9.29。

表 9.29　集输工况实验参数

试验工况	温度/℃	流速/(m/s)	H_2S	CO_2(体积分数)/%	溶解氧/(mg/L)	溶液	pH	压力/MPa
集输工况	65	1	500ppm	2	0.1	模拟溶液		1

实验结果见表 9.30，可知注水工况下加入 TA801 缓蚀剂，20G 和 20#钢的平均腐蚀速率均为 0.0100mm/a，缓蚀率分别为 78%和 73%，试样表面局部腐蚀速率较小；加入 JH-101A 缓蚀剂，20G 和 20#钢的平均腐蚀速率分别为 0.0236mm/a 和 0.0199mm/a，缓蚀率分别为 49%和 45%，试样表面局部腐蚀速率较大；加入 YTHSO3 缓蚀剂，20G 和 20#钢平均腐蚀速率分别为 0.0152mm/a 和 0.0157mm/a，试样表面局部腐蚀较大。综合来看，TA801 缓蚀剂要优于 JH-101A 缓蚀剂和 YTHSO3 缓蚀剂，因此推荐 TA801 缓蚀剂用于注水工况。

表 9.30　实验结果

工况分类	环境工况	材质	平均腐蚀速率/(mm/a)	局部腐蚀速率/(mm/a)	缓蚀率/%
注水工况	空白实验	20G	0.0465	0.2736	
	TA801		0.0100	0.1567	78
	JH-101A		0.0236	0.3572	49
	YTHSO3		0.0152	0.2683	66
	空白实验	20#	0.0364	0.2862	
	TA801		0.0100	0.1672	73
	JH-101A		0.0199	0.2356	45
	YTHSO3		0.0157	0.2683	57
集输工况	空白实验	20#	0.2295	0.6501	
	TA801		0.0208	0.1327	91
	JH-101A		0.0069	0.0935	97
	YTHSO3		0.0246	0.1572	89

集输工况下，加入 TA801 缓蚀剂，20#钢的平均腐蚀速率为 0.0208mm/a，缓蚀率为 91%；加入 JH-101A 缓蚀剂，20#钢的平均腐蚀速率为 0.0069mm/a，缓蚀率为 97%；加入 YTHSO3 缓蚀剂，20#钢的平均腐蚀速率为 0.0246mm/a，缓蚀率为 89%。综合来看，3 种缓蚀剂的缓释效果都较好，但 JH-101A 缓蚀剂要优于 TA801 缓蚀剂和 YTHSO3 缓蚀剂，平均腐蚀速率和局部腐蚀速率相对较低，因此推荐 JH-101A 缓蚀剂用于集输工况。

②非金属管材腐蚀防护。

非金属与复合材料管材具有耐腐蚀(无需内外防腐)、内壁光滑、抗结垢结蜡、流体阻力小、抗磨和抗冲刷、电绝缘、重量轻、便于运输和施工、后期维护费用低等一系列优点，因而成为油田地面集输管网防腐的重要解决方案之一，现已广泛应用于采油、采气、集输、注水等工程中。目前油田地面集输系统中应用的主要是增强塑料管。根据基体材料的不同，增强塑料管分为增强热固性塑料管和增强热塑性塑料管。其中增强热固性塑料管主要包括玻璃钢管和塑料合金复合管(即以塑料合金为内衬的玻璃钢管)，增强热塑性塑料管主要包括钢骨架增强聚乙烯复合管和增强热塑性塑料连续管(也称连续管、增强热塑性塑料管、柔性复合管)。

为了确保非金属管材在一管双用工况下的可靠性，进行室内评价实验。实验选用的柔性复合管交联聚乙烯(PEX)内衬样品与油田现场应用材质及生产厂家一致。为了研究 PEX 内衬层模拟“一管双用”工况试验后的力学性能，将其加工成哑铃状试样。将一定量的实验介质注入高压釜，按照模拟工况下进行实验，实验参数见表 9.31。实验完毕后，取出试样，用蒸馏水清洗干净，无水酒精除水后烘干，对试样进行宏观形貌观察和拉伸性能测试分析。

表 9.31　注水掺稀交替工况模拟实验

工况	温度/℃	总压力/MPa	实验溶液	pH	水中溶解氧含量/(mg/L)
注水	60	8	模拟现场注入水	6.5	0
掺稀油	65	8			
注水	60	8			0
掺稀油	65	8			

PEX 试样实验前后宏观形貌如图 9.18 所示，在不同溶解氧浓度下，PEX 试样在“注水-掺稀”第一周期模拟工况实验中，除去“掺稀”工况后试样表面有一定的掺稀油附着外，形貌尺寸无明显变化。PEX 试样经“注水-掺稀”第一周期模拟工况实验后，拉伸强度及断后伸长率变化不大。

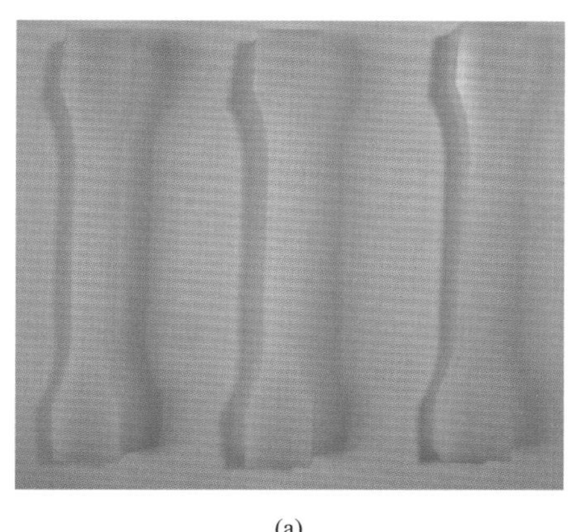

(a)

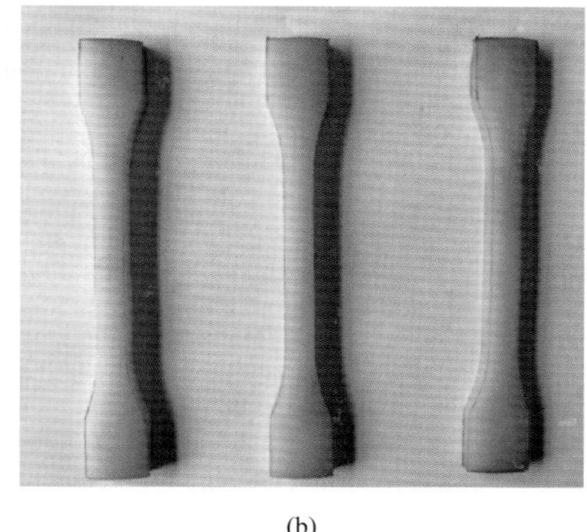

(b)

图 9.18　PEX 试样实验前(a)后(b)宏观形貌

4. “注水-采出”一管双用技术的认识

碳酸盐岩缝洞型油藏注水开发中地面集中注水站和注水管线建设投资大、难度高，采用“临时注水管线供水/水车拉运+井口增压”的注水模式一方面无法满足日益增长的注水需求，另一方面需要较多人力、物力成本。针对碳酸盐岩缝洞型油藏注水开发地面配套中存在的问题，通过积极探索新的注水模式，研究出“注水-采出”一管双用技术，实现了单井管道输送原油和输水一管双用、掺稀管道输送稀油和输水一管双用，同时提高了配套防腐措施，实现了注水与生产一管双用。一管双用技术将大幅降低注水管道建设资金投入，可有效解决注水井周期性强、交替频次较快带来的注水成本高的问题。

一管双用技术可解决碳酸盐岩缝洞型油藏注水开发的“最后一公里”问题，对注水开发地面建设配套模式产生了很大的影响。该技术将地面注水管网建设重点从“主干线—支干线—单井注水管线”转变为“主干线—支干线”，整个注水网络更倾向于主/支干线的完善建设，使其能满足重点保障区域供水的稳定性而不必考虑中心注水站到单井的管网建设情况。但这种模式的形成也存在一定的客观条件：受注入水腐蚀性强的特性影响，在注采交替运行工况下会造成金属管材不均匀腐蚀加重，需要采取相应的防腐配套措施。主要的防腐配套措施有：①对现场已有的金属地面管线进行非金属内穿插治理；②新建管道建议做充足的防腐工艺考虑；③部分不具备治理条件的管线需优化缓蚀剂加注方案。

9.2.3 一体化高效就地分水回注技术

1. 采出液主要运行模式及存在问题

常规的地面污水运行模式为各油井采出水先经计转站转输至联合站，经站内污水处理流程处理后，联合站净化水再通过管输将低压水输至注水区域中心，通过注水站进行区域集中注水。以塔里木盆地某油田2017年的开发数据为例，该油田产水量560.4×10^4t，注水量448.3×10^4t，总体来看产水量在满足注水量需求的基础上，略有富余。2017年各厂产–注水情况见表9.32，由此表9.32可知，油田各区域水量分布不均，造成了采出水集输及处理系统运行负荷大、能耗高等问题，主要问题如下所述。

表9.32 某油田各厂产–注水情况数据表

单位	产水量		注水量		剩余水量	
	年产水量/10^4m^3	平均日产水量/m^3	年注水量/10^4m^3	平均日产水量/m^3	年剩余水量/10^4m^3	平均日剩余水量/m^3
A厂	326.5	8945	168.6	4619	157.9	4326
B厂	79.7	2184	195.0	5342	–115.3	–3159
C厂	125.1	3425	83.5	2288	41.58	1139
D厂	29.1	797	1.2	33	27.9	764

(1)污水集输干线超负荷运行。

随着区块采出液含水及液量的增加，污水集输干线超负荷运行。塔里木盆地某油田Y2站至Y3站输水干线输水干线负荷重，调输水量无法满足“十四五”及后期的需求，并且随着管线运行压力的升高，管道刺漏发生风险增加。受管道刺漏、管道输水能力影响，污水外输调峰保障能力弱，水量波动对生产系统的影响大，同时带来较大的环保压力。

(2)污水长距离无效输送导致能耗大、运行成本高。

地层采出液提升至地面后，一般需要加热和长距离集输，就会产生污水无效加热和长距离输送能耗大的问题。以塔里木盆地某油田Y6站为例，该站为常规计转站，其外输液量1800m³/d，综合含水率88%，大量污水无效加热，且长距离(10.5km)往返输送，能耗及运行成本高。

(3)地面处理系统不能满足采出液处理需求。

地面系统是按采出液含水50%的处理能力设计的，液量的增加和含水的上升使原有的地面系统超负荷运行，需要进行适当技术改造和扩建，否则会影响采出液的有效处理。技术改造和扩建会增加生产投资需求，造成油田综合开发成本增加。

2. 常规就地分水回注技术

由于东部老油田已整体进入高含水开发期，污水处理系统超负荷运行，污水处理能力不足。升级改造污水处理系统，改造投资大。与此同时，传统的污水集中处理模式导致大量污水无效加热和长距离往返输送，增加了泵能耗，运行管理维护等成本高。通过转变集中处理的思维定式，对地层采出液进行预分水，将分出的污水处理达标后就地回注是解决这些问题的一个很好的选择。在高含水区块应用高效就地分水回注技术，可实现对采出液油气水的三相分离，并将水相净化后就地回注。该技术可节约大量污水往返输送和对污水无效加热的能耗，与常规采出液处理技术相比可节约投资 50%，节约运行成本 60%。

就地分水回注装置，适用于井口、井组、计量站、接转站或边缘小油田井排来液就地处理回注。就地分水回注技术将采出液脱除大量游离水，并对游离水采用撬装化污水处理模块进行处理，达到注水标准后进行回注，可以简化工艺流程、节约投资、降低能耗和运行成本，是提高高含水油田经济效益的重要手段[17]。目前国内外各油田主要采用的一系列常规就地分水装置有三相分离器、水力旋流器和仰角式分水器等。

1) 三相分离技术

三相分离器在油田普遍应用，有良好的油气水分离效果，但分离出水相含油控制指标偏高(含油量≤1000mg/L)，需要配套建设污水处理流程对分离出水相进行单独处理，存在整体投资大及管理工作量大的问题。

三相分离器运行机理(图 9.19)为：油气水混合物高速进入预脱气室，靠旋流分离及重力作用脱出大量的原油伴生气，预脱气后的油水混合物经导流管高速进入分配器与水洗室，在含有破乳剂的活性水层内洗涤破乳，再经聚结整流后，流入沉降分离室进一步沉降分离，脱气原油翻过隔板进入油室后流出分离器，水相靠压力平衡经导管进入水室，从而达到油气水三相分离的目的。

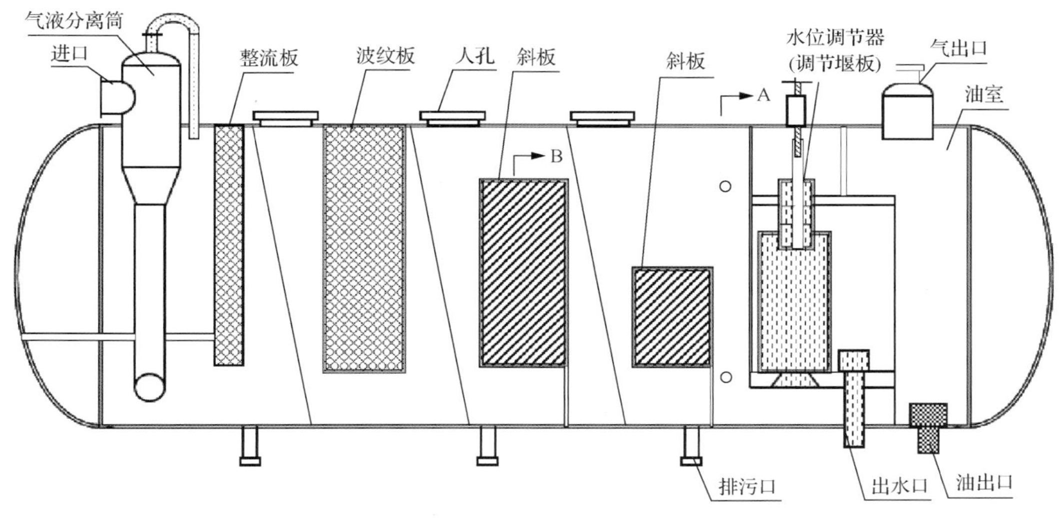

图 9.19　三相分离器结构原理图

目前对该设备运行状态关注的重点在于分离出油相的含水率，根据监测结果来看，出油含水情况不理想，出水水质也不能得到保证。

2) 水力旋流技术

水力旋流技术具有装置结构简单、体积小、重量轻、没有运行部件的特点，是一种节能型油水分离设备，可用于海洋平台、污水处理站及油井井口装置上。

水力旋流器主要由短圆柱形入口段、收缩段、分离段和圆柱形尾管段 4 个回转体组成。在水力旋流器入口段筒壁上有一个或多个切向入口，用于输入待分离的油水混合物，使液体沿切线方向旋转；在其顶面有一个溢流口，用于排除油组分；尾管段的出口为水力旋流器底流出口，用于排出水组分。当油水混合物沿切线方向进入水力旋流器时，由于面壁限制，流向发生改变，液体形成一个高速旋流的流场。液体受到离心力作用，由于油和水的密度不同，所受离心力大小也不同，因而产生油水分离的作用。油滴获离心力的计算如下：

$$F = \frac{\pi d^3 (\rho - \rho_o) \omega^2 r}{6} \tag{9.2}$$

式中，F 为油滴获得的离心作用力，N；d 为油管直径，m；ρ 为水的密度，kg/m³；ρ_o 为油的密度，kg/m³；ω 为旋流的旋转角速度，s^{-1}；r 为旋转半径，m。

3) 仰角式分水技术

仰角式分水技术以重力分离原理为主，具有油水界面大、分离效率高、处理量大的特点。仰角式分水器的典型结构原理如图 9.20 所示。主要分离原理为：由于设备具有一定的倾角，油水混合物进入设备之后，首先在油水相密度差的作用下，油相聚集于容器的上端，并在分离器的壁面形成一层连续流动的油层膜，水相聚集于容器的下段。然后，油相聚集端开始重力分离过程，水滴在重力作用下不断从油相中沉降下来，脱除油相中的水；水相聚集端开始重力分离过程，油滴在浮力的作用下，不断从水相中浮升上来，到达分离器的上壁面时会与油膜聚并，从而除去水相中的油。

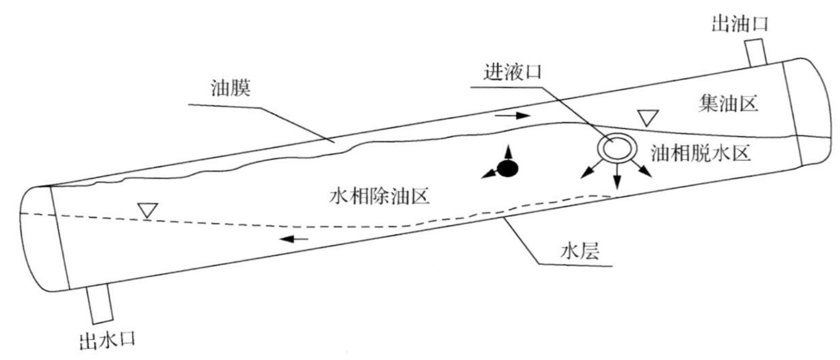

图 9.20　仰角式油水脱除器结构原理图

4) T 形分岔管路分离技术

T 形分岔管道分离技术的基本原理：油水混合液在流动过程中因受重力作用而自然

分层，密度较大的水相下沉到管道的下部，密度较小的油相上浮到直管的上部，形成油水两相的分层流动。当直管中分层的油水两相混合液达到上下T形分岔处时，下管上层的油相沿竖直管上升流向上水平管，而上管中下层的水相沿竖直管流向下水平管。这样通过多个T形分岔，上直管中流动的就是含水少的富油相，而下直管中流动的就是含油少的富水相，油水混合液在上下水平管和竖直管的流动过程中实现了油水的分层和含量的动态交换，达到油水分离的目的。

5) 柱型管道式旋流分离技术

针对传统水力旋流器压降大，处理量受最小横截面制约等缺点，对传统旋流器加以改进，形成柱型管道式旋流分离技术。其主要结构为柱型管道，流体由切向入口进入，并形成强旋流场，最终通过离心作用完成油水分离。在实际生产中，可以实现除去采出液70%以上含水量的目标。

上述5种技术在一定程度上能起到预分水的效果，但分出水含油指标一般较高(500～1000mg/L)，需污水处理设施进一步处理合格后返输至注水站回注，造成后续污水处理系统复杂，无法满足地面配套工艺简化的需要。另外常规设备工程设施投资、占地和运行费用偏高，特别是对于小断块油田、边远区块，分水处理中污水系统投资占比更大。

3. 一体化高效就地分水回注技术

由中国石化石油勘探开发研究院和中国石化西北油田分公司联合研制的一体化预分水装置(图9.21)，于2018年1月在塔里木盆地某油田Y6站投运。一体化高效就地分水技术属于国内外首创技术。通过将多种预分水技术有机组合，可直接分出高含水原油中的部分污水并处理，达到回注标准，现场应用具有很好的适用性，可解决低油价下高含水油田生产运行成本和地面配套投资过高的问题。

图9.21　一体化预分水装置图

1) 站内就地分水工艺流程

以某油田Y6站就地分水回注工艺现场实施方案进行说明。根据工艺要求，进站来液进入 1#油气分离缓冲罐后进入新建的一体化预分水装置，低含水油进入 2#油气分离缓冲罐，通过外输泵与加热炉后外输至下游站点，进一步脱水处理。一体化预分水装置脱出的游离水进入后端的过滤撬进行过滤，出水合格后进入净化水罐，并通过污水外输泵输至 Y1 注水站。工艺流程见图 9.22 和图 9.23。

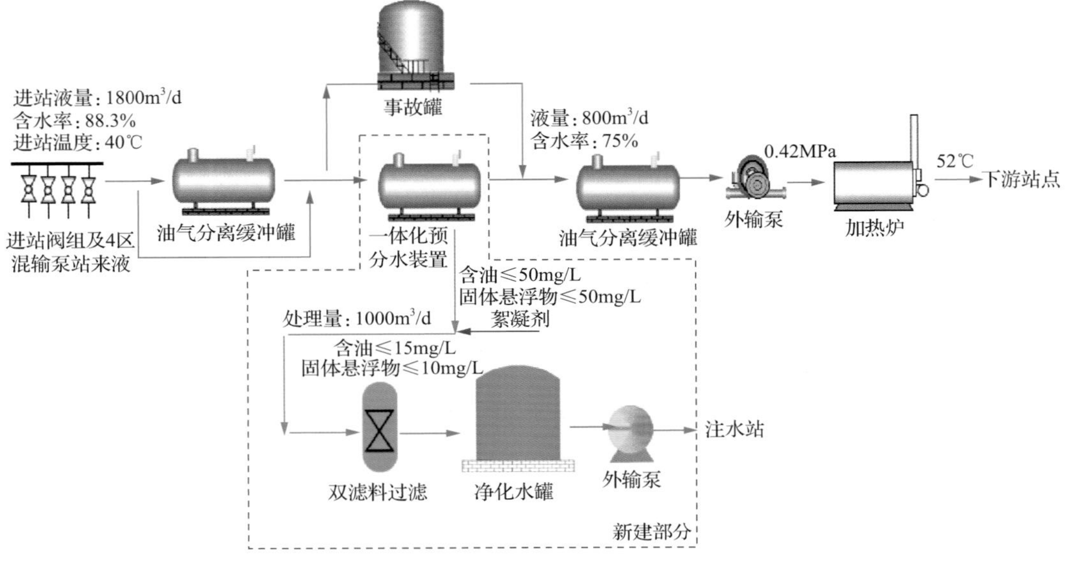

图 9.22 就地分水工艺主流程图

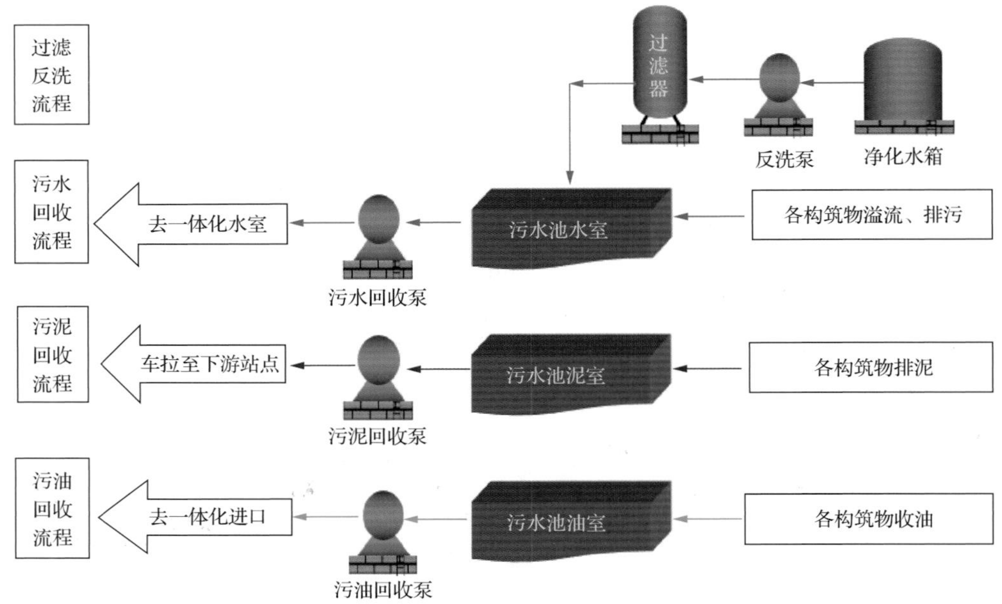

图 9.23 工艺次流程图

2) 处理后各级水质指标要求

工艺设计中通过一体化就地分水装置实现了对采出液中污水的初步分离和净化，分离出的污水能达到“双 50”的标准；一体化就地分水装置出水经过滤器过滤后的净化水水质能稳定满足碳酸盐岩回注水水质标准。工艺流程设计水质指标见表 9.33。

表 9.33 各级水质指标

设备节点	含油/(mg/L)	悬浮物/(mg/L)	粒径中值/μm
一体化装置出水	50	50	
过滤撬	15	10	10

3) 一体化高效就地分水关键技术

采用“旋流+网格管三相分离+聚结吸附+气浮沉降”进行油水预分离，处理时间短(1h 内)，分离效果佳。集成化程度高，占地小，适合用于高含水原油(含水≥70%)的预分水处理。

(1) 核心技术一：高溢流旋流分离技术。

增大旋流器溢流量，以降低底水含油量，各指标与常规预分水旋流器进行比较，对比结果见表 9.34。

表 9.34 高溢流旋流运行指标

种类		溢流比/%	工作压力/MPa	压力降/MPa	出水含油/(mg/L)	受气体影响
高溢流旋流器	设计指标	≥50	≥0.3	0.1	≤1000	较小
	实际指标	≥50	≥0.17	0.03～0.1	600～1000	较小
常规预分水旋流器（康菲石油）		一般小于 40	0.4～1.0	0.2～0.6	2000	较大

(2) 核心技术二：网格管三相分离技术。

由分离主管、聚集油管、浓缩泥管组成的网格状管系油水泥分离技术，主要特点是快速、高效，比常规技术效率高 10 倍以上。

出水水质：含油≤50mg/L，悬浮物≤50mg/L。

该技术实现了对高含水采出液的预分水和净化，分水比率超过 50%，净化出水的含油量、悬浮物固体含量均不高于 50mg/L。通过配套耐污染精细过滤撬块，出水水质可达含油量≤8ml/L、悬浮物固体含量≤3ml/L 的水质指标。传统三相分离器要经过除油罐、沉降罐、缓冲罐三级处理，处理时间为 7～8h；网格管快速油水分离技术可在 3min 内完成油水分离。精细过滤撬块的主要目的是水质的精细处理，使水质满足油藏注水需求。而对于对水质要求较低的中高渗透油藏，可进一步优化装置结构，实现更高效的采出水就地分水回注技术。该技术有效解决了常规处理过程中由于剪切、曝氧等造成的污水水质变化、水型不配伍需要进行深度处理等问题，可大大简化处理工艺，降低投资和运行费用。

4) 现场应用效果评价

就地分水技术主要缓解了集输和污水处理系统超负荷运行的矛盾，除此之外，还产生 5 个方面效益：①降低污水往返输送能耗，平均每立方米污水节约 3.75 元；②降低污水无效加热，平均每立方米污水节约 3m^3 燃料气消耗；③最有利于实现回注水与油藏的配伍性；④避免注入水经长距离输送后产生沿程污染；⑤为油田提液开发提供地面集输保障，同时降低了运行成本，缓解了地面集输、处理站点负荷不足的矛盾，节省地面工程改扩建的建设投资。

采用的“一体化就地分水+过滤”技术先进、流程合理。通过现场运行，就地分水技术避免了大量污水进行无效加热和长距离往复输送，降低了系统能耗与运行成本。以 Y6 站就地分水回注项目为例，装置出口水质合格率 95%以上(图 9.24)，直接产生经济效益 464 万元/年，包括节约电及燃料气费用，以及降低污水倒运量费用。

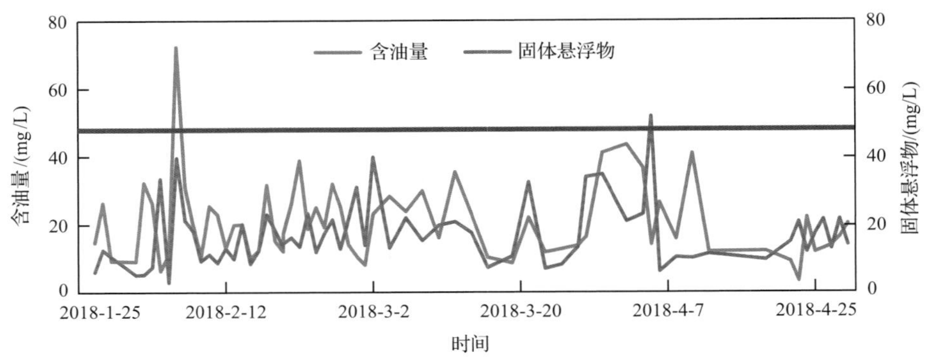

图 9.24　就地分水装置出水水质曲线图

参 考 文 献

[1] 刘成军, 王志刚, 钟建强. 天然气脱氮工艺综述. 石油规划设计, 2000, 11(4): 18-20.

[2] 刘克万, 辜敏, 鲜晓红. 变压吸附分离 CH_4/N_2 的分子筛吸附剂进展. 材料导报, 2010, 24(1): 59-63.

[3] 黄星, 曹文胜. 变压吸附 PSA 净化天然气技术. 低温特性, 2014, 32(3): 6-9.

[4] 西南化工研究院. 变压吸附法富集煤矿瓦斯气中甲烷: 中国, 85103557. 1986(01): 27.

[5] 李贺松. 肇庆液化天然气项目脱氮工艺方案选择. 天然气化工(C1 化学与化工), 2014, 12(6): 67-68.

[6] 顾晓峰, 王日生, 吴宝清, 等. 天然气脱氮工艺评述. 石油与天然气化工, 2019, 48(1):12-17.

[7] 钟荣强, 张玉娟. CH_4/N_2 在活性炭上的吸附性能研究. 石油与天然气化工, 2018, 47: 17-20.

[8] 李章亚. 油气田腐蚀与防护技术. 北京: 石油工业出版社, 1999.

[9] 油气田腐蚀与防护技术手册编委会. 油气田腐蚀与防护技术手册. 北京: 石油工业出版社, 1999.

[10] 环境保护部. 中华人民共和国国家环境保护标准含油污水处理工程技术规范: HJ 580—2010. 北京: 中国环境科学出版社, 2010.

[11] 寇杰, 梁法春, 陈婧. 油气管道腐蚀与防护. 北京: 中国石化出版社, 2008.

[12] 崔之健, 史秀敏, 李又绿. 油气储运设施腐蚀与防护. 北京: 石油工业出版社, 2009.

[13] 中国石油化工股份有限公司西北油田分公司. 碳酸盐岩油藏注水水质标准. Q/SHXB0178—2016, 2016.

[14] 张馨, 胡立峰. 预氧化技术在水处理中的应用及研究状况. 辽宁化工, 2015, 44(12): 1454-1456.

[15] 邱增法. 电化学预氧化技术在腐蚀性油田采出水水质治理中的应用. 中国石油和化工标准与质量, 2012, 5(S1): 51-52.

[16] 荣元帅, 李新华, 刘学利, 等. 塔河油田碳酸盐岩缝洞型油藏多井缝洞单元注水开发模式. 油气地质与采收率, 2017, 20(2): 58-61.

[17] 史涛, 刘德峰. 边远小区块原油集输工艺的优化探讨. 新疆石油科技, 2011, 1(21): 45-47.

第 10 章　缝洞型油藏提高采收率新技术展望

科技进步始终是推动石油工业快速发展的强大动力。从历史发展和长远来看，开发和应用革命性、突破性的技术，大幅度提高油气勘探和开发效率，是解决未来油气供需矛盾的关键。在油气生产方面，新世纪以来，以定向钻井和水力压裂为代表的技术创新成就了北美的页岩油气革命，冲击了世界油气行业版图。

碳酸盐岩缝洞型油藏是全球油气资源的重点接替区之一，也是技术创新的重要领域。近几十年来，随着高精度三维地震技术、缝洞储集体试井识别技术的突破，工程技术人员深化了对碳酸盐岩缝洞型非均质油藏的认识，全面推动了碳酸盐岩缝洞型油藏开发工程技术的进步。储层钻遇率、酸压沟通有效率大幅度提高，注水、注气有效率不断增加，使碳酸盐岩缝洞型油藏储量不断得到动用，有逐渐成为各大油田储量主力的趋势，为世界油气产量做出了突出贡献。但是，缝洞型油藏存在的储层连续性差、流体性质复杂性的问题，导致整体采收率较低，具有大幅度提高采收率的潜力。

未来，以信息技术、新材料技术跨界融合的创新与突破，将逐步颠覆传统缝洞型油藏开采技术，实现缝洞型油藏采收率大幅的提升。本章结合随钻定向工具、纳米复合材料等方面的最新进展，重点从远端多套缝洞储集体沟通动用、缝洞型油藏水气驱油增效、深层高沥青稠油改善流动性等方面，展望了碳酸盐岩缝洞型油藏提高采收率技术的发展趋势。

10.1　远端多套缝洞储集体沟通动用技术

碳酸盐岩缝洞型油藏油井周围存在大量缝洞储集体，目前常规酸压沟通方向单一，非主应力方向沟通的最大夹角 75°、最大沟通距离＜30m，无法全方位地高效动用井周剩余储量；而通过钻机侧钻实现靶向沟通储层费用高、周期长，因此储集体在非主应力方向深部动用不足，经测算，仅塔里木盆地碳酸盐岩缝洞型油藏就影响储量动用近 6.42×10^8t。多分支定点、定向靶向沟通技术可以较大幅度地降低油气开发成本，充分挖掘油田生产能力，提高油气开发的综合经济效益，是国内外大力开发和应用的一项低成本、高收益的钻完井新技术，具有非常广阔的应用前景。

10.1.1　基于纳米元件材料的智能靶向钻井技术

目前，深层、超深层油藏钻井技术日趋成熟，对于超深缝洞型油藏来说，利用分支井定向沟通多个储集体，可提高采油速度和最终采收率，是实现低成本开采缝洞型油藏的有效手段。但该技术的难点在于如何精准识别定位井周储集体。因此强化工程地质一体化协同创新理念，利用分布式井下微纳电子(microeletromechanical systems，MEMS；

nano-electromechanical systems，NEMS)随钻测量系统、井下宽带信息传输技术[1-2]，为钻头装上“望远镜”，边钻边识别，智能寻找甜点、智能控制靶向钻进，最终目标是实现 4～5 级分支动用井周 4～5 套储集体(图 10.1)。

该技术目前仍然有以下几个瓶颈需要攻关。

(1)研发基于 MEMS、NEMS 制造的智能钻头，实现智能钻头带着声波远探测和饱和度测量，精准定靶。

(2)发展智能钻杆、随钻地震前探技术，实现钻头自感知调整控制。

(3)超深井智能化钻机，配套装备实现自动化、智能化控制，研发连续起下连续循环自动化钻机。

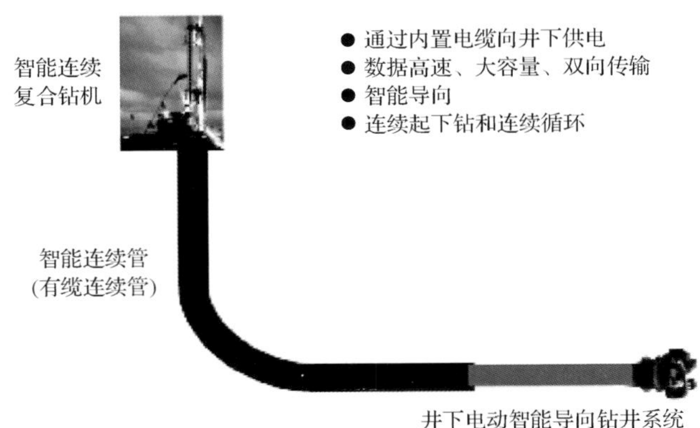

图 10.1　智能靶向钻井原理[3]

10.1.2　低成本激光喷射复合钻井技术

对超深缝洞型油藏而言，降低钻井时间是控制钻井成本的有效手段。激光喷射复合钻井技术利用激光和高压水力喷射结合来提高钻井工具的钻进速度和寿命[4]。该技术的原理有以下 3 个方面(图 10.2)。

(1)利用高达 30kW 的高功率工业激光源将能量传递到钻头端面，在机械载荷上增加热载荷可以改善岩石粉碎过程，因为足够高的热载荷可以产生足够大的热应力使岩石破碎。

(2)将激光束照射到岩石面会产生热应力，并利用高压水力喷射来保护激光光学装置。结合机械载荷和热载荷，机械钻头能够更容易地破碎及移除岩石。

(3)随着钻柱上钻压和扭矩的降低，有可能产生更高的钻进速度和更低的工具磨损。

在概念开发和设计之后，GZB(Geothermie Zentrum Bochum)于 2017 年建立了等比例的实验钻机。装备包括新设计的含有由 IPT(Institute for Production Technology)开发的含激光头的 152.4mm 钻头。通过新的“多管中管”钻柱实现所需液体的供应。对于初始钻井测试，目标是 2m 的净钻井深度。这一阶段的目标是研究新技术的基本相互作用机理，特别是激光和机械岩石破碎工艺的相互耦合。其次，将利用 GZB 的高压高温

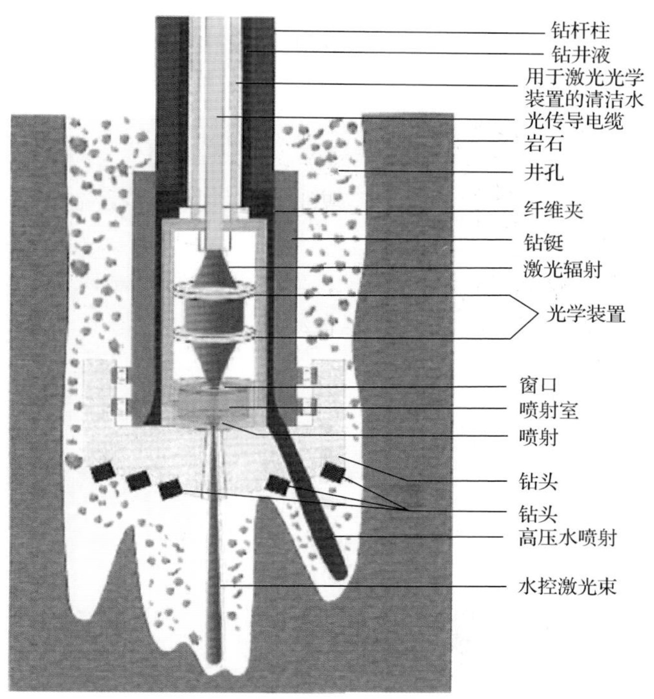

图 10.2　激光喷射复合钻井原理

来源 http://zkres1.myzaker.com/201808/5b6ba0e27f52e99d4f000052_640.jpg

模拟器(high-pressure high-temperature simulator，HPHT)研究原位储层条件对钻井工艺和系统技术的影响。在 2017 年的初始测试之后，将能获得有关激光喷射钻井技术有效性的准确数据。理论评估表明，利用激光喷射复合钻井技术可将硬岩的钻进速度增加至 10m/h。与具有低于 1.5m/h 钻进速度的最先进钻井工艺相比，到达目标深度的净钻井时间减少了约 7 倍。由于破碎岩石所需要的钻压更低，工具的寿命显著增加，反过来需要更少的起钻下钻次数，从而减少总体钻井时间，缩短非生产时间，以及降低工具维护的要求。即使与常规钻井技术相比，额外的激光部件需要支出更多的资金，但通过节省成本，预计激光喷射复合钻井系统的总作业成本更低。

10.1.3　仿生钻井技术

仿生井如同树一样，主井眼像树的主干，井下分支像树根。钻完主井眼后，仿生井的智能分支可以自动向含油层延伸，当该层油气开采完后可以关闭该分支，再向其他含油层延伸(图 10.3)。目前来看，实现仿生井似乎比较遥远，但石油工程技术的不断进步正在逐渐向这一目标靠近，如钻井技术从直井到水平井，再到多分支井；智能井下控制阀后可以通过节流关闭分支；智能流体能够改变自身流变性来控制油井分支的开启和关闭；井下监测技术和地面控制技术可以分析储层流体性质和预测见水时间。以此为基础，又发展了极大储层接触技术(maximum reservoir contact，MRC)和最大储层接触技术(extreme reservoir contact，ERC)。仿生井的自动钻进是目前研发的难点，但连续管钻井、高压水射流钻井、激光钻井和獾式钻探钻井等技术的发展可以逐步实现仿生井的自动钻进。

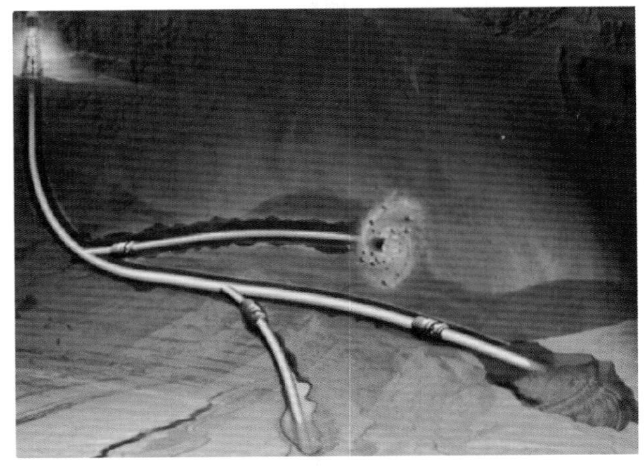

图 10.3 仿生钻井技术

来源 http://www.docin.com/p-552107409.html

10.1.4 酸压替代技术

碳酸盐岩缝洞型油藏 70%的油气储存在缝洞内，常规酸压裂缝受地应力约束，以沟通水平最大地应力方向溶洞为主，其余方向缝洞无法沟通。需开展高能动态靶向造缝技术，实现井周剩余缝洞体沟通，提高采收率。

利用火箭推进剂燃烧产生介于水压与爆炸压力之间的冲击波，形成不受地应力约束的随机放射状多簇裂缝体系，沟通井周不同方向的缝洞体，同时避免井壁垮塌。

地面试验表明，脉冲波压裂期间可产生±150MPa 幅度的多脉冲压力加载，形成 50～100m、4～6 簇随机放射状裂缝，裂缝高度为装药高度加上、下 1m 左右，井眼无垮塌现象。燃烧产生高速脉冲加载应力，使岩层天然裂缝错位滑移，形成原位支撑缝，从而形成具有长期导流能力的人工裂缝，保障持续生产。

10.2 缝洞型油藏水气驱油增效技术

缝洞型油藏具有管流-渗流-空腔流耦合的复杂流动特征，存在明显的“木桶短板”效应，即优势管道连通的主缝洞之外，受渗流连通制约的大量次级缝洞难以动用。而且溶洞储集空间的尺度大，重力作用远大于毛细管力作用，密度分异强，导致“气走气道、水走水道”，进一步加剧了不均衡动用的问题。以塔里木盆地碳酸盐岩缝洞型油藏为代表，虽然注水、注气规模与质量不断提升，采收率依然在 15%左右，比国内外 30%的平均水平，50%～70%的先进水平具有明显差距。对此需要在前期研究认识的基础上，不断开拓进取探索新的突破方向。

10.2.1　基于纳米疏水颗粒的智能流体技术

智能流体在油藏中能够根据环境自动调整性能，进入地层后以自己的方式自动工作（图 10.4）。如在油藏堵水作业中，智能流体利用相对渗透率改性剂和乳化凝胶[5]，当水侵入井筒时，智能流体与水化合膨胀堵塞水淹层，阻止水流入井筒，遇油时智能流体脱水收缩，不进行层间封隔。由此不需要采用封隔器对油井进行封堵，减少了施工时间和作业成本。在现场应用中，智能流体先用于近井地带，未来会深入储层内部，在更大范围内发挥作用。智能流体技术目前还在研究发展中，只能应用在特定的油藏条件下，但已在部分领域取得成功。

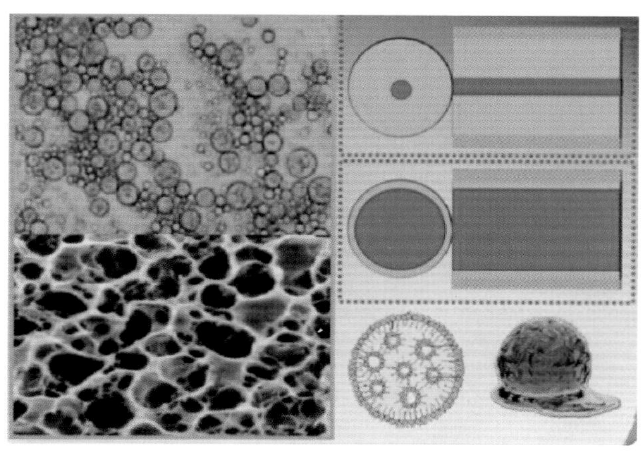

图 10.4　智能流体根据储层特点自动改变性质

来源 http://www.docin.com/p-552107409.html

10.2.2　基于纳米高通量分离膜的智能油气井下分离技术

近几年发展的纳米高通量分离膜是以碳纳米管作为支撑骨架，对碳管膜表面进行高分子修饰后，可快速油水分离、气气分离的新型膜分离材料。该膜材料膜厚 10～100nm 可调，通量较常规分离膜提高了 3 个数量级，分离效率＞99.9%。以此为基础，可发展孕育智能油气井下分离的革命（图 10.5），实现深层缝洞型油藏的深部控水，控制有害气体产出。

图 10.5　智能仿生油气井下分离

来源 http://ddarthurdd.tuchong.com/6056108/6081828

(1) 攻关井筒分离技术，实现井筒油水分离，乃至 N_2、H_2S 分离，减少地层水产出。

(2) 发展油藏油水分离技术：井下通过地面预处理，形成地面易注入体系，注入地层后，在孔喉、裂缝处进行自组装，建立类似碳纳米管的管簇通道或石墨烯的单层分子膜，不求形成很完善的分离膜，通过逐级叠加，提高水、N_2、H_2S 流动阻力，相对地增强油、天然气流动性，实现油藏油水分离，乃至 N_2、H_2S 分离。

(3) 利用井筒和油藏内有效的膜分离技术，配合多分支、长位移、小井眼实现“仿生采油树根”，使油井形成根系结构，仿生根系通过高通量选择性分离膜智能开采原油。

10.2.3 缝洞型储集体纳米机器人识别技术

纳米机器人的尺寸是人类头发直径的 1%，可以随注入流体大批量进入储层(图 10.6)。纳米机器人在储层中流动时，分析油藏压力、温度和流体类型，并存储信息。在采出的流体中回收这些纳米机器人，下载其存储的油藏关键信息，以此来对油藏进行描述。沙特阿美已经研究了纳米机器人在地下“旅行”时所必需的一些因素，包括尺寸、浓度、化学性质、与岩石表面的作用、在储层孔隙中的运动速度等，并于 2010 年进行了尺寸 10nm、没有主动探测能力的纳米机器人注入与回收现场测试，验证了纳米传感器具有非常高的回收率和较好的稳定性、流动性。目前，正在尝试利用纳米机器人主动探测地下油藏，以实现其在储层流动过程中实时读取和无线传输数据。该技术的发展可为缝洞型储集体的精细化识别奠定基础。同时通过发挥纳米机器人材料的微孔(任务舱)和高性能特性，密度、形状、大小、强度可变，根据任务选模块，控功能，用于钻完井、储层改造和提高采收率。

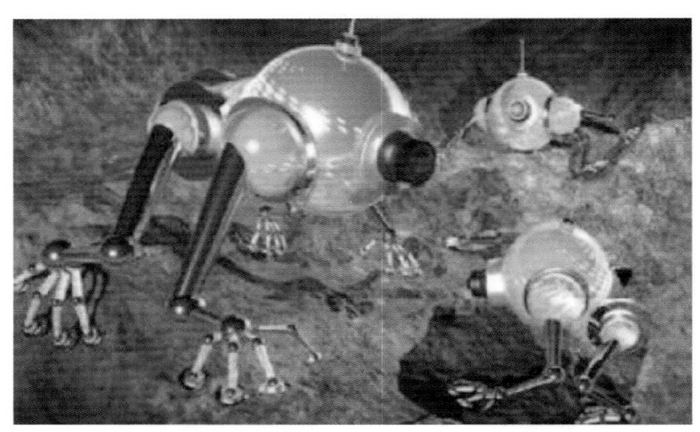

图 10.6 纳米机器人储层信息采集

来源 http://www.docin.com/p-552107409.html

10.2.4 等重等黏泡沫驱技术

鉴于缝洞型油藏内油气水三者之间巨大的密度差(塔里木盆地碳酸盐缝洞型油藏地层条件下 N_2 密度约 0.36g/cm^3，原油密度为 0.88～0.95g/cm^3，地层水密度约 1.1.4g/cm^3)，油藏内的水驱路径与气驱路径具有较大的差异性。前期注水验证连通的井组，注气连通可能性较大；前期注水不连通的井组注气也可能存在连通性。

缝洞型油藏具有一定的垂向封隔性，加上重力原因导致气体、液体仅能驱替顶部和底部原油的特点，水驱、气驱后存在大量的中部剩余油(图 10.7)。针对这种中部剩余油，拟探索等重等黏驱油技术，调整驱替体系的密度、黏度与原油接近，发展等重等黏泡沫驱、富化二氧化碳驱、耐温耐盐胶体驱等技术，避免仅驱替底部或顶部，实现均衡驱替，提高缝洞型油藏的驱替效率。

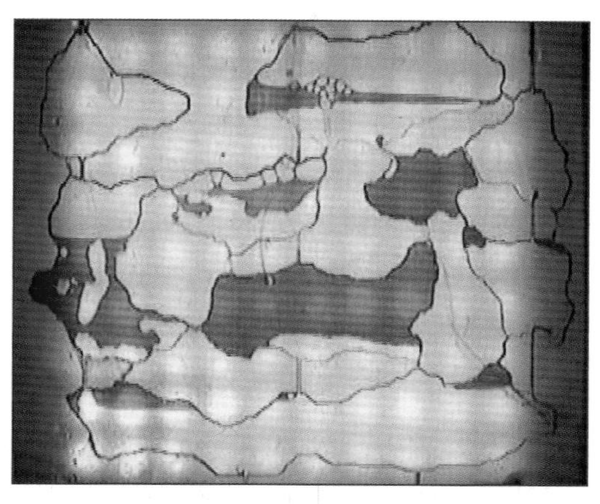

图 10.7　缝洞型油藏模型水驱-气驱后中部剩余油丰富

10.3　高沥青稠油提高采收率技术

毋庸置疑，稠油正成为 21 世纪最重要的能源之一。目前，世界剩余石油资源的 70%为稠油。我国稠油资源量约有 198.7×10^8t，现已探明 35.5×10^8t。正在开采的油田中，稠油平均采收率不足 20%，开发潜力仍然巨大。在新的历史时期，低油价将成为新常态，更加经济有效地开发稠油资源成为石油工作者义不容辞的使命。虽然目前很多技术仍属于研究阶段，但随着技术的不断发展，经济高效开采稠油的方法将会越来越多。

10.3.1　纳米涂层井筒保温技术

稠油具有温度敏感性强的特点，浅层稠油利用注入蒸汽等手段往往能耗较高，对于深井稠油而言，降低井筒温度损失，最大限度地利用井底流体自身高温条件，是开采稠油的一种经济手段。近年来纳米气凝胶材料取得了突破性的进展[6]，因其高效的热阻隔性能[导热系数低 $0.012\sim0.015\text{W}/(\text{m}^2\cdot\text{K})$]，已在航空航天、钢铁、炼化等行业得到广泛的应用，并在油田稠油开采蒸汽管线、石油炼化管道、油田注汽锅炉等管道设备保温方面逐渐推广。

针对深井稠油，下步需要重点攻关提高纳米气凝胶机械强度，减少水油对气凝胶隔热效果影响，提高对气凝胶涂层耐压性能，提高纳米气凝胶涂层在深井高压条件下的稳定性，目标是井下流体保持地层温度举升、集输。

10.3.2 地面改质掺稀替代技术

针对掺稀开采稠油的油田，随着稠油区块的深入开发和稀油区块的自然递减，单纯依靠自产稀油已无法满足油田掺稀需要；另一方面由于稠油价格较低，探索一种经济高效的稠油地面改质回掺自开发工艺是当前经济形势下提高油田开发效益的重要途径。借鉴委内瑞拉轻质油掺稀+港口抽提轻组分循环回掺稀思路，可采用馏分油进行井筒掺稀降黏[7]，井口产出后采用加热蒸馏对掺入馏分油进行抽提，继续进行掺稀，抽提后的重质油组分，通过地面轻度改质降黏，满足长距离输送至炼厂的需求。立足油田开采的地面轻度改质降黏技术，目前一般以连续的、接触时间短的热转化过程(快速热处理)为主，如 Ivanhoe 能源公司开发的 HTL(heavy to light)技术(图 10.8)、中国石油大学(华东)开发的 HDTC(hydrogen donated thermal conversion)技术等。现场应用方面，苏丹六区蒸汽吞吐加热采出稠油，脱水降温后黏度达到 50000MPa·s 以上，通过地面热裂化改质，黏度降低至 148MPa·s，实现了 750km 的长距离不加热集输。针对高含沥青质稠油，下步需要重点攻关热裂化过程中的生焦抑制技术，提高改质稠油的稳定性。

图 10.8 HTL 中试装置

来源 http://www.docin.com/p-842982316.html

10.3.3 稠油原位改质降黏技术

2017 年，国家能源局印发了《能源技术创新“十三五”规划》，将稠油原位改质技术视为稠油开采的未来发展方向，列为集中攻关项目。稠油原位改质，即在采油过程中添加催化剂和供氢剂，使稠油在地下发生催化裂解，改善稠油品质，提高产能和采收率，降低开采成本。与石化炼厂原理相似，但生产条件差别很大，石化炼厂内的裂解反应温度是 500℃左右，且为雾化接触，易于均匀混合。地下稠油裂解改质的难点是易于裂解的油层半径小于 10m，且油藏多孔介质环境均匀混合难。国际上，加拿大 Clark 等[8]首先提出该技术方法，并研制出了反应温度为 240℃的催化剂。国内中国石油和中国石化研制了 200℃的催化剂，已在 17 口井进行试验。未来稠油改质的发展方向是研制低温催化剂和高效扩散体系，扩大其作用范围，提高改质效率。

10.3.4 微生物驱提高稠油采收率技术

微生物驱提高采收率技术是一项环保、低成本的开采技术。通过向油层注入微生物或营养液，利用油藏条件下微生物降解原油、产生表面活性剂和生物气等联合作用，提高原油产量和采收率。微生物驱技术在国内外均已取得突破，近十年来国际微生物驱实施量情况如下：美国实施 32 个区块，主要为内、外源驱和生物表活剂驱；俄罗斯实施 22 个区块，主要为内源驱；我国在大庆、胜利、华北、新疆等地实施 12 个区块，主要为内、外源驱和生物表活剂驱。

塔里木盆地碳酸盐岩缝洞型油藏地层温度高、流体矿化度高，本源微生物活性低、外源微生物耐受性差，因此，微生物驱技术的核心是选育高效驱油菌种，关键是油藏条件下高效定向激活。美国 McEnery 利用基因诱变提高了功能菌表面活性剂产量，英国 Williams 利用基因体外重组技术构建了可同时降解烷烃和芳烃的高效菌种，我国利用基因体内重组提高了功能菌耐温性能(图 10.9)。未来利用基因重组构建产表面活性剂菌、烃降解菌等驱油功能菌，将重点攻关如何提升菌种代谢效率和适应性。

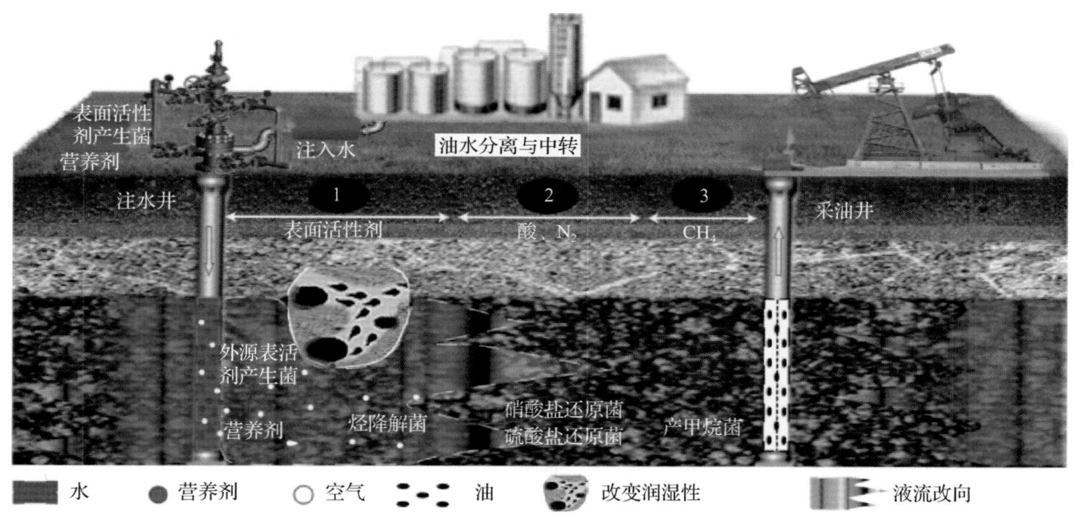

图 10.9 微生物采油机理模式图[9]

10.4 采收率配套技术

10.4.1 提高采收率的大数据智能平台支持技术

近年来，大数据技术[10,11]被广泛应用于科研的各个方面，人们用它来描述和定义信息爆炸时代产生的海量数据和相关的技术发展，其工作过程是利用相关算法对数据进行存储、处理与分析，从数据中发现潜在的规律和价值，应用于生产和生活。

在油田开发特别是提高采收率工作的深入开展的过程中，产生了大量宝贵的业务数据资产，通过对数据管理、应用技术的深入应用，有望将提高采收率工作与大数据技术有机结合，以提高采收率前后的动态监测数据、提高采收率前后的采油动态变化、采收率配套的储层改造曲线、注水和注气指示曲线、地质建模和动态拟合等多专业数据群的建设和分析应用为切入点，有望建成提高采收率的大数据分析平台，为提高采收率工作的深入发展挖掘数据价值，为工艺设计、实施及效果评价提供决策依据。

将大数据平台分析结果，与智能井口、智能油嘴、智能井下分段、智能配注和举升工具、智能井下油水分离、智能测试机器人等人工智能技术有机融合后。通过不断的、动态的、精细的数据输入激动，与及时的、深入的数据结果分析，为老油田的采收率深入挖潜插上“智能”的翅膀，将大大拓展提高采收率工作的精度与广度(图 10.10)。

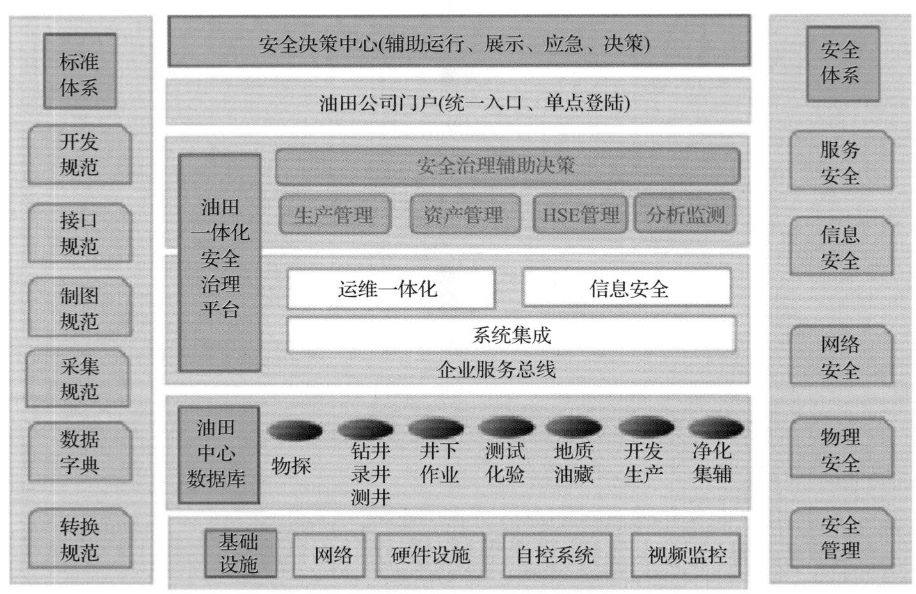

图 10.10　智慧油田信息安全治理体系框架[12]

10.4.2　纳米涂层防腐技术

常规涂层主要技术短板在于抗渗透性能差，纳米涂层是防腐技术领域重要的研究方向之一。增加纳米组分，增强涂层的抗渗透性能，是提高涂层防腐性能的有效途径。涂料中的纳米成分能紧紧缠附在孔隙处，在这些孔中形成更加精细的网状结构体，使接触该涂层的腐蚀介质无法触及涂层保护下的金属基体。如图 10.11 所示，普通涂层气孔率＞5%，纳米涂层气孔率仅 0.6%，相比之下，纳米涂层有着更加优异的抗渗透性能。该技术的趋势是以石墨烯、金属及高分子增材制造材料，形状记忆合金、自修复材料、智能仿生与超材料为基础，发展智能涂层技术，主要有两个特点：一是自检测，涂层中加入导电碳纳米材料，监测电阻变化，分析结构损伤；二是自修复，利用微胶囊电热修复[13]或还原剂复原等技术(图 10.11)，开展内涂层修复。通过智能涂层技术，可实现根据需求设计涂层、苛刻条件破坏后自修复，实现油井、地面石油管和设施的长效防腐。

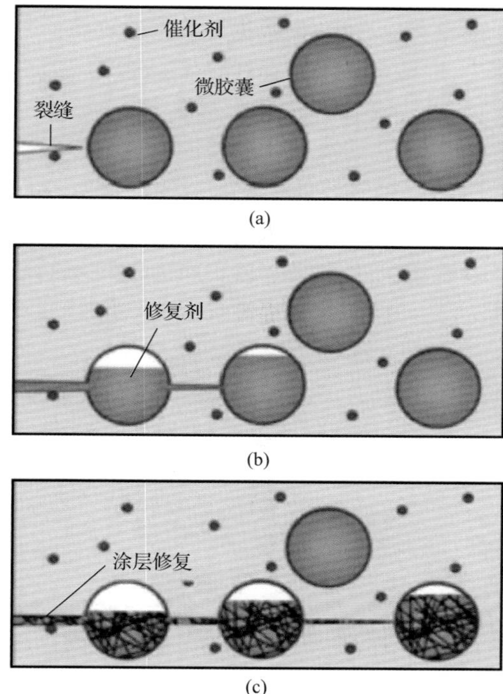

图 10.11　智能涂层修复示意图[14]

10.4.3　腐蚀智能监测及风险预警技术

腐蚀监测就是对设备的腐蚀速度和某些与腐蚀速度有关的参数进行连续或断续测量，同时根据测量对与生产过程有关的条件进行控制的一种技术。其目的在于揭示腐蚀过程、了解腐蚀控制效果。腐蚀监测获得的数据是指导腐蚀工作的科学依据，是监控、评价腐蚀效果的有效手段。

纵观目前腐蚀监测技术的发展，腐蚀智能监测是一大研究热点。智能化腐蚀监测仪向微型化、便携式方向发展。随着监测技术的发展，对监测硬件设备提出了更高要求，操作简便，体积减小，重量减轻。最新的电化学接口智能化腐蚀监测仪的体积加上辅助设备也只有一个手提箱大小，而功能却相当于十年前的一整套电化学测试系统。

传感技术发展方向。传感、通信、计算机技术构成现代信息的 3 个基础，传感器的作用主要是获取信息，是智能化腐蚀监测仪信息的源头。近年来，国内已开发出一些智能化腐蚀传感器技术，典型的是光波导传感技术，用金属膜层局部取代光波传导的介质包层，构成腐蚀敏感性膜，从而获取信息。光纤腐蚀传感器具有径细、质轻、抗强电磁干扰、集信息传输与传感于一体。光纤腐蚀传感技术有望克服传统电化学监测的缺陷，如抗强电磁场干扰等。

智能化腐蚀监测仪[15]向网络化、开放化和面向对象化方向发展。随着数据库、网络知识的发展，实时在线的智能化监测仪能随时将现场数据传送到监控室，建立数据库，实现网络化管理，使信息共享。据报道，日本千叶炼油厂建立了全厂腐蚀监测网，采用网络化管理为企业带来了安全生产十几年无事故的经济效益。

10.4.4 天然气高效脱氮技术

目前研发的天然气变压吸附脱氮技术，主要依托热力学吸附剂对甲烷进行吸附，然后采用抽真空的方法将吸附的甲烷气体解析出来成为产品气。针对低含氮天然气(按综合含氮20%考虑)，该技术的吸附装置规模较大，产品气甲烷为真空解析需再次增压，导致装置投资大，成本高。下一步的研究方向是采用动力学吸附原理，根据吸附剂对氮气和甲烷的吸附速度不同，研发吸附氮气速度较快的吸附剂，最终实现优先吸附氮气，在同等吸附能力下，采用该种吸附剂，装置规模将减小50%以上，同时产品气甲烷压力损失小，整体装置投资、成本大幅降低，进一步提高了天然气脱氮的经济可行性。

参考已有的膜分离、分子筛等技术原理，设想将来纳米级材料的深入推广应用，制造出根据天然气不同组分分子直径大小的“筛子”，通过多种“筛子”组合，实现天然气组分的分离，进而根据需求得到各种高纯度的单一气体组分，实现天然气的高效低耗净化。

参考文献

[1] 马超群, 张亚洲, 万晓玉, 等. 随钻测量系统的井下数据传输方式的研究.西部探矿工程. 2014, 26(10): 58-60, 64.

[2] 王银生, 杨锦舟, 韩来聚, 等. 井下工程参数随钻测量仪的研制. 石油管材与仪器, 2009, 23(1): 35-36.

[3] 《地质装备》编辑部. 智能钻进(一): 智能钻井的发展背景、现状与未来. 地质装备, 2017(6): 11-15.

[4] 张世一, 韩彬, 李美艳, 等激光钻井技术研究进展与展望. 石油机械, 2016, 44(7): 7-11.

[5] 孟涛, 李伟, 黄宇石, 等. 亲/疏水纳米结构表面微通道内流体的流动行为. 材料导报, 2011, 25(16): 1-4.

[6] 马荣, 童跃进, 关怀民. SiO_2气凝胶的研究现状与应用. 材料导报, 2011, 25(1): 58-64.

[7] 邓刘扬, 唐晓东, 李晶晶, 等. 稠油地面催化改质降黏技术的研究进展. 石油化工, 2016, 45(2): 237-243.

[8] Clark P D, Hyne J B, Tyrer J D. Chemistry of organosulfur compound type occurring in heavy oil sands 5: Reaction of thiophene and tctrahydro-thiophcne with aqueous group: Ⅷ B. Metal species at high temperature, 1987, 66(5): 1.

[9] 马挺, 陈瑜. 油藏微生物的代谢特征与提高原油采收率技术. 微生物学杂志, 2018, 38(3): 1-8.

[10] 宫夏屹, 李伯虎, 柴旭东, 等. 大数据平台技术综述. 系统仿真学报, 2014, 26(3): 489-496.

[11] 王强, 李俊杰, 陈小军, 等. 大数据分析平台建设与应用综述. 集成技术, 2016, 5(2): 2-18.

[12] 王浩宇. 大数据、物联网技术在智慧油田建设中的应用分析. 中国设备工程, 2019, 418(7): 223-224.

[13] 田薇, 王新厚, 潘强, 等. 自修复聚合物材料用微胶囊. 化工学报, 2005, 56(6): 1138-1140.

[14] 潘梦秋, 王伦滔, 丁璇, 等. 自修复防腐涂层研究进展. 中国材料进展, 2018, 37(1): 19-27, 41.

[15] 朱卫东, 陈范才. 智能化腐蚀监测仪的发展现状及趋势. 腐蚀科学与防护技术, 2003, 15(1): 29-32.